Vorbereitungsmaschinen für die Weberei

Ein Handbuch für Spinner, Weber und Wirker

Von

Dipl.-Ing. J. Schneider

Leiter der Textiltechnologischen Abteilung der Textilprüfanstalt
Oberstudienrat an der Ingenieurschule für Textilwesen
Mönchengladbach-Rheydt

Zweite
neubearbeitete und erweiterte Auflage

Mit 531 Abbildungen

Springer-Verlag
Berlin/Göttingen/Heidelberg
1963

ISBN-13: 978-3-642-92869-7   e-ISBN-13: 978-3-642-92868-0
DOI: 10.1007/978-3-642-92868-0

Vorwort zur zweiten Auflage

Die Zeit zwischen der ersten und der jetzt notwendig gewordenen zweiten Auflage ist zwar relativ kurz, aber die Entwicklung auf diesem Fertigungsgebiet konnte so erhebliche Fortschritte erzielen, daß ein nur wenig korrigierter Neudruck gänzlich unzweckmäßig gewesen wäre. Fast alle Kapitel mußten wesentlich erweitert werden (Automaten der Kreuzspulerei, Doppeldrahtzwirnerei, Schlichterei und Schußspulerei usw.), wobei z. T. erhebliche Kürzungen des Textes der ersten Auflage erforderlich waren, um Platz für die Ergänzungen zu gewinnen. Aus dem gleichen Grunde mußte ein großer Teil des Textes auf Kleindruck umgestellt werden. Trotzdem nahm der Umfang des Werkes wesentlich zu. Bei der Neubearbeitung wurde die Grundkonzeption der ersten Auflage an keiner Stelle geändert. Die Änderungen und Erweiterungen ließen sich in die frühere Disposition einarbeiten, so daß auch die Verwendung als Nachschlagewerk keine Umstellung verlangt.

Ich möchte an dieser Stelle allen meinen Freunden und Bekannten in der Industrie des In- und Auslandes meinen Dank aussprechen, die mir Hinweise und Ratschläge für diese 2. Auflage gegeben haben; dem Springer-Verlag bin ich für die hervorragend gute Bild- und Textgestaltung sehr verbunden.

Mönchengladbach, im Sommer 1963

Josef Schneider

Vorwort zur ersten Auflage

Das vorliegende Handbuch wendet sich an die Textilindustrie wie auch an die Textilmaschinenindustrie. Es vermittelt die Kenntnis der textilen Fertigung, die unmittelbar nach dem Spinnprozeß folgt, und zwar der *Weberei-Vorbereitungen* mit allen textiltechnischen und textilmaschinentechnischen Einzelheiten. Gleichzeitig unterrichtet es über die in diesem Industriezweig üblichen Maschinen mit vielen konstruktiven Sonderheiten.

In dem Maße, wie die Entwicklung in der Webereifertigung allgemein der Automatisierung zustrebt, nimmt die Webereivorbereitung eine immer einflußreichere Stellung ein.

Längst hat man erkannt, daß eine sorgfältige Vorbereitung des Kett- und Schußgarnes für die rationelle Fertigung auf dem Webstuhl sehr wichtig ist.

Hier in der Webereivorbereitung treffen sich die Interessen des Spinners, des Webers und des Textilmaschinenbauers.

Die Vorbereitung des Rohmaterials für die Verarbeitung auf dem Webstuhl ist unabdingbar notwendig. In dieser Abteilung werden große Mengen Material gebunden, und diese stellen, schon unabhängig von den Löhnen, kostenmäßig eine erhebliche Belastung für die Fertigung dar. Dem so gekennzeichneten Interesse des Spinners und Webers an der Steigerung der Güte und Produktionsgröße steht die Textilmaschinenindustrie helfend und ratend zur Seite.

Der Verfasser hat sich bei der Gestaltung dieses Buches bemüht, die einzelnen Interessen des textiltechnischen und textilmaschinentechnischen Bereiches zu berücksichtigen, er sah jedoch auch eine vornehme Aufgabe darin, gemeinsame Probleme von beiden Seiten zu beleuchten.

Das Kapitel *„Arbeitsgänge in der Weberei"* dient der allgemeinen Einführung und wird durch eine Schautafel vervollständigt. Insbesondere soll das Zusammenspiel der in der Vorbereitung arbeitenden Maschinen optisch dargestellt werden, denn in den darauffolgenden Kapiteln: *Kettgarnspulmaschinen, Zwirnmaschinen, Zettel- und Schärmaschinen, Schlichtmaschinen, Vorbereitungsmaschinen für das Einlegen der fertigen Kette und Schußspulmaschinen,* sind die Probleme der einzelnen Fertigungsstufen der Vorbereitung gesondert erfaßt.

Bei der Darstellung der einzelnen Dispositionspunkte hat der Verfasser die Kapitel so abgegrenzt, daß berufsbedingte Interessen herausgestellt werden und wichtige Probleme abgerundet zur Darstellung kommen.

Die lückenlose Darstellung *aller* Konstruktionen des Textilmaschinenbaues ginge über den Umfang dieses Buches hinaus. Textilmaschinenfabriken sind nur so weit zitiert, als es im Hinblick auf die jeweilige Erörterungsgrundlage unter Berücksichtigung des Anteils an der Entwicklung erforderlich erschien.

Nur so ließ es sich einrichten, daß alle auf dem Kontinent bedeutungsvollen Verfahren und konstruktiven Lösungen dargestellt und auch Konstruktionen des Auslandes in gebührender Weise hervorgehoben wurden. Die typischen Konstruktionen sind dann ausführlich mit allen konstruktiven Einzelheiten erörtert. Sie mögen als Studienbeispiele für andere ähnliche Konstruktionen dastehen.

Auch die bildliche Erläuterung nimmt Rücksicht auf die verschiedenen Interessen. Über 400 Abbildungen illustrieren den im Text behandelten Wissensstoff. Die Originalabbildungen sind in vielen Fällen durch geeignete Skizzen erläutert, so daß die Möglichkeit, sich eine räumliche Vorstellung zu bilden, immer gegeben ist.

Viele Tabellen und Rezepte geben die Möglichkeit, sich „aus der Praxis für die Praxis" mit der Materie vertraut zu machen und diese Kenntnisse im Betrieb in die Tat umzusetzen.

Mönchengladbach, im Sommer 1954

Josef Schneider

Inhaltsverzeichnis

A. Arbeitsgänge in einer Weberei[1]

Das Rohmaterial für die Fertigung in einem Webereibetrieb, das Garn, wird
vom Spinner als Kett- oder Schußgarn (mit unterschiedlicher Drehung) auf
Selfaktor- oder Ringspinnhülsen angeliefert. Trotzdem in Spinnereibetrieben sich
die Maschinenkonstruktionen dahingehend ändern, daß immer größere Garnmengen auf einer solchen Hülse untergebracht werden können, ist die Kettgarn-
menge auf einer Spinnhülse für eine wirtschaftliche Fertigung in einem Webereibetrieb noch zu gering. — Die Schußgarnmenge soll auch für die Verwendung in
einem nicht automatisierten Betrieb einem Maximum zustreben, das durch die
Schützengröße gekennzeichnet ist. In diesem Sinne ist es interessant, zu beobachten, daß immer mehr Webereien dazu übergehen, bei nicht automatisierten Webmaschinen sogenannte Großraumschützen zu verwenden. Werden Automatenwebstühle verwendet, so ist das Garn deswegen umzuspulen, weil die aus der
Spinnerei kommenden Hülsen zur Verarbeitung auf einem Automatenstuhl
nicht geeignet sind. — Von wenigen Ausnahmen abgesehen ist das Umspulen
des aus der Spinnerei kommenden Garnes für die Verwendung im Webschützen
notwendig und wirtschaftlich. Das Rohmaterial in Kötzerform (I) dient also als
Vorlage der Schußgarnspulerei (III) (Abb. 1). Aus Gründen der Wirtschaftlichkeit wird das Spinngut jedoch meist auf der Kreuzspulmaschine (II) zu Kreuzspulen verarbeitet und erst dann als Vorlage für die Schußspulmaschine (III)
verwendet.

Das Kettgarn (I) wird entweder unverzwirnt auf der Zettelmaschine auf
einen Zettelbaum (I) aufgewickelt (gezettelt) oder aber, sofern es sich um farbig
gemusterte Ketten handelt, wird die Fertigstellung auf einer Schärmaschine (II)
durchgeführt. Will man einen allzu häufigen Stillstand dieser Maschinen durch
auslaufende Fadenlänge und damit einen geringeren Wirkungsgrad vermeiden,
so ist es zweckmäßig, das Rohmaterial (I) zuerst auf einer Spulmaschine, z. B.
einer Kreuzspulmaschine (II), zu verarbeiten. Hier werden dann Spulenkörper
hergestellt, die eine Länge aufweisen, die man durch Durchmesserregulierung so
einstellen kann, daß die Länge etwa der Länge einer oder mehrerer Zettel- oder
Schärketten entspricht. Ein Stillstand durch auslaufenden Faden an der Zettel-
oder Schärmaschine unterbleibt dann.

Auch der Zwirnmaschine (I) legt man, sofern man interessiert ist, pro Arbeitskraft eine möglichst große Arbeitsstellenzahl zu bekommen, am besten große
Garnkörper, Kreuzspulen oder Scheibenspulen, vor.

Zwirnspulen weisen in der Regel nicht die Längen auf, die man auf Kreuzspulen unterbringen kann. Man kann bei geeigneten Vorrichtungen bezüglich
der Aufsteckmöglichkeit auf dem Gatter der Schärmaschine die Zwirnhülsen als
Vorlage verwenden. Als Vorlage an der Zettelmaschine sind sie stets ungeeignet
auch dann, wenn es sich um die auf modernen Maschinen hergestellten großen

---

[1] Die in diesem Abschnitt aufgeführten Ziffern I, II, III beziehen sich auf die jeweilige
Bildzeile der Abb. 1.

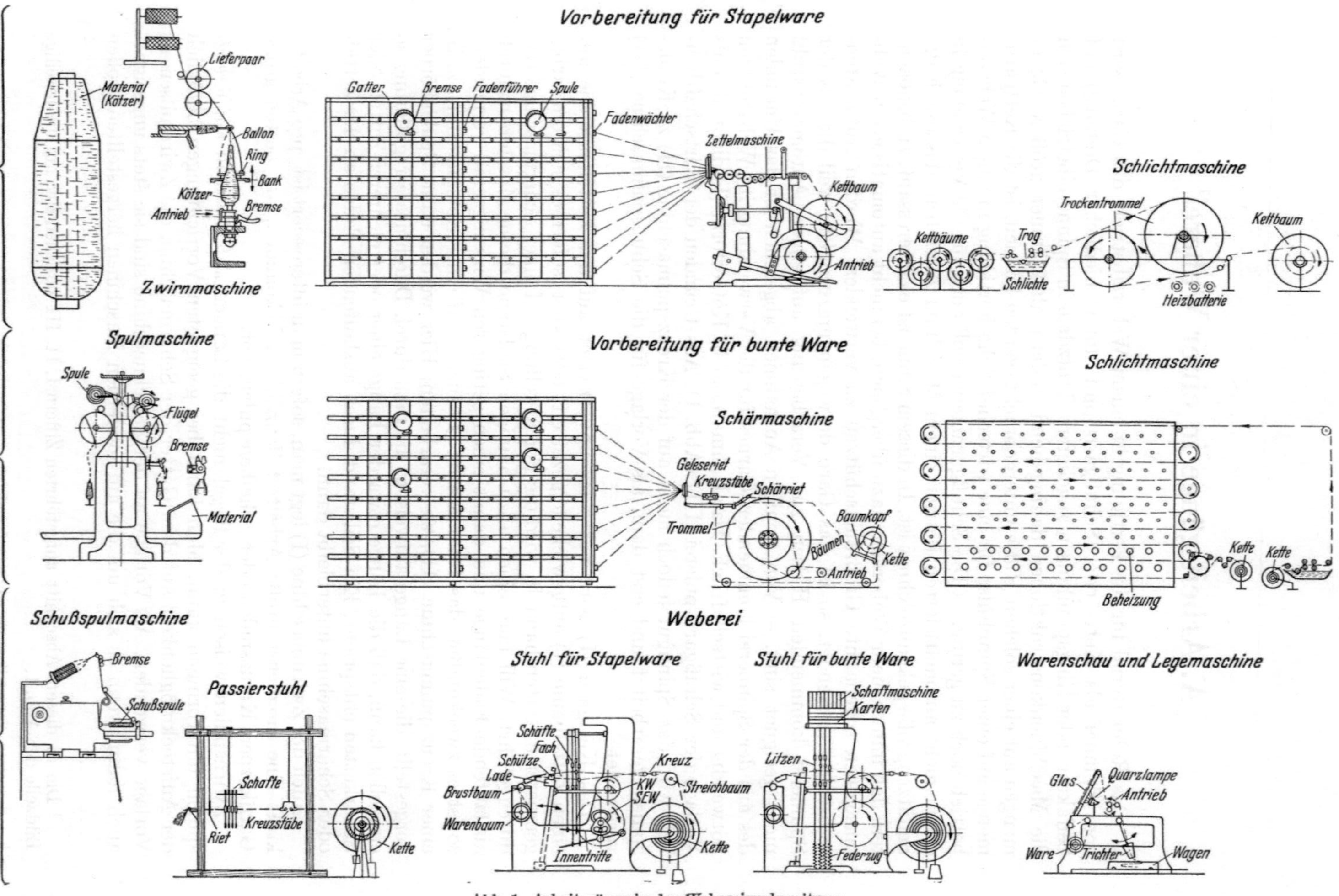

Abb. 1. Arbeitsgänge in der Webereivorbereitung

Hülsenformate von 300 mm Länge handelt. Die Zwirnkopse werden dann stets wieder zur Spulerei zurückgebracht und auf Kreuzspulen oder auf andere Spulenformate gebracht. Erst dann dient dieses Garn als Vorlage bei der Zettel- oder Schärmaschine. Noch eine wesentliche Aufgabe der Spulmaschine darf auch in diesem übersichtlichen Zusammenhang nicht vergessen werden: Die nicht zu unterschätzende Aufgabe der Spulmaschine ist die Reinigung des Fadens von eingesponnenen und anhaftenden Unreinigkeiten sowie die Beseitigung von spitzen Garnstellen — Gesichtspunkte, die auf Grund der geringeren Reißfestigkeit zu geringeren Wirkungsgraden führen können.

Der Unterschied zwischen dem Zetteln (I) für die Stapelwarenindustrie und dem Schären (II) in der Buntweberei kann am einfachsten wie folgt gekennzeichnet werden:

Auf der *Zettelmaschine* werden kettenförmige Züge — Zettelketten, Zettelbäume — hergestellt, auf deren gesamter Breite Kettfäden auf einen Baum gewickelt werden, deren Gesamtzahl im Maximum dem Fassungsvermögen des Gatters entspricht. Da die Gesamtfadenzahl nicht oder nur in Ausnahmefällen der späteren Kettfadenzahl gleichkommt, sind mehrere Bäume gleichzeitig abzubäumen, bis die vorgeschriebene Kettfadenzahl erreicht wird.

Die Herstellung von Ketten auf der *Zettelmaschine* wird angewendet in der Stapelwarenindustrie, also für die Herstellung von Wäscheartikeln, Schürzenstoffen und dergleichen mehr — grundsätzlich für Artikel, die außer durch Druck nicht farbig gemustert werden sollen.

Auf der *Schärmaschine* (II) werden die Fäden, die vom Gatter kommen, in einem Geleseblatt gesammelt und in der vorgeschriebenen Dichte auf die Schärtrommel bandförmig aufgewickelt. Die nebeneinander aufgewickelten Bänder ergeben nach der Fertigstellung einen Kettbaum, der auch die vorgeschriebene Kettfadendichte und die für das Weben erforderliche Breite hat.

Ketten aus sehr empfindlichen Garnen werden dann noch auf der Schlichtmaschine behandelt (I) oder (II), und zwar werden hier die im Fadenquerschnitt liegenden Fasern durch einen Kleber mit ihren Oberflächen gegeneinandergeklebt, und außerdem erhält der gesamte Faden einen Oberflächenfilm. Hierdurch wird das Kettgarn gegen die mechanischen Beanspruchungen insbesondere in den Webstühlen unempfindlicher.

In der Baumwollstapelwarenindustrie und Reyonindustrie verwendet man Schlichtmaschinen, bei denen die Kette durch Kontakttrocknung auf den Endtrockenwert gebracht wird, weil nur die Baumwolle und Reyon gegen Kontakttrocknung verhältnismäßig unempfindlich sind. Wolle dagegen wird ausnahmslos auf der Lufttrockenmaschine getrocknet.

Während die Ketten in der Stapelwarenindustrie fast ausnahmslos in der Webmaschine an die abwebenden Ketten auf mechanischem Wege angeknüpft werden, ist es in der Buntweberei üblich, die Ketten im Passierstuhl (III) zu passieren und in das Blatt „einzulesen".

Die Ketten der Stapelwarenindustrie werden in Webmaschinen eingelegt, die bezüglich der musterbildenden Getriebe einfach konstruiert sind, meist handelt es sich dabei um Schaftsteuerung durch Exzenter (III). Die Buntketten werden in Webmaschinen eingelegt, die mit einer Schaftmaschine oder gar mit einer Jacquardmaschine ausgerüstet sind.

Das auf den Schußspulmaschinen (III) hergestellte Material wird dann zur Webmaschine gebracht.

In der Warenschau (III) wird das Gewebe auf Fehler geprüft.

1*

B. Kettgarnspulmaschinen

Die Bedeutung und Notwendigkeit der Kettgarnspulerei wird dadurch gekennzeichnet, daß es notwendig ist, die von der Spinnerei an die Weberei gelieferten Garne, die als Ringspinn- oder Selfaktorkopse keine für die Wirtschaftlichkeit des Fertigungsprozesses — auch bei modernen Maschinen — ausreichende Garnlänge aufweisen, auf Spulenformate mit Garnlängen zu bringen, mit denen z. B. ein nicht durch Fadenablauf unterbrochener Arbeitsprozeß auf der Zettelmaschine oder Schärmaschine für die Erstellung der gewünschten Zettel- oder Schärlänge möglich ist.

Es wird also das Garnvolumen mehrerer Spinnkopse auf eine besondere Hülse (Scheibenspule oder Kreuzspulhülse) untergebracht.

Weiter ist die Notwendigkeit des Umspulens dadurch gekennzeichnet, daß die im Spinngut enthaltenen Fadenschnitte, die schlechten Andreher, ungedrehte Garnstücke und Unreinigkeiten beseitigt werden müssen, sollen diese Stücke nicht in der nachfolgenden Fertigung zum Fadenbruch und damit zum Stillstand der Maschine führen.

I. Bedeutung und Einsatzbereich der Kettgarnspulmaschinen[1]

1. Spulmaschinen haben eine Schlüsselposition in der modernen Fertigung

Aus dem in der Abb. 2 dargestellten Fertigungsschema moderner Webereien und Wirkereien erkennt man die Spulerei als Eingangsstufe für alle zeitlich darauf folgenden Fertigungsverfahren. *Alle* Garne, die der Fertigung zugeführt werden, müssen die Spulerei passieren. Im Anschluß an die Spulerei sieht man vier mögliche Abzweigungen. Die linke Abzweigung kennzeichnet die Fertigung für die Vorbereitung des Kettgarnes. Die rechte Abzweigung versinnbildlicht den Fertigungslauf in der Wirkerei. Die beiden mittleren Fertigungsstufen zeigen die Vorbereitung des Schußgarnes. Die linke Seite ist für die Verwendung bei schützenlosen Webmaschinen (auch Unifil-Automaten) gedacht. Hierbei hat die Kreuzspulmaschine die Aufgabe, direkt die Vorbereitung des Schußgarnes (auf Kreuzspulen) durchzuführen. Bei der rechten inneren Abzweigung ist der Schußspulautomat in den Fertigungsverlauf eingezeichnet. Dies ist die Verarbeitung, die in der heutigen Zeit mit der Entwicklung der box-loaders neben

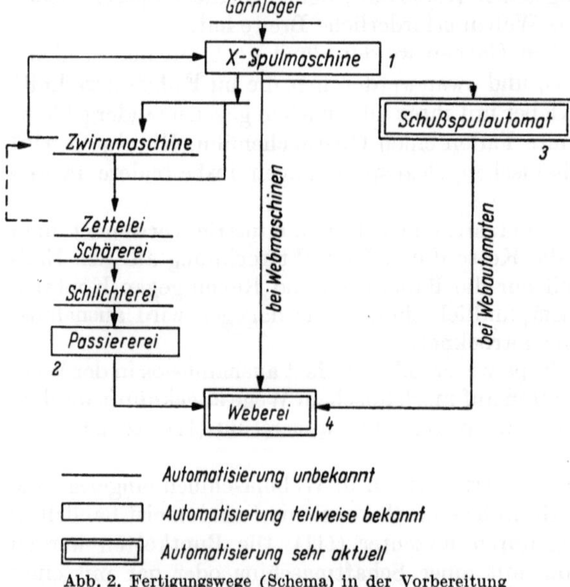

Abb. 2. Fertigungswege (Schema) in der Vorbereitung

den Webmaschinen besonderes Interesse gewinnt. Das Diagramm selbst braucht in diesem Zusammenhang nicht näher besprochen zu werden, da die Fertigungsmaschinen bzw. die Fertigungsabteilungen in ihrem Einsatz hier als bekannt vorausgesetzt werden sollen.

---

[1] Vgl. J. SCHNEIDER: Betrachtungen über den Einsatz von Spulmaschinen. Z. ges. Textilind. 62 (Okt. 1960) Nr. 20, 878—882.

Vergleicht man dieses Diagramm in Erinnerung mit den Fertigungsverfahren früherer Zeit, bei denen es üblich war, die Kreuzspulerei an den Kopf der Kettgarnvorbereitung zu setzen, während es eine Vorbereitung für das Schußgarn gar nicht gab, so sieht man, daß die Kreuzspulmaschine bzw. die Kreuzspulerei in der modernen Fertigung besondere Bedeutung haben muß. Ganz allgemein erkennt man die wesentliche Aufgabe nur darin, für die vier weiteren Fertigungsmöglichkeiten, die aus dem Diagramm ersichtlich sind, große Garnkörperformate herzustellen, um möglichst große, u. U. abgepaßte Garnlängen den Maschinen in Form von Kreuzspulen vorlegen zu können. Die Herstellung großer Garnkörperformate ist die unmittelbare Voraussetzung für die wirtschaftliche Arbeitsweise auf den nachfolgenden Maschinen.

Die Vorlage von Kreuzspulen an *Zwirnmaschinen* soll den Arbeitsaufwand für das Nachstecken von Kopsen reduzieren. In der *Zettelei* und *Schärerei* will man durch die Verwendung von Kreuzspulen Maschinenstillstände vermeiden, die unweigerlich durch einen Kopsablauf entstehen müssen. Bei diesem Arbeitsverfahren sollen die Kreuzspulen überdies eine Garnlänge tragen, die der Fertigungsgröße, der Zettellänge oder Kettlänge entspricht, damit die Maschine erst dann zum Stillstand kommt (falls sonst keine Fadenbrüche auftreten), wenn die Fertigungseinheit, der Kett- oder Zettelbaum, hergestellt ist. Die Vorlage von Kreuzspulen als Schußmaterial an *schützenlosen Webmaschinen* und Webmaschinen mit *Unifil-Automaten* ist die Voraussetzung für einen kontinuierlichen Webprozeß.

Eine wirtschaftliche Arbeitsweise der *Schußspulautomaten* ohne die Vorlage von Kreuzspulen ist nicht denkbar.

Die Verwendung von geeigneten großen Kreuzspulen ermöglicht große stillstandfreie Lauflängen an den *Wirkmaschinen*. Aus diesen Überlegungen kann man also folgern, daß die Schaffung von Kreuzspulen als Materialvorlagen für die einzelnen Fertigungsmaschinen eine notwendige Voraussetzung für die wirtschaftliche Arbeitsweise dieser Maschinen bzw. dieser Abteilungen ist. Die Kenntnis dieser Zusammenhänge ist verbreitet und wird auch beachtet. Nun wird aber die Wirtschaftlichkeit des gesamten Fertigungsprozesses, wie in der Abb. 2 dargestellt ist, nicht alleine durch die entsprechenden Garnkörperformate bestimmt, sondern auch durch die Fadenbrüche, die auf den Maschinen ganz allgemein und auf dem Webstuhl oder der Wirkmaschine speziell auftreten können oder auftreten müssen, sofern die Ursache für einen möglichen Fadenbruch nicht in einer vorherigen Fertigungsstufe beseitigt worden ist.

Da Fadenbrüche durch die natürliche Herkunft des Materials und durch vielfältige Einflüsse in der Spinnerei notwendigerweise bedingt sind, ergibt sich lediglich noch die Frage, an welcher Stelle der Fertigung sie auftreten sollen, damit die geringst möglichen Störungen und die geringst mögliche negative Beeinflussung des wirtschaftlichen Arbeitsprozesses gegeben werden. Eine gleiche Überlegung ergibt sich auch aus der Tatsache, daß die Garne nicht immer gleichmäßigen Durchmesser aufweisen und dadurch eine ungünstige Beeinflussung der Qualität des fertigen Gewebes möglich ist. Solche qualitätshemmenden dicken Garnstellen müssen ebenfalls beseitigt werden, indem der Weber bei großer persönlicher Aufmerksamkeit diese Stellen findet und ausknotet, oder aber, wie bereits gesagt wurde, indem man diese Stellen vorher auf einer Vorbereitungsmaschine ausmerzt. Um einmal eine Zahl zur Demonstration der Störung zu finden, braucht man lediglich die durchschnittliche Stillstandszeit in Sekunden, die auf dem Webstuhl durch das Wiederanknüpfen des gebrochenen Fadens in Anspruch genommen werden muß, zu multiplizieren mit der Kettfadenzahl, die auf der Webmaschine während der Zeit des Wiederanknüpfens ebenfalls keiner Fertigung unterliegen. So erhält man beispielsweise bei einer Kette mit 4000 Fäden bei einem Fadenbruch, der auf der Webmaschine wieder angeknüpft wird, eine Gesamtstillstandszeit von $4000 \times 40 = 160\,000$ sek Verlustzeit, die man hätte vermeiden können, wenn der Fadenbruch auf einer Vorbereitungsmaschine systematisch herbeigeführt worden wäre, auf der das Wiederanknüpfen einerseits weniger Zeit in Anspruch nimmt und andererseits auch nur den Stillstand dieses einen in der Fertigung befindlichen Fadens zur Folge gehabt hätte. Betrachtet man darauf noch einmal die Abb. 2, so erkennt man wiederum, daß die geeignete Stelle zur Behebung der Fadenbruchursache nur an der Kreuzspulmaschine ist. Eine gleiche Betrachtung kann man auch für die Arbeitsweise bei der Herstellung eines Kett- oder Zettelbaumes anstellen.

2. Spulmaschinen steigern die Wirtschaftlichkeit der Webereifertigung

Welchen Anteil die Fadenbrüche in der Weberei haben und welchen Einfluß der Spulprozeß auf das Weben ausübt, kann aus der nachfolgend dargestellten Übersicht entnommen werden[1]:

---

[1] WEGENER, W., u. J. SCHNEIDER: Die Bedeutung der Knotenart für die Herabminderung der Fadenbrüche. Forschungsbericht Nr. 338 des Wirtschafts- und Verkehrsministeriums Nordrhein-Westfalen. Köln und Opladen: Westdeutscher Verlag 1956.

Die prozentuale Verteilung der Fadenbruchursachen in der Kette auf dem Webstuhl ist folgende:

20,8% Fadenbrüche durch aufgegangene Knoten
13 % Fadenbrüche durch Verunreinigungen
7,8% Fadenbrüche wegen Durchscheuerns der Fäden am Kettbaumflansch
13 % Fadenbrüche wegen Durchscheuern der Fäden im Gereih
2,6% Fadenbrüche durch zu wenig gedrehte Garnstellen
33,8% durch unbekannte Ursachen
6,5% Fadenbrüche durch miteinander verschlungene Kettfäden
2,5% Fadenbrüche durch verklebte Kettfäden

Die Aufstellung zeigt gewiß einen speziellen Fall, wie er sich aus den Untersuchungen für die zitierte Arbeit ergab. Man kann sie aber in gewisser Hinsicht verallgemeinern. Dann ergibt sich hieraus eine sehr interessante und wichtige Perspektive. Man ist gegenwärtig daran interessiert, durch die geeignete Gestaltung der Automatik im Webereibetrieb möglichst viele Webmaschinen durch einen Weber bedienen zu lassen. Die Zahl der Webmaschinen aber, die ein Arbeiter bedienen kann, ist primär von der Anzahl der auftretenden Fadenbrüche abhängig, weil durch das Wiederanknüpfen der gebrochenen Fäden bei einem vollautomatischen Betrieb die Arbeitstätigkeit selbst gekennzeichnet ist. Die Übersicht bezog sich auf einen Webvorgang, bei dem „normal" auf der Spulmaschine gefertigt wurde. Man kann aus dieser Übersicht die Bedeutung der Spulmaschine in Anlehnung an weitere aus der zitierten Untersuchung herangezogene Werte analysieren, wenn man bedenkt, daß die genannten 20,8% der Fadenbrüche durch aufgegangene Knoten etwa 50% der in der Spulerei geknüpften Fadenbrüche ausmacht. Faßt man weiter die genannten 13% Fadenbrüche durch Verunreinigung sowie die 2,6% durch zu wenig gedrehte Garnstellen zusammen und bezeichnet sie alle als Fadenbruchursachen, deren Beseitigung durch den Spulprozeß auf der Kreuzspulmaschine möglich und zweckvoll gewesen wäre, dann ergibt sich für den Fall, daß die Spulmaschine auf Grund falscher Einstellung diese Stellen nicht ausmerzt, folgende prozentuale Verteilung der Fadenbrüche der Kette am Webstuhl:

47,4 % vermeidbare Fadenbrüche durch richtige Reinigung und Fadenbelastung auf der Kreuzspulmaschine
6,45% Fadenbrüche durch Abscheuern am Kettbaumflansch
10,74% Fadenbrüche durch Aufscheuern im Gereih
28 % Fadenbrüche durch unbekannte Ursachen
5,37% Fadenbrüche durch verschlungene Kettfäden
2,04% Fadenbrüche durch verklebte Kettfäden

Die vorliegende Übersicht ist gewiß eine theoretisch-analytische Berechnung. Sie besagt aber mit anderen Worten, daß etwa die Hälfte aller in der Webmaschine auftretenden Kettfadenbrüche und sicherlich noch ein Teil der hier als „unbekannte Ursachen" aufgezählten Fadenbrüche durch eine geeignete und sorgfältig vorbereitete Reinigung auf der Spulmaschine vermieden werden kann und muß. Somit hat also diese Tabelle veranschaulicht, daß die gründliche Reinigung auf der Spulmaschine einen unmittelbaren Einfluß auf die Anzahl der bedienbaren Webstühle durch einen Weber hat.

Man kann sich vorstellen, daß beim zweckvollen Einsatz der Spulmaschinen nur noch die anderen in der übersichtlichen Darstellung genannten Fadenbruchursachen eine Reduzierung des Wirkungsgrades auf der Webmaschine zur Folge haben, die zu beseitigen ein Ziel ist, das man mit der Einführung teurer Webautomaten anstreben muß. Die Beseitigung aller Fadenbruchursachen in der späteren Fertigung durch systematisches Herbeiführen der Fadenbrüche an der Spulmaschine ist für die Spulerei zwar leistungsreduzierend, aber im Hinblick auf die ganze Fertigung am wenigsten aufwandreich, denn hier steht beim Fadenbruch der oben berechneten Verlustzeit von z. B. 160 000 Sekunden auf dem Webstuhl nur eine Verlustzeit von 15 Sekunden auf der Spulmaschine für das Wiederanknüpfen eines Fadenbruches gegenüber. Es ist daher auch sinnlos, vom Wirkungsgrad einer Spulmaschine absolut zu sprechen, da ja Fadenbrüche bewußt und gewollt entstehen. Die Nennung eines Wirkungsgrades hat nur dann Sinn, wenn man eine bekannte Fadenbruchhäufigkeit voraussetzt und die hier bewußt und gewollt auftretenden Fadenbrüche unterscheiden kann von den Fadenbrüchen, die auf der Spulmaschine durch unsachgemäßen Ab- oder Auflauf des Fadens entstehen.

3. Spulmaschinen verbessern das Schußgarn und machen es wertvoller

Gerade zur Beweisführung dieses Argumentes liegt uns eine sehr interessante Arbeit von WALZ und FRÖLICH[1] vor.

---

[1] WALZ, F., u. H. FRÖLICH: Gewebe mit umgespultem Schuß sind wertvoller. Textil-Praxis 1 (1957) 34.

Die beiden Autoren haben in dieser Arbeit an Hand exakter Untersuchungen der Stillstände und Kosten bei ungespultem und umgespultem Garn bewiesen, daß der Übergang von Spinnschuß auf Spulschuß beim Automatenweben in jedem Falle wirtschaftliche Vorteile bringt. Drückt man das Ergebnis dieser Untersuchung in Verhältniszahlen aus, dann verhalten sich die Kosten:

bei Nm 34 von Spinnschuß : Spulschuß wie 78,2 : 62,8
bei Nm 60 von Spinnschuß : Spulschuß wie 144 : 142,4

Es sind aber nicht nur diese Kosten. Bei gutem Schuß, wie er durch die Verbesserung auf der Kreuzspulmaschine entsteht, steigt der Wirkungsgrad des Webstuhles, die Belastung des Webers sinkt, es ergibt sich eine Verbilligung beim Magazinfüllen, und geringere Verluste durch Verkaufsausfall von Ware II.Wahl entstehen. Dies alles sind Vorteile, die bei einer Berechnung nicht zu Buche stehen, aber einen wesentlichen Einfluß auf die Kosten haben.

Alle diese unabdingbaren Vorteile haben mit der Einführung moderner box-loaders noch eine interessante wirtschaftliche Seite dadurch erhalten, daß die Beschickung des Webstuhles mit ganz gefüllten Kästen eine beträchtliche Rationalisierung der Weberei bedeutet.

4. Spulmaschinen heben die Qualität des Gewebes

Während bisher hauptsächlich vom gewollten Fadenbruch zum Ausmerzen schwacher Stellen die Rede war, muß noch auf eine, je nachdem, welche Ansprüche gestellt werden, wichtige Funktion aufmerksam gemacht werden. Es ist die Beseitigung folgender Fehler:

1. Fehlerhafte „Anmachstellen" aus der Spinnerei.
2. Eingesponnener Faserflug.
3. Pflanzliche Rückstände.
4. Doppelfäden, wenn z. B. in der Spinnerei infolge eines Fadenbruches zwei benachbarte Fäden zusammengelaufen sind.
5. Dicke Stellen als Folge des Zusammenlaufens zweier Vorgarnfäden.

In der Weberei, in der ein Weber nur einen oder zwei Webmaschinen bedient, kann dieser, sofern er seine Arbeit liebevoll erfüllt, einen Teil dieser Fehler, die in der Regel nicht zum Fadenbruch führen, ausknoten. In der modernen Fertigung ist das ausgeschlossen, weil ein Weber beim besten Willen diesen Fehler nicht sehen kann, denn er muß eine zu große Anzahl von Webmaschinen beaufsichtigen. So entstandene Fehler müßten später sehr kostspielig ausgestopft werden. Um dies zu vermeiden, müssen auch alle diese „Dickstellen" (Punkt 1 bis 5) vorher ausgemerzt werden. Nur ein Garn, daß von den oben genannten Fehlern befreit ist, gibt eine gute Gewebequalität. Auch die Beseitigung dieser Garnfehler auf der Spulmaschine durch einen gewollten Fadenbruch ist möglich. Die Reduzierung der Stopfkosten ist übrigens ein wichtiger Faktor bei der Rentabilitätsberechnung.

5. Spulmaschinen veredeln das Garn durch Reiniger und Bremsen

Um die genannten Fadenbruchursachen in der Webmaschine bereits auf der Spulmaschine möglichst zuverlässig und restlos auszumerzen, werden von den verschiedenen Firmen sogenannte Reiniger- und Bremsaggregate gebaut, die der Faden passieren muß, bevor er in das Fadenführungsorgan eintritt, bevor also die Kreuzspule gewickelt wird.

Es gibt viele Arten von Brems- und Reinigeraggregate. Insbesondere arbeiten die Reiniger teils auf mechanischer, elektrischer, elektronischer sowie optischer Basis. Das Prinzip aber, die Spannungseinstellung und Durchmesserbegrenzung ist immer gleich.

6. Kettspulmaschinen haben heute einen hohen Leistungsstand

So beängstigend auch die vielen gewollten Fadenbrüche sein können, so erfreulich niedrig sind die maschinenabhängigen Fadenbrüche bei den heutigen modernen Konstruktionen. Die unregelmäßigen und hohen Ballonkräfte beim Ablauf der Kopse konnte man durch geeignete Elemente fast völlig ausschalten. Die Form der Fadenführung ist auf die Beschleunigungs- und Verzögerungsverhältnisse der Fadenmasse abgestellt. Die Nut in der Trommel zeigt dem Bestreben des Fadens entsprechend, zur Mitte zu laufen, eine starke und von der Mitte zur Kante geringe Beschleunigung. Die parabolische Linienführung gewährleistet gleichmäßige Beschleunigung der Fadenmasse von Kante zu Kante (vgl. S. 23).

Alle diese technischen Vollkommenheiten lassen heute Fadenlaufgeschwindigkeiten bis zu 1500 m/min zu, ohne daß andere als die gewollten Fadenbrüche entstehen, allerdings unter der Voraussetzung, daß das zur Verarbeitung gelangende Material dieser Grundbelastung standhält.

II. Der Spulprozeß — Wicklung und Spulenantrieb

Wie aus den prinzipiellen Darstellungen (Abb. 3—5) ersichtlich ist, sind es zwei bzw. drei grundlegende Unterschiede, die bei der Besprechung von Kettgarnspulmaschinen diskutiert werden müssen.

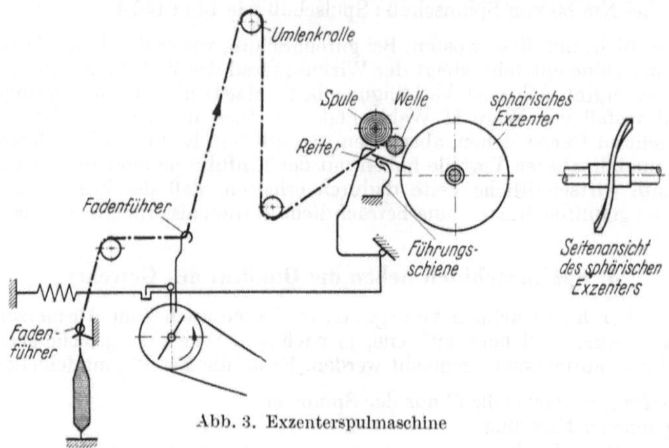

Abb. 3. Exzenterspulmaschine

Wir unterscheiden Spulmaschinen, die als Endprodukt Kreuzspulen liefern (Abb. 3 u. 6), und Maschinen, die als Endprodukt Scheibenspulen liefern (Abb. 4).

Weiter lassen die Darstellungen Abb. 3 und 4 erkennen, daß bei den verschiedenen Maschinentypen bezüglich des Antriebes Unterschiede bestehen:

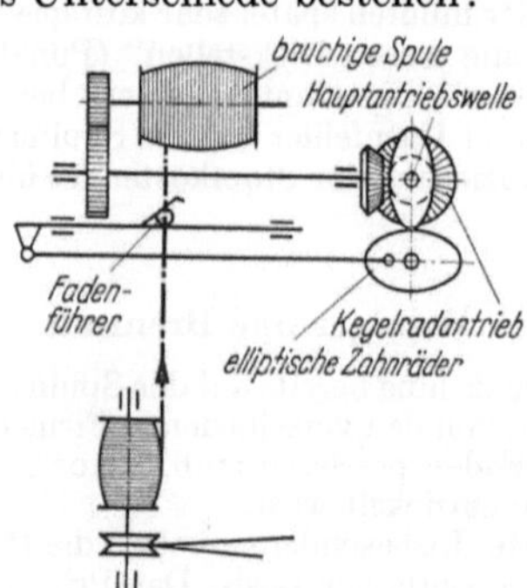

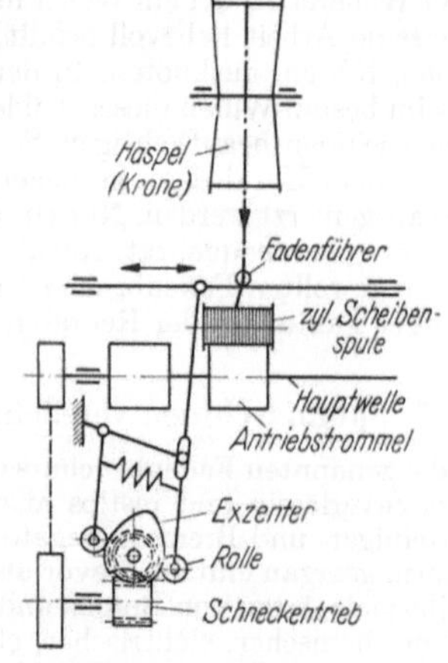

Abb. 4. Seidenwindemaschine   Abb. 5. Kettspulmaschine für zylindrische Scheibenspulen

a) Nach Abb. 3 wird die Spule durch Auflage auf eine Wickelwelle, die mit konstanter Drehzahl läuft, von deren Umfang mitgenommen. An dieser Art des Antriebes ändert sich auch nichts, wenn der Fadenführer, der bei einer Reihe von Konstruktionen gleichzeitig Wickelorgan ist, diese Aufwindung durchführt (Umfangsantrieb).

b) In der Abb. 4 ist die Spule auf einer von der Maschine mit konstanter Drehzahl angetriebenen Spindel aufgesteckt (direkter Antrieb der Spule).

1. Die Beurteilung der beiden Antriebsarten

a) Umfangsantrieb der Spindel

Bei Spulmaschinen, deren Spulen mit Hilfe eines Wickelorganes am Umfang angetrieben werden, ist die Fadenlaufgeschwindigkeit gleich der Umfangsgeschwindigkeit des Wickelorganes, jedoch vergrößert um den Betrag, der durch die seitliche Verlegung des Fadens entsteht. Konstante Fadenlaufgeschwindigkeit hat aber zur Folge, daß die Spannung des auflaufenden Fadens bei allen Spulendurchmessern konstant bleibt. Eine konstante Spannung hat zur Folge, daß bei zunehmendem Spulendurchmesser der durch den Zug entstehende radiale Auflagedruck auf größere Fadenlängen verteilt wird, so daß die Wicklungen von innen nach außen an Elastizität zunehmen. Die größere Drehzahl der Spule mit den kleinen Durchmessern bedingt bei konstanter Fadenführerdrehzahl auch eine dichtere Bewicklung im Inneren der Spule. Die nachfolgenden Wicklungen finden gewissermaßen immer weniger Auflagepunkte – auch dies ist eine Begründung für die größere Elastizität. Vielfach beobachtet man, daß beim Spulen von sehr weichen Garnen die inneren Garnlagen faltig werden. Diese Erscheinung ist nicht auf wechselnde Spannung zurückzuführen – also zunehmende Oberflächenhärte –, dies ist vielmehr das untrügliche Zeichen dafür, daß hier mit einer für die Weichheit des Materials zu großen Spannung gearbeitet wird.

Obwohl man allgemein bestrebt sein sollte, mit einer optimalen Spannung zu spulen, ist die Spannung nicht nur eine Funktion der Nummer, sondern auch eine des Materials.

Der durch die Art des Spulenantriebes bedingte konstante Verlegungswinkel des Garnes der einzelnen Windungen läßt es aber nicht zu, daß man auf Spulmaschinen mit Umfangsantrieb sogenannte Präzisionswicklungen herstellt, wie dies z. B. für die Wicklung von Verkaufsgarnen (Nähgarn, Eisenzwirn u. ä. m.) erforderlich ist.

b) Direkter Spindelantrieb

Die Drehzahl der Spindel ist, sofern diese nicht mit einem Regelantrieb versehen ist, grundsätzlich konstant. Die Fadenlaufgeschwindigkeit ist jedoch eine Funktion vom wachsenden Spulendurchmesser. Sie nimmt mit wachsendem Spulendurchmesser zu, desgleichen die Spannung. Trotzdem weisen die Spulen keinen nennenswerten Härteunterschied auf, weil die größere Spannung am wachsenden Durchmesser normalisiert wird.

Da die Fadenführerdrehzahl und die Spindeldrehzahl in festem Übersetzungsverhältnis zueinander stehen, entfallen unabhängig vom Spulendurchmesser auf die Spulenlänge die gleichen Windungszahlen. Es ist also möglich, auf Maschinen, die nach diesem Prinzip arbeiten, Spulen mit Präzisionswicklung herzustellen (vgl. Abb. 7).

c) Diskussion der Gebrauchsgüte der Scheibenspulen im Vergleich zu den Kreuzspulen

Scheibenspulen	Kreuzspulen
Man ist in der Bewicklungsdicke an den Durchmesser der Scheibenspule gebunden.	Man kann jeden für die Zwecke der nachfolgenden Fertigung diskutablen Durchmesser spulen. Man geht so weit, daß man mit Rücksicht auf die Dornteilung am Zettel- oder Schärgatter den optimalen Durchmesser ausnützt.
Scheibenspulen können, von wenigen Ausnahmen abgesehen, nur rollend, niemals über Kopf abgezogen werden. Dies bedingt geringe Abspulgeschwindigkeiten.	Kreuzspulen können über Kopf abgezogen werden, insbesondere, wenn man die konische Spulenform wählt. Es sind dadurch Abzugsgeschwindigkeiten bis zu 1500 m/min möglich.

Scheibenspulen	Kreuzspulen
Die schweren Holzhülsen machen ein beträchtliches Taragewicht beim Versand aus; insbesondere auch, weil die runden, mit Scheiben versehenen Hülsen sich nur sehr unwirtschaftlich verpacken lassen.	Die Hülsen sind sehr leicht und haben für die Betriebskontrolle den außerordentlichen Vorteil eines fast einheitlichen Gewichtes. Kreuzspulen bieten in diesem Sinne in Regalen und Lagern eine bessere Übersicht.
Für die Befriedigung einer Weberei mit Holzhülsen ist eine beträchtliche Kapitalinvestierung notwendig, da Holzhülsen relativ teuer sind. Der laufende Ersatz erfordert hohe Kosten.	Die Kreuzspulhülsen sind billig. Perforierte Farbhülsen sind etwas teurer, da sie zur größeren Widerstandsfähigkeit gegen die Beanspruchung in der Flotte imprägniert sein müssen.
Färben ist auf der Scheibenspule nicht möglich, es muß umgespult werden.	Zum Färben verwendet man ohne Änderung des Arbeitsverfahrens lediglich perforierte Hülsen.

Als einzigen Vorteil der Scheibenspulen kann man nennen, daß diese den Garnen, die sehr empfindlich gegen mechanische Verletzungen sind, ausreichenden Schutz beim Versand bieten.

Aber selbst bei solchen Garnen, insbesondere sind in dieser Reihe Reyongarne zu nennen, spult man heute nur noch auf Kreuzspulmaschinen. Ist ein zusätzlicher Schutz für den Versand notwendig, so verpackt man alle einzelnen Spulen gesondert durch Papiereinschlag.

2. Die Wicklungen der Kreuzspulmaschinen

Im Hinblick auf die Wicklungsart und damit auf den branchenmäßigen Einsatz unterscheiden wir: a) Kreuzspulen mit Zufallswicklung, b) Kreuzspulen mit Präzisionswicklung.

a) Zufallswicklung bei Maschinen mit Umfangsantrieb

Die Bewicklung durch Umfangsantrieb ist gekennzeichnet:

1. Durch konstante Fadenlaufgeschwindigkeit.
2. Durch abnehmende Drehzahl der Spulen mit wachsendem Durchmesser.
3. Durch den vom Fadenführer gleichmäßig verlegten Fadenauflaufwinkel (gleiche Windungssteigung unabhängig vom Durchmesser).

Diese drei Betrachtungsgrundlagen lassen erkennen, daß die Windungszahl pro Spulenlänge sich mit dem wachsenden Durchmesser ändern muß. Sie muß kleiner werden. Wie dies zu verstehen ist, zeigt die Abb. 6. Diese Abbildung stellt zwei Spulen mit verschiedenem Durchmesser bei gleichem Steigungswinkel 17° dar. Es entfallen beim kleinen Spulendurchmesser bei einer Verlegung durch den Fadenführer $3^3/_4$ Spulenumdrehungen, beim großen Durchmesser $1^1/_2$ Spulenumdrehungen. Auf Grund dieser Tatsache erklärt sich die größere Elastizität der Spulen mit großem Durchmesser. Die große Windungsdichte im Kern der Spule bietet jeder nachfolgenden Lage Garn mehr Unterstützungspunkte als die geringe Windungsdichte am großen Durchmesser.

Aus der Abb. 6 läßt sich auch eine konstruktive Notwendigkeit für Kreuzspulmaschinen ablesen, und zwar für das Spulen von Garnen, die einem späteren Färbeprozeß unterworfen werden sollen. Ist die Spulenlänge durch die auf diese entfallende Windungszahl ohne Rest teilbar, dann wird die nächste Garnlage direkt auf die vorherige verlegt. Dies führt zur sogenannten Spiegelbildung, die bei der laufenden Spule als Lichtreflex sichtbar wird. Man kann diese Erscheinung auch an den Kanten der Kreuzspulen beobachten. Dort verharren die Fäden in der Umkehrstelle einen Augenblick; die Fäden laufen nicht in einem Winkel zurück, sondern bilden in der Umkehrstelle einen Bogen. Dadurch entsteht an der Kante eine größere Wicklungsdichte. Mit dem sich ändernden Spulendurchmesser tritt diese Erscheinung periodisch auf der ganzen Spulenbreite auf. Je feiner

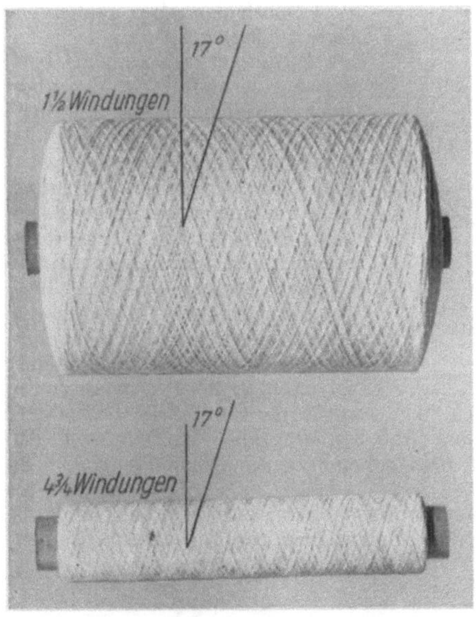

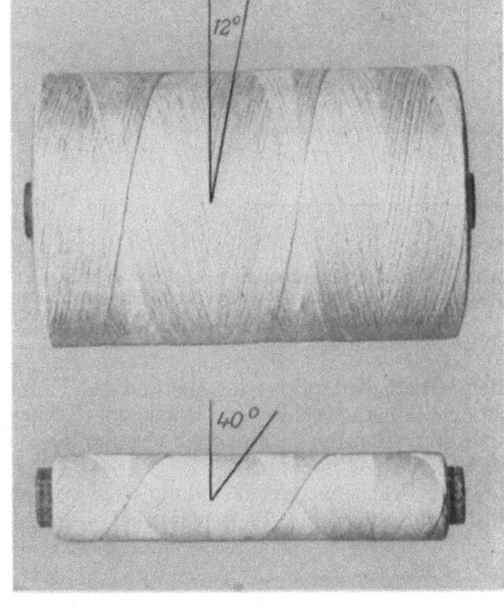

Abb. 6. Kreuzspulen mit Zufallswindungen (hergestellt auf normaler Kreuzspulmaschine)

Abb. 7. Kreuzspule mit Präzisionswindung (hergestellt auf einer Präzisionsspulmaschine der U. W. Co.)

die Garnnummer ist, um so größer ist die Periode, aber um so intensiver tritt die Erscheinung auf. Beim Auftreten solcher Spiegelbildung weist also die fertige Spule einige Windungsschichten mit größerer Spulenhärte auf. Unterschiedliche Windungshärten bieten aber der Flotte einen unterschiedlichen Widerstand beim Durchtritt, so daß die Gefahr einer unterschiedlichen Anfärbung besteht.

Um die Möglichkeit dieses Fehlers auszuschalten, werden von den verschiedenen Maschinenfabriken besondere Störgetriebe gebaut, die durch die Störung der Periodizität die Erscheinung verhindern. Besonders vordringlich ist es, diese Erscheinung an der Spulenkante mit Erfolg zu verhindern.

b) Präzisionswicklung bei Maschinen mit Achsantrieb

Die Bewicklung der Spule mit Achsantrieb ist gekennzeichnet durch:

1. Zunehmende Fadenlaufgeschwindigkeit bei zunehmendem Spulendurchmesser.
2. Konstante Drehzahl der Spindel.
3. Durch den sich ändernden Garnsteigungswinkel in Abhängigkeit von der Durchmesserzunahme, bedingt durch das konstante Übersetzungsverhältnis zwischen Spindel und Fadenführerwelle.

Die drei Betrachtungsgrundlagen lassen an der Abb. 7 erkennen, daß die Windungszahl pro Spulenlänge konstant bleibt, während der Steigungswinkel des Garnes kleiner wird. Für die entstehende Wicklungsart (Bild der Wicklung) ist allein die Größe des Übersetzungsverhältnisses zwischen der Drehzahl der Spindel und dem Fadenführer verantwortlich.

An Hand der Abb. 7 lassen sich auf rein theoretischem Wege die Möglichkeiten der in der Praxis üblichen Bewicklungsarten ableiten:

1. Präzisions-Kreuzspulung.[1] Bei Präzisions-Kreuzspulung (Abb. 8) entspricht das Grundübersetzungsverhältnis von Fadenführer-Doppelhub zu Spulspindel-Drehzahl, auch Spulverhältnis genannt, der Anzahl der Spulfelder, z. B. ergibt 1 : 4 = 4 Spulfelder (drei Fadenverkreuzungen).

Zu diesem gradzahligen Übersetzungsverhältnis muß aber noch eine kleine zusätzliche Übersetzung kommen, da sonst die Fäden übereinander verlegt würden. Man wünscht die Verlegung dicht nebeneinander in geschlossener Form oder mit geringen Abständen, der sogenannten offenen Spulung. Dieses zusätzliche Übersetzungsverhältnis, das für die Fadenverschiebung von Fadenmitte zu Fadenmitte maßgeblich ist (Abb. 8, A zu B) nennt man

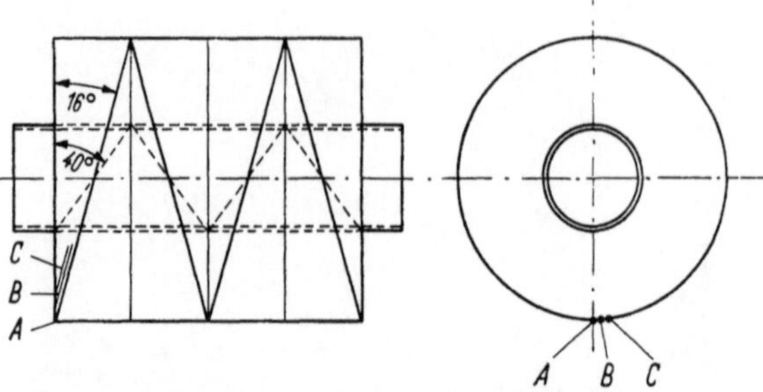

Abb. 8. Präzisionskreuzspule mit Spulverhältnis 1 : 4 + δ (Georg Sahm). Gleichbleibende Fadenverkreuzung und damit spitzer werdender Kreuzungswinkel bei anwachsender Spule

den δ-Wert. Entspricht der Abstand von Fadenmitte zu Fadenmitte der Garnstärke (Garn-Nr.), so erzielt man geschlossene Präzisions-Kreuzspulung (Abb. 9 u. 10; grobe Garn-Nummer). An den Spulenkanten liegt dann Fadenumkehrpunkt dicht neben Fadenumkehrpunkt (s. Abb. 8, B neben A, C neben B).

Die Präzisions-Kreuzspulung wird vornehmlich für Aufmachungszwecke in der Nähgarnindustrie eingesetzt. In den letzten Jahren hat diese Spulungsart für Vorbereitungsspulen

Abb. 9. Präzisionskreuzspule mit geschlossener Präzisionswicklung mit Spulverhältnis 1 : 5 + δ (Kopfwicklung)

Abb. 10. Präzisionskreuzspule mit geschlossener Präzisionswicklung mit Spulverhältnis 1 : 5 — δ (rückwärtslaufende Garnverlegung)

in der Grobgarn- und Teppichindustrie infolge ihrer großen Vorteile gegenüber der gewöhnlichen Kreuzspulung Bedeutung erlangt, insbesondere wegen des bis zu 70% größeren Fassungsvermögens und den sich hieraus ergebenden Rationalisierungsmöglichkeiten.

2. Präzisions-Rautenspulung. Der Name ,,Rautenspulung'' wurde wegen des rautenförmigen Spulenmantelbildes geprägt.

Bei dieser Spulungsart (Abb. 11) werden die Fadenwindungen in weitem Abstand von den Windungen des vorherigen Fadenführer-Doppelhubes auf dem Spulenmantel verlegt. Um

---

[1] Vgl. R. WASSMANN: Moderne Präzisions-Kreuzspulmaschinen für Chemiefäden feiner Titer. Chemiefasern 1961, H. 1—4.

dies zu erreichen, ist bei der Präzisions-Rautenspulung das Grundübersetzungsverhältnis von Fadenführer-Doppelhub zu Spulspindeldrehzahl eine gebrochene Zahl, z. B. 1 : 5,4. Auch hier kommt als noch Zusatzübersetzung der δ-Wert, der bis in die 9. Dezimale gehen kann, für die Fadenabstände (s. Abb. 11, A zu A_1) hinzu. Im Gegensatz zur Präzisions-Kreuzspulung werden bei der Präzisions-Rautenspulung die Fadenumkehrpunkte, bedingt durch das gebrochene Übersetzungsverhältnis, gesetzmäßig entsprechend der Stelle hinter dem Komma versetzt, z. B. in Abb. 11 um 4/10 bzw. 144° des Spulenkantenkreises. Bei dem Übersetzungsverhältnis (Spulverhältnis) 1 : 5,4 (Abb. 11) wird der Faden zu Beginn des zweiten Fadenführer-Doppelhubes bei Punkt B verlegt (144° von Punkt A entfernt) und gelangt am Schluß des zweiten Doppelhubes bei C an. Die Verlagerung der Umkehrpunkte setzt sich so jeweils um 144°

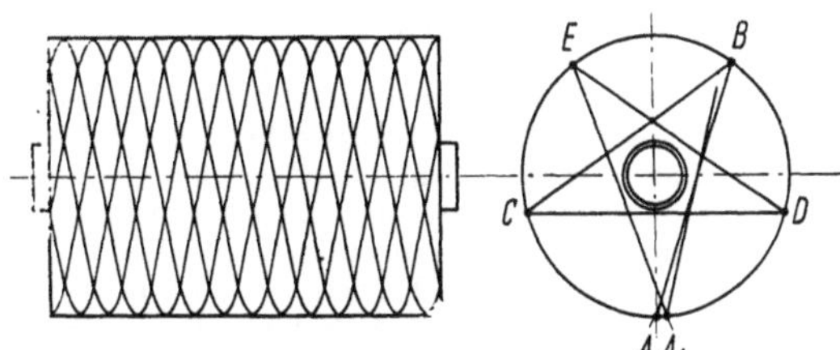

Abb. 11. Präzisionsrautenspule mit Spulverhältnis 1 : 5,4 + δ
(Georg Sahm)

fort. Erst zu Beginn des sechsten Doppelhubes wird der Faden wieder neben A oder in Abstand von A entsprechend des δ-Wertes verlegt.

Fehlt der δ-Wert in der Gesamtübersetzung, so entsteht die *überlagerte Rautenspule* (Abb. 12a). Diese Art der Präzisions-Rautenspulung wird auch als Wabenspulung bezeichnet, da sich durch die überlagerten Rauten Hohlräume in Form von Kanälen bilden. Spulen dieser Art haben für Vorbereitungs- und Färbezwecke keine Bedeutung.

Die *geschlossene Rautenspule* (Abb. 12b) entsteht, wenn der δ-Wert in der Gesamtübersetzung entsprechend der Garnstärke gewählt wird, so daß zwischen A und A_1 in Abb. 11 kein Abstand vorhanden ist. Diese Spulungsart ist für Chemiefäden feiner Titer uninteressant und wird nur für Spezialzwecke bei groben Titern ab 800 Denier verwendet.

Die *offene Präzisions-Rautenspulung* (Abb. 12c), für die die Modelle Bikomat und Präkomat von Georg Sahm eingerichtet sind, wird mit großem Erfolg für Vorbereitungs- und Färbespulen eingesetzt. Es ist eine bekannte Erscheinung, daß beim Verarbeiten von Chemiefäden feiner Titer auf gewöhnlichen Kreuzspulen oder Präzisions-Kreuzspulen Störungen beim Fadenabzug auftreten; die glatte Beschaffenheit der Chemiefäden bringt es mit sich, daß die Haftfähigkeit der Fadenwindungen auf der Spu-

Abb. 12a—c. Präzisionsrautenspulung; gleichbleibende rautenförmige Fadenverkreuzung (Georg Sahm)
a) überlagerte Präzisionsrautenspule (Wabenspule); b) geschlossene Präzisionsrautenspule; c) offene Präzisionsrautenspule

lenoberfläche sehr gering ist. Die kleinste Erschütterung, die der ablaufende Faden verursacht, führt zu einer Lockerung der nachfolgenden Fadenlagen. Diese fallen von der Spule herunter, bleiben am Spulenfuß hängen und geben Anlaß zu Schlingenbildung, die zu Fadenbrüchen führt. Die offene Präzisions-Rautenspulung (großer δ-Wert = Abstand zwischen A und A_1 in Abb. 11) schließt diese Mängel aus, da bei dieser Spulungsart die Fadenwindungen von zwei folgenden Rechts- oder Linkslagen jeweils in der Fadenlücke der darunter befindlichen Fadenlage liegen (Abb. 13). Auch bei geringer Fadenspannung drücken die Windungen

die Gegenwindungen etwas ein, liegen infolgedessen fest und sichern der Spule einen festen
Zusammenhalt und störungsfreien Abzug mit höchsten Fadengeschwindigkeiten.

Ein typisches Merkmal der offenen Rautenspulung ist, daß bei rotierender Spule auf dem
Spulenmantel starke und schwächere Linien in gleichem Abstand sichtbar werden. Es handelt
sich hierbei um die in dieser Form sichtbaren Kreuzungsstellen, wobei die Linien der oberen
Lagen stärker erscheinen. Bei feinen Fäden, z. B. 70···100 den, ist das Spulbild zwar dasselbe, jedoch sind die Linien ohne Lupe nur schwer zu erkennen. Ist das Spulgut sehr fein
(15···70 den) und außerdem noch glänzend, so sind sie gar nicht mehr erkennbar. Die rotierende Spule hat dann eine fast glatte, mattschimmernde Oberfläche.

3. Rautenspule für Färbezwecke. Das Färben von Chemiefäden im Strang, Spinnkuchen
oder Spulkranz hat Nachteile, die in der Natur der Sache liegen und daher nicht zu beheben
sind. Die durch die erforderlichen Haspel- und Umspulprozesse entstehenden erheblichen
Mehrkosten, die hierdurch auftretende Qualitätsminderung des Materials, der anfallende erhöhte Garnabfall und unbefriedigende Färbeergebnisse haben dazu geführt, daß sich die inter-
essierenden Kreise mit dem Problem des Färbens von Chemiefäden auf der Kreuzspule aus-
einandersetzten. Die gewöhnliche Kreuzspulung wie auch
die Präzisions-Kreuzspulung erwiesen sich als ungeeignet.
Das Färben von Chemiefäden auf der Kreuzspule wurde
erst durch die offene Präzisions-Rautenspulung möglich.
Neben Georg Sahm haben vor allen Dingen die Badische
Anilin & Soda-Fabrik AG (BASF) und Gebr. Wylach
auf diesem Gebiet Pionierarbeit geleistet. Die Untersuchungen wurden zunächst auf den Gebieten der Rege-
nerat- und Acetatfasern durchgeführt und nach erfolg-
reichem Abschluß auch auf die synthetischen Fasern
ausgedehnt.

Die offene Rautenspulung ermöglicht einen gleichmäßigen Spulenaufbau und vor allen Dingen gleiche Spulungsdichte innerhalb der Spule. Die Abb. 13 zeigt einen
Schrägschnitt durch die Linkslagen einer Rautenspule
für Färbezwecke.

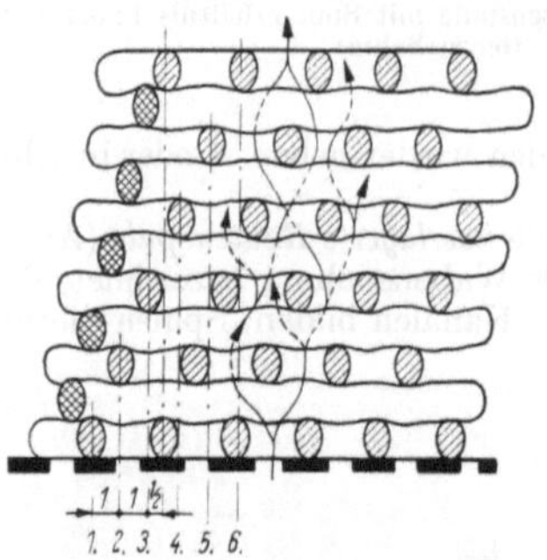

Abb. 13. Schrägschnitt durch die Links-
lage einer offenen Rautenspule für Färbezwecke (Georg Sahm)

Die dazwischen liegenden Rechtslagen sind nur jeweils
in einem Faden geschnitten. Es ist deutlich zu erkennen,
daß erst die sechste Fadenlage die erste Fadenlage über-
deckt. Die Färbeflotte muß sich vom kleinsten bis zum größten Spulendurchmesser immer um
die Fäden herumschlängeln, sie also völlig umspülen.

Die Praxis hat gezeigt, daß bei einem Spulverhältnis, das nahe bei 1 : 5,4 liegt, die besten
Färbeergebnisse erzielt werden können. Es spielt jedoch hierbei nicht nur das Spulverhältnis
eine Rolle, sondern auch die Spulenhärte, die durch entsprechende Fadenspannung und
Spulenpressung zu erreichen ist. Nach Tab. 1 kann die Spulenhärte je nach Spulgut zwischen
10 und 50° Shore liegen. Sie ist
vom Titer sowie von der Schuß-
oder Kettdrehung abhängig. Die
Färbereipraxis hat gezeigt, daß
die Shore-Härte der Färbespulen
um so größer gewählt werden
kann, je höher das Material gedreht oder gezwirnt ist. Die Spulen haben trotz ihrer Weichheit
einen festen Zusammenhalt, der
ihre Verwendbarkeit als Vorbereitungsspulen ohne weiteren Umspulprozeß möglich machen.

Tabelle 1. *Shore-Härten bei Färbespulen*

Spulgut	Spulenhärte ° Shore	Spulengewicht g
Reyon	35—45	500—600
Chemie-Kupferseide ...	30—40	400—600
Acetat...............	40—50	500—600
Perlon, Nylon	25—35	500—600
Polyester	10—25	400—500

Die zylindrische Spulenform hat sich auf Grund ihrer spul- und färbetechnischen Vorteile
gegenüber der konischen durchgesetzt. Bei der letzteren ist die Fadengeschwindigkeit durch
den Wechsel vom großen zum kleinen Spulendurchmesser laufenden Änderungen unterworfen, die zu Fadenspannungsschwankungen führen und sich nachteilig auf die gleichmäßige
Spulenhärte auswirken, obwohl ein gewisser Ausgleich durch eine Kompensationsfadenbremse
erfolgt. Bei vielen Materialien kann jedoch dieser Gesichtspunkt unberücksichtigt bleiben, da
in erster Linie Quellwert und Krumpfvermögen des Spulgutes die Wahl der Spulenform bestimmen. Obwohl beide Faktoren durch geeignete Ausrüstung reduziert werden können und
dadurch u. U. die Verwendung von konischen Färbespulen (halber Kegelwinkel 3° 30′) gestatten, bietet die zylindrische Spulenform doch färberisch die größte Sicherheit. Während
des Quell- bzw. Krumpfvorganges sucht das Garnpaket den Weg des geringsten Widerstandes
nach der sich verjüngenden Seite der konischen Spule. Die Färbespule wird hierbei derart

deformiert, daß eine einwandfreie Durchfärbung und somit eine Weiterverarbeitung nicht mehr gegeben sind.

Die zylindrische Spulenform bringt für die Weiterverarbeitung keine Nachteile, da die Garne ohne Schwierigkeiten mit hohen Fadengeschwindigkeiten von zylindrischen Rautenspulen über Kopf abgezogen werden können (z. B. auf dem Schär- oder Zettelgatter).

Tabelle 2. *Hülsen- und Spulenabmessungen sowie Spulengewichte*

Hülsen-Norm DIN	innerer, unterer Hülsen-ø d mm kon. zyl.		Hülsenlänge l (mm)	Spulbreite H (mm)	üblicher Spulen-ø (mm)	üblicher Stirnflächen-Kegelwinkel °	Spulengewicht g (z. B. bei Nylon)
64617[1]	46		170	150	110	40	650
64617[2]	62		170	150	110	40	550
64615		56	170	150	110	40	600
64402[3]		55	170	150	120	20	400—600

[1] vorwiegend für Multifilgarne
[2] vorwiegend für Monofilamente
[3] ausschließlich für Färbespulen, vorwiegend aus Synthetics, Azetat, Chemie-Kupferseide

Tabelle 3. *Hülsen- und Spulenabmessungen sowie Spulengewichte*

Hülsen-Norm DIN	innerer, unterer Hülsen-ø d (mm) kon. zyl.		Hülsenlänge l (mm)	Spulbreite H (mm)	maximaler Spulen-ø mm	Spulengewicht (z. B. Reyon) g
64617	46		170	150	160	2500
64615		56	170	150	160	2500
64402[1]		55	170	150	120[2]	400—600

[1] ausschließlich für Färbespulen, vorwiegend aus Reyon, Azetat, Chemie-Kupferseide
[2] üblicher Spulen-Durchmesser bei Färbespulen

Im Zusammenhang mit der zylindrischen Spulenform sind noch die zum Einsatz kommenden Färbehülsen zu erwähnen. Die in den Tab. 2 und 3 aufgeführte starre Färbehülse nach DIN 64402 ist allgemein eingeführt. Sie kann als imprägnierte Papphülse für Färbetemperaturen bis etwa 100 °C, als Kunststoff- oder Metallhülse (rostfreier Stahl) für höhere Färbetemperaturen verwendet werden. Bei Präkomat-Färbespulen müssen bei gewissen Materialien, z. B. Acetat, vor dem Färben die geraden Stirnflächen gebrochen werden, um die unterschiedliche Dichte der Spulenkanten zur Spulenmitte etwas auszugleichen. Der Färber führt dies mit der Abkantmaschine oder mit einem Trichter aus. Die Spulungsdichte an den Spulenkanten bei Rautenspulen mit geraden Stirnflächen hat jedoch bei vielen Materialien praktisch keinen Einfluß auf die gleichmäßige Durchfärbung. Messungen haben ergeben, daß die Härte der Spulenkanten in der Regel nur etwa 5° Shore über die der Spulenmitte liegt, was färberisch ohne Bedeutung ist. Azetatgarne können eine Ausnahme bilden und ein Abkanten der Spulenstirnflächen erfordern. Vorteile bietet hier die zylindrische Doppelkegelrautenspule (Stirnflächenkegelwinkel 15···20°) Durch die abgeschrägten Stirnflächen wird eine Verlagerung der Fadenumkehrpunkte erreicht und somit das Entstehen einer härteren Spulenkante gegenüber der Spulenmitte vermieden.

Für bestimmte Materialien, z. B. Chemie-Kupferseide, können jedoch auch flexible Färbehülsen verwendet werden, die ein Hartwerden des Spulenkernes während des Färbeprozesses ausschalten. Neben der von der BASF entwickelten Schlitzhülse, deren abgewinkelte Schalenenden beim Spulen einen Abstand von etwa 4 mm besitzen, sind auch Federhülsen geeignet, z. B. die amerikanische Franklin-, die belgische Annicq- und die Scholl-Hülse. Die Abb. 14 zeigt Präkomat-Spulköpfe mit Spezialspulspindeln für Federhülsen. Spulkopf *I* ist für eine Scholl-Hülse, Spulkopf *II* für eine Annicq-Hülse eingerichtet. Während des Quellprozesses beim Färben dehnt sich das Garn aus und die elastischen Federhülsen können dem dadurch entstehenden Druck nachgeben. Außerdem wird durch sie das Fassungsvermögen des Färbeapparates besser ausgenützt, da sie sich axial zusammenschieben lassen; die Zwischenräume zwischen den Spulenstirnflächen entfallen, und es können mehr Färbespulen auf die Färberohre gesteckt werden. Auch Zwischenteller werden nicht mehr benötigt; denn die Spulen dichten sich an den geraden Stirnflächen gegenseitig ab.

Abb. 14. Modell Präkomat für Färbespulen, eingerichtet für Federhülsen (Georg Sahm)

4. Bestimmung des Spulverhältnisses. Das zu wählende günstigste Spulverhältnis wird weitgehend von den Eigenschaften des Spulgutes bestimmt. Es wird grundsätzlich unterschieden zwischen *festem* (harten), *glatten Spulgut* und *weichem* (dehnbaren), *weniger glatten.*

Hieraus kann man folgende Grundregeln ableiten:

1. festes, glattes Spulgut – hohes Spulverhältnis (1 : 6,4 bis 1 : 10,4).

Ergebnis: Es wird die Bildung von Sattelspulen verhindert.

2. weiches, nicht zu glattes Spulgut – niedriges Spulverhältnis (1 : 4,4 bis 1 : 6,4).

Ergebnis: Hierdurch kann dem Aufwölben (Ausbauchen) der Spulenstirnflächen begegnet werden.

Ist weiches Spulgut glatt, so daß beim Spulen mit einem niedrigen Spulverhältnis ungenügende Haftung vorhanden ist (Zusammenrutschen und Abschläger), muß durch Probespulung das günstigste ermittelt werden. Dieses Ziel ist erreicht, wenn die Spule eine einwandfreie Fadenverlegung und bei großem Durchmesser das geringste Aufwölben an den Stirnflächen aufweist. Auch Titer und die gewünschte Spulenhärte haben Einfluß auf die Wahl des Spulenverhältnisses. Die folgende Tab. 4 zeigt einige Anwendungsbeispiele, wobei auch die erprobten Spulspindeldrehzahlen genannt werden, die in direkter Beziehung zu den einzelnen Spulverhältnissen und Spulmaterialien stehen.

5. Die Spulenhärte. Die Härte der Spulen wird hauptsächlich durch die Fadenspannung und die Spulenpressung bewirkt. In der Regel soll die Fadenspannung betragen:

     a) bei Vorbereitungsspulen 0,1 g/den (z. B. Perlon 20 den = 2 g)

     b) bei Färbespulen 0,05 g/den (z. B. Reyon 150 den = 7,5 g)

Diese Werte können jedoch nur richtungsweisend sein; Aussehen, Drehung usw. des Spulguts zwingen in vielen Fällen mit einer anderen Fadenspannung zu spulen, um die er-

Tabelle 4[1]

Spulgut und Titer	Spulverhältnis	Spulspindel-drehzahl U/min ca.	Spulenhärte ° Shore	Verwendung der Spule
		Modell Bikomat		
Perlon, Nylon 15—70 den	1 : 8,4	2950	60—70	Normalbikonen[2]
	1 : 6,4	2250	55—60	Normalbikonen[2]
	1 : 6,4	2000	40—45	Weichbikonen[2]
	1 : 5,4		30—40	
	1 : 5,4	1550	25—35	Färbespulen
Azetat 120 den	1 : 5,4	1700	40—50	Färbespulen
Helanca ab Zwirnspule	1 : 8,4	2600	50—60	Normalbikonen[2]
	1 : 6,4	2000	45—55	Normalbikonen[2]
Helanca ab Muff	1 : 6,4		45—55	Normalbikonen[2]
	1 : 5,4	1250	20—35	Weichbikonen[2]
		Modell Präkomat		
Reyon 300 den	1 : 6,4	1800	70—80	Hartkonen[2]
Reyon 180 den	1 : 5,4	1500	35—45	Färbespulen

[1] Die Tabelle bezieht sich auf Konstruktionen der Fa. Sahm.
[2] Für Vorbereitungszwecke.

forderliche Härte zu erreichen. Fadenspannung und Spulenpressung müssen aufeinander abgestimmt sein. Die Spulenpressung zum Spulbeginn soll rund betragen (g) bei:

Normalbikonen   600,
Weichbikonen   450,
Färbespulen   350.

Auch diese Angaben sind nur Richtwerte, die sich von Fall zu Fall entsprechend den Eigenschaften des Spulgutes ändern können.

c) Die Wicklung der Scheibenspule

Sie ist dadurch gekennzeichnet, daß auf eine Fadenführerbewegung eine große Anzahl von Spindeldrehungen entfällt. Es handelt sich um eine Parallelwindung.

Die einzige oftmals zu findende Konstruktionssonderheit ist, daß der Fadenführer in der Mitte der Spule eine geringere Vorschubgeschwindigkeit aufweist, so daß die Spulen in der Mitte bauchig auflaufen. Man erreicht so ein etwas grö-ßeres Fassungsvermögen. Die unterschiedliche Geschwindigkeit des Fadenführers erzielt man, wie aus der Abb. 4 ersichtlich ist, durch elliptische Räder.

III. Die Elemente der Spulenbildung an Kettgarnspulmaschinen

Eine Diskussion bezüglich der verschiedenen Konstruktionen von Spulmaschinen, wie sie in der Praxis üblich sind, ist stets durch folgende Dispositionspunkte gekennzeichnet:

a) Die Art der Fadenführung.
b) Die Bremsung des Fadens und die Reinigung.

Durch diese beiden Punkte sind die entscheidenden Unterschiede der verschiedenen Fabrikate gekennzeichnet, von der Art der Wicklung und der Güte der Reinigung hängt letzten Endes die Güte des ganzen Arbeitsprozesses für die spätere Fertigung ab.

1. Die Fadenführung

Bei der Scheibenspulmaschine ist das Problem der Fadenführung fast gänzlich unbedeutend; denn einmal ist die Spule durch die Scheiben begrenzt, so daß ein Abschlagen der Kantenfäden unmöglich ist, und außerdem ist die Bewegung des Fadenführers mit Rücksicht darauf so gering, daß bei der parallelen Bewicklung und auf Grund der meistens geringen Garndurchmesser weder mechanische noch technologische Schwierigkeiten bei der Konstruktion auftreten. Die Konstruktionen solcher Maschinen sind dadurch gekennzeichnet, daß die Fadenführer auf einer gemeinsamen Leiste untergebracht sind, die im Antriebskopf der Maschine durch ein Exzenter betätigt wird. Bei Kreuzspulmaschinen ist dies schon aus kinematischen Gesichtspunkten unmöglich, weil bei der großen Verschiebungsgeschwindigkeit der Fadenführer die Maschinen unzulässigen Schwingungen ausgesetzt würden bzw. daß es praktisch unmöglich ist, hohe Fadenlaufgeschwindigkeiten zu erreichen. Aus diesem Grunde wird die Verlagerung des Fadens an jeder Spule gesondert erzielt, indem man als Wickel- und Fadenführungsorgan Elemente verwendet, die mit Rücksicht auf die zeitliche Entwicklung wie folgt aufgeführt werden können:

     a) Fadenführung durch Exzenter — Wicklung durch Wickelwelle.
     b) Fadenführung durch Nutenexzenter — Wicklung durch Wickelwelle.
     c) Fadenführung durch Nutenwelle und Fadenführer — Wicklung durch Wickelwelle.
     d) Fadenführung durch Flügel — Wicklung durch Wickelwelle.
     e) Fadenführung und Wicklung durch Schlitztrommel.
     f) Fadenführung und Wicklung durch achsenlose Teiltrommeln.
     g) Fadenführung und Wicklung durch Nutenzylinder.
     h) Fadenführung für Präzisionswicklung.

Die unter a) und b) genannten Vorrichtungen lassen Schwingungen in die Maschine eintreten, weil hier die Verlegung der Wicklung durch einen besonderen Fadenführer durchgeführt wird, der durch die Exzenter hin und her getrieben wird. Aus diesem Grunde ist es bei der Montage unerläßlich, weitestgehend die Schwingungsmöglichkeit zu reduzieren, indem man die Exzenter sowie die Flügel im Verlaufe der Welle so versetzt, daß nach Möglichkeit eine volle Kompensation der Schwingung durchgeführt wird. Dies ist sicher nur dann möglich, wenn die Versetzung der Exzenter mindestens einmal einen Winkel von 360° erreicht hat.

Bei den unter e) und g) genannten Vorrichtungen ist eine diesbezügliche Überlegung nicht mehr nötig, da die schwingenden Massen gar nicht mehr vorhanden sind. Bei diesen Vorrichtungen handelt es sich um eine einfache Rotation, die gleichzeitig für die Wicklung statt einer besonderen Wickelwelle ausgenützt wird.

Bei den unter h) genannten Vorrichtungen ist die Geschwindigkeit des Fadenführers so gering, daß von einer Schwingungsbildung nicht mehr gesprochen werden kann.

a) und b) Fadenführung durch Exzenter bzw. Nutenexzenter
(Wicklung durch Wickelwelle)

Wie in der Abb. 3 ersichtlich ist, wird die Spule durch eine Wickelwelle angetrieben, wobei zwischen der Exzenterwelle und der Wickelwelle ein Übersetzungsverhältnis von meistens 1 : 5 besteht. Bei den älteren Ausführungen wurde das axiale Exzenter durch den Fadenführer umfaßt und erhielt auf diesem Wege die seitliche Verschiebung. Der Faden legt sich selbständig in den Schlitz des Fadenführers ein.

Diese ältere Maschine hatte eine Reihe von Nachteilen, deren Art und Ursache wie folgt gekennzeichnet werden können:

Das große Spiel zwischen Fadenführer und Exzenter hat in den Umkehrstellen einen längeren Stillstand des Fadenführers zur Folge, so daß die Kantenbewicklung dichter war als die Wicklung in der Mitte der Spule. Aus diesem Grunde bördelten die Kanten der Spulen beim Überschreiten eines bestimmten noch relativ kleinen Durchmessers auf und bereiteten beim nachfolgenden Abspulen auf der Zettelmaschine oder auf der Zwirnmaschine, ganz besonders dann, wenn zwischenzeitlich die Spulen gefärbt wurden, außerordentliche Schwierigkeiten.

Die dichtere Bewicklung der Kanten ließ eine gleichmäßige Durchfärbung überhaupt nicht zu.

Ein mechanischer Nachteil bestand insofern, als die Reibung zwischen Fadenführer und Exzenter zu sehr schnellem Verschleiß der Fadenführer führte, die schon nach verhältnismäßig kurzer Zeit abbrachen.

Der wenig exakte elementare Aufbau dieser Maschine ist der Grund dafür, warum man mit ihr keine großen Fadengeschwindigkeiten erzielen konnte. Daher werden Maschinen dieser Art nicht mehr gebaut.

c) Fadenführung durch Nutenwelle und Fadenführer (Wicklung durch Wickelwelle)

Dieses System wurde von FOSTER entwickelt als man von seiten der Wirkerei die Forderung stellte, die verschiedenen Rohstoffe mit unterschiedlichem Fadenverlegungswinkel spulen zu können. Nach der Darstellung auf S. 21 ist dies aber nur möglich, wenn die Übersetzung zwischen Fadenführung und Wicklung geändert werden kann.

Die Abb. 15 zeigt die konstruktive Lösung dieser Trennung. Der Antrieb der konischen Kreuzspule erfolgt durch einen Wickelzylinder, während der Antrieb des Fadenführers durch eine Nutenwelle erfolgt; in der deutlich erkennbaren Nute wird ein Schiffchen geführt, das auf Grund seiner Länge und Form auch die Kreuzungspunkte der Nute ohne Schwierigkeit überbrückt und dem Fadenführer die traversierende Bewegung erteilt.

Durch diese Trennung zwischen Fadenführung und Spulenantrieb ergibt sich, daß der Fadenverlegungswinkel nicht mehr an den Durchmesser des Winkelorgans oder der Nutenwelle gebunden ist, sondern er bestimmt sich jetzt nur noch aus dem Übersetzungsverhältnis zwischen der Drehzahl des Wickelzylinders und der Drehzahl der Nutenwelle. Wird dieses Übersetzungsverhältnis variant gestaltet, so ist man ohne Schwierigkeit in der Lage, jeden gewünschten Fadenverlegungswinkel durch einfache Regulierung und durch wenige Handgriffe einzustellen. Zeigen sich also während des Spulens ungleichmäßige Spulenflanken oder bauchen diese auf, so kann man durch die Änderung des Garnverlegungswinkels, d. h. durch die Änderung des Übersetzungsverhältnisses zwischen Wickelzylinder und Nutenwelle, diesen Fehler augenblicklich abstellen.

Zeichnet man die Einstellmöglichkeiten in Form eines Diagramms auf (vgl. Abb. 16), so erkennt man aus der Gesamtheit dieses Diagramms, welche außerordentliche Variationsmöglichkeiten gegeben sind.

d) Fadenführung durch Flügel (Wicklung durch Wickelwelle)

Ein sich ständig drehender Flügelfadenführer greift den Faden mit seiner offenen Fläche selbständig auf und gibt diesem auf Grund seiner Form, die durch die in Schraubenlinien verlaufenden Umfangskanten gekennzeichnet ist, eine hin und her gehende Bewegung. In den dreißiger Jahren war dies eine sehr be-

2*

liebte Ausführung mit der man Fadenlaufgeschwindigkeiten bis zu 500 m/min erreichen konnte. Heute werden diese Maschinen (Modell H 3 von Schlafhorst)

Abb. 15. Fadenführung bei der Foster-Müller-Kreuzspulmaschine, Modell 102, mit Vorrichtung zum Abstellen bei Fadenbruch sowie Bremse mit Paraffiniervorrichtung

nicht mehr gebaut. Der Flügelfadenführer ist von der Schlichttrommel und dem Nutenzylinder verdrängt worden, weil deren kinematische Konstruktionen weitaus höhere Fadenlaufgeschwindigkeiten zulassen.

e) Fadenführung und Wicklung durch Schlitztrommel

Schlitztrommeln sind an den Kreuzspulmaschinen Fadenführer und Wickelwelle zugleich. Schon vor der Jahrhundertwende wurden Schlitztrommelmaschinen bekannt. Es handelt sich dabei um Maschinen, deren „Schlitztrommeln" durch Schnur von einer besonderen Antriebstrommel getrieben wurden. Die Schlitze in den Trommeln waren nicht steil, so daß die Trommeln für das Einlegen des Fadens von Hand angehalten werden mußten. Diese Maschinen hatten eine so geringe Leistungsfähigkeit, daß ihr heutiger technischer Einsatz nicht mehr gerechtfertigt ist. Sie werden auch nicht mehr gebaut.

1932 brachte die Maschinenfabrik Franz Müller, M.-Gladbach, eine Trommelkonstruktion auf den Markt, die sich in der Folgezeit viele Freunde erwerben konnte (DRP. 472386).

Die Trommel wird von der Maschine zwangsläufig angetrieben und hat einen steilen Schlitzgang. Damit die Garne sich selbständig einlegen, ist ein Auffangschlitz in Laufrichtung angebracht, der etwas breiter ist als die normale Fadenführung (vgl. Abb. 17). Dadurch war die Möglichkeit geboten, auf sehr große Fadenlaufgeschwindigkeiten überzugehen.

Als Werkstoff verwendet man Bakelit und erzielte durch das geringe spezifische Gewicht eine außerordentliche Reduzierung der Schwungmassen,

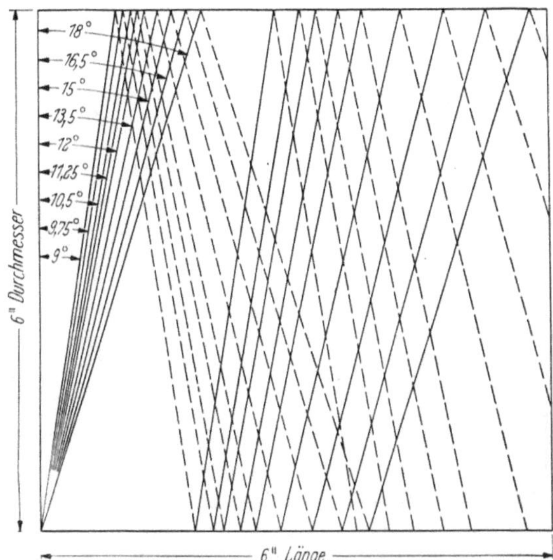

Abb. 16. Vollständige Übersicht über die verschiedenen Wicklungswinkel beim Modell 102, die durch Änderung des Übersetzungsverhältnisses zwischen Wickelzylinder und Unterwelle erzielt werden können

und die Folge ist der geringe Kraftbedarf. Die große Glätte des Werkstoffes schont das Garn und verhindert auch mit Erfolg eine Ansammlung von Staub.

Bei der bisherigen Bauart der Bakelitschlitztrommeln wurden die beiden Hälften der Trommel stets für sich auf die Welle aufmontiert. Bei der neuesten Form der Trommel greifen die inneren Enden der in die Naben der Trommelhälften eingepreßten Metallbüchsen ineinander, und die beiden Trommeln werden durch drei Schrauben zusammengehalten und so zu einer stabilen Einheit miteinander vereinigt.

Die Abb. 18 zeigt die Trommel mit dem heutigen Querschnitt und läßt auch in eindeutiger Weise eine Vorrichtung erkennen, die das Ansammeln von Garnflugstaub in dem vom Faden passierten Teil der Trommel vermeidet.

Man erkennt, daß von den Führungskanten des

Abb. 17. Schlitztrommel von Franz Müller

Schlitzes *a* die Böden *b*, *c* in Richtung zur Trommelachse vorgesehen sind. Diese Böden sind schräg geführt, und es sind keine zur Trommelachse oder zum Trommelmantel parallelen Flächen mehr vorhanden. Von diesen Flächen gleitet der Staub ab und kann sich nicht ansammeln. Es gelangen somit keine Garnstaubflocken mehr auf die Spule.

Es ist nicht zu verkennen, daß die freie Fadenlänge zwischen dem Ablauf- und dem Auflaufpunkt variiert, wenn der Faden von der einen Spulenflanke zur anderen hin verlegt wird. Dies hat Wechselspannungen im Faden zur Folge,

die durch die Konstruktionsform der Schlitztrommel kompensiert werden. Zu
diesem Zweck sind in die Innenflächen der Trommelböden je ein halber ellipsen-
förmiger Ringvorsprung (d, d_1 in Abb. 18) vorgesehen, der in den gegenüberliegenden Trommelboden etwas eingelassen ist. Die beiden Trommelhälften ergeben

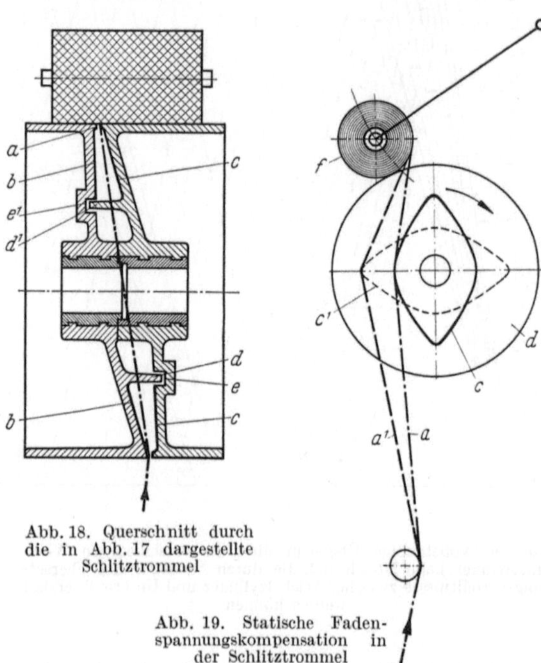

zusammengesetzt eine ellip-
senförmige Oberfläche innerhalb der Trommel. Die Zuord-
nung dieser Ellipse zum Verlauf des Trommelschlitzes (statische Fadenspannunsgkom-
pensation) ist so getroffen, daß
(vgl. Abb. 19) der auf die Flan-
ke der Spule auflaufende Faden
in fast gerader Richtung die
Trommel passiert. Verläuft der
Faden durch die Mitte der Spulenlänge, ist also die freie Fadenlänge kürzer, so wird durch
die Ellipse der Faden ausge-
winkelt, so daß eine Fadenreserve innerhalb der Trommel
entsteht, die beim Wickeln in
Richtung zur Kante freigegeben wird. Auf diese Weise wird
ein nahezu vollständiger Spannungsausgleich des Fadens innerhalb der Trommel geschaffen. Ob diese statische Fadenspannungskompensation auch

Abb. 18. Querschnitt durch
die in Abb. 17 dargestellte
Schlitztrommel

Abb. 19. Statische Faden-
spannungskompensation   in
der Schlitztrommel

bei großen Fadenlaufgeschwindigkeiten in dem hier erläuterten Sinne wirklich
erfolgt, bleibt zweifelhaft, denn vermutlich ist die Eigenschwingungszahl des langen durchlaufenden Fadens geringer als die durch die rotierenden Ellipse erzeugte

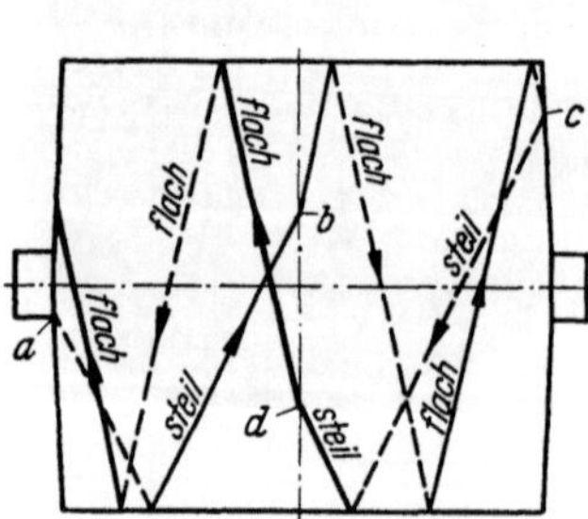

Schwingung. Für den Verlauf des Schlitzes wurde bei
der Bakelittrommel nicht eine einfache Schrauben-
linie gewählt. Die Schlitzform ist so eingerichtet,
daß eine Bewicklung nach der Art der Abb. 20 erfolgt. Unter Ausnutzung der bekannten Tatsache,
daß der Faden, wenn er unter Spannung steht, die
Neigung hat, nach der Mitte der Spule hin zu treiben, wird der Faden in steiler Steigung von der
linken Spulenkante zur Mitte geleitet, und zwar
von a nach b. Von b aus wird der Faden nun nach
der rechten Spulenkante c in flacher Wicklung wei-
tergeführt, um von dort aus zur Mitte nach d in
steiler Wicklung zurückgeleitet zu werden. Die

Abb. 20. Differentialkreuzung der
Schlitztrommel von Franz Müller

Garnlagen mit flacher Steigung werden also stets durch Garnlagen mit steiler
Steigung überdeckt. Auf diese Weise wird eine voluminöse Wicklung erzielt, die
für das Färben besonders günstig ist und im übrigen durch die Schonung des
Garnes gekennzeichnet ist. Diese Wicklung wurde unter der Bezeichnung „Wicklung mit Differentialkreuzung" bekannt.

Betrachtet man nun die Abb. 21 und 22, eine Trommel und deren Abwicklung, so erkennt man, daß auch der partielle Verlauf des Schlitzes nicht geradlinig

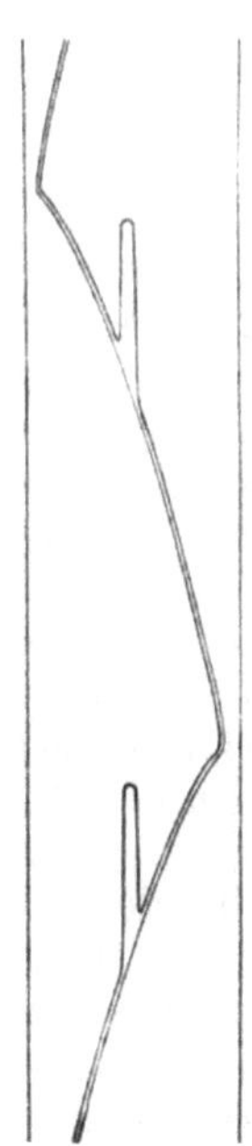

Abb. 21. Trommel von Schlafhorst

Abb. 22. Abwicklung des Faden-
führerschlitzes

ist. Unter Berücksichtigung der Tatsache, daß die zwar kleine Masse des hin- und hergehenden Fadens bei großer Ablaufgeschwindigkeit nennenswerte Beschleunigungskräfte quer zum Faden ausübt, die den Faden zerreißen können, wurde diese Führung nach den wirksamen dynamischen Gesetzen (dynamische Fadenspannungskompensation) so gestaltet, daß gleichförmige Beschleunigung bzw. „Verzögerung" auf den Faden quer zur Laufrichtung wirksam wird. Demgemäß ist die Linienführung parabolisch.

Die Abb. 23 zeigt eine Trommel (der Firma Schlafhorst), die sich von der Abb. 21 dadurch unterscheidet, daß die Nut an der Seite durch eine „Auswerfer-Nut" ergänzt wurde. Sinn dieser Nut ist,

Abb. 23. Trommel mit Auswerfernut (Schlafhorst)

einen in der Trommel gerissenen Faden zur Seite herauszuwerfen, damit ein
Wickeln des Garnes in der Trommel nicht stattfinden kann. Das gerissene Fadenende wird infolge seiner Wucht durch die zurückführende Nut nicht erfaßt. Die
nach außen führende Nut (vgl. Abb. 23) wirft den Faden auf ein außerhalb der
Trommel befindliches Filzband, von dem es dann ohne Schwierigkeit abgenommen wird.

f) Fadenführung und Wicklung durch achsenlose Teiltrommeln

Bei der Verwendung von Schlitztrommeln und Nutentrommeln als Faden-
führungselement besteht eine Problematik darin, daß sich an der Peripherie der
Schlitztrommel eine Grenzschicht bildet zwischen der mit der Trommel gleich-
laufend rotierenden, eingeschlossenen Luftmasse und der außerhalb der Trommel
ruhenden Luftmasse. Die bei hohen Rotationsgeschwindigkeiten immerhin be-
achtlichen Trägheitsmomente der rotierenden Luftmasse haben zur Folge, daß
der in der Sekunde durchlaufende Kettfaden dem Einfluß der rotierenden Luftmasse derartig unterworfen wird, daß er ständig gebeugt und gelegentlich auch
von der Luftmasse mitgenommen wird und sich dann auf die Nabe der Schlitztrommel aufwickelt. Der dann erforderliche Stillstand der ganzen Maschine zum
Beseitigen des Wickels und der Materialverlust ist sehr störend. Besonders bei
Kammgarn tritt diese Störung häufiger auf.

Die Tendenz des Wickelns ist um so stärker, je feiner der Führungsschlitz, je
exakter die Ausführung der Trommel ist, weil um so sicherer die Grenzschicht an
der Peripherie der Trommel ausgebildet ist.

Diese Störungsursache kann man ausschalten, wenn man dem Faden jede
Möglichkeit der Auflage nimmt. Dieser Gedanke führte zu den achsenlosen Teiltrommeln (Abb. 24) (Franz Müller). Jede Hälfte der Gesamttrommel, also jede
Teiltrommel erhält separaten Antrieb, und zwar so exakt, daß beide Teile zusammen (vgl. Abb. 25) das äußere Erschei-
nungsbild der Schlitztrommel bieten.

Abb. 24. Achsenlose Teiltrommeln
(Franz Müller)

Abb. 25. Spulmaschinen-Einzelaggregate mit achsenlosen Teiltrommeln (Franz Müller)

Die Fadenspannungskompensation. Es wurde bereits auf die verschiedenen
Möglichkeiten der Fadenspannungskompensationen hingewiesen.

Der Faden darf nicht in einer geradlinigen Schraubenbewegung traversierend
bewegt werden, weil sonst die unterschiedlichen Beschleunigungs- und Verzögerungsverhältnisse einen ungünstigen Einfluß auf den Fadenlauf ausüben. Das
bei den Schlitztrommeln bewährte System ist bei der achsenlosen Fadenführung
beibehalten worden. Die beiden zueinander koordinierten Trommelhälften sind so
gebaut, daß die bewährte Fadenführung wieder entsteht.

Da die beiden Trommelhälften im Innern absolut glatt sind, fehlt die ursprünglich in der Schlitztrommel vorhandene elliptische Bahn zum Ausgleich der Fadenlängen beim Wechseln von der Kante zur Mitte und umgekehrt. Mit einer geeigneten Fadenführung ist aber diese Kompensation auch bei der achsenlosen Fadenleittrommel verwirklicht.

Abb. 26 zeigt, daß durch einen besonderen Überlaufstab die Länge der durchlaufenden Fadensekante begrenzt wird. Aus der Vorderansicht kann man erkennen, welcher Vorteil sich mit dieser Fadenführung ergibt. Der Faden wird, wie in Abb. 26 dargestellt, in der Mitte der Kreuzspule gewunden, also an einer Stelle, wo bei den üblichen Schlitztrommeln und Nutenzylindern der größere

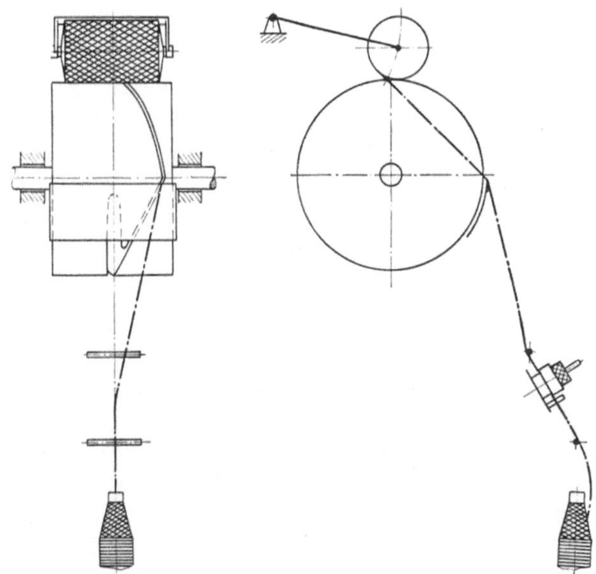

Abb. 26. Fadenspannungs-Kompensation

Radius der Ellipse ein Auswinkeln des Fadens ergeben mußte. Der Überlaufstab, der die Sekante des Fadenlaufes begrenzt, leitet den Faden aber — wie aus der Vorderansicht erkenntlich ist — an einer Stelle der Schlitztrommel ein, die eine Auswinkelung des Fadens und damit eine Kompensation der geringeren Spannung beim Durchlaufen der Mitte ergeben muß.

g) Fadenführung durch Nutenzylinder

In der gleichen Weise wie bei den unter Abschn. e) genannten Schlitztrommeln sind die Nutenzylinder an den Kreuzspulmaschinen Fadenführer und Wickelwelle gleichzeitig. Diese Art der Fadenführung kennt verschiedene Varianten. Die ursprüngliche Entwicklung geht auf eine Erfindung der Universal Windung, Providence, zurück (Reg. Pat. Off. USA). Diese Vorrichtung ist in der Abb. 27 als Photo dargestellt. Mit dieser Vorrichtung sind die Maschinen der Universal Winding „Roto-Coner" ausgerüstet. Der „Roto-Coner" kann mit verschiedenen Formen von Nutenzylindern „rotary-traverses" ausgerüstet werden; und zwar richtet sich dieses nach der herzustellenden Form der Spule. In der Abb. 27a—d sind die jeweiligen typischen Nutenzylinder mit den herstellbaren Spulenformen dargestellt. a) zeigt einen Zylinder mit $2^1/_2$ Windungen auf der Trommelbreite. Wie aus der Abbildung ersichtlich, ist die Windungsdichte zur rechten Seite des Zylinders größer, so daß auf die rechte Seite der Spule eine größere Windungsdichte entfällt. Diese Form ist also geeignet, um die in der Abbildung gezeigte konische Spule herzustellen. b) zeigt drei Windungen auf der Zylinderlänge. Die Änderung der Nutensteigung ist geringer, so daß auch ein Konus mit geringerem Konuswinkel entsteht. Auch der Zylinder c) hat drei Windungen, die aber auf der ganzen Länge mit konstanter Steigung verlaufen. Auf diese Weise entsteht eine zylindrische Kreuzspule. Der Zylinder d) weist gegenüber dem Zylinder c) lediglich den Unterschied auf, daß zwei Windungen auf der Zylinderlänge vorhanden sind. Diese unter d) gekennzeichnete Vorrichtung ist in der Praxis beliebter, weil der Steigungswinkel der Wicklung größer ist und infolgedessen voluminösere Spulenkörper entstehen.

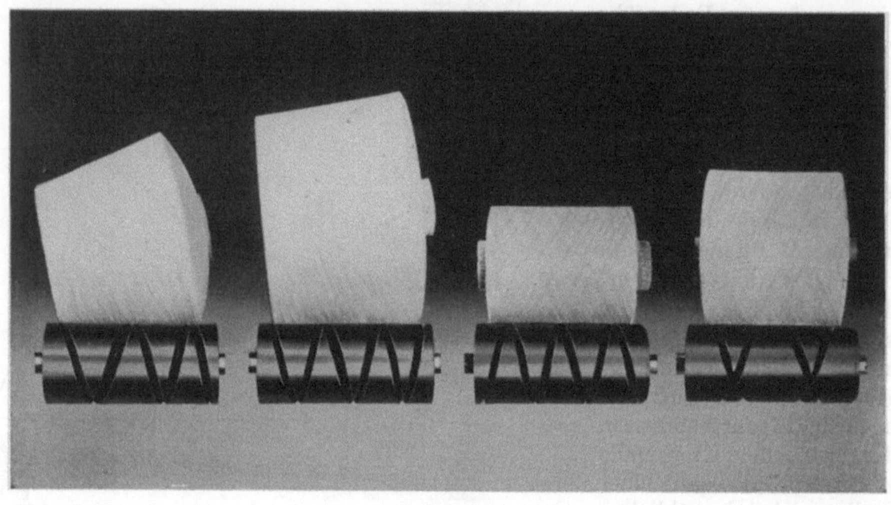

Abb. 27a—d. Die verschiedenen Formen von Nutentrommeln der U. W. Co. mit den meist gebräuchlichen Spulenformen

Der aus Bakelit hergestellte Zylinder hat, da die Nuten in symmetrischer Form angeordnet sind, den besonderen Vorteil zu verzeichnen, daß man den Umkehrpunkt des Fadens in jedem Nutenschnittpunkt erzielen kann. So ist man in der Lage, bei irgendwelchen Variationen in der Fertigung Kreuzspulen von verschiedener Länge herzustellen, indem man vor dem Nutenzylinder eine Leiste anordnet (diese ist an den gelieferten Maschinen in der Regel anmontiert), auf der man durch kleine Zungen den Umkehrpunkt des Fadens festlegt. Welche Spulenlängen und Windungsmöglichkeiten bestehen, zeigt die nachfolgende Tab. 5.

Tabelle 5

Nutengänge je Hin- bzw. Hergang	Garnverlegung (inches)	Windung auf dem linken oder rechten Ende des Zylinders	Erreichbare kurze Längen (inches)				
2 (konstante Steigung)	$5^3/_4$	beidseitig	$4^1/_4$	$2^3/_4$	$1^1/_4$		
3 (konstante Steigung)	$5^7/_8$	beidseitig	$4^7/_8$	$3^7/_8$	3	$1^7/_8$	$^{15}/_{16}$
3 (von der Mitte ab beschleunigt	6	links	$5^3/_{16}$	$4^1/_{43}$	$^1/_4$	$2^1/_4$	$^7/_8$
		rechts	$4^3/_4$	$3^5/_{82}$	$^9/_{16}$	$1^5/_8$	$^{11}/_{16}$
$2^1/_2$ (auf der ganzen Länge beschleunigt)	$5^3/_4$	links	5	4	$2^3/_4$	$1^1/_2$	
		rechts	$4^1/_4$	$2^7/_{81}$	$^3/_4$	$^3/_4$	

Die hier besprochene ursprüngliche Form der „Leesona-Trommel" findet mit einigen Abweichungen bezüglich Hub und Durchmesser heute bei vielen Konstruktionen Verwendung. Insbesondere bediente man sich bei der Entwicklung der „Kleingruppen-Kreuzspulautomaten" allgemein dieses Elementes.

Die Konizität der Kreuzspule. Die einfachste und auch allgemein übliche Methode, konische Kreuzspulen herzustellen, ist die, daß man konische Hülsen auf den Dorn des Spulenhalterrahmens aufsteckt und diesen selbst um die Konizität der Hülse verschränkt. Wie unzweckmäßig jedoch eine solche Fertigungsmethode ist, zeigt sich bei der Betrachtung der Abb. 28 und 29. Es werden hier in schematischer Darstellung in der Abb. 28 zwei verschiedenartige konische Kreuzspulen gezeigt.

Die Figur a) zeigt die prinzipielle Darstellung einer superkonischen Kreuzspule, die Figur b) einer normalen konischen Kreuzspule. In der Abb. 29 wird der innere Aufbau der beiden Spulen als Schnitt gezeigt.

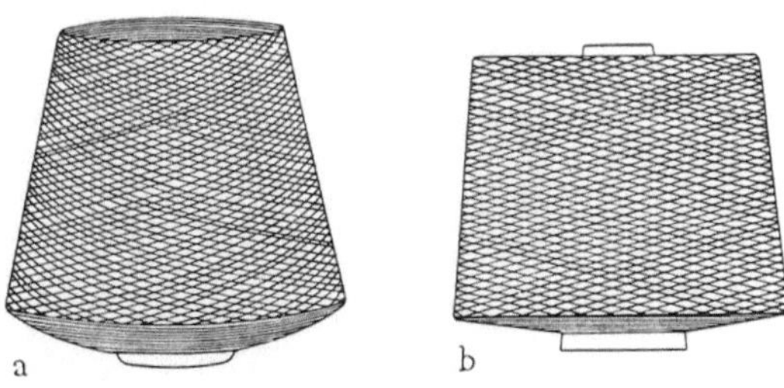

Abb. 28a u. b. Prinzipiell verschiedene Formen von x-Spulen
a) Superkonus; b) normale x-Spule

Wird die Konizität wie normal üblich einfach durch Verschränkung des Spulenhalterrahmens erzielt, so erhält man, wie dies in der Abb. 29b dargestellt ist, einen inneren Spulenaufbau aus parallelen Schichten Garn. Verlängert man die Flanken der Spule bis zum Schnittpunkt auf der Mittellinie A, so erkennt man, daß dieser Punkt A beim Spulenablauf — bei abnehmendem Spulendurchmesser — sich laufend verschiebt. Dieser Punkt A hat jedoch eine besondere Bedeutung insofern, als bei dem später nachfolgenden Fertigungsprozeß in diesem Punkt A der Stützpunkt des Ablaufballons liegen soll bzw., daß hier Fadenführer oder Bremsvorrichtungen u. dgl. angebracht werden müßten. Bei solchen Spulen sitzt also bei präziser Fertigung der Stützpunkt des Ballons nie an der richtigen Stelle. Betrachtet man dagegen die Abb. 29a, so erkennt man, daß der Spulenkörper durch kegelige Schichten aufgebaut ist. Diese kegeligen Schichten entstehen, indem in Richtung zur Kegelbasis eine größere Windungsdichte

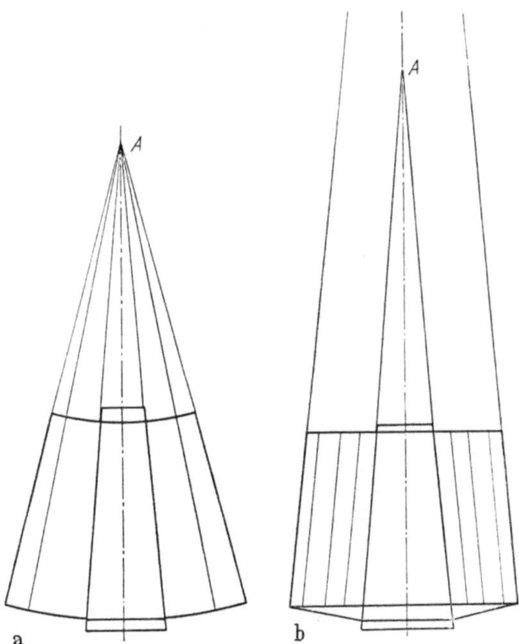

Abb. 29a u. b. Aufbau der beiden in Abb. 28a u. b gekennzeichneten Spulen

gespult ist. Die Flanken der Aufbaukegel treffen sich alle in dem Punkt A, der bei jedem Durchmesser an konstanter Stelle liegt. Die fertigungstechnischen Vorteile der konischen Wicklung werden besonders von den Wirkern erkannt und gefordert.

Die Entstehung der Wicklung wurde bereits beschrieben und aus der Abb. 27a ersieht man auch, wie nach rechts der steilere Nutengang größere Windungsdichte erzeugt. Es besteht auch die Möglichkeit, für den gleichen Zweck (9°15′

Spulenneigung) konische Trommeln zu verwenden, die zur Kegelbasis größere
Windungsdichte zeigen.

Das Modell IKN (Schlafhorst) arbeitet mit solchen Trommeln (vgl. Abb. 30).
Die konische Fadenführertrommel schont das Garn, sie vermindert die Folgen des

Abb. 30. Konische Fadenführertrommel für Wirkspulen (Modell IKN, Schlafhorst)

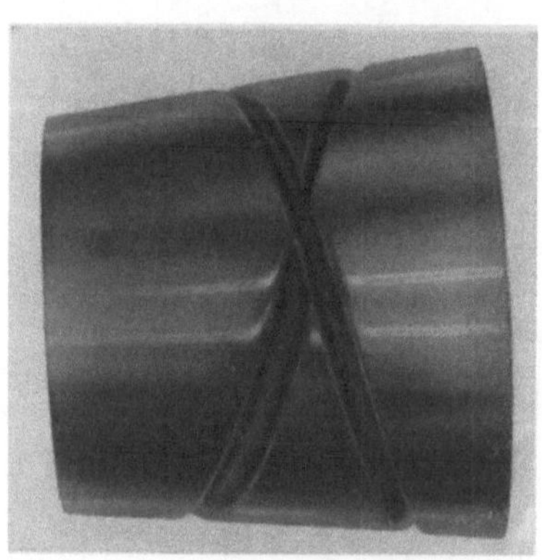

Abb. 31. Konische Fadenführertrommel mit
einem der Schlitztrommel vergleichbar großen
Durchmesser (Franz Müller)

Abb. 32. Nutenzylinder von Barber & Colman

Schlupfes zwischen den unterschiedlichen Durchmessern der Kreuzspule und der
Trommel.

Um Vorteile der großen Schlitztrommel zu wahren, werden für die gleiche
Spulenart auch große konische Schlitztrommeln gebaut (Abb. 31, Franz Müller).

Erforderlich ist nur, daß der Spulenhalter einen schwenkbaren Arm besitzt,
damit sich auch die erforderliche Änderung der Neigung einstellen kann, wenn
der Spulendurchmesser zunimmt.

Die auf den Maschinen der Firma Barber & Colman (vollautomatische Kreuzspulmaschinen) hergestellten Spulen sind aus fabrikationstechnischen Gründen
verhältnismäßig schmal (vgl. Abb. 33d). Deshalb braucht die Fadennut, die

wegen der geringen Spulenlänge einen sehr steilen Winkel aufweist, keinen besonderen Fadenauffangschlitz. Wie aus der Abb. 32 ersichtlich, ist der Fadenführerschlitz in der Mitte für das leichtere Einfallen des Fadens etwas verbreitert.

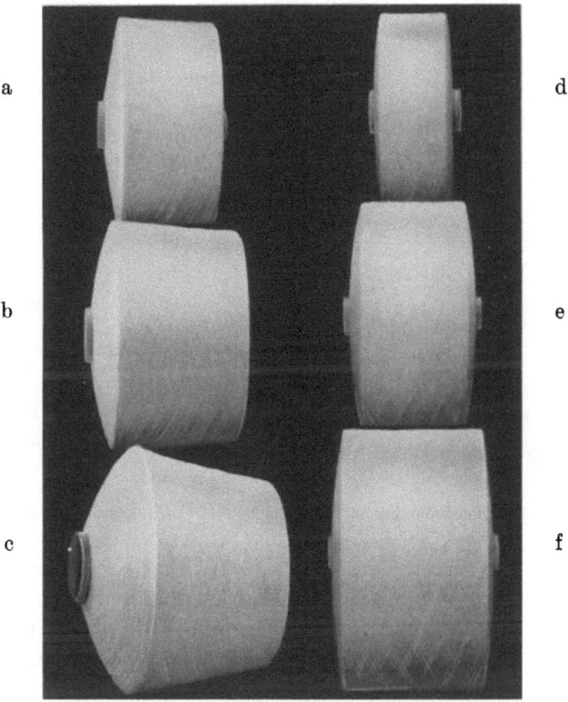

Abb. 33a—f. Gebräuchliche Kreuzspulenformate

Das Hülsenformat, d. h. die Kegelneigung bei konischen Hülsen und die Hubgröße bei der Fadenverlegung sowohl bei konischen als zylindrischen Hülsen ist unterschiedlich.

Als Anhaltswerte dienen folgende Grenzen:

Hub: 85 mm (Sonnenspulen) für Feingarne über Ne 50 (Abb. 33a, d)
130 mm ($\sim 5''$) bis Ne 50 (Abb. 33a, e)
150 mm ($\sim 6''$) bis Ne 36 (Abb. 33b, c, f)

Konizität: 3° 30′ für Reyon (Abb. 33a)
4° 20′ international für Weberei (Abb. 33b)
5° 57′ USA
9° 15′ für Wirkerei (überkonische Kreuzspulen) mit zunehmender Konizität (Abb. 33c)

h) Fadenführung für Präzisionswicklung

Präzisionskreuzspulmaschinen werden als Einzelaggregate gebaut. Die Abb. 34 zeigt einen Einblick in eine Maschine für Präzisionswicklung der Universal Winding Co. Der Antrieb des Aggregates erfolgt durch die Riemenscheibe, und von dort wird einerseits die Spindel und über ein durch Wechselrad regelbares Übersetzungsgetriebe das Fadenführerexzenter angetrieben.

Die Abbildung spricht für sich und braucht nicht weiter erläutert zu werden. Neuere Ausführungen sehen statt des Achsialexzenters mit der Übertragungs-

stange zum Fadenführer eine Kehrgewindewelle vor, in deren Nut der Fadenführer direkt und ohne Zwischenstange mit Hilfe eines Schiffchens läuft. Hierdurch werden die bewegten Massen weitestgehend reduziert (Sahm, Eschwege).

Abb. 34. Präzisionskreuzspulmaschine der U. W. Co. (Antriebskasten geöffnet)

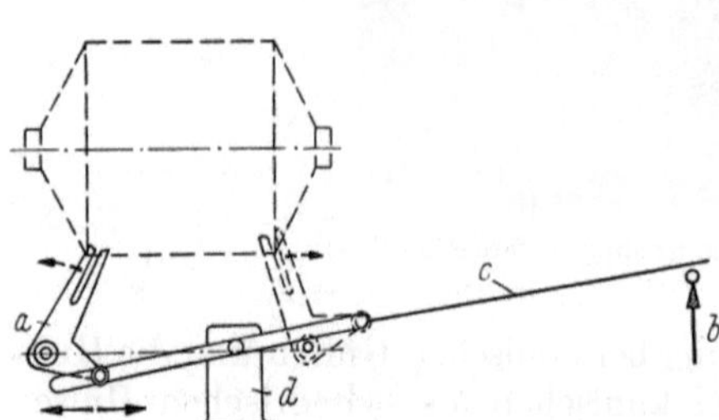

Abb. 35. Vorrichtung zur Erzielung einer beidseitigen
Hubverkürzung an einer Kreuzspulmaschine

Der Punkt *a* wird durch die Kehrgewindewelle hin-
und herbewegt. Mit zunehmendem Spulendurchmesser
wird durch den Stift *b* der Hebel *c* um Punkt *d* geschwenkt; dadurch winkelt sich der Fadenführer an
beiden Umkehrstellen mehr und mehr ab

In letzter Zeit wird von seiten der
Verarbeiter von Reyon, Perlon und Nylon die bi-konische Kreuzspule (Pine-
Apple-Spule) bevorzugt. In diesem Falle
ist es notwendig, zwischen Exzenter,
bzw. Kehrgewindewelle und dem eigentlichen Fadenführer eine mit zunehmendem Spulendurchmesser zunehmende
Hubverkürzung einzuschalten. Hierfür
sind eine Anzahl von konstruktiven Lösungen entwickelt worden, die alle im
Prinzip mit der Abb. 35 erklärt werden
können. Über das Zustandekommen der
Wicklung und deren Varianten in Abhängigkeit von der Übersetzung wird an
anderer Stelle berichtet (S. 111).

2. Die Ablaufgeschwindigkeit bei Kreuzspulmaschinen

Bei den vorangehenden Darstellungen über die Fadenführung wurde immer
wieder ein Hinweis auf die Ablaufgeschwindigkeit gegeben. Insbesondere ersah
man aus der Darstellung, daß die Art der Fadenführung, die statische und dynamische Fadenspannungskompensation einen günstigen Einfluß auf die Ablaufgeschwindigkeit ausübt. Soweit man die heutigen Konstruktionen von Fadenführern vorsichtig beurteilen kann, ist in nächster Zeit keine Änderung zu erwarten. Man kann also sagen, daß man von seiten der Fadenführerausführung
auch keine Steigerung der Fadenlaufgeschwindigkeit erhoffen braucht. Es hat
sich auch aus der praktischen Erkenntnis von Versuchen ergeben, daß die mit den

modernen Fadenführern tatsächlich erreichbaren Fadenlaufgeschwindigkeiten begrenzt werden durch die Schwierigkeit, Kopse mit den seitens der Fadenführer erreichbaren Geschwindigkeiten abzuziehen. Diese Schwierigkeit ergibt sich daraus, daß mit zunehmender Fadenlaufgeschwindigkeit auch der Durchmesser des Ballons zunimmt, so daß immer größere Spannungen am Ablaufpunkt des Fadens vom Ballon wirksam werden. Die Folge davon ist, daß infolge der daraus

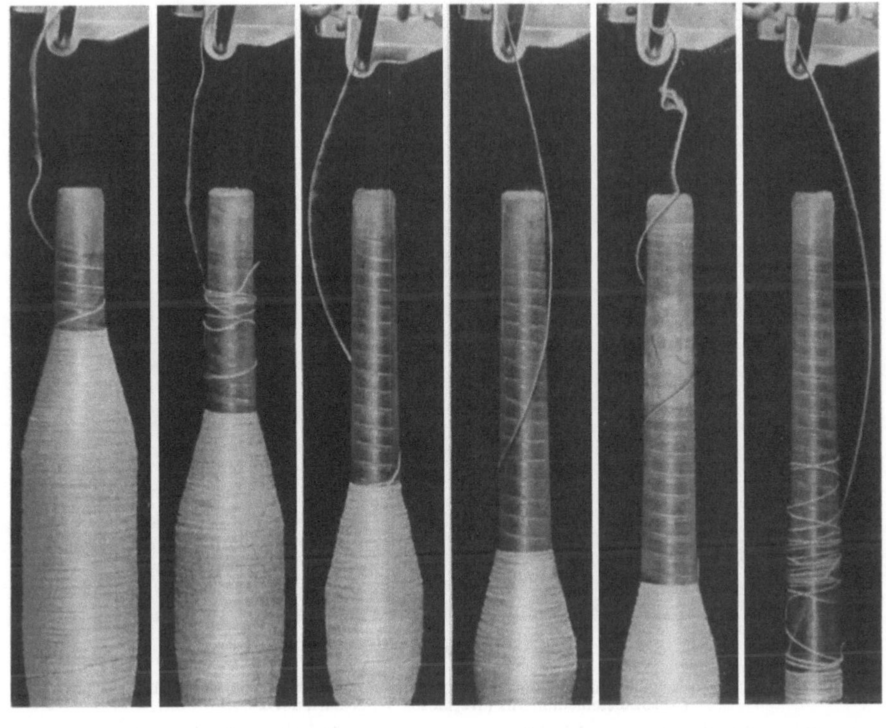
a   b   c   d   e   f

Abb. 36a—f. Elektronenblitzaufnahmen beim Kopsablauf (Werkfotos W. Schlafhorst & Co.)
Die Aufnahmen geben die Verhältnisse bei Abzug vom Kops sehr deutlich wieder. In a) ist der Fadenlauf noch normal, in b) werden schon Windungen mitgerissen. In f) erkennt man die im Text besprochene Erscheinung des enormen Spannungsanstieges bei Erreichen des Kopsfußes

resultierenden größeren Reibung des Fadens beim Ablauf ganze Garnlagen mitgerissen werden können, die dann den Bruch des Fadens zur Folge haben müssen (vgl. Abb. 36a—f).

Das Ziel der Entwicklung ging dahin, die Ablaufspannung zu reduzieren. Man mußte also durch geeignete konstruktive Mittel, den Ballon zum Zusammenbruch bringen, damit nicht mehr die Ballonspannung und damit die Ablaufspannung eine Funktion des Ballondurchmessers bzw. der Fadenlaufgeschwindigkeit ist. Ausgangspunkt für die hieran anknüpfende Entwicklung waren die Beobachtungen, die man mit Ballonbrechern an Ringspinnmaschinen gemacht hat.

Einen Zusammenbruch des Ballons erzielt man schon, wenn entsprechend den Abb. 37 und 38 in die Ballonstrecke zwischen dem Garnkörper G bzw. dem Ablaufkonus F und dem oberen Festpunkt des Ballons B einen Stab anordnet; auf dem im Abstand der Teilung Warzen C, die als Abzugsbeschleuniger (Schlafhorst) bezeichnet werden, eingebaut. Als Beweis dienen die beiden Diagramme Abb. 39 und 40 sowie die Elektronenblitzaufnahme Abb. 37a—e.

Abb. 39 zeigt die Fadenspannungen bei dem Arbeiten *ohne* Abzugsbeschleuniger — Abb. 40 solche bei dem Arbeiten *mit* dem Abzugsbeschleuniger unter sonst gleichen Arbeitsverhältnissen.

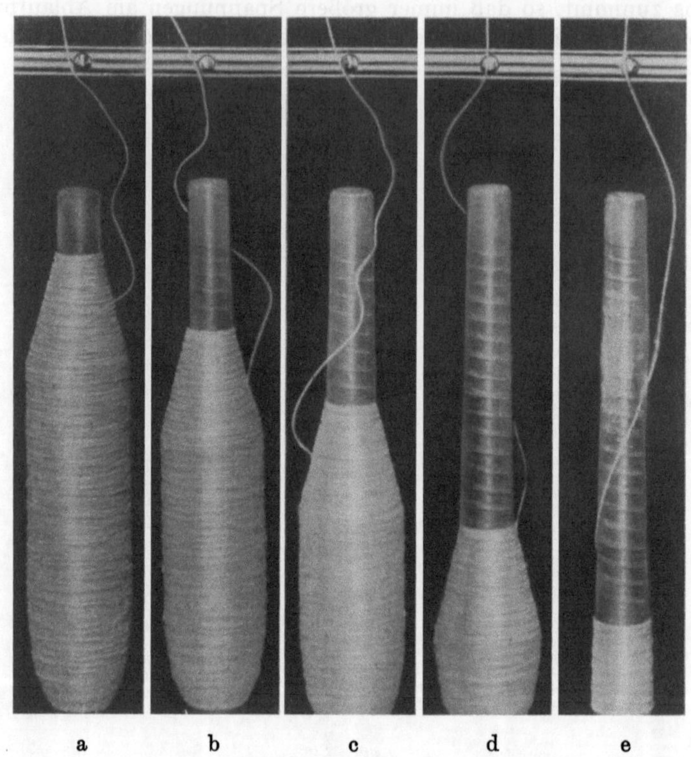

a   b   c   d   e

Abb. 37a—e. Elektronenblitzaufnahmen des Kopsablaufes bei Verwendung von Ballonbrechern (Abzugsbeschleunigern) (Werkfotos W. Schlafhorst & Co.)

Man erkennt, wie sich die ablaufenden Windungen in einem sanften Bogen vom Garnkörper lösen. Selbst der Abzug vom Kopsfuß zieht keine Schlingen mit. In e) erkennt man, daß der Abzug bis zum Ende normal ist und sich ein Ballon bildet

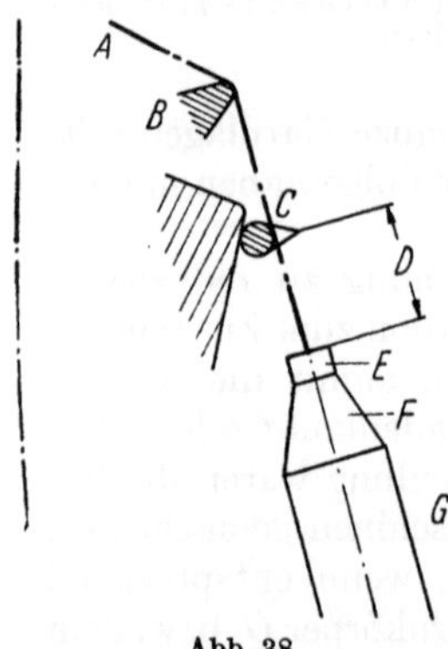

Abb. 38
Anordnung nach Abb. 37a—e

Bei dem Vergleich der beiden Diagramme kann man leicht folgendes feststellen:

1. *Die Wirkung des für den Abzugsbeschleuniger charakteristischen Abschleuderns des Fadens vom Wickelkörper hält fast bis zur Erschöpfung des Garngehaltes des Kopses an.*

2. Die im Verlauf des Abzuges des Garnes von den *einzelnen Fadenschichten* auftretenden Schwankungen in der Fadenspannung werden bei Anwendung des Abzugsbeschleunigers so stark vermindert, daß die erwähnten Umstände fast nur noch bei dem Abziehen des Garnes von den letzten Fadenschichten eine gewisse Rolle spielen, aber *selbst dann nur noch in beschränktem Ausmaß.*

3. Im besonderen Falle des vorliegenden Vergleichs muß auf folgende Zahlen aufmerksam gemacht werden:

a) die verhältnismäßig geringe Fadenspannung von nur fünf Gramm hielt nach Anbringung des Abzugsbeschleunigers *dreimal so lange an*.

b) bei dem Arbeiten mit dem Abzugsbeschleuniger erreichte nur eine einzige Spannungs*spitze* (und zwar die allerletzte, bei dem Abziehen in bezug auf die Fadenspannung ungünstigste Garnwindung des Kopsansatzes) den Wert von 39 Gramm;

c) bei dem Arbeiten *mit* dem Abzugsbeschleuniger war die mittlere Fadenspannung bei dem Abziehen der *letzten* Fadenwindung vom Kops erst so groß

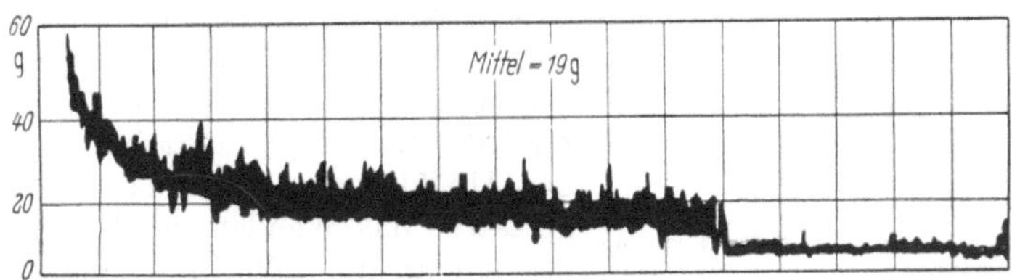

Abb. 39. Diagramm von Fadenspannungen bei Nichtverwendung des Abzugsbeschleunigers

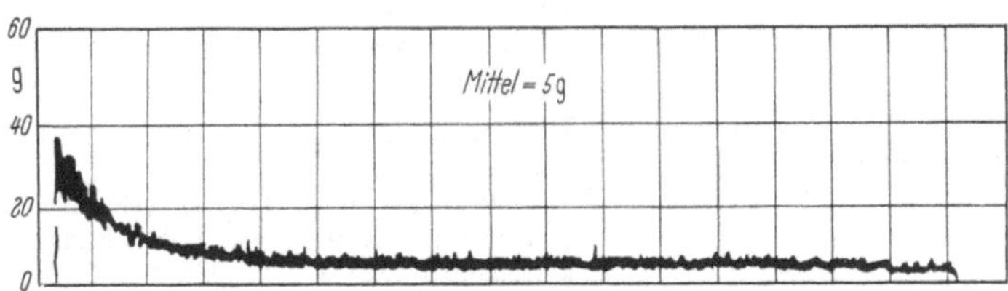

Abb. 40. Diagramm von Fadenspannungen bei Verwendung des Abzugsbeschleunigers der Fa. Schlafhorst

wie die mittlere Fadenspannung der beim Abziehen der *ersten* Fadenwindung des Kopsansatzes bei Arbeiten *ohne* den Abzugsbeschleuniger(!);

d) bei dem Arbeiten *mit* dem Abzugsbeschleuniger war die Spitzenspannung bei dem Abziehen der allerletzten Fadenwindung vom Kops erst so groß wie die Spitzenspannung bei dem Abziehen der *ersten* Fadenwindung des Kopsansatzes bei dem Arbeiten *ohne* Abzugsbeschleuniger(!);

e) die *mittlere Gesamtspannung* beträgt bei dem Abziehen des Garnes unter Verwendung des Abzugsbeschleunigers kaum mehr als ein Viertel der beim Arbeiten ohne Abzugsbeschleuniger festgestellten.

4. *Der günstige Abstand D* (Abb. 38) der Hülsenspitze *E* vom darüber angebrachten Abzugsbeschleuniger *C* beträgt je nach den Umständen *in der Regel nur etwa 40···50 mm*, so daß der Gesamtabstand zwischen der Hülsenspitze und deren Einlaufpunkt an das Fadenspanner- und -reinigeraggregat sogar kleiner ist als bisher üblich.

5. Bei Anwendung des Abzugsbeschleunigers arbeitet man also *mit sehr kurzem Einlaufweg*, wobei unter Voraussetzung entsprechender Maßnahmen eine *wesentliche Erleichterung und Verkürzung der Bedienungszeiten* für den Kopswechsel und für das Anknoten gerissener Fäden erreicht wird, was selbst bei *gleicher* Anzahl der Kopswechsel und Fadenbrüche zu einer entsprechenden *Erhöhung der Leistung der Spulerin* führen würde.

6. Infolge der Verminderung der Spannungsschwankungen *reißt das Garn praktisch nur noch an den tatsächlich unzulässig schwachen Stellen*.

7. In Verbindung mit dem Abzugsbeschleuniger verdient auch folgende Einrichtung besondere Erwähnung:

3 Schneider, Vorbereitungsmaschinen, 2. Aufl.

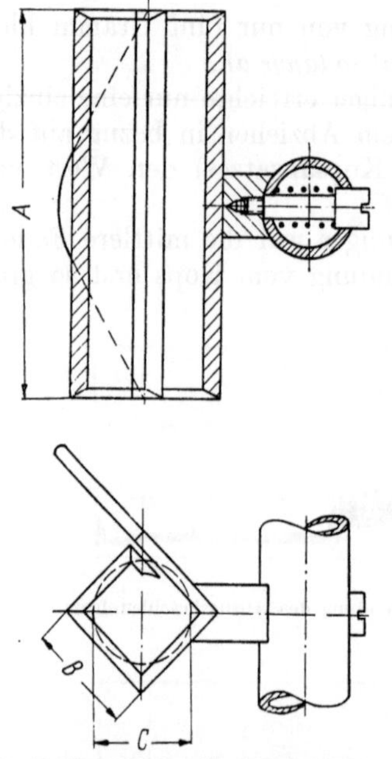

Abb. 41. Weber-Rohr. Abmessungen von verschiedenen Weber-Rohr-Ausführungen:

	WI	WII	WIII	WIV	Z 25	Z 30
A	90	60	30	75	90	90
B	25	25	25	20	—	—
C	—	—	—	—	25 ⌀	30 ⌀

Um eine eventuell erwünschte Änderung bzw. Neueinstellung auf den jeweils gewünschten Abstand zu ermöglichen, kann die Höhe durch eine Handkurbel eingestellt werden.

WALZ und GAYLER[1] haben alle in der Praxis bekannten Ballonbrecher untersucht und sind zu dem Ergebnis gekommen, daß die besten Erfolge mit dem „Weber-Rohr" erzielt werden, von dem die Abb. 41 die prinzipielle Ausführung mit den Größenangaben zeigt, während in den Abb. 42 und 43 die Ballonbildung mit einem Elektronenblitz während des Laufes photografiert wurde. Der in der Abbildung erkenntliche federnde Sockel gestattet das Wenden des Rohres um 180°, damit man die Selbsteinfädelung für p- und q-Wicklung ausnützen kann. Die optimale und in die Praxis eingeführte Form ist WI. Der Grund für die bessere Wirkung des Weberrohres ist einmal in dem quadratischen Querschnitt zu sehen, der eine Störung des Ballon an vier Stellen bei einem Umlauf er-

[1] WALZ, F., u. J. GAYLER: Ablaufverhältnisse an Kreuzspulmaschinen mit hoher Fadengeschwindigkeit. Textil-Praxis 1957, 965 u. 1202 sowie 1958, 36.

Abb. 42. Fadenballon beim Ablauf vom vollen Kops (Weber-Rohr angebaut am Modell BKN von Schlafhorst)

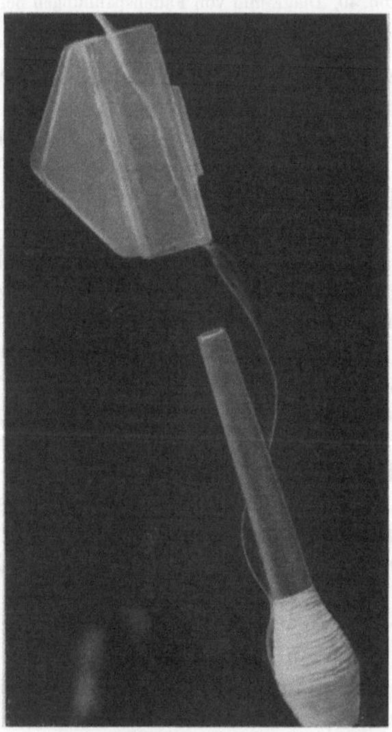

Abb. 43. Fadenballon beim Ablauf vom leeren Kops

ergibt; andererseits bietet die Länge des Rohres die Gewähr, daß eine Störung des Ballon mit Sicherheit an der Stelle der größten Ballonweite erfolgt.

In der genannten Arbeit wird auch bewiesen, daß die Anwendung spezieller Windungsarten von Spinn- und Zwirnkopsen durch die Ballonbrecher als überholt angesehen werden kann.

3. Das Störgetriebe zur Verhinderung der Bildwicklung und zur Erzielung weicher Färbespulen

Die Notwendigkeit, die Garnwindungen auf dem Spulenkörper zu verlegen, ist einmal dadurch gekennzeichnet, daß für die Herstellung von Farbspulen mit ganz geringen Spannungen gearbeitet werden muß, damit die Farbflotte ohne allzu großen Widerstand durch das Garnpaket hindurch kann. Außerdem müssen die Spulen eine gleichmäßige Windungsdichte auf der ganzen Länge haben, denn es ist eine bekannte Erfahrungstatsache, daß die Flotte den Weg des geringsten Widerstandes durch das Garnpaket sucht. Trotz der großen Weichheit müssen die Spulen aber einen größtmöglichen inneren Halt haben.

Die Schwierigkeiten beim Färben von Kreuzspulen

Um bezüglich der Härte der Spule einen entsprechenden Vergleichswert zu haben, ist es zweckmäßig, die Härte der Färbespule als Wichte, z. B. in g/dm³ Garn, auszudrücken. Die meisten Apparatebaufirmen geben an, welche Wichte die Färbespulen haben sollen, um eine gleichmäßige Durchfärbung der Spulen zu erzielen. Welche Wichte dabei zu wählen ist, hängt ganz von der Leistungsfähigkeit des Färbeapparates ab. Diese ist letztlich von den Pumpenleistung und der strömungstechnischen Ausführung des Apparates und von der Art der Aufsteckung (ob auf Igel oder mit einer anderen Art der Aufsteckung gearbeitet wird) abhängig. Oberster Grundsatz aber ist es, daß die Spulen einer Färbepartie untereinander möglichst gleiche *Wichte und Größe* haben. Auch der Feuchtigkeitsgehalt der Spulen vor dem Färben ist für die Durchfärbung von ausschlaggebender Bedeutung. Der Färber empfiehlt stets, die Spulen nach Größe und Härte zu sortieren und Spulen mit gleichen Voraussetzungen in einem Färbeapparat zu vereinigen, wenn an die Gleichmäßigkeit der Durchfärbung große Ansprüche gestellt werden. Unter dem Gesichtspunkt haben auch die Abstellvorrichtungen bei erreichter Spulendicke, die aus anderen Gründen (s. u.) in den Spulereien abgelehnt werden, eine ganz besondere Bedeutung.

Die gebräuchlichsten Wichten liegen für mittlere Garnnummern zwischen $280 \cdots 370 \, g/dm^3$. Wenn eine Spulmaschine bei harter Spulung gleichmäßiger arbeitet, so ist zu empfehlen, sich für große Wichten zu entscheiden, allerdings muß die Pumpe des Färbeapparates so stark sein, daß sie den größeren Widerstand überwindet.

Ist nun die Spulwichte für Baumwolle festgelegt, so sollte man reine Zellwolle ohne Bedenken mit $^1/_3$ bis $^1/_2$ niedrigerer Wichte spulen. Zellwoll-Baumwoll-Mischungen können mit Beimischung bis zu $10 \cdots 15\%$ Zellwolle wie reine Baumwolle, mit etwa $30 \cdots 40\%$ Zellwolle um $^1/_5$ bis $^1/_4$ niedriger als die Baumwollwichten gespult werden. Garne, die über 50% Zellwolle enthalten, sind wie reine Zellwollgarne zu spulen. Von Einfluß sind auch die Farbstoffklassen. Dunkle substantive Farbstoffe können eine größere Wichte ertragen als stark alkalische Färbeprozesse. Helle Farben in allen Farbstoffklassen benötigen weiche Spulen.

Während man auf Baumwollkreuzspulen alle vorkommenden Farbstoffklassen, einschließlich Naphtholfarben, färben kann, ist es bisher unmöglich gewesen, stark alkalisch bedingte Farben, wie Schwefel-, Hydron- oder Küpenfarben, auf Zellwolle durchzufärben. Der Kontraktionspunkt ist hier viel größer als bei Baumwolle (1,13 : 1,6 = Baumwolle : Zellwolle). Hier muß man sich auf Direkt-, Cuprofix-, Diazo-, Cporantin- oder Cuprophenylfarben beschränken.

Sehr gute Erfahrungen machen die Färber auch mit den Drahtfeder-Kreuzspulhülsen, die dem Durchdringen der Farben fast gar keinen Widerstand entgegensetzen.

Um die unterschiedliche Wichte in der Spule etwas auszugleichen, werden in vielen Färbereien die Kanten gebrochen, d. h. gegen die Mitte zurückgeschoben. Hierdurch wird der Unterschied der Härten zwischen Kanten und den Mitten der Spulen etwas ausgeglichen. Dieses Abkanten macht der Färber von Hand mit einem Trichter oder mit einer eigens dafür vorgesehenen Abkantmaschine.

3*

Es ist aber nicht zu leugnen, und dies muß man in der Schärerei und Spulerei als eine bittere Erfahrungstatsache hinnehmen, daß die Ablaufeigenschaften der so behandelten Spulen außerordentlich schlecht werden.

Wie die vorangegangene Darstellung zeigt, ist das gleichmäßige Durchfärben der Kreuzspulfärbepartien eine Angelegenheit, mit der sich neben dem Färber sowohl der Textiltechniker als auch der Maschinenkonstrukteur beschäftigen müssen, der Textiltechniker, indem er für solche Fälle mit der richtigen Bremsung arbeitet, der Konstrukteur, indem er Getriebe entwickelt, die eine gleichmäßige Wicklung gewährleisten.

Getriebe zur Verhinderung der Bildwicklung sind als Störgetriebe bekannt.

Das Störgetriebe. Zur Verhinderung der Bildwicklung allgemein und der Kantenhartwicklung speziell gibt es die verschiedensten konstruktiven Möglichkeiten, die von den einschlägigen bekannten Maschinenfabriken in den verschiedensten Variationen an den Maschinen vorgesehen wurden. Die verwirklichten Konstruktionen, die im Laufe der Zeit zu Erfolgen führten, können nach der zeitlichen Entwicklung in folgender Reihenfolge benannt werden.

a) Doppelkreuztrommel mit versetzten Umkehrstellen.
b) Die Differentialkreuzung.
c) Periodische Verlagerung des Fadenablaufpunktes von der Trommel zur Spule.
d) Verlagerung des Spulenrahmens in Abhängigkeit von der Trommeldrehzahl.
e) Progressive Hubverlagerung in Abhängigkeit vom zunehmenden Spulendurchmesser.
f) Verlagerung der Trommelwelle in axialer Richtung in Abhängigkeit von der Trommelwelle.
g) Beeinflussung der Drehzahl der Trommelwelle.
h) Beeinflussung der Drehzahl der Spule.

Die einzelnen genannten Konstruktionen sollen im folgenden einer näheren Betrachtung unterzogen werden.

Bei den einfachen Kreuzspulmaschinen wurden die Fäden an den Kanten in einem mehr oder weniger flachen Bogen in gleicher Breite bzw. gleicher Bewicklungslänge gelegt, wie dies in anschaulicher Weise in Abb. 44a dargestellt ist. Hierdurch ergab sich eine Anhäufung von Garn an den Spulenkanten. Dies machte sich durch das Aufbördeln der Spulenkanten in sehr unangenehmer Weise bemerkbar. Von der ganzen Spulenbreite laufen nur die aufstehenden Spulenkanten auf der Trommelwelle. Die geringe Auflauffläche hatte eine starke Beanspruchung des Garnes zur Folge, und daraus resultierte eine Verminderung der Reißfestigkeit des Garnes. Die vorstehenden Kanten bildeten weiter eine Behinderung beim Abziehen der Spule über Kopf, und schließlich hatte der erhöhte Anpreßdruck auch eine härtere Bewicklung der Kanten zur Folge, und dies verhinderte in gegebenem Falle eine genügende Durchfärbung.

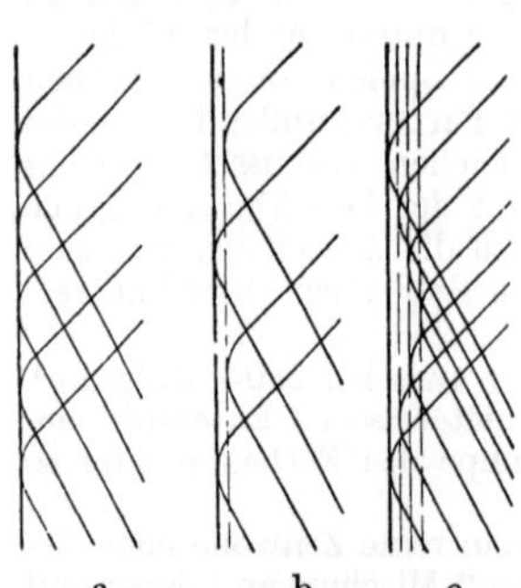

a   b   c

Abb. 44a—c. Schematische Darstellung der Kantenwicklung an Kreuzspulen

a) Doppelkreuztrommel mit versetzten Umkehrstellen

Um diesen Fehler zu vermeiden, wurden zuerst sogenannte *Doppelkreuztrommeln* entwickelt. Die Trommeln hatten einen vergrößerten Durchmesser, so daß auf der Peripherie der Trommel zwei volle Verlegungen als Schlitzgang untergebracht wurden. Die zweite Verlegung war aber gegenüber der ersten um etwa 2···3 mm verschoben. Die Art der Bewicklung, die dadurch entstand, ist in der Abb. 44b dargestellt. Hierdurch wurde zwar die Kantenhartwicklung stark reduziert, aber ein voller Erfolg war deshalb nicht zu verzeichnen, da man auf diese Weise zwei feste Kanten erhielt, die gewiß gegenüber der unter Abb. 44a beschriebenen Vorrichtung weicher, aber immerhin noch vorhanden waren.

Von dieser Konstruktionsform ging man schon bald wieder ab, weil die großen Trommeldurchmesser sowohl konstruktiv als auch in der textilen Fertigung verhältnismäßig große Schwierigkeiten bereiteten. Das Ziel, dem man zustrebte, war die periodische Verlagerung der Kantenwicklung, wie sie in der Abb. 44c dargestellt ist.

Durch diese Art der Bewicklung wird erreicht, daß eine fortwährende Verlegung der Bewicklung an den Kanten stattfindet. Hierdurch erhalten die Kanten gleiche Härte wie der mittlere Teil der Spulen. Diese Art der Verlagerung wird durch die unter c) bis g) genannten Vorrichtungen erreicht. Trotz dieser Vorrichtungen stellte sich jedoch heraus, daß die Kanten immer noch härter waren als die Mitten der Spulen.

Als Begründung hierfür kann man wohl die Erfahrungstatsache ansehen, daß der auf die Spule auflaufende Faden stets das Bestreben hat, nach der Mitte der Spule hinzutreiben.

b) Differentialkreuzung

Um auch diesen Übelstand zu beseitigen, hatte die Firma Müller, M.-Gladbach, erstmals eine Trommel entwickelt, die eine andere als die bislang gebräuchlichen Kreuzungen mit gleichbleibender Steigung hatte. Die korrigierte Trommelkreuzung wurde unter dem Namen Differentialkreuzung bekannt und ist in der Abb. 20 auf S. 22 besprochen worden.

Dieses Überdecken von flachen und steilen Windungen hat eine Menge von Vorteilen zur Folge. Der bestechendste Vorteil ist der, daß durch die Art der Verkreuzung der innere Halt der Spule bedeutend zunahm bzw. die Relation, daß bei gleichem inneren Halt die Spulen für die günstige Gestaltung des Färbeprozesses mit einer sehr viel niedrigeren Spannung gespult werden konnten. Dieser besondere Vorteil macht sich ganz besonders beim Verarbeiten von Zellwolle bemerkbar.

Als weitere Vorteile können benannt werden:

Größere Schonung des Materials, Reduzierung der Kantenhärte, geringeres Einziehen der Spulenbreite und der bessere Ausfall der Spulen.

Diese Vorteile wurden dann noch durch eine Vorrichtung unterstützt, durch die man eine periodische Verlagerung der Kantenwicklung nach der Art der Abb. 44c erzielte.

c) Periodische Verlagerung des Fadenablaufpunktes

Eine hinlängliche *periodische Verlagerung der Kanten* erzielte man dadurch, daß man nach Art der Abb. 45 den Ablaufpunkt des Fadens in Abhängigkeit von der Drehzahl der Trommelwelle verlegte.

Durch ein von der Trommelwelle mit großer Untersetzung angetriebenes Exzenter *1* wurde über Winkelhebel *2* eine Platte, die von rückwärts an die Trommel heranreichte und die Breite der Fadenverlegung hatte, etwa 5 mm in Pfeilrichtung hin und her verschoben. Durch diese Vorrichtung wurde durch die Verlagerung des Fadenablaufpunktes die Gleichmäßigkeit der Wicklung ständig gestört, und gleichzeitig wurde der Faden in periodisch wechselnder Breite auf die Spule verlegt.

Um die in der Abb. 45 gekennzeichnete Verlagerung der Kantenwicklung in exakter Weise zu erreichen, wurden die unter d), e), f) genannten Vorrichtungen entwickelt.

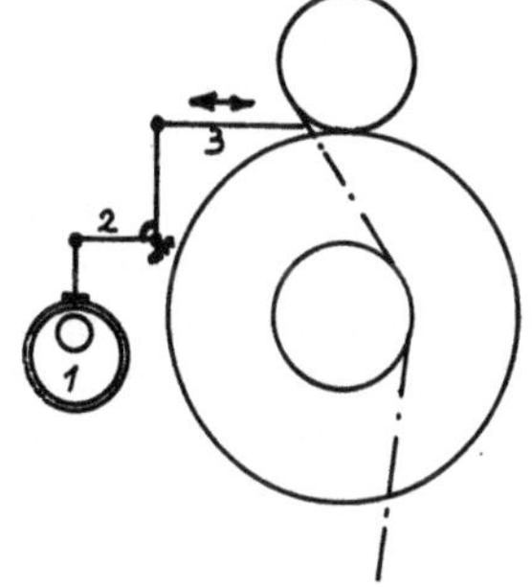

Abb. 45. Periodische Verlagerung des Fadenablaufpunktes

d) Die Verlagerung des Spulenrahmens (Franz Müller)

Im Grunde genommen ist es gleichgültig, ob man für die Verlagerung der Kantenwicklung die Spulenhalterleiste changiert oder ob man bei feststehender Spulenhalterleiste die Trommelwelle changiert. Die Einwände, daß die Bewegung der Trommelwelle durch größeren Kraftverzehr bedingt ist, stimmt nur absolut; da jedoch die effektiv auftretenden Kräfte relativ klein sind, erübrigt sich eine diesbezügliche Diskussion.

Die Abb. 46 zeigt die Anordnung einer solchen Vorrichtung zur Bewegung der Spulenhalterleiste an einer Kreuzspulmaschine (Modell NK 3) der Firma Müller, M.-Gladbach. Die Antriebswelle A treibt über ein Kegelradpaar die vertikal gelagerte Königswelle B an. Auf dieser Königswelle sind die Exzenterscheiben C und D gelagert. Durch Verdrehen der Exzenterscheibe D ist es möglich, jeden für die Praxis in Frage kommenden Changierhub, und zwar von $1 \cdots 6$ mm, stufenlos einzustellen. Außerdem kann auf die gleiche Weise die Changierung in Ruhestellung gebracht werden.

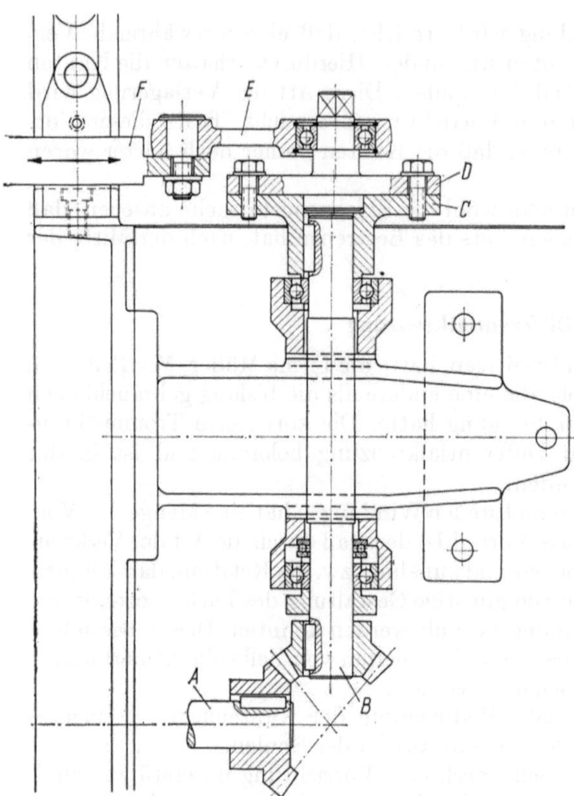

Abb. 46. Regelbare Verlagerung des Spulenhalterrahmens (nach Franz Müller)

Die Drehbewegung der Exzenter wird auf den Hebel E übertragen, der dadurch die Spulenhalterachse F zu einer Bewegung in Pfeilrichtung zwingt.

e) Die progressive Verlagerung des Spulenhalters

Die Firma Schweiter, Horgen (Zch.), geht bei einer Konstruktion, die in der Abb. 47 dargestellt ist, von der Erfahrungstatsache aus, daß auf Grund des Fadenverlegungswinkels bei Spulmaschinen mit normaler Windung die Kantenwicklung mit zunehmendem Durchmesser der Spule deswegen härter wird, weil auf Grund des Umfangsantriebes der Spule der Faden in den Umkehrpunkten mit wachsendem Durchmesser länger verharrt. Unter Berücksichtigung dieser Tatsache wurde von der genannten Firma eine in Abhängigkeit des Spulendurchmessers progressive Hubverlagerung gebaut. Der Spulenhalter ist in dem in einem Punkte beweglichen, mit Nute versehenen Hebel gelagert, wobei sich die Lagerung des Spulenhalters mit zunehmendem Durchmesser der Spule vom Drehpunkt des Nutenhebels weg nach außen bewegt und somit eine immer größere Verlegung der Kanten, Verschiebung des Hubes und Bildverlegung bewirkt. Die Hubverlegung ist nach Wunsch stärker oder schwächer einstellbar. Am Anfang tritt noch keine Verlegung der Fäden ein, sie nimmt erst beim Größerwerden der Spule zu.

Die Nutenzylinderwelle *3* liegt in den Lagern *2*. Durch die Nutenzylinder *4* erhalten die Kreuzspulen *11* ihre Drehung. Der dreiarmige Spulenhalter *12, 7, 8, 9* ist auf der Welle *5* drehbar gelagert und wird durch den Stift und die Rolle *13/14* in einem bogenförmigen U-Eisen *18* geführt. *18* ist bei *17* mit einem Bolzen drehbar am Gestell gelagert und greift mit einem Stift *19* in die Schiene *20*, die eine transversierende Bewegung bekommt. Diese Bewegung wird abgeleitet von der Welle *3* über *27, 24*. Der exzentrische Bolzen *29*

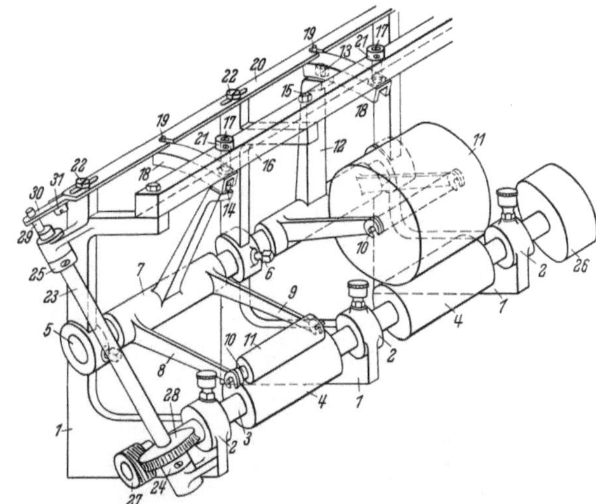

Abb. 47. Progressive Hubverlagerung des Spulenrahmens (nach Patent Schweiter)

überträgt die Schubbewegung über *30, 31* nach *20*. Bei kleinem Durchmesser der Kreuzspule liegt der Arm *12* des Spulenhalters im Drehpunkt von *18*. Je mehr *14* sich dem Punkte *19* nähert, um so größer wird der Einfluß der traversierenden Bewegung von *20* auf die Verschiebung der Kreuzspule.

f) Die Verlagerung der Trommelwelle (W. Schlafhorst & Co.)

Bei dieser Konstruktion stehen die Spulenhalterrahmen fest, und die Trommelwelle macht die bereits in anderem Zusammenhang beschriebene traversierende Bewegung.

Die Anordnung dieser Konstruktion an der Maschine Modell BKN von Schlafhorst ist aus der Abb. 48 zu erkennen.

Die Wirkungsweise dieser Vorrichtung ist dadurch gekennzeichnet, daß man die Größe der Fadenverlegung in den Grenzen von 1···3 mm variieren kann. Somit ist man in der Lage, die Größe der Bewegung den jeweiligen Bedürfnissen anzupassen. Die Fadenverlegung wird von einer Hilfswelle abgeleitet, auf der am Ende der Maschine ein Axialexzenter *12* aufgesetzt ist. Der Hub des Exzenters *12* wird durch den Hebel *13*, der bei *14* drehbar gelagert ist, auf das Wellenende *15* der Nutenzylinderwelle übertragen. Es können drei verschiedene Drehpunkte von *14* nutzbar gemacht werden. Dadurch wird das Hebelverhältnis von *13* variiert und somit auch die Größe der Fadenverlegung.

g) Verhinderung der Bildwicklung durch Beeinflussung der Drehzahl der Trommelwelle

Dies ist eine Konstruktionsmethode der Universal Winding, Providence. Wir unterscheiden bei dieser Methode zwei verschiedene Möglichkeiten, die durch die Art der Konstruktion in der gesamten Maschine gekennzeichnet sind.

Arbeitet die Spulmaschine nach der Methode, die in der Abb. 3 gekennzeichnet ist, dann werden die Windungen durch das Übersetzungsverhältnis zwischen der Spulenantriebswelle und der Exzenterwelle bestimmt. Die bei diesen Maschinen bestehende unveränderliche Übersetzung zwischen der Spulenantriebswelle und der Exzenterwelle hat aber bei bestimmten Durchmessern

Abb. 48. Verlagerung der Zylinderwelle (Schlafhorst)

der Spulen Bildwicklung zur Folge. Konstruktiv besteht nun die Möglichkeit, die Entstehung der Bildwicklung dadurch zu verhindern, daß man entweder die Exzenterwelle oder die Spulenantriebswelle in der Drehzahl periodisch variiert. Bei den älteren Modellen dieser Maschine wurde die Drehzahlvariation der Spulenantriebswelle durchgeführt, indem man den Antrieb vom Motor zur Welle mit Konoiden erzielte und von der Exzenterwelle eine ständige Riemenverschiebung zu den extremen Durchmessern der Konoiden durchführte.

Alle neueren Maschinen der Universal Winding arbeiten aber mit den in der Abb. 27 dargestellten Nutenzylindern, die gleichzeitig Fadenführer und Spulenantriebswelle sind. In einem solchen Falle ist eine Variation in der oben beschriebenen Form nicht möglich. Bei diesen Maschinen wird die Bildwicklung mit der sogenannten „skid"-Methode erzielt, indem man bewußt und in regelmäßigen Zeitabständen einen Schlupf der Spule auf der Nutentrommel herbeiführt.

Die Vorrichtung ist gekennzeichnet durch einen Motorumschalter, der in die Leitung zu den beiden Antriebsmotoren eingebaut ist. Dieser Motorumschalter wird durch ein Exzenteraggregat betätigt, das in der Abb. 49 dargestellt ist. Durch dieses Aggregat kann der Motor bis zu 35mal in der Minute ausgeschaltet und wieder eingeschaltet werden, und zwar in Abhängigkeit von der Drehzahl der Exzenterwelle.

Sobald der Motorumschalter die Stromspeisung unterbricht, sinkt die Drehzahl der Nutenzylinderwelle. Sobald der Stromkreis dann wieder geschlossen wird, wird die Nutenzylinderwelle wieder auf die Normaldrehzahl gebracht. Die durch Umfangsantrieb angetriebenen Spulen können diesem raschen Drehzahlwechsel nicht ganz exakt folgen. Sie werden beim Drehzahlanstieg etwas zurückbleiben. Obwohl das Maß dieses Schlupfes („skid") sehr gering ist, ist es ausreichend, um mit Erfolg Bildwicklung zu verhindern.

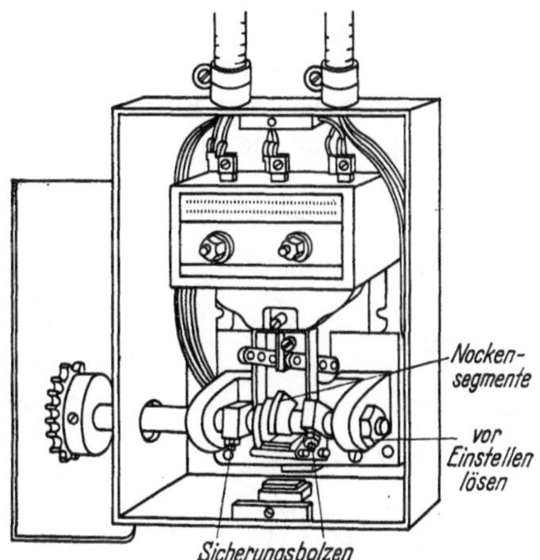

Abb. 49. Motorumschalter für die Störung der Bildwicklung durch Drehzahländerung

Das in der Abb. 49 dargestellte Steuergehäuse für die Betätigung des Motorumschalters enthält drei Exzenter auf der Exzenterwelle. Diese Exzenter können fächerförmig verstellt werden. und auf diese Weise kann man die Zeit, während der der Strom unterbrochen werden soll, regulieren. Die Unterbrechungszeit ist abhängig von der Spindelzahl der Maschine; denn eine große Spindelzahl hat ein schnelles Absinken der Drehzahl zur Folge.

h) Verhinderung der Bildwicklung durch Beeinflussung der Spulendrehzahl

Auch bei diesem Verfahren kommt es darauf an, daß die Änderung der Spulendrehzahl eine Störung des sich gesetzmäßig ändernden Übersetzungsverhältnis zwischen dem Wickelorgan und der Spule herbeiführt. Diese Art der Störung ist besonders einfach und in seiner Größenordnung zufällig.

Die Lösung wurde auf zwei Wegen möglich:

1. Wenn alle Spulen entlang der ganzen Maschine durch Vermittlung einer Exzenterwelle rhythmisch und kurzfristig von der Wickelwelle oder von der Trommel angehoben werden, dann sinkt infolge der Fadenspannung und der Reibung in der Lagerung augenblicklich die Drehzahl der Spule und das Übersetzungsverhältnis ist gestört (z. B. Mod. IKN von Schlafhorst).

2. Werden konische Kreuzspulen verarbeitet, so kann man einen gleichen Effekt erzielen, wenn man dem Spulenhalterrahmen ebenfalls durch eine geeignete Vorrichtung eine Schwenkbewegung erteilt, so daß einmal der kleine Durchmesser, das andere Mal der große Durchmesser mit der Wickelwelle oder der Trommelwelle Kontakt erhält. Auch dann wird ein ständiger Wechsel der Übersetzung gewährleistet (Franz Müller).

i) Farbspulen aus Chemiefäden

Chemiefäden sind besonders empfindlich. Die Gleichmäßigkeit der Ausfärbung reagiert sofort auf Dichtenunterschiede in der Bewicklung. Da in dieser Branche nur Präzisionskreuzspulen verwendet werden, besteht mechanisch nicht die Notwendigkeit, eine Störung der Bildwicklung herbeizuführen, denn die Präzisionswicklung ist eine Bildwicklung, die aber bei dem einmal eingestellten Übersetzungsverhältnis in der ganzen Spule aufrechterhalten bleibt. Das Problem ist also hier, die richtige Art der Wicklung zu erreichen.

Die geschlossene Präzisionswicklung, die eigentlich nur in der Nähgarnindustrie üblich ist, kann für die Verwendung zu Färbezwecken nicht als geeignet angesehen werden, weil der Färbeflotte nicht die Möglichkeit geboten wird, durch die Garnlagen, die sehr dicht liegen, hindurchzudringen. Auch die Wabenwicklung ist ungeeignet, weil die Flotte hier ohne irgendeinen Widerstand die Garnkörper durchdringt. Nur die offene Präzisionswicklung, in diesem Sinne auch vielfach als „Rautenwicklung" bezeichnet, ist anwendbar. Wichtig ist hierbei, den richtigen Abstand $A-A'$ (vgl. Abb. 11) zu finden. Wegen der besonders schwierigen gleichmäßigen Anfärbbarkeit muß der Spulprozeß mit Kompensationsfadenbremsen gefahren werden, die bei der notwendig weichen Wicklung auf jede Änderung im Ablauf mit einer Änderung in der Bremswirkung reagieren. Einwandfreie Färbespulen werden hier eigentlich nur mit zylindrischer Wicklung erzielt. Konische und bi-konische Spulen ergeben wegen des unterschiedlichen Flottenwiderstandes innerhalb des Spulenkörpers gerne ungleiche Ausfärbung.

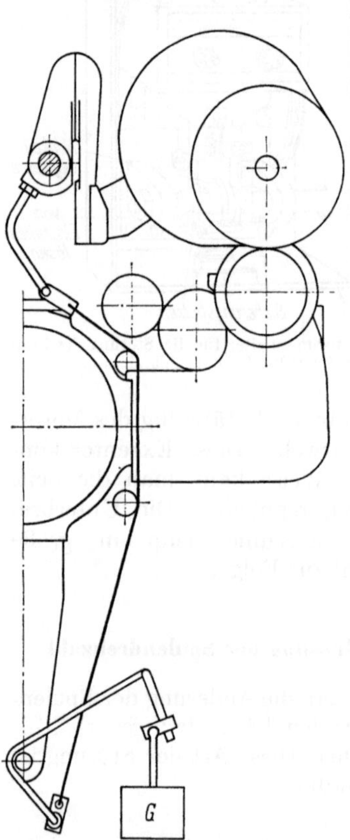

Abb. 50. Kompensation des Anpreßdruk-
kes bei wachsendem Durchmesser durch
Gewicht G

4. Die Regelung der Wichte

Die Wichte der Kreuzspule bzw. deren äußeres Merkmal, die Härte, spielt, wie aus dem Voranstehenden ersichtlich, bei der Herstellung von Färbespulen eine besondere Bedeutung. Aber auch Wirkereispulen verlangen große Weichheit.

Die Regelung bzw. Einstellung der Weichheit erfolgt nicht durch die Regelung der Fadenspannung, sondern nur durch die Änderung des Anpreßdruckes der Spule an die Trommel.

Man kann dies zum Beispiel durch Abheben des Gewichtes auf Stange *30* in Abb. 55 oder durch Änderung der Torsionsspannung der Feder *22a* in Abb. 53 oder durch Änderung des pneumatischen Anpreßdruckes (Gilbos) erreichen.

Um bei superweichen Spulen den mit zunehmenden Durchmesser ansteigenden Anpreßdruck zu kompensieren, empfiehlt sich für sehr empfindliche Garne eine zunehmende Entlastung durch ein mit Gewicht erzeugtes Gegenmoment, das in dem Maße (mit wachsendem Durchmesser) steigt, wie das Gewicht G sinkt (vgl. Abb. 50, an der Maschine Mod. IKN).

IV. Kontrollelemente an Kreuzspulmaschinen

1. Abstellvorrichtungen an Kreuzspulmaschinen

Solche Vorrichtungen arbeiten im Grunde genommen alle nach ähnlichen Prinzipien. Die Aufgabe der nachfolgenden Abhandlungen soll es sein, an den verschiedenen Konstruktionsbeispielen die Unterschiede herauszustellen.

Unter den Abstellvorrichtungen unterscheiden wir in feinerem Sinne zwei verschiedenartige Vorrichtungen:

a) Die Abstellvorrichtungen, die in Tätigkeit treten, wenn der Faden bricht, und
b) Abstellvorrichtungen, die in Tätigkeit treten, wenn die Auflaufspule eine bestimmte gewünschte Dicke hat.

Die unter b) genannten Vorrichtungen sind auf Betreiben der Rationalisierungsingenieure entwickelt worden. Ihre Arbeitsweise ist stets mit der unter a) genannten Vorrichtung gekoppelt, indem beim Erreichen eines bestimmten Durchmessers die Bremse zuklemmt und der Faden in der Bremse abreißen muß. Der Stillstand der Arbeitsstelle entsteht dann auf Grund der unter a) benannten Vorrichtung, die Maschine stellt auf Grund des Fadenbruches ab. Trotzdem die Vorteile konstanter Spulendurchmesser ohne weiteres einleuchten, haben sich solche Vorrichtungen in der Praxis nicht einführen können, weil man die unliebsame Erfahrung machen mußte, daß gehäufte Mengen Abfall anfielen. Die Spulerin hat kein Interesse, einen fast abgelaufenen Kops noch einmal an eine neue Kreuzspule anzuknüpfen, um unmittelbar darauf wieder einen Spulenstillstand zu erreichen. In all solchen Fällen werden dann die fast abgelaufenen Spulen abgezogen und in den Abfall geworfen. Eine Konstruktion dieser Art wird unten (S. 47) besprochen.

a) Vorrichtungen für das Abstellen bei Fadenbruch — Diskussion verschiedener Konstruktionen

Abstellvorrichtung bei Fadenbruch für die Herstellung fester Spulen für Zettelzwecke (nach einer Konstruktion der Fa. Franz Müller, M.-Gladbach). Die Abstellvorrichtung ist in den beiden Abbildungen in der Seitenansicht dargestellt. Es zeigt:
Abb. 51 die Abstellvorrichtung in Arbeitsstellung,
Abb. 52 die Vorrichtung in ausgerückter Stellung.
Nachdem der Faden *20* die Fadenspann- und Führungsvorrichtung, durch welche diesem mit Hilfe der feststehenden, am Halter *6* befestigten Porzellanplatte *1* und Belastungsscheibe *1a* die erforderliche Spannung gegeben wird, passiert hat, wird der Faden durch den Schlitz des Fadenreinigerbleches *2* und durch die Schlaufe *3a* des Fadenwächters *3* zur Schlitztrommel geführt.
Die Abstellvorrichtung wird mit Hilfe der Wächternadel in Tätigkeit gesetzt. Der Fadenwächter *3* ist ein zweiarmiger Hebel (*3b* und *3c*). *3c* wird durch ein Gewicht *9* in Abhängigkeit von der Fadenspannung austariert. Beim Fadenbruch fällt die Wächternadel nach der Art der Abb. 52 nach unten, so daß die Platine *15a* durch den Fortsatz *10* in Richtung eines stetig schwingenden Messers *16* verschoben wird. Über *12* wird dann der Spulenhalter *11* angehoben.
Die Abstellvorrichtung für die Herstellung von weichen Spulen bei Verwendung einer Rollenbremse (Franz Müller). Diese Vorrichtung ist in den Abb. 53 und 54 dargestellt und unterscheidet sich lediglich durch die Form der Bremse, bedingt in der Hebelführung.

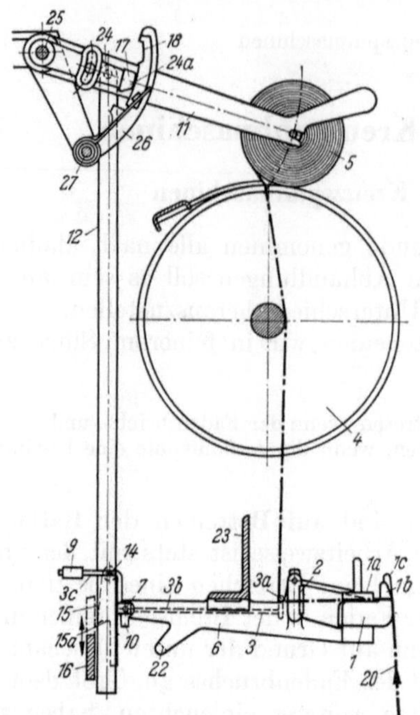
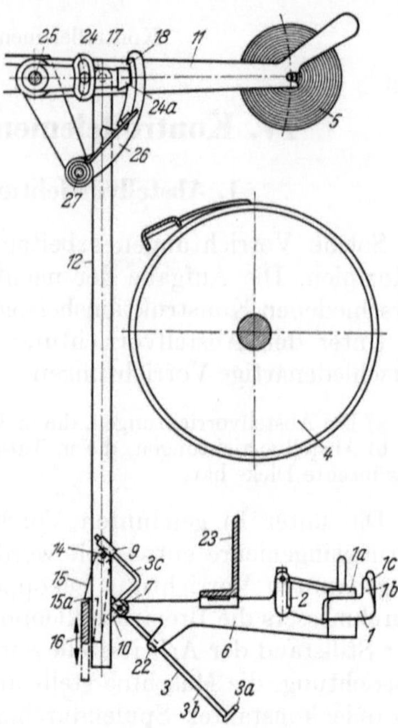

Abb. 51. Abstellvorrichtung in Arbeitsstellung
Abb. 52. Vorrichtung hat ausgerückt
Abb. 51 u. 52. Abstellvorrichtung für die Herstellung fester Spulen für Zettelzwecke (Franz Müller)

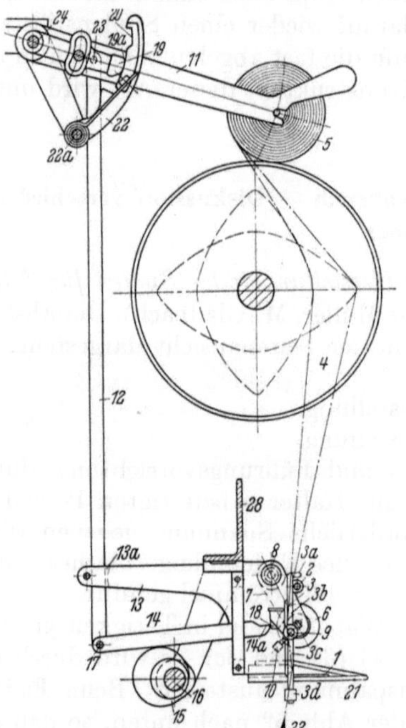

Abb. 53. Abstellvorrichtung mit Rollenbremse

Abb. 54. Abstellvorrichtung mit Rollenbremse
(Faden gebrochen) (Franz Müller)

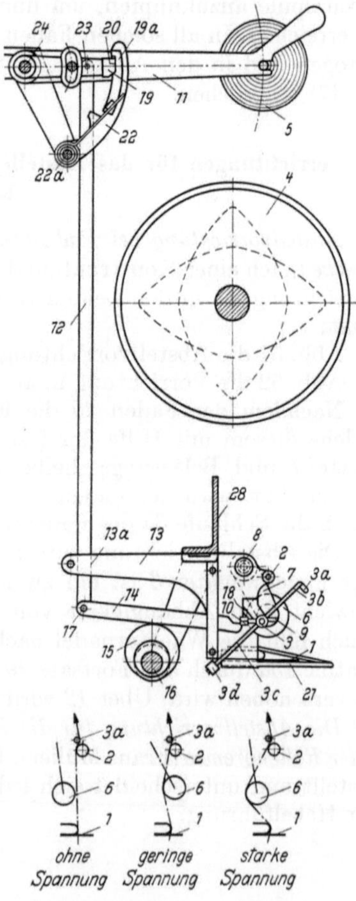

Die Schwingbewegung des Hebels *14* wird durch einen Exzenter *15* eingeleitet. Solange diese Bewegung von *14* nicht behindert wird, hat *14* seinen Drehpunkt bei *17*; das rechte Ende *14a* kann frei schwingen.

Reißt jedoch der Faden, so daß die Wächternadel fällt, so hindert deren Stellschraube die freie Bewegung von *14a*. Auf Grund der durch das Exzenter bedingten Zwangsläufigkeit wird nun *17* und mit diesem Drehpunkt über *12* der Spulenhalter *11* angehoben.

Abb. 55. Querschnitt durch die Maschine Modell BKN von Schlafhorst.
18 bis *25* Elemente der Fadenbruchabstellvorrichtung

Die Abb. 55 zeigt die Vorrichtung einer neuen Maschine von Schlafhorst, M.-Gladbach, Modell BKN, die wegen des ganzen konstruktiven Aufbaues etwas anders durchgeführt ist.

Die Abstellung erfolgt über einen Fadenwächter *16, 18*, der völlig ausbalanciert ist. Durch Verschiebung des Gewichtes *17* (Abb. 48) kann das Kippmoment auf die jeweilige Fadenspannung angepaßt werden. Der Faden erfährt also durch diese Vorrichtung eine zusätzliche Belastung. Die Wirkung ist gemeinsam aus der Abb. 55 und der Skizze (Abb. 56) ersichtlich: *16* fällt bei Fadenbruch und dreht dabei *18* um den eingezeichneten Drehpunkt linksschwenkend. Hierdurch wird die Schwingung von *23* durch die Platine *24* verhindert. Die Schwingung von *23* wird durch die Hilfswelle *11* mit Hilfe eines Exzenters *19* erzeugt und über *20*

mit dem Momentandrehpunkt *21* auf *23* übertragen. Wird *23* in seiner Schwingung
nicht behindert, so schwingt *20* um *21*. Bei einer Behinderung der Schwingung

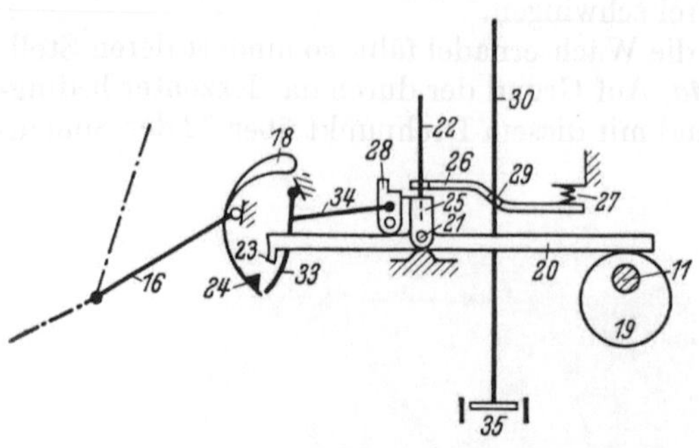

von *23* durch *24* wird durch
die Wirkung des Exzenters
19, 20 und gleichzeitig *21* angehoben, bis sich die Kerbe
des Sperrhebels *28* unter der
Wirkung einer Feder unter *25*
setzt. Gleichzeitig wird *26*
linksseitig zwangsläufig angehoben. Dadurch wird *30* in
der schrägen Bohrung von *26*
verklemmt und angehoben. *30*
hebt dann den Spulenrahmen
an.

Abb. 56. Schema der Wirkungsweise aus Abb. 55

Abb. 57. Abstellvorrichtung bei Fadenbruch (U. W. Co.)
a Einschaltwelle des Fadenwächters; *d* Fadenwächter; *e* Tellerbremse

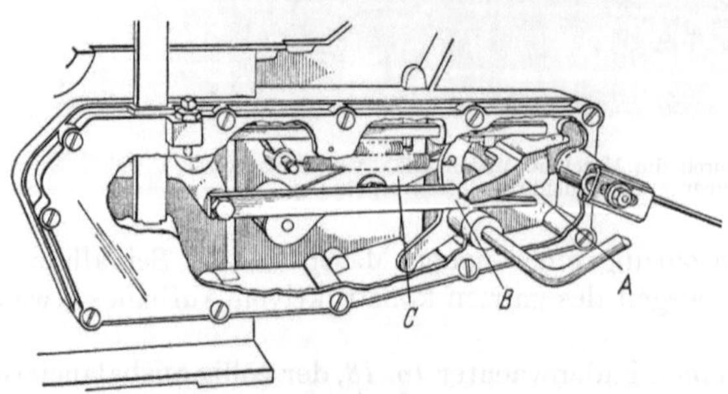

Abb. 58. Abstellvorrichtung der U. W. Co.
A, B Kupplung des Fadenwächters mit Spulenhalter;
C Rückzugfeder

Beim Anlauf der Ma-
schine kann für die ganze
Maschine die Wirkung der
Abstellvorrichtung außer
Tätigkeit gesetzt werden,
damit die beim Anlauf der
Maschine geringe Faden-
spannung nicht das Abhe-
ben aller Spulenrahmen bewirkt. Beim Anlauf einer
Einzelspule kann man die
Wirkung der Abstellvor-
richtung bei der jeweiligen
Arbeitsstelle außer Tätig-
keit setzen. Durch die Betätigung eines Handhebels wird die Kupplung von *23/24*
gelöst und durch die Verbindung *33/34* der Sperrhebel *28* so vorgezogen, daß die
Unterstützung von *25* freigegeben wird. Unter der Wirkung der Feder *27* fällt *26*

abwärts, die Verklemmung von *30* in *29* wird gelöst, so daß der Spulenrahmen abwärts fällt; allerdings verzögert unter dem Einfluß der hydraulischen Stabilisierung *35*. Wie aus der Abb. 55 ersichtlich ist, wird die ganze Vorrichtung in einem geschlossenen Kasten untergebracht, und alle Teile werden durch eine zentrale Schmierung versorgt. Die Abhebebewegung beträgt nur wenige Millimeter, um beim Einschalten der Spulstelle einen möglichst raschen Anlauf zu erzielen. Die Arbeitsweise der Abstellvorrichtung bei Fadenbruch an der Kreuzspulmaschine der U. W. Co. (Universal Winding Co., Providence) ist, wie aus den Abb. 57 und 58 zu erkennen ist, nach ähnlichem Prinzip gebaut.

b) Vorrichtung für das Abstellen bei erreichter Spulendicke

Auf die sehr fragliche Zweckmäßigkeit solcher Vorrichtungen wurde bereits oben hingewiesen. Der Vollständigkeit halber soll eine solche Konstruktion,

Abb. 59. Abstellvorrichtung der U. W. Co. für das Abstellen bei erreichter Spulendicke

die in prinzipiell gleicher Form von allen Kreuzspulmaschinen herstellenden Maschinenfabriken auf Wunsch geliefert werden kann, diskutiert werden.

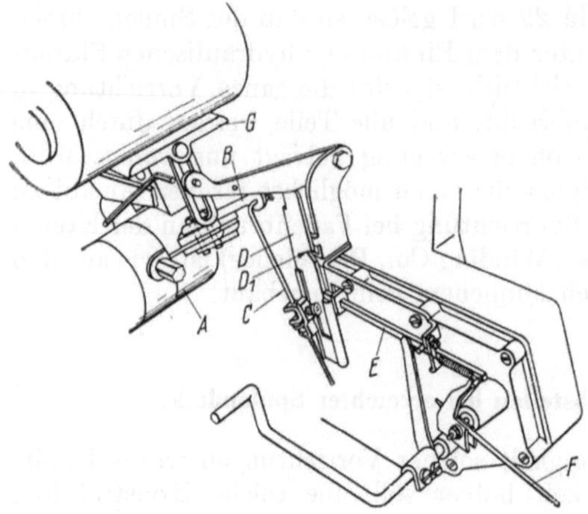

Abb. 60. Wirkungsweise der Vorrichtung nach Abb. 59

Die Abb. 59 und 60 zeigen eine Konstruktion der Universal Winding Co. Der wachsende Spulenkörper wird durch die Platte *G* auf Dicke abgetastet. Während sich dabei *G* in dem Maße senkt, wie der Spulenkörper an Dicke zunimmt, wird die Schiene *D* gesenkt, bis das mit der Wächternadel *F* in Verbindung stehende Stängelchen *E* unter der Wirkung einer Feder in die Raste D_1 eingreift. Durch die dabei auftretende Bewegung wird durch den auf *E* befindlichen Stift der in der Abbildung erkenntliche Hebel für die Abstellvorrichtung beeinflußt. Die Abstellung erfolgt dann auf die gleiche Weise wie bei auftretendem Fadenbruch.

2. Abstellvorrichtungen bei Fachspulmaschinen

Abstellvorrichtungen bei Fachspulmaschinen weisen in der rein äußerlichen Wirkungsweise kaum einen Unterschied gegenüber den bereits besprochenen Abstellvorrichtungen an normalen Spulmaschinen auf. Der einzige, aber auch bezeichnende Unterschied ist, daß die Vorrichtung in Tätigkeit tritt, wenn *einer*

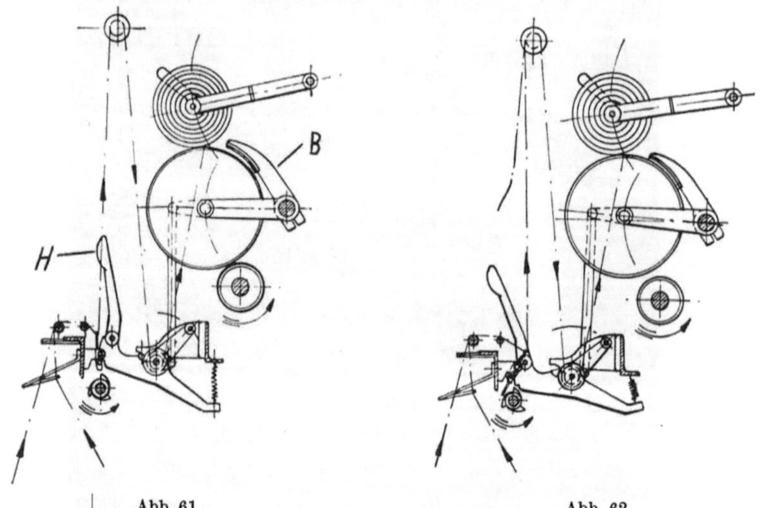

Abb. 61   Abb. 62

Abb. 61 u. 62. Abstellvorrichtung an der Fachspulmaschine (Franz Müller)

der zur Vorlage kommenden Fäden zum Bruch kommt und der Stillstand der Spule bereits erreicht ist, bevor das ablaufende Fadenende auf die Kreuzspule aufgelaufen ist. Es ist also jeder einzelne Faden überwacht, und die Fäden werden an der Maschine so geführt, daß eine ausreichende Fadenreserve es verhindert, daß das gebrochene Ende auf die Spule aufläuft.

Die Abstellvorrichtung der Fachspulmaschine von Franz Müller, M.-Gladbach.
Die Wirkungsweise dieser Abstellvorrichtung, die in den beiden Abb. 61 und 62
gezeigt ist, hat den gleichen prinzipiellen Aufbau wie die bereits beschriebene
(vgl. S. 44) Abstellvorrichtung der gleichen Firma für normale Spulmaschinen. Es
wird jedoch bei den Fachspulmaschinen die Firma Franz Müller die Kreuztrommel nicht zwangsläufig angetrieben, sondern dieser Antrieb erfolgt, wie aus den
Abb. 61 und 62 ersichtlich ist, durch ein Reibrad. Die Hubbewegung der Abstellvorrichtung wird nicht auf die Kreuzspule übertragen, sondern auf die Kreuztrommel, die vom Reibrad abgehoben wird und unmittelbar darauf gegen die
Bremse *B* gepreßt wird, damit die Kreuztrommel sofort zum Stillstand kommt
und keine Beschädigung des Garnes, das noch nicht gerissen ist, entsteht.

Ist der Faden geheilt, so kann man die Vorrichtung beim Anlauf durch Betätigung des Handhebels *H* wieder in Arbeitsstellung bringen.

3. Anzeigevorrichtungen für das Erkennen des gewünschten Spulendurchmessers

Die Vorteile gleichbleibender Spulendurchmesser in wirtschaftlicher und ferti-
gungstechnischer Hinsicht sind nicht zu leugnen. Um nun die Nachteile einer diesbezüglichen Abstellvor-
richtung zu vermeiden,
werden die gewünsch-
ten Spulendurchmesser
optisch gekennzeichnet.
Wie aus den Abb. 63 und
64 ersichtlich ist, ge-
schieht dies in sehr ein-
facher Weise. Entweder
wird der Spulendurch-
messer durch eine Klap-
pe *c* angezeigt (vgl.
Abb. 63), oder der Griff
zum Spulenschalter ist
so gestaltet, daß er bei erreichter Spulenstellung
eine deutliche optische
Meldung gibt (Abb. 64).
Sobald in dieser Weise
gekennzeichnet ist, daß
die Spule den gewünsch-
ten Durchmesser er-
reicht hat, kann die Spu-
lerin noch den auf dem
Kops befindlichen Rest
abspulen und kommt
nicht in die Versuchung,
den Rest in den Abfall
zu werfen.

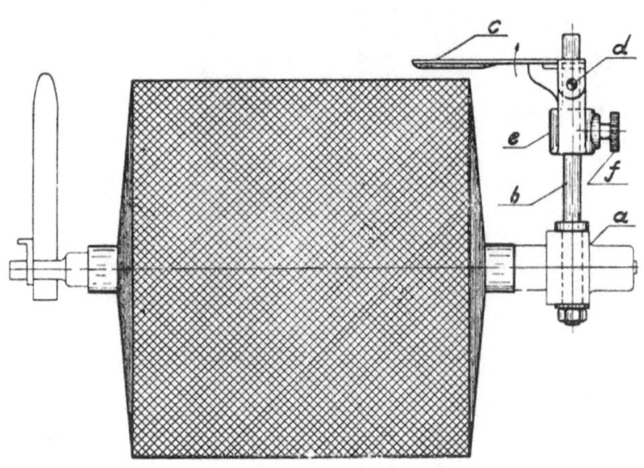

Abb. 63. Anzeigevorrichtung für den Spulendurchmesser (Franz Müller)
a Halterung; *b* Verstellspindel; *c* Zeiger; *d* Gelenk; *e* Befestigung mit
Schraube *f*

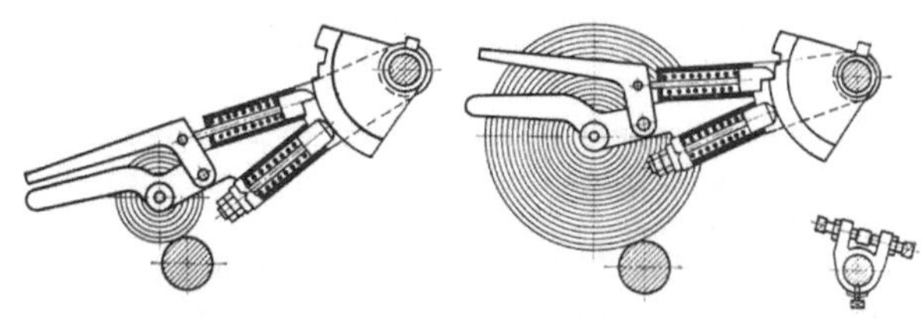

Abb. 64. Anzeigevorrichtung für Spulendicke von Schlafhorst

4. Abstellvorrichtung bei gewickelter Garnlänge

Erst die moderne Meßtechnik gibt die Möglichkeit, bei gewickelter Garnlänge
einen Stillstand zu erreichen, der die gewünschte Längengenauigkeit aufweist

(z. B. Meßinstrumente von Franz Müller). Diese Geräte stellen bei erreichter Wickellänge ab und bieten die Möglichkeit, Spulen herzustellen, die in der weiteren Fertigung zum Beispiel Schärmaschine bei einer Fertigungsgröße oder auch jeder anderen disponierten Größe vollkommen abgespult werden. Für teure Materialien ist dies sehr richtig, weil *restlos* alles Material verarbeitet werden kann. Investitionen sind hier geboten, weil die Verwertung der Reste teuer ist und Ursache vieler Fehler sein kann.

5. Die Kettgarnspulerei unter dem Gesichtswinkel der Leistungssteigerung im Webereibetrieb

Die Tatsache, daß die Spulerei im Webereibetrieb eine Abteilung ist, in der die maschinentechnischen Probleme verhältnismäßig unbedeutend sind, führt sehr oft zu einer Unterschätzung der Bedeutung dieser Fertigungsstufe. Infolge der physikalischen Eigenschaften der Faserrohstoffe, insbesondere bei natürlichen Fasern, weisen die Garne verschiedene Unregelmäßigkeiten auf, welche sich im weiteren Fabrikationsverlauf oder im fertigen Gewebe nachteilig auswirken.

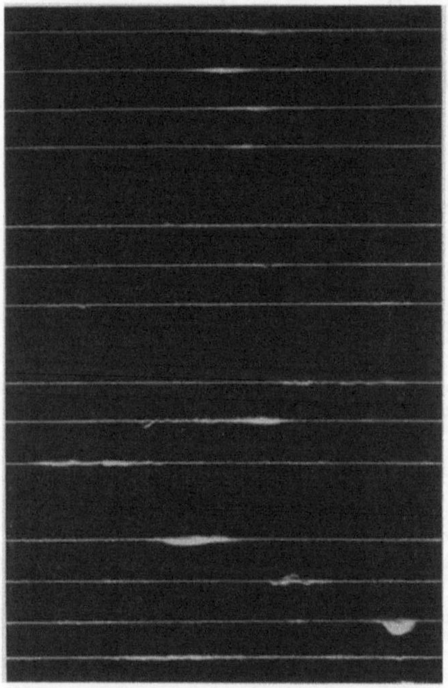

Diese Fehler unterteilen wir in (vgl. Abb. 65):

1. fehlerhafte Anmachstellen, sog. „Anmacher".
2. Eingesponnener Faserflug.
3. Pflanzliche Rückstände, z. B. Schalenteilchen bei Baumwolle.
4. Doppelfäden, wenn z. B. an der Spinnmaschine zwei benachbarte Fäden, durch den Bruch einer dieser beiden, zusammenlaufen.
5. Dicke Stellen, verursacht durch den Zusammenlauf zweier Vorgarnfäden.

Verdickungen des Fadendurchmessers, die durch anhaftende Fasernoppen oder Fremdkörper entstehen, können im Webstuhl durch die Reibung in den Litzen zu Fadenbruch führen oder im fertigen Gewebe eine Ungleichmäßigkeit bilden.

Doppelfäden, die sich durch die Reibung im Webstuhl in zwei Einzelfäden auflösen, können durch Verschlingung mit Nachbarfäden mehrere Fadenbrüche

Abb. 65. Dickstellen in Garn (durch Schwingplättchenreiniger RP 5) elliminiert

gleichzeitig verursachen, u. U. sogar Schützenflug oder ein sogenanntes „Nest" im Gewebe. Erfolgt keine Auflösung, so wird der Doppelfaden im Gewebebild störend wirken.

Dicke Stellen haben oft eine geringe Festigkeit, da sich die Drehung in die dünneren Stellen des Garnes legt. Sie führen durch ihre geringere Festigkeit oft zum Fadenbruch im weiteren Fabrikationsverlauf oder bilden im fertigen Gewebe eine Ungleichmäßigkeit.

Die Überwachung des Garnes an der Kreuzspulmaschine hat die Aufgabe, diese oben genannten Fehler aufzufinden und ihre Ausmerzung zum Zweck der Produktivitätssteigerung der nachfolgenden Maschinen und der Qualitätssteigerung der fertigen Ware zu ermöglichen.

Das Kriterium für die Güte der Laufeigenschaften eines Garnes während eines Fertigungsprozesses ist die „bruchfreie Fadenlänge". Spricht man z. B. in einer Weberei, in der ein bestimmtes Gewebe hergestellt wird, von einer „bruchfreien Länge" von 3000 m, so läßt sich dies am Beispiel begrifflich wie folgt erklären:

Eine Kette von 4800 Fäden weist beim Weben pro Meter Fertigung

$$\frac{4800}{3000} = 1{,}6 \text{ Fadenbrüche}$$

auf. Es wäre jedoch völlig falsch, in diesem Zusammenhang eine Auskunft darüber zu geben, wie etwa die Norm sein sollte, denn die „bruchfreie Fadenlänge" ist in engstem Sinne von den Vorbereitungsarbeiten, und zwar insbesondere von der Spulerei, abhängig. Weiter besteht eine Abhängigkeit vom Rohstoff und der Güte der Verspinnung. Im weiteren Sinne können noch als beeinflussende Größen diskutiert werden:

Der Einfluß der Luftfeuchtigkeit, Zustand der Maschinen und Hilfsmittel, Arbeitsfähigkeit des Bedienungspersonals.

Oftmals wird die Notwendigkeit der Fadenbelastung auf einer Spulmaschine als zu kostspielig empfunden, und man sieht die Aufgabe der Spulmaschine lediglich darin, große Spulenkörper herzustellen.

Die Beanspruchung des Fadens während der Fertigung. Während der Fertigung wird der Faden mit einer bestimmten Belastung auf Zug und auf Oberflächenwiderstand beansprucht. Insbesondere im Webstuhl kann die Spannung der das Material unterworfen ist, wenn z. B. hohe Werte für die Schlußdichte erforderlich sind, Größen annehmen, die beträchtlich an die Elastizitätsgrenze des Fasermaterials herangehen. Der Faden reißt dann an all den Stellen, die einer solchen Belastung nicht gewachsen sind. Die Aufgabe der Spulerei ist es also, den Faden mindestens so stark zu belasten, wie dies irgend einmal während der späteren Fertigung sein wird, damit hier der Fadenbruch erfolgt, denn der Stillstand einer Arbeitsstelle an der Spulmaschine ist letztlich nicht so kostspielig wie der Stillstand der Zettelmaschine oder des Webstuhls während eines Fadenbruches.

In fortschrittlichen Betrieben geht man heute in vielen Fällen dazu über, in der späteren Fertigung die Spannung zu kontrollieren, um geeignete Anhaltswerte für die Einstellung der Spannung auf der Spulmaschine zu bekommen.

a) Die Einrichtung zum Bremsen und Reinigen des Fadens auf der Spulmaschine

Die Durchführung der Fadenüberwachung auf Fehlstellen erfolgt durch:

Fadenbremsen: Schwache Stellen im Garn sollen bereits an der Kreuzspulmaschine ausgemerzt werden. Durch den Abzug des abgebremsten Fadens soll dieser deshalb eine Beanspruchung auf Reißfestigkeit erfahren, welche der höchsten Beanspruchung im weiteren Verlauf der Fertigung entspricht (vgl. Abb. 69).

Fadenreiniger: Geht man von einem kreisrunden Querschnitt und einer konstanten Dichte des Fadens aus, so ist die Fadenreinigung nichts anderes als eine fortlaufende Kontrolle des Fadendurchmessers.

1. Wirkungsweise der Fadenreiniger. *Die direkte Reinigung:* Man spricht von „direkter Reinigung", wenn der Fadenreiniger anhaftenden Faserflug oder Verunreinigungen vom Faden abstreift.

Reinigung bei Fadenbruch: Beim Passieren durch den Fadenreiniger von fest mit dem Faden verbundenen Verunreinigungen, dicken Stellen, doppelten Fäden, verursacht der Fadenreiniger einen Fadenbruch.

4*

Die „Fadenreinigung" schließt die Ausscheidung von verschmutzten und dunklen Garnstellen nicht ein.

2. Der Begriff „Reinigungsgrad". Mit dem Begriff „Reinigungsgrad" wird der erzielte Reinigungseffekt zahlenmäßig festgelegt:

$$\text{Reinigungsgrad} = \frac{\text{Ausgeschiedene Dickstellen}}{\text{Vorhandene Dickstellen}} \cdot 100\,\%\,.$$

Mit „Dickstellen" sind hier sämtliche Fehlerstellen des Fadens bezeichnet, welche der Fadenreiniger auszumerzen hat. Der Vergleich der erzielten Reinigungsgrade mit verschiedenartigen Fadenreinigern bei gleichen Voraussetzungen bezüglich Garn, Fadenlaufgeschwindigkeit und -spannung, trägt zur Beurteilung der Reiniger untereinander bei.

3. Anordnung der Fadenreiniger. Im allgemeinen wird der Fadenreiniger nach der Fadenbremse in den Fadenlauf eingeschaltet. Die Arbeitsweise des Reinigers verlangt meistens einen ruhigen, geraden Lauf des gespannten Fadens. Die entsprechende Fadenführung wird dann durch die vorgeschaltete Bremse und einen nachgeschalteten Fadenführer sichergestellt. Die Abtastung des Fadens durch einen Fadenwächter, welcher das Abheben der Kreuzspule von der Schlitztrommel oder dem Nutenzylinder bei Fadenbruch einleitet, erfolgt anschließend.

4. Zeitpunkt der Fadenreinigung. Die Reinigung ist grundsätzlich am einzelnen Faden durchzuführen, also beim Umspulen des Garnes vom Spinnkops auf die Kreuzspule. Wird das Garn gefacht, so soll man auch an der Fachmaschine reinigen, wenn man sofort vom Spinnkops abzieht.

Wird das Garn gefärbt oder gebleicht und daher nochmals umgespult, so kann auf die Reinigung beim Spulen ab Kops verzichtet werden. Man nimmt sie dann beim Umspulen der gefärbten Kreuzspulen vor. Diese Ausnahme ist jedoch nur zutreffend, falls man über einen Reiniger verfügt, welcher die durch den Kopswechsel beim Spulen entstandenen Knoten nicht wieder aufbricht.

Zwirne, deren Einzelfäden bereits gereinigt wurden, können nochmals gereinigt werden; die beim Zwirnen entstandenen Fehler, wie Beifäden, schlechte Knoten, Faserflug usw., merzt man dadurch aus.

5. In welchem Maße soll gereinigt werden? Ausschlaggebend für eine intensive Reinigung ist, ob der Faden durch seine Struktur später eine wichtige Rolle im Gewebebild spielt. Dies trifft in der Tuchindustrie z. B. für kalhausgerüstete Kammgarngewebe zu, in der Baumwollindustrie z. B. für Popeline. Andererseits wäre es sinnlos, eine intensive Reinigung solcher Garne vorzunehmen, welche zur Herstellung einer Ware mit dichter Filz- oder Flordecke dienen.

Auch wenn eine intensive Reinigung erwünscht ist, wird man eine gewisse Toleranz in der Ausmerzung von Ungleichmäßigkeiten wahren müssen. Es darf nicht vergessen werden, daß bei einer Ausmerzung durch Einleitung eines Fadenbruches an Stelle der Ungleichmäßigkeit im Garn nunmehr ein Knoten entsteht. Die zu wahrende Toleranz sollte man auf die höchste Wirtschaftlichkeit in Verbindung mit dem zu erzielenden Qualitätsniveau abstimmen.

Unterteilung der Fadenreiniger

Die nachfolgend beschriebenen Fadenreiniger sollen nach ihrer Arbeitsweise in 3 Gruppen unterteilt werden: mechanische, elektromechanische und elektronische Fadenreiniger.

6. Mechanische Fadenreiniger. *Der Nadelkammreiniger* (Abb. 66). Der Faden wird über eine feste Unterlage geleitet, der die Spitzen eines Nadelkamms gegenüberstehen (Abb. 67). Wenn d der normale Durchmesser des Fadens ist, so würde bei Faden e, dessen Durchmesser $1^1/_2\,d$ entspricht, eine Abstreifung von Unreinigkeiten im Bereich der Nadelspitze

möglich sein. Dieser Bereich ist allerdings in Hinsicht auf den Gesamtumfang des Fadens
so gering, daß die meisten fehlerhaften Stellen den Reiniger ungehindert passieren.

Bei der Lage des Fadens f (zwischen den zwei Nadelspitzen 3 und 4) würde erst ein Faden von noch größerem Umfang an einem Teil seines Umfangs in den Bereich der zwei Nadelspitzen kommen.

Abb. 66. Nadelkammreiniger

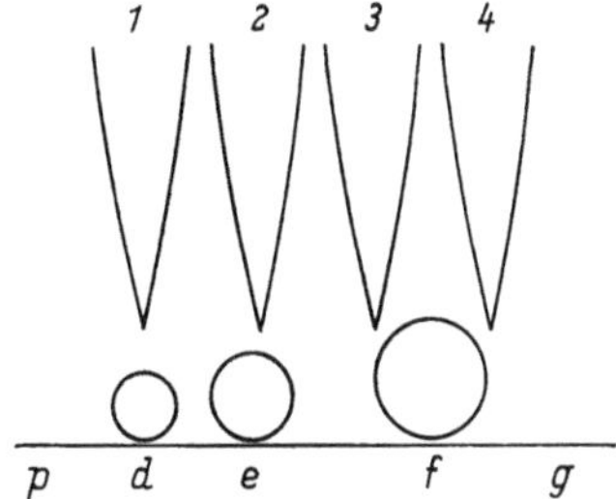

Abb. 67. Erklärung zu Abb. 66

Bei einer allgemeinen Betrachtung der Reinigungswirkung kann folgendermaßen zusammengefaßt werden:

1. Bei geringer Durchmesserzunahme des Fadens und bei eingesponnenen Unreinigkeiten, welche nicht gerade in den Bereich der Nadelspitze kommen, wird weder ein Fadenbruch noch das Abstreifen der Unreinigkeiten erfolgen.

2. Solche Unreinigkeiten, die am Faden anhaften und zufällig in den Bereich der Nadelspitze kommen, werden von der Nadelspitze aufgespießt oder vom Faden abgestreift. Ist die Anhaftung mehr als eine oberflächliche, so kommt ein Fadenbruch zustande.

3. Ist die Durchmesserzunahme durch Faseranhäufung so groß, daß ein Teil der Fasern erfaßt wird, so erfolgt Fadenbruch.

4. Ist die Durchmesserzunahme nur so groß, daß ein Teil der Fasern von den Nadelspitzen erfaßt wird, die Festigkeit des Fadens jedoch nicht in dem Maße beeinträchtigt ist, daß ein Fadenbruch erfolgen kann, so erfolgt ein Aufrauhen des Fadens an seinem Umfang. Durch das Aufrauhen wird der Faden unansehnlich und seine Festigkeit kann beeinträchtigt werden, sofern auch solche Fasern erfaßt werden, welche zum Kerndruck des Fadens beitragen. Damit ist die Gefahr des Fadenbruchs im weiteren Fertigungsverlauf gegeben.

Von der geringen Reinigungswirkung abgesehen, hat der Nadelkammreiniger den großen Nachteil, daß er oft und regelmäßig geputzt werden muß. Es entstehen dabei Zeitverluste. Außerdem muß die Maschine von gewissenhaftem Personal bedient werden.

Der Nadelkammreiniger findet also nur dort eine Berechtigung, wo man sich mit der Ausmerzung allergröbster Stellen im Faden zufrieden gibt.

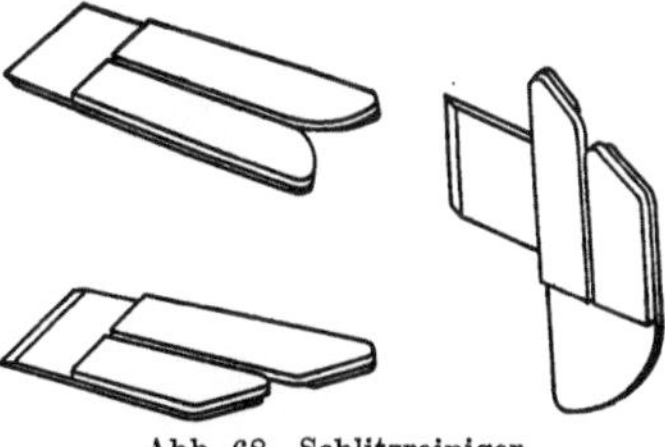

Abb. 68. Schlitzreiniger

Schlitzreiniger. Als Schlitzreiniger bezeichnet man solche Reiniger, bei denen der Faden durch einen von zwei festen Kanten gebildeten Schlitz hindurchgeführt wird. Man kennt verschiedene Ausführungen:

1. Einfache Bleche mit eingefrästem Schlitz: hierbei lassen sich geringe Abweichungen der Schlitzweite kaum vermeiden. Außerdem ist ein Nacharbeiten zur Erzielung einer hohen Oberflächengüte nicht möglich. Diese Reiniger können den heute gestellten Anforderungen nicht mehr genügen.

2. Verbesserte Schlitzreiniger, wie sie in den Abb. 68 und 69 dargestellt sind (Franz Müller). Diese Reiniger bestehen aus einem Grundblech von 3 mm Stärke; auf diesem Blech sind die eigentlichen Schlitzblechhälften, welche gehärtet und auf der Innenseite geschliffen sind, befestigt. Sie werden zwecks größerer Genauigkeit mit Meßblättern auf dem Grundblech angebracht. Das Grundblech bildet gleichzeitig einen Steckschuh, welcher einen zeitsparenden Austausch an der Maschine ermöglicht.

Unverzogene Garnstellen, sog. dicke Stellen, sind auf Grund ihrer geringeren Drehung weicher als der normale Faden. Bei der Aufwindung auf den Spinnkops nehmen sie infolge der

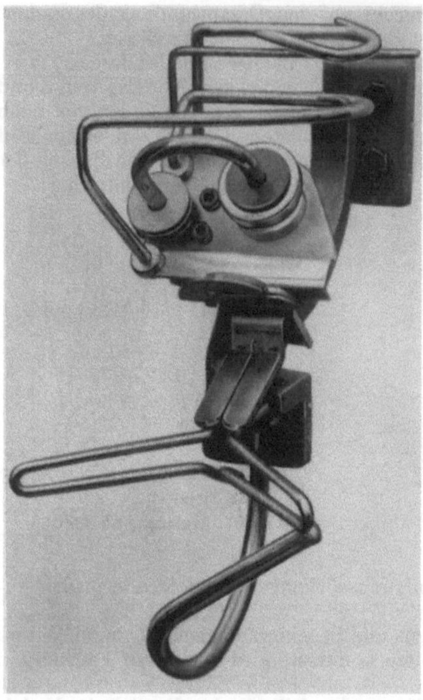

Abb. 69. Fadenspanner mit Tellerbremse und zwei Schlitzreiniger für normale Garne (Kreuzspulmaschine NK 3/60 von Franz Müller)

Abb. 70. Fadenreiniger von Barber & Colman

Aufwickelspannung und des Druckes der nachfolgenden Garnschichten einen elliptischen Querschnitt an. Bei der Anordnung eines einzelnen Schlitzreinigers erweisen sich diese dikken Stellen als sog. „Schleichstellen", d. h. sie passieren, begünstigt durch den elliptischen Querschnitt, ungehindert den Schlitz.

Um eine größere Sicherheit in der Ausscheidung dieser dicken Stellen zu erreichen, hat man zwei Schlitzreiniger nacheinander angeordnet, deren Schlitze um 90° versetzt sind. Eine solche Anordnung ist in der Abb. 69 dargestellt.

3. Verstellbare Schlitzreiniger sind nur dann zu empfehlen, wenn eine Verstellung durch das Bedienungspersonal nicht möglich ist. Da die Spulerin normalerweise im Stücklohn arbeitet, ist sie an einer möglichst hohen Produktion interessiert. Es besteht deshalb die Gefahr, daß sie die Schlitze weiter einstellt, um die durch die Reinigung bedingten Fadenbrüche zu vermeiden. Verstellbare Schlitzreiniger sollen also nur mit Spezialschlüssel eingestellt werden. Diese Einstellung soll z. B. der Meister oder der Abteilungsleiter selbst vornehmen.

Fadenreiniger von Barber & Colman (Abb. 70). Hierbei handelt es sich um einen verstellbaren Schlitzreiniger. Die am BC.-Spulautomaten befindlichen Fadenreiniger sind von sehr gutem Nutzeffekt. Die Reiniger „Breaker Type" führen eine sorgfältige, wirksame Reinigung durch und können den Erfordernissen der einzelnen Firmen angepaßt und zweckentsprechend eingestellt werden. Die Reiniger „Breaker Type" sind schnell und genau einstellbar für trennscharfe Reinigung von groben Garnen. Für gewöhnliche Zwecke, z. B. für Rohware können große, lose Stellen entfernt werden und kleinere, festere Ungleichmäßigkeiten, *sofern dies erwünscht*, durchgelassen werden.

Für die verschiedenen Garnsorten läßt sich der Barber & Colman-Fadenreiniger schnell und leicht einstellen. Dies ist sehr wichtig für Betriebe, die vielerlei Garnsorten verarbeiten. Mit einem Spezialschlüssel kann genau und ohne Produktionsverlust umgestellt werden. Dies reduziert die Umstellungszeit von einer Garnsorte zur anderen, wenn Garn gewechselt werden muß. Der Spezialschlüssel ist auf jede festgelegte Einstellung regulierbar.

Die Spulmaschine ist mit keinerlei Belastung für den laufenden Faden versehen, ausgenommen der Spannung, die durch das Abwickeln des Fadens von den Spulen und die Reibung der Luft entsteht.

Die Bestimmung der Schlitzweiten. Die Schlitzweite ist in Abhängigkeit von dem Fadendurchmesser, dem erwünschten Reinigungsgrad und der Fadenlaufgeschwindigkeit einzustellen. Es muß dabei berücksichtigt werden, daß der Durchmesser des Garnes immer nur als ein Mittelwert angesehen werden kann, da eine gewisse Ungleichmäßigkeit, insbesondere bei natürlichen Fasern, unvermeidlich bleibt.

Um in der Praxis schnell einen Wert zu finden, der dem optimalen Wert möglichst nah kommt, sollte man sich des Nomogramms Abb. 71 bedienen, das auf Grund von Laufversuchen ermittelt wurde. Zum Beispiel: Welche Schlitzweite ist für ein Garn Nm 20 erforderlich? Das Nomogramm weist den Wert 0,8 mm aus. Dieses ist ein Ausgangswert für die Fertigungsdurchführung, die erforderliche Korrektur muß empirisch erfolgen, wobei der „Reinigungsgrad" Grundlage für die Größe der Korrektur sein mag.

Weiterhin wird der Garndurchmesser bei gleicher Garnnummer durch die Beeinflussung folgender Faktoren variieren:

1. Art des Rohstoffes.
2. Spezielle Eigenschaften, bedingt z. B. durch Provenienz.
3. Spinnverfahren.
4. Grad der Drehung.
5. Feuchtigkeitsgehalt des Garnes.

Es ist deshalb nicht zu empfehlen, die Schlitzweite auf den theoretischen Wert des Garndurchmessers direkt zu beziehen. Andererseits ist eine Proportion zwischen Schlitzweiten und Garnnummern gegeben, wenn die Voraussetzungen, welche den Durchmesser von Garnen verschiedener Nummer beeinflussen, annähernd gleichartig sind. Weiterhin wird dabei vorausgesetzt, daß der Grad der Reinigung derselbe bleiben soll und, daß gleichartige Fadenreiniger verwendet werden sollen.

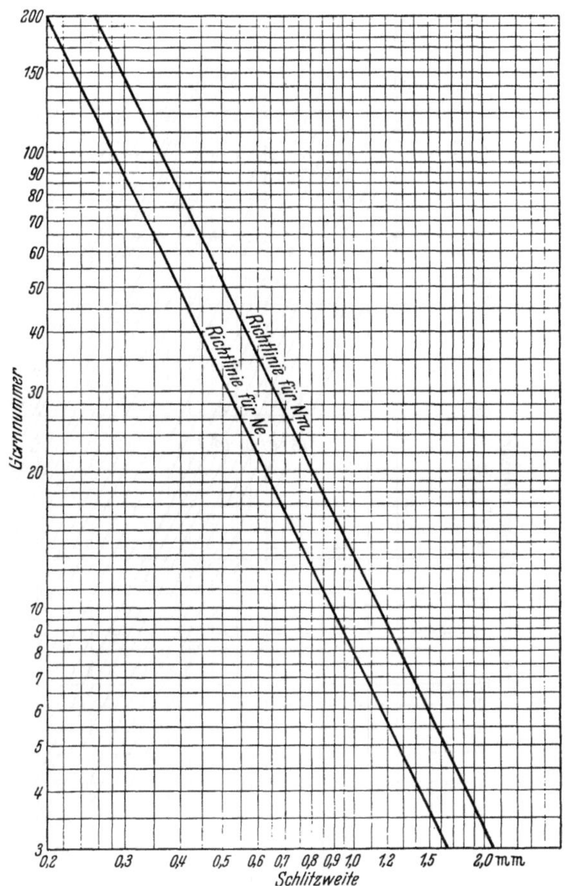

Abb. 71. Nomogramm zur Ermittlung der geeigneten Schlitzweite in Abhängigkeit von der Garnnummer

Diese Proportion lautet dann bei Längennumerierung:

$$\frac{\text{Gesuchte Schlitzweite}}{\text{Erprobte Schlitzweite}} = \frac{\text{Wurzel der Nummer des erpr. Garnes}}{\text{Wurzel der Nummer des neuen Garnes}}.$$

Die Schlitzweiten verhalten sich also umgekehrt proportional zu den Quadratwurzeln aus den Garnnummern bei Längennumerierung. Hat man also durch Erfahrung die optimale Schlitzweite für eine Garnnummer gefunden, so kann man die neue Schlitzweite für eine andere Garnnummer an Hand der oben genannten Proportion ermitteln.

Hat man also mit Hilfe des Nomogramms der Abb. 71 einen Ausgangswert gefunden, der dann unter Berücksichtigung des gewünschten Reinigungsgrades korrigiert werden mußte, so kann man mit Hilfe des Nomogramms Abb. 72[1] die Verhältnisse auf andere Garnnummern übertragen. Die waagerechten Linien entsprechen den Längennummern, die senkrechten Linien den Schlitzweiten in Millimeter.

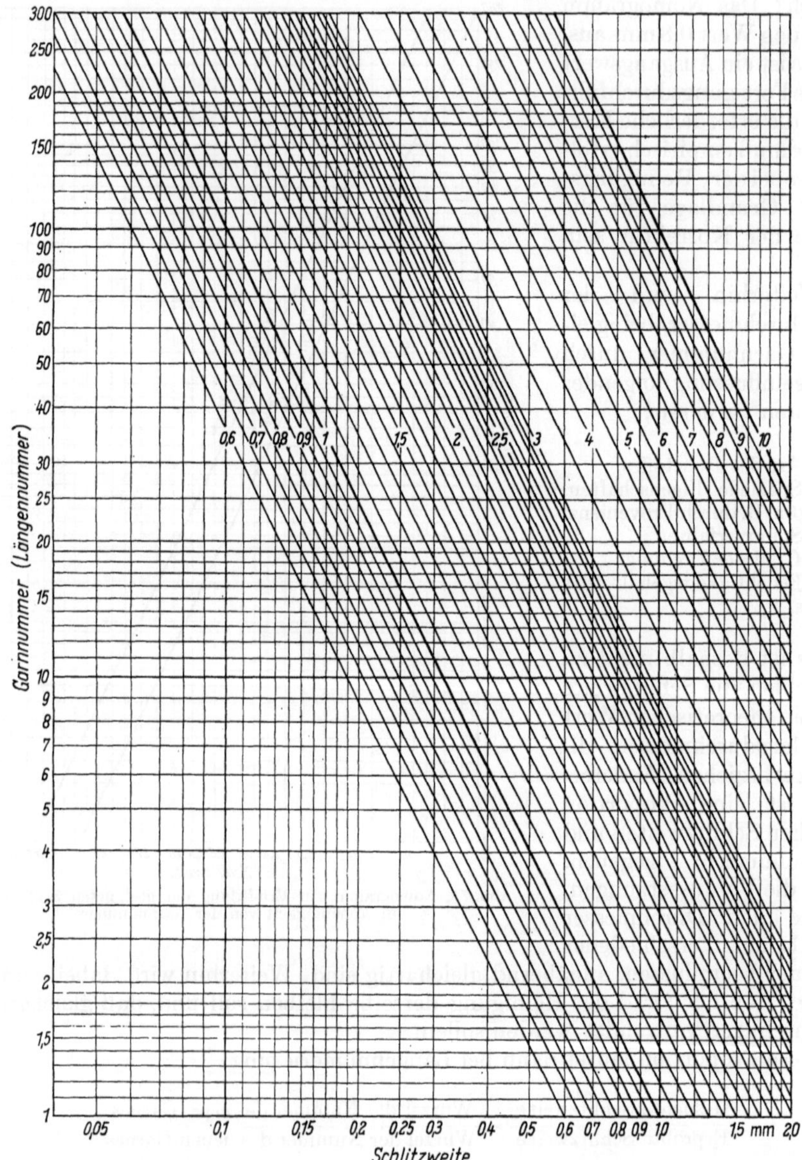

Abb. 72. Nomogramm zur Bestimmung des Reinigungsgrades in Abhängigkeit von der Garnnummer

Beispiel: Ein Streichgarn Nm 10 ist mit einer Schlitzweite von 0,6 mm gespult worden. Es soll die Schlitzweite für ein Streichgarn Nm 20 gleicher Art ermittelt werden, wenn ein gleicher Grad der Reinigung durchgeführt werden soll.

---

[1] Nach H. Eigenbertz: Vergleichstafeln für die Durchlaßweite der Fadenreiniger. Melliand Textilber. 1957, 984.

Lösung:

1. lt. Netztafel: durch den Schnittpunkt der Waagerechten zu Nm 10 und der Senkrechten zu 0,6 mm läuft eine Schräglinie. Diese Schräge schneidet die Waagerechte zu Nm 20 zwischen den beiden Senkrechten zu 0,4 und 0,45 mm. Daraus ist zu folgern, daß die gesuchte Schlitzweite einen Wert von 0,425 mm hat.

2. Rechnerische Probe:
$$\frac{x}{0,6} = \frac{\sqrt{10}}{\sqrt{20}},$$

$$x = \frac{3,16 \cdot 0,6}{4,47} = 0,424 \text{ mm}.$$

Die am oberen Teil der Tafel eingetragenen Werte sind die Multiplikatoren, mit denen die Reziproken der Wurzel aus der neuen Garnnummer multipliziert werden, um die Schlitzweite zu ermitteln.

Für die Schräglinie aus dem berechneten Beispiel ist der Multiplikator 1,9.

$$\frac{1,9}{\sqrt{20}} = \frac{1,9}{4,47} = 0.425 \text{ mm}.$$

Kritische Betrachtungen zu den Schlitzreinigern. Bei der Anwendung von Schlitzreinigern reißt der Faden erst bei einer ziemlich erheblichen Überschreitung der Fadendicke gegenüber der Schlitzweite. Der Fadendurchmesser, der zum Fadenbruch führt, wird als „kritische Grenze" bezeichnet. Er ist abhängig von der jeweiligen Schlitzweite.

Da der Fadenkern Hauptträger der Zugfestigkeit des Fadens ist, entsteht kein Fadenbruch bei einer Durchmesserzunahme des Fadens, die nicht erheblich die Weite des Schlitzes übertrifft. Da die Kanten des Reinigers zum Zweck der direkten Reinigung scharf sein müssen, erfolgt ein Aufrauhen des Fadens an solchen Dickstellen, die die kritische Grenze nicht ganz erreichen.

Soll die Gefahr des Aufrauhens durch Weiterstellung des Schlitzes unterbunden werden, so wird der Grad der Reinigung beeinträchtigt. Dicke Stellen, die eigentlich ausgeschieden werden sollen, bleiben nunmehr dem Faden erhalten.

Auch durch Engerstellung des Schlitzes läßt sich hier keine vernünftige Lösung finden, da hierbei Fadenteile mit geringerer Durchmesserzunahme innerhalb der Toleranz nunmehr aufgerauht werden. Es werden also zu hohe Anforderungen an die Gleichmäßigkeit des Garnes gestellt, bei welchen den unvermeidlichen geringeren Schwankungen des Fadendurchmessers nicht mehr Rechnung getragen wird. Dies trifft insbesondere bei den sog. „schnittigen Garnen" zu (Garne, welche abwechselnd dicke und dünne Stellen aufweisen).

Ein Abrunden der Einlaufkanten des Schlitzes ist unzulässig, die direkte Reinigung geht dabei verloren. Statt eines Abstreifens der an der Peripherie des Fadens anhaftenden Verunreinigungen erfolgt ein Eindrücken in den Fadenkern.

Auf diesen Ausführungen geht hervor, daß ein Aufrauhen des Fadens in seinen unter der kritischen Grenze liegenden Dickstellen nicht zu vermeiden ist. Mit diesem Aufrauhen sind folgende Nachteile verbunden:

1. Durch das Aufrauhen nehmen diese Dickstellen noch mehr an Umfang zu und machen das Garn unansehnlich. Der Kontrast zwischen der normalen Fadenstärke und diesen Dickstellen wird damit noch krasser und wirkt sich auf das Aussehen der Ware nachteilig aus.

2. Die aufgerauhten Stellen im Faden verlieren an Festigkeit:
a) unmittelbar durch die Verringerung der Fasern im Querschnitt,
b) mittelbar durch den Fortfall des Druckes der verlorenen Außenfasern auf den Fadenkern und die damit verbundene Verminderung der Reibung der Fasern untereinander.

3. Beim Auftreten solcher Dickstellen, welche ganz nahe an der kritischen Grenze liegen, wird der Faden ruckweise auf Zug beansprucht bis kurz vor Bruch. An diesen Stellen erfolgt bei den entsprechenden Rohstoffen eine bleibende Dehnung und Verlust der Elastizität.

Punkt 2 und 3 begünstigen Fadenbrüche im weiteren Fabrikationsverlauf.

4. Das Aufrauhen des Fadens führt zur Staubentwicklung. An modernen Maschinen hat man deshalb Abblase- bzw. Absaugevorrichtungen angebracht. Sind diese nicht vorhanden, so können sich starke Anhäufungen von abgestreiften Fasern und Verunreinigungen bilden. Werden diese nicht frühzeitig von der Spulerin entfernt, so entsteht die Gefahr, daß der Faden solche Anhäufungen auf die Kreuzspule bringt. Auch unerwünschte Fadenbrüche können zustande kommen.

5. Ist weder Absaug- noch Abblasevorrichtung vorhanden, so entstehen infolge der Wartung durch die Spulerin erhebliche Zeitverluste. Noppen oder Verunreinigungen, welche im Schlitz eingeklemmt werden, müssen ohnehin durch die Spulerin von Hand entfernt werden.

Der Reinigungsgrad bei Schlitzreinigern liegt bei etwa 40%.
Der Schwingplättchenreiniger RP 5. Der Schwingplättchenreiniger Superfekt RP 5 von
Schlafhorst & Co., M.-Gladbach, ist ein verstellbarer Fadenreiniger.

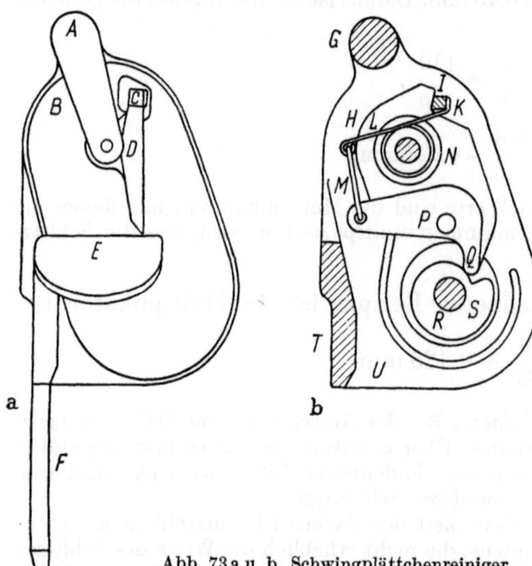

Auch hier wird der Faden zur Reinigung durch einen Schlitz geführt.
Dieser verläuft waagerecht und wird
durch folgende Bestandteile begrenzt:

1. nach unten hin durch die Fläche
einer hochpolierten Unterplatte *E* (vgl.
Abb. 73).

2. nach oben hin durch die scharfe
Kante eines federnd gelagerten Messers,
bzw. Schwingplättchens *D*.

Durch die beiderseitige Lagerung des
Schwingplättchens *D* mittels Drehzapfen am Bügel *A* wird die präzise Parallellage der scharfen Kante zur Unterplatte *E* gesichert. Die Unterplatte *E*
ist so gelagert, daß der Faden mit leichter Berührung ohne Bremsung über sie
hinweg gleitet. Sobald eine Dickstelle
im laufenden Faden das Schwingungsplättchen berührt, wird diese um die
Achse durch die an der Kante auftretende Kraft gedreht und der Schlitz
schließt sich, der Faden reißt (Abb. 74).

Abb. 73 a u. b. Schwingplättchenreiniger

Bei der Ausführung RP 5 braucht
man die *Einstellung* nicht mehr an jedem
einzelnen Spulenkopf vorzunehmen, wie das bisher der Fall war. Zum doppelten Zwecke
der *einheitlichen Einstellung* an sämtlichen Spulköpfen und einer *bedeutenden Zeitersparnis* für
die Arbeit des Umstellens aller Fadenreiniger einer Maschine ist die Einstellung in den aus

Abb. 75 rechts ersichtlichen *Spezialschlüssel* verlegt worden. Die einmal eingestellte Schlitzweite kann nur mittels
dieses Spezialschlüssels verändert werden, der von dem mit der Einstellung
betrauten Personal verwahrt wird, so
daß jeder unbefugten Änderung der Einstellung von vornherein vorgebeugt ist.

Der Präzisions-Schwingplättchenreiniger RP5 hat deshalb auch keine Skala
und keine Markierung mehr.

Die Einstellskala und die Markierungen befinden sich am Kopf des aus Abb.
77 ersichtlichen Spezialschlüssels. Die
Zahlen geben die jeweilige Schlitzweite
in Zehntelmillimetern an, so daß z. B.
die Zahl 4 einer Schlitzweite von 0,4 mm
entspricht.

Durch den Spezialschlüssel wird die
in Abb. 73 mit den Buchstaben *R–S*
bezeichnete Kurvenscheibe verdreht, wobei der Fuß *Q* des Hebels *P* verstellt
wird, der über den Ansatzstift *I* (vgl. *f*
in Abb. 76) der Endlage des Schwingplättchens *D* (Abb. 73) bestimmt.

Abb. 74. Schwingplättchenreiniger (Schlafhorst)

Die jeweils anzuwendende Schlitzweite hängt davon ab, wie weit man
mit der Reinigung zu gehen beabsichtigt. Für größte Sauberkeit dürfte in der Regel eine Schlitzweite in Frage kommen, die
den theoretischen Garndurchmesser um etwa 50% überschreitet, jedoch richtet sich die
tatsächliche Einstellung vollkommen nach den besonderen Erfordernissen, Wünschen und
sonstigen Umständen.

Zur Einstellung der Schlitzweite des Präzisions-Schwingplättchenreinigers RP 5 sei auf
die Abb. 75 bis 77 verwiesen. Man geht dabei wie folgt vor:

1. Man löse den Gewindestift *a* im Kopf des Spezialschlüssels *S* vermittels des Sechskant-Stiftschlüssels;

2. man drehe den Skalenring *b* im Kopf des Spezialschlüssels *S* in eine solche Lage, daß die der gewünschten Schlitzweite in Zehntelmillimeter entsprechende Zahl dem Markierungsstrich *c* genau gegenübersteht;

3. man ziehe den Gewindestift *a* wieder fest an;

4. man stecke den Spezialschlüssel *S* auf die Stellscheibe *h* des Schwingplättchenreinigers RP 5 auf; dabei müssen die beiden Stifte *d* und *e* in die entsprechenden Bohrungen der Stell-

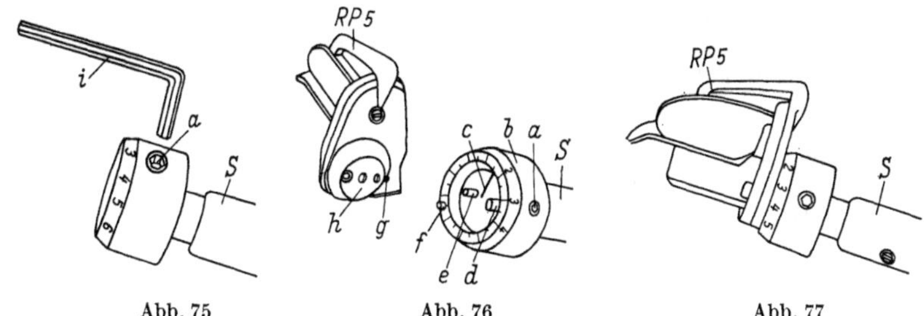

Abb. 75   Abb. 76   Abb. 77

Abb. 75—77. Einstellung des Schwingplättchenreinigers

scheibe *h* eingreifen; angesichts der verschiedenen Stärke der beiden Stifte *d* und *e* und der entsprechenden Lochweite der zugehörigen Bohrungen kommt der Einstellschlüssel *S* von selbst in die richtige Lage;

5. man drehe den Spezialschlüssel *S* langsam so lange, bis der federnde Raststift *f* in die zugehörige Bohrung *9* eingesprungen ist, was sich dadurch bemerkbar macht, daß ein gewisser Widerstand spürbar wird.

Wie man aus Abb. 73 ersieht, ist Vorsorge getroffen, daß das Schwingplättchen entgegen dem Federzug in der Richtung des Fadenlaufs so bewegt werden *kann*, daß es nach unten hin ausschlägt und sich der Oberfläche der Unterplatte gegebenenfalls fast bis zur Berührung

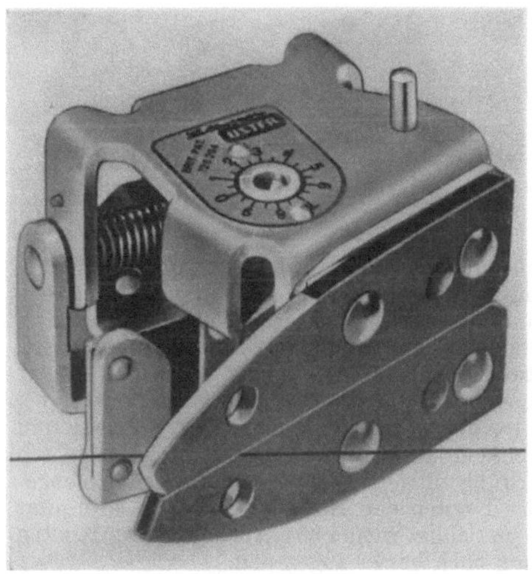

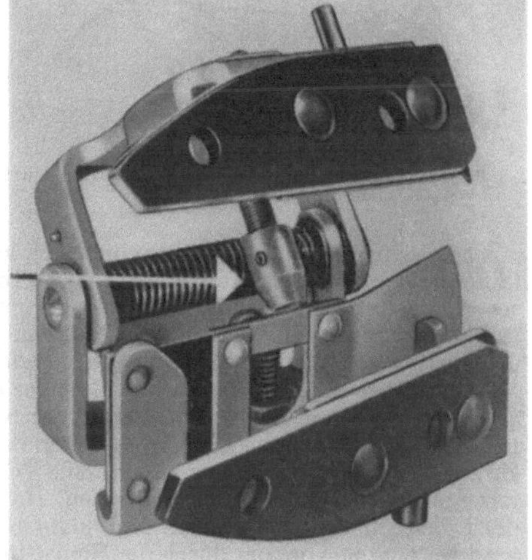

Abb. 78. Fadenreiniger „Uster" (in Arbeitsstellung)   Abb. 79. Fadenreiniger „Uster" (zum Reinigen geöffnet)

mit derselben nähert. Die Unterkante des Schwingplättchens spricht auf den leisesten Anstoß sofort an, so daß diese Vorrichtung das Garn sehr genau prüft, ohne es der Gefahr einer Aufrauhung oder sonstigen Beschädigung auszusetzen.

Der Reinigungsgrad bei Schwingplättchenreinigung liegt bei etwa 55%.

Der Fadenreiniger „Uster". Der Fadenreiniger „Uster" wird von der Firma Zellweger A. G., Apparate- und Maschinenfabriken, Uster, Schweiz, hergestellt und vertrieben. Dieser verstellbare Reiniger läßt sich auf einfache Art an die verschiedensten Spulmaschinenfabrikate anbringen. Der Fadenreiniger Uster ist die verbesserte Weiterentwicklung des Fadenreinigers System „Moos", welcher bereits seit einigen Jahren von dieser Firma geführt wird.

Zwar wird der Faden auch hier zur Reinigung durch einen Schlitz geführt, eine Bezeichnung des Uster-Reinigers als Schlitzreiniger im Sinne der behandelten Reiniger wäre jedoch nicht zutreffend infolge der andersartigen Wirkungsweise (vgl. Abb. 78—80).

Der Schlitz wird von zwei gleichen Messerpaaren gebildet und verengt sich zu einer Seite hin. Die beiden Messer eines Messerpaares sind durch einen geringen Zwischenraum getrennt. Das erste in Fadenlaufrichtung vorhandene Messer eines Messerpaares beginnt erst ungefähr auf der Hälfte der gesamten Schlitzlänge. Das obere Messerpaar am schwenkbar gelagerten Teil des Reinigers kann hochgehoben werden, um eine einfache Reinigung des Schlitzes zu ermöglichen. Der obere Teil des Reinigers trägt die Mikrometerschraube mit Skala (Teilung $^1/_{100}$ mm) zur Einstellung der Schlitzweite.

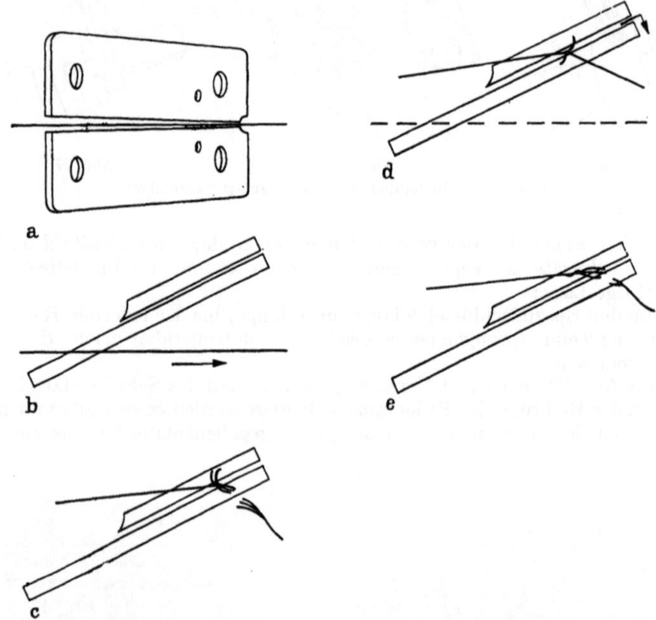

Abb. 80a—e. Wirkungsweise des „Moos"-Fadenreinigers

Die Reinigungsmesser bilden einen sich konisch verengenden Schlitz. Der normale Faden läuft frei durch den erweiterten Schlitzteil. Infolge des Winkels zwischen Fadenlauf und Messer werden auftretende Dickstellen und Verunreinigungen des Fadens in den verengten Schlitzteil gelenkt. Entweder werden die Verunreinigungen in dem verengten Schlitzteil abgestreift, also direkte Reinigung, oder es entsteht Fadenbruch (Abb. 80).

Gute Weberknoten können den Reiniger ungehindert durchlaufen. Der Faden wird dabei auch in den engeren Schlitzteil gelenkt, der Knoten gleitet an dem langen Messer entlang und hat genügend Bewegungsraum in dem von den beiden Messern eines Messerpaares gebildeten Zwischenraum. Da der Faden selbst keine Verdickung aufweist, kann er auch durch den engeren Schlitzteil ungehindert durchlaufen. Hat der Knoten den Reiniger verlassen, so nimmt der Faden seine vorgeschriebene Durchlaufstelle im Schlitz wieder ein (Abb. 80d). Der Knoten wird bei diesem Vorgang durch die Spulspannung noch besser zugezogen.

Schlechte Knoten haben in dem von den Einzelmessern der Messerpaare gebildeten Zwischenraum nicht genügend Bewegungsfreiheit und werden deshalb zu Bruch geführt (Abb. 80c).

Allgemein kann die Schlitzweite des Uster-Reinigers etwa 10% weiter gewählt werden als beim gewöhnlichen Schlitzreiniger. Maßgebend für die Schlitzweite ist dabei die Fadendurchlaufstelle. Bei kleiner Spulengeschwindigkeit muß der Schlitz enger eingestellt werden als bei großer Geschwindigkeit. Je stärker der Faden gebremst wird, um so enger muß der Schlitz eingestellt werden, da der Faden dann dem Abweichen in die Schlitzverengung mehr Widerstand entgegensetzt.

Der Reinigungsgrad beträgt 65—70%.

Beim Moos-Reiniger ruht das Ende der Mikrometerschraube auf einer durch Kontermutter gesicherten Gegenschraube. Letzte ist Bestandteil des fest gelagerten Teiles des Reinigers. Ein doppelter Federzug, der Ober- und Unterteil beiderseitig verbindet, sichert den festen Sitz der beiden Schrauben aufeinander.

Beim Uster-Reiniger ist auf dem Ende der Mikrometerschraube ein Kopf aufgeschraubt, welcher bei Arbeitsstellung des Reinigers von einer im Unterteil befestigten Sperrvorrichtung festgeklemmt wird. Diese Sperrvorrichtung wird durch eine Blattfeder gebildet, an deren freiem Ende eine Drucktaste vorhanden ist. Ist der Reiniger in Arbeitsstellung und wird auf die Drucktaste gedrückt, wo wird das Oberteil des Reinigers in die Offenstellung geschwenkt. Dieses Aufklappen erfolgt durch den Zug einer Torsionsfeder, welche mit dem Oberteil verbunden ist und einen Zug auf dasselbe ausübt. Der Kopf am unteren Ende des Mikrometerschraube erlaubt ein eventuelles Nachjustieren des Reinigers, sofern dieser durch grobe Behandlung an Genauigkeit verloren hat. Er kann erst nach dem Lösen einer Imbusstellschraube auf der Mikrometerschraube verdreht werden. Ein unerwünschter Eingriff durch das Bedienungspersonal bleibt somit ausgeschlossen. Die Mikrometerschraube kann ohnehin an beiden Modellen nur mit Spezialschlüssel verstellt werden.

Bei der Normalausführung der Moos- bzw. Uster-Reiniger gleitet der Faden von rechts nach links in den Reinigüngsschlitz.

Für die Reinigung an Fachspulmaschinen gibt es außerdem eine symmetrische Ausführung, bei welcher der Faden von links nach rechts in den Schlitz gleitet. Durch die Anordnung an Fachspulmaschinen von jeweils einer Normalausführung und einer symmetrischen wird die Zusammenführung der beiden Einzelfäden erleichtert.

7. Elektromechanischer Reiniger. Das Prinzip dieser Reinigung ist einfach. Der Faden durchläuft eine Tastvorrichtung, die den Durchmesser des Fadens kontrolliert. Sobald eine Dickstelle diese Tastvorrichtung passiert, löst der Taster einen Kontakt aus, der den Faden sofort abschneidet. Die Abb. 81 bis 83 zeigen Ausführungen, wie sie in Deutschland bekannt wurden.

Abb. 81 und 82 gibt die Ausführung „Müller-Magnetic" von Franz Müller, Abb. 83 den Elkotex der Firma Textechno, beide Mönchen-Gladbach, wieder.

Der besondere Vorteil dieser Ausführungsarten ist der, daß die Durchmesserabtastung nicht mehr durch Messer erfolgt. So ist auch Gewähr gegeben, daß der Faden nicht mehr aufrauht. Mit diesen Ausführungsarten kann man je nach der Einstellung innerhalb praktischer Belange einen Reinigungsgrad von annähernd 100% erreichen.

An Hand der Abb. 82 kann die Wirkungsweise erörtert werden. Man erkennt, daß Verdickungen des Fadens im Ausschwingen der Klappe 1 bewirkt. Zum Unterschied gegenüber dem Klappenreiniger wird der Meßschlitz geöffnet.

Die geringste Bewegung des Kläppchens genügt, um einen elektrischen Kontakt zu unterbrechen, der über eingebaute Schnellrelais einen Magneten anzieht. Nach

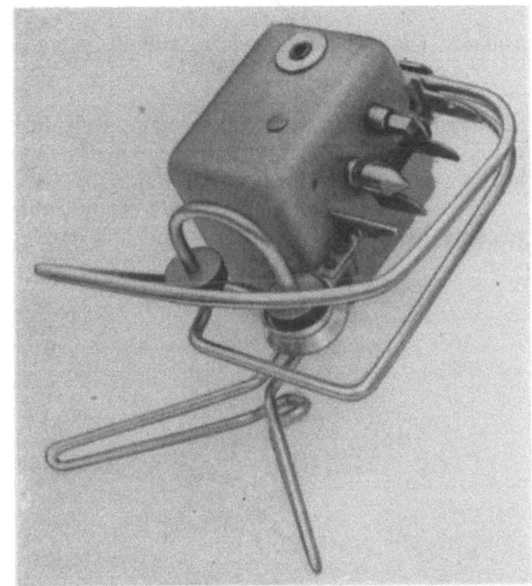
Abb. 81. Müller-Magnetik

Ansprechen des Magneten wird die Schneidvorrichtung betätigt und gleichzeitig der Meßschlitz derart geöffnet, daß sie eventuell anhaftende Flusen bzw. eingeklemmte Schalenteilchen lösen können. Vom Meßglied wird mechanisch der Durchmesser des Materials abgetastet, wodurch eine Meßbeeinflussung infolge *Feuchtigkeit oder unterschiedlichem Avivieren* ausgeschlossen ist.

Der mechanische und elektrische Aufbau des Reinigers ist sehr übersichtlich. Besonders wurde auf die einfache Justierung großer Wert gelegt.

Aus Abb. 82 ist der mechanische Aufbau des Gerätes ersichtlich. Die Wirkungsweise ist wie folgt zu beschreiben:

Der Faden F wird in Pfeilrichtung durch die kombinierte Meß- und Schneidvorrichtung geführt.

Der linke Schenkel der Gabel *10* bildet mit Schneidbolzen *9* die Schneidvorrichtung:

Der rechte Schenkel der Gabel *10* nach Anstellen des Fühlerkläppchens *1* den einstellbaren Meßschlitz.

Wird durch eine Verdickung die Meßklappe *1* in Fadenlaufrichtung gelegt, so wird hierdurch die Welle *2* verdreht. Mit Hilfe einer Schraube ist das Klemmstück *4* mit der Welle *2*

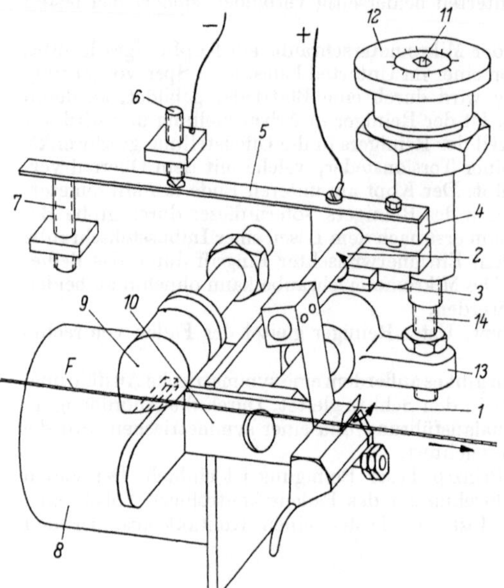

verbunden und biegt entsprechend der Auslenkung des Meßkläppchens die auf die Justierschraube *7* abgestützte Blattfeder *5* durch.

Infolge dieser mechanischen Tätigkeit wird der Kontakt zwischen Blattfeder *5* und Justierschraube *6* unterbrochen, die nachgeschalteten Relais ziehen den Magneten *8* an. Durch die Bewegung des Zugbolzens von Magnet *8* tritt die kombinierte Schneid- und Meßvorrichtung in Funktion, d. h. die Schere schließt sich, der Meßschlitz wird automatisch geöffnet und der Faden abgetrennt.

Die Betätigung des Magneten erfolgt nur kurzzeitig während der Entladung eines eingebauten Kondensators, der beim Abfall des Relais über einen Widerstand wieder aufgeladen wird. Ein Flattern der Gabel *10* deutet darauf hin, daß der Kontakt zwischen Blattfeder *5* und Justierschraube *6* beim Rückgang der Gabel *10* in die Ausgangsstellung wieder geöffnet wird. Dieses kann durch zu empfindliche Justierung oder Verschmutzung der Reinigerschlitze ausgelöst werden.

Abb. 82. Funktionsskizze der in Abb. 81 dargestellten Vorrichtung

8. Photoelektrische Fadenreiniger. Die Absicht, die Durchmesserabtastung im gebündelten Lichtstrahl durchzuführen, liegt nahe. Schon alleine deswegen, weil eine im Prinzip ähnliche Konstruktion für die Überwachung des Schußfadens im Webstuhl mit großem Erfolg eingeführt ist. Die denkbare Wirkungsweise ist leicht zu verstehen.

Ein solcher Reiniger enthält eine Lichtschranke, die durch einen Lichtstrahl und einen photoelektrischen Wandler gebildet wird. Der Faden durchläuft diese Lichtschranke und

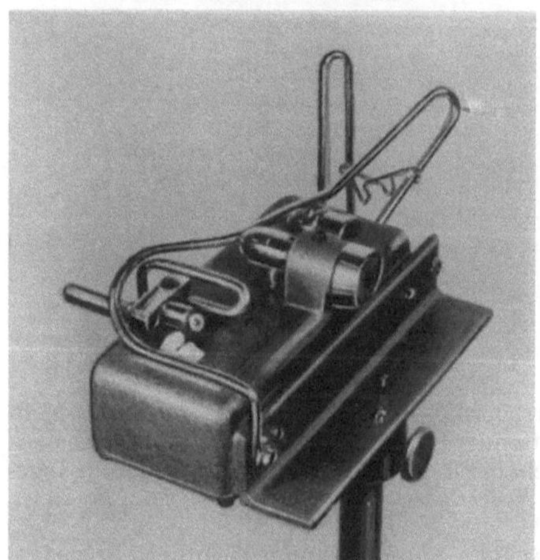

wirft einen Schatten auf den Wandler. Die Größe des Schattens ist ein Maß für den Durchmesser des durchlaufenden Fadens und moduliert den Lichtstrom, der auf den Wandler trifft und dieser wiederum moduliert eine Gleichstromspannung, deren Größe ein Maß für die Größe des durchlaufenden Faden-durchmessers ist. Stellt man eine Relaisröhre auf einen Schwellwert ein, so wird ein Schneidemechanismus den Faden durchtrennen, wenn dieser Schwellwert überschritten ist. Der Nachteil aller photoelektrischen Fadenreiniger wird immer sein, daß sie auf alle Durchmesserschwankungen ansprechen, auch dann, wenn der größere Durchmesser nur durch eine lockere Masse gebildet wird und für die weitere Fertigung keine Qualitätseinbuße ergeben würde.

9. Elektronische Fadenreiniger (Abb. 84a—c). Zum Unterschied gegenüber photoelektrischen Reinigern wird hier nicht der Durchmesser, sondern die Masse im Querschnitt geprüft. Diese Prüfung kommt also

Abb. 83. Elkotex-Fadenreiniger (Textechno)

der Prüfung der übrigen Reiniger, die besprochen wurden, nahe. Es ergibt sich nun die Frage, warum man den elektromechanischen Reiniger durch einen elektronischen Reiniger ersetzen will, wenn das Meßereignis im Grunde genommen das gleiche ist. Man argumentiert so:

Durch die Beseitigung *kurzer* dicker Garnstellen wird der Wirkungsgrad der Spulen reduziert ohne gleichzeitig die Qualität des Garnes heraufzusetzen. Längere Dickstellen jedoch beeinflussen die Qualität wesentlich. Aus diesem Grund verlangt man oftmals ein Reinigungsgerät, daß über eine längere Mindeststrecke integriert. Eine solche Maß- und Reinigungsvorrichtung kann nur auf kapazitivem Wege wirken. Man verwendet einen Meßkondensator mit der Abmessung: Weite 1 mm, Breite 5 mm uns *Länge 30 mm* (Qualitex). Die Länge von 30 mm

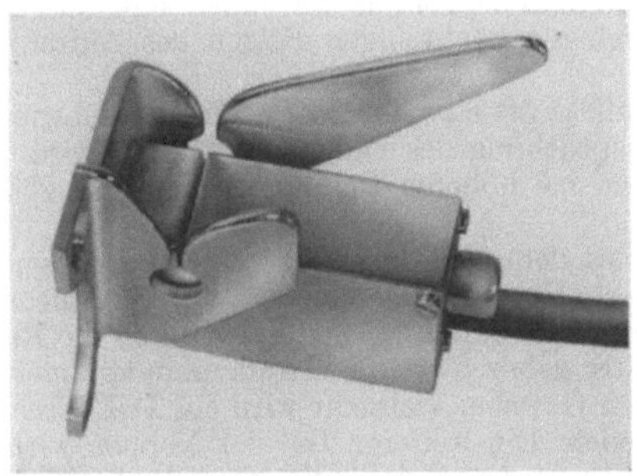

Abb. 84a. Elektronischer Fadenreiniger, Typ PQ 1000, (Qualitex)

Das kapazitive Meß-System ist ausgerüstet mit einem „NU-VISTOR", einer sehr zuverlässigen Miniatur-Metallröhre von langer Lebensdauer. Das Garn läuft frei durch den Meßkondensator, wird also nicht aufgerauht. Dank der vertikalen Schneidebewegung ist die Befestigung des Reinigers in den meisten Fällen unabhängig von der Fadenlaufrichtung. Die sehr kleinen Abmessungen dieser Fadenreiniger ermöglichen eine Montage an alle konventionellen und automatischen Spulmaschinen, ohne daß die spultechnischen Eigenschaften der einzelnen Maschinen ungünstig beeinflußt werden. Der Fadenreiniger kann mit großer Empfindlichkeit und bis zu einem sehr hohen Reinigungsgrad aus Baumwolle, Wolle, Synthetiks und Mischgarnen die störenden Fehler ausschneiden, auch sogenannte Torpedo-Dickstellen

Abb. 84b. Anschlußkasten, Typ PQ 1100 (Qualitex)

In jedem Anschlußkasten befinden sich 12 Verstärkereinheiten, die in gedruckten Schaltungen ausgeführt und mit je einem Fadenreiniger verbunden sind. Die Verstärkereinheiten sind in Steckleisten befestigt und können, wenn nötig, schnell und einfach ausgewechselt werden. Auf der Frontplatte sind 12 Signallampen angebracht, die eine zentrale Überwachung der zugeordneten Fadenreiniger gewährleisten

Abb. 84c. Regel- einschl. Speisekasten, Typ PQ 1200 (Qualitex)

Der Regelkasten speist 3 Anschlußkästen, also max. 36 Fadenreiniger. Der gewünschte Reinigungsgrad kann entweder für alle 36 Reiniger einheitlich oder für drei Gruppen von je 12 Reiniger getrennt eingestellt werden. Hierdurch ist es möglich, gleichzeitig mit 3 verschiedenen Reinigungsgraden zu arbeiten. Für den Empfindlichkeitspegel der gesamten Anlage ist eine zentrale Eichung vorgesehen. Die elektronische Schaltung gleicht selbsttätig den Einfluß von Temperatur- und Netzspannungsschwankungen aus. Die Bedienung und Überwachung der Anlage ist so einfach, daß sie auch von ungeschultem Personal vorgenommen werden kann

ist ursprünglich auf die Stapellänge von Baumwolle zugeschnitten. Es hat sich aber in der praktischen Erprobung gezeigt, daß diese Länge für alle vorkommenden Rohstoffe geeignet ist.

Der Reinigungseffekt des Qualitex-Fadenreinigers. Von den mechanischen Reinigern her kennen wir den Begriff der direkten Reinigung. Sie bezieht sich auf das Abstreifen anhaftender Unreinigkeiten, ohne den Faden zum Bruch zu führen. Diese direkte Reinigung kann mit dem

Qualitex-Reiniger nicht erzielt werden. Die anhaftenden Unreinigkeiten rufen eine Kapazitätsänderung des Meßkondensators hervor und setzen den Abschneidemechanismus in Tätigkeit, sofern die Massenzunahme über der Ausscheidungsgrenze liegt. Aus diesem Grunde muß eine größere Anzahl Knoten in Kauf genommen werden.

Im Vergleich mit den Schlitzreinigern besitzt der Qualitex-Fadenreiniger den großen Vorteil, die Aufrauhung des Garnes vollkommen anzuschließen, da der Faden keine mechanische Beanspruchung erfährt. Somit werden auch die nachteiligen Folgen des Aufrauhens ausgeschaltet.

Hinzu kommt, daß bei gleichem Reinigungseffekt oft eine höhere Fadenlaufgeschwindigkeit durch den Wegfall der mechanischen Beanspruchung des Fadens ermöglicht wird. Die Spulkapazität wird somit erhöht bzw. man kann bei höheren Reinigungseffekt die gleiche Spulgeschwindigkeit beibehalten.

Durch Versuche wurde ermittelt, daß man mit dem Qualitex-Fadenreiniger Reinigungsgrade von fast 100% erreichen kann. Solche Werte haben im allgemeinen nur eine theoretische Bedeutung. Es darf nämlich nicht vergessen werden, daß an Stelle der durch die Reinigung ausgemerzten Dickstellen Knoten in das Garn gebracht werden. Außerdem kommen die kleinen Noppen nicht alle zur Geltung im fertigen Gewebe. Vielmehr wird ein Teil durch die Reibung im Geschirr des Webstuhles ausgeschieden. Ein weiterer Teil der Noppen wird im fertigen Gewebe durch das andere Fadensystem so verdeckt, daß eine störende Auswirkung nicht erfolgt. Diese Umstände werden von vornherein bei der Festlegung des Reinigungsgrades mit einkalkuliert. Reinigungsgrade von etwa 70% genügen deshalb in den meisten Fällen.

Bei besonders hohen Ansprüchen, wo Reinigungsgrade von annähernd 100% erwünscht sind, muß vor allen Dingen ein wirtschaftliches Spulen möglich sein. Es ist deshalb erste Voraussetzung, solche Garne zu verwenden, die äußerst gleichmäßig ausgesponnen sind und deshalb eine möglichst geringe Anzahl Noppen enthalten. Der höhere Einkaufspreis der Garne wird durch den geringeren Aufwand durch das Spulen des Garnes und das Entknoten des Gewebes wieder ausgeglichen.

In zwei Fällen sind Fadenbrüche möglich, ohne das Vorhandensein einer Dickstelle, und zwar:

1. Bei einer sehr empfindlichen Einstellung kann der Fadenreiniger auf die Massenzunahme hinter einer dünnen Stelle ansprechen. Durch die empfindliche Einstellung ist sowieso eine gründliche Reinigung erwünscht, es lohnt sich deshalb, auf diese Weise dünne Garnstellen aufzufinden. Diese Auswirkung des Reinigers läßt sich ohnehin nicht abändern.

2. Wenn das Garn unregelmäßige Befeuchtung aufweist, also z. B. kurz nach dem Verlassen des Dämpfapparates. Es ist deshalb erforderlich, das Garn wenigstens 24 Stunden nach Verlassen des Dämpfapparates ruhen zu lassen, ehe man es in die Spulerei gibt. Eine gleichmäßige Verteilung der Feuchtigkeit im Garn ist dann gewährleistet. In diesem Zusammenhang sei erwähnt, daß sich ein zu hoher Feuchtigkeitsgehalt des Garnes nachteilig auf die Reinigung auswirkt:

Verunreinigungen, die lose am Faden haften und normalerweise durch die Spulgeschwindigkeit allein herausgerüttelt werden, bleiben nun am Faden kleben und können zusätzliche Fadenbrüche verursachen.

Die Ausmerzung einzelner Dickstellen wird in dem folgenden Fall unerwünschter Weise verhindert:

Wenn die Spulerin nach entstandenem Fadenbruch neu angeknotet hat, wird sie den Faden durch Aufrollen auf die Kreuzspule wieder stramm ziehen, ehe sie ihn zur Selbsteinfädelung in den Führungsbügel einwirft. Somit wird der Faden auf eine gewisse Länge (50 bis 150 cm) der Kontrolle des Meßkondensators entzogen. Da zwei Dickstellen

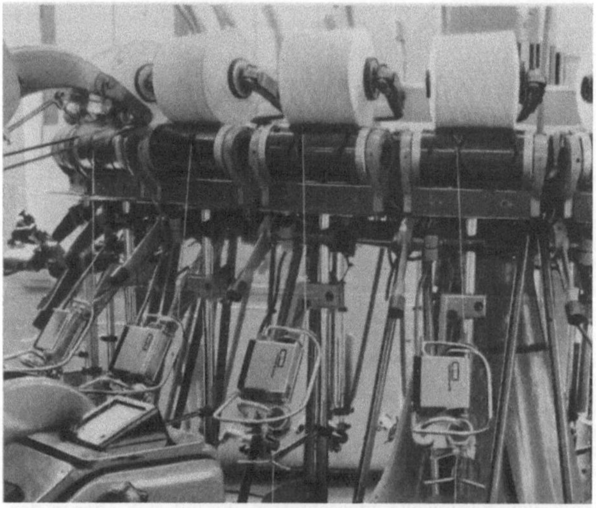

Abb. 85. Uster-Spektomatik auf Müller-Kreuzspulautomat

oft in kurzem Abstand aufeinanderfolgen, ist es erforderlich, die entsprechende Fadenlänge hinter dem Knoten durch die Spulerin auf Verunreinigungen und Dickstellen überprüfen zu lassen.

Uster-Spektomatik. Mit drei Hochfrequenz-Kondensatormeßfeldern wird der
Faden beim Uster-Spektomatik überwacht, die „Dreifeldmessung" genannt.
Eine einwandfreie Arbeitsweise ist bei Baumwolle, Wolle, Zellwolle und vollsynthetischen Fasern und
allen deren Gemischen ge-
währleistet. Nach Anga-
ben der Firma und aus der
Praxis gibt es keine Ab-
hängigkeit von der Mate-
rial- und Luftfeuchtigkeit.
Für die Verwendung bei
Kammgarn oder Gespin-
sten mit ähnlicher Stapellänge kommen spezielle
Geräte dieser Art zum
Einsatz.

Bemerkenswert ist bei
dieser Apparatur, daß mit
diesem Gerät auch die
„Dünnstellen", die Garn-
stellen, deren Querschnitt
außernormal dünn sind,
ausgeschieden werden
können.

Das Gerät wird an jede
Reinigerstelle eingebaut.
So erkennt man aus der
Abb. 85, wie ein Müller-
Kreuzspulautomat mit
dem Uster-Spektomatik
ausgerüstet ist. Der Faden

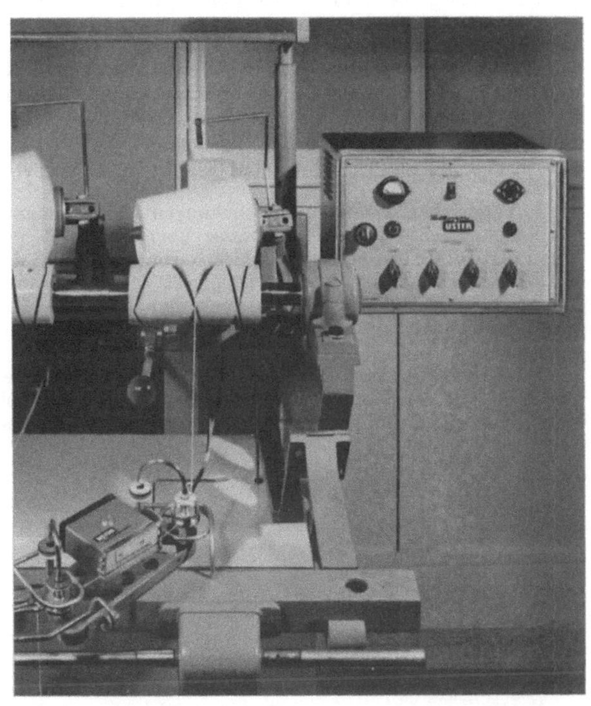

Abb. 86. Uster-Spektomatik an Mettler-Kreuzspulmaschine

passiert zuerst die Spannereinrichtung und dann den elektronischen Reiniger.
Die Geräte einer Maschine werden bis max 120 Einheiten durch ein Speise-
und Einstellgerät mit der notwendigen Niederspannung von 16 V beliefert.
Die Spannung wird elektronisch gegen Netzspannungsschwankungen stabili-
siert. Die maximale Anzahl von 120 Reinigern kann in 4 beliebig große Gruppen aufgeteilt werden, wobei die Empfindlichkeit der Reiniger jeder Gruppe
durch den entsprechenden Drehknopf am Speisegerät eingestellt werden kann,
die Abb. 86 zeigt ein solches Gerät an einer Mettler-Kreuzspulmaschine.

b) Der richtige Knoten

In den vorangegangenen Darstellungen wurde herausgestellt, daß Faden-
unregelmäßigkeiten zum Fadenbruch führen. Es wird dann die dicke oder dünne
Garnstelle „ausgeknotet". Allen Knoten, die man in der Textilindustrie kennt,
sind für den Arbeitsplatz „Spulerei" mit Rücksicht auf die Weiterverarbeitung
und deren Haltbarkeit nur folgende in der Abb. 87 diskutabel. Welcher von diesen
Knoten richtig ist, wurde durch mehrere Untersuchungsreihen festgestellt[1].

---

[1] Vgl. Fußnote 1, S. 5. — WEGENER, W., u. H. LANDWEHRKAMP: Untersuchungen
über die Knotenbeständigkeit. Z. ges. Textilind. 63 (1961) Nr. 4, 5.

Untersuchungen über die Knotenbeständigkeit[1]

Verminderung der Fadenbrüche durch geeignete Kettgarnvorbereitung. In der Abhandlung „Die Bedeutung der Knotenart für die Herabminderung der Fadenbrüche"[2] wird eine der Aufgaben der Webereivorbereitung dadurch gekennzeichnet, daß möglichst schon dort alle die Garnstellen brechen, die unter den dynamischen Beanspruchungen im Webstuhl zwangsweise zum Bruch kommen. Dies geschieht bekanntlich vorwiegend auf der Spulmaschine, die das Garn auf große Garnkörperformate bringt. Gleichzeitig erfolgt hier eine weitgehende Beseitigung aller groben und zumeist wenig gedrehten sowie aller schnittigen Garnstellen, wobei der Fadenreiniger die Klötze und eine entsprechende Fadenspannung die Schnitte aussondern.

Für das Anknoten des gebrochenen Fadens ist eine Knotenart zu wählen, die – den Gegebenheiten entsprechend – optimale Verhältnisse ergibt. Nach Untersuchungen von BROWN[3] sind 20,8% der während des Webprozesses auftretenden Fadenbrüche auf aufgegangene Knoten zurückzuführen. BROWN weist darauf hin, daß dieser hohe Prozentsatz auf der mangelhaften mechanischen Knotung in der Vorbereitung beruht; denn es ließ sich feststellen, daß die während des Verwebens gemachten Knoten den Beanspruchungen vollauf genügen.

1. Vergleichende Knotenuntersuchungen für Kammgarne aus Wolle. Die genannte Abhandlung[3] brachte bereits Ergebnisse über die Knotenbeständigkeit sechs verschiedener Knotenarten in Abhängigkeit von der Garnnummer und der Garndrehung.

Die Knotenbeständigkeit in Abhängigkeit von der Garnnummer und von der Knotenart. Die untersuchten Kettzwirne wurden nach dem französischen Kammgarnverfahren aus reiner Wolle hergestellt. Aus der Tab. 6 sind die Daten für die einzelnen Versuchsgruppen zu ersehen.

Die Untersuchungen erfolgten an den nachstehend bezeichneten und in der Abb. 87 dargestellten Knotenarten, wobei zu bemerken ist, daß der Fishermans Knoten (Schifferknoten) einmal von Hand und ein anderes Mal mit einem mechanischen *Hand*knoter erstellt wurde:

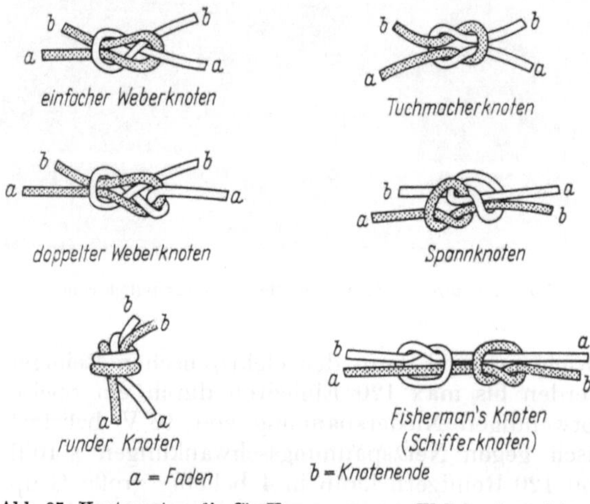

Abb. 87. Knotenarten, die für Kammgarne aus Wolle untersucht wurden

Tabelle 6

Lfd. Nr.	Nm	T/m
1	28/2	450 S
2	32/2	550 S
3	36/2	550 S
4	40/2	450 S
5	48/2	480 S
6	52/2	720 S
7	64/2	620 S
8	72/2	720 S
9	78/2	720 S

1. an dem einfachen Weberknoten, von Hand gefertigt,

2. an dem doppelten Weberknoten, von Hand gefertigt,

3. an dem runden Knoten (Katzenkopf), von Hand gefertigt,

4. an dem Tuchmacherknoten, von Hand gefertigt,

5. an dem Spannknoten, von Hand gefertigt,

6. an dem Fishermans Knoten (Schifferknoten), von Hand gefertigt,

7. an dem Fishermans Knoten (Schifferknoten), hergestellt mit einem mechanischen *Hand*knoter.

An jeder in der Tab. 6 aufgeführten Garnnummer wurden die sechs Knotenarten mit jeweils 300 Knoten geprüft. Um die zu untersuchenden Knoten über die gesamte Gereihlänge bis zum Warenanschlag den periodisch dynamischen Beanspruchungen während des Webprozesses auszusetzen und um gleiche Versuchsbedingungen zu schaffen, waren die Knoten gleichmäßig über die volle Webbreite zwischen dem Kett- und dem Schwingbaum eingeknüpft. Zur Überwachung der Kettspannung während der Versuchsdurchführung diente

---

[1] Auszug aus W. WEGENER u. H. LANDWEHRKAMP: s. Fußnote 1, S. 65.

[2] WEGENER, W., u. J. SCHNEIDER: s. Fußnote 1, S. 5.

[3] BROWN, B. J.: Journal of the Textile Institute 1949, 301–316.

das Spannungsmeßgerät der Firma Uster; dadurch ließen sich Meßungenauigkeiten infolge unterschiedlicher Spannungen in den einzelnen Ketteilen vermeiden. Spannungsmessungen ergaben für die vordere Ladenstellung 65 g und für die hintere Ladenstellung 55 g.

Aus den in den Abb. 88 und 89 zusammengefaßten Ergebnissen der Knotenuntersuchungen ist zu ersehen, daß die Knoten, beurteilt nach ihrer Beständigkeit während des Webprozesses, wie folgt geordnet werden können:

1. einfacher Weberknoten — *schlechtester Knoten* —,
2. Tuchmacherknoten,
3. Spannknoten,
4. doppelter Weberknoten,
5. runder Knoten,
6. Fishermans Knoten (Schifferknoten), mit einem mechanischen *Hand*knoter gefertigt,
7. Fishermans Knoten (Schifferknoten), von Hand hergestellt — *bester Knoten.*

Die geringfügigen Überschneidungen beeinflussen diese Ordnung nicht. Aus diesen Ermittlungen geht hervor, daß der einfache Weberknoten in der Verarbeitung von Kammgarn aus Wolle nicht verwendet werden sollte, da von den über den gesamten Nummernbereich geprüften Knoten sich 39% während des Webprozesses lösten.

Eine Aufteilung der aufgegangenen Knoten in die Bruchzonen: Hinterfach, Litzen, Riet (Mitte) und Riet (Kante) ist in der Abb. 89 dargestellt. Aus dieser Abbilduug sowie aus der

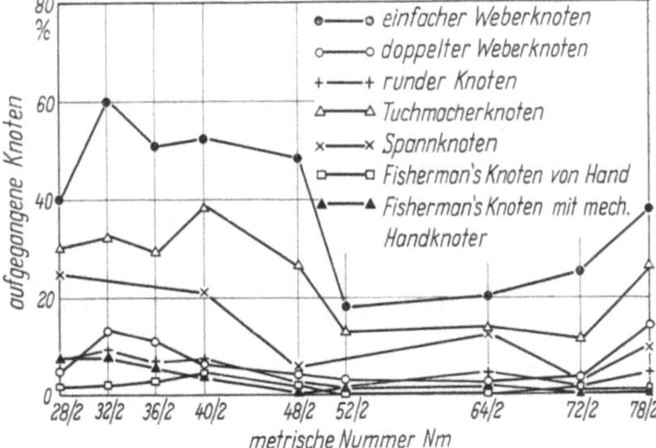

Abb. 88. Prozentsatz der aufgegangenen Knoten bei verschiedenen metrischen Nummern. Zusammengefaßtes Ergebnis der Knotenuntersuchung an Kammgarnen aus Wolle

Abb. 88 ist zu erkennen, daß die Ergebnisse der Untersuchungen weder beim Tuchmacherknoten noch beim Spannknoten befriedigend sind. Während sich die größere Anzahl der Tuchmacherknoten bereits im Hinterfach löste, liegt beim Spannknoten der überwiegende Teil der aufgegangenen Knoten an der Rietkante und in der Rietmitte.

Relativ gute Werte ergeben sich für den doppelten Weberknoten, besonders im Gebiet Nm 48/2 bis Nm 72/2. Während des Webprozesses lösten sich über den gesamten Nummernbereich nur etwa 6,7% der Knoten.

Besser noch als der doppelte Weberknoten liegt der runde Knoten mit einem entsprechenden Wert von 4,7%. Seine Verwendung ist jedoch bei der Verarbeitung von Kammgarnen aus Wolle nicht zu empfehlen, da er sehr auftragend ist. In der

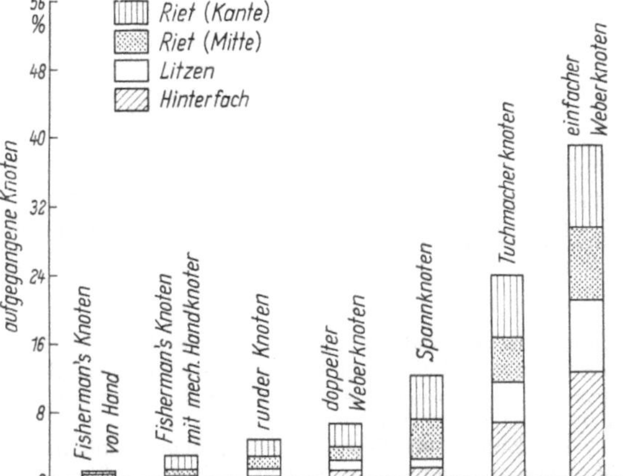

Abb. 89. Prozentsatz der aufgegangenen Knoten bei verschiedenen metrischen Nummern, aufgeteilt in die Bruchzonen. Zusammengefaßtes Ergebnis der Knotenuntersuchung an Kammgarnen aus Wolle

Streichgarnverarbeitung läßt er sich dagegen durchaus verwenden, da man ihn infolge seines Volumens leicht erkennt und in der Stopferei herausnehmen kann, was für Kammgarn nicht gilt.

Besonders gute Ergebnisse brachten die Untersuchungen des Fishermans Knotens. Hierbei beträgt der über den gesamten Nummernbereich aufgegangene Anteil der mit dem mechanischen *Hand*knoter hergestellten Knoten 2,91%, wohingegen dieser Anteil bei den von Hand gefertigten Knoten nur 1,32% ausmacht.

Die Knotenbeständigkeit in Abhängigkeit von der Garndrehung. Für diese Versuchsserie waren die Knoten im Gegensatz zur vorhergehenden nicht erst im Webstuhl, sondern schon während des Schärens geknüpft worden. Dadurch ließ sich die Laufstrecke der Knoten im Webstuhl verlängern, so daß diese nunmehr schon von der Ablaufstelle des Kettbaumes an den periodisch dynamischen Beanspruchungen des Webprozesses ausgesetzt waren.

Verwendung fand ein Kammgarn aus AA-Wolle mit der metrischen Nummer 32/2 und mit der Zwirndrehung T/m = 580 S. Das Garn (single) hatte eine Drehung von T/m = 380 Z. Von der Zwirndrehung T/m = 580 S ausgehend, wurden Zwirne mit 10 verschiedenen Drehungen von einem vorbestimmten Minimalwert bis zu einem vorbestimmten Maximalwert hergestellt. So ergaben sich folgende Zwirndrehungen:

$$T/m = 365\ S,\quad 410\ S,\quad 445\ S,\quad 490\ S,\quad 520\ S,\quad 540\ S,$$
$$580\ S,\quad 610\ S,\quad 630\ S,\quad 660\ S\quad \text{und}\quad 690\ S.$$

Die Versuchskette hatte eine Länge von 180 m und setzte sich wie folgt zusammen: Die ersten 24 m bestanden aus normalgedrehtem Zwirn (T/m = 580 S), dann folgten etwa 40 m mit dem zu untersuchenden Material, woran sich noch 116 m Kette mit normalgedrehtem Zwirn (T/m = 580 S) anschlossen.

Auf Grund der 11 verschiedenen Drehungen war es möglich, den Ketteil mit dem zu untersuchenden Material in 11 „Bereiche" einzuteilen und diese durch mitlaufende weiße

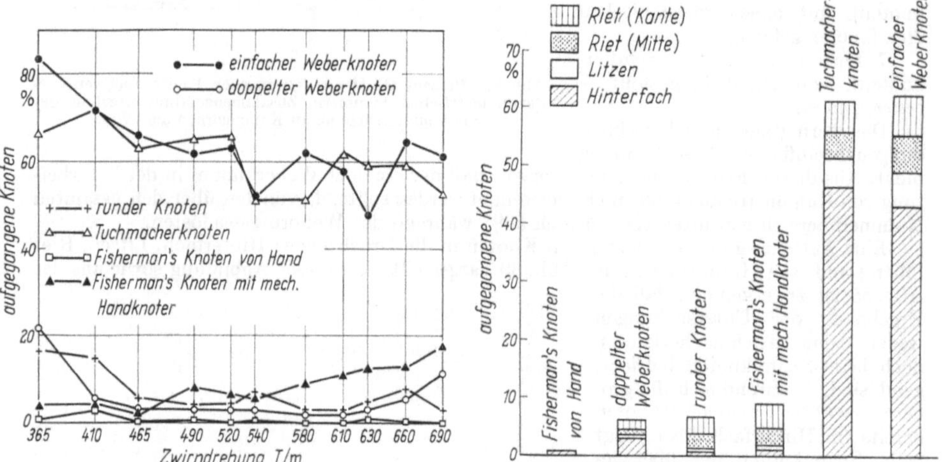

Abb. 90. Prozentsatz der aufgegangenen Knoten bei verschiedenen Zwirndrehungen. Zusammengefaßtes Ergebnis der Knotenuntersuchung an Kammgarnen aus Wolle

Abb. 91. Prozentsatz der aufgegangenen Knoten bei verschiedenen Zwirndrehungen, aufgeteilt in die Bruchzonen. Zusammengefaßtes Ergebnis der Knotenuntersuchung an Kammgarnen aus Wolle

Fäden gegeneinander abzugrenzen. Die einzelnen Knotenarten verteilten sich nach einem bestimmten Schema gleichmäßig über die gesamte Breite. Der Spannknoten konnte bei diesen Untersuchungen nicht berücksichtigt werden, da er sich am Geleseriet nicht von einer Person herstellen läßt.

Die Ergebnisse dieser Untersuchungen sind in den Abb. 90 und 91 zusammengefaßt. Man erkennt hier ebenso wie in Abb. 88, daß sowohl der einfache Weberknoten als auch der Tuchmacherknoten für die Verarbeitung von Kammgarnen aus Wolle ungeeignet sind. Der Prozentsatz der aufgegangenen Knoten liegt bei diesen beiden Knotenarten fast stets erheblich über 50%, während im Fall der ersten Versuchsreihe (Abb. 88) die Werte wesentlich tiefer lagen. Der Grund dafür ist darin zu suchen, daß die Knoten schon vom Augenblick des Abwickelns vom Kettbaum an periodisch dynamisch beansprucht werden.

Aus den Werten der Abb. 90 ist weiterhin zu ersehen, daß eine sehr hohe und eine sehr niedrige Drehung einen merklichen Einfluß auf die Knotenbeständigkeit ausüben.

Die Abb. 91 zeigt eine Aufteilung der aufgegangenen Knoten in die Bruchzonen: Hinterfach, Litzen, Riet (Mitte) und Riet (Kante). Man erkennt hieraus, daß im Gegensatz zu den nummernabhängigen Untersuchungen bei dem einfachen Weberknoten und bei dem Tuchmacherknoten der Unterschied zwischen den im Hinterfach und den in den Litzen und im Riet aufgegangenen Knoten erheblich größer ist. Auch stimmt in der Abb. 91 die Rangordnung der Knotenarten hinsichtlich ihrer Beständigkeit nicht mit der in der Abb. 89 dargestellten überein. Laut Abb. 91 müssen bei den drehungsabhängigen Knotenfestigkeiten die Knotenarten wie folgt geordnet werden:

1. einfacher Weberknoten – *schlechtester Knoten* –,
2. Tuchmacherknoten,
3. Fishermans Knoten (Schifferknoten), mit einem mechanischen *Hand*knoter hergestellt,
4. runder Knoten,
5. doppelter Weberknoten,
6. Fishermans Knoten (Schifferknoten), von Hand gefertigt – *bester Knoten*.

2. Knotenuntersuchungen für Baumwolle und Zellwolle[1]. Die für Kammgarne aus Wolle durchgeführten und in der oben zusammengefaßten Abhandlung[2] beschriebenen Knotenuntersuchungen ließen die Frage offen, ob die Knotenbeständigkeit von Garnen aus Baumwolle und Zellwolle bei der Verarbeitung ähnliche Tendenzen zeigt oder ob hierbei noch andere Faktoren einen Einfluß auf die Knotenbeständigkeit ausüben. Zur Klärung dieser Frage wurden Untersuchungen an den nachfolgend bezeichneten und in der Abb. 92 dargestellten Knotenarten durchgeführt:

1. an dem handgefertigten einfachen Weberknoten,

2. an dem mit dem *Boyce*-Handknoter gefertigten Knoten,

3. an dem auf dem Barber & Colman-Kreuzspulautomaten mit einem mechanischen *Maschinen*knoter gefertigten einfachen Weberknoten,

4. an dem auf dem Schlafhorst-Kreuzspulautomaten mit einem mechanischen *Maschinen*knoter gefertigten Fishermans Knoten (Schifferknoten).

Abb. 92. Knotenarten, die für Baumwollgarne und -zwirne sowie Zellwollgarne untersucht wurden

Der *Boyce*-Knoten wird oft als einfacher Weberknoten bezeichnet. Wie aus der Abb. 92 zu ersehen ist, trifft diese Bezeichnung zu, sofern es sich um die Art der Verschlingung handelt. Der *Boyce*-Knoten unterscheidet sich jedoch durch ein wesentliches Merkmal vom einfachen Weberknoten. Vergleicht man in der Abb. 92 die beiden dargestellten Knoten, so ist zu erkennen, daß das Knotenende b_1 des einfachen Weberknotens beim *Boyce*-Knoten dem Faden a_1 entspricht. Beim einfachen Weberknoten wird das Knotenende b_1 vom gespannten Faden a_1 überdeckt, und dadurch gegen ein Herausgleiten gesichert. Die Schlinge, die durch a_2 und b_2 gebildet wird, liegt sicher hinter dem gespannten Faden a_1. Beim *Boyce*-Knoten wird jedoch das Knotenende b_1 vom gespannten Faden a_1 nicht überdeckt. Es liegt locker in der Schlinge $a_2 b_2$. Wird dieser Knoten auf Zug beansprucht, so kann die Schlinge $a_2 b_2$ das Knotenende b_1, das nicht unter Spannung steht, umlegen und herausgleiten.

Man sieht, daß trotz gleicher Verschlingungsart der *Boyce*-Knoten und der einfache Weberknoten verschieden sind. Aus diesem Grunde sollte man den *Boyce*-Knoten nicht als einfachen Weberknoten bezeichnen.

Die für die Versuchsreihe benutzten Baumwollgarne und -zwirne sowie Zellwollgarne sind in der Tab. 7 aufgeführt.

Tabelle 7

Lfd. Nr.	Nm	T/m
1	Bw. 20/1	560 Z
2	Bw. 34/1	760 Z
3	Bw. 60/1	965 Z
4	Bw. 85/1	1090 Z
5	Bw. 34/2	400 S
6	Bw. 60/2	650 S
7	Bw. 100/2	1100 S
8	Zw. 30/1	555 Z
9	Zw. 60/1	840 Z

Die Ergebnisse dieser Untersuchungen sind in den Abb. 93 bis 98 zusammengefaßt. Aus diesen Abbildungen geht hervor:

1. Bei geschlichtetem Baumwoll- und Zellwollgarn liegt die Zahl der aufgegangenen Knoten in den Nummernbereichen Baumwolle Nm 20/1 bis Nm 85/1 und Zellwolle Nm 30/1 bis 60/1 für alle vier untersuchten Knotenarten mit wenigen Ausnahmen unter 1%. Es zeigt sich also, daß der Einfluß der Schlichte auf die Knotenbeständigkeit beträchtlich ist. Durch die Schlichte werden die Knoten verklebt und erhalten dadurch eine zusätzliche Festigkeit.

---

[1] WEGENER, W., u. H. LANDWEHRKAMP: s. Fußnote 2, S. 65.
[2] WEGENER, W., u. J. SCHNEIDER: s. Fußnote 1, S. 5.

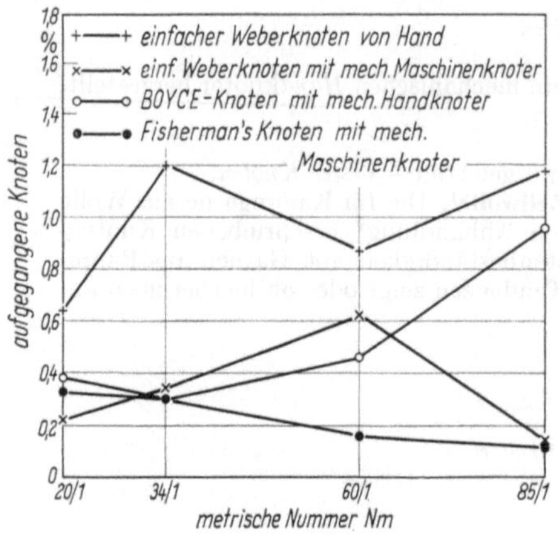

Abb. 93. Prozentsatz der aufgegangenen Knoten
bei verschiedenen metrischen Nummern. Geschlichtete Baumwollgarne

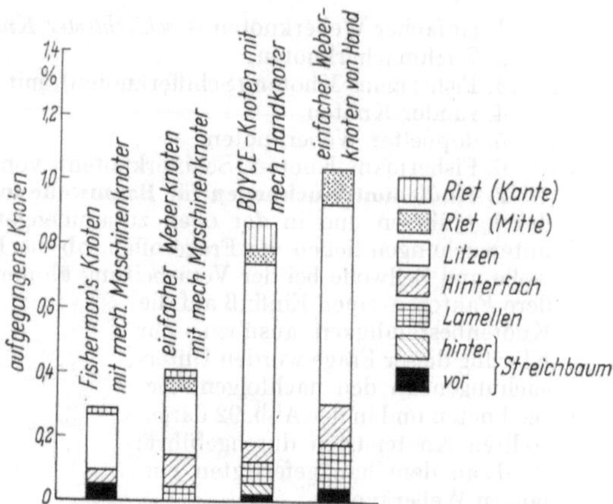

Abb. 94. Prozentsatz der aufgegangenen Knoten, aufgeteilt in die Bruchzonen. Geschlichtete Baumwollgarne

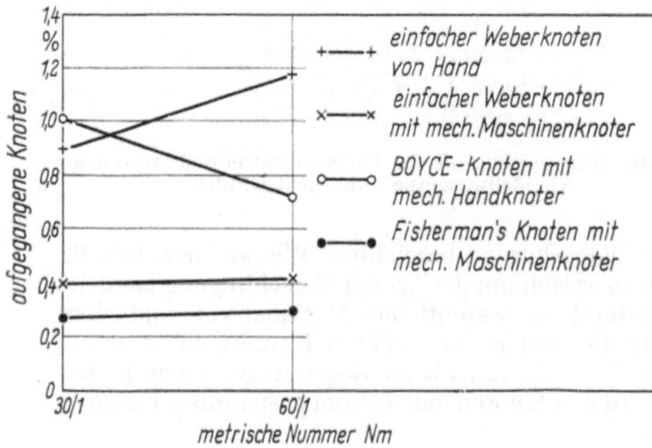

Abb. 95. Prozentsatz der aufgegangenen Knoten bei verschiedenen metrischen Nummern. Geschlichtete Zellwollgarne

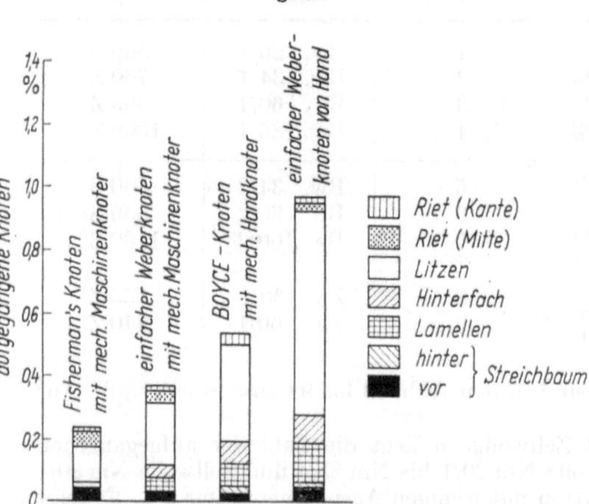

Abb. 96. Prozentsatz der aufgegangenen Knoten, aufgeteilt in die Bruchzonen. Geschlichtete Zellwollgarne

2. Bei ungeschlichteten Baumwollzwirnen liegt die Zahl der in dem Nummernbereich Nm 34/2 bis Nm 100/2 aufgegangenen Knoten für alle vier Knotenarten unter 7%. Ein Vergleich mit den für Kammgarne aus Wolle ermittelten Werten (Abb. 87 bis 91) zeigt, daß die Knotenbeständigkeit bei Baumwollzwirnen wesentlich größer ist als bei Kammgarnen aus Wolle.

Die vier untersuchten Knotenarten lassen sich hinsichtlich ihrer Beständigkeit beim Webprozeß wie folgt ordnen:

1. einfacher Weberknoten, von Hand gefertigt – schlechtester Knoten –,

2. mit dem *Boyce-Hand*knoter gefertigter Knoten,

3. einfacher Weberknoten, auf dem Barber & Colman-Kreuzspulautomaten mit einem mechanischen *Maschinen*knoter gefertigt,

4. Fishermans Knoten auf dem Schlafhorst-Kreuzspulautomaten mit einem mechanischen *Maschinen*knoter hergestellt – bester Knoten.

Diese Rangordnung gilt sowohl für Baumwollgarne (single) als auch für Baumwollzwirne und Zellwollgarne (single) (Abb. 92, 94 u. 96). Vergleicht man diese Rangordnung mit der, die für die Knotenbeständigkeit in Kammgarnen aufgestellt wurde, so zeigt sich eine Übereinstimmung derart, daß für jedes untersuchte Kettmaterial der handgefertigte einfache Weberknoten die geringste, der FishermansKnoten (Schifferknoten) dagegen die größte Knotenbeständigkeit aufweist.

Der Kurvenverlauf der einzelnen Knotenarten zeigt bei den Baumwoll- und Zellwollgarnen (single) (Abb. 93 u. 95) keine eindeutige Tendenz der Knotenbeständigkeit in Abhängigkeit von der Garnnummer. Bei den ungeschlichteten Baumwollzwirnen dagegen vergrößert sich die Knotenbeständigkeit mit zunehmender Garnnummer (Abb. 97).

Eine Ausnahme macht der handgefertigte einfache Weberknoten, dessen Knotenbeständigkeit bei den metrischen Nummern Nm 34/2 und Nm 60/2 die gleiche Tendenz ergibt wie die der anderen drei Knotenarten. Jedoch nimmt die Knotenfestigkeit bei der metrischen Nummer Nm 100/2 stark ab. Die Knotenbeständigkeit des mit einem mechanischen *Maschinen*knoter hergestellten Fishermans-Knotens zeigt in allen drei Abbildungen (Abb. 93, 95 u. 97) den geradlinigsten Verlauf.

Die Aufteilung der aufgegangenen Knoten in die einzelnen Bruchzonen, wie es in den Abb. 94, 96 und 98 durchgeführt ist, ergibt, daß bei allen vier in geschlichtetem Kettmaterial untersuchten Knotenarten die weitaus meisten Knoten in den Litzen aufgehen. Für alle vier

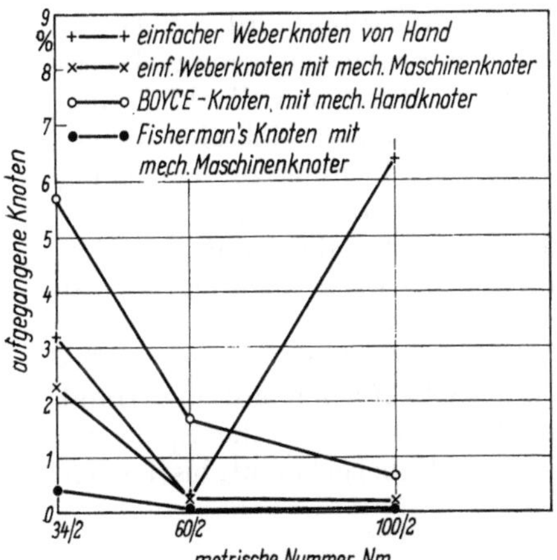

Abb. 97. Prozentsatz der aufgegangenen Knoten bei verschiedenen metrischen Nummern. Ungeschlichtete Baumwollzwirne

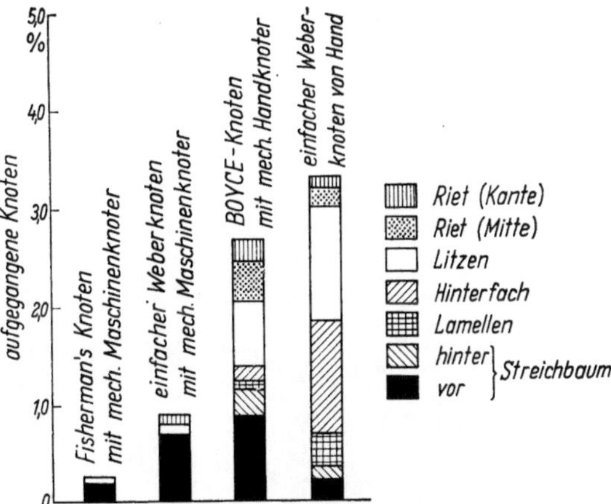

Abb. 98. Prozentsatz der aufgegangenen Knoten, aufgeteilt in die Bruchzonen. Geschlichtete Zellwollgarne

Knotenarten beträgt die Menge der in den Litzen aufgegangenen Knoten bei Baumwolle (single) und Zellwolle (single) 50…65% der Gesamtanzahl der aufgegangenen Knoten. Bei ungeschlichtetem Material liegen die Verhältnisse anders.

Beim handgefertigten einfachen Weberknoten verteilt sich die größte Zahl der in ungeschlichtetem Material aufgegangenen Knoten zu gleichen Teilen auf das Hinterfach und auf die Litzen. Wie die Abb. 97 zeigt, hält der handgefertigte einfache Weberknoten in dem Nummernbereich 34/2…100/2 zwar eine bestimmte Anzahl von Lastspielen aus, jedoch scheint diese bei den Untersuchungen z. T. überschritten zu sein, da sich ein hoher Prozentsatz der aufgegangenen Knoten bereits im Hinterfach löste.

c) Das Prüfen der Spulenhärte und Wickelpressung

Es wurde bereits in mehrfacher Hinsicht diskutiert, daß die Spulenhärte für die spätere Fertigung von besonderer Bedeutung ist. Insbesondere in der Reyonindustrie hängt von der richtigen Spulenhärte und Fadenspannung in weitem Maße die Ablaufeigenschaft ab. (Die Fadenspannung soll bei synthetischen Garnen nicht größer als 0,1 g/den sein.)

Unter dem Kapitel „Herstellung von Farbspulen" wurden bereits bestimmte Richtlinien angegeben, die zur Spulenhärte in unmittelbare Beziehung gebracht werden können.

Um eine schnelle Messung durchführen zu können, werden in vielen Reyonbetrieben bereits Härteprüfer für die Kontrolle der Spulenhärte verwendet.

Ein bekanntes Gerät ist der Densimeter der Firma Zwick & Co. KG., Einsingen bei Ulm/Donau.

Dieser Härteprüfer ist in der Abb. 99 gezeigt.

Ähnlich, wie mit dem Shore-Härteprüfer an Weichgummi geprüft wird, kann das gleiche Gerät mit geringer Abweichung als Densimeter zur Prüfung der Wickeldichte an Reyon verwendet werden. An Stelle der konischen Prüfspitze wird eine Kugel von 2,5 mm Durchmesser als Eindringkörper benutzt. Die Anzeige der Skala entspricht den Shore-Härteeinheiten, und dadurch ist es möglich, auch die DVM-Weichheitszahlen auf Grund vieler Versuche der Herstellerfirma gleichzeitig zu ermitteln, wenn das Gerät mit einer Doppelskala geliefert wird.

Am zweckmäßigsten wird der Densimeter in einem Prüfgestell benutzt. Dieses hat eine Einrichtung, um die konischen Spulen so einzuspannen, daß eine waagerechte Ebene zur Prüfung zur Verfügung ist. Um über die ganze Länge der Spule zu prüfen, kann man diese mittels Zahntrieb verstellen. Diese Prüfungsart ist außerordentlich objektiv.

Zur Prüfung wird die Spule an das Prüfgerät (bei Prüfungen mit der Hand wird das Prüfgerät gegen die Spule gebracht) mittels Hebel gebracht, bis das Ge-

Abb. 99. Densimeter zum Prüfen der Spulenhärte

Abb. 100. Messung der Wickelpressung

Abb. 101. Messung der Fadenspannung

rät an dem Ausleger anfängt, sich zu bewegen. Dabei dringt die Prüfspitze nach Maßgabe der Wicklungsdichte der Spule in diese ein und zeigt in Shore-Härtegraden an. Wenn auf der Skala eine zweite mit den DVM-Werten bis 240 Weichheitsgraden angebracht ist, können also die DVM-Weichheitswerte direkt abgelesen werden.

Der Anwendungsbereich in der Webereivorbereitung ist groß. So können vergleichende Messungen für die Härte der Wicklung des Kettbaumes und zur Bestimmung der Spulenhärte der Schußspulen durchgeführt werden.

Die Abb. 100 zeigt eine von der Universal Winding empfohlene Anordnung zur vergleichenden Messung der Wickelpressung.

Nach der Anordnung in Abb. 101 kann man die Fadenspannung mit den handelsüblichen Spannungsmeßuhren bestimmen.

d) Pneumatische Säuberung

Der Reinigungsvorgang erzeugt verhältnismäßig viel Flugstaub, der die Maschinen stark verunreinigt. Besonders stark sind die Staubansammlungen am Reinigeraggregat selbst, und es kann vorkommen — manche Materialien neigen besonders dazu —, daß die Staubansammlungen in Flockenform an den durchlaufenden Faden weitergegeben werden. In dem Falle, wo die Garne später zum Färben gelangen, entsteht durch das größere Aufnahmevermögen der Flocken für Farbe eine örtliche starke Auffärbung.

Wegen der Sauberhaltung der Maschinenwerkstätten und zur Vermeidung des gekennzeichneten Fehlers ist die pneumatische Reinigung erforderlich. Als Möglichkeiten stehen zur Verfügung:

a) das Abblasen,
b) das Absaugen des Staubes und des Fluges.

Das *Abblasen* der Maschine führt zwar zur Sauberhaltung der Fertigungsstelle, aber der Flugstaub wird dann vom Arbeitspersonal besonders unangenehm empfunden.

Das *Absaugen* der Maschine ist besonders kostspielig. Insbesondere kann man nicht die ganze Maschine in den Saugluftstrom stellen.

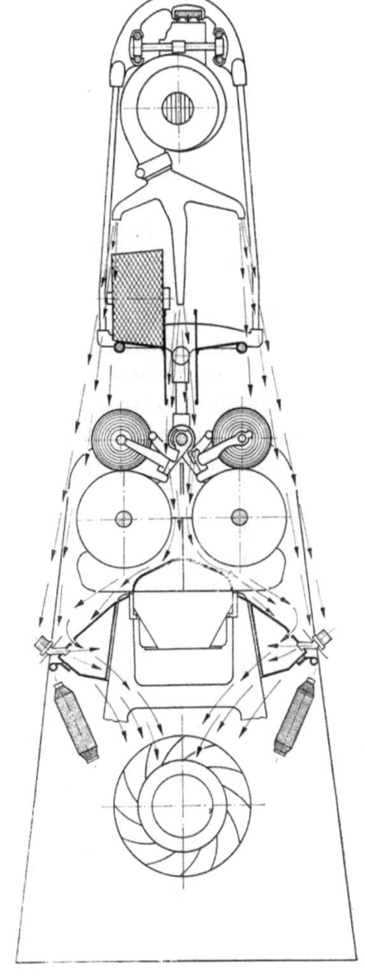

Abb. 102. Pneumatische Säuberung (Schlafhorst)

Erst die richtige Kombination von Blas- und Saugluftstrom führt zum Ziel. Dies soll an Hand der Abb. 102 erklärt werden (Querschnitt der BKN von W. Schlafhorst & Co.).

Ein Wandergebläse mit 3 Austrittsdüsen sorgt für einen kräftigen Blasstrom. Der Vorzug des *Wander*gebläses ist, daß keine Windschatten die Ansammlung von Flugstaub möglich werden lassen. Man erkennt aus der Abbildung deutlich die Luftstromrichtungen: eine führt durch die Mitte der Maschine. Der Blasstrom teilt sich unten und beseitigt den Senkstaub; die beiden anderen Ströme sind auf die Reinigeraggregate gerichtet. Nach unten wird der Flugstaub abgesaugt und man erkennt deutlich das Zusammenwirken beider Luftstromarten am Reiniger.

Um eine sehr intensive Reinigung zu erzielen, wäre es sinnvoll, wenn nicht alle Reinigeraggregate unter der Wirkung des Saugstromes stehen, sondern, daß die Saugöffnungen im gleichen Rhythmus freigegeben werden wie das Wandergebläse wirkt.

Solche Ausführungen finden wir heute an den modernen Maschinen und Automaten in entsprechenden Variationen.

V. Vollautomatische Kreuzspulmaschinen

Die Entwicklung der Spulmaschine strebt nach Automatisierung wie die Entwicklung aller anderen Fertigungsmaschinen der Industrie überhaupt.

Sinn und Ziel dieser Entwicklung an Kreuzspulmaschinen aber auch deren Schwierigkeit werden durch FÜRST[1] zum Ausdruck gebracht und sollen nachfolgend auszugsweise wiedergegeben werden:

„Die Aufteilung der Bedienungszeiten nichtautomatischer Spulmaschinen K 1 verrät nicht von vornherein ein Übergewicht irgendeines leicht durch mechanische Mittel ersetzbaren Bedienungsgriffes (Abb. 103). Man versuchte daher, durch Bedienungserleichterungen und einfache Teilverselbsttätigung von bekannten Vorgängen Bedienungsvorteile zu gewinnen. Selbsteinfädeln des Fadens in den Spanner und Reiniger, günstige Lage der Ab- und Auflaufspulen zum Zwecke eines ermüdungsfreien Arbeitens, Einschalten der Spulstelle mittels günstig gelegener

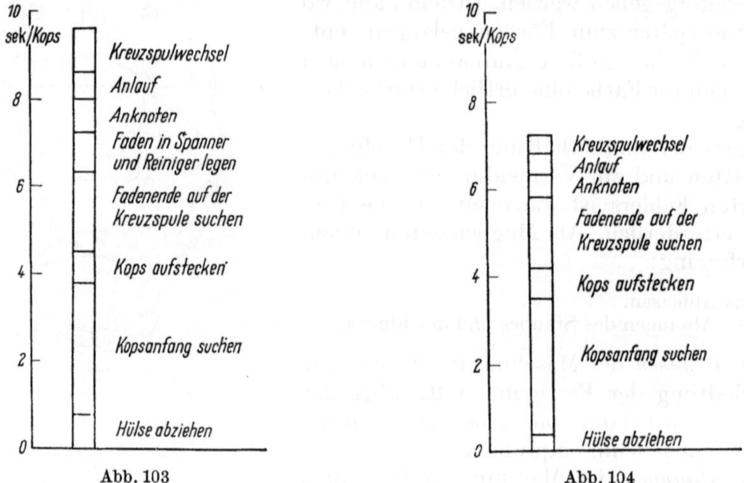

Abb. 103   Abb. 104

Einschaltmittel sowie Schaffung einfacher und schnell zu bedienender Mittel zum Austauschen der Kreuzspule brachten hier Erfolge, ohne allzu großen zusätzlichen Aufwand (Abb. 104). Gleichzeitig gelang es, die Fadengeschwindigkeit auf über 1000 m/min zu steigern, ohne daß das Garn übermäßig beansprucht wurde. Der Einsatz dieser von Hand bedienten Hochleistungsmaschine der Gruppe K 2 schuf für die Weiterentwicklung von Kreuzspulmaschinen völlig neue Voraus-

---

[1] FÜRST, S.: Die Automatisierung in der Spulerei. VDI-Berichte 22 (1957) 57.

setzungen. *Es zeigte sich nämlich, daß es gar nicht so einfach ist, diese verhältnismäßig billigen und doch schon sehr leistungsfähigen Maschinen durch Automaten zu ersetzen.*

In den USA sind zwar für die Großproduktion Automaten entwickelt worden, bei denen ein selbsttätiges Knotgerät eine größere Anzahl von Spulstellen bedient und bei denen auch das Aufsuchen des auf die Kreuzspule aufgelaufenen Fadens nach erfolgtem Fadenbruch selbsttätig vorgenommen wird. Die hier unter der Gruppe K 3 untersuchten Maschinen haben sich in den USA in sehr großem Umfang durchgesetzt, und es gibt auch eine Reihe von deutschen und europäischen Betrieben, die dank der Größe und Einheitlichkeit der Produktion solche Sondermaschinen mit Erfolg einsetzen.

Der Bedienungsaufwand je Kops ist etwa die Hälfte desjenigen der Maschinengruppe K 2 (Abb. 105). Die von einer Bedienungsperson zu bedienenden Spindelzahl ist entsprechend größer. Der Nutzeffekt ist allerdings infolge der bei jedem Fadenbruch und Knotversager entstehenden langen Stillstandszeiten der betroffenen Spulstelle geringer. Der Kapitalaufwand ist natürlich für eine derartige Maschine größer."

Man darf, wie aus den folgenden Darstellungen ersichtlich ist, sagen, daß das in Abb. 105 dargestellte Ziel erreicht ist.

Die Darstellung in den Abb. 103 bis 105 geht davon aus, daß ein Fadenbruch auf der Maschine nicht erfolgt. Die Häufigkeit der Fadenbrüche ist neben der Materialabhängigkeit auch durch den Reinigungsanspruch gekennzeichnet und damit so variant, das eine

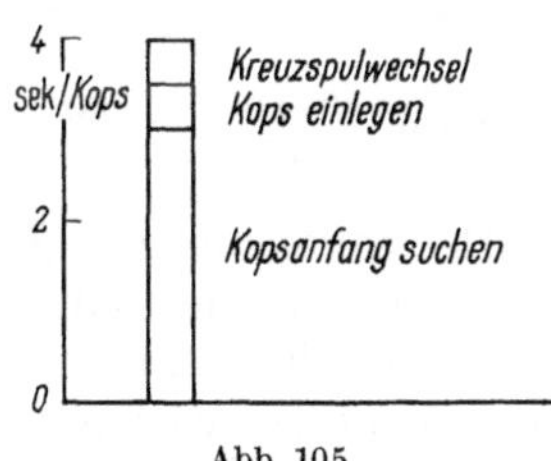

Abb. 105

Erfassung in einem allgemein gültigen Zeitschaubild nicht erfolgen kann. Mit jedem Fadenbruch sind dann die Arbeitsgänge: ,,Fadenende auf der Kreuzspule suchen, Anknoten, Anlauf" erneut notwendig. Damit erhöht sich auch der Wert ,,Sekunden/Kops" entsprechend. Die selbständige Erledigung dieser Aufgabe erfolgt durch die modernen Automaten.

Betrachtet man in der Abb. 105 den relativ großen Zeitanteil für ,,Kopsanfangsuchen", so erkennt man auch das Fernziel dieser Entwicklung. Mit diesem Zeitaufwand von beinahe 3 sek ist die Tätigkeit der Arbeiterin gemeint, die erforderlich ist, um die Unterwindung des Fadens auf dem Kops von Hand abzuwickeln. Automaten der Zukunft müßten dies auch noch erledigen oder aber man müßte es möglich machen, unterwindungsfreie Kopse auf Spinn- und Zwirnmaschinen herzustellen. Gegenwärtig aber ist es schon wichtig, den Spinner zu veranlassen, die Unterwindung möglichst klein zu halten.

1. Die Einteilung der Kreuzspulautomaten

Mit der spezifischen Wirkungsweise des Automaten ist auch der maschinelle Aufbau ursächlich verbunden.

a) Großgruppenautomaten

Seit etwa 1930 sind *Großgruppenautomaten* bekannt. Die bekanntesten Maschinen dieser Art lieferten die Firmen Barber & Colman, Abbot, und Holt. Die Wirkungsgrundlage dieser Automaten ist das automatische Anknoten der von Hand vorgelegten Kopse, das Auswerfen der abgelaufenen Kopse. Dazu bediente man sich entweder eines Wanderaggregates mit ortsfesten Spindeln (Barber &

Colman, Abb. 107) oder einer feststehenden Automatik mit wandernden Spindeln (Abbot, Abb. 115, Holt, Abb. 116).

Die grundlegenden Rechengrößen:

L Fadenlänge/Kops = Nm $\cdot$ G
v Fadenlaufgeschwindigkeit
T Ablaufzeit des Kopses in Minuten
t Arbeitstakt der Automatik
S Spindelzahl des gesamten Automaten

stehen in folgendem Zusammenhang:

$$1.\ \frac{L}{v} = T,$$

$$2.\ \frac{T \cdot 60}{t} = S \quad \text{(genauere Bestimmung s. u.)}.$$

Beispiel: Nm = 65; Gewicht des Vorlagekopses $G = 77\ g$; $v = 1000\ \text{m}$; $t = 1\ \text{sek}$.

$$\text{Zu 1.}\ \frac{L}{v} = \frac{Nm \cdot G}{v} = \frac{65 \cdot 77}{1000} = 5\ \text{Min} = T,$$

$$\text{Zu 2.}\ \frac{T \cdot 60}{t} = \frac{5 \cdot 60}{1} = 300\ \text{Spindeln/Automat}.$$

Der voranstehende Zusammenhang zeigt, daß irgendeine Änderung der Voraussetzungen auch eine Änderung der Spindelzahl erforderlich macht, sofern man nicht einen Ausgleich durch die Änderung der Fadenlaufgeschwindigkeit erzielen kann (sie ist variant zwischen 900 und 1300 m/min).

Maschinen dieser Art sind also für eine feststehende Fertigung einsetzbar.

b) Kleingruppenautomaten

Kleingruppenautomaten zeigen dagegen nennenswerte Unterschiede. Zwar kennt man auch hier Ausführungen mit ortsfesten Spindeln und wandernder Automatik (W. Schlafhorst & Co., Abb. 126) einerseits wie auch die ortsfeste Automatik mit wandernden Spindeln andererseits (Müller, Abb. 122 oder Schweiter, Abb. 121). Der wesentliche Unterschied aber ist, daß der Automat mit einer kleinen Spindelzahl ausgerüstet ist (Schweiter 8, Müller 24, Schlafhorst 10) und die Automatik die Arbeitsstelle während eines Kopsablaufes mehrmals kontrolliert, um Fadenbrüche zu heilen oder Kops anzuknoten.

Sieht man von maschinellen Sonderheiten ab und setzt einen fadenbruchfreien Ablauf voraus um die Verhältnisse leichter zu erkennen, dann stehen die oben gekennzeichneten Rechengrößen in folgendem Zusammenhang:

$$1.\ \frac{L}{v} = T,$$

$$2.\ \frac{T \cdot 60}{S \cdot T} = \ddot{U} \quad \text{(Überwachungen/Kopsablauf)}.$$

Beispiel: $S = 20$, $t = 2\ \text{sek}$; alle übrigen Größen entsprechen den oben genannten.

$$\text{Zu 1.}\ \frac{L}{v} = \frac{Nm \cdot G}{v} = 5\ \text{Min} = T,$$

$$\text{Zu 2.}\ \frac{T \cdot 60}{S \cdot t} = \frac{5 \cdot 60}{20 \cdot 2} = 7{,}5 \quad \text{Überwachungen/Kopsablauf}.$$

Eine Änderung der Voraussetzung ändert nur die Anzahl der Überwachungen, da die Spindelzahl konstant ist. Diese Automatenart kann also eine variante Fertigung übernehmen.

c) Einspindelautomaten

Einzelautomaten gehören zu den neuesten Entwicklungen. Hierbei wird die Tätigkeit der Automaten, der Kopsablauf und der Kreuzspullauf ständig über-

Abb. 106. Uniconer (Leesona)

wacht. Die Automatik ist der des Schußspulautomaten direkt vergleichbar. Die Abb. 106 zeigt die Ausführung eines amerikanischen Einzelautomaten, den Uniconer von Leesona (Einzelheiten s. S. 94).

2. Die Arbeitsweise der vollautomatischen Kreuzspulmaschinen

a) Großgruppenautomaten

1. Arbeitsweise des Barber & Colman-Spulautomaten (Abb. 107). Der BC.-Spulautomat wird in zwei verschiedenen Typen hergestellt: Type „C" und Type „CC". Die Spulmaschine der Type „C" wurde zuerst entwickelt und macht eine Sonnenspule von etwa 1200 g Nettogarngewicht auf einer Bakelithülse. Später wurde die Type „CC" konstruiert, die hauptsächlich in Betrieben zum Einsatz kam, wo die Spulen für die Zwirnmaschine gebraucht wurden; auf dieser Maschine werden Holzkerne verwendet. Eine volle Spule der Type „CC" hat mehr Garninhalt als die der Type „C". Der Spulautomat der Typen „C" und „CC" stellt Sonnenspulen her. Die Wicklung erfolgt kreuzweise, um dadurch einen festen, selbständigen Garnkörper zu erhalten. Die Bakelithülse wird über einen Spulenkern mit Kugellagern geschoben. Der Spulautomat der Type „CC" spult auf Holzkern. Dieser Holzkern steckt auf einer Laufspindel, auf welcher er durch eine Kugelsperre gehalten wird.

Der Spulautomat besteht aus einem langen Maschinenkörper mit Spindeln auf jeder Seite. Jede Spindeleinheit hat einen Spindelarm, welcher die Sonnenspule horizontal trägt (Abb. 108).

Unter der Spindelvorrichtung befindet sich der Bobinenhalter, über dem die Garnreiniger angebracht sind. Die Bobine, von der das Garn abgespult wird,

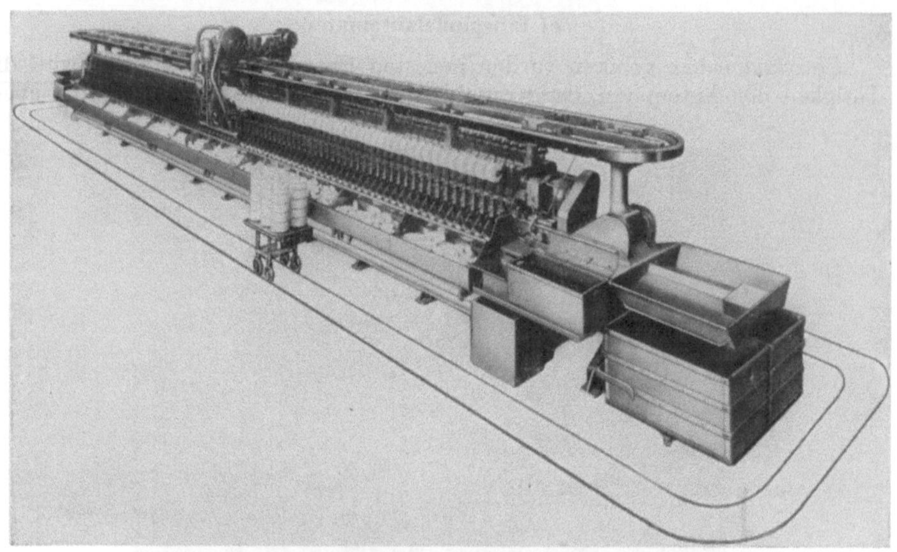

Abb. 107. Spulautomat von Barber & Colman

Abb. 108. Ausschnitt aus dem BC.-Spulautomat

steckt auf einem Dorn, und zwar so, daß ein Abspulen über den Kopf der Bobine erfolgt.

Die Fadengeschwindigkeit liegt zwischen 800 ··· 1200 m, je nach Aufbau des Bobinenkörpers. Feine Garne erlauben bei Kreuzwindung höhere Geschwindigkeiten.

Abb. 109. Laufkopf des BC.-Spulautomaten

Der Laufmechanismus, bekannt als Laufkopf, ist auf den Rahmen des Maschinenkörpers aufgebaut (Abb. 109). Dieser Laufkopf wird durch einen Elektromotor angetrieben; er wird so eingestellt, daß er einen kompletten Rundgang erledigt hat, nachdem ein Satz Bobinen abgelaufen ist. Wenn der Laufkopf an einer Seite der Maschine die Arbeit beginnt, sucht er das Ende des Fadens auf der Spule durch Ansaugen und bringt dasselbe zum Knoter. Dort wartet das Ende der Bobine, welches durch die Vorwärtsbewegung des Laufkopfes in den Knoter gebracht wurde. Die beiden Fadenenden werden zusammengeknüpft, und während der Knoten ausgeworfen wird, vollzieht sich durch die Saugvorrichtung am Laufkopf die Aufhebung der durch das Knüpfen entstandenen Lockerung des Fadens. Dieser Vorgang verhindert die Bildung von Kringeln, die bei Handarbeit häufig Stuhlstillstände verursachen. Die Sonnenspule wird eingeschwungen und in Kontakt mit der rotierenden Nutentrommel gebracht, wo der Faden in die Zick-

Abb. 110. Absaugvorrichtung

zackrille verläuft. Das Spulen beginnt sofort nach Aufliegen der Sonnenspule auf der Trommel. Während der Knoten geknüpft wird, erfolgt das Auswerfen einer leeren Hülse vom Aufsteckdorn. Beim Einschwingen einer Sonnenspule auf die Trommel wird die eben geknüpfte Bobine von der Reservestellung in Laufposition gebracht.

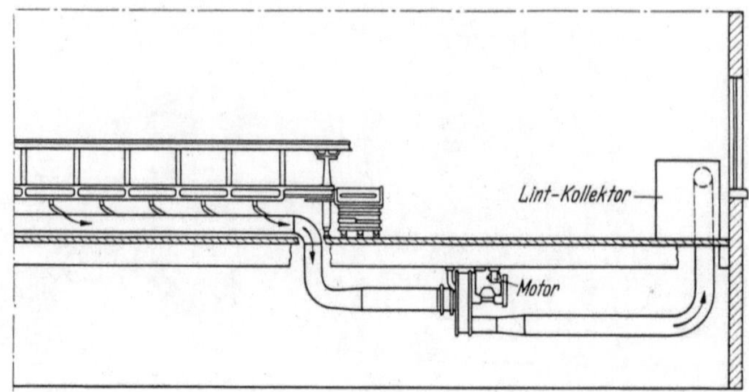

Abb. 111. Abfallsammler und Ventilator

Der Laufkopf bewegt sich entlang der Maschine, und der Fadenwächter schwingt einwärts in Kontakt mit dem laufenden Faden. Die Aufgabe des Fadenwächters ist es, die Sonnenspule von der Trommel abzuheben, wenn der Faden bricht oder die Bobine ausläuft.

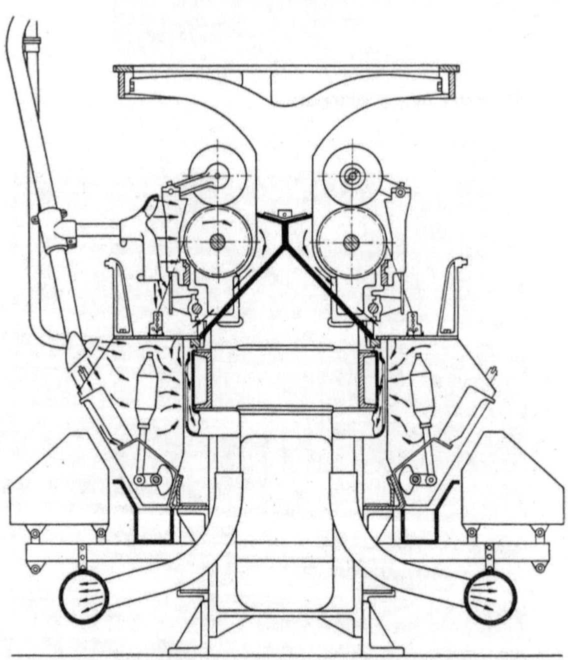

Abb. 112. Luftzirkulation des BC.-Spulautomaten

Alle Spulen werden beim Passieren des Laufkopfes gemessen. Volle Spulen werden nicht mehr angeknotet; die Bobinen verbleiben in diesem Falle in den Reservebehältern und sind für den die Maschine Bedienenden ein Zeichen dafür, daß die Kreuzspule vollgelaufen ist und durch eine Anfangsspule ersetzt werden muß. Eine Anfangsspule ist eine Manschette mit einer dünnen Garnschicht (auch Starterspule genannt).

Der Faden wird noch während des Knüpfens in den Reiniger gebracht. Hinter jeder Bobine befindet sich eine Absaugvorrichtung, die Flug, Schalen und sonstigen Staub abnimmt.

Absaugvorrichtung. Die Abb. 110 und 111 zeigen im einzelnen die Teile für die Absaugung am Spulautomaten selbst. In der Hauptsache entsteht der Abfall in der Bobinentasche während des Abspulens. Die senkrechten Schlitze, die den Abfall absaugen, befinden sich direkt hinter jeder einzelnen Bobinentasche, um den Staub an der Quelle zu erfassen, bevor er in den Raum entweicht. Dadurch wird durch ein Minimum an Saugkraft ein Maximum an Staub entfernt, bei geringstem Kraftbedarf. Der Trog unter der Bobinentasche sammelt das schwerere Material, wie z. B. Schalen usw. Während des Travelerumlaufes bläst der Ventilator des Laufkopfes dieses schwerere Material durch die Öffnungen in die Sammelrohre. Die mittleren Schutzbleche sind so konstruiert, daß auch dort der Flug durch den Trommelwind direkt in die Blechschlitze abgedrückt wird.

Lageskizze (Abb. 111). Diese zeigt die Anordnung des Ventilators und Abfallsammlers am Spuler. Wenn der Ventilator unterhalb des Fußbodens angebracht wird, ist ein Minimum an Platz erforderlich und drei Löcher sind in den Boden zu schlagen; zwei für die Absaugrohre von den Spulersammelrohren und eines für das Zubringerrohr zum Abfallsammler. Es ist selbstverständlich auch möglich, die Exhaustoranlage an der Decke über der Spulmaschine aufzuhängen und die Sammelrohrleitungen nach oben zu leiten, wodurch das Durchbrechen von Löchern in den Boden vermieden wird.

Luftzirkulation. In der Abb. 112 deuten die Pfeile die Richtung der Luftströmung bei der BC.-Absauganlage an. Durch die Wirkung der Luftströmung wird der Abfall an allen Stellen, wo er sich bildet, erfaßt und in die Schlitze in der Blechverkleidung hinter den Bobinentaschen gesaugt. Die links gezeichneten Gebläserohre befinden sich auf dem Laufkopf und helfen mit, die Maschine von losem Abfall, wie Baumwollflug usw., zu säubern. Die Mittelschutzbleche der Maschine, welche dem von der Trommel erzeugten Windstrom die Richtung geben, der Trog unterhalb der Bobinentaschen zur Aufnahme des schwereren Abfalles, die Blechverkleidung mit den Schlitzen und die beiden Abfallsammelrohre sind durch stärkere Linienführung in der Zeichnung deutlich sichtbar gemacht.

Leere und zum Teil abgelaufene Bobinen, die während des Arbeitsprozesses anfallen, werden von den Bobinendornen entfernt und durch ein Förderband an den Sortiertisch transportiert, der sich am Ende der Maschine befindet. Die Arbeiterin sortiert nach jedem Umlauf jene Bobinen aus,

Abb. 113. Füllen der Reservetaschen (Barber & Colman)

Abb. 114. Auswechseln der Spulen

die noch Garn enthalten, und bringt sie zurück in die Bobinentaschen, wo sie von neuem geknüpft werden. Die leeren, abgespulten Hülsen werden in Wagen unter dem Sortiertisch entleert.

Bedienung. Diese Arbeitsgänge wiederholen sich bei jeder Runde. Sofort, nachdem der Laufkopf die erste Spuleinheit passiert hat, füllt die Arbeiterin die Reservetaschen neu auf (Abb. 113). Sie bringt die Enden jeder Bobine in eine Fadenkammer, und zwar so, daß sie von dem vorbeikommenden Knoter erfaßt werden können. Sie wechselt alle vollen Spulen gegen Anfangsspulen aus (Abb. 114). Die vollen Spulen kommen auf Dreidorne, die ein auf Schienen laufender Wagen aufnimmt, den die Arbeiterin entlang der Maschine vor sich herschiebt. Die gefüllten Dreidorne lädt das Mädchen auf den am Ende der Maschine stehenden Dreidorntisch ab (Abb. 107). Zu einem Spulautomaten können ein oder zwei Dreidorntische gehören.

2. Vollautomatische Kreuzspulmaschine mit umlaufenden Kreuzspulen (Automatic Travelling Spindel Cone Winding Machine) Systeme der Maschinenfabriken Abbot (Wilton, New Hampshire, europäischer Lizenznehmer: Société Alsacienne de Constructions Méchaniques, Mulhouse) und Holt (Rochedale) (Abb. 115).

Abb. 115. Vollautomatische Kreuzspulmaschinen (System Abbot von der Fa. S. A. C. M.)
(Modell BA 13 für Baumwolle)

Die Arbeitsweise. Ausgehend von der Voraussetzung, daß die Maschine leer ist, muß die Arbeiterin zunächst die Kreuzspulhülsen auf die dafür vorgesehene Spindel setzen, eine volle Bobine aufstecken und einige Windungen von Hand auf die Spule winden. Sobald diese Arbeiten getan sind, kann die Maschine starten, so daß sich die Arbeitsstellen in Richtung des in der Grundrißdarstellung (Abb. 116) eingezeichneten Pfeiles bewegen. Diese Arbeit muß die Spulerin auch durchführen, wenn die Kreuzspulen gefüllt sind. Die leeren Bobinen werden von der Maschine automatisch abgeworfen und durch neue gefüllte ersetzt. Die Aufgabe, die die Spulerin stetig durchzuführen hat, ist, das Fadenende der nachzufüllenden Spule zu finden und dieses in einen Saugstutzen zu werfen und die Bobine selbst in ein Magazin zu stecken. Alle anderen Bewegungen, das Anknüpfen des Fadens, das Einrücken der Spindel usw., führt die Maschine dann selbsttätig aus.

Etwa 20 Bobinen muß die Spulerin minutlich in das Magazin einstecken. Bei dieser Art der Bedienung kann unabhängig vom Gewicht stündlich eine Menge von 900 Bobinen abgespult werden. Außerdem bleiben der Arbeiterin noch 25% der Arbeitszeit für das Reinigen der Maschine und das Ablegen der Spulen.

Die möglichen Fadenlaufgeschwindigkeiten sind (nach Angaben von Holt):

Baumwolle 600 Yards/min,
Wolle   450 Yards/min.

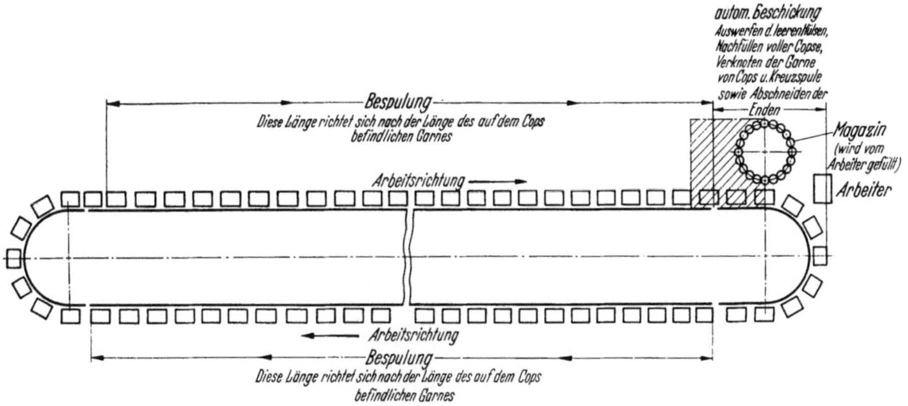

Abb. 116. Lageplan und Arbeitsweise der Spulautomaten (Fa. Holt) mit umlaufenden Spindeln

Die Größe der Produktion der Maschine ist von der Zahl der Einheitsvorschübe pro Minute abhängig. Man kalkuliert bei einer Arbeiterin mit 20 Vorschüben pro Minute. Als weitere beeinflussende Faktoren kann man benennen:

1. Das Garngewicht auf den Bobinen.
2. Die Zahl der Fadenbrüche.

Die Zahl der Arbeitsaggregate bestimmt man unter Festlegung folgender Voraussetzungen:

a) Durchschnittliche Garnlänge der Vorlagespule,
b) Vorschubgröße und Spulgeschwindigkeit,
c) Reservezeit für die Beaufsichtigung der Maschine.

Als Berechnungsformel kann man dies wie folgt festlegen:

$$N = \frac{L \times T}{v} + C.$$

Es bedeuten:

N Zahl der Arbeitsaggregate (Größe der Maschine),
L Garnlänge der Vorlagespule,
T Vorschübe pro Minute,
v Fadenlaufgeschwindigkeit,
C stehende Spulen (18).

Einzelheiten der Maschine[1]

(Beschreibung bezieht sich primär auf den Streichgarnautomat System Abbot von S. A. C. M.).

Der Laufkopf. Jeder Laufkopf (Abb. 117) bildet eine Spuleinheit. Auf jeder Maschinenseite befindet sich eine Wickelwelle. Diese treiben die Spulen an. Der Faden wird mit Hilfe eines hin- und hergehenden Fadenführers verlegt, dessen Antrieb ebenfalls von der Wickelwelle durch ein Perlonreibband abgenommen und übertragen wird.

---

[1] Mit freundlicher Genehmigung entnommen aus K. Hensch: Automatische Hochleistungskreuzspulmaschine für Streichgarn. Der Spinner und Weber, Okt. 1959, Nr. 20.

Die Laufköpfe bewegen sich über zwei endlose Schienen. Sie werden von einer Kette mitgenommen, die über zwei Räder geführt wird. Diese befinden sich an den Maschinenenden.
Die Laufköpfe legen auf beiden Maschinenseiten einen geradlinigen Weg zurück. Hier befinden sie sich in Arbeitsstellung. Lediglich an den beiden Umkehrpunkten der Maschine
führen sie unter gleichzeitiger Unterbrechung des Spulvorganges eine Kreisbewegung aus.

Abb. 117. Aggregate des Baumwollautomaten (mit Nutentrommeln) (S. A. C. M.)

Jeder Spulkopf besitzt eine Aufsteckspindel zum automatischen Auswerfen der leeren
Kopshülsen, eine Scheibenfadenbremse mit regulierbarem Gegengewicht, einen auswechselbaren Fadenreiniger, eine Fadenwächtervorreinigung zum Heben der Spule bei Fadenbruch,
einen aus Spezialstahl hergestellten Fadenführer und einen Spreizdorn zur Aufnahme konischer Papphülsen.

Die Laufköpfe bilden jeweils für sich eine geschlossene Einheit. Aus diesem Grunde
können sie auch unabhängig voneinander ausgewechselt werden, ohne daß hierfür besondere
Werkzeuge erforderlich sind. Dies wirkt sich bei Revisionen und Reparaturen günstig aus,
da der beschädigte Kopf durch einen arbeitsfähigen ausgewechselt wird und die Reparatur
oder auch Inspektion ohne Maschinenstillstandszeiten durchgeführt werden kann.

Die Wanderbewegung der Laufköpfe. Die Kette, die zum Transport der Laufköpfe dient,
wird durch einen unabhängigen Elektromotor über eine Keilriemenscheibe angetrieben. Da
der Durchmesser dieser Scheibe verstellbar ist, kann die Geschwindigkeit der Kette stufenlos geregelt werden. Die Einstellung wird mit einem Handrad vorgenommen. Ihre Größe
und Geschwindigkeit ist auf einem Tachometer ablesbar.

Die Verschiebegeschwindigkeit der Laufköpfe entspricht dem Arbeitstakt der Spulmaschine. Sie muß mit dem Arbeitstakt der Knüpfmaschine synchronisiert sein. Untersuchungen haben ergeben, daß in der Streichgarnspulerei eine Arbeitsgeschwindigkeit von 15···18 Knoten pro Minute – d. h., 15···18 Laufköpfe passieren innerhalb einer Minute die automatische Knüpfstelle – sich in den meisten Fällen als günstig erwiesen hat. Man kann natürlich die Knüpfgeschwindigkeit noch steigern. Dies hängt aber davon ab, ob die Arbeiterin einem solchen Tempo in der Bedienung der Maschine folgen kann. Bei einem Arbeitstakt von 15··· 18 Köpfen pro Minute ist normalerweise eine Spulerin ausgelastet.

Der zeitliche Ablauf des Spulvorganges soll so erfolgen, daß bei einem Umlauf der Laufköpfe ein vorgelegter Spinnkops abgespult ist. Dies wiederum ist abhängig von der Fadenlänge des Spinnkops und der Spulgeschwindigkeit. Letztere aber ist bekanntlich eine Funktion der Garnqualität. Da aber die Verschiebungshäufigkeit der Spulköpfe verstellbar ist, kann die Maschine damit praktisch den Eigenschaften der verarbeiteten Garne angepaßt werden.

Die Spindeln. Zur Aufnahme der konischen Papphülse dienen sogenannte Spreizdorne (Abb. 117). Diese sind so konstruiert, daß beim Spulvorgang und den hiermit zusammenhängenden Bewegungen die Hülse fest auf die Spindel aufgeklemmt wird. Auf der rechten Seite befindet sich ein Gummiring, durch den die Papphülse, da diese zwangsläufig gegen ihre Innenfläche wirkt, gehalten wird. Will man die volle Kreuzspule von dem Spreizdorn lösen, so erfolgt dies durch eine kurze hin- und hergehende Bewegung.

Besonders erwähnenswert ist die spezielle Spindelkonstruktion zur Aufnahme von Selfaktorkopsen (Abb. 118). Der Kops wird auf einen kurzen Spindelstumpf, der zum Halten der Hülsen mit Spreizfedern ausgerüstet ist, aufgesetzt. In Arbeitsstellung ist der Sitz der Kopse, da die Spindel einem Federzug unterliegt, fest und zentrisch. Beim Auswechseln der leeren Hülsen läuft die Spindel auf eine Auflaufschiene. Hierbei löst sich die Hülse und wird ausgeworfen.

Ablauf der automatischen Funktionen. Beim klassischen Spulverfahren bedient die Arbeiterin nacheinander die einzelnen Spindeln. Dieses Prinzip ist bei der automatischen Hochleistungskreuzspulmaschine durchbrochen worden, da durch die automatische Knüpfstelle und Fadenspeisevorrichtung der Spulerin wesentliche Arbeiten abgenommen wurden, so daß ihre Tätigkeit hier nicht mehr mit der einzelnen Spulstelle direkt gekoppelt ist. Der Arbeitsprozeß beginnt, wenn der ständig wandernde Spulknopf die Knüpfstelle erreicht hat. Bevor der Aufwindeprozeß beginnt, vollziehen sich hier automatisch folgende Arbeitsabläufe:

1. Auswerfen der leeren Hülse.

2. Suchen des Fadenendes auf der Kreuzspule.

3. Knüpfen dieses Endes mit dem Faden des neuen Spinnkops.

4. Aufstecken eines neuen Spinnkops.

Wie sich diese Vorgänge im einzelnen vollziehen, soll nachfolgend kurz betrachtet werden.

Automatische Hülsenauswurfvorrichtung. In dem Augenblick, in dem der Laufkopf die Knüpfstelle erreicht, werden die leeren Hülsen ausgeworfen. Dabei wird die Kopsspindel so auf eine Schiene geführt, daß der auf die Spindel wirkende Federzug außer Kraft gesetzt wird.

Abb. 118. Einzelaggregat des Strickgarnautomaten mit Fadenführer (S. A. C. M.)

Hierdurch wird die leere Hülse in ihrem sonst festen Sitz gelöst und mit Hilfe eines Gestänges abgestreift. Sie fällt in einen Trog und wird von dort durch ein Förderband weggeschafft.

Automatische Fadensuchvorrichtung. Mittlerweile hat sich der Laufkopf vorwärtsbewegt und kommt vor einer pneumatisch wirkenden Absaugöffnung zum Stehen, die mit der Fadensuchvorrichtung kombiniert ist. Hier muß das freie Fadenende der Kreuzspule gesucht, abgenommen und in den Knüpfapparat befördert werden. Um das möglich zu machen, dient ein besonderer Abwickelzylinder. Dieser bewegt die Spule in umgekehrter Richtung. Durch einen mit Leder bezogenen Teil dieses Zylinders wird bei dieser Bewegung das Fadenende von der Kreuzspulenwicklung gelöst und abgezogen. Das freie Fadenende wird anschließend von der Saugöffnung angesogen und in dem Schlitz des Schwanenhalses, wie auf dem Bild sichtbar ist, nach oben geführt. Hier befindet sich ein Riegel, der den Faden in Wartestellung hält. Erst im Augenblick des Knüpfens wird der Faden aus dieser Stellung befreit.

Automatisches Knüpfen. Anschließend erfolgt das Knüpfen. Hierzu wird das freie Fadenende der Kreuzspule in den Knüpfapparat eingeführt. Das Fadenende des Spinnkops befindet sich ebenfalls hier. Die Kopse werden mit Hilfe der auf dem Bild rechts sichtbaren Drehtrommel herangeschafft und in Vorspeisestellung gebracht. Zusammengeknüpft werden

Abb. 119. Die Automatik der in Abb. 117 dargestellten Maschine BH 13 (S. A. C. M.)
1 Lademagazin; *2* automatischer Knoter; *3* Motor für Knotenantrieb; *4* Luftdüse des Knoters; *5* Kurvensaugrohr; *6* Abluftrohr für die Säuberung der Fadenspanner und Reiniger; *7* Signallampe der vollen Kreuzspule; *8* Aufstecktrichter

beide Fadenenden mit Hilfe eines Knüpferschnabels, der sich um 360° dreht. Die Knüpfapparatur wird durch einen besonderen Motor betätigt, der mit der Verschiebegeschwindigkeit der Laufköpfe synchronisiert ist.

Automatische Aufsteckvorrichtung. Nachdem die leere Kopshülse ausgestoßen, das Fadenende auf der Kreuzspule gesucht und mit dem Fadenende der Kopsspule verknüpft ist, muß nun, bevor der Spulvorgang eingeleitet werden kann, der Selfaktorkops auf die zugehörige Spindel aufgesteckt werden.

Von der Spulerin werden die Kopse in ein drehtrommelartiges Magazin gesteckt (Abb. 119). Dieses Magazin transportiert diese zur Anknüpfstelle. Die Bewegung der Drehtrommel ist auf den Knüpfmechanismus abgestimmt und mit der Verschiebung der Laufköpfe synchronisiert. An der Anknüpfstelle werden die Kopse zum Aufstecken bereitgestellt. In der Drehtrommel ruht der Kops mit seinem unteren Ende auf einer Klappe. Diese Klappen gleiten über eine kreisförmige Schiene, die jedoch am Führungskanal, durch den der aufzusteckende Kops geleitet wird, unterbrochen ist. Hier wird die Kippklappe freigegeben, kippt nach unten und gibt damit auch den Kops frei. Dieser rutscht nun durch den Führungskanal und wird von hier auf die Spindel geleitet. Durch diesen Vorgang wird gleichzeitig der Faden gespannt und in Bremse und Fadenreiniger eingeführt.

In dem Augenblick, in dem der Laufkopf die Gerade erreicht, beginnt der Spulprozeß. Die Spule senkt sich auf die Wickelwelle. Hierbei wird jedes ruckartige Anlaufen verhindert, um Schlingenbildungen auszuschließen.

Fadenführer – Fadenbremse – Fadenreiniger. Um den Faden sicher in die Fadenbremse und den Fadenreiniger einzuführen, ist eine Führung flügelartig über die Breite des Laufkopfes angeordnet. Eine weitere befindet sich unterhalb der Kreuzspule. Sie dient dazu, den Faden in den Fadenführer zu leiten und während des Spulens eine sichere Führung zu geben. Der Fadenführer ist aus einem Spezialstahl hergestellt. Er besteht aus einer auf Kugellager montierten Schraube, die durch ein Gewinde hin- und herbewegt wird.

Als Fadenbremse dient eine Scheibenbremse mit regulierbarem Gegengewicht. Die Fadenspannung ist verstellbar und kann variiert werden.

Oberhalb der Fadenbremse befindet sich ein auswechselbarer Fadenreiniger. Auch dieser kann den verschiedenartigen Garnarten angepaßt werden.

Bei Fadenbruch wird die Maschine mit Hilfe einer Wächternadel abgestellt. Diese wird normalerweise durch den laufenden Faden nach oben gehalten. Bricht der Faden, so senkt sie sich auf Grund ihres Eigengewichtes. Hierdurch wird ein Vorgang ausgelöst, durch den die Kreuzspule von der Wickelwelle abgehoben und auf diese Art das Spulen unterbrochen wird.

Spulgeschwindigkeiten. Die Aufwindegeschwindigkeiten beim Spulen von Streichgarn sind bei der automatischen Hochleistungs-Kreuzspulmaschine zwischen 250 und 500 m/min verstellbar. Im allgemeinen dürften in der Praxis die mittleren Spulgeschwindigkeiten bei 350 bis 400 m/min liegen. Natürlich hängt die Spulgeschwindigkeit weitgehend von den Qualitätseigenschaften der Garne ab. Die Geschwindigkeitsregulierung erfolgt durch Keilriemen und Wechselscheiben. Die eingestellte Spulgeschwindigkeit kann an einem Zähler in m/min abgelesen werden.

Spulenanzeige. Die Aufgabe der Spulerin besteht nicht nur im Füllen des Drehtrommelmagazins mit Spinnkopsen, sondern auch im Abnehmen voller Kreuzspulen. Um aber hierbei möglichst Spulen mit gleichem Gewicht zu erzielen, ohne daß dies ausschließlich der Entscheidung der Spulerin überlassen bleibt, ist eine besondere Einrichtung vorhanden, die anzeigt, wann die Spule den gewünschten Durchmesser erreicht hat. Es handelt sich hierbei um eine besondere Lampenanzeige. Die Signallampe ist mit einem Quecksilberkontakt verbunden. Wird dieser durch den erreichten Spulendurchmesser gekippt, so wird ein Stromkreis geschlossen und die Lampe leuchtet auf. Durch die visuelle Anzeige braucht die Spulerin diesen Problemen keine besondere Aufmerksamkeit zu schenken. Hat die Spule ihren Durchmesser erreicht, so wird sie bei aufleuchtender Lampe von der Arbeiterin ausgesetzt, bevor sie zur nächsten Maschinenseite hinüberwechselt. Das Fassungsvermögen der Kreuzspulen beträgt bei der Verarbeitung von Streichgarn gewichtsmäßig 3···3,5 kg.

Entstaubung. Durch den Spulvorgang werden natürlich auch Faserflug und Staub hervorgerufen, der sich u. a. auf den Spulköpfen ablagert. Die schädlichen Auswirkungen solcher Rückstände innerhalb der Verarbeitung sind zur Genüge bekannt. Um diesen Flug und Staub zu beseitigen, werden die Laufköpfe nach jedem Umlauf um die Maschine mit Hilfe einer Ventilationsdüse abgeblasen. Diese ist in Form eines gebogenen Halses an die Maschine herangeführt. Mit der Reinigung ist eine regelmäßige Säuberung von Fadenbremse und Fadenreiniger verbunden, Vorgänge, die für ein qualitatives Spulen wichtig sind.

Der Nutzeffekt. Der Nutzeffekt wird nur durch Ursachen beeinflußt, die beim Spulvorgang selbst liegen. Mit anderen Worten, im Gegensatz zu jedem nichtautomatischen Spulmaschinentyp mit zwangsweiser Berücksichtigung der Wegzeiten der Arbeiterin, ihrer Geschicklichkeit des Ermüdungsfaktors, der mit der Arbeitsdauer zunimmt, wird der Nutzeffekt der automatischen Spulmaschine lediglich durch die Anzahl vorkommender Fadenbrüche und durch das Gewicht der Speisekopse beeinflußt. Dieser Nutzeffekt entspricht folgender Gleichung:

$$\eta = \frac{1}{1 + \dfrac{c_a \cdot p}{100}},$$

wo c_a der Anzahl Fadenbrüche pro kg und p dem Nettogewicht der Speisekopse entsprechen.

Wahl der Spulspindel-Anzahl. Die Anzahl Spulköpfe pro Maschine wird so bestimmt, daß die Speisekopse gänzlich abgewickelt sind, sobald die betreffende Spuleinheit einen kompletten Umgang auf der Maschine beendet hat. Die Einheitszahl muß somit der Kopse-Abspulzeit angepaßt werden. Diese Zahl hängt daher vom Nettogewicht p des Speisekopses, d. h. von

der metrischen Fadennummer Nm ab, von der Spulgeschwindigkeit V und vom Knüpfrhythmus C, nach der Gleichung:

$$Nt = \frac{(N\,m \cdot p)}{V}\,C + K,$$

wo K eine Konstante darstellt, entsprechend der Anzahl Spulköpfe, die bei der automatischen
Knüpfvorrichtung stillstehen. Das Diagramm der Abb. 120 gestattet, das gesuchte Ergebnis
graphisch zu bestimmen.

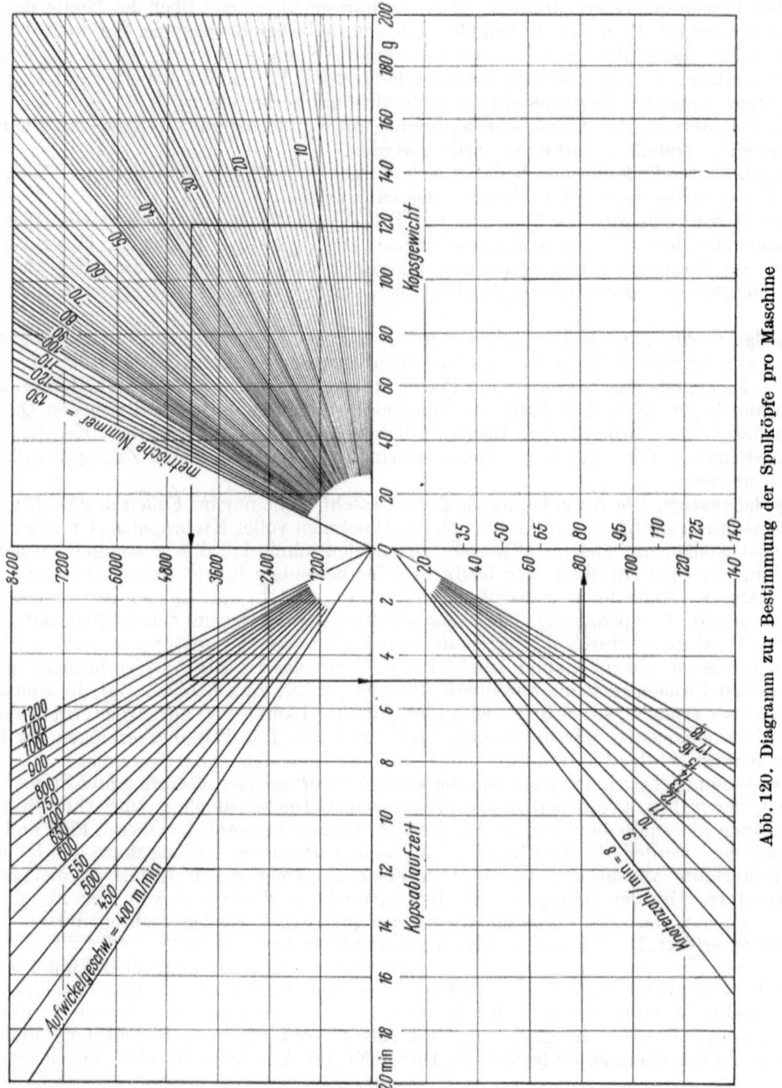

Abb. 120. Diagramm zur Bestimmung der Spulköpfe pro Maschine

Da die Wandergeschwindigkeit der Spulspindeln, sowie die Aufwickelgeschwindigkeit des
Fadens reguliert werden können, besteht die Möglichkeit, eine vorhandene Maschine ohne
weiteres anderen Fadeneigenschaften anzupassen. Empfehlenswert ist, eine Spulmaschine zu
wählen, die mit einem Rhythmus von 15 Köpfen/min Kopse zu verarbeiten gestattet, welche
die größtmögliche Fadenlänge enthalten. Andere, kleinere Fadenlängen aufweisende Partien würden die Spulmaschine nicht zu 100% beanspruchen, was jedoch die Produktion
nicht beeinflußt.

Produktion. Die Produktion hängt vom Nutzeffekt η, vom Knüpfrhythmus C, vom Nettogewicht p der Kopse ab nach der Gleichung:

$$P = C \cdot 60 \cdot p \cdot \eta.$$

Kraftbedarf. Die von jedem Einzelmotor der Spulknöpfe verbrauchte Energie hängt von der Aufwickelgeschwindigkeit ab und beträgt etwa 50 Watt.

Die Maschine besitzt ferner einen 4-PS-Motor für den Ventilator der Absaugvorrichtung, einen 1,5-PS-Motor für die Wanderbewegung der Spulspindel, einen Motor von 120 W für den Antrieb des Fadensuchers und schließlich einen Motor von 40 W für die Betätigung der Knüpfvorrichtung. Die Gesamtansicht der automatischen Hochleistungs-Spulmaschine zeigt Abb. 115.

b) Kleingruppenautomaten

Wie die nachfolgenden Darstellungen erkennen lassen, gibt es bei den gegenwärtigen Ausführungen zwei prinzipiell unterschiedliche Systeme:

Rundautomat und *Automat in gerader Bauform.* Dieser Unterschied hat seine Parallele zu den unterschiedlichen Großgruppenautomaten.

Grundsätzliches Kennzeichen der *Rundautomaten* ist:

Stillstehendes Automatenaggregat und wandernde Spindeln (vgl. Abb. 121, Automat der Firma Schweiter mit 8 Spindeln).

Abb. 121. Draufsicht auf einen Schweiter-Kreuzspulautomat

Die Automaten in gerader Bauform haben ortsfeste Spindeln und einen Automaten, der längs den Spindeln wandert und dabei die dem Automaten zugedachte Aufgaben übernimmt. Sowohl die eine, wie auch andere Ausführungsart unterscheidet sich vom Großgruppenautomat in entscheidender Weise (s. o.) dadurch, daß je Spulenablauf mehrere Überwachungen seitens des Automaten erfolgen und, daß ein Wiederanknüpfen eines gebrochenen Fadens durch den Automaten geschieht.

1. Kreuzspulautomat von Müller. Bei Kreuzspulautomaten besteht die Hauptaufgabe der Spulerin darin, daß sie (vgl. Abb. 122) Kopse vorlegen muß. Wie man aus der Gesamtabbildung des Automaten (vgl. Abb. 122) erkennen kann, geschieht diese Vorlage für die ganze Maschine vorn an der Automatik, wobei die Spulerin die vorher von der Unterwindung befreiten Kopse in die Halterung einsteckt und das freie Fadenende in die Pneumatik wirft. Die vorgelagerte An-

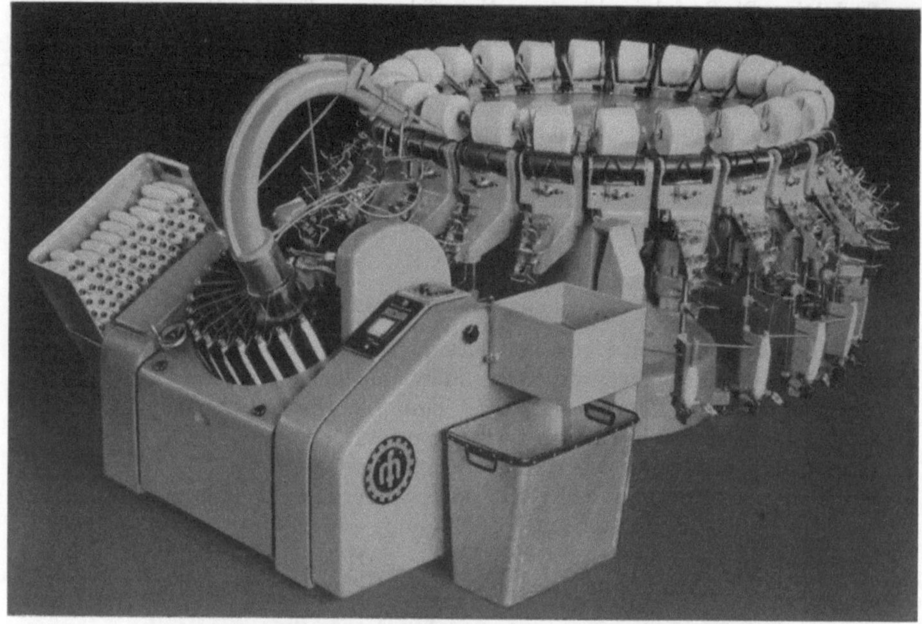

Abb. 122. Kreuzspulautomat von Franz Müller

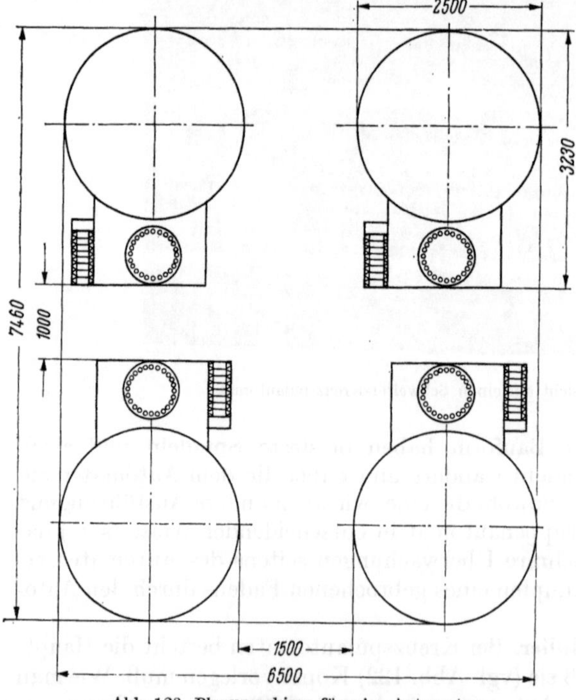

Abb. 123. Planungsskizze für vier Automaten

ordnung des Beschickungsmagazines hat, wie man aus der Abb. 123 ersieht, den Vorteil, daß 4 Automaten zentral beschickt werden können.

Der Automat. Wie die Abb. 122 zeigt, ist der Gesamtautomat dadurch gekennzeichnet, daß 24 Spindeln in bestimmter Geschwindigkeit den Automatenkopf tangieren, der dann alle automatischen Tätigkeiten verrichtet, wie sie auch unter Großgruppenautomaten dargestellt wurden. Zusätzlich werden Fadenbrüche automatisch geheilt. Die kleine Anzahl Spindeln ermöglicht gegenüber Großgruppenautomaten das häufige Überprüfen der ablaufenden Spule.

Das Einzelaggregat. Ein Blick auf die Abb. 124 zeigt das überaus einfache und damit wenig anfällige Einzelaggregat, das man mit 2 Schrauben von der Gesamtkonstruktion lösen und auch eben so einfach an-

Abb. 124. Einzelaggregat des Automaten von
Franz Müller

montieren kann. Die Abbildung läßt auch die Einzelheiten zur Reinigung des Fadens erkennen.

Das Knotgerät. Um den jeweils notwendigen Knoten herstellen zu können, der dem Material angepaßt ist, wurde von der Konstruktion eines Knotaggregates abgesehen. Statt dessen verwendet man, wie die Abb. 125 zeigt, normale Standknoter, die man mit Vorrichtung in den Automaten einstecken kann. So ist es möglich, den bereits erwähnten Schifferknoten (Cook-Knoter), wie auch jeden anderen Knoten nach freier Wahl herzustellen.

Die Franz Müller Maschinenfabrik hat eine Lizenz zum Bau ihres neuentwickel-

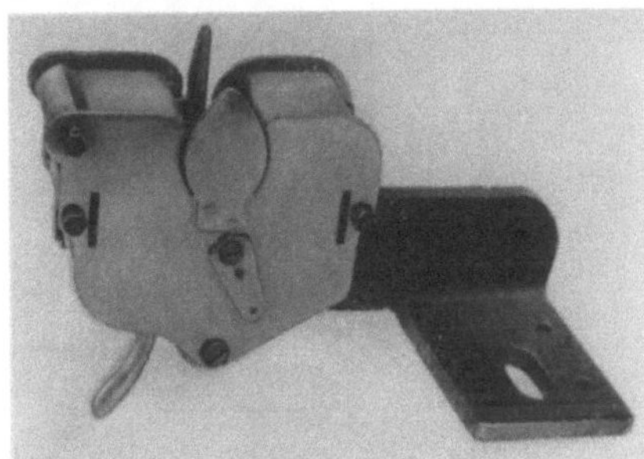

Abb. 125. Knotgerät, einsteckbar

ten Kreuzspulautomaten in die USA vergeben. Künftig wird die Foster Machine Co., Westfield/Massachusetts, eine namhafte Spulmaschinenherstellerin der USA, den Müller-Kreuzspulautomaten in den USA, Kanada und Mexiko vertreiben. Die Foster Machine Co. ist eine Tochter des Textilmaschinenkonzerns der Vereinigten Staaten, Whitin Machine Works, Whitinsville. Über den Lizenzvertrag hinaus haben die Firmen eine weitgehende Zusammenarbeit auf den Gebieten der Entwicklung, des Patentwesens und des Vertriebs ihrer Maschinen vereinbart.

2. Der Autoconer von Schlafhorst (Abb. 126—129). Jede Spulstelle des Autoconers hat ein eigenes Magazin, das in wenigen Sekunden auf alle verarbeitbaren Kopse einstellbar ist und je nach Kopsdurchmesser 5···7 Spinnkops faßt. Damit ist die Arbeitskraft unabhängig von der Laufzeit des Spinnkops. Sie kann die Magazine in viel größeren Zeitabständen füllen. Die Bedienungswege pro Kops sind deshalb auch viel kleiner als bei Einzelaufsteckung, oder umgekehrt gesagt: Bei gleichen Bedienungswegen läßt sich die 5···7fache Anzahl Kopse vorlegen.

Die Elemente zur Bildung der Kreuzspule. Die Fadenführertrommel treibt mit ihrem Umfang die Kreuzspule an und verlegt mit der Nut den Faden. Die unterschiedliche Nutentiefe sorgt für einen wirksamen Spannungsausgleich über die gesamte Hubbreite. Ist der vorab eingestellte Spulendurchmesser erreicht, stellt sich die Spindel automatisch ab und zeigt dies der Spulerin durch Herausspringen der Einrückknöpfe an, und zwar befindet sich ein Knopf neben der Kreuzspule

und ein Knopf auf der vorderen Maschinenseite oberhalb der Kontrollampe. Das
Abstellen bei erreichtem Durchmesser erfolgt mit einer Genauigkeit von $\pm 0{,}5$ mm.

Abb. 123. Vorderansicht des Autoconer (Schlafhorst)

Abb. 127. Geöffnete Rückwand des Autoconer (man erkennt den wandernden Automaten je zehn Spulstellen)

Hierdurch ist gleichzeitig eine wirksame Längenmessung des Fadens auf der
Kreuzspule möglich.

Mit wenigen einfachen Handgriffen wechselt die Arbeitskraft die volle Kreuzspule gegen eine neue, leere Hülse aus (Abb. 128). Eine Mulde nimmt die volle
Kreuzspule auf. Das Mädchen spannt einen neuen Konus ein, reißt den Faden
von der vollen Kreuzspule ab, legt ihn um den Konus, und nach einem Finger-

druck auf den Einrückknopf arbeitet die Spulstelle wieder. Ein Schnellverschluß-spulenrahmen erlaubt ein leichtes Auswechseln der Kreuzspulen.

Abb. 128. Auswechseln der Kreuzspulen

Unterhalb der Skala für die Spulenrahmenentlastung ist das Ölstandsauge für den Zylinder der hydraulischen Dämpfung. Der Spulenrahmen mit der Kreuz-spule ist über die Dämpferstange mit dem Dämpferkolben verbunden. Das Öl im Dämpfungszylinder sorgt für einen vibrationsfreien, ruhigen Lauf der Kreuzspule.

Durch Herausziehen eines der Knöpfe läßt sich jede Spulstelle leicht abstellen und durch ein-fachen Daumendruck wieder ein-rücken. Unterhalb des Einrück-knopfes an der Maschinenvorder-seite befindet sich eine Signal-lampe. Bei jedem Knotvorgang wärmt eine Heizspirale im Ge-häuse der Spulstelle einen Bi-Me-tallstreifen auf. Muß der Knoter an einer Spindel oft eingreifen, sei es auf Grund extrem hoher Fadenbrüche oder mechanischer Ursachen, wird der Bi-Metall-streifen so erwärmt, daß er die Spulstelle automatisch abstellt. Diese automatische Funktions-kontrolle zeigt der Arbeitskraft sofort an, wo sie eingreifen muß. Die Temperatur, bei der die Spul-stelle abstellen soll, ist einstell-bar. Mit der automatischen Funk-

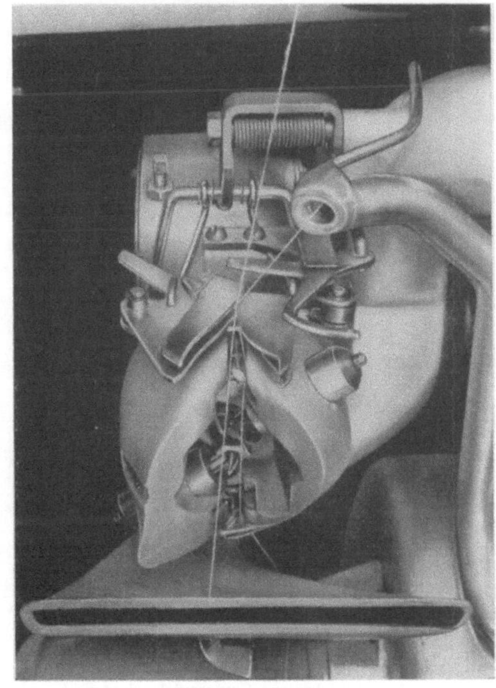

Abb. 129. Knotkopf

tionskontrolle prüft die Maschine nicht nur die mechanische Funktion der einzelnen Elemente, sondern führt gleichzeitig eine Kontrolle des Fadens durch. Wenn zum Beispiel an einer Spulstelle durch einen sehr schlechten Spinnkops viele Fadenbrüche auftreten, stellt diese Spulstelle automatisch ab. Die Spulerin kann die schlechten Spinnkopse entfernen und verhindert dadurch unnötige Stillstände in den nachfolgenden Arbeitsgängen und „Zweite Wahl" des Endproduktes.

Der *Autoconer* liefert Spulen mit seitlicher Fadenverlegung. Die Fadenverlegung ist in drei Stufen einstellbar und wird durch seitliches Changieren des Nutenzylinders erzielt. Die Härte des Garnwickelns an den Kanten läßt sich damit wirksam beeinflussen. Das ist besonders für Färbespulen wichtig.

Der Knoter. Der Knoterwagen hat einen eigenen Antrieb und läuft in der Maschine auf einer Rohrtraverse, die gleichzeitig als Saugluftkanal dient, ständig hin und her (Abb. 129). Die Laufzeit von einer Spindel zur anderen beträgt 1 sek. Der kompakte Knoterwagen läuft so in der Maschine, daß die Arbeitskraft ungehindert die Kreuzspulen auswechseln kann.

Sobald der Kops an einer Spindel abläuft oder ein Fadenbruch auftritt, bleibt der Knoterwagen dort stehen. Die Reibrolle kommt in Eingriff mit der Rücklaufwelle und dreht Fadenführertrommel und Kreuzspule zurück. Dabei holt das Saugrohr das Fadenende von der Kreuzspule. Gleichzeitig holt der Greifer das gebrochene Fadenende oder den Anfangsfaden eines neuen Kops vom Spanner.

Saugrohr und Greifer führen jetzt die beiden Fadenenden zusammen. Dabei fädelt sich der Unterfaden automatisch in Vorreiniger, Unterfadenfühler, Spanner und Reiniger ein. Der Knoterwagen öffnet diese Elemente, so daß der Faden sich ohne Beanspruchung einlegt.

Beide Fäden kommen parallel in den Knotkopf (Abb. 129). Die Bindeschnäbel des Maschinenknoters erfassen die Fäden und bilden die Verschlingung für einen Fishermans-Knoten. Die Messer in den Bindeschnäbeln schneiden die Knotenenden kurz ab. Gleichzeitig zieht der Stößel die beiden Knoten fest und unverrückbar zusammen und kontrolliert dabei die Haltbarkeit des Knotens. Nach der Kontrolle gibt der Knotkopf den Faden frei.

c) Einzelautomat

Die Arbeitsweise des auf S. 77 dargestellten Einspindelautomaten kann wie folgt dargestellt werden:

Wenn die Spindeln für die Vorlagekopse einmal beschickt sind, nimmt die Maschine automatisch folgende Funktionen wahr:

Abb. 130. Leesona-Kreuzspuleinzelautomat
(Materialvorlage, Reiniger)

Die zwei Reservekopse jeder Spindel gehen eine nach der anderen in die Arbeitsstellung (Abb. 130). Ein Fadengreifer senkt sich und übernimmt das Fadenende, um es in den Knoter zu legen. Hier wird mit einem Weberknoten gearbeitet. Jedoch vor dem Knoten saugt die Pneumatik sowohl vom Kops als auch von der Kreuzspule 60 cm Garn ab, damit die fehlerhafte Garnstelle ausgeschieden ist. Der vollendete Knoten wird dann unter Spannung kontrolliert. Während der Tätigkeit des Knotens werden die Reiniger geöffnet und gesäubert. Dies geschieht durch eine Vakuumanlage, die auch die ganze Maschine an den kritischen Stellen periodisch säubert. Eine automatische Stillsetzung erfolgt je nach dem gewünschten Kreuzspuldurchmesser, indem der Faden durchgeschnitten wird. Der Stillstand wird dann durch die Wächtervorrichtung eingeleitet. Die

Abb. 131. Leesona-Kreuzspuleinzelautomat (Knoter- und Spulvorgang)

Spule wird dabei gleichzeitig in eine Stellung gebracht, die das schnelle Auswechseln durch die Arbeiterin ermöglicht. Den Lauf der Spuleinheit zeigt Abb. 131.

Berechnungsgrundlage für den Leesona-Kreuzspuleinzelautomat

a) Garnnummer metrisch

b) Fadenlaufgeschwindigkeit

c) Kopsgewicht

d) Kopse pro kg $\dfrac{1000}{c}$

e) Meter pro Kops $a \cdot c$

f) Ablaufzeit c/b

g) Kops pro Minute (theoretisch)

h) Spindeln pro Arbeiterin $f \cdot g$

i) Fadenbrüche pro Kops

j) Leistung $\dfrac{f}{f + 0{,}17 + 0{,}17 \cdot i}$

k) weniger 7%

l) Produktion pro Spindel und pro Stunde $\dfrac{b \cdot k \cdot 60}{a \cdot 1000}$

m) Produktion pro Arbeiterin und Stunde $l \cdot h$

n) Kopse/min (effektiv) $\dfrac{m \cdot d}{60}$

o) Produktion/Spindel/6000 Stunden $l \cdot 6000$

p) Produktion/Arbeiterin 2000 Stunden $m \cdot 2000$

r) Kosten/Arbeiterin/Jahr
s) Amortisationkosten q/o
t) Lohnkosten r/p
u) Kosten für Motorkraft
v) Gesamtkosten $s + t + u$

3. Der Automatentest[1]

Während in den bisherigen Darstellungen vorzugsweise auf die konstruktiven Dinge eingegangen wurde, sollen nachfolgend Testfragen beantwortet werden, die insbesondere die Textilindustrie interessieren, die es aber auch ermöglichen, jeden bereits vorhandenen oder zukünftig noch zu entwickelnden Automaten im Hinblick auf die Wirtschaftlichkeit zu testen.

In der Textilindustrie ist die Fertigung von den verschiedensten Einflüssen abhängig. Somit muß natürlich auch der Automat selbst auf diese verschiedenartigsten Einflüsse ansprechen und auch der Test unterschiedliche Zahlen aufweisen. Der Textilindustrielle, der einen Kreuzspulautomaten kaufen will, muß folgende Fragen eindeutig beantwortet bekommen:

1. Wieviel Kopse kann die Arbeiterin pro Minute dem Automaten vorlegen?
2. Wieviel kg gespultes Material fertigt die Arbeiterin pro Stunde? (G)
   Dies ist für die Lohnberechnung eine sehr wichtige Frage
3. Wieviel Automatenspindeln kann eine Arbeiterin bedienen? (S_A)
4. Wie groß ist unter den gegebenen Umständen der Wirkungsgrad des Automaten (η)
5. Was kostet die Spindelstunde? (P)
6. Wie groß ist die Liefergeschwindigkeit der Spulstelle? (V)

Diese sechs Fragen müssen von Fall zu Fall einzeln beantwortet werden und können nicht, wie dies leider oftmals geschieht, miteinander verbunden werden. Insbesondere sind es die Fragen 1, 2 und 3, die in der Beurteilung von Automaten durcheinander geworfen werden können.

Nachfolgend die Antworten zu den Testfragen:

Zu 1. Zur Beantwortung der Fragen 1, 2 und 3 muß beachtet werden, daß es zweierlei ist, wieviel die Arbeiterin zu leisten vermag und wieviel ein Automat produzieren kann. Die Arbeitsgeschwindigkeit der Arbeiterin ist dadurch gekennzeichnet, daß sie minutlich nur eine begrenzte Anzahl von Tätigkeiten, wie hier das Einlegen der Kopse und das Wechseln der Kreuzspulen bewältigen kann.

Nach einer alten Faustregel kann die Spulerin minutlich 20 Kopse vorlegen. Wie diese Verhältnisse genauer sind, wird in der nachfolgenden Rechnung dargestellt:

Es bedeuten:

t_1 Arbeitszeitaufwand für das Aufsuchen des Kopsanfanges und das Abwinden der Unterwindung,
t_s Arbeitszeitaufwand für das Kopseinlegen und für das Einklemmen des Fadenendes,
t_2 kopsanteiliger Arbeitszeitaufwand für den Kreuzspulwechsel.

Mit Hilfe dieser Zeiten kann man unter Berücksichtigung der üblichen persönlichen und sachlichen Verteilzeiten die Anzahl der Kopse, die die Arbeiterin pro Minute einlegen kann, wie folgt berechnen:

$$K = \frac{60}{t_1 + t_s + t_2} = \frac{60}{t\,p + t_2}$$

($t\,p$ ist der primäre Zeitaufwand, der für jeden Kops aufgewendet werden muß. Er ist die Summe aus t_1 und t_s).

---

[1] Vgl. J. SCHNEIDER: Automatisierung der Kettgarnspulerei durch Kreuzspulautomaten. Melliand Textilber. 41 (1960) Nr. 4, 401—404.

Diese Berechnung geht aber davon aus, daß keine Fadenbrüche erfolgen, und daß somit keine zum Teil schon abgelaufenen Kopse wieder vorgelegt werden, oder aber, es gilt die Berechnung mit Rücksicht auf die modern entwickelten Automaten, bei denen ein erfolgter Fadenbruch durch den Automaten wieder angeknüpft und dafür keine Tätigkeit seitens der Spulerin verlangt wird.

Die Anzahl der vollen Kopse, die eine Arbeiterin minutlich vorlegen kann, reduziert sich in dem Falle, wo die Spulerin zum Teil abgelaufene Kopse, die bei Fadenbruch ausgeworfen wurden, wieder vorlegen muß. In diesem Falle braucht sie nicht die Unterwindung zurückzuwinden, so daß nur noch einmal ein Arbeitszeitverlust für das Einlegen des Kopses und das Einklemmen des Fadens entsteht. Die nachfolgende Formel zeigt die Berechnung der minutlich einlegbaren Kopse bei einem Automaten, der nicht selbsttätig bei Fadenbruch anknüpft. Wie man erkennt, ist die Anzahl der je Minute vorlegbaren Kopse dann auch von der Fadenbruchhäufigkeit (F) abhängig:

$$K = \frac{60}{t_p + F \cdot t_s + t_2}.$$

Bei hohen Qualitätsansprüchen ist dieser Einfluß nicht unbedeutend. Um dies optisch sichtbar zu machen, wurde der funktionale Zusammenhang in der Abb. 132 bei einer varianten Fadenbruchzahl F_x dargestellt. Man erkennt, daß die effektive Leistung der Arbeiterin, die ja darin besteht, Kopse vorzulegen, durch die höhere Fadenbruchzahl, bedingt durch das Wiedervorlegen, beträchtlich sinkt, während die Kopszahl für einen Automaten, der von sich aus die Fadenbrüche wieder anknüpft und keine Aufmerksamkeit oder Tätigkeit seitens der Arbeiterin verlangt, konstant bleibt (vgl. hierzu Abb. 132).

Zu 2. Die Kilogrammleistung der Arbeiterin pro Stunde ergibt sich unter der Berücksichtigung, daß die im Falle eines Fadenbruchs wieder vorzulegenden Kopse Arbeitszeit t_s beanspruchen, die von der Fadenbruchhäufigkeit je Kops abhängig ist. In dem Falle, daß Kopse

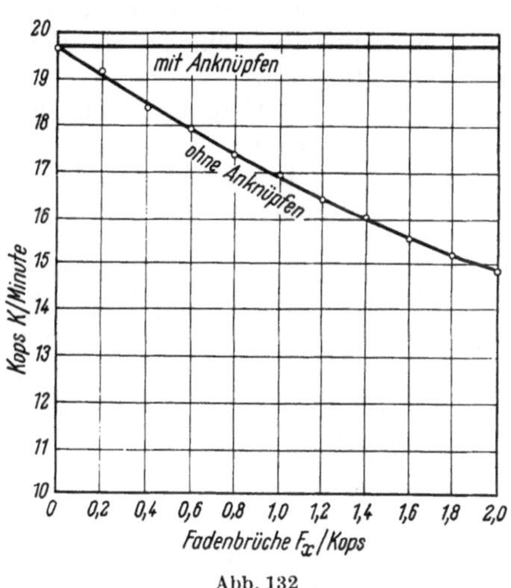

beim Fadenbruch von der Maschine ausgeworfen werden und von der Arbeiterin wieder vorgelegt werden müssen, berechnet sich die kg-Leistung der Arbeiterin je Stunde mit

$$G = \frac{3600 \cdot \text{Kopsgewicht (kg)}}{t_p + F \cdot t_s + \dfrac{\text{Kopsgewicht (g)} \cdot \text{Kreuzspulwechselzeit } (t_2)}{\text{Gewicht der Kreuzspule (g)}}}.$$

In dem Falle, wo die Maschine bei Fadenbruch selbst anknüpft, lautet die Berechnung:

$$G = \frac{3600 \cdot \text{Kopsgewicht (kg)}}{t_p + \dfrac{\text{Kopsgewicht (g)} \cdot \text{Kreuzspulwechselzeit } (t_2)}{\text{Gewicht der Kreuzspule (g)}}}.$$

Wie man sieht, ist im Nenner der Summand $F \cdot t_s$ weggelassen.

7 Schneider, Vorbereitungsmaschinen, 2. Aufl.

Es ist natürlich denkbar, daß ein geringer Prozentsatz Kopse sich aus noch unbekannten Ursachen nicht anknüpfen lassen wird; dann muß ein Prozentsatz des Wertes $F \cdot t_s$ berücksichtigt werden.

Zu 3. Die von einer Arbeiterin bedienbare Anzahl Automatenspulstellen S_A ist in keiner Weise identisch mit der von der Arbeiterin minutlich vorgelegten Kopszahl K. Sie ist nur abhängig von der Ablaufzeit des Kopses (T), also von der Garnlänge pro Garnträger und der Maschinenlaufgeschwindigkeit v und von der minutlich vorgelegten Kopszahl K nach folgender Regel:

$S_A = K \cdot T =$ Kopse pro Minute · Ablaufzeit des Kopses (min) (Faustregel: $20 \cdot T$) [Theoretische Voraussetzung: Wirkungsgrad 100 %. Unter Berücksichtigung des Wirkungsgrades heißt die Formel $S_A = \dfrac{K \cdot T}{\eta}$ oder man muß für T den Zeitwert einsetzen, der sich unter Berücksichtigung des Wirkungsgrades η ergibt, der auch größer ist als T (daher η im Nenner).]

Zu 4. Um dem Wunsche nach absoluter Genauigkeit in der Berechnung des Wirkungsgrades nachzukommen, müßte man eine genaue Analyse der einzelnen Automaten durchführen. Soweit diese Studien bisher gezeigt haben, hat eine genaue für alle Automaten anwendbare Formel einen kaum noch verständlichen Umfang. So erscheint es richtiger, daß die Berechnung der einzelnen Automaten separat durchgeführt wird.

Eine genaue Berechnung aber muß anders aufgebaut werden. Um eine Richtung für die Berechnung aufzuweisen, diene die Abb. 133 als Hinweis.

Das Diagramm zeigt in qualitativer Form die an einem Kops möglicherweise auftretenden Zeiten, die zum Teil durch die Einstellung und Konstruktion der Maschine starken funktionalen Änderungen unterliegen, die auch zum Teil entfallen können.

Abb. 133. *a* Kopslaufzeit bei einem ungestörten Ablauf des Kopses; *b* Zeitverlust durch Spulstellenwartezeit bei Fadenbruch; *c* Zeitverlust durch Spulstellenwartezeit nach automatischem Anknüpfen; *d* Stillstand beim Knoten des Fadens; *e* Kreuzspulwechsel; *f* Fehlknotung; ... noch unbekannte Ursachen. *c, d, e, f* Zeitaufwendungen, die vielleicht nicht unbedingt notwendig sind

Die Abb. 133 sagt nun in der bekannten Regel, daß sich der Wirkungsgrad wie folgend berechnen muß:

$$\eta = \frac{a}{a + b + c + d + e + \cdots} \cdot 100 \,.$$

Die einzelnen Werte sind dabei empirisch oder funktional zu ermitteln.

Zu 5. Die Maschinenkosten (P) pro Spindel und Stunde: Unter Berücksichtigung einer Abschreibung von p %, eines Zinsdienstes von z %, der Gebäudekosten von DM M/m^2 gilt folgende Formel für die Berechnung der Maschinenkosten je Spulstelle und Stunde:

$$P = \left(\frac{(p + z) \cdot \text{Preis/Spindel}}{100} + \frac{\text{Platz (m}^2) \cdot M}{50} + \frac{\text{KW-Kosten} \cdot \text{Jahresstunden}}{\text{Spulstellen}} \right) \frac{100}{\eta \cdot \text{Jahresstunden}} \,.$$

Diese Rechnung unterscheidet sich von den sonst üblichen Rechnungen für Kapitalaufwendungen dadurch, daß auch der Wirkungsgrad mit in die Rechnung einbezogen wurde. Daraus resultiert eine klarere Beurteilung der Kosten, weil die Kosten zum absoluten Wert bei 100%igem Wirkungsgrad in Relation stehen. Je schlechter der Wirkungsgrad ist, um so größer sind die spezifischen Einheitenkosten.

Zu 6. Die Liefergeschwindigkeit (V) der Spulstelle in m/min berechnet sich mit Hilfe des Wirkungsgrades aus der am Tachometer ablesbaren Fadenlaufgeschwindigkeit (v):

$$V = v \cdot \frac{\eta}{100} = \text{Fadenlaufgeschwindigkeit} \cdot \frac{\eta}{100} \cdot$$

Betrachtet man die zu den sechs Fragen gegebenen Antworten, so erkennt man, daß für die Anschaffung eines Automaten die Beantwortung der Fragen 4, 5 und 6 interessant ist. Die Fragen 1 bis 3 sind verfahrenstechnisch-textiltechnische Fragen. Sie unterliegen nur der Beeinflussung seitens des Textilbetriebes (Frage 3 hinsichtlich des Wirkungsgrades mit Vorbehalt!).

Um hier ganz klar zu sehen, wie dies bei der Beurteilung des Automaten notwendig ist, soll zu den Fragen 1 bis 3 eine Rechnung durchgeführt werden (vorliegende Daten praxisnah angenommen):

Fadenlaufgeschwindigkeit $v = 1000$ m/min; $t_1 =$ Suchen des Kopsanfanges $= 2,2$ sek; $t_s =$ Kopseinlegen und Einklemmen des Fadens $= 0,5$ sek; Kreuzspulwechsel $= 3,5$ sek; $F =$ Fadenbruch/Kops $= 0,6$; $g = 77$ g $=$ Gewicht des Kopses; Nm 65; Anzahl Kops/Kreuzspule $= 10$; anteilige Kreuzspulwechselzeit $t_2 = \dfrac{3,5}{10} = 0,35$ sek.

Zu 1. Wieviel neue Kopse (K) kann die Arbeiterin je Minute einlegen?
a) beim Automaten, der bei Fadenbruch nicht selbsttätig anknüpft:

$$K = \frac{60}{(t_1 + t_s + t_2) + F \cdot t_s} = \frac{60}{t_p + F \cdot t_s + t_2} = \frac{60}{2,2 + 0,5 + 0,6 \cdot 0,5 + 0,35} = 17,9 \, ,$$

b) beim Automaten, der bei Fadenbruch selbsttätig anknüpft, kann sie an neuen Kopsen

$$K = \frac{60}{t_p + t_2} = \frac{60}{t_1 + t_s + t_2} = \frac{60}{2,2 + 0,5 + 0,35} = 19,7 \quad \text{vorlegen.}$$

Der Unterschied ist verständlich, weil die Arbeiterin beim Nichtanknoten durch den Automaten die zum Teil abgelaufene Kopsen bei Fadenbruch noch einmal vorlegen muß.

Zu 2. Wieviel kg gespultes Material fertigt die Arbeiterin in der Stunde?
a) ohne automatisches Wiederanknüpfen (siehe obige Formel)

$$G \text{ (kg/Stunde; Arbeiterin)} = \frac{3600 \cdot 0,077}{2,7 + 0,3 + \dfrac{77 \cdot 3,5}{770}} = 82,5 \text{ kg} \, ,$$

b) mit automatischem Wiederanknüpfen:

$$G \text{ (kg/Stunde; Arbeiterin)} = \frac{3600 \cdot 0,077}{2,7 + \dfrac{77 \cdot 3,5}{770}} = 91 \text{ kg} \, .$$

Zu 3. Wieviel Automaten-Spulstellen (S_A) kann die Arbeiterin bedienen?
a) beim Automaten, der nicht selbsttätig knüpft:
$S_A =$ Kopszahl/min $\cdot$ Ablaufzahl des Kopses (min)
$S_A = K \cdot T = 17,9 \cdot 5 = 89,5$ Spulstellen
b) beim selbsttätig knüpfenden Automaten
$S_A = K \cdot T = 19,7 \cdot 5 = 98,5$ Spulstellen
c) bei einem Wirkungsgrad $\eta = 90\%$ und automatischem Wiederanknüpfen:
$$S_A = \frac{K \cdot T}{\eta} = \frac{19,7 \cdot 5}{0,9} = 109,3 \text{ Spulstellen.}$$

VI. Garnsengmaschine

Unter bestimmten Voraussetzungen bezüglich des Aussehens eines gefertigten Gewebes oder eines Fadens für bestimmte Verwendung ist es notwendig, daß die abstehenden Faserenden am Kern des Fadens beseitigt werden. Diese Notwendigkeit ist gegeben, wenn man Gewebe mit besonders glatter Oberfläche oder besonders glattes Garn, meist für Spezialzwecke, erhalten will.

7*

Tabelle 8. *Leistungs- und Brennstoffverbrauchsvergleich zwischen*

| Zwirn-Nr. engl. .... | 24/2 | | 40/2 | |
Beheizungsart	Elektr.	Gas	Elektr.	Gas
Fadengeschwindigkeit in m/min	250	355	350	355/525
Passagenzahl	1	1	1	1
Leistung in kg/8 h..........................	3,7	7,5	3,0	4,5/6,7
Brennstoffverbr. in kWh bzw. m³ während 8 h	1,8	0,8	1,8	0,8
Brennstoffverbr. bezog. auf 1 kg gesengt. Garn	0,5	0,105	0,6	0,175/0,120
Brennstoffverbr. bezog. auf 1 kg für Elektrizität	1,0	0,210	1,0	0,29/0,2

Die Beseitigung dieser abstehenden Faserenden erfolgt durch Sengen, indem man den Faden unter relativ hoher Geschwindigkeit durch eine Sengzone laufen läßt.

Bei den in der Praxis gebräuchlichen Maschinen unterscheiden wir Sengvorrichtungen als Gasbrenner (der Faden durchläuft die Flamme) und Sengvorrichtungen als Strahler glühender Flächen. Die Beheizung dieser glühenden Flächen erfolgt meist durch elektrischen Strom.

Die Entscheidung für die eine oder andere Vorrichtung liegt beim gegenwärtigen Entwicklungsstand zugunsten der Gassenge; und zwar sowohl aus fachlichen als auch aus wirtschaftlichen Erwägungen.

Der nachfolgende Kommentar von KLATTE[1] mit der dargestellten Tabelle gibt hierüber beste Auskunft:

„Die Tab. 8 beschränkt sich auf Leuchtgas (Stadt- oder Ferngas). Verbrauchsangaben von anderen gasförmigen Brennstoffen werden weiter unten im Text angegeben.

Die Tabelle zeigt, daß für die gleiche Leistung in Kilogramm gesengten Garnes bei Elektrizität etwa 3,5···5 (im Durchschnitt reichlich 4) Maßeinheiten (kWh) aufzuwenden sind an Stelle einer Maßeinheit (m³) Leuchtgas. Dieses Verhältnis entspricht im übrigen auch den Werten, die an anderen Feuerstätten in Industrie und Gewerbe in den letzten Jahren ermittelt wurden.

Für die Praxis bedeutet dies, daß eine Kilowattstunde nur den vierten Teil eines Kubikmeters Gas kosten darf, bevor an eine Brennstoffkostengleicheit zu denken ist. Selbst in Betrieben, die sich den elektrischen Strom selbst erzeugen, werden, sobald Leuchtgas erhältlich ist, die Brennstoffkosten bei Elektrizität höher liegen, denn Großabnehmer erhalten heute von den Gasverteilungsstellen sehr günstige Preise."

„Zur Festsetzung der Brennstoffkosten bei den weiter in Frage kommenden Gasarten diene die Mitteilung, daß an Stelle von

     0,1   m³ Leuchtgas (Brennstoffverbrauch nach obiger Tabelle),
     0,175 m³ Benzin oder Benzolgas,
     0,030 m³ Blaugas oder
     0,020 m³ Pyrofaxgas

benötigt werden.

Wesentlich bei der Wahl einer Gasiermaschine ist ferner die Leistung in Kilogramm Garn pro Zeiteinheit. Die Produktion der Gassenge ist unter Zugrundelegung eines Leistungsfaktors von 90% angegeben und zeigt eine starke Überlegenheit gegenüber der Elektrosenge.

Die höhere Leistung aber ist gleichbedeutend mit einer geringeren Spindelzahl, geringeren Lohnkosten und einer günstigeren Verteilung der Kosten pro Kilogramm gesengten Garnes.

Nicht unberücksichtigt bleiben dürfen die sengtechnischen Unterschiede der beiden Wärmeenergien. Die flammende Hitze bei der Gassenge bewirkt eine gleichmäßige und radikale Beseitigung der Fäserchen. Beim elektrischen, nur mit der Strahlung glühender Flächen arbeitenden Brenner wird der Faden geschrumpft. Nach fachmännischer Auskunft mag das bei Baumwollgarnen gerade noch angehen, ist aber bei Kammgarn oder Kunstseidenzwirnen verfehlt. Daß sich die elektrische Beheizung nicht durchsetzen konnte, ist wohl allgemein bekannt.

---

[1] KLATTE, G.: Der Textil-Betrieb II (1936).

einer modernen Elektro- und einer modernen Gasgarnsenge

50/2		60/2		80/2		100/2		120/2	
Elektr.	Gas	Elektr.	Gas	Elektr.	Gas	Elektr.	Gas	Elektr.	Gas
350	425/525	400	525/635	425	635/770	450	770	450	770
1	1	1	1	1	1	1	1	1	1
2,8	4,4/6,5	2,6	4,5/5,4	2,1	4,0/5,0	1,75	4,0	1,45	3,25
1,8	0,8	1,8	0,8	1,8	0,8	1,8	0,8	1,8	0,8
0,65	0,180/0,125	0,7	0,175/0,150	0,9	0,2/0,16	1,0	0,2	1,2	0,250
1,0	0,28/0,19	1,0	0,25/0,215	1,0	0,22/0,175	1,0	0,2	1,0	0,210

Zum Schluß sei noch auf die Hygiene beider Brennstoffe eingegangen. Abgase entstehen beim elektrischen Brenner nicht. Aber Sengstaub und Verbrennungsprodukte der Fäserchen lassen sich nicht vermeiden. Eine Absaugevorrichtung ist infolgedessen ebenso nötig, wie sie bei einer modernen gasbeheizten Maschine zur Selbstverständlichkeit gehört."

Durch diese Darstellung von KLATTE ist in einwandfreier Form unter Beweis gestellt worden, daß unter den Sengmaschinen die Gassengen in jeder Weise für die Fertigung vorteilhafter sind.

Die Garngasiermaschine Modell GS 2[1]

Abb. 134 zeigt die vollkommen geschlossene Ausführung des Modells GS 2 der Fa. Franz Müller, Maschinenfabrik, Mönchengladbach, auf der bei gutem Sengeffekt mit Fadendurchlaufgeschwindigkeiten bis zu 1200 m/min unter gleichzeitiger Herstellung einwandfreier Kreuzspulen gearbeitet werden kann.

Abb. 134. Garngasiermaschine (Modell GS 2, Franz Müller)

Der Antrieb. Abb. 135 gibt den Antriebskopf der Maschine in schematischer Darstellung wieder. Beide Seiten der Maschine werden durch je einen Elektromotor angetrieben. Zum Antrieb der Nutenzylinder oder Schlitztrommeln dient ein Motor A. Dieser treibt über Keilriemen B_1 die Expansionskeilscheiben C an,

---

[1] Auszug aus E. LÖHMER: Die Garngasiermaschine Modell GS 2 (Franz Müller). Melliand Textilber. 39 (1958) Nr. 7, 790—794.

die durch einen Breitkeilriemen B miteinander verbunden sind. Die Regelung der Aufwickelgeschwindigkeit erfolgt durch ein Handrad D, welches bei der Drehung über eine Gewindespindel die Expansionskeilscheiben verschiebt. Dadurch wird der Breitkeilriemen B tiefer in die Keilrillen der Expansionskeilscheiben hineingezogen. Es erfolgt somit eine stufenlose Geschwindigkeitsveränderung der Nutentrommeln, die auf Tachometern abgelesen werden kann. Sperrschlösser geben die Gewähr, daß ein Verändern der Aufwickelgeschwindigkeit durch Unbefugte nicht erfolgen kann. Getriebemotoren (für jede Maschinenseite ein Motor „E“) dienen zur Betätigung der Abstellvorrichtung bei Fadenbruch.

Sämtliche elektrischen Einrichtungen sind in einem Schaltkasten G, der von außen zugänglich ist, untergebracht. Die Gemischeinrichtung, sowie die beiden WS-Manometer sind zweckentsprechend am Maschinenendgestell angeordnet. Der Exhaustor für die gesamte Absaugung der Maschine befindet sich innerhalb der Blechverkleidung ebenfalls am Endgestell.

Der Nutenzylinder oder die Schlitztrommel Type 500. Die Wahl, ob Nutenzylinder oder Schlitztrommel verwendet werden soll, richtet sich nach den zu verarbeitenden Materialien. Bei Verarbeitung von Synthetiks oder deren Mischgespinsten ist grundsätzlich die Schlitztrommel zu bevorzugen, weil diese für alle Synthetiks einen einwandfreien Spulenaufbau gewährleistet. Spulenantrieb und Verlegung des gesengten Garnes auf der Kreuzspulmaschine werden von Nutenzylindern oder Schlitztrommeln übernommen. Diese gewährleisten durch ihren Aufbau eine sichere Fadenführung und eine saubere Verlegung des Garnes. Die glatte Oberfläche dieser Fadenverlegungselemente bürgt für größte Schonung des zu verarbeitenden Garnmaterials. Die Maschine wird außerdem wahlweise mit Nutenzylinder für eine Bewicklungslänge (Hub) von 5 oder 6″, nur mit Schlitztrommeln oder auch kombiniert gebaut. Der Maschinenaufbau ist in der bekannten Weise so gehalten, daß sämtliche Nutenzylinder oder Schlitztrommeln auf einer Maschinenseite von einer gemeinsamen Welle getragen sind. Diese durchgehende Welle ist nach je 3 Nutenzylinder oder Trommeln gelagert, womit sich für die Maschine auch bei höchsten Aufwickelgeschwindigkeiten ein auffallend ruhiger, schwingungsfreier Lauf ergibt.

Der Brenner (Abb. 136 u. 137). Die verbesserte Konstruktion des Brenners zeigt sich dadurch, daß das zu sengende Garn in einer Sengröhre durch eine entsprechende Anzahl den Faden von allen Seiten angreifenden Flämmchen hin-

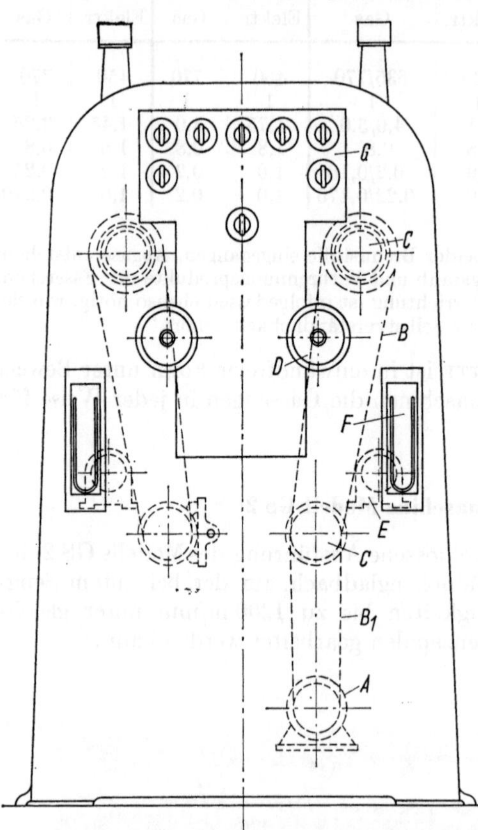

Abb. 135. Antriebskopf der Garngasiermaschine

durchgeführt wird. Je nach dem zu sengenden Material und der Gasart ist die
Sengröhre mit unterschiedlichen Bohrungen versehen.

Fadenlauf durch den Brenner. Nachdem der von der Ablaufspule kommende
Faden die Fadenspann- und -abstellvorrichtung (diese wird später näher beschrieben) passiert hat, wird er unter die Fadenleitrolle geführt und gelangt dann
durch den Brenner und den Nutenzylinder zur Spule. Das Brennergehäuse ist

Abb. 136. Teilansicht der Maschine mit geschlossenen und
geöffneten Brennern

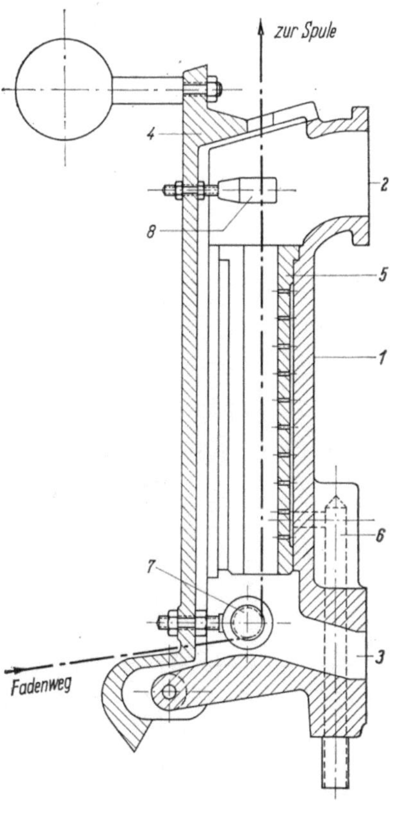

Abb. 137. Der Brenner (schematische Darstellung). *1* Brennergehäuse; *2* u. *3* Öffnungen für die Absaugung: *4* Brennerdeckel:
5 Sengröhre: *6* Gas-Mischrohr: *7* Faden-
Leitrolle: *8* Faden-Führungsöse

oben und unten offen, um eine intensive Absaugung des Sengfadens zu gewährleisten. Durch den Luftstrom werden fernerhin die Sengflämmchen nach oben
und unten gesaugt, wodurch der Faden vollkommen in die Sengflamme eingehüllt
ist und eine äußerst wirksame und gleichmäßige Sengung bei sparsamstem Gasverbrauch erzielt wird.

Die Einführung des Fadens in Brenner und Nutenzylinder erfolgt selbsttätig
durch Zuklappen des Brennerdeckels, nachdem der Faden in die an der Innenseite des aufgeklappten Brennerdeckels befindlichen Fadenführungen eingelegt
worden ist.

Gas-Mischeinrichtung. Die genau regelbare Gas-Mischeinrichtung erzeugt eine
einwandfrei wirkende Sengflamme bei sparsamstem Gasverbrauch. An jedem Gas-

gemischzuführungsrohr ist eine kleine Rohrleitung angeschlossen, die mit einem WS-Manometer durch einen Gummischlauch verbunden ist. Durch eingebaute Absperrhähne ist es möglich, den Gasgemischdruck sowohl für beide Verteilungsrohre als auch unabhängig für jede dieser Leitungen zu prüfen.

Störeinrichtung. Um auf der Garngasiermaschine Kreuzspulen herstellen zu können, die von Bandbildungen (Bildwicklungen) frei sind, wurde eine Störeinrichtung eingebaut. Die Störeinrichtung arbeitet so, daß der Antriebsmotor der Trommelwellen in bestimmten vorzuwählenden Zeitabständen ausgeschaltet wird, wobei sich die Trommelgeschwindigkeiten kurzzeitig verändern. Durch diese Einrichtung wird die Bandbildung mit Sicherheit vermieden.

Abstellvorrichtung bei Fadenbruch. Der Brennerdeckel ist mit dem Spulenhalter durch ein Gestänge bzw. Hebelsystem verbunden. Bei Fadenbruch oder abgelaufener Vorratsspule klappt der Brennerdeckel auf, und gleichzeitig wird die Spule von dem Nutenzylinder abgehoben.

Der zur Auslösung der Abstellvorrichtung dienende Fadenwächter *2* ist ein mit dem Hebelarm *6* auf Bolzen schwenkbar gelagerter Winkelhebel. An dem Ende des Hebelarmes *2* befindet sich die Schlaufe *1*, unter der der Faden *7* geführt wird. Durch den Lauf des Fadens wird der Fadenwächter in Arbeitsstellung gehalten, wie in Abb. 138 dargestellt.

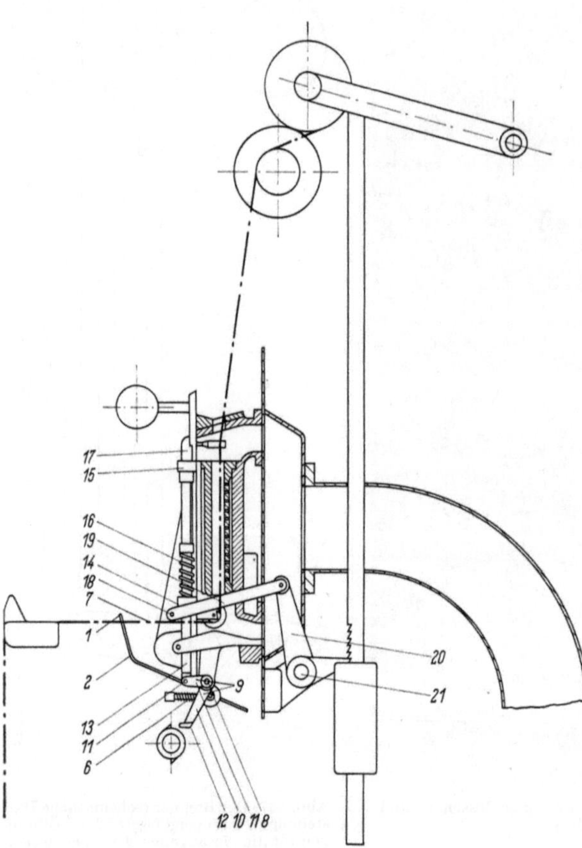

Abb. 138. Abstellvorrichtung bei Fadenbruch

Weiterhin ist auf Bolzen *8* (Abb. 138) der Winkelhebel *9* mit seinen beiden Hebelarmen *10* und *11* drehbar gelagert. Der Hebelarm *10* besitzt einen flachen Fortsatz *12* an seinem Ende. An dem Ende des Hebelarmes *11* ist eine Sperrstange *13*, die in den beiden am Brennergehäuse angegossenen Fortsätzen *14* und *15* geführt wird, auf Bolzen angeordnet, die mit Hilfe der Feder *16* und Sperrvorrichtung *17* den Brennerdeckel in zugeklappter Stellung festhält.

An dem Brennerdeckel ist nun weiter auf Bolzen *18* die Zugstange *19* angeordnet und an dem anderen Ende mit Hebel *20*, der auf der Achse *21* sitzt, ebenfalls schwenkbar verbunden.

Der eine Schenkel des Hebels *20* ist so ausgeführt, daß er in die feine Verzahnung der Hubstange, die in einer Schiene geführt wird, einrasten kann.

Wirkungsweise der Abstellvorrichtung. Wenn ein Faden bricht, so schwenkt der Hebelarm des Fadenwächters *2* durch Wegfall des Fadenlaufwiderstandes um seine Achse nach unten. Der Hebelarm *6* macht gleichzeitig eine Drehbewegung in Pfeilrichtung. Hierbei gelangt dieser Hebelarm, der „Anschlagstift", in den Bereich des Abstellflügels und wird gegen den Fortsatz *12* des Winkelhebels *9* gedrückt. Diesem wird hierdurch eine Drehbewegung, wie durch Pfeil angedeutet, erteilt, wodurch die Sperrstange nach unten gezogen und die Sperrvorrichtung *17* gelöst wird. Unter dem Einfluß der Wirkung der Zugfeder wird dem Hebel *20* eine Drehbewegung in Pfeilrichtung erteilt und mit Zugstange *19* der Brennerdeckel aufgeklappt. Gleichzeitig greift ein Schenkel in die Verzahnung der Hubstange ein und hebt somit den Spulenhalter von der Nutentrommel ab.

Kombinierte Blas- und Absaugevorrichtung. An die gesengten Garne werden hinsichtlich Sauberkeit heute immer höhere Ansprüche gestellt. Aus diesem Grunde wurde bei der neuen Garngasiermaschine auf eine intensiv wirkende Blas- und Absaugvorrichtung größter Wert gelegt.

Wie aus der Abb. 139 ersichtlich, sind Nutentrommelwellen, Nutentrommeln, Sengspulen und Spulenhalter von einer zweckentsprechend angeordneten Blechverkleidung umgeben. Innerhalb dieser Blechverkleidung befindet sich ein Blasrohr, welches mit einem Gebläse verbunden ist. Von der Blaswirkung des Luftstromes werden nun die vorgenannten Maschinenelemente erfaßt und von sich ansammelndem Sengstaub und sämtlichen Unreinigkeiten saubergehalten.

Eine vollkommene Absaugung wird nur dadurch erreicht, daß einmal die vom Luftstrom erfaßten Unreinigkeiten gemäß den eingezeichneten Pfeilen nach unten in Richtung des Absaugeschlitzes oberhalb des Brenners abgeleitet und gleichzeitig auch vom Absaugestrom erfaßt werden.

Inbetriebnahme der Maschine. Außer der üblichen Überprüfung der einzelnen Maschinenteile bei Inbetriebnahme der Garngasiermaschine ist folgender Einschaltvorgang zu beachten:

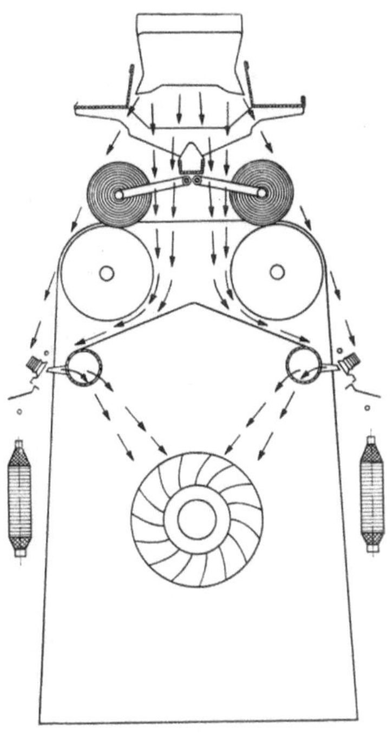

Abb. 139. Schema der kombinierten Blas- und Absaugevorrichtung. *Die Absaugeeinrichtung* saugt den Faden an 2 Stellen ab, und zwar einmal am Reiniger und einmal unterhalb des Fadenspanners, um das Garn von allen Unreinlichkeiten zu befreien. *Die Abblaseeinrichtung* ist oberhalb der Maschine angeordnet und besteht aus einem changierenden Wanderaggregat. Vom kräftig wirkenden Blasstrom werden alle Maschinenteile erfaßt und saubergehalten

1. der Trommelwellen, 2. der Abstellwellen, 3. des Exhaustors, 4. des Gebläses für Blaseinrichtung, 5. des Frischluftgebläses für Gas-Luftgemisch, 6. Gaszufuhr am Haupthahn öffnen, 7. Anzünden der einzelnen Brenner.

Die Mischung von Gas und Luft, die am Mischhahn reguliert werden kann, ist so einzustellen, daß das im Brenner austretende Gas-Luftgemisch eine hellblaue Flamme zeigt.

Sollten die Brennerröhrchen glühen, so ist zu viel Luft in der Mischung enthalten. Der Druck des Gasluftgemisches soll 60 mm WS nicht überschreiten und kann an der Stirnseite des Endgestelles auf dem WS-Manometer abgelesen werden.

Ist nun die richtige Einstellung erfolgt, so soll keine Änderung am Mischhahn mehr vorgenommen werden.

Wird die Maschine abgestellt, so nimmt man den umgekehrten Weg wie bei der Inbetriebnahme der Maschine:

1. Gaszufuhr am Haupthahn (nicht am Mischhahn) schließen,
2. Abstellwellen abstellen,
3. Blaseinrichtung und Frischluftgebläse abstellen.

Danach läßt man die Maschine noch einige Minuten laufen, damit der Sengstaub, Seng- und Gasdunst von dem Exhaustor noch vollkommen abgesaugt werden und auch die Nutentrommeln nicht im Stillstand der Hitze der Brenner ausgesetzt sind.

Erst dann werden der Exhaustor und die Trommelwelle abgeschaltet.

Aufstellungsplan einer Garngasiermaschine. Die nachstehende Abb. 140 gibt Aufschluß über den genauen Aufstellungsplan einer Garngasiermaschine. Wie aus

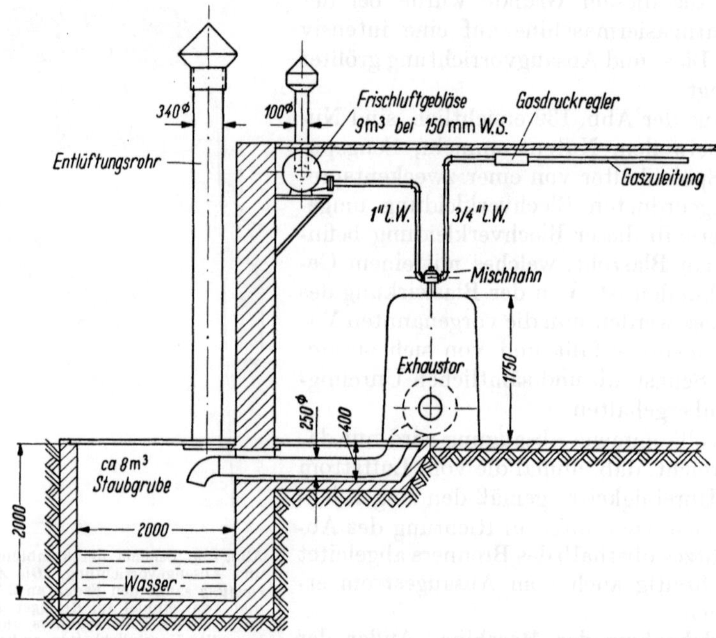

Abb. 140. Aufstellungsplan

ihr zu ersehen ist, müssen nach der Montage der Garngasiermaschine noch weitere Vorbereitungen getroffen werden, bevor die Maschine in Betrieb genommen werden kann.

Es müssen zunächst die beiden Rohrleitungen für Gas und Luft entsprechend den örtlichen Verhältnissen angeschlossen werden. Der Gasleitung muß ein Gasdruckregler zwischengeschaltet werden. Dieser hat die Aufgabe, auftretende Gasdruckschwankungen aufzufangen, um der Maschine einen konstanten Gasdruck vorzulegen. Das Gebläse ist so anzuordnen, daß genügend Frischluft angesaugt werden kann.

Das vom Exhaustor in die Staubgrube gehende Absaugrohr soll möglichst wenig Krümmungen aufweisen, um eine intensive und einwandfreie Absaugung zu gewährleisten.

Die Staubgrube hat die Aufgabe, sämtliche Sengrückstände aufzufangen. Damit nun evtl. auftretender Funkenflug, der noch an den Sengrückständen haftet, gelöscht wird, ist die Staubgrube zu etwa einem Drittel mit Wasser zu füllen. Eine Entlüftung der Staubgrube erfolgt durch ein seitlich angeordnetes Entlüftungsrohr, welches am oberen Ende gegen Witterungseinflüsse geschützt und mit einer Haube versehen ist.

Die technischen Daten der Maschine:

Anzahl der Brenner	18	24	30	36	42	48
Größte Länge in mm	3600	4460	5320	6180	7040	7900
Größte Breite in mm			1150			
Größte Höhe in mm			1600			
Bewicklungslänge 5″ = etwa 125 mm oder 6″ = etwa 150 mm						
Fadengeschwindigkeit m/min			250 bis 1000			

Erforderliche Motoren
2 Antriebsmotoren für Trommelwellen N = 3000 bei Einbau von Nutenzylindern
N = 1500 bei Einbau von Schlitztrommeln zu je kW. 0,8 1,1 1,1 1,5 1,5 1,5
2 Getriebemotoren für Abstellung zu je   0,18 kW
1 Antriebsmotor für Absaugung 3000 n   2,2 kW
1 Gebläse für Gas-Luftgemisch   0,6 kW
1 Gebläse für Abblas-Einrichtung   1,5 kW

VII. Fachspulmaschinen

Innerhalb der Webereivorbereitung spielt die Herstellung einwandfreier Kreuzspulen als Vorlage für die Zwirnmaschine eine wichtige Rolle. Um dieses Ziel zu erreichen, ist es erforderlich, daß die Kreuzspulen eine unbedingt gleichmäßige Festigkeit aufweisen und alle schlechten Stellen und Unreinigkeiten ausgemerzt sind. Durch den Fachvorgang ist, gerade weil heute an die Garne die höchsten Anforderungen gestellt werden, die Gewähr gegeben, daß die der Zwirnmaschine vorgelegten Spulen gleichmäßige Fadenspannungen besitzen und Garnabfälle wesentlich vermindert werden. Man muß daher für die Vorbereitung der Garne als Vorlage zur Zwirnmaschine drei verschiedene Verfahren unterscheiden, und zwar:

1. Fachen in zwei Arbeitsgängen,
2. Fachen in einem Arbeitsgang,
3. Direkte Vorlage gereinigter Kreuzspulen für die Zwirnmaschine (s. S. 146).

1. Fachen in zwei Arbeitsgängen

a) Herstellung einfacher konischer Kreuzspulen

Bei diesem Arbeitsgang werden die zu fachenden Garne auf der Kreuzspulmaschine einfach ab Kops auf konische Kreuzspulen umgespult. Man hat dadurch den Vorteil, daß die zur Verarbeitung kommenden Garne mit höchster Aufwickelgeschwindigkeit umgespult werden, wobei sie gleichzeitig intensiv und von allen Fehlstellen gereinigt werden. Dieser Arbeitsgang ist bedeutend *besser* und wirtschaftlicher als der des direkten Fachens, weil beim direkten Fachen die Entfernung von Fehlstellen zuviel Zeit erfordern würde.

b) Fachen ab Kreuzspulen 2- bis 4fach

Die auf der Hochleistungskreuzspulmaschine hergestellten konischen Kreuzspulen werden zum Fachen (2- bis 4fach) je nach dem Verwendungszweck der Fachkreuzspulmaschine vorgelegt.

Die Maschine besitzt dann (vgl. Abb. 141) zum Umspulen eine Gatteraufsteckung, so daß je nach der Anzahl der zu fachenden Fäden vier große Kreuzspulen aufgesteckt werden können. Da die Kreuzspulen vorher einfach gespult
und von Fehlerstellen befreit sind, wird beim Fachen ab konischen Kreuzspulen
keine besondere Reinigung mehr benötigt. Das Fachen geht daher in einem
Zuge vor sich, so daß mit einem Leistungsfaktor von 90% gerechnet werden kann.

Abb. 141. Gatteraufsteckung an einer Spulmaschine (Modell Nk 5, Franz Müller)

Doppelknoten werden vermieden und einwandfreie Fachspulen zur Vorlage für
die Zwirnmaschine erzielt. Ferner hat die Fachspule absolut gleichmäßige Fadenspannung; Garnabfälle werden daher vollkommen vermieden. Dieses Verfahren
muß angewendet werden, wenn Doppelknoten unbedingt vermieden werden
müssen und das Fachen mit höchster Aufwickelgeschwindigkeit erfolgen soll. Die
Aufwickelgeschwindigkeit kann je nach der Anzahl der zu fachenden Fäden, Garnnummer und Qualität des Garnes bis zu 600 m/min betragen.

Das in Abb. 142 dargestellte Verfahren basiert auf der Überlegung, daß der
Hochleistungsspulmaschine (hier BKN, Schlafhorst) gereinigte Kreuzspulen vorgelegt werden, der Abzug erfolgt unter Zwischenschaltung eines Fadenwächters
(Mikroschalter mit elektrischem Kontakt durch den alle Zulauffäden abgeklemmt
werden) mit großer Geschwindigkeit. Da bei den gereinigten Kreuzspulen der
Fadenbruch als seltenes Ereignis angesehen werden darf, nimmt man den dann
notwendigen Knoten über alle Fäden als kleineres Übel in Kauf.

2. Fachen in einem Arbeitsgang

Die Fachkreuzspulmaschine dient auch zum direkten Fachen 2- bis 4fach ab
Kops, wobei das Garn, genau wie bei der Kreuzspulmaschine, gereinigt wird.

Aus diesem Grunde muß die Maschine noch zusätzlich mit Fadenreinigern ausgestattet werden. Dieses Verfahren wird nur dann angewendet, wenn es sich um feine zu fachende Garne handelt und die Laufzeit pro Kops ziemlich groß ist (vgl. Abb. 143).

Der Nutzeffekt beim direkten Fachen ist natürlich nicht so groß wie beim Fachen ab konischen Kreuzspulen und beträgt:

beim 2fach Doublieren etwa 70%,
beim 3fach Doublieren etwa 60%,
beim 4fach Doublieren etwa 50%.

Abgesehen von der höheren Geschwindigkeit, die beim Fachen ab konischen Kreuzspulen erzielt wird, ist der Wirkungsgrad beim Fachen ab Kops im günstigsten Falle um 20% niedriger als beim Fachen ab konischen Kreuzspulen. Dieser wirkt sich jedoch noch ungünstiger aus beim Fachen von 3- oder 4fach ab Kops. Das erklärt sich daraus,

Abb. 142. Facheinrichtung für eine Hochleistungskreuzspulmaschine (Modell BKN, Schlafhorst)

Abb. 143. Hochleistungs-Fachkreuzspulmaschine Modell NKmc von Franz Müller (zum direkten Fachen ab Kops 2- bis 4fach für Garne aller Art)

daß bei Fadenbruch beispielsweise beim 4fach-Doublieren die anderen drei Kopse gleichzeitig auch stillstehen.

Im Hinblick auf Produkt und Produktion hat die Fachspulmaschine folgende Aufgaben zu erfüllen:

1. Große Fadenlaufgeschwindigkeit bei stoßfreiem Lauf.
2. Sichere Überwachung aller zur Fachung gelangenden Fäden.
3. Sofortige Abstellung beim Bruch eines zur Vorlage kommenden Fadens, noch bevor das Fadenende auf die Spule aufgewunden ist.
4. Leicht bedienbare Fadenspannungsreglung.
5. Zweckmäßige Anordnung der Aufsteckspindeln.

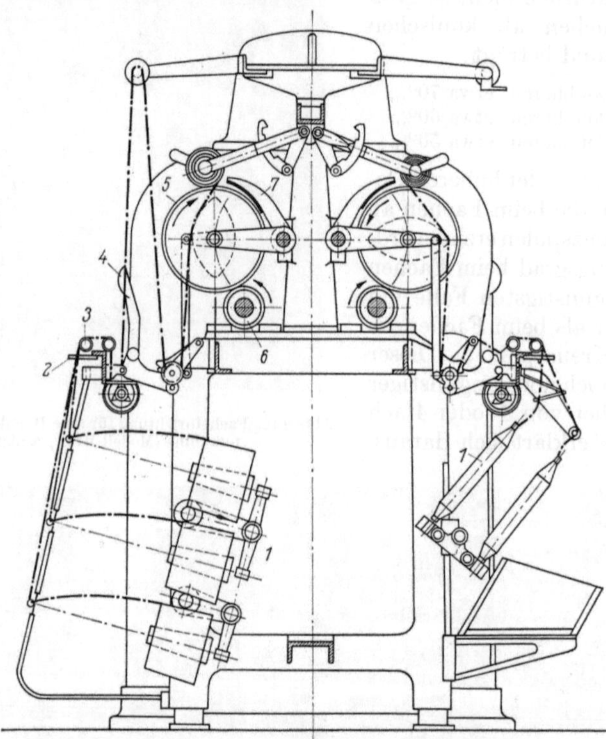

Abb. 144. Querschnitt durch die Fachspulmaschine NKmc von Franz Müller
1 Ablaufkops bzw. Kreuzspulen; *2* Fadensammler; *3* Fadenüberlaufstange; *4* Handhebel zum Einrücken nach Fadenbruch; *5* Trommel; *6* Trommelantrieb-Reibrad; *7* Trommelbremse bei Fadenbruch

Diese Anforderungen stellen keine großen Abweichungen von den Forderungen, die man an bekannte moderne Kreuzspulmaschinen stellt, dar.

Kennzeichnende Abweichungen sind:

1. Die geringere Fadenlaufgeschwindigkeit.
2. Besondere Ausbildung der Abstellvorrichtung.
3. Fadenbremsen haben nur die Aufgabe, eine gleichmäßige Spannung aller Fäden zu erzielen. Die Reinigung und Beseitigung von groben Stellen und Schnitten ist meist nicht die Aufgabe einer Fachspulmaschine.

Hochleistungs-Fachkreuzspulmaschine Modell NKmc von Franz Müller (Abb. 141, 143, 144). Die Maschine ist nach dem Schlitztrommelsystem gebaut und eignet sich zum Fachen 2- bis 4-fach direkt ab Kops.

Die *Aufwickelgeschwindigkeit* ist dabei je nach Garnnummer und Fachung verschieden und kann bis zu 600 m/min betragen.

Der *Antrieb der Fachspule* und die Fadenverlegung erfolgen durch die Schlitztrommel, deren Form bereits beschrieben wurde.

Der *Antrieb der Trommel* erfolgt nicht wie bei den bereits beschriebenen Spulmaschinen durch eine Trommelwelle vom Antriebskopf her, sondern hier wurde mit Rücksicht auf die Eigenart der Abstellvorrichtung für die Trommeln ein Friktionsantrieb gewählt, der in der Abb. 144 deutlich ersichtlich ist. Beim Bruch eines Fadens kommt die Trommel *5* dadurch zum Stillstand, daß sie durch die *Abstellvorrichtung für Fadenbruch* vom Antriebsreibrad *6* abgehoben wird und durch die Bremse *7* stillgesetzt wird.

Als *Bremseinrichtung* sind feldweise durchgehende Überlaufstangen vorgesehen, da sich bei der hohen Fadenlaufgeschwindigkeit besondere Fadenbremsen erübrigen.

Tabelle 9. *Technische Daten zur Hochleistungs-Fachkreuzspulmaschine Modell NKmc*

Trommelzahl	20	30	40	50	60	70	80	90	100	110	120
Ganze Länge . . . . . mm	3080	4330	5580	6830	8080	9330	10580	11830	13080	14330	15580
Gewicht netto . . . kg	1250	1600	1950	2360	2750	3000	3340	3710	4150	4500	4850
Gewicht brutto . . . kg	1600	2040	2450	2850	3250	3700	4150	4450	4750	5250	5650
Kraftbedarf . . . . . . PS	0,7	0,9	1,1	1,3	1,5	1,7	1,9	2	2,3	2,5	2,7
2 Motoren zu je . . . PS	0,75	0,75	0,75	1,1	1,1	1,1	1,5	1,5	1,5	2	2
Kraftbedarf für Hülsentransport . . PS					0,33	0,33	0,33	0,33	0,33	0,33	0,33
Kraftbedarf für Spulentransport . . PS					0,33	0,33	0,33	0,33	0,33	0,33	0,33

Größte Breite 1280 mm, größte Höhe 1645 mm, Spindelteilung 230 mm, Spulenhub 5″, etwa 125 mm, Spulendurchmesser 175···180 mm, Spulenhülsen zylindrisch B 145×12,5 DIN 64620, Spulenhülsen konisch A 145×55 DIN 64619, Motortouren 2850, Motorscheiben, Keilriemenscheiben 100 mm Nenndurchmesser.

VIII. Präzisionskreuzspulmaschinen

Der Einsatz der Präzisionskreuzspulmaschinen ist bereits durch die Darstellungen in dem Kapitel über Wicklungen und Spulenantrieb gekennzeichnet. Im folgenden sollen die wesentlichen Merkmale dieser Maschine dargestellt werden.

Die Maschinen werden meist mit 12 Spulköpfen gebaut. Jeder Spulkopf stellt in sich eine geschlossene Einheit dar. Die Wirkungsweise der Maschine im Hinblick auf die Fadenführung erkennt man aus der Abb. 145.

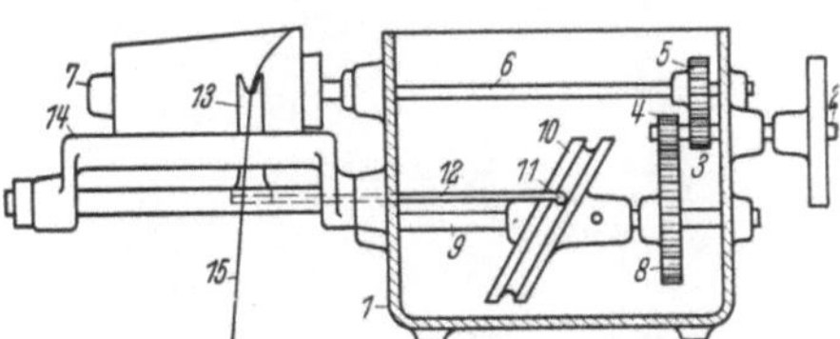

Abb. 145. Schematische Darstellung der Wirkungsweise der Präzisionskreuzspulmaschine

1. Das Getriebe

Im Hauptantriebskasten *1* ist die Antriebswelle *2* gelagert. Diese wird in der Regel durch eine Riemenscheibe (vgl. Abb. 146) angetrieben. Auf *2* sitzt ein Doppelzahnrad mit den Zahnkränzen *3* und *4*. *3* treibt über *5* die Spindelwelle *6* und die Spule *7* an, während *4* über *8* die Exzenterwelle *9* mit dem Nutenexzenter *10* antreibt. Durch die Führungsrolle *11* in der Nut *10* wird der Fadenführer *13* hin und her bewegt. *13* ist in einem Rahmen gelagert, der sich bei wachsendem Spulendurchmesser um seinen unteren Drehpunkt dreht. Das Bild der bekannten Präzisionswicklung entsteht nun dadurch, daß das Übersetzungsverhältnis zwischen der Spulenwelle *6* und der Exzenterwelle *9* eine bestimmte Abstimmung erfährt.

2. Das Übersetzungsverhältnis

Ein gradzahliges Übersetzungsverhältnis, z. B. 1 : 4 oder 1 : 5, würde eine „Wabenwicklung" ergeben, weil die Garne immer an die gleiche Stelle verlegt würden. Eine solche Wicklung ist für die Praxis in keinem Falle brauchbar. Das Entstehen einer Präzisionswicklung ist erst möglich, wenn das Übersetzungsverhältnis Verhältniszahlen mit Dezimalstellen aufweist, z. B. 1 : 4,357 oder 1 : 5,123 u. a. m. Sinnvollerweise liest man die Übersetzungszahlen $1 : (ü \pm \delta)$, wobei δ die Größe der Störung bedeutet. Ist $\delta = 0$, so entsteht eine Wabenwicklung. Wählt man δ so, daß die Größe der Störung dem Durchmesser eines Fadens entspricht, dann entsteht eine geschlossene Präzisionswicklung, die offene Präzisionswicklung bildet sich, wenn δ dem Werte 0,5 zustrebt, wobei gewährleistet sein muß, daß auch dieser Wert eine bis in die dritte Dezimalstelle gebrochene Primzahl sein soll (vgl. auch S. 113).

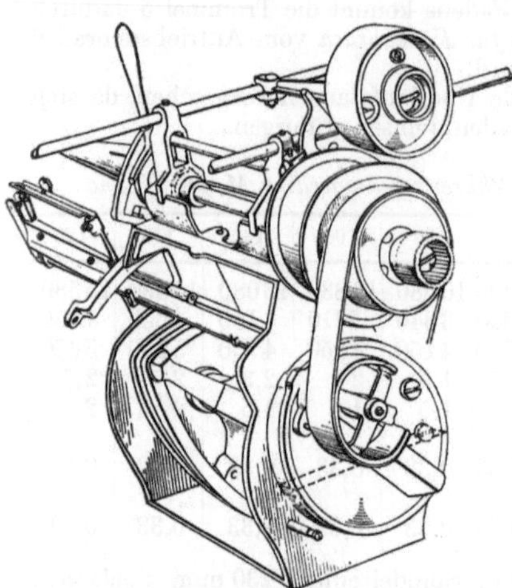

Abb. 146. Präzisionskreuzspulmaschine. Der Durchmesser der oberen Riemenscheibe ist zur Änderung des Übersetzungsverhältnisses variierbar (U. W. Co.)

Welches Übersetzungsverhältnis zweckmäßig ist, muß empirisch ermittelt werden. In der Regel wird das Übersetzungsverhältnis durch die Konstruktion festgelegt und kann während des Gebrauches im Textilbetrieb nicht geändert werden. Ist das Bedürfnis zu solchen gelegentlichen Änderungen vorhanden, so kann man sich einer Vorrichtung bedienen, die von der Universal Winding Co. gebaut wird. Entsprechend der Abb. 146 ist die Übersetzung zwischen der Exzenterwelle und der Spindel durch einen variierbaren Riemenantrieb ausgebildet. Durch Drehen an der Kopfschraube auf der Riemenscheibe der Spindelwelle kann man den Durchmesser dieser Riemenscheibe geringfügig variieren.

Nun ist es aber eine bekannte Erfahrungstatsache, daß beim Abziehen des Fadens von der Kreuzspule mit Präzisionswicklung manchmal auch die Fadenwindungen, die der gerade ablaufenden folgen, frühzeitig gelockert werden und dann unter Umständen herunterfallen oder vom ablaufenden Faden mitgerissen werden. In beiden Fällen treten Störungen im Ablauf ein. Heruntergefallene Fadenwindungen können am Spulenfuß hängenbleiben und dann einen Fadenbruch verursachen. Frühzeitig mitgerissene Fadenwindungen geben Anlaß zu Schlingenbildung, die auch wieder zu

Abb. 147. Einzelaggregat einer Präzisionskreuzspulmaschine von Schweiter

Fadenbrüchen und sonstigen Störungen führen. Diese Erscheinung kann sich besonders unangenehm bei der Verarbeitung von Reyon bemerkbar machen, da diese Fäden infolge der glatten Beschaffenheit der Oberfläche nur ein geringes

Haftvermögen auf der Spulenoberfläche haben. Hierbei kann die geringste durch den ablaufenden Faden verursachte Erschütterung zu einer Lockerung der benachbarten Windungen führen, besonders dann, wenn die dem ablaufenden Faden benachbarte Windung auch zu der unmittelbar im Ablauf folgenden Windung gehört. Dies ist z. B. der Fall bei Präzisionswindungen mit annähernd ganzzahligen Übersetzungsverhältnis-

sen. Bei solchen Verhältnissen legt sich jede folgende Fadenwindung auf der Spulenoberfläche eng an die vorhergehende an. Es treten auffallend sichtbar Spiegelwicklungen ein, die eine Ursache für das Lockern der Windungen sind.

Die Maschinenfabrik Schweiter (Horgen, Zch.) hat diese Verhältnisse untersucht und ist zu folgenden Regeln gekommen:

1. Die bei jedem Fadenhub gelegte Windung soll möglichst weit von der vorherigen Fadenwindung auf der Spulenoberfläche zu liegen kommen.

2. Es soll längere Zeit dauern, bis eine neue Fadenwindung auf der Spulenoberfläche in unmittelbare Nähe einer vorher gelegten Windung kommt.

3. Die unter 1. und 2. gekennzeichneten Forderungen müssen für einen möglichst weiten Nummernbereich zutreffend bleiben.

Abb. 148. Präzisionskreuzspulmaschine von Sahm (Antrieb des Fadens durch eine Kehrgewindewelle)

Diese Bedingungen werden nach den Untersuchungen von Schweiter in hervorragendem Maße erfüllt, wenn das Übersetzungsverhältnis (wie aus der Abb. 151a und b ersichtlich) in der Nähe von 2,4···3,4···4,4 liegt. Abb. 151a zeigt, wie die Umkehrstellen A, B der sich folgenden Fadenwindungen entstehen, und Abb. 151b zeigt, wie bei einem etwas größeren Übersetzungsverhältnis die sich folgenden Umkehrpunkte A, B, C, D, E, A', ... nach der Ordnung eines sich höchstens um drei Winkelgrade je Fadenführerhub verschiebenden Pentagrammes entstehen. Zeichnet man die Folge der Umkehrpunkte weiter auf (Abb. 151c), so erkennt man, daß nach dieser Übersetzung die beiden ersten Bedingungen erfüllt sind. Diese Wicklung hat den Namen Pentawicklung bekommen. Die Firma Schweiter hat sich folgende Übersetzungsverhältnisse patentieren lassen (Schweizer Patent Nr. 247422 Klasse 19d):
Die Dezimalziffernfolge: −,407; −,393; −,593; −,607.

Die Firma Georg Sahm in Eschwege sieht für die Maschine, auf der geschlossene Wicklung hergestellt wird (Abb. 148), eine Übersetzung durch Konoiden vor. Der Riemen, der die Konoiden verbindet, ist durch eine Einstellschraube verschiebbar, so daß z. B. bei vier Wicklungsfeldern die Übersetzung nicht 1 : 4, sondern 1 : 4,002 ist bei Fadenstärken, die eine Veränderung von 0,002 erforderlich machen. Patentiert ist hierbei die Vorrichtung, die bei wachsendem Spulendurchmesser den Riemen automatisch verschiebt, damit die bei wachsendem Spulendurchmesser entstehenden Fadenabstandsdifferenzen auf Null ausgeglichen werden.

3. Die Fadenspannung

Die weitaus größere Zahl der Konstruktionen von Präzisionskreuzspulmaschinen ist nach dem oben gekennzeichneten Arbeitsschema konstruiert — hat

also eine konstante Spindeldrehzahl und somit eine zunehmende Fadenlaufgeschwindigkeit. Theoretisch wächst nun mit der Fadenlaufgeschwindigkeit auch
die Fadenspannung. Um diese wachsende Fadenspannung zu kompensieren, wird
durch den bei zunehmendem Spulendurchmesser ausschwenkenden Rahmen des
Fadenführers die Fadenbremse mehr und mehr entlastet. Wie eine solche Ent-

Abb. 149. Präzisionskreuzspulmaschine als Fachspulmaschine für offene Wicklung (U. W. Co.)

lastungsvorrichtung gebaut ist, zeigt die Abb. 152. Die Gewichte auf B und C
können der jeweilig notwendigen Fadenspannung angepaßt werden. Mit zunehmendem Spulendurchmesser werden sie aber mehr und mehr angehoben, so
daß sich das Belastungsdrehmoment reduziert.

Die Größe der Spannung ist je nach Material, Garnnummer und Verwendungszweck unterschiedlich. Für Nylon und Perlon hat sich einheitlich eine Spannung
von 0,1 g/den als zweckmäßig erwiesen. Die Abb. 149 zeigt die Präzisionsspulmaschine als Fachmaschine für die Windung von offener Präzisionswicklung
(U. W. Co.). Abb. 150 zeigt eine Fachspulmaschine für geschlossene Wicklung
(Sahm).

4. Steuerung der Spulköpfe durch Fadenspannung

Die Beschreibung der Maschinen zeigte, daß in der Regel mehrere Spulköpfe
zur gleichen Zeit angetrieben werden. Bei der Verarbeitung von hochempfind-
lichen Fäden kann eine geringfügige Änderung des Wickelvolumens eine beträchtliche Beeinflussung der Qualität zur Folge haben. Aus diesem Grunde ist eine
zentrale Steuerung der Spindeldrehzahl, z. B. in Abhängigkeit vom mittleren

Abb. 150. Präzisionskreuzspulmaschine als Fachspulmaschine für geschlossene Wicklung von Sahm

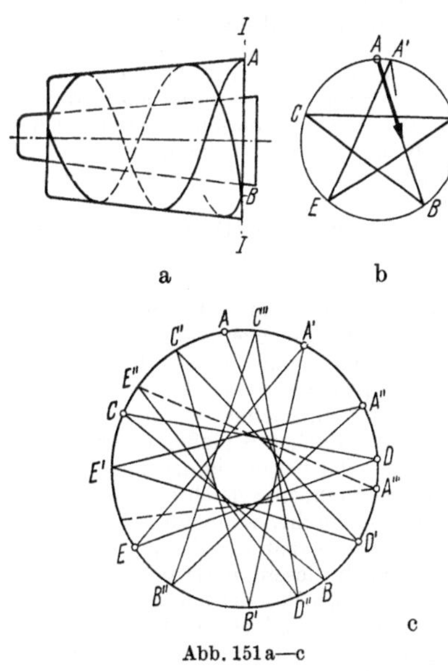

Abb. 151 a—c

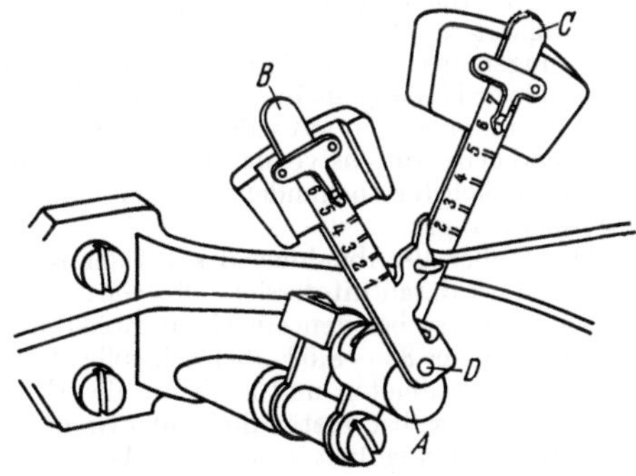

Abb. 152. Fadenspannungskompensation

Durchmesser nicht vorteilhaft. Diese Steuerung muß an jedem Spulkopf separat und nach Möglichkeit trägheitslos an jedem Spulenkopf erfolgen, indem man als Stellgröße die Lagenänderung einer Tänzerrolle oder -walze verwendet. Die Regelung selbst kann mechanisch erfolgen, indem die Regelung im Antrieb mit Hilfe einer Reibscheibe erfolgt (BAR-MAG) oder mit Seilbremse und Magnetkupplung (U. W. Co.). Die elektrische

8*

Regelung ist in neuerer Zeit mehr bevorzugt. Eine relative einfache Lösung ist die Verwendung von Drehstrom-Asynchrommotoren, die mit einem Läufer erhöhten Widerstandes ausgerüstet sind. Das Drehmoment der Motoren wird durch einstellbare Transformatoren geregelt (Maschinenfabrik Stahlkontor Weser GmbH, Hameln; Pintsch-Elektro GmbH Konstanz; Barmer Maschinenfabrik AG, Remscheid-Lennep).

Auch die vorzügliche Regelmöglichkeit des Gleichstrommotors durch Feldstärkenregelung wird eingesetzt (Maschinenfabrik Stahlkontor Weser GmbH, Hameln).

IX. Kontinuierliche Befeuchtung des gesponnenen Garnes[1] auf der Spulmaschine

Es wird in der Darstellung des nachfolgend bekanntgegebenen modernen Fertigungsverfahrens von der bekannten Tatsache ausgegangen, daß das textile Fasergut auf Grund der hygroskopischen Eigenschaften bei unterschiedlichen Feuchtigkeitsprozentsätzen in der Fertigung unterschiedlich reagiert. Es liegt somit im Interesse der Fertigung, wenn man versucht, den optimalen Feuchtigkeitsprozentsatz zu erreichen und auch während der gesamten Fertigung zu erhalten.

Die Schwierigkeit, dieses Ziel stets restlos zu erreichen, kann durch zwei Tatsachen erklärt werden:

1. besteht zwischen dem Feuchtigkeitsprozentsatz auf dem Textilgut und dem relativen Feuchtigkeitsprozentsatz der Luft ein sogenanntes Feuchtigkeitsäquivalent, in der Form, daß die Feuchtigkeit des Textilgutes sich nach einer bestimmten Zeit auf einen bestimmten Feuchtigkeitsprozentsatz, einem der Umgebungsluft entsprechenden Wert, einstellt.

2. Mechanische Bearbeitung hat Wärmeaufspeicherung zur Folge und diese wiederum verursacht eine Feuchtigkeitsminderung.

Aus den beiden vorgenannten Gründen kann man eindeutig erklären, daß die Gefahr einer Feuchtigkeitsänderung einmal bei einer unvorteilhaften Lagerung und das andere Mal bei einem solchen Arbeitsprozeß, bei dem eine sehr große Arbeitsintensität erfolgt, möglich ist. Ganz besonders hervorstechend ist in diesem Sinne die Fertigung auf der Ringspinnmaschine. Vor dem Fertigen auf der Ringspinnmaschine wird im allgemeinen auf die richtige optimale Feuchtigkeit des Rohstoffes geachtet, indem man das Material bei den geeigneten Lagerungsbedingungen auslegt, und indem die Luft sehr selbst genau klimatisiert wird. Auch der Ringspinnsaal wird im allgemeinen mit einer sehr genau geregelten Klimaanlage ausgerüstet, so daß diese Voraussetzungen auf jeden Fall gegeben sind. Aber die Rinsgpinnmaschine ist eine sehr kraft- und arbeitsintensive Maschine, die das Material, z. B. die Baumwolle, die mit 8 $\cdots$ 8,5% am vorzüglichsten behandelt werden kann, um 4 $\cdots$ 5% austrocknen läßt. Der Wert ist materialabhängig.

Der Weber als Abnehmer des auf der Ringspinnmaschine gefertigten Gutes ist natürlich äußerst stark daran interessiert, ein Garn zu bekommen, das die allerbesten Laufeigenschaften hat. Das ist bei den einzelnen Rohstoffen selbstverständlich, sehr unterschiedlich. Bei Baumwolle ist es 8 $\cdots$ 8,5%, bei Zellwolle etwa 11 $\cdots$ 15%. Um nun dem Weber ein einwandfreies Garn anzubieten und auch um die Feuchtigkeitsverluste im eigenen Spinnereibetrieb aufzufüllen, ist selbstverständlich jeder Spinner im Rahmen der Optimalwerte sehr interessiert, den Feuchtigkeitsverlust in *geeigneter* Weise zu ersetzen. Die optimalen Werte können in etwa durch die in den handelsüblichen Reprisen genannten Sätze gekennzeichnet werden.

Die Zeiten, in denen man den Feuchtigkeitsverlust durch einfaches Begießen einer Kopskiste mit der Gießkanne und Wasser durchführte, dürften längst der Vergangenheit angehören; denn mit einer solchen „Befeuchtung" ist es in keiner Weise möglich, eine gleichmäßige Feuchtigkeit der gesamten Materialpackung zu erzielen; auch dann nicht, wenn diesem Wasser chemische Mittel zugesetzt werden. So behandelte Garne reagieren später in der Fertigung in der Weberei so schlecht, daß keinem der Produzenten, die nach diesem altertümlichen Verfahren arbeiten würden, Garn zukünftig abgenommen werden würde. Bis heute stehen für diese Manipulation nur Befeuchtungsmaschinen zur Verfügung, die jedoch nur für die erforderliche Befeuchtung von Kopsen und eventuell Stranggarne ausreichend sind. Kreuzspulen können wegen des bedeutend größeren Volumens mit diesen Befeuchtungsmaschinen bei einmaligem Durchlauf nicht ausreichend und hundertprozentig befeuchtet werden.

---

[1] Vgl. J. SCHNEIDER: Melliand Textilber. 39 (1958) Nr. 21, 1333–1335.

Befeuchtungsmaschinen. Diese bekannten Maschinen waren derart konstruiert, daß man einem Trichter die Kopse eines Abzuges oder einer Kiste zuführte, die auf ein Lattentuch in einschichtiger Lage ausgelegt wurden. Dieses Lattentuch führt anschließend bei kontinuierlicher Bewegung die Kopse an den eigentlichen Befeuchtungsraum, wo dieselben an ein weiteres Transportband zwecks Weiterleitung durch den Befeuchtungsraum übergeben werden.

In diesem Raum wird durch geeignete Düsenkonstruktionen ein feiner, mit chemischen Produkten durchsetzter Wassernebel ausgesprüht. Die Maschinen waren in Hinsicht auf diesen „Dunstraum" so konstruiert, daß die Spulen sich in der Zone bewegten, in der ein allseitig gleicher Dunstdruck herrschte. Die Feinheit der Zerstäubung sowie die Qualität der zugesetzten chemischen Mittel beeinflußten wesentlich die Feuchtigkeit, mit der die Kopse sich aufspeicherten. Insbesondere wurde durch diese Zusatzmittel die Gleichförmigkeit der Durchfeuchtung erzielt. Solche teilweise hochmodernen Maschinen verlieren im Zuge der textilen Entwicklung immer mehr an Bedeutung, weil das allseitige Bestreben, Garnkörper großer Formate zu schaffen, die Schwierigkeit bei der besprochenen Art der Befeuchtung zur Folge hat, daß bei dem kurzen Durchlauf durch den Düsenraum, selbst bei Verwendung vorzüglicher Netzmittel, keine so starke Feuchtigkeitsaufladung erfolgen kann, daß der gewünschte Prozentsatz durch die ganze Spule hindurch erzielt werden kann. Ein Befeuchten von Kreuzspulen ist auf diese Art ganz bestimmt nicht mehr möglich. In einem solchen Fall muß man mindestens in zwei, besser noch an drei aufeinanderfolgenden Tagen mit einer übergroßen Feuchtigkeitsaufspeicherung auf den besprochenen Maschinen fahren. In einem solch langen Zeitraum und bei einer solch strapaziösen Behandlung ist die Wahrscheinlichkeit, daß man den gewünschten Prozentsatz tatsächlich im Laufe einer Versuchsreihe findet, noch bevor die Partie selbst zu Ende behandelt worden ist, sehr gering, abgesehen von den hierzu erforderlichen Arbeitsleistungen. Außerdem findet während der Lagerzeit zwischen den einzelnen Behandlungsvorgängen eine Austrocknung an der Oberfläche selbst wieder statt. Es hat sich gezeigt, daß großformatige Kreuzspulen, wenn sie auf Befeuchtungsmaschinen behandelt werden, in diesem Sinne tatsächlich Schwierigkeiten bereiten. Es soll keineswegs bestritten werden, daß in dem genannten Verfahren ein bestimmter Wert erreicht werden kann; es ergibt sich aber aus der Erklärung selbst und aus der Betrachtung der Wirkungsweise einer solchen Maschine, daß entweder eine sehr lange Versuchsreihe notwendig ist oder viel Glück. Diese Erkenntnis und die bereits aufgezeichnete Entwicklung hat schon vor Jahren den Gedanken geboren, eine kontinuierliche Befeuchtung auf der Kettgarnspulmaschine durchzuführen. Es hat auch nicht an entsprechenden Versuchen gefehlt. So wurden im Jahre 1957 auf der Technischen Messe in Hannover vier verschiedene Ausführungsarten solcher Befeuchtungseinrichtungen an Spulmaschinen gezeigt. Diese Konstruktionen aber wurden alle nach kurzer Zeit seitens der Herstellerfirma selbst verworfen. Das prinzipielle Merkmal solcher Konstruktionen war eine Wanne vor der Wickeltrommel der Kreuzspulmaschine, aus der eine Rolle durch langsame Rotation Wasser übernahm, das an den über der Rolle laufenden Faden abgegeben werden sollte. Es ist aber verständlich, daß bei der großen Fadenlaufgeschwindigkeit, die man von modernen Spulmaschinen verlangt (bis zu 1000 und 1200 m/min), und bei der außerordentlich kurzen Berührungszeit mit der nassen Rolle, weder eine ausreichende, noch eine gleichförmige Befeuchtung möglich gewesen ist. Solche Verrichtungen gaben bei einer Fadenlaufgeschwindigkeit unter 400 m/min überhaupt erst ein Ergebnis, und bei einer einwandfreien Nachprüfung stellte sich heraus, daß eine gleichmäßige Befeuchtung nicht erzielt werden konnte.

Im Jahre 1958 wurde die Fachwelt mit einer Neukonstruktion einer Rheydter Firma bekanntgemacht, die, wie in der Zwischenzeit durch eine Anzahl von Versuchsreihen bestätigt wurde, bei den geforderten Fadenlaufgeschwindigkeiten eine konstante und bestimmte Feuchtigkeit gewährleistet. Hierbei kann ein spezielles Aggregat vor dem Wickelorgan der Spulmaschine angebaut und so reguliert werden, daß jede repriseabhängige Befeuchtung bei den gegebenen Fadenlaufgeschwindigkeiten möglich ist. Mit Spezial-Präparierungen sind bei etwas geringeren Fadenlaufgeschwindigkeiten bis zu 100% erreichbar.

Kontinuierliche Garnbefeuchtung an der Spulmaschine „ZERA-X" (von Joeres & Pferdmenges). In der nachfolgenden Darstellung soll die vorhin angedeutete Konstruktion an Hand von Abbildungen näher erörtert werden. Die Abb. 153 zeigt diese Einrichtung die von der Herstellerfirma als „Einrichtung zur Naßveredlung von Garn" bezeichnet wird. Schon die Kennzeichnung dieser Einrichtung zeigt, daß sie, obwohl speziell für die Garnbefeuchtung gedacht, auch andere ausgesprochene Veredlungsverfahren ermöglicht.

Unter Naßveredlung im Sinne dieser Konstruktion wird nämlich jedes Befeuchten des Garnes sowohl mit Wasser als auch mit einer anderen Flüssigkeit, z. B. zum Färben, Wachsen, Fixieren usw., verstanden, wenn damit eine bestimmte Eigenschaft des Rohmaterials, z. B. die Erhöhung der Reißfestigkeit des Garnes, erzielt wird. Die Abb. 153 zeigt den Anbau an einer Kreuzspulmaschine mit Schlitztrommeln. Tatsächlich kann aber diese Einrichtung an eine jede Maschine, z. B. Autokopser, Spul-, Fach-, Haspel-, Zwirnmaschine u. dgl., angebaut werden. Man erkennt aus der Abbildung, daß der Faden durch ein nach oben durch Einlegeschlitz geöffnetes Gehäuse hindurchgeführt wird. In der Wandung dieses Gehäuses ist eine mit Flüssigkeit zu speisende, nach innen gerichtete und mit einem nach außen reichenden Anschlußstutzen für eine Flüssigkeitszuleitung versehene sowie einstellbare Sprühdüse und im Boden des Gehäuses ein Flüssigkeitsablauf angeordnet.

Je nachdem, wie man den Flüssigkeitsstrom bzw. den Flüssigkeits-Druckluftstrom zur Sprühdüse einregelt und diese selbst einstellt, kann man Menge und Druck in der der Zeiteinheit dem geschlossenen Gehäuse zugeführten Veredlungsflüssigkeit und damit den Befeuchtungsgrad des durchlaufenden Garnfadens in Abhängigkeit von dessen Durchlaufgeschwindigkeit und Beschaffenheit bequem und genau einregulieren. Je nach der Art der Düse entsteht ein schlanker oder ein stark konisch auseinandergehender Sprühkegel. Dieser Sprühkegel trifft vornehmlich auf diejenige Gehäusewandung, die der die Düse tragenden Wandung gegenüberliegt.

Es entsteht dadurch im Inneren des geschlossenen Gehäuses ein Flüssigkeitsnebel, der eine allseitige und gleichmäßige Befeuchtung des durchlaufenden Fadens gewährleistet. Außerdem ist im Innern der erkenntlichen Vorrichtung noch ein verstellbares Prallblech angeordnet, das je nach seiner eingestellten Lage den Sprühkegel mehr oder weniger vom unmittelbaren Auftreffen des Garnfadens abhält. Gerade diese Vorrichtung, das Prallblech, ist besonders interessant, weil man durch seine Verstellung jeden gewünschten Grad der Garnbefeuchtung mehr oder weniger unmittelbar oder mittelbar erzielen kann. Eine derartige Regulierung ist auch in anderer Weise durch Verwendung einer schwenkbaren Düse möglich. Die Schwenkung der Düse erfolgt in der Vorrichtung vertikal. Dadurch wird auf den durchlaufenden Faden mehr oder weniger Flüssigkeit aufgetragen. Das Prinzip der vertikalen schwenkbaren Düse ist im Gegensatz zum Prallblech hauptsächlich für größere Auftragsmengen vorgesehen, wenn beispielsweise Feuchtigkeitsaufspeicherungen bis zu 70 und 100% erforderlich sind. Die Regulierung erfolgt so feinfühlig, daß bei Fadenlaufgeschwindigkeiten zwischen 200 und 1000 m/min genauestens reguliert werden kann. Je nach der Garn-

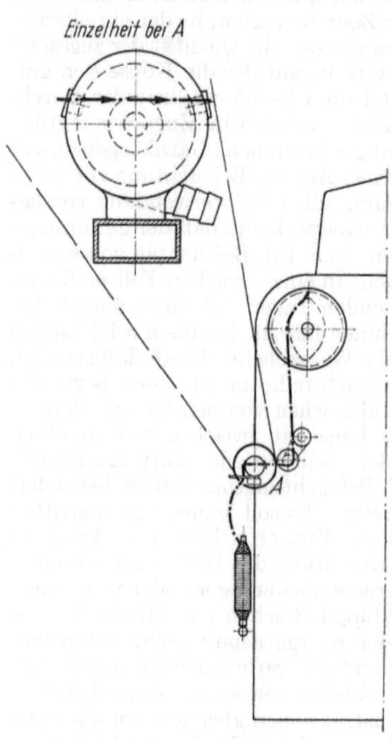

Abb. 153. Schematische Darstellung der Anordnung einer ZERA-X

nummer, der Drehung, der Qualität und Fadenlaufgeschwindigkeit ist die Auftragsmenge ab 0,5% genauestens regelbar, wenn mit der Abschirmplatte geregelt wird. Außer der Regelung durch Abschirmplatte ist natürlich auch eine Regelung durch Änderung des Druckes möglich. Hierbei erzielbare Varianten betragen 3...4%. Wird durchschnittlich mit Fadenlaufgeschwindigkeiten über 900 m/min gearbeitet und soll dem Garn eine größere Feuchtigkeit zugesetzt werden, so wird eine andere Düsenklasse verwendet.

Dieses Verfahren ist in keiner Weise richtungsabhängig. So kann man den Faden sowohl auf der Spulmaschine in Richtung der Trommel, wie auch z. B. auf einer Zwirnmaschine in umgekehrtem Sinne durchführen. Damit ist auch erklärt, daß diese Vorrichtung an alle obengenannten Maschinen angebaut werden kann. Wie aus der Abbildung selbst auch ersichtlich ist, kann der Faden ohne jede Schwierigkeit in den Einlegeschlitz eingelegt werden, der so konstruiert ist, daß vom Sprühnebel keine feststellbare Mengen nach außen entweichen können. Aus der Abb. 153 erkennt man die Anordnung an einer Schlitztrommelkreuzspulmaschine und die Führung des Fadens. Der Ablauf erfolgt von Kopsen, der Faden wird dann durch die Vorrichtung „ZERA-X" hindurchgeführt, passiert dann die Porzellanbremse, um schließlich in der bekannten Weise durch die Kreuzspulmaschine geführt zu werden. Die Ausschnittzeichnung erklärt den Durchlauf durch das Gehäuse dieser Vorrichtung, nicht eingezeichnet sind die Düse und das Prallblech.

Die Abb. 154 zeigt den Kreislauf der Hydraulik. Die Flotte wird mittels der Pumpe P aus dem Vorratsbehälter V entnommen. Auf dem Wege zur Vorrichtung „ZERA-X" wird die Flotte durch zwei in die Leitung eingebaute Filter gereinigt. Mittels des Regulierventils R und des Manometers M kann der jeweilige Druck eingestellt werden, mit dem die Flüssigkeit zerstäubt werden soll. Die Flüssigkeit, die der Faden beim Durchlauf durch die Vorrichtung „ZERA-X" nicht aufnimmt, fließt wieder in den Vorratsbehälter zurück. Dabei werden die vom Faden abgespülten Schmutz- und Faserteilchen durch ein weiteres eingebautes Sieb abgeschieden. Die Druckleitung ist durch ein eingebautes Eckfedersicherheitsventil E abgesichert. Bei einem Überdruck zwischen Pumpe und Regulierventil wird die Mehrleistung der Pumpe in die Zuleitung zurückgeführt.

Die Abb. 155 zeigt teilweise im Schnitt diese Vorrichtung. Zwischen der Sprühdüse *1* und den Fadenführern *4* bzw. dem durch sie laufenden Garnfaden *8* ist an der Stirnwand *3a* ein im ganzen mit *5* bezeichnetes verstellbares Prallblech angeordnet. Die Verstellung erfolgt von außen durch einen Stellhebel. Die Aussparung *11* ist vorgesehen, damit die Vorrichtung *5*

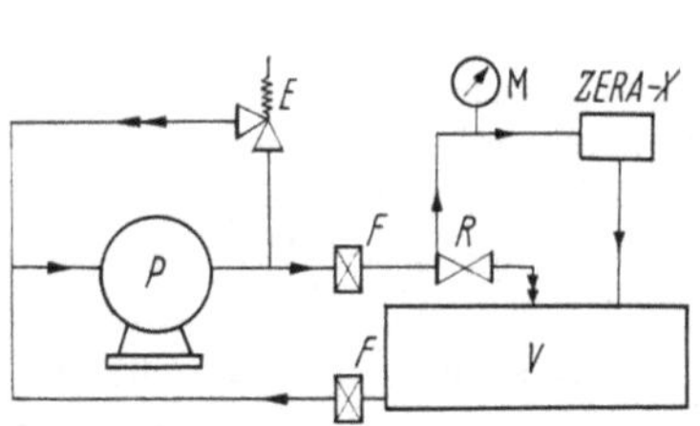

Abb. 154. Flüssigkeitskreislauf

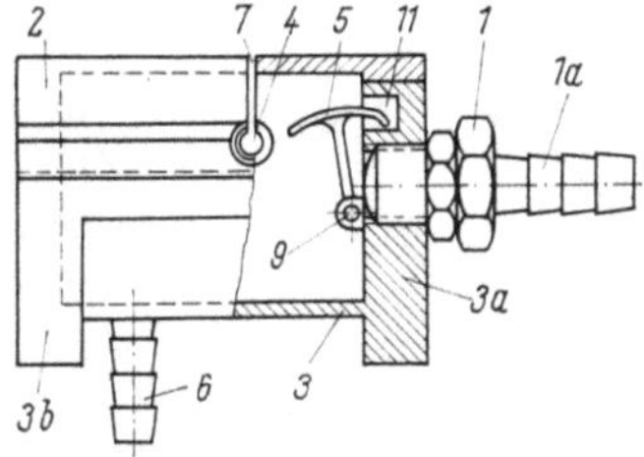

Abb. 155

so weit ausgeschwenkt werden kann, daß eine Behinderung des Sprühkegels in bestimmten Fällen überhaupt nicht erfolgt. Es wird dann der durchlaufende Faden unmittelbar von dem oberen Teil des Sprühkegels getroffen, während der andere Teil des Sprühkegels auf die Stirnwand *3b* des Gehäuses aufprallt und dadurch die Vernebelung des Gehäuses ergibt.

Schlußbetrachtung. Wenn auch die vorbesprochene Konstruktion nicht die Verwendung der bisher gekannten Befeuchtungsmaschinen ausschließt, da diese ja einen ganz berechtigten Platz in der Spinnerei dann haben, wenn ausschließlich nur Kopse wie bislang befeuchtet werden sollen, und wenn die Fertigung eine bestimmte Konstanz erreicht hat, so ist mit der Lösung des Problems ein großer Schritt vorwärts getan, weil nunmehr auch eine genaue Regulierung auf alle denkbare Varianten möglich ist und außerdem diese Vorrichtung an jede Maschine angebaut werden kann, die einen teilweisen waagerechten Fadenlauf besitzt. Besonders überraschend ist es, daß durch die Anordnung selbst und die Eigenart, die Feuchtigkeit durch den Sprühnebel zu erzeugen, die bekannten Fadenlaufgeschwindigkeiten erreicht werden können.

Die Gefahr einer zusätzlichen Verschmutzung der Schlitztrommel und des Nutenzylinders besteht nach den bisher gemachten Beobachtungen nicht. Bei einem normalen Spulprozeß werden die dem Garn anhaftenden Wachs- und Schmälzteile auf die Wickelorgane übertragen und führen zu den bekannten Verschmutzungen. Wird während des Spulprozesses das Garn chemisch befeuchtet bzw. wasserlösliches Paraffinöl aufgetragen, so wird zwar ein ganz geringfügiger Prozentsatz an die Wickelorgane abgegeben, der aber zu keiner nachteiligen Störung führt. Bei der chemischen Garnbefeuchtung ist absolut keine Gefahr vorhanden, da der Feuchtigkeitsfilm sofort trocknet.

C. Zwirnmaschinen

I. Die Zwirndrehung

1. Steigerung der Festigkeit

Die von der Spinnerei gelieferten einfachen Garne können zum Zwecke der Verstärkung oder zur Erzielung eines besonderen Fadencharakters entsprechend dem Verwendungszweck zu zwei oder auch mehreren Fäden zusammengedreht werden. Dieser Vorgang entspricht technologisch dem Spinnvorgang.

Das Verdrehen oder Verzwirnen gibt dem Faden, der so aus der Gesamtheit aller einzelnen Garne entsteht, eine größere *Festigkeit*, als die Summe der Festigkeiten der einzelnen Garne im ungezwirnten Zustande sein würde. Der Grund hierfür ist darin zu sehen, daß die in einem Fadenquerschnitt eines Einzelfadens liegenden Fasern nicht alle an einer Festigkeitssteigerung Anteil haben; insbesondere sind es die an der Peripherie des Querschnittes liegenden Fasern, die man in eine Festigkeitsbetrachtung nicht mit einbeziehen darf. Darüber hinaus ist es nicht möglich, Garne so zu verspinnen, daß sie nicht bei einer bestimmten Zugbelastung beginnen aneinander vorbeizugleiten. Diese Nachteile werden durch den Zwirnprozeß zum größten Teil ausgeschaltet. Es ist jedoch nicht möglich, Festigkeitswerte zu erreichen, die der Substanzfestigkeit des Materials entsprechen.

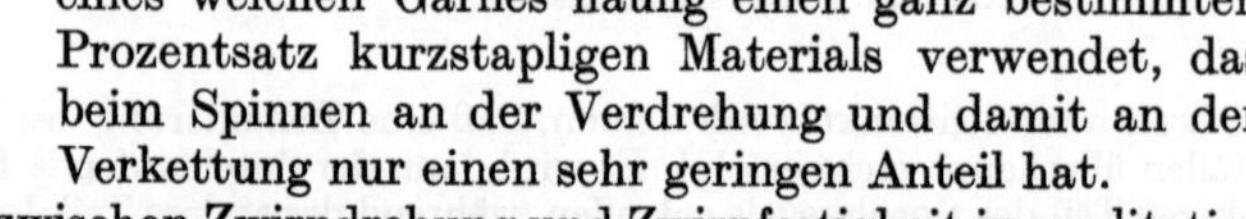

Abb. 156. *1 ⋯ 2* nahezu proportionaler Anstieg der Festigkeit mit zunehmender Drehung; *3* maximale Festigkeit bei kritischer Drehung; *4* Torsionsbruch

Diese einfache Überlegung läßt einen Schluß zu, wie man Garne von besonderer Reißfestigkeit erhält.

Zunächst hat ein einfaches Garn von großem Durchmesser und großer Weichheit (Streichgarn oder Zweizylindergarn) eine geringe Festigkeit, da die innere „Verkettung" der Fasern aneinander auf Grund des fehlenden „Kerndruckes" im Garnquerschnitt unvollkommen ist. Dazu kommt, daß man zur Herstellung eines weichen Garnes häufig einen ganz bestimmten Prozentsatz kurzstapligen Materials verwendet, das beim Spinnen an der Verdrehung und damit an der Verkettung nur einen sehr geringen Anteil hat.

Den Zusammenhang zwischen Zwirndrehung und Zwirnfestigkeit in qualitativ-funktionalem Zusammenhang zeigt die Abb. 156.

Daraus resultiert, daß die beste Materialausnützung gewährleistet ist, wenn möglichst viele langstaplige Fasern mit großem Drehungskoeffizienten versponnen werden. Diese Überlegung gilt auch für das Zwirnen.

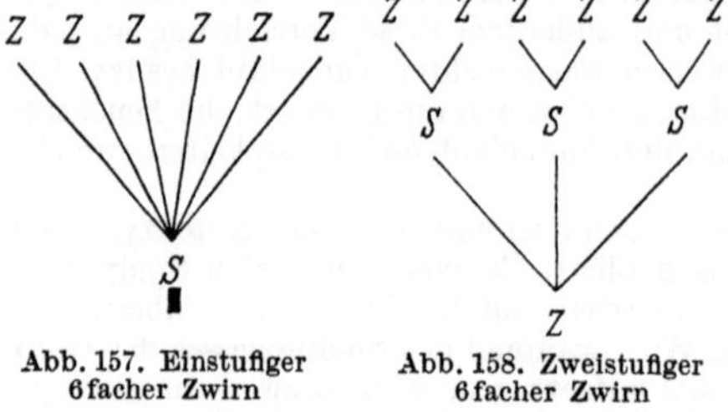

Abb. 157. Einstufiger 6facher Zwirn   Abb. 158. Zweistufiger 6facher Zwirn

Ein Zwirn, der z. B. aus sechs Einzelfäden besteht, hat niemals die Festigkeit wie ein Zwirn aus gleichem Material und gleicher Fadenzahl, der so zusammengesetzt ist, daß man jeweils zwei Einzelfäden zwirnt und dann Fäden dieser zweifachen Garne wieder verzwirnt. Man nennt ein Garn, das auf diese Weise hergestellt wird, einen „zweistufigen Zwirn". Abb. 157 zeigt einen 6fachen „einstufigen Zwirn", Abb. 158 einen 6fachen „zweistufigen Zwirn".

Der Drehungssinn — die Zwirndrehung in den einzelnen Richtungen — hat einen wesentlichen Einfluß auf das Aussehen, den Griff und die Festigkeit des Endproduktes.

2. Erzielung eines bestimmten Effektes durch Drahtgröße und Drahtrichtung

Normal ist es üblich, daß man bei jedem nachfolgenden Zwirnprozeß jeweils entgegengesetzt zur vorigen Drehrichtung zwirnt. Danach würde ein vom Spinner geliefertes *z*-Garn auf der Zwirnmaschine *S* gezwirnt oder umgekehrt.

Dies ist allerdings nicht möglich, wenn das Garn der Vorlage gegenüber dem Zwirndraht zu wenig Drehungen hat. Die Folge würde sein, daß sich das Garn während des Zwirnprozesses aufdreht und auf Grund der verminderten Festigkeit unter der Wirkung des beim Zwirnen auftretenden Fadenzuges zerreißt. In einem solchen Falle ist es unerläßlich, daß man im gleichen Drehungssinn weiterzwirnt.

Bei Verwendung von *s*- und *z*-Draht in der Vorlage entsteht, gleichgültig, in welcher Richtung gezwirnt wird, ein unruhiger krauser und schlecht geschlossener Zwirn, denn der eine der beiden Fäden dreht sich beim Zwirnen auf und wird auf Grund der Aufhebung der Einzwirnung länger, während der andere Faden sich auf Grund der Zudrehung unter Einwirkung der weiteren Eindrehung verkürzt.

Wird beim Zwirnen das Garn in der gleichen Drehrichtung wie beim Spinnen oder dem vorherigen Zwirnprozeß weitergedreht, so erhält man ein hartes Garn mit kordelartigem Aussehen. Solche Garne werden in der Tuchfabrikation gelegentlich hergestellt, um sogenannte „Kordeleffekte" zu gewinnen, die dann für die Musterung z. B. für Biesen und Hosenstreifen verwendet werden. Man ist sehr geneigt, solchen Garnen eine erhöhte Festigkeit zuzuschreiben. Dies *kann* auch der Fall sein. Es ist jedoch entgegen allen Erwartungen nicht die Regel. Die Begründung hierfür ist folgende:

Soll ein Garn von besonderer Festigkeit hergestellt werden, dann wird beim Spinnen bereits das Garn so stark gedreht, daß es beim besten Aussehen die für die entsprechende Garnnummer größtmögliche Festigkeit aufweist. Würde man solche Garne durch Zwirnen weiter zudrehen, so besteht sehr bald die Gefahr, daß das Garn auf Grund der Überdrehung sehr stark an Festigkeit einbüßt.

Die größtmögliche Festigkeit eines Garnes wird erzielt, indem man unbekümmert um das Aussehen des Zwirnes mit einem Drehungswert spinnt oder zwirnt, der sehr nahe am kritischen Drehungskoeffizienten liegt. Für Baumwolle ist dieser Wert etwa 6 und schwankt in Abhängigkeit vom Titer und von der Stapellänge des Rohmaterials.

Aus dem bisher Gesagten läßt sich folgern: Zur Erzielung eines möglichst festen Zwirnes verwendet man:

1. Fasermaterial mit feinem Titer.
2. Einzelgarne mit möglichst feiner Nummer.
3. Bei mehrstufigen Garnen Vorzwirne mit feiner Nummer aus zweifachen Garnen.

3. Die Drahtgröße

Wenn das Aussehen und die Güte eines Zwirnes von so vielen Faktoren beeinflußt werden kann, so ist es nicht zweckmäßig, sich ausschließlich nur auf Erfahrungswerte bei der Feststellung von Drehungsgrößen zu verlassen. Es muß in diesem Zusammenhang auf Möglichkeiten hingewiesen werden, wie man für bestimmte Ansprüche die Größe der Zwirndrehung, den Draht, zu wählen hat.

Baumwollzwirne kann man in Anlehnung an die in der Spinnerei gebräuchliche Formel von KÖCHLIN bestimmen, solange man nur zweifache Garne herstellen will.

Die Größe der Drehung errechnet sich dann wie folgt:

$$T = \alpha \sqrt{N_{ez}}. \tag{1}$$

T Drehung des Zwirnes pro Zoll,
α Drehungskoeffizient,
N_{ez} Nummer (englisch) des Zwirnes.

Der Koeffizient schwankt je nach dem Verwendungszweck zwischen $\alpha = 2$ und $\alpha = 6$, normal ist $\alpha = 3 \cdots 4$.

$$T = 2 \sqrt{N_{ez}} \quad \text{bis} \quad T = 6 \sqrt{N_{ez}},$$

so würde also 20/2 normal mit $\alpha = 3$

$$T = 3 \sqrt{20/2} = 9{,}48 \quad \text{Drehungen/Zoll}$$

gezwirnt werden.

Für sehr starke zweifach appretierte, sogenannte Eisengarne steigt α auf 6, gelegentlich auf 6,25.

Für die Beschaffenheit der Zwirne ist die Art der Verzwirnung, ob Trocken- oder Naßzwirnung, wichtig. Soll ein Zwirn weich und geschmeidig sein, so muß er trocken gezwirnt werden, während das Naßzwirnen die Festigkeit, Glätte und Rundung wesentlich verbessert.

Wollzwirne für die Tuch-, Strick- und Wirkwarenfabrikation werden grundsätzlich nur trocken gezwirnt. Nähgarne, Geschirrfäden usw. werden nur naß gezwirnt.

Zur Orientierung werden im folgenden die Drehungen für zweifache Baumwollgarne zusammengestellt:

Tabelle 10

Stick-, Strick- und Stopfgarne	$3\sqrt{N_{ez}}$	= sehr weich
Möbelstoff und Posamenten	$3,5\sqrt{N_{ez}}$	= weich
Webzwirne	$4\sqrt{N_{ez}}$	= mittel
Vorzwirne für Häkelgarne	$4,5\sqrt{N_{ez}}$	= hart
Plüsch- und Hosenstoffe	$5\sqrt{N_{ez}}$	= mehrhart
Gardinenzwirne	$5,5\sqrt{N_{ez}}$	= extrahart
Vorzwirn für Nähgarn	$5,5\sqrt{N_{ez}}$	
Vorzwirn für Segel- und Zelttuch	$6\sqrt{N_{ez}}$	
Auszwirn bei Nähgarnen	$6\sqrt{N_{ez}}$	
Auszwirn bei Segel- und Zelttuchen	$6\sqrt{N_{ez}}$	
Krepp	$8\sqrt{N_{ez}}$	

Bei Verzwirnung von mehr als zwei Grundfäden ist die zur Ermittlung des Drahtwertes in der Formel (1) dargestellte Form nicht mehr zweckmäßig.

Statt dessen empfiehlt es sich, die von HOLZHAUSEN ermittelte Formel zu benutzen

$$T/m = \alpha_{\mathrm{metr}} \sqrt[3]{\frac{1}{z}\left(\sqrt{N_{mz}} - \frac{1}{z}\right)}. \tag{2}$$

Für zweifache Garne wurde sie in die DIN-Normen (DIN 60915) wie folgt übernommen

$$T/m = x\left(\sqrt{Nz} - \frac{1}{2}\right), \tag{3}$$

$$x = \alpha_{\mathrm{metr}} \sqrt[3]{\frac{1}{2}} \quad (z = \text{Zahl der Fäden}) .$$

Für x setzt man folgende Werte bei zweifachen Garnen ein:

Wollzwirne werden nach anderen Gesichtspunkten in ihrem Drahtwert festgelegt. Während in der Baumwollindustrie der Zwirn vielfach vom Festigkeitsstandpunkt aus diskutiert wird, muß man in der Tuchindustrie stets eine Kompromißlösung zwischen Festigkeit und Aussehen finden, und außerdem muß auch der spätere Ausrüstungsprozeß bereits jetzt mit in Betracht gezogen werden, denn man erwartet vom Tuch, daß es einen schönen, weichen und geschmeidigen Griff hat. Dieser Effekt geht mit zunehmender Drehung verloren. Andererseits erhält man mit einer Zwirndrehung von bestimmter Größe auch einen bestimmten Effekt des Gewebes. Die Bindung kommt besser zum Vorschein.

Tabelle 11[1]

x	Drehung
81	sehr weich
100	weich
123	mittel
150	mittelhart
181	hart
216	sehr hart

---

[1] Die Angaben für diese Verrechnungen stammen von HOLZHAUSEN: Spinner und Weber. Leipzig: Theodor Martins Textilverlag 1936.

Es läßt sich also für die Tuchindustrie keine- feste Norm schaffen, nach der man grundsätzlich alle Garne der gleichen Nummer mit gleicher Drehung zwirnt; denn genau wie die Einstellung in Kette und Schuß dem Gewebe ein Gepräge gibt, genau so erhält das Gewebe auch durch die Art der Zwirndrehung und durch deren Größe eine bestimmtes Gepräge. Diese Tatsache wird man sogar für die Musterung nutzbar machen können. Man denke nur einmal an die Herstellung von Doppeltuchen, die fast ausnahmslos mit Zwirnen unterschiedlicher Drehung gemustert sind.

In der Tuchindustrie ist es also Aufgabe des Dessinateurs, die Drehungen der Garne nach Maßgabe des gewünschten Musterbildes zu gewinnen. In vielen Betrieben der Wollindustrie wird zur Bestimmung der Drehungen des Zwirnes pro Meter Garn eine Formel verwendet, die unter Berücksichtigung des bisher Gesagten lediglich als der Ausgang für einen Vorschlagwert angesehen werden kann.

Die ermittelten Drehungen nach dieser Formel sind stets so, daß in der Praxis lediglich geringfügige Korrekturen notwendig sind.

$$T/m = \left(\sqrt{N_{mz}} - \frac{1}{F} \right) A \, . \tag{4}$$

Hierin bedeuten: F die Fachung und A eine materialabhängige Konstante, die der nachfolgenden Tabelle entnommen werden kann.

Reyongarne werden auf Zwirnmaschinen behandelt, damit der gesponnene Faden, der in den meisten Fällen gar keine oder nur eine durch die Abwindung bedingte zufällige Drehung hat, die für die Verarbeitung notwendige Drehung bekommt. Die Verzwirnung mehrerer Fäden miteinander hat nur sekundäre Bedeutung.

Tabelle 12

Zwirnart	Normalzwirn		Mouliné	
	Kette	Schuß	Kette	Schuß
A	150	80···100	181	181

Die Garne der Reyonindustrie zeigen wohl die größte Varianz in den verwendeten Drehungen.

Wäsche- und Kleiderstoffe, die füllig fallen sollen, werden teilweise ohne jegliche Drehung verarbeitet. Da jedoch beim Abziehen der Spulen über Kopf ungewollte Drehungen von einer Größenordnung bis zu 50/m auftreten, ist es notwendig, diese Drehungen vor dem Abziehen durch einen Zwirnprozeß zu kompensieren. Man gibt daher dem Reyongarn, das ohne Drehung verarbeitet werden soll, eine Drehung von 50/m und muß nun beim späteren Arbeitsprozeß bei der Aufstellung der Spulen für den Ablauf darauf achten, daß die Abwindung in einem Sinne erfolgt, bei dem tatsächlich eine Auflösung des Drahtes auftritt (s. hierzu „Schlauchen" von Garnen, S. 141).

Die Durchschnittsdrehung für Schußreyon beträgt 100···120/m.

Die Durchschnittsdrehung für Kette beträgt:

bei 60 den etwa 300/m und weiter abgestuft bis
bei 300 den etwa 180/m.

Der durchschnittliche Mittelwert ist 240/m.

Voiledrehung bei mittlerem Titer 1200/m (Anwendung für die Herstellung von Gardinen und Damenkleiderstoffen).

Kreppgarne haben die höchste Drehung und liegen bei den verschiedenen Titern zwischen 1500 und 3000/m.

Kreppgarne werden sowohl in z- als auch in s-Drehung hergestellt und auch nebeneinander in der Weberei verwendet. Um Verwechslungen zu vermeiden,

ist es stets ratsam, die unterschiedlichen Drehungen durch Anfärben mit einer
wasserlöslichen Farbe zu kennzeichnen.

Perlon und Nylon. Perlon- und Nylongarne werden für die Verarbeitung zu
Geweben mit kaum unterschiedlichen Drehungen gezwirnt.

Allgemein ist es üblich, Kettgarne mit 600 T/m und Schußgarne mit 350 T/m
zu zwirnen.

Die Drehung für die Herstellung von hochelastischem Kräuselkrepp. Hochelastische Kräuselkrepps fanden zuerst ihre Verwendung in der Strumpfindustrie
für die Herstellung eines Universalstrumpfes, der für alle Beingrößen passend ist.
Aus diesem Garn werden die Socken hergestellt, die sich nach dem Volksmund
„eine Meile dehnen".

In dem Maße, wie sich in der Kunstseidenwäscheindustrie die Verwendung
von Gewebtem und Gewirktem stark zu überschneiden beginnt, hat auch die
Verwendung solcher hochelastischer Krepps Eingang in die Weberei gefunden.

Die Schweizer Firma Heberlein & Co. hat sich mit dem „Helanca"-Garn auf
diesem Gebiet bekannt gemacht.

Der Grundgedanke ist, dem Garn eine hohe Drehung zu geben, die fixiert
wird. Dann wird das Garn zurückgedreht. Das Garn orientiert sich dann im Gebrauch nach den durch die verschiedenen Drehungen fixierten Längen und ist
hochelastisch.

Die mit gutem Erfolg durchgeführten Versuche basieren mit entsprechenden
Varianten auf dem folgenden Fertigungsschema (s. auch S. 195):

I s z $T = \dfrac{275\,000}{\text{den} + 60} + 800^*$ (Etagenzwirnmaschine)

II   Fixage mit Heißdampf (120$\cdots$130 °C, 1 Stunde)

III z s $\begin{cases} \text{Drehung je nach Verwendungszweck wie oben oder bis} \\ \text{vor } T = 0 \text{ oder über } T = 0 \text{ (Etagenzwirnmaschine)} \end{cases}$

IV $Z\,(S)$ 100$\cdots$400 T/m je nach Verwendungszweck

Spulenhärte auf der Kreuzspulmaschine etwa 80 Densigrad. Prüfung erfolgt
nach drei Tagen.

4. Die Umrechnung
eines Drahtwertes bei Verwendung einer anderen Garnnummer

Hat man in einem Betriebe bisher mit einer bestimmten Gespinstnummer
mit gutem Erfolg eine bestimmte Zwirndrehung verwendet, so wird man auch
bestrebt sein, diese für andere Gespinstnummern aufrechtzuerhalten. Wenn
man eine nach der KÖCHLINschen Formel durchgeführte Umrechnung vor-
nimmt, so hat man bei dieser unter anderem noch den Vorteil, daß der neue
Zwirn ein fast gleiches Aussehen hat wie der Vergleichszwirn, da die in diesem
liegenden Fäden die gleiche Steigung aufweisen.

Nach KÖCHLIN verhält sich:

$$\frac{T_1}{T_2} = \frac{\sqrt{N_{e1}}}{\sqrt{N_{e2}}}. \tag{5}$$

Dieses Drahtgesetz ist für die Verwendung innerhalb eines relativ kleinen
Nummernbereiches geeignet. Für die Verwendung in der Praxis bedarf diese
Formel noch einer Korrektur, um den wirklichen Erfordernissen zu entsprechen.
Die Festigkeit eines Zwirnes ist von den Reibungsverhältnissen der Fasern
und Fäden innerhalb des Querschnittes abhängig. Je mehr Einzelfäden in einem

---

* Formel nach Patent Heberlein.

Zwirn vorhanden sind, um so geringer braucht die notwendige Drahtzahl zu sein, um einen vergleichbaren Widerstand gegen das Zerreißen zu erzielen; mit anderen Worten, es ändert sich mit der sich ändernden Garnnummer auch der Drehungskoeffizient α.

Ermittelt man den Draht T_1 eines Zwirnes mit der Nummer N_1, so läßt sich der Drehungskoeffizient errechnen mit

$$\alpha = T_1 : \sqrt{N_1} \, . \tag{6}$$

Mit dieser Konstanten können dann mit der Formel (5) alle nahe beieinanderliegenden Drehungswerte errechnet werden, wenn das Rohmaterial der Vorlage gleich ist.

Ändert sich aber die Vorlage und der Draht des Einzelfadens, so ändert sich auch der effektive Wert für α.

Die in der Tab. 12, S. 80, der 1. Aufl. dieses Buches dargestellten Werte für α haben also nur eine bedingte Gültigkeit. Es ist zweckmäßig, die empirisch ermittelten, korrigierten α-Werte in einer sorgfältig geführten Tabelle zu sammeln.

Um eine Berechnung auch dann zu ermöglichen, wenn geeignete Erfahrungswerte gänzlich fehlen, verwendet man mit gutem Erfolg die von KÖCHLIN auf empirischem Wege ermittelte und in der Praxis schon lange erprobte sogenannte erweiterte Zwirndrahtformel:

$$T = \frac{T_1 \sqrt[3]{F_1}}{\sqrt[2]{N_{e z_1}} - \dfrac{1}{F_1}} \; \frac{\sqrt[2]{N_{e z}} - \dfrac{1}{F}}{\sqrt[3]{F}} = \alpha \, \frac{\sqrt[2]{N_{e z}} - \dfrac{1}{F}}{\sqrt[3]{F}} \, . \tag{7}$$

Hierin bedeuten: F und F_1 die Fachung, N_{ez} und N_{ez_1} die engl. Zwirnnummer, T und T_1 die Drehung pro Meter.

Anwendungsbeispiel: In einem Betrieb wurde bisher ein Garn N_{ez_1} 20/5, also N_{ez_1} 4 mit $T_1 = 150/\mathrm{m}$, hergestellt. Es soll nunmehr ein charaktergleiches Garn aus 40/6 hergestellt werden. Wie groß ist die neu einzustellende Drehzahl?

$$\alpha = \frac{T_1 \sqrt[3]{F_1}}{\sqrt[2]{N_{e z_1}} - \dfrac{1}{F}} = \frac{150 \sqrt[3]{5}}{\sqrt[2]{4} - \dfrac{1}{5}} = 142 \, .$$

Die Drehung für ein Garn 40/6 beträgt dann nach Formel (7):

$$T = \alpha \, \frac{\sqrt{N_{e z}} - \dfrac{1}{F}}{\sqrt[3]{F}} = 142 \, \frac{\sqrt{6,67} - \dfrac{1}{6}}{\sqrt[3]{6}} = 187 \; T/\mathrm{m} \, .$$

Das Verhältnis der in den verschiedenen Maßeinheiten ausgedrückten Drahtzahlen. Bei der Anwendung des KÖCHLINschen Gesetzes wird der Berechnung in den meisten Fällen die Drahtzahl pro Zoll zugrunde gelegt.

Wird es gefordert, diese Größe auf die Länge 1 m umzulegen, so gilt für die Umrechnung nachfolgende Ableitung:

1. Für Baumwolle: $T/'' = \alpha_{\mathrm{engl}} \sqrt{N_e}$,

$$T/\mathrm{m} = \alpha_m \sqrt{N_m} = \frac{\alpha_{\mathrm{engl}} \sqrt{0,59 \cdot N_m}}{0,0254} \, ,$$

$$T/\mathrm{m} = \alpha_{\mathrm{engl}} \cdot 30,26 \sqrt{N_m} \, .$$

2. Für Leinen: $T/'' = \alpha_{\mathrm{engl}\,L} \sqrt{N_{eL}}$,

$$T/\mathrm{m} = \alpha_m \sqrt{N_m} = \frac{\alpha_{\mathrm{engl}\,L} \sqrt{1,654 \cdot N_m}}{0,0254} \, .$$

$$T/\mathrm{m} = \alpha_{\mathrm{engl}\,L} \cdot 50,65 \sqrt{N_m} \, .$$

5. Die Änderung der Garnlängen beim Zwirnen — Die Einzwirnung

Aus Gründen des betrieblichen Rechnungswesens tritt in Fachkreisen sehr oft der Wunsch auf, die Längenänderung der Garne *vor* der Verarbeitung hinlänglich genau zu bestimmen oder sogar die Kenntnis einer Formel zu erlangen, die alle eintretenden Veränderungen eines Garnes enthält, so daß man mit Hilfe einer exakten Berechnungsmethode vordisponieren kann.

In einer Stellungnahme[1] zu diesem Problem wurde auf die Schwierigkeiten hingewiesen, die die Ermittlung einer solchen Formel mit sich bringen würde. In Anlehnung an streng mathematische Rechenkunststücke verschiedener Fachleute wurde auch die Meinung geäußert, daß eine solche Formel wohl praktisch nicht gefunden werden könnte, weil die Einzwirnung von einer Reihe von Faktoren, wie sie nachfolgend genannt werden, abhängig ist. Diese Faktoren sind:

1. Gespinstnummer,
2. Zwirnnummer,
3. Spinndrehsinn und Zwirndrehsinn (auch der Drehsinn des Vorzwirnes),
4. Fachung,
5. Fadenspannung beim Zwirnen,
6. die Dehnung des Rohstoffes.

Wegen der Schwierigkeit also, eine formale Erfassung der Einzwirnung mit Hilfe einer Gleichung durchzuführen, begnügte sich der Verfasser mit der damaligen Darstellung einer Tabelle (Tab. 12, S. 80, der 1. Aufl.) zur Ermittlung dieser Einzwirnung.

Eine sehr große, auf statistischer Basis durchgeführte Untersuchungsreihe[1] zeigte aber, daß zwar diese Einflüsse grundsätzlich bestehen, aber im Endergebnis nicht zu der gefürchteten Varianz führen. Sicherlich ist die Einflußgröße nicht, wie man auf Grund der vorgenannten 6 Punkte erwarten durfte, eine Gleichung sechsten Grades, sondern, wie man aus der Niederschrift erkennt, besteht nur eine Gleichung zweiten Grades. Das Ergebnis der nachfolgend aufgeführten Untersuchungen soll wegen des praktischen Wertes und des allgemeinen Interesses vorweggenommen werden.

Bei Baumwollgarnen beträgt die Einzwirnung in Prozent:

$$e\% = \left(\frac{8}{N\,m} + 0{,}05\right) T \left(\frac{T}{2} - 3\right) \tag{8}$$

Bei Wollgarnen beträgt die Einzwirnung in Prozent:

$$e\% = \left(\frac{9{,}5}{N\,m} - 0{,}06\right) T \left(\frac{T}{2} - 1\right) \tag{9}$$

Es bedeutet:

e Einzwirnungsprozentsatz,
T die Drehung *pro Zentimeter*,
$N\,m$ einfache Garnnummer metrisch.

Mit diesen beiden Formeln in Verbindung mit der bereits 1955 vom Verfasser bekanntgegebenen Drehungsformel für Wollzwirne und den bekannten Drehungsformeln für die Ermittlung der Baumwollzwirne ist eine wesentliche Lücke in der dispositiven Betriebsrechnung geschlossen worden. Dies möge an einem Beispiel für Wolle demonstriert werden:

---

[1] SCHNEIDER, J.: Änderung der Garnlänge beim Zwirnen. Z. ges. Textilind. 1959, H. 1, S. 10; H. 3, S. 79.

Aus einem Nm 48 Kammgarn soll ein zweifacher Mouliné hergestellt werden.
Welche Garndrehung ist erforderlich und
welche Einzwirnung ist zu erwarten?

Die Garndrehung errechnet sich, sofern keine anderen betriebsüblichen praktischen Daten vorliegen, mit

$$T/m = \left(\sqrt{N\,m\,z} - \frac{1}{F} \right) \cdot A$$

(F Fachung; A 80···100 für Schuß; 150 für Kette; 181 für Mouliné)

$$T/m = \left(\sqrt{24} - \frac{1}{2} \right) \cdot 181 = 795\,/m\,.$$

Die Einzwirnung errechnet man nach der oben bekanntgegebenen Formel des
Verfassers mit

$$e\% = \left(\frac{9,5}{48} - 0,06 \right) 7,95 \left(\frac{7,95}{2} - 1 \right) = 3,26\%\,.$$

Es erübrigt sich, ein paralleles Beispiel für die Baumwolle zu berechnen, weil
dies unter Benützung des Rechenrezeptes und der angegebenen Literaturhinweise
jederzeit möglich ist. Im übrigen haben die genannten Formeln einen sehr allgemeinen Charakter.

Der Prozentsatz wird bei mehrfädigen Zwirnen größer.

Wird im Sinne der Spinndrehung weitergezwirnt, so treten folgende Prozent-
sätze auf:

Bei weicher Drehung 8%, bei Kreppdrehung 20%.

6. Das Prüfen der Zwirne mit dem Drehungsprüfer

Um die Drehung des Zwirnes nachzuprüfen, ist das in der Abb. 159 dargestellte
Gerät geeignet.

Zwischen den beiden Klemmen *1* und *2* wird der Zwirn eingeklemmt. Die
Klemme *2* kann sich beim Aufdrehen des Zwirnes und bei der entstehenden
Verlängerung in Pfeilrichtung unter dem Zuge des Gewichtes *3* bewegen. Die

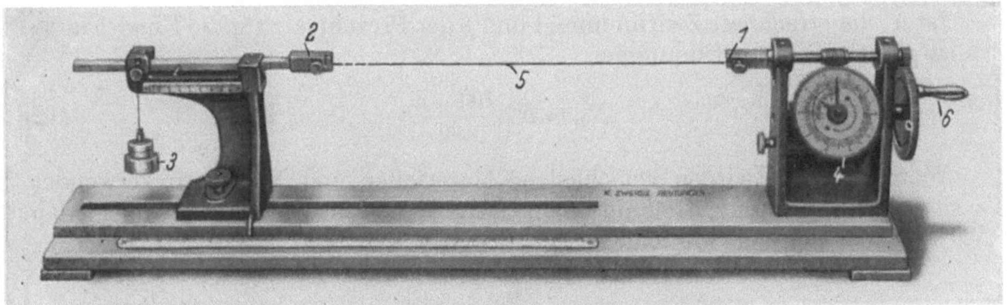

Abb. 159. Drehungsprüfer zur Ermittlung der Garndrehung (Zweigle)

Klemme *1* wird durch eine Handkurbel *6* so lange gedreht, bis die im Zwirn
liegenden Einzelfäden eine parallele Lage zeigen. Die Anzahl der Umdrehung
kann an einer Zählscheibe *4* abgelesen werden.

Die Einspannlänge *5* beträgt für alle Zwirne 250 mm, die Mindestzahl der
Einzelbestimmungen 10 vom Anfang bis Ende eines Stranges oder von verschiedenen Spulen, wobei nach dem Normen stets aneinander anschließende Faden-
stücke zu prüfen sind.

Wird Zwirn mit Vor- und Auszwirnung untersucht, so stellt man bei 250 mm Einspannlänge zunächst die Drehung des Auszwirnens fest, dann werden die Vorzwirnfäden bis auf einen abgeschnitten und auf diesem die Vorzwirnung bei 250 mm Einspannlänge gemessen (als Vorspannungsgewicht beim Einspannen wählt man das angenäherte 100 m-Gewicht).

Mit der Drehung gleichzeitig wird auch die bei der Verzwirnung auftretende Verkürzung bestimmt. Beim Zwirnen ändert sich die Länge der Garne. Entsprechend ergibt sich beim Aufdrehen des Zwirns eine entgegengesetzte Längenänderung der einzelnen Zwirnkomponenten.

Für die Berechnung dieser Längenänderung kann die Garnlänge L_g nach dem Aufdrehen des Zwirns (Einspannlänge L + Längenänderung) oder die Zwirnlänge L_z vor dem Aufdrehen (freie Einspannlänge zwischen den beiden Klemmen des Drehungsprüfers) als Bezugsgröße gewählt werden.

Hieraus leiten sich für einstufige Zwirne folgende Beziehungen ab:

Relative Längenänderung des Garns beim Zwirnen

$$LZ = \frac{L_z - L_g}{L_g} \cdot 100\% . \tag{10}$$

Relative Längenänderung des Zwirns beim Aufdrehen

$$LA = \frac{L_g - L_z}{L_z} \cdot 100\% . \tag{11}$$

In beiden Formeln bedeutet ein negatives Ergebnis eine Verkürzung und ein positives Ergebnis eine Verlängerung.

Bei *zweistufigen Zwirnen* tritt in den Berechnungsgleichungen für die relative Längenänderung des Garns beim Zwirnen und die relative Längenänderung des Zwirns beim Aufdrehen beim *Nachzwirn* an die Stelle von L_z die Einspannlänge L_n; für L_g ist die Länge der Vorzwirne L_{v_1} nach dem Aufdrehen zu setzen. Zur Berechnung des *Vorzwirns* steht für L_z in den Gleichungen die Einspannlänge L_{v_2}, die Länge der parallelliegenden Garne L_g bleibt mit dieser Bezeichnung bestehen. Auf drei- und mehrstufige Zwirne sind diese Bezeichnungen sinngemäß anzuwenden.

Ist N_z die errechnete Zwirnnummer und p der Prozentsatz für die Einzwirnung, so ist die wirkliche Zwirnnummer

$$N_{z_1} = N_z \frac{100 - p}{100} . \tag{12}$$

Wurden beim Zwirnen verschiedene Materialien und Nummern verwendet, so sind die Einzwirnungen der einzelnen Garne (l_1, l_2, l_3 usw. ...) meist verschieden. N_{z_1} errechnet sich nun wie folgt:

$$N_{z_1} = \frac{l_z}{\dfrac{l_1}{N_1} + \dfrac{l_2}{N_2} + \dfrac{l_3}{N_3} + \cdots} \qquad (l_z = \text{Länge des Zwirnes}) .$$

Für die Gewichtsnumerierung (Titer) $(T d)$ errechnet sich die Zwirnnummer unter obiger Voraussetzung mit

$$T d_{z_1} = \frac{l_1 T d_1 + l_2 T d_2 + l_3 T d_3 + \cdots}{l_z} .$$

Diese Berechnung dürfte für die Kalkulation von ausschlaggebender Bedeutung sein.

7. Die Berechnung der Zwirnnummer

Die Ableitung der Zwirnnummer geschieht aus der bekannten Gleichung

$$N \cdot G = L \quad (N = \text{Nummer}; \; G = \text{Gewicht}; \; L = \text{Länge}) \tag{13}$$

(für metrische Garnnummer $N_m \cdot 1000 = L$,
für englische Garne $\qquad N_e \cdot 453$).
Aus dieser Grundgleichung errechnet sich

$$G = \frac{L}{N} = L \frac{1}{N} \, .$$

Sind die Nummern der zu zwirnenden Fäden verschieden, dann bleibt die
Gleichung erhalten:

$$G = L \frac{1}{N_z} = L \left(\frac{1}{N_1} + \frac{1}{N_2} + \cdots \right).$$

L läßt sich auf beiden Seiten wegkürzen, und man erhält:

$$\frac{1}{N_z} = \frac{1}{N_1} + \frac{1}{N_2} + \cdots$$

Durch Gleichnamigmachen entsteht hieraus für zweifaches Garn die Formel

$$\frac{1}{N_z} = \frac{N_2 + N_1}{N_2 N_1} \, .$$

Man schreibt nicht gerne reziproke Werte und kehrt deshalb beide Seiten
der Gleichung um, so daß folgende Formel

$$N_z = \frac{N_1 N_2}{N_1 + N_2} \tag{14}$$

als die allgemeine Zwirnformel entsteht.

Falls N_z und N_1 bekannt und N_2 unbekannt sind, so errechnet man N_2 wie
folgt:

$$\left. \begin{aligned} N_z (N_1 + N_2) &= N_1 N_2 \,, \\ N_z N_1 + N_z N_2 &= N_1 N_2 \,, \\ N_1 N_z &= N_1 N_2 - N_z N_2 \,, \\ N_1 N_z &= N_z (N_1 - N_z) \,, \\ N_2 &= \frac{N_1 N_z}{N_1 - N_2} \,. \end{aligned} \right\} \tag{15}$$

Sind die Garnnummern N_1 und N_2 gleich, so entsteht aus (14) die Doublierungs-
formel:

$$N_z = \frac{N^2}{2N} = \frac{N}{2} \, . \tag{16}$$

Werden mehr als 2 Fäden gezwirnt, so wird aus (14) nachstehende Formel
entstehen:

$$\frac{1}{N_z} = \frac{1}{N_1} + \frac{1}{N_2} + \frac{1}{N_3} + \frac{1}{N_4} + \cdots$$

Die Umstellung wie oben ergibt:

$$N_z = \frac{N_1 N_2 N_3 N_4}{N_2 N_3 N_4 + N_1 N_3 N_4 + N_1 N_2 N_3 + N_1 N_2 N_3} \tag{17}$$

Um das Berechnen der Nummer zu erleichtern und schneller zu gestalten,
kann man den Gebrauch des nachfolgend gezeichneten Nomogramms (Abb. 160)
empfehlen:

Anwendung des Nomogramms:

1. Zwei Garne $N_m = 80$ und $N_m = 60$ sollen miteinander verzwirnt werden; die N_{mz} ist zu berechnen:

Man verbindet auf der Skala, z. B. Skala C, $N_m = 80$ mit dem 0-Wert der Skala D und den Wert 60 auf der Skala D mit dem 0-Wert auf der Skala C. Der Schnittpunkt ergibt als Ordinatenlänge die N_{mz}, die auf einer der beiden Skalen abgelesen werden kann und in dem vorgenannten Beispiel $N_{mz} = 34$ ergibt.

Fragt man, mit welcher Garnnummer ist ein Garn $N_m = 80$ zu verzwirnen, um auf eine Nummer $N_m = 20$ zu kommen, so kann man dies aus dem Nomogramm auch ermitteln, indem man den Wert 80 auf Skala C mit dem 0-Wert der Skala D verbindet, dann zeichnet man von C aus durch $N_{mz} = 20$ eine Gerade, die sich mit der Verbindungslinie in F schneidet. Zeichnet man nun von $C = 0$ durch F eine Gerade, so erhält man auf D den Wert für $N_2 = 27$.

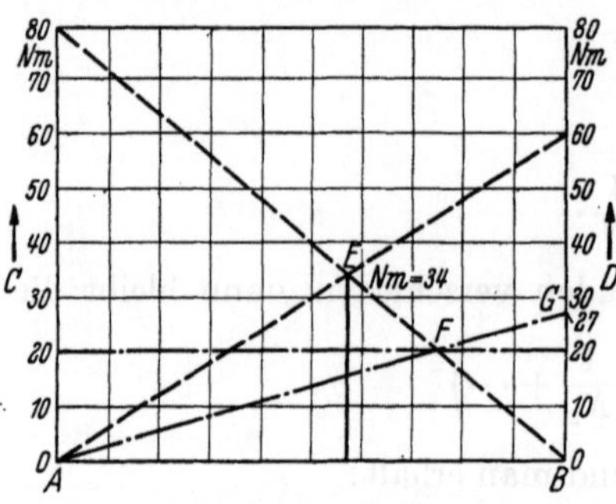

Abb. 160. Nomogramm zur Ermittlung der Zwirnnummer

Zu den errechneten Zwirnwerten ist in jedem Falle noch der Einzwirnungsprozentsatz zu berücksichtigen, den man als Faktor nach der folgenden Form zusetzen kann:

$$N_z = \frac{N_1 N_2}{N_1 + N_2} \cdot \frac{100 - p}{100} \quad (p = \text{Einzwirnung in \%}) . \quad (18)$$

Da sich diese Berechnung als sehr umständlich erweist, wenn die Vorlage aus mehreren Fäden mit verschiedenen Nummern besteht, hat OESER[1] eine andere, handlichere Formel zur Bestimmung der Zwirnnummer unter Berücksichtigung der Einzwirnung abgeleitet:

$$\frac{1}{N_z} = \frac{100}{N_1 (100 - p_1)} + \frac{100}{N_2 (100 - p_2)} + \cdots \quad (19)$$

Es bedeuten p_1 und p_2 die verschiedenen Einzwirnungsprozentsätze.

Besonders erwähnenswert ist in der genannten Veröffentlichung die einfache Handhabung der Berechnung der Garngewichte und der Teilgewichte:

Es ist

$$G_z = \frac{L_z}{N_z} \quad (\text{Index } z = \text{Zwirn})$$

und somit

$$G_z = \frac{L_z \cdot 100}{N_1 (100 - p_1)} + \frac{L_z \cdot 100}{N_2 (100 - p_2)} + \cdots \quad (20)$$

II. Die Verfahren der Zwirnherstellung

Sinn und Zweck des Zwirnverfahrens ist es, mehreren Fäden miteinander Drehung zu erteilen. Das Zwirnen ist somit ein Arbeitsverfahren, das sich vom Spinnen nur dadurch unterscheidet, daß der Streckvorgang, das Streckwerk der Spinnmaschine, entfällt. Da auch bei den Spinnmaschinen oftmals mehrere Vorgarne zur Vorlage kommen, kann man in diesem Punkte keinen Unterschied zwischen dem Spinnen und dem Zwirnen, jedenfalls nicht in der Art des Verfahrens, sehen.

---

[1] Vgl. W. OESER: Zwirnnummer und Garngewichte bei Effektzwirnen. DTG 430/1952.

Wir finden daher in den Zwirnereien die gleichen Maschinen, wie wir sie auch in den Spinnereien zur Herstellung eines gedrehten Fadens finden.

Die nachfolgende Übersicht soll diese Parallele in deutlichem Maße zeigen:

Man spinnt auf:

1. Dem Selfaktor im unterbrochenen Arbeitsverfahren.

2. Der Flügelspinnmaschine – dem Flyer in der Baumwollspinnerei als Vorspinnmaschine, in der Bastfaserspinnerei als Ausspinnmaschine).

3. Die Ringspinnmaschine, die auch in der Spinnerei wegen der großen Produktivität gegenüber dem Selfaktor bedeutend im Vorteil ist. Baumwollspinnereien sehen z. B. von der Verwendung von Selfaktoren (von wenigen Ausnahmen abgesehen) gänzlich ab.

4. Die Spinnzentrifuge in der Kunstseidenherstellung.

Man zwirnt auf:

1. Dem Twiner, dem Zwirnselfaktor im unterbrochenen Zwirnverfahren. Dieses Verfahren ist praktisch völlig überholt und ist auf dem Kontinent überhaupt nicht mehr in Anwendung. Man kannte sogar die feine Unterscheidung wie beim Spinnselfaktor: Twiners, bei denen das Aufsteckzeug auf dem Lieferwerk war, das stillstand, und Twiners, bei denen das Lieferwerk auf dem Wagen war und ausfuhr.[1]

2. Der Flügelzwirnmaschine zur Herstellung sehr schwerer Garne für die Baumwoll- und Asbestspinnerei sowie für Herstellung von Teppichgarnen. Die Bedeutung der Flügelzwirnmaschine nimmt wegen der geringeren Leistung gegenüber der Ringspinnmaschine immer mehr ab.

3. Der Ringzwirnmaschine. Sie ist im gleichen Sinne wie die Ringspinnmaschine grundsätzlich die Maschine, die in der Fertigung die größte Bedeutung hat.

4. Der Etagenzwirnmaschine und Zwirnzentrifuge. Auch diese Maschine ist nur in der Kunstseidenindustrie in Anwendung, genau wie die unter 4. genannte Spinnmaschine.

Während die vorangegangene Übersicht nach den Entwicklungsgesichtspunkten dargestellt ist, soll in der nachfolgenden Abhandlung die Reihenfolge nach der gegenwärtigen Bedeutung gewählt werden. In diesem Sinne sollen folgende Verfahren diskutiert werden:

1. Der elementare Aufbau einer Ringzwirnmaschine, 2. der elementare [Aufbau einer Etagenzwirnmaschine, 3. der elementare Aufbau einer Flügelzwirnmaschine.

1. Der elementare Aufbau einer Ringzwirnmaschine (Abb. 161 u. 162)

Die Übersicht der Arbeitsweise einer Ringzwirnmaschine läßt sich bestens an Hand der Abb. 161 und 162 kennzeichnen:

Die zur Vorlage kommenden einfachen oder gefachten oder vorgezwirnten Fäden, deren Anzahl sich nach der Fachung des Zwirnes richtet, werden unterschiedlich nach Zweckmäßigkeitsgesichtspunkten in einem *Aufsteckgatter* untergebracht. Von dort zieht das *Lieferzylinderpaar A* sie ab. Das Lieferzylinderpaar dreht sich mit einer konstanten Drehzahl, die zur Spindeldrehzahl in einem Abhängigkeitsverhältnis steht, das durch die gewünschte Drahtzahl pro Meter Lieferung gekennzeichnet ist und am Getriebe eingestellt werden kann. Nach dem Passieren des Lieferzylinderpaares gelangt das Garn der Vorlage in die Zwirnzone, die sich zwischen A und D erstreckt. Das in der Abbildung dargestellte Fadenauge C muß genau im Lot oberhalb der Spindel liegen und ist der obere Festpunkt für den Fadenballon, der ebenfalls in der Abbildung dargestellt

---

[1] Eingehende Literatur hierüber siehe BERGMANN: Handbuch der Spinnerei, 1927, 456.

ist. Bei Maschinen älterer Konstruktion ist das Fadenauge feststehend. In neueren Konstruktionen, die insbesondere durch sehr große Hülsenlängen (bis zu 300 mm)

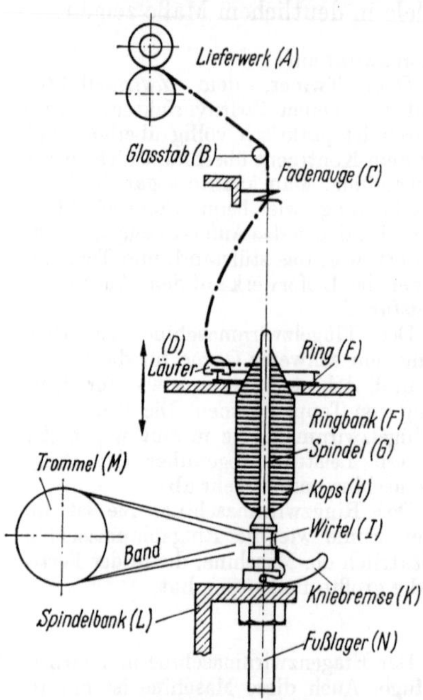

Abb. 161. Der elementare Aufbau der Ring-zwirnmaschine

gekennzeichnet sind, macht das Fadenauge eine Bewegung, die zur Ringbankbewegung proportional und phasengleich ist. Diese Bewegung hat sich bei den modernen Maschinen als notwendig erwiesen, da die wachsende Spulenlänge eine empfindliche Ballonverkürzung und demgemäß eine starke Wechselbelastung des Fadens durch Spannungsstöße auf dem Faden zur Folge hatte, die dann größere Fadenbruchzahlen erwiesen.

Zwischen C und D ist im allgemeinen noch ein Ballonbrecher angeordnet, der die allzu starke Ballongröße reduzieren soll, da die Gefahr besteht, daß bei großem Ballon die benachbarten Fäden aneinanderschlagen und so einen Fadenbruch verursachen. Diese so entstandenen Fadenbrüche haben dann noch sehr häufig einen Fehler zur Folge, der in Webereibetrieben immer besonders gefürchtet ist. Der gebrochene Faden läuft zur Nachbarspindel auf und wird mit dem dort laufenden Faden mitgezwirnt — es sind dies die bekannten Doppelzwirne.

Abb. 162. Ringzwirnmaschine

Die Drehung wird dem Faden durch das Zusammenarbeiten zwischen *Spindel G* und *Ringläufer D* erteilt. Der Draht entsteht, indem sich die Spindel mit der Hülse und dem darauf bereits gewundenen Fadenstück in Richtung der Fadenwindung dreht. Durch den Faden wird auch der Ringläufer mitgenommen, und unterhalb der Zuführung im Fadenauge entsteht der Draht. Auf Grund der bei der Rotation entstehenden Reibung des Ringläufers auf dem Ring, die durch die auftretende Zentrifugalkraft des Ringläufers bedingt ist, setzt der Ringläufer dem Faden einen Widerstand entgegen, der mit zunehmender Ringläufergeschwindigkeit, mit zunehmendem Ringläufergewicht und mit zunehmendem Ringdurchmesser zunimmt. Dieser Widerstand überträgt sich auf den Faden als Spannung und hat bei Lieferung durch den Lieferzylinder zur Folge, daß die Drehzahl des Ringläufers gegenüber der der Spindel um so viel zurückbleibt als zur Aufwindung des gelieferten Garnes notwendig ist. Diese Differenz ist also von der Größe der Lieferung abhängig und dient der Aufwindung des fertigen Garnes. Die Garnwindung wird durch die Bewegung der *Ringbank F* ständig verlegt.

Bei *Kopsbildung* macht die Ringbank zwei Bewegungen: Eine Bewegung ist zur Durchführung der Kegelwindung ständig auf- und abwärts gerichtet. Die zweite Bewegung erfolgt unterbrochen und wird durch ein Schaltgetriebe eingeleitet. Sie ist aufwärts gerichtet und erfolgt in dem Maße, wie der Kops wächst.

Bei der Bewicklung von *Scheibenspulen* macht die Ringbank lediglich eine auf- und abwärts gerichtete Bewegung. Die Geschwindigkeit ist dabei zum Unterschied der Kopsbildung gleichförmig. Die Größe des Hubes entspricht der Länge der Scheibenspule.

Der *Antrieb* der Spindel erfolgt durch Schnur oder Band von der Trommel M auf einen Wirtel J.

2. Der elementare Aufbau einer Etagenzwirnmaschine (Abb. 163 u. 164)

Technologisch gesehen ist die Arbeitsweise der Etagenzwirnmaschine die Umkehrung der Arbeitsweise der Ringzwirnmaschine (Uptwister). Die Abb. 163 und 164 stellen die Arbeitsweise der Etagenzwirnmaschine dar. Die Garnvorlage F befindet sich auf der Spindel, der Faden, der senkrecht zur Spule abgezogen wird, bildet durch die Drehung der Spindel einen Ballon und wird gezwirnt. Diese Einrichtung hat den Vorteil, daß das schwere Lieferwerk, der Läufer und der Ring fortfallen. Die Drehzahl der Spindel ist daher größer als bei den Ringzwirnmaschinen und kann bei Sonderkonstruktionen Werte bis zu 20000 U/min erreichen. Der Platzbedarf für die Spindel wird dadurch bedeutend reduziert, und es können mehrere Spindeln übereinander angeordnet werden. Es besteht allerdings der Nachteil, daß keine ungefachten Garne zur Vorlage kommen können. Es können auch keine gesponnenen Garne verarbeitet werden. Der Faden würde durch die hohe Drehung der Spindel pelzig werden und würde im Ballon verfilzen und trotz der relativ geringen Spannung reißen.

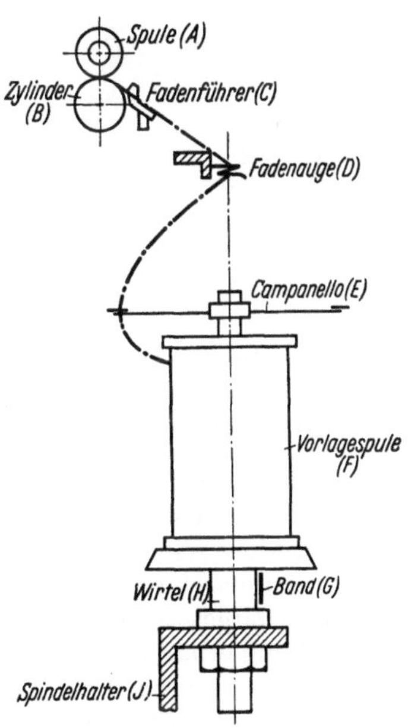

Abb. 163. Aufbau der Etagenzwirnmaschine

Aus all diesen Gründen eignen sich die Maschinen nur für die Verarbeitung von Fäden aus Reyon, Seide und synthetischen Fasern.

Die Spindel trägt die Auflaufspule F (vgl. Abb. 163 u. 164). Der Faden läuft von hier aus durch die Öse eines leichten Campanillos E, der für einen gleich-

Abb. 164. Etagenzwirnmaschine von Hamel

mäßigen Fadenabzug sorgt und den Ballon und die Fadenspannung reguliert. Das Fadenauge *D* steht fest und bildet den oberen Festpunkt für den sich bildenden Fadenballon. Die Teile *A*, *B* und *C* bilden praktisch ein Spulmaschinenaggregat. *C* ist der Fadenführer, der die Kreuz- oder Parallelwindung der Anlaufspule *A* bewirkt.

Durch den geringen Platzbedarf zwischen der Ablauf- und der Auflaufspule können mehrere Etagen übereinander angeordnet werden — in Deutschland bis 3 und in Italien sogar bis zu 5. Durch den einfachen Zwirnvorgang ist die Fadenspannung und damit die Häufigkeit der Fadenbrüche gering. Die Bedienung ist daher sehr gering und billig. Man arbeitet daher in Deutschland bei 24stündiger Maschinenlaufzeit mit einer Bedienungszeit von 8 Stunden.

3. Der elementare Aufbau einer Flügelzwirnmaschine (Abb. 165 u. 166)

Aus der Abb. 165 kann man leicht erkennen, daß der elementare Aufbau einer Flügelzwirnmaschine sich nur sehr wenig vom Aufbau einer Ringzwirnmaschine unterscheidet; schließlich ist der Aufbau der Ringzwirnmaschine auch aus der Flügelzwirnmaschine entwickelt worden, wie dies in der Abb. 167 in schematischer Übersicht dargestellt ist. Die Vorlage wird durch den Lieferzylinder *A* abgezogen. Die Drehung erhält das Garn durch den rotierenden Flügel *E*, der seinen Antrieb vom Tambour durch Band auf einen Wirtel erhält. Die Abbildungen zeigen eine Zwirnmaschine mit hängendem Flügel. Ältere Konstruktionen zeigen einen Flügelantrieb von unten. Diese älteren Konstruktionen sind gegenüber den dargestellten insofern im Nachteil, als nach vollendetem Abzug die Flügel zum Auswechseln abgehoben werden müssen. Die Spule erhält keinen Antrieb. Sie wird durch einen Bremsfilz (Reibung auf Grund des Eigengewichtes) und durch eine Schnurbremse *G* abgebremst. Durch Änderung des Umspannungswinkels der Bremsschnur kann man die Größe der Bremsung in Abhängigkeit von der ge-

wünschten Fadenspannung regulieren. Ebenfalls ist eine Regulierung durch
Änderung des Belastungsgewichtes an der Bremse möglich. Durch die Bremsung
bleibt die Spule F gegenüber der Drehzahl des Flügels E um den Betrag, der
notwendig ist, um das durch den Lieferzylinder A gelieferte Garn aufzuwinden,
zurück. Die Bewegung der Spulenbank J erfolgt mit konstanter Geschwindigkeit
und mit dem Hub, der der Spulenlänge entspricht. Das Auswechseln der Spule
ist bei der dargestellten Konstruktion leicht möglich, indem die Spulenachse nach
vorn ausgeschwenkt wird, nachdem man vorher die Fußkupplung H gelöst hat.

Der Anwendungsbereich dieser Maschinen ist
durch die Betriebsmöglichkeit der Maschinen gekennzeichnet.

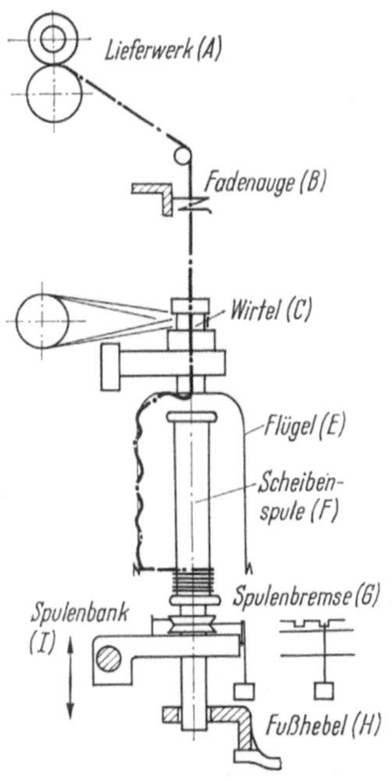

Abb. 165. Der elementare Aufbau
einer Flügelzwirnmaschine

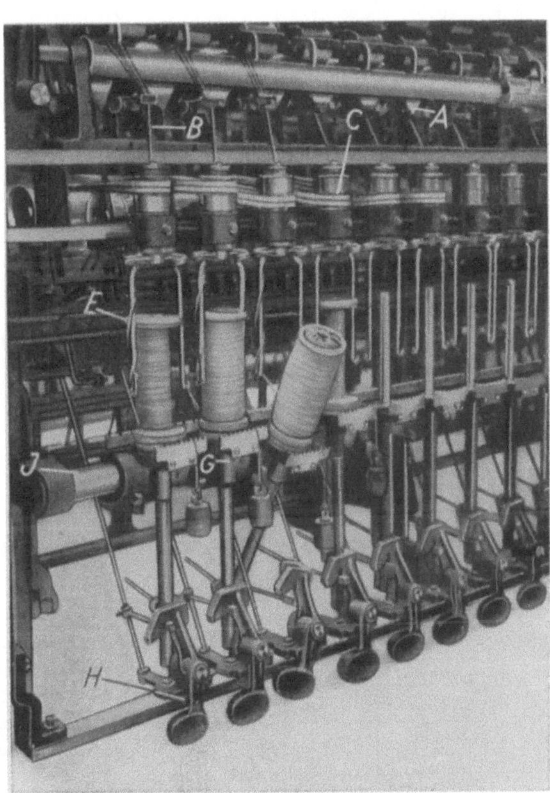

Abb. 166. Flügelzwirnmaschine von Hamel

Einmal ist die maximale Tourenzahl der Flügel mit 2000 U/min begrenzt, und
andererseits weisen die Holzspulen ein immerhin beträchtliches Gewicht auf, das
durch den Faden nachgeschleift werden muß. Es können also nur Garne verarbeitet werden, die eine große Reißfestigkeit haben, wie Bindegarne, Teppichgarne u. dgl.

4. Die Entwicklung der Zwirnverfahren

Wie die technische Entwicklung der Verfahren stattgefunden hat, möge durch
die Abb. 167 a—i gekennzeichnet werden:

Aus der Flügelspindel mit Unterbetrieb der älteren Bauart a) wurde die in
dieser Abhandlung dargestellte Anordnung des Hängeflügels entwickelt b). Eine
in der Praxis nicht durchgeführte und auch kaum durchführbare Konstruktion

zeigt c) — der Hängeflügel wird nachgeschleift, und die Spule erhält Antrieb. Die Darstellung d) ist theoretisch die gleiche Konstruktion — aus dem schweren Hängeflügel wurde hier der sehr leichte Ringläufer. In d) haben wir also das Grundprinzip der Ringzwirnmaschine zu sehen. Die Umkehrung dieses ganzen Vorganges unter Weglassung eines Flügels oder eines Ringläufers zeigt dann die Grundkonstruktion einer Etagenzwirnmaschine e).

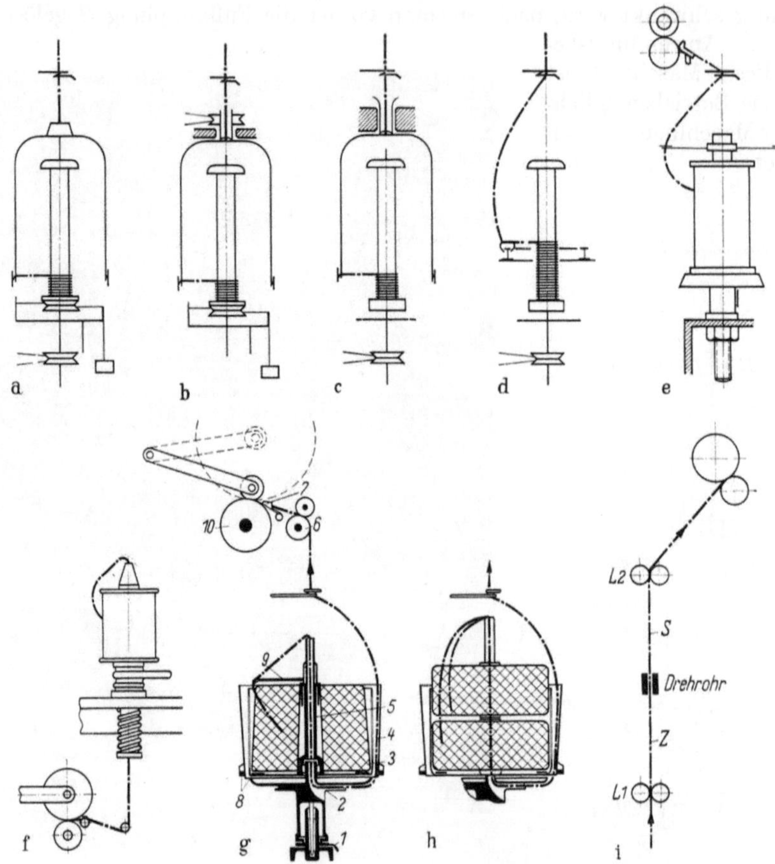

Abb. 167 a—i. Entwicklung der Zwirnmaschine.
g) Konische Kreuzspule 5″ + 6″. Spindelschema: *1* Bremse; *2* Fadenleitring; *3* Topf; *4* Begrenzer; *5* Hohlachse; *6* Voreilung; *7* Changierung; *8* Magnete; *9* Zwirnflügel; *10* Friktionswalzen

Der besondere Vorteil der Etagenzwirnmaschine muß nun darin erkannt werden, daß der Faden keinerlei Zwang, z. B. durch den Ringläufer, erhält. Die Höchstdrehzahl der Zwirnspindel wird somit nur noch durch die von der Lagerung her gekennzeichnete Spindeldrehzahl begrenzt (siehe Spindellagerung). Bei der in e) gekennzeichneten Ausführung besteht ein Nachteil insofern, als die Garndrehung bis zum Ablaufpunkt des Fadens auf den Garnkörper durchzulaufen. Ordnet man aber das Spulaggregat entsprechend Abb. 167f unterhalb der Spindel an, und wird der Faden durch die hohle Spindel abwärts geführt, dann kann man mit Hilfe einer Bremse oder einer Drallsperre an der Spindelspitze das Durchlaufen der Drehung vermeiden. Somit ist diese Anordnung auch geeignet, Stapelfasergarne zu verarbeiten. Insbesondere aber eignet sich die Ausführung für kombinierte Zwirnverfahren, sogenannte Einprozeßanlagen (s. u.). Sowohl die Konstruktionen

e) und f) laufen mit 12000 ··· (14000) Spindeltouren pro Minute. Führt man den Faden nach dem Passieren der Hohlspindel wieder in der bei e) gezeigten Art nach oben, so entsteht analog der vorangehenden Beschreibung bei jeder Drehung der Spindel eine Garndrehung in der Hohlspindel und eine im äußeren Ballon, wenn man die Spule, den Ablaufkörper stillsetzen kann. Das Prinzip dieser Ausführung wird in g) gezeigt und ist unter dem Namen Doppeldrahtzwirnen bzw. Doppeldrahtzwirnmaschine (DD-Maschine) bekannt. Grob diskutiert ergibt diese Maschine also bei gleicher Spindeldrehzahl die doppelte Leistung. Dieses Verfahren löst sowohl in der Baumwoll- wie auch Wollvorbereitung in manchen Fertigungsbereichen das Ringzwirnverfahren ab.Um das Fachen der Kreuzspule zu vermeiden, entwickelte die Firma Barmag eine Doppeldrahtspindel, die das Aufstecken von gleichzeitig zwei ungefachten Sonnenspulen möglich macht. Eine Sonderstellung nimmt das Verfahren h) in der Fertigung ein. Am besten versteht man den Vorgang des Falschdrahtes i) beim Betrachten des Herstellschemas für Kräuselgarn aus Nylon auf S. 124. Dabei wird z. B. ein s-Garn nach dem Fixieren wieder z zurückgedreht. Diese Arbeit setzt die Verwendung verschiedener Maschinen voraus. So muß mindestens einmal nach dem Fixieren gespult werden. Wie man aus der prinzipiellen Darstellung erkennt, entsteht beim Falschdraht vor dem Drehrohr eine $z(s)$-Drehung und nachher in gleicher Anzahl $s(z)$-Drehung. Wird eine der beiden Drehungen thermofixiert, so ergibt sich für jeden der beiden Herstellzweige eine kontinuierliche Fertigung. Neben diesem Vorteil ist es die zusätzlich geringe Masse des Drehrohres (verglichen mit der Spindel fehlt auch die Unwucht); sie läßt sehr hohe Drehzahlen zu (200000 bis 500000 U/min) und gewährleistet auch bei sehr feinen Garnen beachtliche Leistungen.

III. Grundsätzliche theoretische Betrachtungen

1. Das Verhältnis zwischen Garndrehung und Windungsdurchmesser

Die Bildung eines Zwirndrahtes ist nur möglich, wenn einer sich drehenden Spindel in Richtung der Spindelachse eine Garnvorlage zugeführt wird oder im umgekehrten Falle abgezogen wird. Die Größe des dabei entstehenden Drahtes ist abhängig von dem Verhältnis der Spindeldrehungen zu einer in gleicher Zeit zugelieferten Garnlänge, demgemäß also von dem Verhältnis der Spindeldrehung zur Drehung des Lieferzylinders in der gleichen Zeit.

Dieses Verhältnis wird in Zahlen wie folgt dargestellt:

$$T/m = \frac{n_s}{L} \cdot \tag{1}$$

L errechnet sich mit:

$$L = \frac{n_L \, d_L \, \pi}{1000}, \tag{2}$$

setzt man diesen Wert in (1)

$$T/m = \frac{n_s \cdot 1000}{n_L \, d_L \, \pi} \cdot \tag{3}$$

Hierin bedeuten:

T/m Drehung des Garnes pro Meter,
L Garnlänge in Meter,
n_s Spindeldrehung pro Minute,
n_L Drehung des Lieferzylinders pro Minute,
d_L Durchmesser des Lieferzylinders in Millimeter.

Die Größe der Liefergeschwindigkeit ist also ein Maß für die Größe der Drehung pro Längeneinheit für eine konstante Spindeldrehzahl.

Diese Betrachtung möge am nachfolgenden Berechnungsbeispiel veranschaulicht werden:

Es ist die Garndrehung pro Meter zu berechnen, wenn die Maße für:

Spindeldrehung mit $n_S = 4800$ U/min,
Durchmesser des Lieferzylinders mit $d_L = 35$ mm,
Drehzahl des Lieferzylinders mit $n_L = 91$ U/min

gegeben sind:

auf $91 \cdot 35 \cdot \pi$ kommen 4800 Drehungen,
auf 10 m kommen 4800 Drehungen,
auf 1 m kommen demgemäß $4800 : 10 = 480$ Drehungen/m.

Diese Berechnung ist für die Praxis immer richtig. Bei einer genauen Betrachtung jedoch stellt man fest, daß diese Berechnung einen gewissen Fehler aufweist. Dieser Fehler entsteht durch die Differenz der Drehzahl des Ringläufers gegenüber der Drehzahl der Spindel. Es wurde eingangs vorausgesetzt, daß die gesamten Spindeldrehungen, die auf die Zulieferungslänge entfallen in Garndrehung umgesetzt würden. Dies ist aber nur dann der Fall, wenn der Ringläufer die gleiche Drehzahl aufweist wie die Spindel. Dieser aber bleibt gegenüber der Drehzahl der Spindel um das Maß zurück, das notwendig ist, um die zugelieferte Garnlänge aufzuwinden; dieser Drehungsbetrag müßte von der oben berechneten Drehung pro Längeneinheit in Abzug gebracht werden. Da der Windungsdurchmesser der Spule ständig wechselt, variiert auch der Drehzahlbetrag, um den der Ringläufer gegenüber der Spindel zum Zwecke der Aufwindung zurückbleibt. Beim Winden am kleinen Spulendurchmesser muß der Ringläufer um den größeren Betrag zurückbleiben, und beim Winden in Richtung zum großen Durchmesser wird er beschleunigt. Die Abb. 168 zeigt 2 Kurvenzüge entsprechend den Aufwindedurchmessern $d = 2$ cm und $d = 4$ cm. Hiermit werden Verhältnisse dargestellt, die etwa den beim Winden auf Kegelspitze und auf Kegelbasis gegebenen entsprechen. Da σ angibt, um wieviel Prozent der Läufer gegenüber der Spindeldrehzahl zurückbleibt, kann für verschiedenste Spindeldrehzahlen und Liefergeschwindigkeiten die Läuferumlaufzahl genau bestimmt werden.

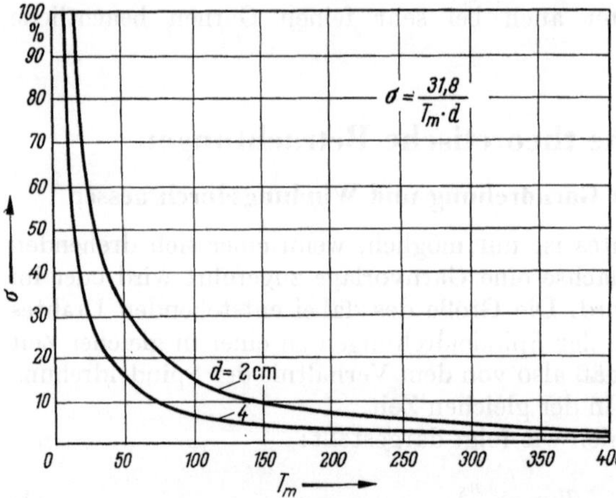

Abb. 168. Läuferschlupf σ in Abhängigkeit von der Garndrehung T_m bei verschiedenen Aufwindedurchmessern d (nach STEIN)

Bei normalen Ringspinn- und Ringzwirnmaschinen, die mit Spindeldrehzahlen zwischen 5000 und 1200 U/min und mit Liefergeschwindigkeiten bis zu max. 25 m/min arbeiten, kann mit genügender Annäherung für die Bestimmung der Fortbewegungsgeschwindigkeit des Läufers auf der Ringbahn die Spindeldrehzahl zugrunde gelegt werden. Mit einem starken Nachbleiben des Läufers gegenüber der Spindel ist dagegen bei Streckzwirnmaschinen und in Sonderfällen zu rechnen, nämlich dann, wenn das Fadenmaterial von dem Lieferwalzenpaar mit verhältnismäßig großen Geschwindigkeiten angeliefert und bei gegebener Spindeldrehzahl dem Material nur eine geringe Drehung erteilt wird.

Die tatsächliche Garndrehung entspricht der Drehzahl des Ringläufers, die auf die in der gleichen Zeit entfallende Lieferung bezogen wird. Diese schwankt aber, wie aus der vorangegangenen Betrachtung abgeleitet werden kann, in dem Maße periodisch, wie der Ringläufer am wechselnden Durchmesser windet.

Diese so entstehende Minderdrehung wird nur ausgeglichen, wenn das Garn in der späteren Fertigung über die Kopsspitze abgezogen wird, weil dann das Garn durch die *Abwindung* noch eine Verzwirnung bekommt, die betragsmäßig gleich dem Wert sein muß, der durch die *Aufwindung* verlorenging. Wird das Garn jedoch nicht über die Spitze abgezogen, sondern rollend (z. B. bei Scheibenspulen), so bleibt der Drehungsfehler erhalten. [Bei Scheibenspulen und bei Spulen mit Parallelwindung ist dieser Fehler nicht periodisch, sondern er nimmt mit wachsendem Spulendurchmesser stetig ab. Da solche Spulen (Kopse mit Parallelwindung ausgenommen) nicht über die Spulenspitze abgezogen werden können, ist es auch gänzlich unmöglich, mit diesen Windungskörpern farbig gemusterte Ketten herzustellen.]

Die Größe der absoluten Drehungsschwankung läßt sich an Hand der Formel (1) rechnerisch wie folgt darstellen:

$$T/m = \frac{n_s}{L} - \frac{1000}{d_{1;2}\,\pi}\,, \qquad (4)$$

wenn d_1 und d_2 die jeweiligen Durchmesser der Spule sind.

Beispiel: $n_s = 4800$ U/min; $L = 10$ m/min, $d_1 = 25$ mm, $d_2 = 40$ mm.

$$T/m = \frac{4800}{10} - \frac{1000}{25 \cdot \pi} \cong 467 \text{ Drehungen beim Winden am kleinen Durchmesser.}$$

$$T/m = \frac{4800}{10} - \frac{1000}{40 \cdot \pi} = 472 \text{ Drehungen beim Winden am großen Durchmesser.}$$

2. Das „Schlauchen" von Garnen

Das Verweben von Garnen, die in gefachtem Zustande zur Vorlage kommen und allein durch das Abziehen der Garne über die Spitze der Spindeln eine allerdings unregelmäßige Drehung bekommen, die so gering ist, daß man sie auf einer Zwirnmaschine nicht ordnungsgemäß herstellen kann, nennt man „Schlauchen".

Die Verwendung von geschlauchten Garnen sowohl in der Kette als auch im Schuß ergeben eigenartige flammige Effekte, die in regelmäßigem Turnus von der Mode gefordert werden.

Die Entstehung und die Größe der Drehung beim Schlauchen läßt sich aus dem Abschnitt „Das Verhältnis zwischen Garndrehung und Windungsdurchmesser", S. 137, in eindeutiger Weise ableiten.

Während das Schlauchen in der Woll- und Baumwollindustrie ein Diktat der Mode sein kann, ist es in der Reyonindustrie, in der man bekanntlich mit sehr geringen Drehungswerten teilweise arbeitet, ein berüchtigter Fehler, der erfahrungsgemäß entsteht, wenn man bei einem notwendigen mehrfachen Umspulen die „Spulrichtung" beliebig wechselt.

Um dies eindeutig zu erklären, muß auf die Tatsache hingewiesen werden, die in dem oben angeführten Kapitel rechnerisch belegt wurde, daß beim Zwirnen die wirkliche Drehung bestimmt wird durch das Verhältnis der Läuferdrehzahl zur Lieferlänge. Es wurde besprochen, daß mit Rücksicht auf den sich ändernden Durchmesser des Kopses auch die Drehung, bezogen auf eine kleine Maßeinheit (z. B. cm), stark variiert und daß die effektive Drehung des Garnes pro Meter um so viel geringer ist, als der Läufer an Drehungen gegenüber den Drehungen der Spindel zurückbleiben muß, um das Garn aufzuwinden.

Dieses Defizit wird jedoch ausgeglichen, wenn das Garn über die Spitze des Kopses abgezogen wird. Wird das Garn dagegen senkrecht zur Achse des Kopses abgezogen, so wird das Drehungsdefizit nicht behoben. Es ist nunmehr ohne weiteres erklärlich, daß bei einem mehrmaligen Abspulen über die Spitze des Kopses bei gleichem Wicklungssinn die effektive Drehung des Garnes ständig erhöht wird, bzw. wird der Wicklungssinn ständig gewechselt, so werden laufend Drehungen reduziert. Gewiß sind diese Drehungen sehr gering, wie aus der Berechnung auf S. 139 hervorgeht, etwa 3 ··· 8 Drehungen pro Meter, und fallen bei hohen Drehungswerten keineswegs ins Gewicht. Wird aber mit sehr geringen Drehungswerten gearbeitet, dann machen diese Drehungen, die nur in Abhängigkeit vom Durchmesser stehen, einen recht großen Prozentsatz aus.

Man versteht nun auch den Fehler in der Reyonindustrie. Hier wird vielfach mit Drehungswerten von 50/m gearbeitet. Wird aus der gleichen Partie die eine Spule irrtümlich mit Drehungsaddition und die andere mit Drehungssubtraktion auf- bzw. abgespult, dann ist der effektive Unterschied zweier Vergleichsspulen der gleichen Partie trotz gleicher Verarbeitungsverfahren etwa 10%!!!

Die Kennzeichnung der „Spulrichtung". Die Kennzeichnung der Zwirnrichtung ist genormt (vgl. DIN 60900) und hat sich mit den Bezeichnungen *S*- und *Z*-Drehung in der Praxis heute fast ausnahmslos eingeführt. Zur Vermeidung des Schlauchens als Fehler oder zur Erzielung des Schlauchens als Effekt führen sich als Erkennungszeichen der jeweilig zur Drahtrichtung koordinierten Spulrichtung die Begriffe „*p*-Wicklung" und „*q*-Wicklung" ein. Wie diese Begriffe zu verstehen sind, ist aus den nachfolgenden Abb. 169 und 170 ersichtlich.

Ein auf einer Zwirnmaschine mit *S*-Drehung hergestellter Zwirn ist auf dem Kops so aufgewickelt, wie dies die Abb. 169 darstellt. Beim Abziehen des Garnes über die Spitze wird der Faden entgegengesetzt des Uhrzeigersinnes abgewickelt. Hält man den gespannten Faden quer zur Achsrichtung der Spule, so sieht man entsprechend der Abbildung ein *q*, das der Faden mit der Wicklung bildet.

Die Abb. 170 zeigt das gleiche für die *Z*-Drehung, die auf der Spule eine *p*-Wicklung zeigt.

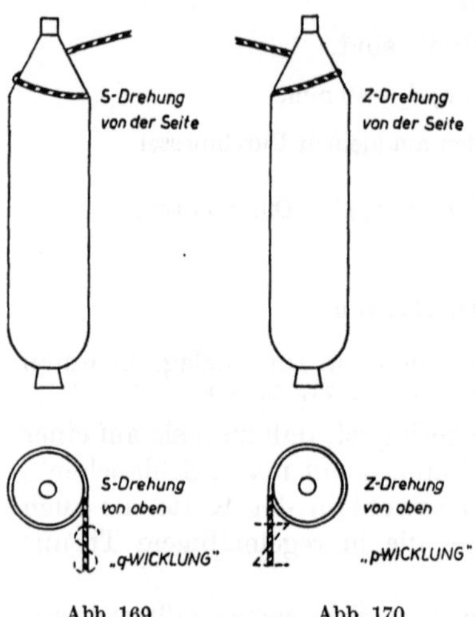

Abb. 169   Abb. 170

Wie bereits besprochen, wird die beim Zwirnen durch die Verzögerung bei der Aufwicklung entstehende Drehungsminderung beim Abziehen über Kopf ausgeglichen. In Erweiterung bedeutet dies, daß *p*-Wicklung beim Abziehen *Z*-Draht ergibt, und *q*-Wicklung ergibt *S*-Draht.

Das Vermeiden des Schlauchens ist, wenn es planmäßig durchgeführt wird, verhältnismäßig leicht. Beim Abziehen vom Zwirnkops ist kein Fehler möglich, weil wohl niemals einer auf den Gedanken kommen wird, die Zwirnspulen unregelmäßig einmal mit dem Fuß und dann wieder mit der Spitze auf den Aufsteckdorn zu stecken. Beim ein- oder mehrmaligen Spulen ab Kreuzspulen besteht erfahrungsgemäß sehr leicht die Möglichkeit, daß die Spulen wechselweise im und entgegengesetzt zum Uhrzeigersinn abgespult werden (man braucht ja lediglich die Spulen umzudrehen, um einen anderen Abwicklungssinn zu erzielen).

Es hat dann an die Spulerei folgende Anweisung zu ergehen:

1. Entweder wird ausschließlich nur auf konische Spulen gespult, oder
2. es werden die Spulen farbig gekennzeichnet.

Die unter 2. benannte farbige Kennzeichnung hat beispielsweise wie folgt zu geschehen:

Vorlage: Zwirnkopse S-Draht; q-Wicklung, beim Abspulen bekommt man S-Draht. Soll dieser S-Draht bei einem nochmaligen Spulen wieder aufgehoben werden, so muß die Zwirnerin angewiesen werden, die auf der Maschine laufenden Kreuzspulen von *links* z. B. rot zu markieren (beim Lauf deshalb, weil dann der ganze Teller rot angefärbt wird). Beim Abspulen muß die Spule so aufgesteckt werden, daß der rote Teller nach oben weist; man erkennt dann p-Wicklung, die beim Abspulen Z-Draht ergibt. Wird nochmals umgespult und soll auch die letzte S-Drehung aufgelöst werden, so muß beim Spulen die *rechte* Seite der Kreuzspule während des Laufes z. B. grün angefärbt werden. Beim Aufstecken muß Grün nach oben weisen. Man erkennt dann p-Wicklung, die beim Abspulen Z-Draht ergibt.

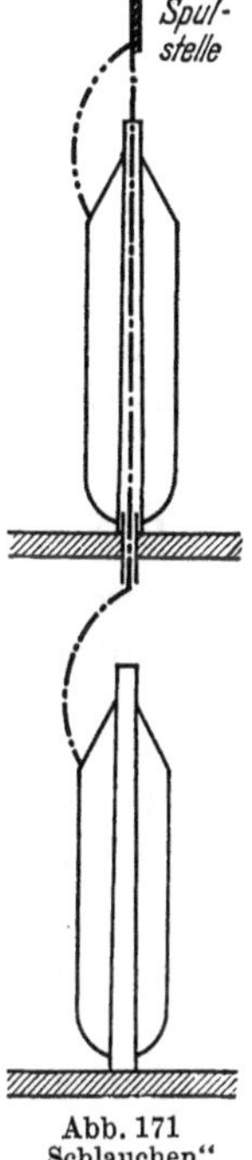

Abb. 171
„Schlauchen"
der Garne

Es ist stets wie beschrieben richtig, die Farben beim Aufstecken nach oben weisen zu lassen (man könnte es natürlich auch umgekehrt machen), weil sich dann die notwendige ständige und peinliche Betriebskontrolle leichter durchführen läßt. Nicht gekennzeichnete Spulen müssen auf Drehung und Wicklungsrichtung erst untersucht werden.

Die Erzielung des Schlauchens ist unter Beachtung der dargestellten Voraussetzungen natürlich leicht. Mechanisch wird dies so durchgeführt, wie dies in der Abb. 171 dargestellt ist. Man durchbohrt mit der Trommelteilung der Spulmaschine ein Brett und setzt in diese Bohrungen ein Rohr, das nach oben den Durchmesser aufweist, der ausreichend ist, um, wie in der Abbildung dargestellt, als Aufsteckdorn für einen Kops dienen zu können. Steckt man, wie in der Vorrichtung gekennzeichnet, zwei Spulen mit p-Wicklung, so werden die Garne Z-geschlaucht. Die Anzahl der Drehungen ist unabhängig von der Anzahl der Wicklungen pro Meter abgezogenem Garn und somit vom Durchmesser. Ist die Drehung nicht ausreichend, so muß nochmals geschlaucht werden.

Man kann natürlich auch ohne diese Vorrichtung auskommen, wenn man die Garne zuerst auf einer Fachspulmaschine facht und nachher umspult — allerdings unter Beachtung der genannten Regeln.

3. Das Verhältnis zwischen Windungszahl und Windungsdurchmesser

Dieses Verhältnis ist die Voraussetzung für die Bestimmung des nächsten Dispositionspunktes: das Verhältnis zwischen Hubgeschwindigkeit und Windungsdurchmesser. Es ist somit von grundsätzlicher Bedeutung für die Konstruktion von Ringbankexzentern, deren Kurvenlauf sich nach diesen Gesetzen richten muß.

Bezeichnen wir mit:

n_S die Drehzahl der Spindel, n_L die Drehzahl des Läufers und w die Anzahl der Windungen, so besteht nach (5) die Beziehung:

$$w = n_S - n_L. \tag{5}$$

Soll eine bestimmte Fadenlänge L aufgewunden werden, dann ist dazu die Windung

$$w = \frac{L}{\pi \, d_{1;2}} \tag{6}$$

notwendig, wenn $d_{1;2}$ der Durchmesser der Spule ist, und zwar:

d_1 Durchmesser am kleinen Windungsdurchmesser,
d_2 Durchmesser am großen Windungsdurchmesser.

Es ist somit:

$$w_1 = n_S - n_{L_1} = \frac{L}{\pi\, d_1} \tag{7}$$

und

$$w_2 = n_S - n_{L_2} = \frac{L}{\pi\, d_2}. \tag{8}$$

Setzen wir die Gl. (7) u. (8) zueinander ins Verhältnis, so erhalten wir:

$$\frac{w_1}{w_2} = \frac{d_2}{d_1}, \tag{9}$$

d. h. die Windungszahlen stehen zu den Windungsdurchmessern im umgekehrten Verhältnis.

4. Das Verhältnis zwischen Hubgeschwindigkeit und Windungsdurchmesser

Wird das in der Zeiteinheit gelieferte Fadenstück L mit einer Steigung s und mit w Windungen aufgewickelt, dann ist der Hub der Ringbank:

$$h = w\,s. \tag{10}$$

Man kann bei kleinem Steigungswinkel die Fadenlänge einer Windung mit hinreichender Genauigkeit mit

$$L = \pi\, d \tag{11}$$

berücksichtigen und erhält für w Windungen

$$L = \pi\, d\, w \tag{12}$$

oder

$$w = \frac{L}{\pi\, d_{1;2}} \tag{13}$$

und

$$h = \frac{L\,s}{\pi\, d_{1;2}}. \tag{14}$$

(Der Hub pro Zeiteinheit entspricht der Hubgeschwindigkeit.)

Für die Windungsspitze:

$$h_1 = \frac{L\,s}{\pi\, d_1}$$

Für die Windungsbasis:

$$h_2 = \frac{L\,s}{\pi\, d_2},$$

somit verhält sich

$$\frac{h_1}{h_2} = \frac{d_2}{d_1}; \tag{15}$$

d. h. die Hubgeschwindigkeiten verhalten sich umgekehrt wie die Windungsdurchmesser.

5. Die auftretenden Fadenkräfte (Abb. 172)

Die Diskussion der auftretenden Fadenkräfte ist außerordentlich problematisch, da die Zusammenhänge teilweise statischer und teilweise dynamischer Natur sind. In diesem Zusammenhang sollen nur die Gesichtspunkte herausgestellt werden, die eine fertigungstechnische und eine konstruktive Bedeutung haben[1].

---

[1] STIEL: Elektrotechnik in der Textilindustrie. — BERGMANN: Handbuch der Spinnerei.

In der nachfolgenden Abbildung sind die Verhältnisse der Fadenspannungen während der Arbeit des Ringläufers dargestellt.

Es bedeuten:

P der Fadenzug von der Spule her,
Q der Fadenzug vom Ballon mit den Projektionen Q', Q'',
G_e das Läufergewicht,
C_c Zentrifugalkraft des Läufers,
R_e Reibung des Läufers am Ring.

Die Kräfte P und Q sind mit ihren Projektionen zerlegt worden in ihre radialen und tangentialen Komponenten.

Die Kräfte P_r, Q_r, G_e und C_c wirken in derselben Axialebene. Die Resultierende K dieser Kräfte drückt den Läufer gegen den Ring, und dies ist dann die Ursache für die bewegungshemmende Läuferreibung:

$$R_e = \mu \cdot K .$$

Auch die Komponente Q_t wirkt im gleichen Sinne bewegungshemmend. Um dem Läufer die Bewegung zu erhalten, muß die Tangentialkomponente eine Größe haben von

$$P_t = R_e + Q_t ,$$

von den in der Axialrichtung wirkenden Kräften hat die Zentrifugalkraft die größte Bedeutung und steht bei einem vorgegebenen Läufergewicht zur Läufergeschwindigkeit in quadratischem Verhältnis.

Aus der Abbildung läßt sich durch die Zerlegung der Komponenten sehr

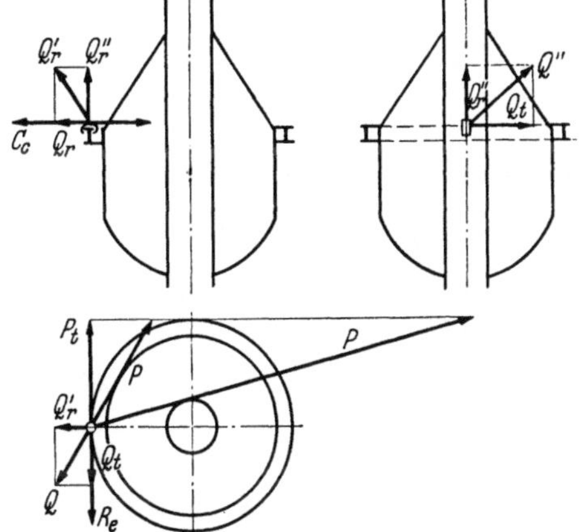

Abb. 172. Die beim Zwirnen auftretenden Fadenkräfte

leicht nachweisen, daß zur Aufrechterhaltung dieser Kraft P_t, die zur Ringläufergeschwindigkeit ins Verhältnis gesetzt werden muß und insofern nicht als konstant angesehen werden kann, sehr unterschiedliche Fadenspannungen notwendig sind. Aus der gleichen Abbildung läßt sich durch kleine Umänderungen sehr leicht der außerordentlich nachteilige Einfluß einer nicht exakt zentrierten Spindel auf die Fertigung nachweisen. Weiter sieht man aus der Abbildung den Grund für die Erfahrungstatsache, daß man die Maschine nicht während des Zwirnens am kleinen Durchmesser anstellen kann, auch die Notwendigkeit eines Hülsenansatzes ist erkennbar.

Es ist jedenfalls aus dieser Darstellung, die keineswegs Anspruch erheben kann, daß alle Beeinflussungen berücksichtigt wurden, klar erkenntlich, daß der Faden während des Arbeitsprozesses sehr stark wechselnden Spannungen unterworfen ist.

Diese differenten Spannungen können nur durch die Elastizität des Fadenballons aufgefangen werden, und hierin liegt die Begründung für eine ausreichende Ballonlänge. Ist diese nicht garantiert, z. B. wenn mit sehr langen Hülsen (bei modernen Maschinen bis zu 300 mm) gearbeitet wird, so ist es eine notwendige Forderung, daß

1. die Ballonlänge dadurch hinlänglich konstant gehalten wird, daß die Fadenführungsstange mit den Fadenaugen eine der Ringbank periodengleiche Bewegung machen muß oder

2. daß die Spindelbank in dem Maße gesenkt wird, wie die Ringbank normalerweise höher geschaltet würde.

IV. Konstruktionselemente der Zwirnmaschinen

1. Aufsteckgatter für Zwirnmaschinen

Für die Unterbringung des Vorlagematerials auf der Zwirnmaschine dienen sogenannte Aufsteckgatter. Die Ausführungsformen solcher Aufsteckgatter sind so mannigfaltig, daß es unmöglich ist, im Rahmen dieser Abhandlung auf alle gebräuchlichen Formen einzugehen. Die Problematik in der Ausführungsform liegt auf Gebieten der Arbeitsrationalisierung. Durch die geeignete Unterbringung der Vorlagespulen will man die für die Bedienung des Gatters notwendige Arbeitszeit weitestgehend reduzieren, indem man entweder große Garnkörper — Kreuzspulen — unterbringt oder die Anordnung der Kopse möglichst handlich gestaltet. Nicht selten muß man beide Aufsteckungsmöglichkeiten vorsehen.

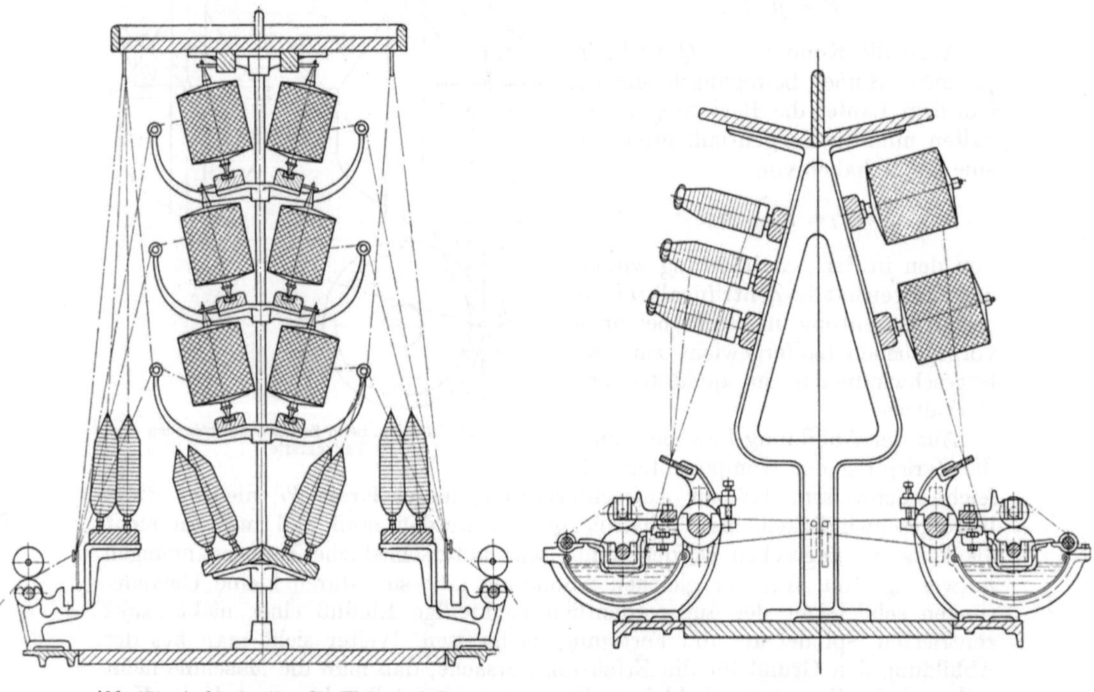

Abb. 173. Aufsteckgatter für Woll- und Baumwoll-
zwirnereien

Abb. 174. Gatter für Stapelware mit Naßzwirnvor-
richtung

Einige ganz wesentliche Gesichtspunkte sollen an Hand der nachfolgenden Abb. 173 bis 179 besprochen werden.

Woll- und Baumwollwebereien bevorzugen ein Gatter, das den prinzipiellen Aufbau der Abb. 173 zeigt. Dieses Gatter läßt folgende Aufsteckmöglichkeiten zu: 2fach Kops, 2fach Reservekops und 2fach stehende Kreuzspulen in drei Etagen versetzt angeordnet. Es besteht somit die Möglichkeit, nur von Kopsen oder nur von Kreuzspulen sowie auch von gemischter Vorlage abzuziehen. Dieses Gatter gibt die größtmögliche Variationsmöglichkeit.

In dem Maße, wie in einem Webereibetrieb die Variationsmöglichkeiten in der Musterung zurückgehen, stellt man auch geringere Ansprüche an die Konstruktion des Gatters. So zeigt die Abb. 174 die sehr einfache Ausführungsform, wie sie in der Stapelwarenindustrie bevorzugt wird. Hier fehlen die Variationsmöglichkeiten gänzlich. Beliebter als diese Aufsteckmöglichkeit in zwei oder drei Etagen sind in der gleichen Industrie Aufsteckmöglichkeiten mit vier Etagen. Man legt in der Stapelwarenindustrie vielmehr Gewicht darauf, möglichst große Garnmengen als Vorlage unterzubringen. Wohin man sich in diesem Bestreben zuweilen versteigt, zeigen die Abb. 175 und 176. Hier wurden oberhalb der Maschine Reifen angeordnet, in die man die Vor-

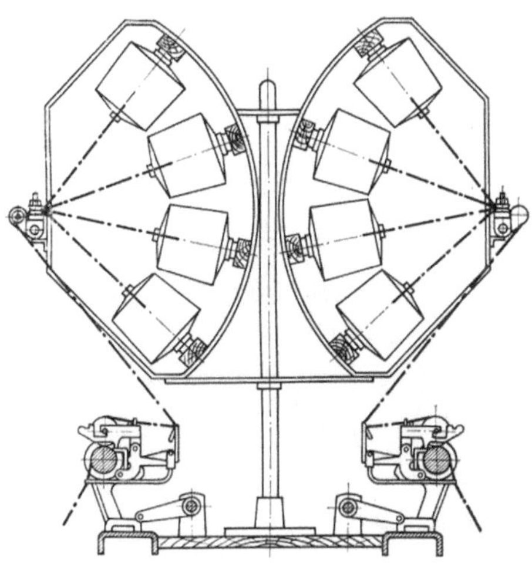

Abb. 175. Markantes Aufsteckgatter: je Zwirnspindel zwei konische Kreuzspulen in vier Höhen, halbmondförmig angeordnet

Abb. 176

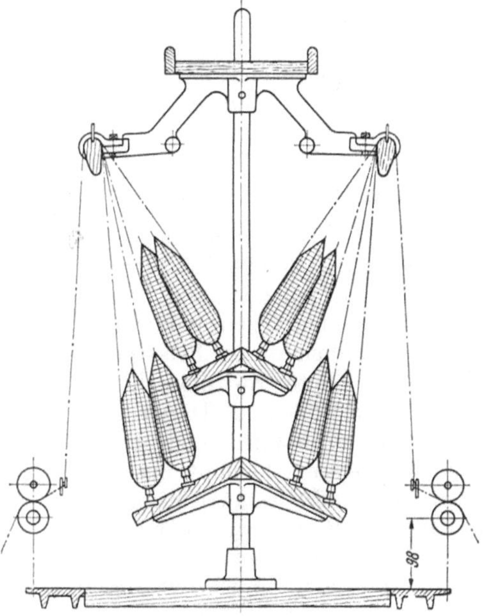

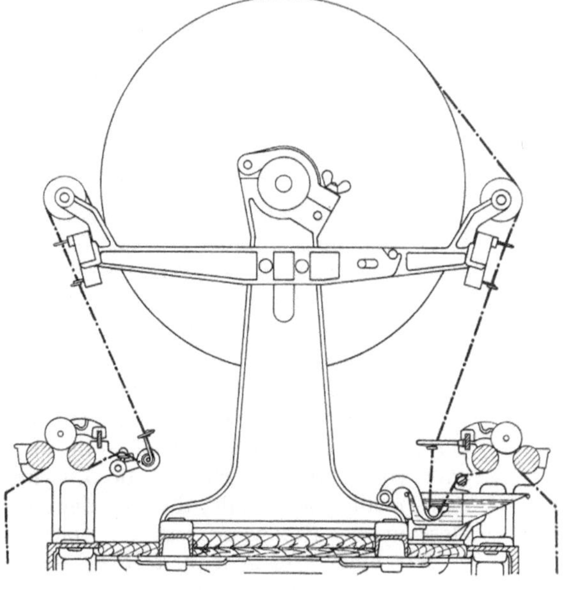

Abb. 177. Abzug ist nur von Kopsen möglich

Abb. 178. Zettelbaum als Vorlage

lagespulen steckte, die zum Teil hintereinander geknüpft wurden und zentral abgezogen wurden. Eine solche Vorrichtung konnte sich jedoch, obwohl aus der Praxis gewünscht, nicht weiter einführen, weil die Vorrichtung zu unhandlich war.

Nicht empfehlenswert sind Aufsteckgatter, die nur einen Abzug von Kopsen ermöglichen (vgl. Abb. 177). Hier ist die Wirtschaftlichkeit des Arbeitsprozesses sehr begrenzt.

Für die Herstellung von Garnen mit einer großen knotenfreien Länge verwenden größere Zwirnereien Zettelbäume als Vorlage (s. Abb. 178). Die Bäume

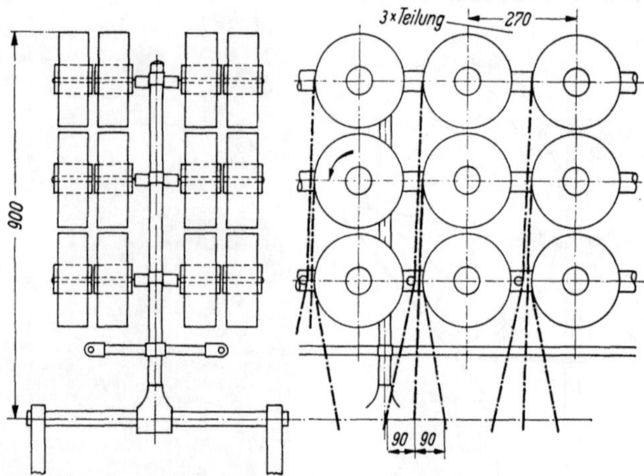

Abb. 179. Sonnenspulen als Vorlage

werden nach beiden Seiten abgezogen. Bei der Herstellung der Bäume ist hinsichtlich des Fadenabstandes Rücksicht auf die Spindelteilung zu nehmen.

Das Aufstecken von Sonnenspulen wird in den letzten Jahren in all den Fällen bevorzugt, wo es erforderlich wird, gefachte Vorlage zu verwenden.

Die Abb. 179 zeigt ein Gatter, das speziell für dieses Arbeitsverfahren entwickelt wurde. Hierbei ist die Aufsteckspindel jeder Sonnenspule um etwa 3° nach oben geneigt, so daß das Wandern der Spulen zum freien Ende der Spindel vermieden wird.

2. Lieferzylinder- und Naßzwirnvorrichtung

Der untere Zylinder — der eigentliche Lieferzylinder — ist eine durchgehende Welle, die, um Spannungen in der Maschine zu vermeiden, nach jedem Maschinenabschnitt (etwa 10···14 Spindeln) unterbrochen ist. In den einzelnen Stößen müssen die Wellen elastisch gekuppelt sein. Der obere Zylinder ist ein Belastungszylinder für jede Zwirnspindel separat. Die einzige Sonderheit, die die Belastungswalze aufweist, ist eine an der Seite eingedrehte Riefe, die für Zwirnmaschinen, auf denen hart gedrehte Garne hergestellt werden, unerläßlich ist. Durch diese Riefe wird vermieden, daß der von der Spindel nach oben verlaufende Draht den Faden aus der Klemmstelle rollt und dann in der Lagerung klemmt und reißt oder verschmutzt. Arbeitet die Zwirnmaschine mit Naßzwirnvorrichtung, so müssen alle diese Teile, die mit dem nassen Faden in Berührung kommen, in Messing oder Bronze armiert sein, damit sie vor Rost geschützt sind.

Mit einer *Naßzwirnvorrichtung* wird in Baumwoll- und Leinenzwirnereien gearbeitet, wenn man dem Zwirn ein glattes, glänzendes und rundes Aussehen verleihen will. *In der Wollindustrie wird niemals naß gezwirnt.* Zu diesem Zweck läßt man die von der Vorlage kommenden Garne durch ein Wasserbad (*ohne ein Klebemittel!!!* — gelegentlich gibt man zur Unterscheidung von Partien auswaschbare Farbstoffe hinzu) laufen.

Nach der Art der Anordnung unterscheidet man zwei verschiedene Konstruktionen: 1. den Englischen Trog (Abb. 180), 2. den Schottischen Trog (Abb. 181).

Bei den Englischen Trögen läuft die Vorlage unter einem Überlaufstab durch das Wasserbad, während das Zylinderpaar seitlich oberhalb angeordnet

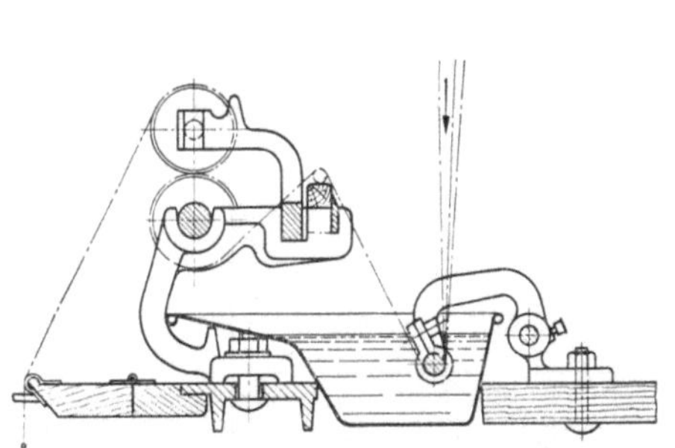

Abb. 180. Naßzwirnvorrichtung (Englischer Trog)

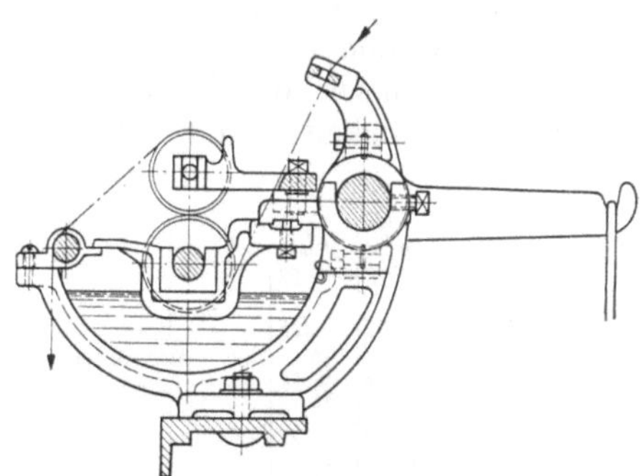

Abb. 181. Naßzwirnvorrichtung (Schottischer Trog)

ist und mit dem Wasser des Troges nicht in Berührung kommt. Beim Schottischen Trog liegt der Unterzylinder direkt im Wasser. Der Englische Trog hat gegenüber dem Schottischen Trog Vorteile. Die Handhabung ist leichter und man kann ohne eine sonstige Behinderung im Bedarfsfalle trocken zwirnen.

Bei den Schottentrögen und den großen Englischen Trögen erfolgt die Fadenzuführung changierend, damit die Fäden die Zylinder nicht einschneiden. Entlang der Maschine müssen Schutzbleche angeordnet sein, die das von den Spulen abspritzende Wasser auffangen und verhindern, daß die Spindelschnüre und die Trommel naß werden.

3. Ring und Ringläufer[1]

Die Gesamtleistung der Zwirnmaschinen ist in so hohem Maße von der Beschaffenheit von Ring und Ringläufer abhängig, daß es sich lohnt, alle Möglichkeiten einer Verbesserung der Arbeitsweise sorgfältig zu prüfen.

Manche Betriebe wählen gemäß ihrer traditionellen Entwicklung und der speziellen Arbeitsmethoden ihres Personals spezielle Läufer und Ringe, ohne vielleicht versucht zu haben, mit günstigeren Formen bessere Erfolge zu erzielen.

Die Aufgabe dieser Abhandlung soll es nicht sein, auf die tiefgründigen Probleme einzugehen, sondern in Form von Richtlinien auf das Wesentliche für den praktischen Betrieb einzugehen.

a) Die Aufgabe der Ringe und Ringläufer beim Zwirnvorgang

Zwei wichtige Aufgaben muß der Ringläufer während seines Umlaufes auf dem Ring erfüllen:

1. Er muß dem vom Lieferzylinder gelieferten Garn Drehung erteilen.
2. Er muß den gezwirnten Faden auf die Hülse aufwinden.

---

[1] Für den größten Teil der Ausarbeitung dieses Abschnittes wurden mir in dankenswerter Weise Unterlagen von der Firma Reiners & Fürst, Mönchengladbach, zur Verfügung gestellt.

10*

Er ist auf eine genau bestimmte Festigkeit gehärtet, auf Hochglanz poliert und in Form und Gewicht dem Ring, der Garnart und der Garnnummer angepaßt. Die durch den Ring vermittelten Operationen der Drahtgebung und des Aufwindens müssen ohne übermäßige Spannung, Ballonbildung und Schleudern des Garnes ausgeführt werden.

Das Verhältnis der Spindeldrehzahl zur Liefergeschwindigkeit bestimmt die Garndrehung. Der Läufer paßt sich jedem Wechsel in diesem Verhältnis selbsttätig an, ohne daß dadurch seine Funktion der Drahtgebung, Aufwindung und Spannung beeinträchtigt wird.

Das Maximum der Gleitgeschwindigkeit des Ringläufers im Ring beträgt heute bis 30 m/sek, das entspricht einer Geschwindigkeit von über 100 km/h. Die Geschwindigkeiten, mit denen sich unter bestimmten Voraussetzungen ein

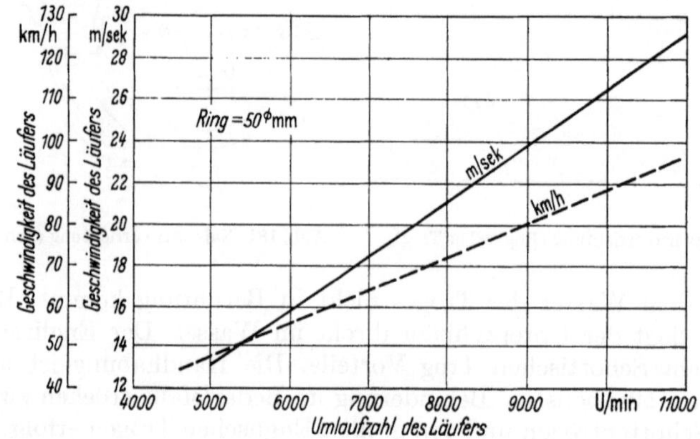

Abb. 182. Zusammenhang zwischen Umlaufzahl des Läufers und seiner Geschwindigkeit

Läufer auf der Ringbahn bewegt, können den mit Abb. 182 dargestellten Kurven entnommen werden. Hier sind die Zusammenhänge Läufer U/min — Laufgeschwindigkeiten des Läufers in m/sek und km/h aufgezeigt. Die im praktischen Betrieb üblicherweise angewandten Geschwindigkeiten liegen für eine Reibung Stahl auf Stahl außerordentlich hoch und es ist erstaunlich festzustellen, daß trotzdem für die Läufer vielfach Laufzeiten von mehreren Wochen erreicht werden, ohne daß ein übermäßiger Verschleiß des mit dem Ringinnenflansch in Berührung kommenden Läuferteils zu verzeichnen ist. Diese außerordentlich hohen Geschwindigkeiten müssen vom Ringläufer unter Flächenbelastungen von 20 kg/cm² erreicht werden. Um die Bedeutung dieser Zahl zu verstehen, muß man sich vor Augen halten, daß diese Werte meist bei trockenen oder halbtrockenen Reibungsverhältnissen auftreten. Die Beobachtungen in der Praxis zeigen, daß die genannten Werte von guten Ringläufern noch übertroffen werden, wenn alle Voraussetzungen für einen einwandfreien Lauf gegeben sind.

Der ruhige Lauf eines Ringläufers wird erreicht, wenn folgenden Gesichtspunkten genaue Beachtung geschenkt wird:

1. Vollkommene Glätte und Ebenheit der vom Läufer berührten Gleitbahn des Ringes. Jede Rauhigkeit und Unebenheit der Gleitfläche des Ringes bewirkt unruhigen Lauf des Läufers und damit ungleichmäßige Fadenspannung.

2. Vermeidung jeglicher Berührung des Fadenballons (z. B. durch unrunde Ballonbrecher. Vorteilhaft ist es, Rundballonbrecher zu verwenden. Die bekannten Separatoren – Trennbleche – sind ungeeignet). Jede in den Ballon gebrachte Unruhe wirkt sich ungünstig auf die Lage des Läufers aus und damit auch auf die Fadenspannung.

3. Genaue Abstimmung der Ring- und Ringläuferform aufeinander. Bei C-förmigen Läufern ist nach erfolgtem Anlauf nur eine Anlage des Läufers gemäß Abb. 183a erwünscht Jede weitere Berührung des Läufers mit dem Ring, z. B. Flächenberührung am Steg (Abb. 183b), regt den Läufer zu hüpfenden und springenden Bewegungen an.

4. Bei ohrförmigen Läufern ist eine ausreichende Bewegungsfreiheit des Ringläufers im Ring erforderlich, um jede eventuelle Verklemmung, insbesondere beim Anlauf, zu vermeiden.

5. Die Zwirnspindel muß zentrisch im Ring laufen.

6. Die Fadeneinführungsöse soll in der Verlängerung der Spindelmitte liegen.

7. Richtige Einstellung des Flugfängers.

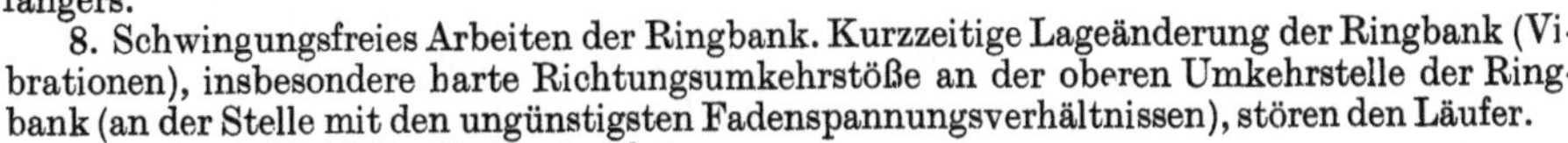

Abb. 183a u. b. Lage des Ringläufers beim Zwirnen

8. Schwingungsfreies Arbeiten der Ringbank. Kurzzeitige Lageänderung der Ringbank (Vibrationen), insbesondere harte Richtungsumkehrstöße an der oberen Umkehrstelle der Ringbank (an der Stelle mit den ungünstigsten Fadenspannungsverhältnissen), stören den Läufer.

9. Richtige Wahl des Hülsendurchmessers.

Ringdurchmesser : Hülsendurchmesser = 3 : 1.

10. Gleichmäßige Schmierung.

Ungleiche Schmierverhältnisse sind zu vermeiden. Wenn Schmierung erforderlich ist, muß diese gleichmäßig erfolgen. Jede Änderung des Schmierzustandes hat eine Änderung des Reibwertes und damit der Fadenspannung zur Folge.

b) Die Ringformen

Die wichtigsten Ringformen können der nachfolgenden Abb. 184 entnommen werden.

Der MG-Zwirnring. Die Abb. 185 zeigt den Querschnitt dieses Ringes, der erstmalig in Deutschland durch die Firma Reiners & Fürst hergestellt wird.

Seit der Entwicklung dieses Ringes und der Patentierung durch die Firma Eadie Bros. & Co., Ltd., sind besonders in England und den USA bis Ende 1950 etwa 870 000 Ringe zum Einbau gekommen. Der MG-Ring wird besonders in der Naßzwirnerei (Nähfadenindustrie) sowie überall dort bevorzugt, wo höchste Leistung angestrebt wird und auch der ältere HZ-Ring mit Öldochtschmierung nicht allen Anforderungen voll entspricht.

Die Hauptvorteile des MG-Zwirnringes sind:

1. Bei sorgfältiger Schmierung ausreichend große Fettreserven in den Rillen für mehrere Abzüge, mithin keine Produktionsunterbrechung durch Nachschmieren während eines Abzuges.

2. Zuverlässige Fettverteilung über die ganze Anlagefläche am Ring, und zwar 12 und noch mehr Male bei jeder Umdrehung.

3. Sparsamster Fettverbrauch bei geringerem Läuferverschleiß.

4. Einbau der Ringe ohne Änderung der Ringbänke.

Im einzelnen bietet der MG-Zwirnring folgende Vorteile gegenüber den bisherigen Zwirnring-Typen:

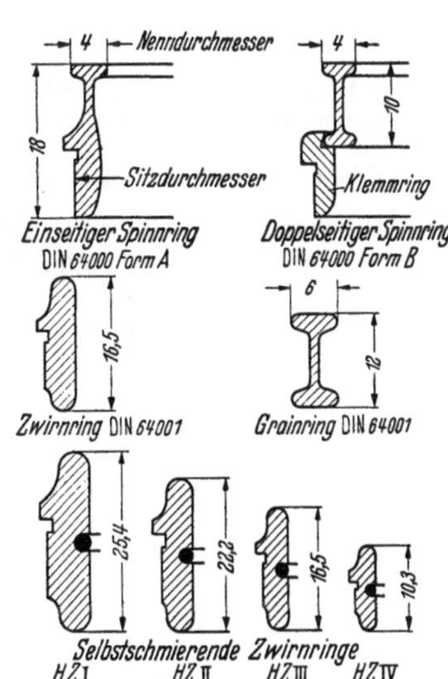

Abb. 184. Die wichtigsten Ringformen

Bei dem alten, von Hand geschmierten, einfachen Zwirnring ist die Menge des vor Arbeitsbeginn aufgetragenen Fettes sehr begrenzt. Das auf die ganze Oberfläche aufgebrachte Fett wird beim Anzwirnen zum Teil in Flöckchen abgeschleudert, ohne Schmierung zu vermitteln. Es schmilzt erst nach dem Anlaufen bzw. nach Erwärmung, haftet dann nur beschränkt und rinnt herunter. Die Schmierung ist bei starkem Fettverbrauch daher am Anfang gering, wird bei zunehmender Erwärmung besser und gleichmäßiger, nimmt jedoch in der zweiten Abzughälfte rasch ab, derart, daß der Fettvorrat sich erschöpft, so daß keine Schmierung mehr vorhanden ist und der Läufer sich heißläuft. Dabei tritt neben unruhigem Läuferlauf und vermehrten Fadenbrüchen eine starke örtliche Erhitzung auf, welche das Ablagern feinster Metallteilchen vom Läufer auf alle bestrichenen Ringflächen bewirkt, das sogenannte Bronzieren.

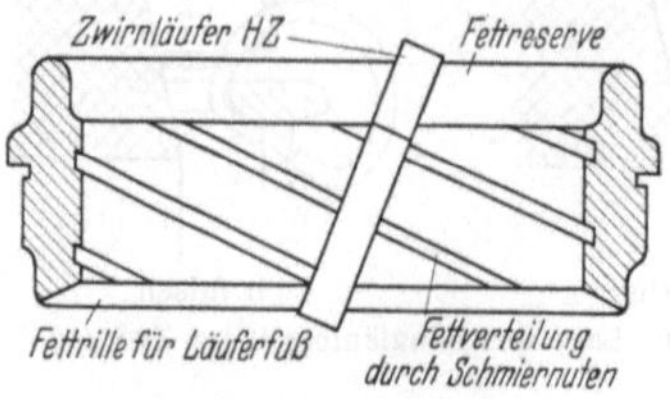

Abb. 185. MG-Zwirnring

Die große obere Fettreserve des MG-Ringes sorgt, in den schrägen Schmiernuten verteilt, für eine ausreichende und gleichmäßige Schmierung über mehrere Abzüge hinweg. Die untere Fettreserve sorgt für einwandfreie Schmierung der Läuferfüße und der Ringunterkanten, wo erfahrungsgemäß bei mangelhafter Schmierung besonderer Verschleiß des Läufers und Bronzieren der Ringe ebenfalls auftreten.

Der auch in Europa bekannte amerikanische Zwirnring mit zwei breiten, parallelen Flachrillen zur Aufnahme des Fettes hat zwar meist Fettreserven und gute Schmierung, die Rillen vermindern jedoch beträchtlich die senkrechte Anlagefläche des Läufers am Ring und benachteiligen die Läuferlage und einwandfreie Führung. An den Berührungsflächen von Läufer und Ring entsteht ein spezifisch hoher Flächendruck, der einen gesteigerten Abnutzungsgrad an diesen Stellen bewirkt.

Beim MG-Ring ist die Anlagefläche des Läufers so lang wie möglich gehalten; es wird nur wenig Oberfläche für die Schmiernuten geopfert. Außerdem wird durch jede Nute die gesamte Läuferanlagefläche geschmiert. So wird z. B. der Läufer bei einem MG-Ring von $2^1/_2''$ Innendurchmesser, welcher 12 Nuten hat, *84000 mal in der Minute* bei 7000 Spindelumdrehungen per Minute geschmiert.

Der HZ-Ring (selbstschmierender Ring mit Öldochtschmierung) vermittelt eine zuverlässige Schmierung für einen längeren Betriebszeitraum bei Verwendung einwandfreier Öle. Seine Nachteile gegenüber dem MG-Ring bestehen in bedeutenden Mehrkosten beim Einbau in die Ringbänke durch Einfräsen von Ölrinnen oder Anbringen von Öltrögen, in der Notwendigkeit der Erneuerung der Saugdochte nach einer Durchschnittsbetriebszeit von etwa 9 Monaten und im Absinken seiner Leistungsfähigkeit bei ausgesprochener Naßarbeit.

Die Vorzüge des MG-Zwirnringes gegenüber allen anderen Zwirnringtypen besteht also im wesentlichen in:

> der besonderen Eignung für Naßzwirnerei,
> großem Fettvorrat, genügend für mehrere Abzüge,
> große Anlagefläche des Läufers bei hervorragend ruhiger Lage und sofortiger Einbaumöglichkeit ohne Ringbankänderung.

Zahlreiche Versuche und jahrelange Erfahrungen in der Praxis haben ergeben, daß der MG-Ring ein voller Erfolg ist. Bei einem Vergleichsversuch zwischen einem gewöhnlichen Zwirnring und einem MG-Zwirnring waren unter gleichen Betriebsbedingungen die Läufer auf dem einfachen Ring nach 80 Stunden verbraucht, während sie auf dem MG-Ring nach 120 Stunden noch in gutem Zustand waren. Außerdem war die Abnutzung aller Läufer auf dem MG-Ring sehr gleichmäßig.

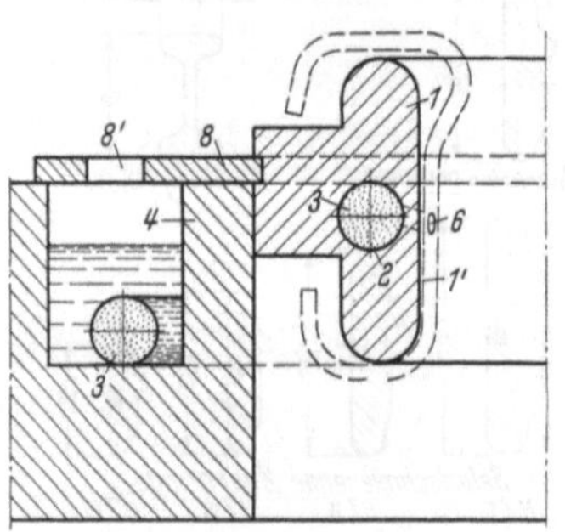

Abb. 186. Selbstschmierender Ring für Ölschmierung

Der MG-Ring ist wegen der erwiesenen Vorteile z. B. in England von allen Fabriken für Naßzwirnmaschinen als Standardausführung übernommen worden. Die Schmiernuten können nach beiden Richtungen eingearbeitet werden, je nachdem, ob bevorzugt im Uhrzeigersinn oder entgegengesetzt gearbeitet wird. Der Verbrauch an Fett ist bei Verwendung einer einwandfreien Qualität von genügender Haftfähigkeit und guter Viskosität sehr sparsam.

Die MG-Zwirnringe werden in den Normalhöhen von 25,4, 22,2, 16,7 und 10,3 mm hergestellt. Daher können auf ihnen HZ-Läufer der Systeme I, II, III und V verwendet werden.

Die Abb. 186 zeigt eine andere sehr bekannte Form der selbstschmierenden Ringe (DRP 645464) für Ölschmierung.

Die Abbildung ist der Patentschrift entnommen.

Das selbsttätige Schmieren der Ringe erfolgt durch einen oder mehrere Dochte 3, die das Schmiermittel aus dem Behälter in die Laufbahn des Ringes bringen. Durch die Kapillare 6 verteilt es sich auf die Lauffläche.

Während die Abbildung die Verwendung für Ohrringläufer zeigt, ist die gleiche Vorrichtung auch für die Verwendung von Ringläufern der bekannten normalen Form in Anwendung.

c) Die Grenzen der Leistungsfähigkeit von Zwirnläufern

Durch die Erhöhung der Spindeldrehzahlen wird versucht, die Leistung der Spinn- und Zwirnmaschinen zu vergrößern. Oft wird gleichzeitig durch die Wahl eines größeren Kopsformates auch der Ringdurchmesser erweitert. Beide Maßnahmen führen zu einer Steigerung der Läufergeschwindigkeit. Da der Läufer während seines Umlaufes um den Ring zum Zwecke der Fadenspannung eine Reibung im Ring erzeugen muß, ist eine Erwärmung des Läufers nicht zu vermeiden. Die Größe dieser Erwärmung hängt (außer von der Schmierung) ab von der Gleitgeschwindigkeit des Läufers und von der Kraft, mit welcher der Läufer durch seine Zentrifugalkraft sowie durch die Fadenspannung an die Ringbahn gepreßt wird.

Die erzeugte Wärme kann nur durch Strahlung, d. h. durch Ableitung an die Luft abgeführt werden. Sie verteilt sich um so leichter auf einen größeren Teil des Läuferquerschnittes, je größer der Querschnitt des Läufers ist. Je günstiger die Ableitungsmöglichkeiten sind, desto größer kann die erzeugte Wärmemenge = Reibungsarbeit sein. Wird mehr Wärme erzeugt, weil entweder die Gleitgeschwindigkeit oder die Spannung oder beide Werte zu groß sind, treten Temperatursteigerungen an den den Ring berührenden Läuferstellen ein, die bei Überschreitung bestimmter Temperaturen zu einem örtlichen Ausglühen des Läufers führen. Die oft beobachtete blaue Anlaßfarbe am inneren Läuferfüßchen, die bei etwa 300 °C auftritt, ist ein Zeichen dafür, daß der Läufer an dieser Stelle infolge Überhitzung seine ursprüngliche Härte und Verschleißfestigkeit verloren hat.

Man wähle bei Neuausrüstungen zum Zwecke einer günstigen Ableitung der Reibungswärme daher immer Läufer mit möglichst starken Läuferquerschnitten und die entsprechenden kleineren Ringprofile.

Beispielsweise wird man mit einem Grainläufer Nr. 2 bei Überschreitung bestimmter Läufergeschwindigkeiten oft kaum zurechtkommen, wogegen ein gewichtsgleicher Spinnflachläufer Nr. 8, der einen erheblich größeren Querschnitt aufweist, gute Ergebnisse unter gleichen Bedingungen zeigen wird.

Mit Spinnflachläufern kleinster Nummern, z. B. Nr. 20/0, wird man ebenfalls schlechter zurechtkommen als mit den gleich schweren Spinnflachklein- oder gar Spinnflachkleinstläufern, da die letzteren einen stärkeren, widerstandsfähigeren und für die Wärmeableitung günstigeren Querschnitt aufweisen.

Auch bei E- und HZ-Läufern vermeide man die aus dünnstem Draht hergestellten Läufer und wähle lieber das nächstkleinere Ringprofil, um zur Erreichung der größtmöglichen Stabilität und Wärmeableitungsfähigkeit den jeweils stärkeren Läuferquerschnitt bei gleichem Läufergewicht zu erhalten.

Beispiel: An Stelle eines HZ II-Läufers Nr. 20 verwende man einen HZ III-Läufer Nr. 20.

An Stelle eines HZ III-Läufers Nr. 25 wird ein HZ V-Läufer Nr. 25 weit bessere Ergebnisse zeigen.

Bei obigen Beispielen ist bei gleichem Läufergewicht eine Querschnittsvergrößerung und damit eine Erhöhung der Stabilität, der Verschleißfestigkeit und der Wärmeableitungsfähigkeit erreicht.

Die oben vorgeschlagenen Maßnahmen lassen sich natürlich nur nach entsprechender Ringauswechselung vornehmen. Sie sollen aber insbesondere für Anwendungsfälle als Hinweise dienen, bei denen die Wahl der günstigsten Ring- und Läuferformen noch freigestellt ist.

d) Über den Ring- und Ringläuferverschleiß

Die Oberflächenhärte und die Verschleißfestigkeit eines Spinn- bzw. Zwirnringes muß so groß sein, daß seine Läuferlaufbahnen auch nach mehrjähriger Betriebszeit ihre Form und Glätte beibehalten.

Die Ring*läufer*härte ist geringer als die Ringhärte, da der Läufer neben einer möglichst großen Härte auch sehr elastisch sein muß. Er muß die beim Aufbringen auf den Ring auftretenden Formveränderungen ohne zu brechen überstehen und muß auch insbesondere bei kleinen Läuferquerschnitten und großen Fadenspannungen (z. B. beim Zwirnen) verhältnismäßig große Biegebelastungen aushalten. Der Ringläuferhärte sind also bereits durch die Forderung nach einer großen Elastizität Grenzen gesetzt; denn je härter ein Werkstoff ist, desto geringer ist seine Elastizität.

Der Verschleiß am Ringläufer und am Ring ist aber nicht nur von der Härte der beiden Teile, sondern auch vom Härteunterschied zwischen Ring und Ringläufer abhängig. Bekanntlich sollen nie gleich harte und gleichartige Werkstoffe aufeinander gleiten. Man muß daher bestrebt sein, bei gegebener Ringläuferhärte, die bei kleinsten Ringläufern maximal etwa 58 °C Rockwell, bei größeren etwa 53 °C Rockwell beträgt, eine Ringhärte zu erreichen, die weit über derjenigen des Läufers liegt. Unlegierte und legierte Kohlenstoffstähle lassen sich, gleich ob sie im Einsatz oder durchgehärtet sind, höchstens auf 62···65 °C Rockwell härten. Diese Härte ist als unterste Grenze für einen Spinn- und Zwirnring zulässig, wobei allerdings zu berücksichtigen ist, daß für den Verschleiß nicht allein die Härte, sondern auch die Art und Menge der im Stahl vorhandenen Legierungsbestandteile maßgebend sind.

Nitrierte Ringe erreichen Härten von 66···70 °C Rockwell = 900···1000 Vickerseinheiten und sind daher besonders verschleißfest. Sie sind ferner sehr rostträge, praktisch rostfrei.

e) Härte von Ring und Ringläufer

Über den Begriff und den Verlauf der Oberflächenhärtung bei nitriert- und einsatzgehärteten Ringen bestehen noch viele Unklarheiten. Die graphische Darstellung zeigt den Verlauf der Oberflächenhärte der genannten Ringe im Vergleich zu durchgehenden Ringen. Die Ringe werden in folgenden Qualitäten hergestellt:

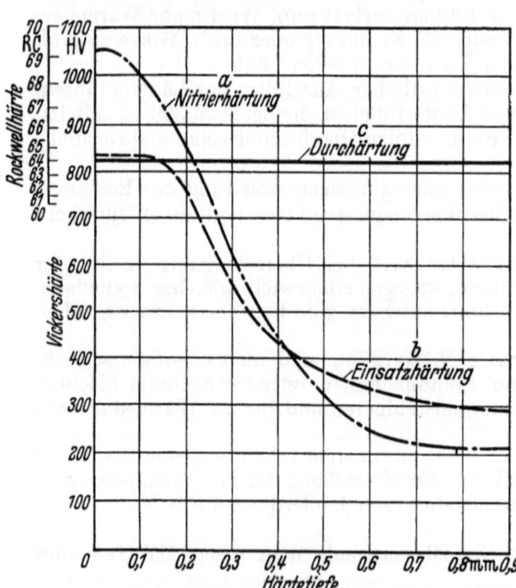

1. *Sonderstahl* (Normalausführung. Rockwellhärte etwa 63···65 °C = etwa 800···850 Vickers, *durchgehärtet*, mit gleichbleibender Härte über den ganzen Querschnitt (s. Kurve *c*, Abb. 187).

2. *Nitrierstahl* (Hochleistungsspezialringe). Rockwellhärte etwa 68···70 °C = 900···1000 Vickers, *nitriert*, oberflächengehärtet (s. Kurve *a*, Abb. 187).

Aus der graphischen Darstellung (Abb. 187) geht klar hervor, daß die *Härte nitrierter Ringe* bis zu einer Tiefe von 0,2 mm, also solange der Ring überhaupt noch als brauchbar anzusprechen ist, der Härte der anderen Ausführung *weit überlegen* ist.

Abb. 187. Verlauf der Oberflächenhärte bei *a* nitriertgehärteten Ringen, *b* im Einsatz aufgekohlten Ringen gegenüber durchgehärteten Ringen *c*

Sowohl bei nitriertgehärteten als auch bei einsatzgehärteten Ringen nimmt die Härte in den tiefer liegenden Zonen allmählich ab, wogegen bei durchgehärteten Ringen eine gleichbleibende Härte über den ganzen Querschnitt vorhanden ist.

Magnetische Eigenschaften. Es wird vielfach vermutet, daß nitrierte Ringe leichter als andere Ausführungen zum Aufmagnetisieren neigen.

Dagegen haben eingehende Versuche gezeigt, daß sich *nitrierte Ringe* im Betrieb nicht aufmagnetisieren und daß sich durchgehärtete Ringe wie einsatzgehärtete verhalten, d. h. sich geringfügig aufmagnetisieren, ohne daß der Arbeitsvorgang dadurch merklich beeinträchtigt wird.

Elastizität. Gegen durchgehärtete Ringe wird öfter der Einwand erhoben, daß sie nicht so elastisch sind wie oberflächengehärtete.

Die Elastizität der *Randzone* von oberflächengehärteten Ringen ist nicht größer als diejenige der durchgehärteten Ringe gleicher Härte. Wenn die ersteren größere Deformationen zulassen, dann nur nach vorherigem, fast unsichtbarem Zerspringen der oberflächengehärteten Einsatzschicht (Haarrisse!).

Härteprüfung von Spinn- und Zwirnringen (Abb. 188). *Grundsätzliches über die Prüfung der Härte von gehärteten Stahlteilen.* Die Härte von gehärteten Stahlteilen wird gemessen, indem man eine Diamantspitze unter bestimmter Belastung in die Oberfläche des Werkstückes eindrückt. Aus der Größe oder Tiefe des Eindruckes kann man Rückschlüsse auf die Härte des Werkstückes ziehen. Man kennt verschiedene Prüfverfahren; die bekanntesten sind:

Die Rockwell- und die Vickers-Härteprüfung.

Bei der *Rockwell*-Härteprüfung für gehärtete Werkstücke (Rockwell-Skala C) wird ein Diamantkegel von 120° Spitzenwinkel mit einer Belastung von 150 kg in die Werkstückoberfläche eingedrückt. Vergleichsmaß für die Härte ist die Eindringtiefe des Diamantkegels.

Bei der *Vickers-Härteprüfung* wird eine Diamantpyramide von 136° Spitzenwinkel mit beliebiger Belastung zwischen 1···120 kg in die Werkstückoberfläche eingedrückt. Vergleichsmaß für die Härte ist die *Diagonale* des Eindruckes.

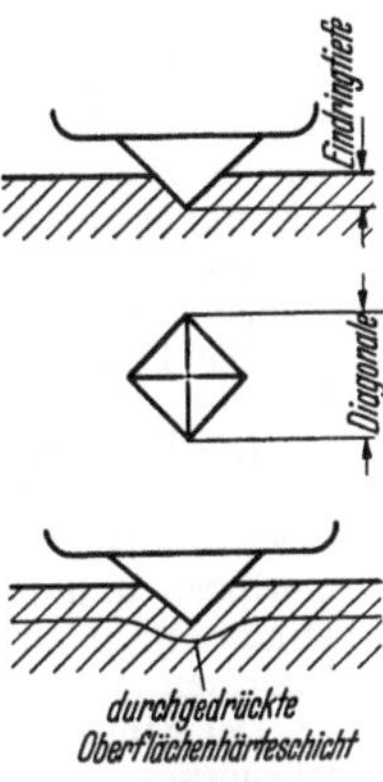

Abb. 188. Härteprüfung

Die *Rockwell-Härteprüfung* mit einer Belastung von 150 kg eignet sich nur für Werkstücke, deren Oberfläche auf eine Tiefe von mehr als 1 mm vollständig durchgehärtet ist. Für oberflächengehärtete, d. h. einsatzgehärtete oder nitrierte Werkstücke, deren Härtetiefen meist nur 0,3···0,5 mm beträgt, muß mit geringerer Prüflast gemessen werden, da die Diamantspitze sonst die oberflächengehärtete Schicht durchdrückt und eine zu geringe Härte im Meßergebnis vortäuscht.

Prüfung von Spinn- und Zwirnringen. Für die Härteprüfung von *durchgehärteten Ringen* kann die Rockwell- oder Vickers-Härteprüfung mit beliebiger Belastung durchgeführt werden. Erforderliche Härte = 62···65° C Rockwell = 750···850 Vickers.

Härteprüfungen von einsatzgehärteten Ringen. Vickers-Prüfung mit maximal 20 kg Prüflast, erforderliche Oberflächenhärte = 62···65° C Rockwell = 750 bis 850 Vickers.

Härteprüfung von nitrierten Ringen. Vickersprüfung mit maximal 10 kg Prüflast, erforderliche Oberflächenhärte = 67···69° C Rockwell = 900 bis 1000 Vickers.

Die Härtemessungen an einsatzgehärteten oder nitrierten Spinn- und Zwirnringen mit größerer Prüflast führen zu falschen Prüfergebnissen.

f) Behandlungsvorschrift für neue Zwirnringe

Zur Erreichung bester Leistung und langer Lebensdauer von Spinn- und Zwirnringen empfiehlt sich die Beachtung folgender Punkte:

1. Die Ringe sind bis zum Tage des Einbaues in die Ringbänke in der Originalverpackung zu belassen.

2. Einige Tage vor dem Einbau werden die noch in den Verpackungshüllen befindlichen Ringe in den Maschinensaal gebracht, damit eine allmähliche Angleichung der Ringtemperatur an die Saaltemperatur erfolgen kann.

3. Nach dem Einsetzen der Ringe und Halter in die Ringbänke muß die Schutzschicht (Rostschutzmittel!) durch Reiben mit einem trockenen, sauberen und weichen Putzlappen entfernt werden. Dabei ist die eigentliche Läuferanlagefläche besonders sorgfältig zu reinigen. Nach dieser Säuberung müssen die Ringe leicht mit einem weichen und sauberen Lappen, der mit einem hochwertigen, farblosen und neutralem Mineralöl getränkt ist, eingeölt werden. Wenn die Ringe während des Einbaues nachlässig behandelt werden, treten später häufig Schäden auf. Sofern z. B. nach falscher Reinigung die trockene, polierte Oberfläche der Ringe mit Handschweiß in Berührung kommt, bleibt nach Verdunstung der Feuchtigkeit ein Belag auf der hochpolierten Ringoberfläche haften, welcher Rost- und Fleckenbildung verursacht.

4. Falls Ringe mit Klemmringen oder Haltern befestigt werden, ist auf den einwandfreien Zustand der Befestigung zu achten; am besten sind neue Ringe mit neuer Befestigung zu versehen. Bei Ringen mit festem Sitz ist zu prüfen, ob die Ringbankbohrung genau mit dem Sitzmaß der Ringe übereinstimmt; vorhandene Befestigungsschrauben dienen nur zur Sicherung gegen Verdrehung der Ringe, sie sind nie so stark anzuziehen, daß ein Unrunddrücken oder gar Sprengen des Ringes eintreten kann!

5. Die Ringe müssen genau zentrisch in den Ringbankbohrungen angebracht werden, Spindelspitze und Basis sind auf zentrische Stellung zu prüfen.

6. Die Flugfänger müssen so eingestellt werden, daß die Reinigung der Ringläufer gewährleistet ist; bei Verwendung höherer Ringe sind auch die Flugfänger höher einzustellen.

7. Die Läuferform muß für den Ring passend gewählt werden; bei Vertikalringen, z. B. Zwirnringen nach DIN 64001, MG- oder HZ-Ringen ist die Ringhöhe mit der Läuferinnenhöhe zu vergleichen, bei Horizontalringen, z. B. Spinnringen nach DIN 64000, Form A und B, Grainringen und Flyerringen ist die Flanschbreite mit dem Fußmaß der Läufer in Übereinstimmung zu bringen. Bei selbst- oder dauergeschmierten Ringen sind nur Läufer der HZ-Formen zu verwenden.

8. Der Einlauf der Ringe erfolgt schonend während der ersten (etwa 200) Arbeitsstunden. Erfahrungsgemäß sind am Anfang verminderte Spindeldrehzahlen, häufigerer Läuferwechsel und insbesondere bei Zwirnringen zur Unterstützung des Einlaufvorganges leichte Schmierung zu empfehlen.

9. Um die Lebensdauer der Ringe zu verlängern, ist eine planmäßige Reinigung in bestimmten Zeitabständen, je nach dem Grad der Verschmutzung, erforderlich. Mindestens einmal im Jahr empfiehlt es sich, die Ringe mit den Haltern herauszunehmen und gründlich zu reinigen. Die Säuberung erfolgt zumeist mit Benzin. Danach sind die Ringe mit einem trockenen, sauberen Lappen und mit einem öligen Tuch (s. Punkt 3) einzureiben, damit ein schützender Ölfilm aufgebracht wird.

g) Nylonläufer für das Zwirnen[1]

In USA hat man Nylonläufer für das Zwirnen entwickelt, die jetzt auch in England von der Firma Textile Mouldings Ltd., hergestellt werden. Der C-Läufer aus Nylon für die Spinnmaschinen kann gegenwärtig noch nicht hergestellt werden, weil ein solcher Läufer nicht die genügende Steifigkeit aufweisen würde. Die Nylonzwirnläufer können für Naß- und Trockenzwirnen von Baumwolle, Reyon und synthetischen Fasern benutzt werden, nicht aber für tierische Fasern. Diese Nylonläufer haben eine längere Lebensdauer als Metalläufer. Die Laufdauer beträgt 1000 Stunden und mehr. Die Ringabnutzung ist sehr gering. Die Nylonläufer müssen auch geschmiert werden, sie laufen also nicht trocken, es werden aber etwa 95% Schmierstoff erspart. Glatte, selbstschmierende und Ringe mit Schmiernuten sind für Nylonläufer brauchbar. Weiterhin soll die Aufwindespannung des Zwirnes gleichmäßiger sein, so daß auch mehr Garn aufgewickelt werden kann. Ein besonderer Vorteil soll das leichte Aufbringen der Nylonläufer sein. Die Läufer sind dicker als die Metalläufer, sie fordern deshalb einen größeren

---

[1] Vgl. Platt's Bulletin IX (1956) Nr. 3, 59—65.

Spielraum zwischen Ring und Spulenflansch. Es ist wünschenswert, einen Zwischenraum von 4,75 mm zu haben. Um eine bestimmte Fadenspannung im Zwirn zu haben, kann der Nylonläufer leichter gegenüber dem Metalläufer genommen werden. Das Gewicht beträgt etwa 0,4 bis 0,5% des Metalläufers. Der Nylonläufer kann mit einer höheren Geschwindigkeit umlaufen als der Metalläufer. Der Läufer kann auf die meisten Zwirnringe aufgebracht werden, am wirkungsvollsten soll es sein, wenn er auf einem Ring läuft, der außen eine Abschrägung von 80° hat. Diese Außenabschrägung verhindert, daß der Nylonläufer durch einen Knoten oder ein sonstiges Hindernis abgeschleudert wird. Die Nylonläufer werden von Platt Bros. Ltd., Oldham, Messrs. Cook and Co., Manchester oder Messrs. Eadie Bros and Co. Manchester, geliefert.

h) Schußzwirnen mit Nadeln auf Kettzwirnmaschinen

Während man beim Zwirnen auf Ketthülsen nicht an eine bestimmte Hülsengröße und Form gebunden ist, muß beim Zwirnen des Schußmaterials darauf besonders geachtet werden, da hier die Kopsgröße durch die Größe des Raumes im Webschützen festliegt.

Da aus diesem Grunde die Abmessungen der Hülsen für die Verwendung für Kette und Schuß sehr stark unterschiedlich sind, müssen es selbstverständlich auch die Spindelmaße bei den entsprechenden Zwirnmaschinen sein. Würde man Schußhülsen auf Kettspindeln aufstecken, so würden sie entsprechend der Abb. 189 auf dem Sockel der Spindel aufsitzen. Die Spindelbank müßte beim Ansatzzwirnen höher gestellt werden, und damit wäre die Bildung eines sauberen Ansatzkonus sehr in Frage gestellt.

Zum Unterschied von anderen Branchen der Weberei kann man sich in Tuchwebereien, in denen Schußmaterial relativ selten gezwirnt wird, nicht entschließen, Schußzwirnmaschinen anzuschaffen. Um nun die unterschiedlichen Abmessungen zu überbrücken, wird beim Zwirnen von Schußmaterial auf Kettmaschinen gearbeitet, indem man statt der Ringläufer Nadeln verwendet (vgl. Abb. 189). Als Ringe werden dann sogenannte Universalringe verwendet.

Dieses Verfahren ist mit Rücksicht auf den geringen Wirkungsgrad äußerst unwirtschaftlich; und zwar aus folgenden Gründen:

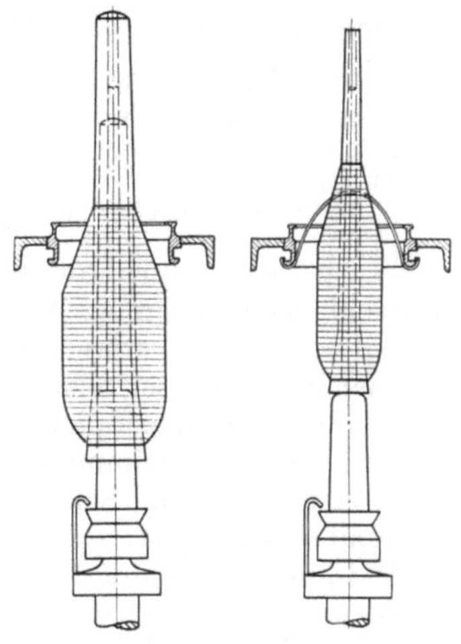

Abb. 189. Schußzwirnen mit Nadeln auf Kettzwirnmaschinen

Die Ringe sind nicht umkehrbar; das Zwirnen mit Nadeln erfordert eine starke Herabsetzung der Drehzahl; die Besetzung der Maschine mit Nadeln ist schwierig und erfordert einige Geschicklichkeit. Von solchen Arbeitsmethoden ist — auch in einer Tuchfabrik — besser abzusehen und statt dessen das Schußmaterial auf die gewünschte Form umzuspulen.

4. Die Zwirnspindeln und deren Lagerung

Die Größe der Produktion eines Zwirnereibetriebes wird durch die in einem Betrieb laufende Anzahl von Spindeln gekennzeichnet. Für die Größe der Produktion einer konstanten Betriebseinheit aber sind folgende Punkte von Einfluß:

1. Die Größe der Spindeldrehzahl pro Minute,
2. die Drehung des Garnes pro Längeneinheit,
3. die verwendete Garnnummer.

Die beiden letzten Werte sind materialbedingt. Man kann demnach behaupten, daß die Produktion mit steigender Spindeldrehzahl zunimmt, wenn man um des Vergleichs willen annimmt, daß die Garnnummer pro Längeneinheit, der „Draht" und die Nummer konstant gehalten werden. Diese Darstellung kennzeichnet eindeutig, warum die Textilfabriken stets bestrebt sind, Maschinen mit hoher Drehzahl zu erwerben.

Der Drehzahl sind jedoch Grenzen gesetzt, die bedingt sind:

a) durch die relativ geringe Festigkeit des Gespinstes,
b) durch die bei großen Drehzahlen auftretenden Schwingungen im Spindelschaft, die eine zusätzliche Belastung des Gespinstes bedeuten,
c) durch die maximale Ringläufergeschwindigkeit und demgemäß vom Ringdurchmesser,
d) von der maximalen Arbeitsstellenzahl pro Arbeiterin.

Die unter a) und d) gekennzeichneten Gesichtspunkte sind betriebsbedingt, der Gesichtspunkt c) wurde bereits bei der Diskussion über Ringläufer erörtert. Die nachfolgende Abhandlung soll sich auf die „zweckmäßige Lagerung" der Spindel beziehen.

Im Gegensatz zur einfachen Handspindel ist die Aufgabe der modernen Textilspindel eigenartig und zum Teil auch recht schwierig; denn die Spindel soll mit möglichst großer Drehzahl und absolut zentrisch laufen, obwohl sie

1. einen Rotationskörper, den Garnkörper, zu tragen hat, der in den meisten Fällen mit beträchtlichen Wuchtfehlern behaftet ist,
2. als Schaft mit sehr großem Schlankheitsgrad ausgebildet ist und nur einseitig gelagert ist,
3. bei großer Betriebssicherheit eine lange Lebensdauer haben soll.

Wie bei allen schnell rotierenden Maschinenteilen, so treten auch bei Maschinenspindeln bei bestimmten Drehzahlbereichen Schwingungen auf, die den Zwirnprozeß empfindlich stören. Diese „kritischen Drehungsbereiche" sind abhängig von der Frequenz der Schaftschwingung und der Drehzahl der Spindel.

Spannt man eine Spindel einseitig in einen Schraubstock ein und zupft sie, so wird sie eine bestimmte Anzahl von Schwingungen abgeben, deren Frequenz und Amplitude von Schlankheitsgrad des Spindelschaftes und dem Spindelmaterial abhängig ist.

Die in der Maschine rotierende Spindel ist, sofern sie mit einem Garnkörper belastet ist, ein mit Unwuchtfehlern behafteter Rotationskörper. Wenn solche Unwuchtfehler bei der Spindel nicht vorhanden wären, dann gäbe es kein Spindelproblem. Die Lagerung der Spindel würde dann keine größere Schwierigkeit bereiten als die Lagerung eines jeden anderen Rotationskörpers.

Um die zahlenmäßige Bedeutung optisch zu kennzeichnen und die Schwierigkeit des Problems darzustellen, sei im folgenden die Kraftwirkung rechnerisch erfaßt:

Das Gesamtgewicht des Garnkörpers sei 150 g. Der Abstand des Schwerpunktes von der Spindelmittellinie (Unwucht) sei

$$r = 0,1; \quad 0,25; \quad 0,5 \text{ mm}.$$

Die auftretende Zentrifugalkraft errechnet sich mit

$$C = m\,r\,\omega^2.$$

Die auftretenden Zentrifugalkräfte lassen sich dann aus der Tab. 13 bestimmen.

Man erkennt aus der Tabelle ohne Schwierigkeit, daß die Kräfte schon bei gebräuchlichen Drehzahlen beträchtliche Werte annehmen. Man erkennt aber auch, wie wichtig die einwandfreie Lagerung ist. Diese hier dargestellten Kräfte üben auf den Schaft der Spindel ein Drehmoment aus, das um so größer ist, je weiter der Angriffspunkt der Kraft vom Halslager entfernt ist. Es ist somit wichtig, den Schwerpunkt weitmöglich nach unten zu verlegen. In diesem Sinne ist ein kräftiger Spindelfuß besonders empfehlenswert.

Die laufende Spindel wird außer durch die Schwingung, die material- und formbedingt ist, noch durch die Präzession beeinflußt. Spindel und Spulenkörper verhalten sich beim Lauf wie ein Kreisel und haben genau wie dieses das Bestreben, beim Auftreten einer Kraft, die quer zum Spindelschaft wirkt, eine Ausweichbewegung, „Präzessionsbewegung", auszuführen. Die schematische Anordnung einer Spindel mit Spulenkörper zeigt die Abb. 190. Beim Auftreten einer Querkraft macht die Spindel die in der Abbildung dargestellte Bewegung und beschreibt einen Präzessionskegel, der mit der Spitze in M liegt.

Tabelle 13

Drehzahlen U/min	Werte für C in kg		
	$r = 0,1$ mm	$r = 0,25$ mm	$r = 0,5$ mm
2000	0,065	0,163	0,325
3000	0,148	0,370	0,740
4000	0,262	0,655	1,310
5000	0,410	1,225	2,050
6000	0,591	1,478	2,955
7000	0,804	2,010	4,020
8000	1,055	2,633	5,266
9000	1,322	3,330	6,660
10000	1,644	5,110	8,220
11000	1,987	4,968	9,936
12000	2,367	5,918	11,836

Die Spindel wird also durch die verschiedenen auf sie einwirkenden Kräfte verschiedene Bewegungen ausführen, bedingt durch ihre dynamischen Eigenschaften, und zwar:

1. Stabilisierende Bewegung: die Spindel versucht, um ihre freie Achse zu laufen.

2. Schwingungsbewegung: durch Wuchtfehler am Garnkörper und die dadurch auftretenden Fliehkräfte entstehen bei starrer Anordnung der Spindel erzwungene Schwingungen, im schlimmsten Falle Resonanz. Diese Bewegungen werden aber durch alle einseitig wirkenden Kräfte, wie starker Fadenzug, Band- oder Schnurzug, Schnurknoten oder Bandverbindungen, hervorgerufen.

3. Ausweichbewegungen: die auf die Spindel, als Kreisel, wirkenden Störungskräfte haben eine Präzession zur Folge.

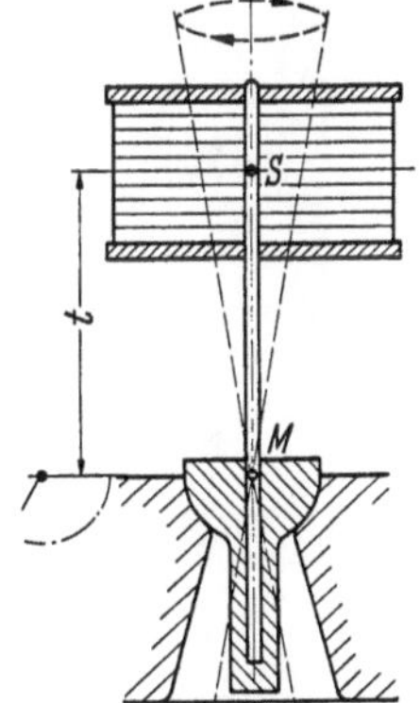

Abb. 190. Präzessionsbewegung einer Spindel beim Auftreten einer Querkraft

Im Interesse der geringsten Beanspruchung von Spindelschaft und Lagerung müßte man die Konstruktion so wählen, daß die Spindel besonders den unter 1. und 3. genannten Bewegungen folgen kann.

Für den Zwirner aber sind diese Bewegungen gänzlich unerwünscht. Die geeignete Spindelkonstruktion muß nun die Forderung erfüllen, daß sich der umlaufende Garnkörper leicht einstellen kann und daß im Interesse des Zwirnprozesses die notwendigen Schwingungen und Bewegungen weitestgehend abgedämpft werden.

Die störenden Spindelbewegungen können allerdings nicht ohne Gegenkräfte unterdrückt werden, so daß sich zwangsläufig die Lagerbeanspruchung erhöht. Bei einer Spindel stören aber Bewegungen mehr als Kräfte, nur muß für eine kräftige Lagerkonstruktion gesorgt werden, und hierzu ist das kraftsparende Rollenlager besonders geeignet.

a) Wie und wann wirken sich die Unwuchtfehler bei der Spindel aus?

Solange die Frequenz der Spindelschwingung nicht mit der Drehzahl übereinstimmt, machen sich irgendwelche Störungen durch Schwingungen nicht bemerkbar, aber schon im Drehzahlbereich 2000···4000 U/min erkennt man deutlich, daß die Amplitude zunimmt. Es handelt sich um einen ausgesprochenen Resonanzbereich, der insofern ausgeprägt ist, als er in bezug auf die Drehzahl nur sehr kurz ist. Würde man in diesem Bereich arbeiten, dann würden die Schwingungen weiter einem Maximum zustreben, der Lauf der Spindel würde unruhig und das zu fertigende Garn schlecht. Durch eine entsprechende Lagerung wird dieser Bereich so schnell überbrückt, daß sich die Spindeln auf die Schwingungen nicht einstellen können. Darüber hinaus verhält sich die Spindel bis zu einer Drehzahl von etwa 12000 U/min relativ ruhig. Von hier aus macht sich ein zweiter Resonanzbereich bemerkbar, der für die derzeitige Arbeitsweise die Grenze der Möglichkeit darstellt, weil

1. der Betrag der Schwingung sehr groß ist,
2. der in Frage kommende Drehzahlbereich bis zu 18000 U/min reicht.

b) Bauelemente und Wirkungsweise der Dämpfungs- und Zentriereinrichtung der SB-Spindel (Süssen) (Abb. 191 u. 193a)

Das Fußlager *1* sitzt mit kleinem Spiel in der Dämpfungs- und Zentrierbüchse *2* und diese wiederum liegt mit großem Spiel im Spindelgehäuse *5*. Die mit konischem Boden versehene Büchse *2* wird durch die Feder *4* in den Zentrierkegel des

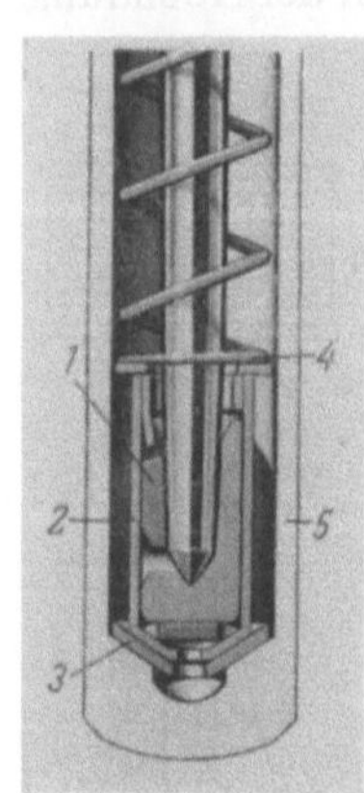

Abb. 191. Centerspindel SB (Süssen)

Konusringes *3* gedrückt. Bei geringen Ausschwingungen, wie sie im Bereich der Betriebsdrehzahlen auftreten, kann das Fußlager kleine Bewegungen in der Dämpfungs- und Zentrierbüchse ausführen, wobei das im schmalen Ölspalt zwischen Fußlager und Büchse vorhandene Öl verdrängt werden muß. Damit wird eine weiche Öldämpfung erreicht. Bei größeren Schwingungsausschlägen, zum Beispiel im kritischen Drehzahlbereich (1000···3000 U/min) oder bei Stößen, wird die Dämpfungs- und Zentrierbüchse durch das Fußlager gegen den Druck der Feder *4* im Zentrierkegel *3* verschoben. Der Zentrierkegel setzt dieser Bewegung erhebliche Widerstände entgegen und dämpft damit sehr wirksam auch grobe Schwingungen. Diese Reibungsdämpfung wird noch durch die Öldämpfung im Spalt zwischen der Büchse und dem Gehäuse verstärkt. Nach dem Abklingen der Schwingungen drückt die Feder die Dämpfungs- und Zentrierbüchse wieder in den Zentrierkegel und damit die Spindel in ihre zentrische Lage. Dadurch ist eine hervorragende selbsttätige Zentrierung der Spindel sichergestellt. Die erforderliche Flexibilität der SB-Spindel ist durch das Spiel des Fußlagers in der Büchse und durch die Bewegungsmöglichkeit der Büchse im Gehäuse und im Zentrierkegel gewährleistet.

c) Bauelemente und Wirkungsweise der Dämpfungs- und Zentriereinrichtung der SX-Spindel (Süssen) (Abb. 192 u. 193b)

Das Fußlager *1* ist, ebenso wie bei der SB-Spindel, mit kleinem Spiel in der Dämpfungsbüchse *2* angeordnet. Zwischen Dämpfungsbüchse *2* und Spindelgehäuse *5* befindet sich zusätzlich noch eine Ölspule *6*. Die Dämpfungsbüchse kann sich hier begrenzt bewegen, wenn starke Unwuchtkräfte einwirken und die zwischen Fußlager und Dämpfungsbüchse auftretende Öldämpfung nicht mehr ausreicht, die Schwingungen abzufangen. Wird die Dämpfungsbüchse durch Spindel-

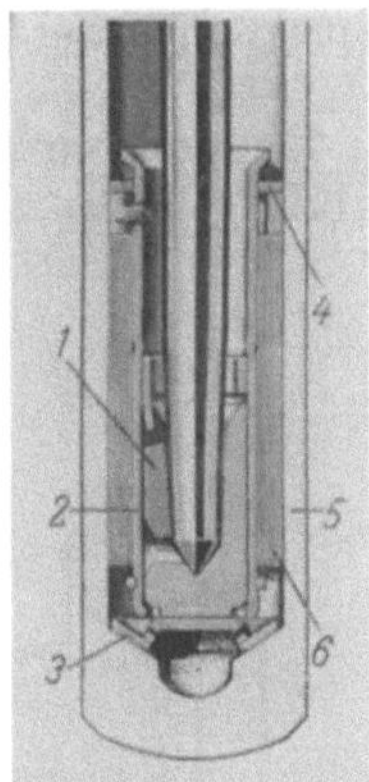

Abb. 192. Centerspindel SX (Süssen)

schwingungen veranlaßt, die mittige Lage zu verlassen, wird das Öl in den Zwischenräumen der Ölspule verdrängt und in rasche Bewegungen versetzt. Die dabei in den Kapillarräumen der Ölspule durch das Öl erzeugten Reibungswiderstände bremsen und dämpfen wirksam die Schwingungen der Spindel. Die Strömungsgeschwindigkeit des Öles und damit auch dessen Reibungswiderstand nimmt mit steigender Drehzahl zu. Es entsteht so die gewünschte pro-

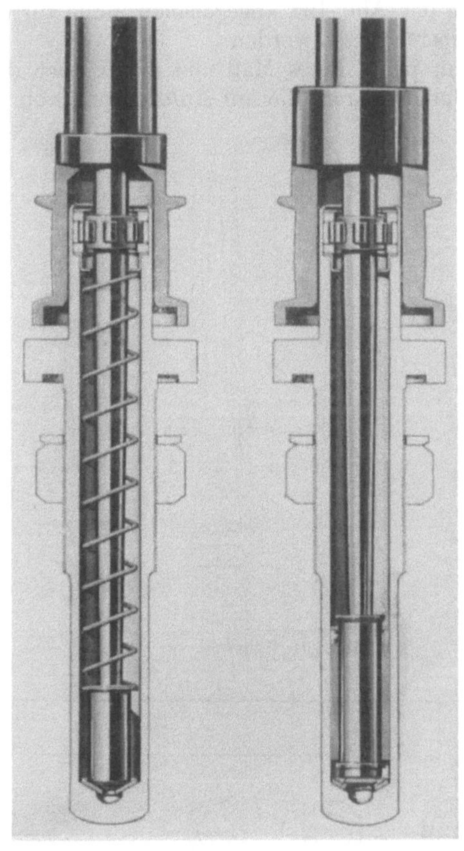

a   b

Abb. 193 a u. b. Gesamtansicht der SB-Spindel (a) und der SX-Spindel (b)

gressive Steigerung der Dämpfungskapazität; eine Voraussetzung für gleichmäßig ruhigen Spindellauf auch bei höchsten Drehzahlen. Zentrierring 4 und Amboß 3 erzeugen unter dem Einfluß des Laufteil- und Kopsgewichtes stets eine Kraftkomponente, die zentrierend wirkt und die Spindel stets in ihre Ausgangslage zurückführt. Diese Zentrierwirkung steigert sich mit anwachsender Kopsfüllung.

d) Richtlinien für die Garnhülsen

Ein schlecht laufender Garnkörper wird jede Spule um so höher beanspruchen, je größer die freitragende Länge der Spindel mit Spule ist. Der Spindelkonstrukteur wird aus diesem Grunde die Garnkörper auf der Spindel so tief wie möglich anordnen.

Außer von der Lage des Garnkörpers ist es von großem Einfluß, wie dieser mit der Spindel verbunden ist. Die Erfahrung hat gezeigt, daß sich der beste Lauf ergibt, wenn die Hülse möglichst an ihrem oberen Ende erfaßt wird und an dem

unteren Ende etwas Spiel hat. Es kann sich dann der Garnkörper etwas auf die
freie Achse einstellen.

Wie groß dieses maximale Spiel sein soll, ist aus der Abb. 194 ersichtlich.
Die in der Abb. 194 angegebenen Maße für das radiale Spiel sollen auf keinen
Fall überschritten werden.

Man prüft dieses Maß und damit auch die Güte einer Lieferung in Hülsen
mit Spindellehren, die auf Anforderung von der Spindelfabrik geliefert werden.

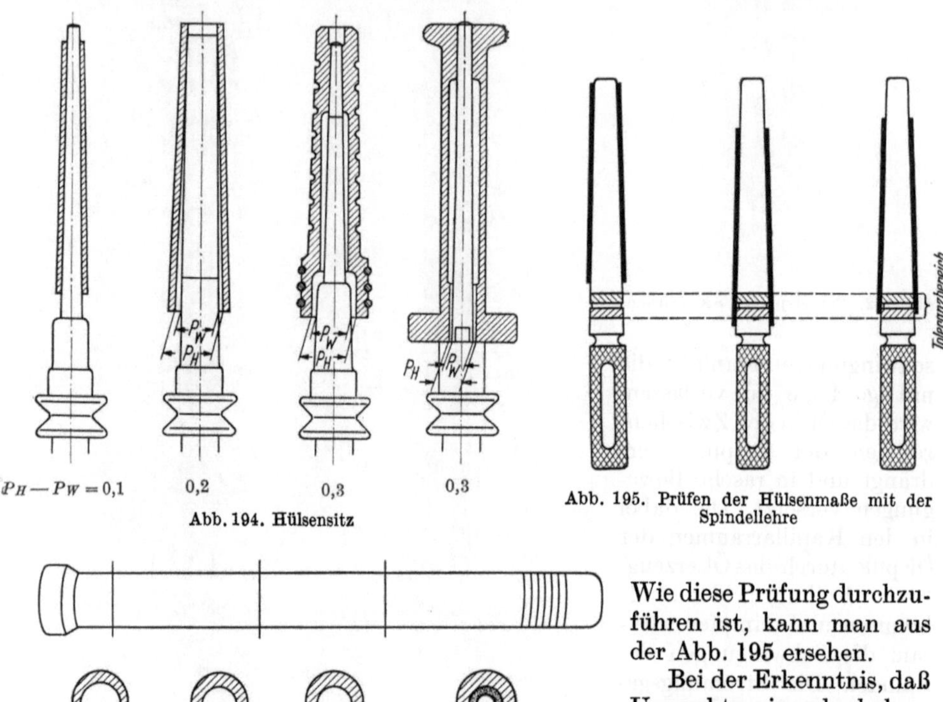

Abb. 194. Hülsensitz

Abb. 195. Prüfen der Hülsenmaße mit der
Spindellehre

Abb. 196. Prüfen des Hülsenquerschnittes

Wie diese Prüfung durchzuführen ist, kann man aus der Abb. 195 ersehen.

Bei der Erkenntnis, daß Unwuchten in sehr hohem Maße die Laufeigenschaften reduzieren, sollte man auch besondere Beachtung den Hülsen bei der Abnahme durch den Lieferanten widmen. Man macht dies sehr
einfach, indem man die Hülse, wie aus der Abb. 196 ersichtlich, an den verschiedenen Stellen mit Hilfe einer feinen Säge durchschneidet und den Querschnitt
augenscheinlich begutachtet. Eine Hülse, die die in der Abb. 196 dargestellten
Querschnittsmerkmale aufweist, kann natürlich nicht einwandfrei laufen, da sie
selbst die Ursache für große Unwuchten darstellt.

5. Der Spindelantrieb

Der Antrieb der Spindel erfolgt durch Schnur oder Band für Ringzwirnmaschinen oder durch einen endlosen Lederriemen bei Etagenzwirnmaschinen.

Der Schnurantrieb darf praktisch als veraltet angesprochen werden und soll
für die Diskussion ausgeschlossen werden. Der Antrieb der Spindel an Etagenzwirnmaschinen wird auf S. 190 besprochen.

Von besonderem Interesse ist der Bandantrieb. Durch diesen ergeben sich
gegenüber dem Schnurantrieb folgende Vorteile:

1. Weniger Streuung der Spindelgeschwindigkeit und somit gleiche Garndrehung auf allen Kopsen,
2. weniger Ersatz,
3. weniger Kraftverbrauch.

Diese Vorteile werden nur dann gewährleistet, wenn der Bandantrieb in all seinen Einzelheiten richtig angeordnet ist.

a) Ausführungsformen für Bandantriebe

Für Zwirnmaschinen besteht die dringende Forderung, die Drehrichtung der Spindeln je nach Bedarf ohne große Schwierigkeit ändern zu können. Mit den gewöhnlichen Vierspindel-Bandantrieben ist dies nur bedingt der Fall. Für Zwirnmaschinen ist es daher immer empfehlenswert, sogenannte umkehrbare Bandantriebe, spezielle Vierspindel-Bandantriebe, zu verwenden. Unter den vielen Ausführungsbeispielen, die es in der Praxis gibt, soll in der Folge eine Konstruktion der SKF gezeigt werden (vgl. Abb. 197).

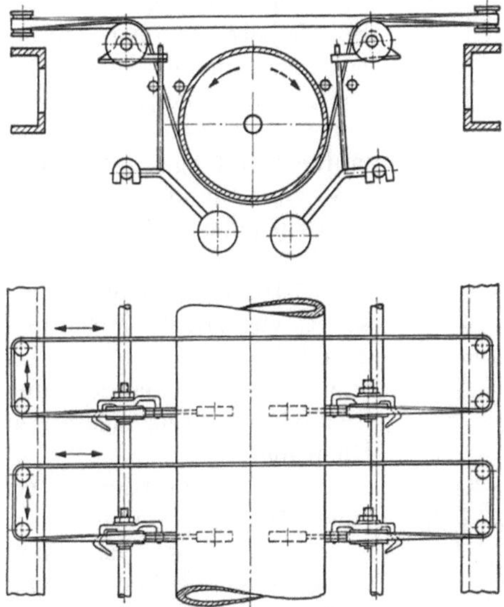

Abb. 197. Umkehrbarer Vierspindel-Bandantrieb

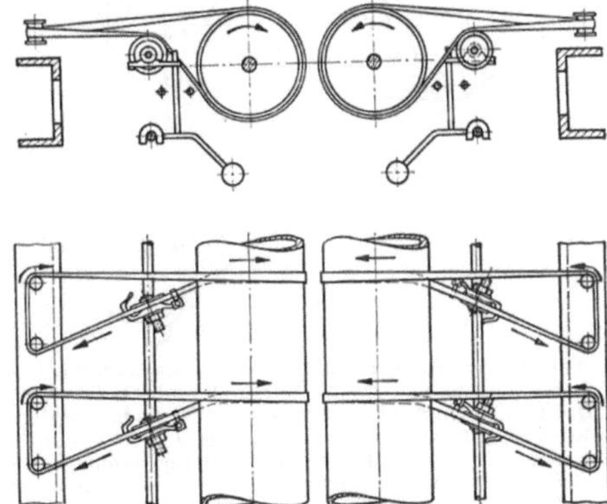

Abb. 198. Zweispindel-Bandantrieb

Wenn umkehrbare Bandantriebe richtig entworfen sind, dann muß die Spannrolle bei jedem Drehsinn im *losen* Trum liegen. Dies läßt sich jedoch im allgemeinen nur dann erreichen, wenn neben der Spannrolle auch eine Leitrolle vorgesehen ist oder wenn die Spannrolle, je nach dem Drehsinn, als solche oder als Leitrolle wirkt. Spannrollen, die seitliche Aufbördelungen oder Flanschen aufweisen, sind auf alle Fälle zu vermeiden, weil dadurch die Lebensdauer des Bandes empfindlich herabgesetzt wird.

In Betrieben, in denen die Musterung starke Variationen aufweist und demgemäß die Zahl der Zwirnpartien groß ist (z. B. in der Wollindustrie), wird im allgemeinen mit zweitambourigen Maschinen gearbeitet. In diesem Falle ist der Zweispindel-Bandantrieb empfehlenswert.

Die Konstruktion dieses Antriebes ist in der Abb. 198 dargestellt. Eine Umkehr des Drehsinnes ist aber nur möglich, wenn die Spannrollen seitlich verschoben werden und die Bänder umgelegt werden. Empfehlenswert ist es, eine von der SKF angebotene Vorrichtung zu verwenden, durch die man mit Hilfe einer Handkurbel an der Seite der Maschine alle Spannrollen um das vorgeschriebene Maß gleichzeitig verschieben kann. Der Einspindel-Bandantrieb mit durchgehendem Tambour stellt gewiß die einfachste Lösung für einen umkehrbaren Trieb dar. Er ist jedoch nicht empfehlenswert, weil sich im praktischen Gebrauch immer herausstellt, daß die Lebensdauer des Bandes sehr stark reduziert ist. Man kann nicht in der üblichen Weise die Bänder aneinandernähen oder -kleben, weil an der Maschine nicht genug Platz vorhanden ist; das Band ist auch nicht lang genug. Leider werden dann die Bänder genietet, und dies ist natürlich eine Ursache für allzu schnellen Verschleiß.

Bei dem Vierspindel-Endlosbandantrieb mit regelbarer Spanneinrichtung (Abb. 199) laufen durch die ganze Länge der Maschine parallel zwei Spindelbetriebswellen, auf denen Einzelantriebsscheiben befestigt sind. Über je zwei dieser Scheiben und eine Spannrolle läuft ein endlos gewebtes Band, das vier Spindeln antreibt, zwei auf jeder Seite.

Beim Umschalten von S- auf Z-Drehung oder umgekehrt, wird nur der Motor umgepolt. Dadurch laufen die Antriebsscheiben, Bänder und Spindeln in entgegengesetzter Richtung.

Die Kraftübertragung bei einem Bandantrieb ist um so sicherer, je weiter das Band die antreibende Scheibe umschlingt. Damit auch bei ungewöhnlich großer Belastung

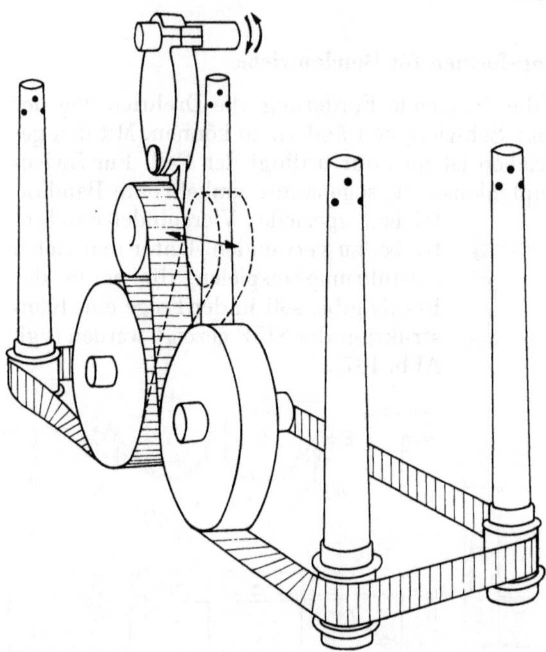

Abb. 199. Schema des Vierspindel-Endlosbandantriebes mit regelbarer Spanneinrichtung. Durch die abschnittsweise Verstellung der Bandspannrollen über die Spannwelle lassen sich verschiedene Stufen der Bandspannung einstellen. Je größer die Bandspannung, um so größer ist auch der Umschlingungswinkel. Bei Bedarf lassen sich mit wenigen Handgriffen alle Spannrollen zur Gegenseite legen, womit die Bandmitnahme noch verstärkt werden kann

kein Schlupf eintreten kann, lassen sich die Spannrollen abschnittweise durch einfaches Aufstecken eines Handrades mit wenigen Drehungen zur jeweils treibenden Scheibe hin neigen.

Je nach Bedarf lassen sich die Bänder normal, verstärkt oder hart anspannen und damit die Intensität der Bandmitnahme erhöhen. Der Umschlingungswinkel an der antreibenden Scheibe kann so auf fast 180° gesteigert werden. Durch die Möglichkeit, bei Drehrichtungswechsel die Spannrolle mühelos in das ziehende Trum zu verlegen, wird für beide Drehrichtungen auch bei schwersten Kopsgewichten eine bislang unerreichte Übereinstimmung der Spindelmitnahme erreicht.

Dieser Antrieb hat sich für Großkopsmaschinen als besonders sicher und zuverlässig erwiesen. Die Drehungsgenauigkeit im Zwirn ist trotz des großen Gewichtsunterschiedes vom Beginn des Zwirnprozesses bis zum Ende hervorragend gleichbleibend.

Eine Neuerung der Antriebsform ist durch einen tambourlosen einspindeligen Bandantrieb gegeben, der von einschlägigen Firmen wie z. B. Süssen, Rieter, Whitin, Marzole, der Allgäuer Maschinenfabrik u. a. m. auf den Markt gebracht wurde. Folgend soll der „DD"-Antrieb von Süssen näher beschrieben werden (Abb. 200).

Vor der Spindelbank läuft in Wälzlager auf jeder Maschinenseite eine durchgehende in sich jedoch durch Teilstücke mit Kupplungen unterbrochene Antriebswelle, auf der für jede Spindel eine Antriebsscheibe durch besondere Spannelemente kraftschlüssig befestigt ist, die durch eingebaute Sicherungen ein seitliches Verschieben nicht zulassen. Für jede Spindel ist somit auch eine Spann- und Leitrolle vorgesehen, die gemeinsam an einem Rollenträger gelagert sind. Ein endloses Band stellt den Antrieb her. Um dem Band eine immerwährend gleiche Bandspannung zu sichern, ist die Spannrolle an einem Parallelogramm befestigt, welches durch Zugfedern beeinflußt wird. Die Leitrolle dagegen ist verstellbar an einem Tragarm des Rollenträgers angebracht, der starr gelagert ist. Um ein Verdrehen dieses Rollenträgers zunichte zu machen, ist er mit der Spindel gemeinsam auf der Spindelbank befestigt und greift mit seitlich angebrachten Nasen in dafür vorgesehene Nuten der Spindelbank ein. Die für diesen Trieb verwendeten Centerspindeln haben einen bundlosen Wirtel, der mitsamt dem Antrieb in einem geschlossenen Kasten untergebracht ist. Auch die Spindelabbremsung ist umkonstruiert worden. An Stelle der sonst üblichen Kniebremse ist ein Handhebel montiert, durch dessen seitliches Verschieben die Spindel gebremst und so lange abgebremst bleibt, bis eine entsprechende Hebelbeeinflussung die Sperrung aufhebt. Die wesentlichen Vorteile dieser Antriebsart sind darin zu finden, daß durch den Einzelantrieb bei Abbremsung keine Beeinflussung benachbarter Spindeln geschieht. Auch ist durch eine Bandumschlingung von 180° die

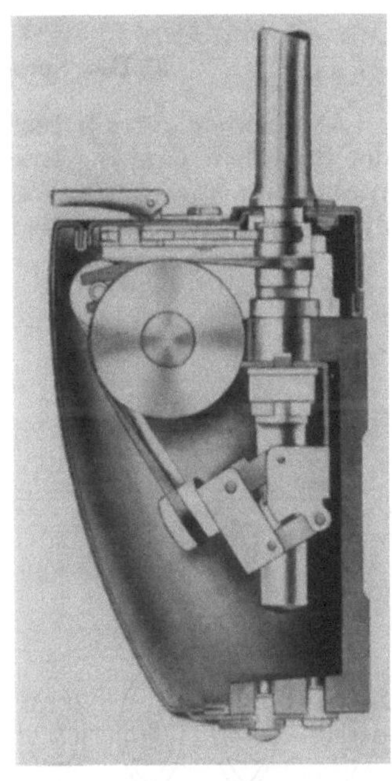

Abb. 200. Einspindel-Bandantrieb
(Süssen)

Möglichkeit eines schlupffreien Laufes und durch die endlosen Bänder die Gewähr guter Zentrizität gegeben sowie durch die wegfallende Luftwirbelung durch den gekapselten Antrieb die Gefahr einer Flugansammlung und Verschmutzung weitestgehend behoben worden. Einen weiteren Vorteil gibt die Möglichkeit des Auswechselns eines eventuell gerissenen Bandes, da eine Neueinziehung durch wenige Handgriffe in kürzester Zeit erfolgen kann.

Bemessung von Bandrollenzug und Bandbreite. Der richtige Spannrollenzug Z und die Bandbreite im Vierspindel-Bandantrieb werden wie folgt bestimmt:

Spannrollenzug: Z_{min} = Bandbreite [cm] × 0,6,
Z_{max} = Bandbreite [cm] × 0,8,

z. B. ergibt sich bei einer Bandbreite von 18 mm der richtige Spannrollenzug mit

$$Z_{min} = 1,8 \times 0,6 = 1,08 \text{ kg}, \qquad Z_{max} = 1,8 \times 0,8 = 1,44 \text{ kg}.$$

Die Bandbreite: Diese errechnet sich aus der Umfangskraft, die zum Antrieb der Spindeln notwendig ist.

Die SKF gibt darüber folgende *Richtlinien* heraus:

Für Standardhülse 118,128 mm Länge   Bandbreite: 12 mm
Standardhülse 123,145 mm
Bremsringspindeln 128,5 mm   Bandbreite: 12···16 mm
Einpreßhülsen 100,5 mm

11*

Bremsringspindeln 145 mm ⎫
Einpreßhülsen 131 mm ⎬ Bandbreite: 16···18 mm
Bremsringspindeln 161,5 mm Bandbreite: 20 mm
Einpreßhülsen 161,5 mm Bandbreite: 22···24 mm
Bremsringspindeln und Einpreßhülsen 185 mm Bandbreite: 24···26 mm
Bremsring 225 mm Bandbreite: 28···30 mm
Bremsring 260 mm Bandbreite: 40 mm

b) Der Spindelantrieb durch Reibringe (Abb. 201)

Der Spindelantrieb durch Reibringe wurde nach Patentschrift-Nr. 816971 von der Spinnbau GmbH., Bremen-Farge, zur Umgehung des üblichen Spindelantriebes vom Tambour aus aufgegriffen und ausgebaut. Es wird hierbei eine Spindel durch einen Antrieb direkt angetrieben und weiter von Spindel zu Spindel dieser Antrieb durch Reibringe erhalten. Es soll die Abb. 201 laut Patentschrift erklärt werden:

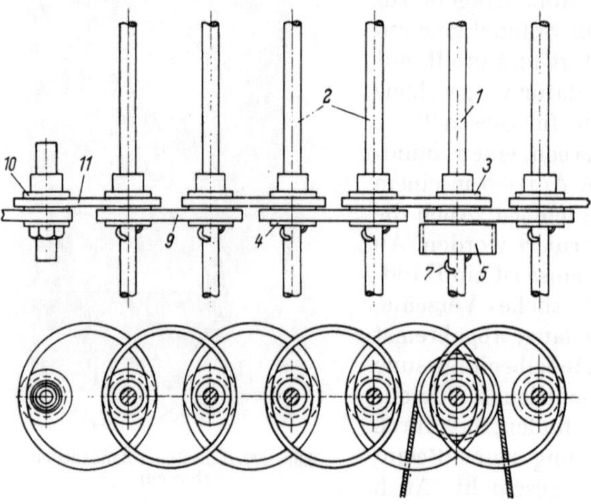

Hiernach sitzen auf der direkt angetriebenen Spindel *1* und den weiteren Spindeln *2* die Wirtel *3* bzw. *4*. Der Wirtel *3* der direkt angetriebenen Spindel *1* sitzt mit Laufsitz auf dieser und hat unten eine kleine, hohle Riementrommel *5*, die mit dem Wirtel *3* aus einem Stück bestehen kann. *7* ist das eine abgebogene Ende einer Kupplungsschraubenfeder, deren anderes Ende so abgebogen ist, daß dieses in eine Bohrung der Spindel *1* etwas unterhalb der Riementrommel *5* eingesteckt werden kann. Von dem Wirtel *3* der Spindel *1* aus werden alle anderen Spindeln *2* durch Reibringe *9* aus Stahl oder dergleichen angetrieben. Jeder Wirtel *3* bzw. *4* hat zu diesem Zweck zwei Laufnuten in die die Reibringe abwechselnd eingelegt sind derart, daß der Antrieb von Wirtel zu Wirtel weitergeht. Beim Drehen stellen sich die Reibringe etwas außenmittig ein, wodurch der für die Mitnahme erforderliche Reibungsdruck gewährleistet ist. Um den einseitigen Zug auf die Spindeln aufzuheben, ist hinter der letzten Spindel *2* noch eine zusätzliche Rolle *10* angebracht, die am Maschinengestell sitzt und ebenfalls durch einen Reibring *11* angetrieben wird, der leer läuft.

Abb. 201. Spindelantrieb durch Reibringe (Spinnbau GmbH.)

c) Spindelantrieb durch Schraubenräder

Alle Schwierigkeiten des Spindelantriebes, die durch die Forderung eines schlupflosen Antriebes des Spindel selbst und durch den notwendigen Synchronismus zwischen Spindeldrehzahl und Lieferung gekennzeichnet sind, werden durch den Schraubenräderantrieb der Spindeln auf der Perfekt-Ringzwirnmaschine (s. S. 176) gelöst. Die Abb. 202a—c zeigt den Querschnitt durch den Schraubenradantrieb (a) der Hispanospindel sowie die Stromverbrauchs- (b) und Schwingungsverhältnisse (c).

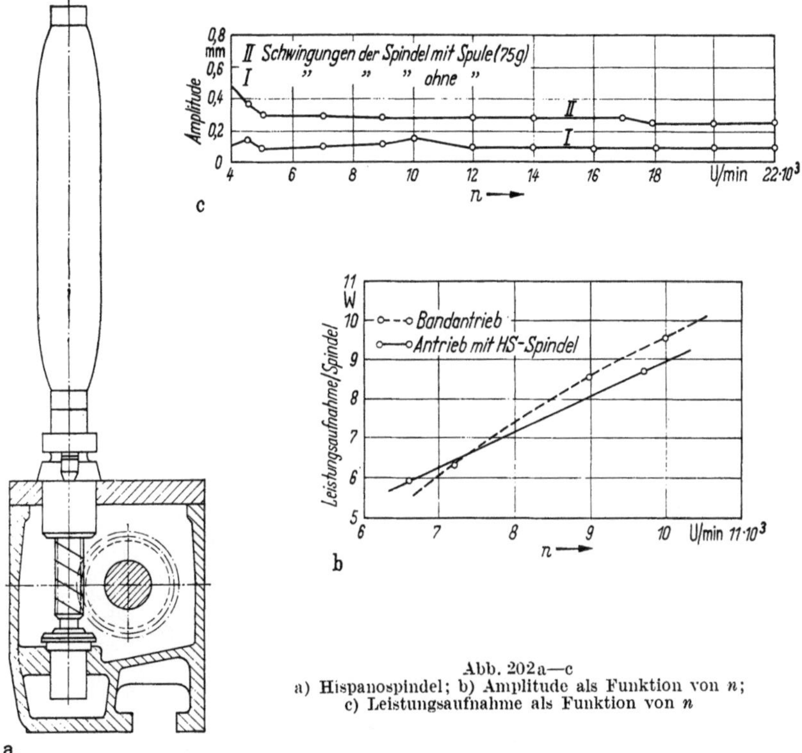

Abb. 202a—c
a) Hispanospindel; b) Amplitude als Funktion von n;
c) Leistungsaufnahme als Funktion von n

V. Konstruktion und Arbeitsweise der Ringzwirnmaschinen

1. Der Aufbau der Ringzwirnmaschine

Es ist eine Erfahrungstatsache, daß die Fadenbruchzahl beim Zwirnen und Winden am oberen Teil einer Spule stark zunimmt. Der Grund hierfür ist, daß der kleinere Ballon eine zu geringe Elastizität besitzt, um die vom Ringläufer und von der Spindel erzeugten Schwingungen und Spannungsstöße aufzunehmen, und schließlich wird auch der Einlaufwinkel des Fadens am Ringläufer zu klein.

Bei den Maschinen neuerer Konstruktion wird aus diesem Grund mindestens vom oberen Drittel der gesamten Aufwärtsbewegung der Ringbank an die Ballongröße konstant gehalten. Auf Grund des gesamten konstruktiven Aufbaues muß man mit einer übergroßen Ballonlänge den Arbeitsprozeß starten. Diese wird jedoch laufend reduziert, bis die günstigste Ballonlänge erreicht ist, und dann bewegt sich von diesem kritischen Augenblick an die Fadenführerklappe bei jedem Ringbankhub höher.

In diesem konstruktiven Entwicklungsgang war es notwendig, von den bisher üblichen Formen von Separatoren (Ballonbrechern), die lediglich Trennbleche waren, abzugehen, denn durch das Anschlagen des Fadens an diese Vorrichtung wurde der Ballon abgeflacht und hatte, zeitlich dazwischen, die Gelegenheit, sich wieder zu bilden. Durch dieses Wechselspiel sind unterschiedliche Spannungen und Stöße entstanden, die sich sicherlich beim Zwirnen am oberen Spulenabschnitt aus dem oben angeführten Grunde ungünstig bemerkbar machen. Man ging dazu über, den sogenannten Rundballonbrecher zu verwenden,

der mit hinreichender Genauigkeit von der Ringbank den Abstand aufweist,
an dem sich die größte Ballonweite ausbildet. Der Abstand der größten Ballonweite ist anfangs größer und kann von der Hälfte der Ringbankbewegung an als
konstant angesehen werden.

Abb. 203. Ringzwirnmaschine

Die Rundballonbrecher werden (Abb. 203) mit der Ringbank höher geschaltet.
Das Prinzip der Ringbankführung geht anschaulich aus der Abb. 204 als ein
Beispiel unter vielen Ausführungsmöglichkeiten hervor.

Bei der normalen Hubbewegung der Ringbank bewegt sich der Ballonbrecher
zunächst nicht. Erst von der zweiten Hälfte der Bewegung an nimmt er an der
Bewegung in dem Rhythmus des Ringbankspieles teil. Die Schiene der Ballonbrecher B wird dabei auf einem Schlitten auf dem Hubgestänge A der Fadenführerklappe F bewegt. Der Fuß des Schlittens ruht hierbei auf der Ringbank R.
Bis zu einer bestimmten Spulenfüllung (etwa $^2/_3$) steht der Fadenführer fest.
Dann kommt der obere Teil des Schlittens für die Ballonführung beim Aufwärts-
gang mit dem Stangenkopf der Fadenführung in Kollision. F und A werden an-

gehoben, das Seil *1* wird locker, so daß das Gewicht *5* über *6* und *4* Seil *3* auf-
windet. Die dann erreichte Stellung der Glieder *1* bis *6* wird durch Klinkrad *7*
und Klinke *8* festgesetzt, so daß
der Fadenführer nicht mehr der
Ringbankbewegung abwärts folgen
kann.

Beim Absetzen werden alle Ballonbrecher durch einen Handgriff
im Gelenk hochgeschwenkt, man
kann die Spulen bequem wechseln.
Die Stahlsäulen *S* (Abb. 204) tragen
auch die Spindelbank. Es ist dies
eine konstruktiv interessante Lösung, denn man kann, sofern aus
irgendeinem Grund einmal von der
langen Hülse (300 mm) kein Ge-

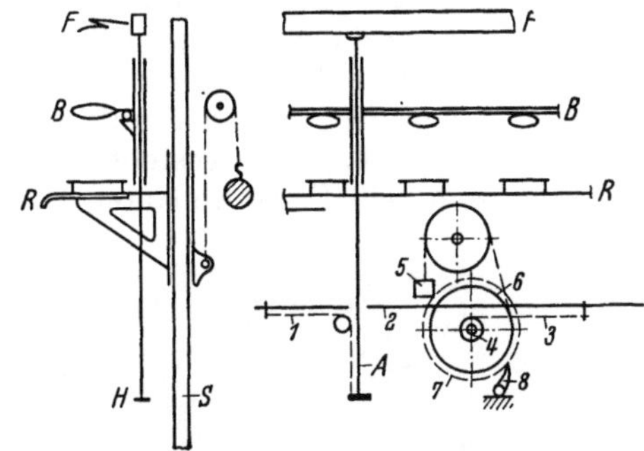

Abb. 204. Prinzip der Ringbankführung

brauch gemacht werden soll, auch kürzere Hülsen oder gar ein kleineres Spindel-
maß verwenden. Man kann dann ohne nennenswerte Montage die Spindelbank
verstellen.

2. Der Aufbau des Garnkörpers mit Hilfe der Ringbankbewegung bzw. mit Hilfe der Spindelbankbewegung

Im Hinblick auf die Bildung des Garnkörpers konnte man ursprünglich unterscheiden:

1. Parallelwindung für die Herstellung von Scheibenspulen.
2. Kopswindung.

Diese klare Unterscheidung ist heute nicht mehr ausreichend. Es gibt heute
die verschiedensten in der Praxis zur Anwendung kommenden Wicklungsarten.
Die Anwendungsmöglichkeiten und die einzelnen Vorzüge werden heute unter
den verschiedensten Gesichtspunkten diskutiert. Nachfolgend sollen jedoch nur
Steuerungsmöglichkeiten für Kopswicklung erörtert werden.

a) Die Ringbankbewegung durch Exzenter

In der Abb. 205 ist die ursprünglich meist gebrauchte Form des Mechanismus
für die Ringbankbewegung in schematischer Darstellung wiedergegeben.

Das Hubexzenter wird durch ein
Schnecken- und Kugelräderpaar von
der Lieferzylinderwelle aus betätigt.
Durch die Drehung des Hubexzen-
ters wird der Hebel *1*, der bei *A*
am Maschinengestell gelagert ist, in
schwingende Bewegung versetzt.
Diese Bewegung überträgt sich durch
die Ketten *2* und *3* über die Hebel *4*
und *5* auf die Ringbank. Demnach
ist die Form des Exzenters maßgebend für die Art der Bewicklung.
Soweit, wie bis jetzt dargestellt, gilt
die Art der Bewicklung für die reine
Parallelwindung auf Scheibenspulen.
Für die Bewicklung von Kopsen ist

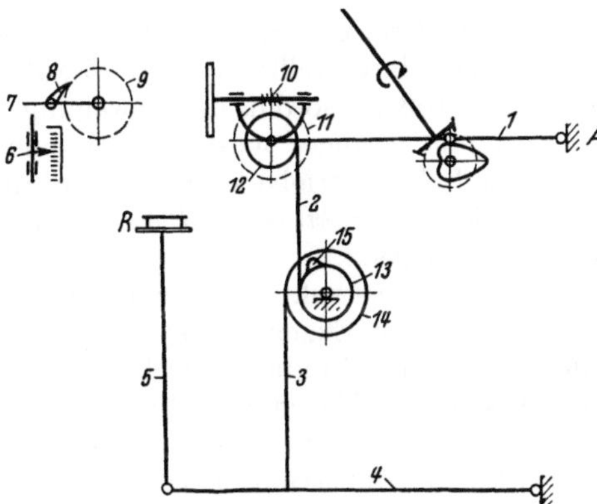

Abb. 205. Ältere Bauart der Ringbankbewegung
durch Exzenter

weiterhin ein besonderer Mechanismus (*6* bis *12* in der Abb. 205) notwendig. Wirkungsweise: Beim Abwärtsgang von *1* schlägt der Hebel *7*, der die Schaltklinken *8* trägt, auf die Stellschraube *6* auf und wird dann gedreht, wobei durch die Schaltklinken *8* das Schaltrad *9* gedreht wird. Nun werden durch *9* und *10* die Ketten *2* und *3* entsprechend der Drehung aufgewunden, so daß die Ringbank unabhängig von der normalen Auf- und Abwärtswindung allmählich gehoben wird. Bei der in Abb. 205 dargestellten Vorrichtung handelt es sich um das Prinzip der früher von Schlafhorst gebauten Maschinen. Während bei gleichem Prinzip

Abb. 206. Antrieb der Zwirnmaschine

bei anderen Fabrikaten auch heute noch der Bolzen *6* feststeht und für die verschiedenen Garnnummern verschiedene Wechselräder *9* verwendet werden, ist bei dieser Vorrichtung der Bolzen *6* verstellbar, so daß man durch Höher- oder Tieferstellen des Bolzens bei einem konstanten 120zähnigen Rad *9* unterschiedlich große Drehung von *9* und damit unterschiedlich große Schaltung und damit unterschiedliche Wicklungsdichte erzielen kann.

Die Bewegung der Ringbank ist allein von der Form des Exzenters abhängig. Da das Hubexzenter vom Lieferzylinder aus angetrieben wird (vgl. Abb. 206), stehen Lieferung und Hubzahl in proportionalem Verhältnis. Das Exzenter tätigt nur die Bewegung des Einzelhubes. Die Bewegung der Ringbank wird in folgender Weise beeinflußt:

1. Findet je Hub eine geringe Schaltung der Ringbank statt.
2. Die Schaltung zur Bildung des Ansatzes ist am Anfang geringer und am Ende am größten. Sobald der Ansatz gebildet ist, wird die Schaltung konstant.
3. Die Hubgeschwindigkeit des Einzelhubes ist bei Kopswindung während des Hubes unterschiedlich. Grund: Gleiche Lieferung und verschiedene Windungsdurchmesser.

Die *Schaltverzögerung* beim Beginn des Ansatzes wird erzielt, indem der in der Abb. 205 dargestellte Nocken *15* auf der Scheibe *13* deren Momentandurchmesser vergrößert, so daß die Bewegung der Ringbank auf Grund der größeren Untersetzung geringer wird. Mit zunehmender Höherschaltung der Ringbank durch das Schaltgetriebe kommt der Einfluß von *15* immer weniger in Betracht.

Für die *Konstruktion des Exzenters* ist das auf S. 142 abgeleitete Windungsgesetz grundlegend.

Um eine Konstruktion durchführen zu können, muß auf Grund der Hebelübersetzung vom Exzenter zur Ringbank die Exzentrizität *e* errechnet werden; dann müssen die Windungsdurchmesser gegeben sein, und es muß die durch die Konstruktion der Maschine bedingte Größe des Exzenters festgelegt werden. Sind diese Maße festgelegt, so kann man unter Berücksichtigung der bekannten Regeln für die Konstruktion von Exzentern allgemein mit der Konstruktion beginnen.

Die Abb. 207 zeigt die rein geometrische Lösung einer solchen Aufgabe.

Gegebene bzw. aus der Konstruktion zu ermittelnde allgemeine Werte, z. B.:

1. Kopsdurchmesser: Außendurchmesser: Innendurchmesser = 5 : 2.
2. Exzentrizität: e.
3. Größe des Exzenters: Ohne Maßstab (allgemeine Konstruktion).
4. Verhältnis der Aufwärts- : Abwärtswicklung = 3 : 1.

Beschreibung der Konstruktion: Man teilt zunächst das Exzenter in das Windungsverhältnis 3 : 1 auf. Dann teilt man das Viertel für die Abwärtswindung sowie den Teil für die Aufwärtswindung jeweils in z. B. acht gleiche Winkel.

Der Hub muß entsprechend dem Windungsgesetz nach einer geometrischen Reihe aufgeteilt werden. Er wächst entsprechend dem Windungsgesetz von seinem kleinsten Wert auf der Basis des Exzenters bis zum größten Wert an der Spitze des Exzenters an. Der größte Wert ist dabei 5/2mal so groß wie der kleinste Wert.

Der weitere Fortgang der Konstruktion ist aus der Abb. 207 zu erkennen.

Diese genaue Konstruktion ist immer zweckmäßig, wenn die auf der Maschine zur Verarbeitung kommenden Garne eine sehr feine Nummer aufweisen. Ist dies nicht der Fall, so kann man, ohne irgendwelche Fehler zu befürchten, die Konstruktion nach der gleichen Weise durchführen wie die Konstruktion eines Exzenters mit einer archimedischen Spirale. Dies ist in jeder Weise für die Fertigung in der Werkstatt einfacher.

Um das Ausschießen der Kopse und das Verheddern insbesondere bei glatten Garnen unbedingt sicher zu vermeiden und ein gutes Ablaufen des Fadens zu gewährleisten, ist die Aufwindung so eingerichtet, daß beim Winden am oberen Teil des Windungskegels die Wicklung bei jedem Ringbankspiel verlagert wird.

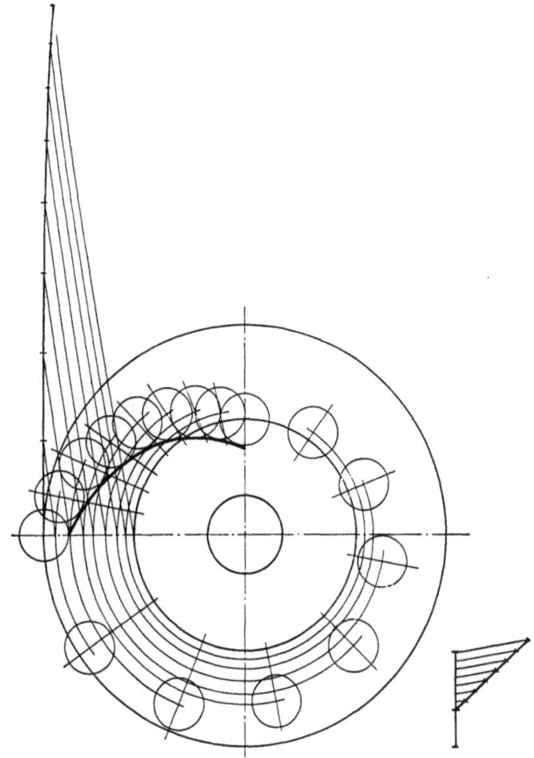

Abb. 207. Konstruktion des Ringbankexzenters

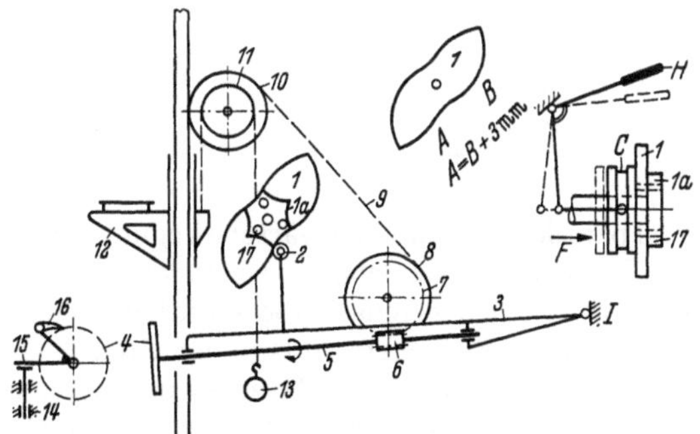

Abb. 208. Antrieb der Ringbank durch Doppelexzenter

Das vom Lieferzylinder angetriebene Exzenter *1* (vgl. Abb. 208) ist als Doppelexzenter ausgebildet. Bei der Drehung des Doppelexzenters wird die

Rolle *2* auf dem Hebel *3* in schwingende Bewegung versetzt, und dieser dreht sich um *1*.

Bei jedem Niedergang des Hebels *3* wird durch Kontakt von *14* und *15* mit Hilfe der Klinke *16* Rad *4* geschaltet. Die Drehung überträgt sich über *5* auf Schnecke *6*, Schneckenrad *7* auf Kettentrommel *8*. Auf *8* wird somit bei jedem Ringbankspiel ein Betrag Kette *9* aufgewunden, der der Höherschaltung (vgl. oben) entspricht, die Bewegung überträgt sich über *10*, *11* auf die Ringbank *12*. Die Ringbank ist durch Gegengewicht ziemlich ausgelastet. Das Doppelexzenter hat verschiedene Hubhöhen und dreht sich bei zwei Ringbankspielen einmal. Hierdurch entsteht eine Spitzenverlagerung.

Um die schwingende Bewegung des Hebels *3* um *1* in eine geradlinige Schlittenbewegung zu überführen, wird die gleiche Konstruktion auch in der Art gebaut, wie dies die Skizze Abb. 209 und die Abb. 210 zeigen. Das Exzenter gibt mit Hilfe der Rolle *2* dem Schlitten *3*, der mit Hilfe einer Schubstange *4* in Gleitlagern geführt wird,

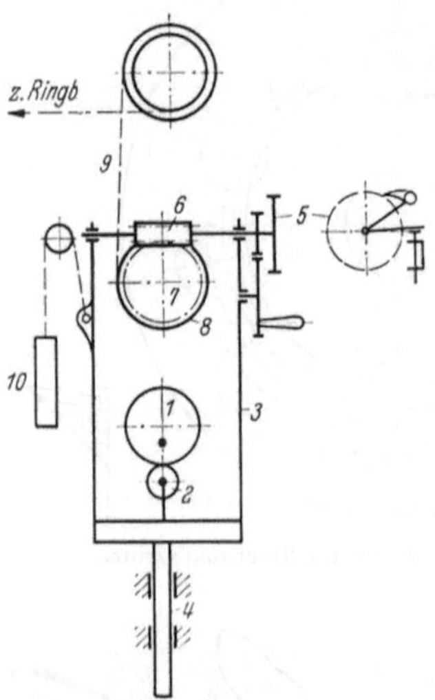

Abb. 209. Parallel geführter Schalt-
apparat

Abb. 210. Gesamtansicht der in Abb. 209 gezeigten
Vorrichtung

eine parallele Auf- und Abwärtsbewegung. Die Schaltung wird dabei in der bekannten Weise durch das Schaltrad *5* eingeleitet, durch die Schnecke *6* auf Schneckenrad *7* und durch die Kettenscheibe *8* mit Hilfe der Kette *9* auf die Ringbank übertragen.

Für die stets sichere Anlage der Rolle *2* an *1* sorgt das Gegengewicht *10*.

Für die Bildung der Reservewindungen ist das Exzenter *1* (Abb. 208) mit einem sechskantigen Exzenter *1a* gekuppelt. Das Exzenter *1a* sitzt auf der Exzenterwelle fest, während die Führungsnut der Kupplung *C* und das Exzenter *1* auf der Nabe drehbar gelagert sind. Drei Kupplungsbolzen *17* können die Kupplung von *1* und *1a* bewirken. Die Reservewindungen erzielt man, indem man beim Anzwirnen den Handhebel *H* niederdrückt, so daß die Kupplungsbolzen *17* aus *1a* gelöst werden. Es dreht sich dann lediglich *1a* mit zwei kleineren Ringbankspielen, bis die Bolzen *17*, die unter Federdruck *F* stehen, in die nächsten beiden Bohrungen *1a* einschnappen und die Kupplung von *1* und *1a* wiederherstellen.

b) Bewegung der Spindelbank

Sinn und Zweck der Spindelbankbewegung läßt sich leicht mit Hilfe der Abb. 211 erklären. Es wurde bereits auf S. 167 dargestellt, wie man versucht, eine große Änderung in der Ballonlänge während des Kopsaufbaues zu vermeiden. Hinsichtlich einer konstanten Zwirnspannung ist es, wie die Gegenüberstellung in

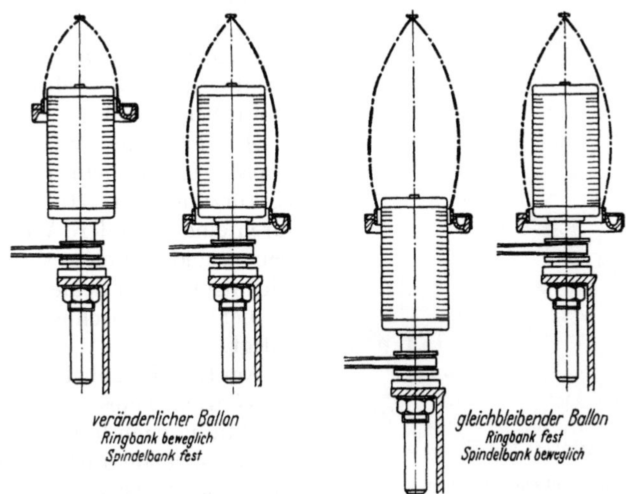

Abb. 211. Gegenüberstellung: veränderlicher — gleichbleibender Ballon

Abb. 211 zeigt, sinnvoll, wenn mit zunehmendem Kopsaufbau, die Spindel gesenkt wird. In der Regel wird die Ringbankbewegung in der bekannten Weise durch Exzenterhub erzielt, während der Kopsaufbau durch das Abwärtsschalten der Spindelbank sichergestellt wird. Theoretisch ist auch ein Alternieren der Spindelbank möglich.

Das Schaltgetriebe der Rieter-Ringzwirnmaschine (Abb. 212a u. 212b). Die Ringbank der Maschine von Rieter führt ihren Hub in stets gleichbleibender Höhenlage aus, so daß sich der Fadenballon nur durch die verschiedenen Windungsdurchmesser des Spulenkegels ändert.

Das *Hubexzenter* erhält seine Drehung vom Getriebe über ein Wechselrad, eine 1-gängige Schnecke und ein Schneckenrad mit 70 Zähnen.

Die im Reguliersegment r gelagerte Rolle g überträgt die Exzenterhubbewegung auf Rolle ag des Entlastungsbügels s. Dieser ist im Herzhebel i gelagert.

Herzhebel i ist fest mit der Schwingachse verbunden, die ihrerseits über Zugketten, zwei waagerecht liegende Zugschienen und Rollen die an Ketten aufgehängten Ringbänke bewegt.

Das Gewicht der Ringbänke ist durch entsprechende Gegengewichte ausgeglichen.

Da die *Bewicklung der Hülse* wie bei bekannten Maschinen ebenfalls am Hülsenfuß beginnt, müssen die *Spindelbänke* langsam *tiefer* geschaltet werden.

Diese Bewegungen werden ebenfalls vom Exzenter abgeleitet.

Mit dem Exzenter fest verbunden ist das 70er Schneckenrad. In diesem sind hinten Löcher für 1···5 Schaltstifte, die den Schaltbügel f heben und senken.

Die Bewegungen des Schaltbügels f werden durch Hebel und Schaltklinke auf ein Schaltrad übertragen.

Von der Schaltradachse werden durch Stirnräderübersetzungen zwei waagerechte Hubspindeln gedreht, die in der Längsachse der Maschine liegen.

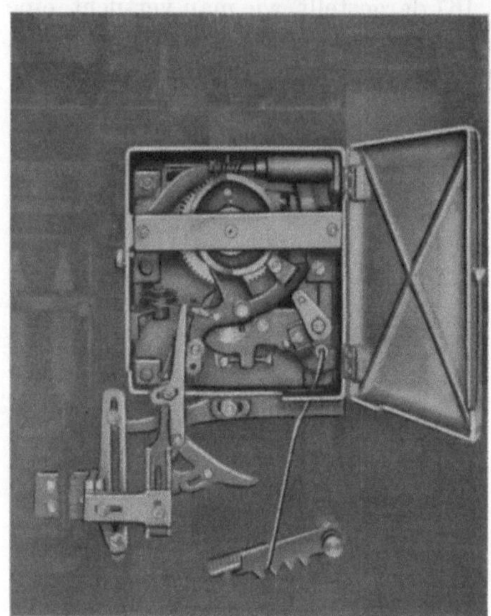

Abb. 212a. Spindelbankschaltung von Rieter

Die auf den Hubspindeln sich verschiebenden Muttern sind mit einem weiteren Paar waagerecht angeordneter Zugschienen verbunden, an denen durch Ketten und Rollen die Spindelbänke angehängt sind. Die Verwendung von Gegengewichten für die Spindelbänke entfällt durch die Selbsthemmung der Schraubenspindeln.

Ansatzbildung und Formgebung der Kopse erfolgen nicht durch zusätzliche Verkürzung der Hubkette, sondern durch eine besondere Vorrichtung. Auf dem Spindelrahmen sind die Kreuzführungen ae der Schienenträger af und die beiden Formschienen p und o befestigt.

Am Regulierhebel q ist ein Drahtseil mit Gewicht befestigt, welches den Hebel ständig nach links zieht, so daß die darauf sitzende Führungsrolle ap immer an den Formschienen anliegen muß.

Beim Auf- und Abbewegen des Spindelrahmens mit den Formschienen wird der Regulierhebel q mit dem Reguliersegment r um den Exzenterdrehpunkt nach links oder rechts geschwenkt.

Hierdurch kommt die Rolle ag am Entlastungsbügel s auf dem Bogen des Reguliersegments r je nach Maßgabe der Formschienen an verschiedenen Punkten zum Anliegen, wodurch das Übersetzungsverhältnis zwischen Exzenterhub und der Rolle ag bzw. der Hub der Ringbänke (Windungshöhe) verändert wird.

Auf dem Regulierhebel r ist eine Skala angebracht, welche in cm den effektiven Hub der Ringbänke angibt, welcher erreicht wird, wenn die Rolle ag am entsprechenden Skalenpunkt den Hebel r berührt.

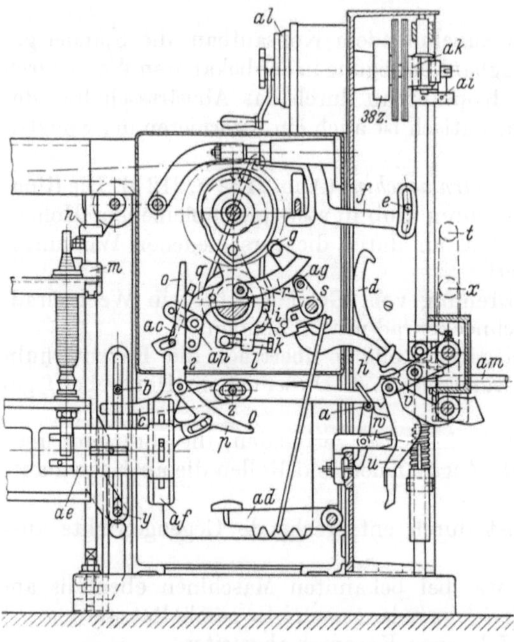

Abb. 212b. Spindelbankschaltung von Rieter

Durch Verschieben der Kreuzführung ae nach links kann also die Länge der Kopsspitze vergrößert, nach rechts verkleinert werden.

Auf dem Regulierhebel q sind zwei Löcher mit Stellschrauben zur Befestigung des Regulierhebels r angebracht, wodurch bei Anbringung im rechten Loch die Kopsspitze verkleinert, umgekehrt vergrößert wird.

Die 2 Einstellmöglichkeiten gestatten also die Erreichung jeder praktischen Spitzenlänge ohne Auswechselung irgendwelcher Maschinenteile.

Der Schienenträger af wird in vertikaler Richtung so eingestellt, daß bei Beginn am Ansatz des Kopses die Führungsrolle ap des Regulierhebels q die untere Schiene p berührt.

Wenn der Ansatz fertig ist, soll die Rolle bei Punkt 2 stehen. Die untere Formschiene p bildet also die Form des Ansatzes, wobei die Hubhöhe durch Verschieben der Anschlagrolle ap des Regulierhebels q langsam anwächst, während die senkrechte Schiene o den zylindrischen Teil des Kopses bildet.

Das Unterwinden. Das selbsttätige Unterwinden und Abstellen der Maschine wird durch die Abwärtsbewegung der Spindelbank eingeleitet.

Der in der Kulisse der Spindelbank angeschraubte Auslösestift b drückt gegen Ende der Kopsbildung auf den zweiarmigen Balancehebel c und drückt ihn nach abwärts. Der rechte Teil des Balancehebels drückt den Nasenhebel d nach oben, der seinen Drehpunkt im Hebel v hat. Die Nase des Hebels d wird bei der Aufwärtsbewegung vom Messerstift e des Schaltbügels f erfaßt, und das gesamte Hebelsystem d, v und u wird durch den Hubstift und Schaltbügel f so weit mit hochgenommen, daß sich der Ansatz des Arretierhebels u auf den Anschlag des Stützsupports w legt.

Das Ganze verbleibt dann in dieser Stellung.

Durch die Bewegung des Hebels v wurde auch die Welle gedreht, auf der er befestigt ist. An dieser Welle befindet sich eine Knacke, die die senkrechte Welle bewegt, die untere Feder spannt und die Kupplungswelle mit der äußeren Kupplungsscheibe ak und der Konusscheibe al nach links verschiebt.

Die Kupplungsscheibe ak kommt dadurch mit der linken Kupplungsscheibe in Eingriff, und das bisher mit der linken Kupplungsscheibe leerlaufende 38er Stirnrad, welches mit dem großen Transportrad des Getriebes in Eingriff steht, dreht über die vorher beschriebenen Räder und Spindeln die Spindelbänke beschleunigt abwärts.

Die Schaltklinken werden bei dieser Bewegung durch die Konusscheibe al außer Eingriff gebracht.

Damit der Kops unterwunden werden kann, wird bei Hochziehen von v auch der Hebel h so bewegt, daß der Entlastungsbügel s mit Rolle ag umkippt, so daß sich die Ringbankhubwelle ein zusätzliches Stück nach links bewegen kann und so ein Unterwinden unter den Kopsansatz stattfindet.

Das Unterwinden wird beendet durch das Auftreffen des einstellbaren Auslösestiftes y von unten an den Balancehebel c.

Letzterer drückt mit seiner schrägen Endfläche auf die Arretierklinke u und schiebt diese vom Stützsupport w. Das Hebelwerk fällt in seine Ausgangsstellung zurück, und die gespannte Feder rückt die Unterwindkupplung wieder aus.

Kurz darauf wird von der schrägen Platte des Balancehebels c die Arretierrolle a des Abstellhebels aus einer Einkerbung desselben gedrückt, dieser wird freigegeben, und ein Gewicht zieht den Antriebsriemen auf die Losscheibe oder hebt die Spannrolle ab. Gleichzeitig wird die Trommelbremse betätigt, so daß die Maschine schnell zum Stillstand kommt.

Vor Inbetriebnahme müssen die Ringbänke wieder in normale Anfangsstellung gebracht werden. Durch Drücken auf Fußraste ad wird Entlastungsbügel s mit Rolle ag in Betriebsstellung eingerückt.

3. Fadenbruchabstellung

Zwirnt man zweifache Garne, so wird man immer feststellen, daß beim Bruch des einen der beiden Vorlagefäden auch der andere Faden reißt. Es ist somit nicht notwendig, die beiden Fäden einzeln zu überwachen. Die Konstruktion der Abstellvorrichtung ist daher ziemlich einfach. Die bekannteste Vorrichtung dieser Art ist die in der Abb. 213 gekennzeichnete. Ein Plättchen liegt von hinten auf dem Unterzylinder auf und wird durch eine Fadenwächternadel gehalten. Beim Fadenbruch wird dieses auf Grund der Umfangsreibung des Plättchens mit dem Unterzylinder zwischen die beiden Zylinder gezogen. Der

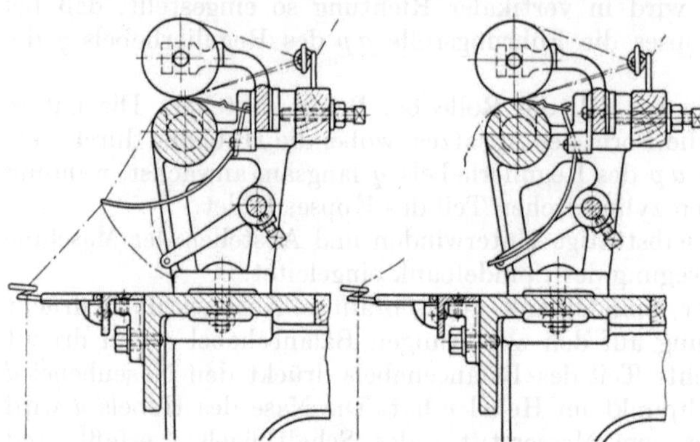

Abb. 213. Fadenbruchabstellung für zweifache Garne

Oberzylinder hebt sich ab, und es kann keine weitere Lieferung erfolgen. Eine andere Vorrichtung für zweifache Garne zeigt die Abb. 214.

Die auf dem Unterzylinder *1* laufende Druckrolle *2* ist so schwenkbar im Halter *5* mit einem Fadenwächter *6* gelagert, daß bei Fadenbruch infolge Entlastung der Wächternadel die Druckrolle auf den Leitflächen abrollt und sich vom Unterzylinder abhebt. Die Druckrolle *2* ist hierzu in gabelförmigen Aussparungen *3'* von Führungsplatten *3* gelagert, die mittels Zapfen *4* im Druckrollenhalter *5* nach der dem Fadenführer *6* entgegenhängenden Seite hängend gelagert sind. *7* ist ein Feststelldraht, der bei Stillstand oder beim Anlauf der Maschine hinter einen Haltedraht *10* greift, der jedoch nach dem Anlauf der Maschine abgeschwenkt wird, so daß *7* freigegeben wird. Die Lagerstellen *11* dienen als Auflager für die Druckrollen, wenn diese für die Behebung von Fadenbrüchen abgehoben werden müssen. Die Druckrollenzapfen *15* sind in den Aussparungen *3'* gelagert.

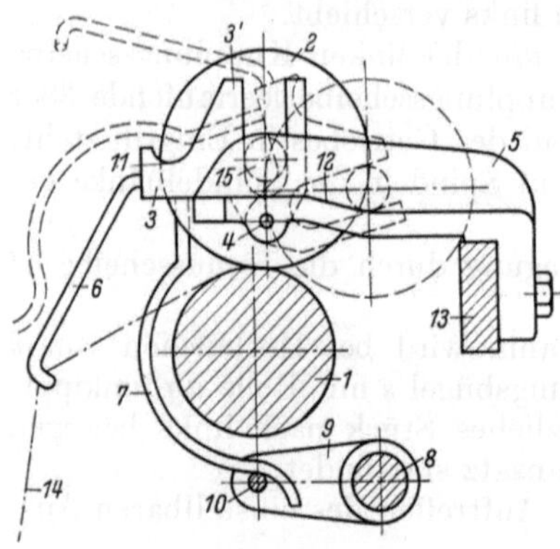

Abb. 214. Fadenbruchabstellung für zweifache Garne

Sobald infolge eines Fadenbruches die Spannung *14* wegfällt, kippt unter dem Einfluß des vom Lieferzylinder *1* vermittelten Drehmomentes der den Oberzylinder *2* tragende Käfig *3* um Drehpunkt *4*, der Zapfen *15* läuft auf der schiefen Ebene zurück, so daß die Klemmung zwischen *1* und *2* unterbrochen wird. Dadurch unterbleibt weitere Lieferung.

Die Ausführung von Hamel (Abb. 215) hat sich als weitaus besser herausgestellt, weil der lose Faden aus der Zwirnzone herausgezogen wird. Die Wirkungsweise ist an den beiden Abbildungen folgender Art zu interpretieren: Die Vorrichtung besteht aus nur einem einzigen beweglichen Teil: dem Segment. Das Segment ist unterhalb seines Schwerpunktes drehbar gelagert. Der Faden hält das Segment an einer Öse in Betriebsstellung. Die dazu erforderliche Fadenspannung ist verschwindend gering, weil der Schwerpunkt des Segmentes fast senkrecht über dem Drehpunkt liegt (Schemazeichnung).

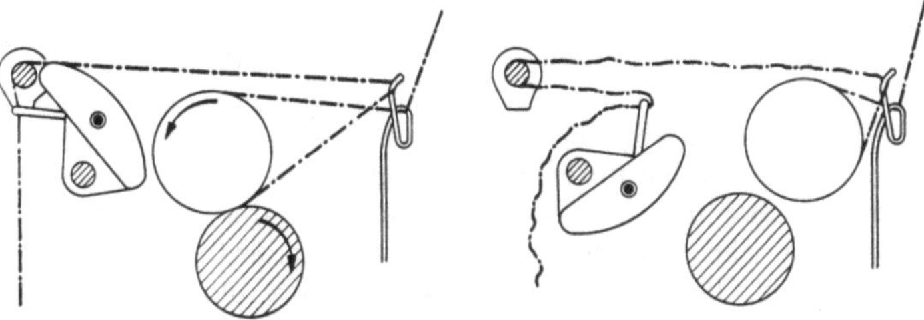

Abb. 215. Oberzylinderabstellung (Hamel)

Bricht ein Faden des 2fachen Zwirnes, so wird der zweite Faden aufgedreht, das Segment verliert seinen Halt, klappt um den Drehpunkt nach hinten (in der Abb. 215 nach rechts) und drückt den Oberzylinder in Ruhestellung — die Lieferung ist blockiert.

Gerät ein solcher gebrochener Zwirnfaden in den Nachbarballon, so führt dieses dazu, daß an dieser Spindel die Spannung unterbrochen wird und das betreffende Segment sofort die weitere Fadenlieferung vom Gatter her unterbricht. Die zwei ineinandergeschlungenen Fäden zwirnen sich zusammen und überdrehen sich, bis sie schließlich brechen. Danach hängen die Fäden zusammengedreht und unschädlich oberhalb der Spindeln. Reihenfadenbrüche sind somit unmöglich. Die qualitätsmindernden Mehrfachzwirne werden mit Sicherheit vermieden.

Bei unvorhergesehenem Stromausfall, bei Abzugsende und beim Abschalten der Maschine wird die Fadenbruchabstellung automatisch arretiert. Läuft die Maschine wieder an, dann wird die Arretierung ebenfalls automatisch wieder aufgehoben. Bedienungsfehler sind somit ausgeschlossen.

Abstellvorrichtungen für Mehrfachgarne sind Vorrichtungen, bei denen beim Fadenbruch eines der

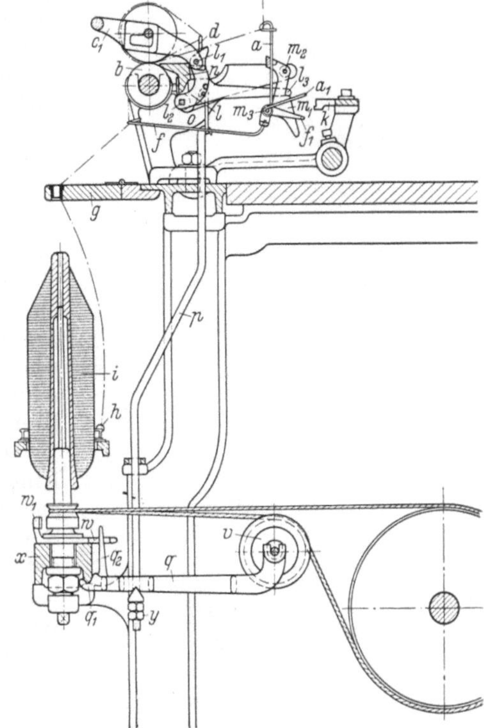

Abb. 216. „Stop-Spindel" Fadenbruchabstellung für Mehrfachgarne

zur Vorlage kommenden Garne Lieferzylinder und Spindel stillgesetzt werden. In diesem Falle ist der Spindelwirtel mit einer Kupplung und einer Bremse versehen.

Die Abb. 216 zeigt eine solche Vorrichtung. Die von dem Gatter kommenden Fäden passieren zunächst getrennt je einen Fadenführer a, gehen nach dem Unterzylinder b, werden um den Oberzylinder herumgeführt, passieren die Öse d

und nochmals den Unterzylinder b, gehen durch den Fadenwächter f und werden dann in der bekannten Weise zur Spindel geführt. Die schwingende Schiene k wird durch ein Exzenter angetrieben. Sie ist das Antriebselement für die Abstellvorrichtung und tritt in Tätigkeit, wenn sowohl infolge eines Fadenbruches eines einzelnen Vorlagefadens das Stößel a_1 oder infolge eines Zwirnbruches das Stößel f_1 in den Bereich der Schiene k kommt. Es wird dann von k das Element m zurückgestoßen (um m_2 drehend), l_3 verliert bei m_1 die Unterstützung und fällt nach unten. Dadurch schiebt sich einmal n zwischen die beiden Zylinder, so daß die Lieferung augenblicklich unterbrochen wird; gleichzeitig senkt sich o, p sowie die Spannrolle v. Bei neueren Konstruktionen (Hamel) bleibt die Spannrolle stehen, und statt dessen senkt sich der Kupplungskonus in der Spindel; außerdem wird durch q_2, w, w_1 die Spindel durch eine Bremse blockiert. Die hierfür notwendigen Spindeln mit einer entsprechenden Kupplung werden von den einschlägigen Spindelfabriken geliefert.

So interessant diese Konstruktion in kinematischer Hinsicht ist, so ist sie doch für den Einsatz in der Webereivorbereitung abzulehnen. Sollen mehrfache Garne zur Vorlage kommen, so ist aus Gründen der Wirtschaftlichkeit der Einsatz von Fachspulmaschinen unter gleichzeitiger Nutzbarmachung aller Vorteile der Spulmaschinen einzusetzen. Die Vorrichtung hat einen Sinn für den Einsatz in solchen Betrieben, in denen Garne mit sehr geringer Spannung und Drehung verarbeitet werden, z. B. für die Herstellung von wollenen Strumpfgarnen.

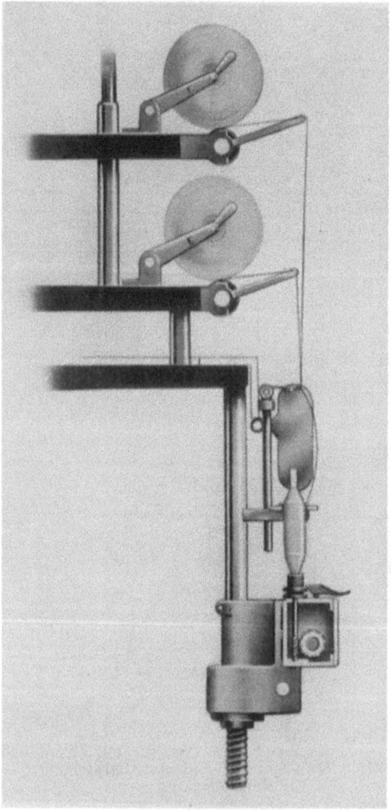

4. Die Perfekt-Ringzwirnmaschine

Diese Maschine, die hauptsächlich für die Herstellung von Kammgarnzwirne gedacht ist, wurde nach gleichen Prinzipien wie die bekannte Perfekt-Ringspinnmaschine gebaut. (Firma Spinnbau GmbH., Bremen-Farge.)

Das Unterteil ist mit feststehender Ringschiene und beweglicher Spindelbank ausgeführt. Hieraus ergeben sich die auf S. 171 besprochenen Vorzüge. Der Spindelantrieb erfolgt zwangsläufig durch Schraubenräder (vgl. Abb. 217). Die Vorlage-Kreuzspulen werden direkt durch einen geriffelten Gummizylinder abgetrieben (vgl. Abb. 218). Die Abrollgeschwindigkeit ist in Abhängigkeit von der gewünschten Garndrehung variabel einstellbar. Die Anordnung benötigt keine Vorrichtung zum Abstellen bei Fadenbruch, weil der direkte Kontakt der gefachten Vorlagespule den gerissenen Faden sofort wieder auf die Spule aufwickelt. Ein besonderes Kennzeichen der Maschine ist auch die sehr lange Zwirnstrecke, die einen sehr guten Fadenspannungsausgleich ergibt. Jede Spindel ist für sich alleine bremsbar, so

Abb. 217. Querschnitt durch die Perfekt-Ringzwirnmaschine

daß bei Fadenbruch jeder einzelne Faden für sich angeknüpft werden kann, ohne daß die ganze Maschine stillgesetzt werden muß.

Technische Daten. Die Perfekt-Ringzwirnmaschinen werden normalerweise mit 100 mm Spindelteilung gebaut. Die besondere Konstruktion der Perfekt-Maschine ermöglicht ein

Abb. 218. Antrieb der Kreuzspule durch geriffelten Zylinder

Maximum der unterzubringenden Spindelzahlen pro m². Die Breite der Maschine beträgt 1000 mm. Die Länge ist von der Spindelzahl abhängig und errechnet sich aus

$$\text{Länge} = \frac{\text{Spindelzahl}}{2} \times \text{Teilung} + 485 \text{ mm}.$$

Maximale Spindelzahlen:

bei 100 mm Teilung 260 Spindeln.

VI. Fertigungstechnische Durchrechnung einer Ringzwirnmaschine

Die Drehung des Fadens entsteht durch die gemeinsame Rotation von Spindel und Ringläufer unterhalb einer Zulieferung. Die absolute Drehung ist also mit der Zeit proportional. Die Drehungsgröße — der Draht — pro Garnlängeneinheit (pro Zoll oder pro Meter) steht jedoch zur Größe der Lieferung in einem umgekehrten Proportionalitätsverhältnis und ist gekennzeichnet durch die Gleichung:

$$\text{Drehung} = \frac{\text{Spindeldrehzahl/min}}{\text{Lieferung/min}}. \tag{1}$$

Die Drehungsgröße nimmt also mit wachsender Lieferungsgröße ab. Dieser Zusammenhang ist für die fertigungstechnische Durchrechnung und für die Aufstellung von Tabellen und Diagrammen von Bedeutung.

1. Die Berechnung des Getriebes für die Herstellung einer bestimmten Drehung

Der Antrieb der Maschine erfolgt von dem Motor über ein Getriebe zunächst auf die Hauptachse, die gleichzeitig die Trommel trägt und von dort mit Bandantrieb (Vierspindelantrieb) auf die Wirtel der Spindeln (vgl. Abb. 219). Ein

weiteres Getriebe überträgt die Drehung von der Hauptwelle auf die Lieferzylinder. Die Drehzahl ist durch ein Vorgelege am Motor einstellbar, die Drehzahl
des Lieferzylinders und damit die Zwirndrehung ist durch ein Vorgelege e/f,
durch einen Konstantwechsel k und durch einen Drehungswechsel w zwischen der
Hauptwelle und den Lieferzylindern einstellbar. Im folgenden sollen die Geschwindigkeiten und die Zwirndrehung berechnet werden.

Die Geschwindigkeit der Maschine, d. h. der Spindeln. Wie aus der Getriebeskizze Abb. 219 zu erkennen ist, läßt sich folgende Gleichung für die Drehung der
Spindel n_{sp} aufstellen:

$$n_{sp} = \frac{n_M a (T + 1)}{b (S + 1)} . \tag{2}$$

Darin bedeuten (die Zahlen weisen auf Abb. 219 als Beispiel hin):

n_M Motordrehzahl,
$a_{1/2/3}$ 32/36/40 mm Durchmesser,
$b_{1/2/3}$ 64/60/56 mm Durchmesser,
T Trommel = 250 mm Durchmesser $\Big\}$ (+ 1 unter Berücksichtigung des Schlupfes).
S Spindelwirtel = 34 mm Durchmesser

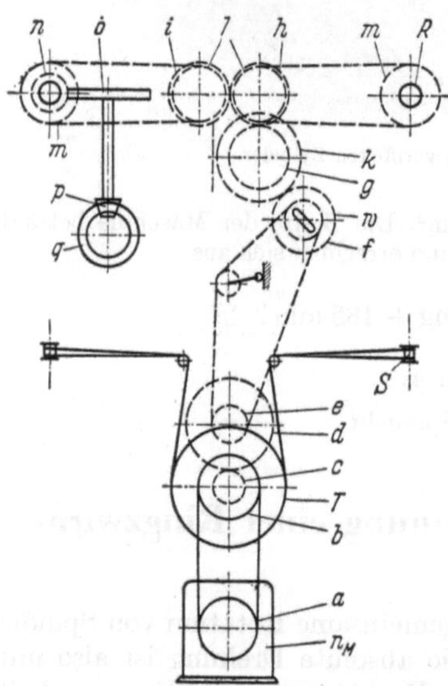

Abb. 219. Getriebe einer Ringzwirnmaschine
c 20 Zähne; d 81 Zähne; e Kettenrad = 20/40
(gegen f vertauschbar); f Kettenrad = 40/20
(gegen e vertauschbar); w Drehungswechsel =
von 22 $\cdots$ 40 in Intervallen von 1 Zahn und
50er und 60er Rad; k Konstantwechsel =
30/40/50/60/70 Zähne; g 50 Zähne; h 40 Zähne;
i 40 Zähne; l 40 Zähne Kettenrad; m 40 Zähne
Kettenrad; n Schnecke dreigängig; o Schnek-
kenrad 31 Zähne; p Kegelrad 20 Zähne; q
Kegelrad 50 Zähne; R Lieferzylinder 45 mm
Durchmesser

Dann ist:

$n_{sp\,1}$ 3350 U/min,
$n_{sp\,2}$ 4100 U/min,
$n_{sp\,3}$ 4850 U/min.

Die Lieferung der Maschine (Drehung der
Lieferzylinder). Mit der Drehung der Liefer-
zylinder ist gleichzeitig die Lieferung der
Maschine gegeben. Da hier ein umfangreiches
Wechselgetriebe gegeben ist, soll hier nur die
Lieferung L als allgemeine Formel berechnet
werden.

Daraus läßt sich folgende Gleichung aufstellen:

$$L = \frac{n_M \;|\; a \;|\; c \;|\; e\,w \;|\; g\,e\,R\,\pi}{b \;|\; d \;|\; f\,k \;|\; h\,m\,1000} \; \text{m/min} . \tag{3}$$

Da in dieser Gleichung viele konstante
Werte erhalten sind, läßt sie sich vereinfachen,
indem man die umrandeten Zahlen zu C zu-
sammenfaßt:

$$L = C \frac{a\,e\,w}{b\,f\,k} . \tag{4}$$

*Die Einstellung des Getriebes für eine be-
stimmte Drehung.* Die Drehung des Fadens
wird, wie bereits beschrieben, durch den Umlauf des Fadenführers und die Drehung der
Spindel bei gleichzeitiger Lieferung des Liefer-
werkes bewirkt. Bei der Berechnung soll die

Drehungsminderung, die durch die Aufwindung bewirkt wird, nicht berücksichtigt
werden. Die Drehung kann aus dem Getriebe zwischen Spindel und Lieferzylinder
berechnet werden. Es soll zunächst der Drehungsbereich festgelegt werden und
dann die Drehung durch ein übersichtliches Nomogramm dargestellt werden.

Der Drehungsbereich. Aus dem Getriebe läßt sich folgende Gleichung für die
Drehung aufstellen:

$T = $ Drehung/m:
$$T = \frac{1000\,m\,h\,k\,f\,d\,(T+1)}{R\,\pi\,k\,g\,w\,e\,c\,(S+1)},$$

$$T = C_0\,\frac{f\,k}{e\,w}.$$

Dann ist der Drehungsbereich:

$$T_{\max} = 1044 \text{ Drehungen,}$$

$$T_{\min} = 41 \text{ Drehungen.}$$

Das Drehungsmonogramm. Da der Drehungswinkel w die eigentliche letzte Einstellung für die Drehung ist, sollen seine Werte der Ausgang für das Nomogramm sein. Das Ergebnis soll in jedem Falle die Drehung sein. Die Rechenstrahlen sollen durch die Konstanten, die durch das jeweilige Vorgelege gebildet werden, dargestellt werden. Dazu müssen die einzelnen Konstanten errechnet werden.

<table>
<tr><td colspan="2">Unterer Drehungsbereich $f/e = 20/40$:</td><td colspan="2">Oberer Drehungsbereich $f/e = 40/20$:</td></tr>
<tr><td colspan="2">$$T = 82\,\frac{k}{w},$$</td><td colspan="2">$$T = 328\,\frac{k}{w},$$</td></tr>
<tr><td>I. $k = 30$</td><td>$$T = \frac{2460}{w},$$</td><td>VI. $k = 30$</td><td>$$T = \frac{9850}{w},$$</td></tr>
<tr><td>II. $k = 40$</td><td>$$T = \frac{3280}{w},$$</td><td>VII. $k = 40$</td><td>$$T = \frac{13100}{w},$$</td></tr>
<tr><td>III. $k = 50$</td><td>$$T = \frac{4200}{w},$$</td><td>VIII. $k = 50$</td><td>$$T = \frac{16400}{w},$$</td></tr>
<tr><td>IV. $k = 60$</td><td>$$T = \frac{4920}{w},$$</td><td>IX. $k = 60$</td><td>$$T = \frac{19670}{w},$$</td></tr>
<tr><td>V. $k = 70$</td><td>$$T = \frac{5740}{w}.$$</td><td>X. $k = 70$</td><td>$$T = \frac{22960}{w}.$$</td></tr>
</table>

Der Einfachheit halber sind die Rechenstrahlen im Nomogramm mit den römischen Zahlen bezeichnet. Da w im Nenner der Gleichungen steht, würden die Rechenstrahlen im Nomogramm keine geraden Linien bilden. Es wurde daher die Gleichung umgewandelt in:

$$T = \left(\frac{1}{w}\right) C_0 \left(\frac{f\,k}{e}\right).$$

Dies kann auch erreicht werden, indem man für w eine Skala $1/x$ verwendet.

Wenn man diese Umformung der Gleichung umgehen will, muß man w als Rechenstrahlen verwenden. Wie ein Versuch bewies, wird dieses Nomogramm aber ungenau im Gegensatz zu dem als Abb. 220 aufgeführten.

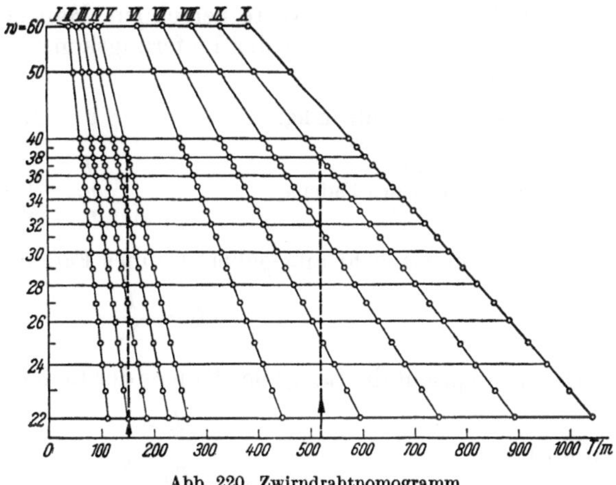

Abb. 220. Zwirndrahtnomogramm

2. Anwendung des Zwirndrahtnomogramms

Zwirndrahttabellen haben den Nachteil, daß man nicht mit einem Blick sehen kann, welche Wechselräderwerte dem errechneten Drehungswert am

12*

nächsten kommen. Außerdem kann man aus einer Tabelle nicht die inneren Zusammenhänge so leicht erkennen, wie dies mit Hilfe eines Nomogrammes möglich ist.

In dem Nomogramm sind zwei Beispiele eingezeichnet:

Ein Garn soll auf der beschriebenen Maschine mit 540 Drehungen/m hergestellt werden. Die hierzu erforderlichen Wechselräder ermittelt man, indem man von der horizontalen Drehungsskala vom Wert 540 senkrecht nach oben eine Gerade zeichnet. Diese Gerade schneidet im Schnittpunkt IX und w-38; d. h. zu dieser Drehung gehört ein Konstantenwechsel k-60, ein Drehungswechsel w-38 und die Räder f und e sind so anzuordnen, daß das treibende Kettenrad e 20 Zähne und das getriebene Kettenrad f 40 Zähne hat.

Läuft beispielsweise die Maschine gerade mit einer Einstellung von k-50, so kann man ohne Änderung von k mit einem Wechsel w-32 eine Drehung von 525/m bekommen. Es ist also eine Frage der notwendigen Genauigkeit, ob ein Auswechseln von k erforderlich ist. Ein weiteres Beispiel für die Übersichtlichkeit des Nomogramms ist noch für die Drehung 150 eingezeichnet.

Diesen Drehungswert kann man auf folgende Weise bekommen:

$$1.\ k\text{-40},\quad w\text{-22},\quad f/e\text{-20/40},$$
$$2.\ k\text{-50},\quad w\text{-27},\quad f/e\text{-20/40},$$
$$3.\ k\text{-60},\quad w\text{-33},\quad f/e\text{-20/40},$$
$$4.\ k\text{-70},\quad w\text{-39},\quad f/e\text{-20/40}.$$

Eine größere Übersichtlichkeit für die Zusammenstellung der Wechselräderwerte als in einem solchen Nomogramm ist wohl nicht denkbar.

Es muß jedoch in diesem Zusammenhang darauf hingewiesen werden, daß das vorgenannte Nomogramm nicht ohne weiteres für jede Zwirnmaschine, auch nicht für das gleiche Modell, angewendet werden kann, da die als konstant angesehenen Werte, wie Tambourdurchmesser, Spindeldurchmesser und Lieferzylinderdurchmesser, Unterschiede aufweisen können.

3. Die Berechnung der Produktion der Maschine

Die Produktion oder die praktische Leistung dieser Maschine läßt sich nur mit Hilfe der ermittelten Werte berechnen. Man nennt die Gleichung, die diese Größe angibt, die Gleichung der Lieferungskonstanten. Diese leitet sich folgendermaßen ab:

LK	Lieferungskonstante in kg,		v	Liefergeschwindigkeit der Maschine in m,
G	Gewicht des Garnes,			
L	Länge des Fadens,		T	Drehung/m,
Nmz	Zwirnnummer des Fadens,		n_{sp}	Tourenzahl der Spindel,
			η	Wirkungsgrad der Maschine.

LK wird als Gewicht angegeben. G eines Fadens ist:

$$G = \frac{L}{N_m}.$$

Darin entspricht die Länge des Fadens der Liefergeschwindigkeit der Maschine:

$$L = v.$$

Dann ist

$$T = \frac{n_{sp}}{v}.$$

Und weiter

$$L = \frac{n_{sp}}{T},$$

$$G = \frac{n_{sp}}{Nmz\,T}.$$

LK wird in kg berechnet. Ferner muß noch η berücksichtigt werden. Man erhält dann für G (kg) $= LK$

$$LK = \frac{n_{sp}\,\eta\,60}{T\,Nmz\,1000}\,,$$

$$LK = \frac{n_{sp}\,\eta\,0{,}06}{T\,Nmz}.$$

Die Lieferkonstante ist somit von 4 Werten abhängig. Es ist daher nicht angebracht, einen Produktionsbereich der Maschine ohne Angabe von Grenzwerten zu berechnen. Für die Berechnung der Leistung der gesamten Maschine ist die Spindelzahl der Maschine noch zu berücksichtigen. Dann ist:

L Produktion der gesamten Maschine kg Zwirn/h,
s Spindelzahl.

$$L = \frac{n_{sp}\,\eta\,0{,}06\,s}{T\,Nmz}.$$

Mit den oben berechneten Werten und den Bereichen Nmz von $7\cdots30$ und η von $50\cdots85\%$ läßt sich folgendes Nomogramm aufstellen (Abb. 221).

4. Anwendung des Leistungsnomogramms

Von den vielen Anwendungsmöglichkeiten dieses Leistungsnomogramms sollen im folgenden drei Beispiele aus der Praxis durchgerechnet werden:

1. Es ist zu errechnen, wieviel kg Zwirn von einer Maschine mit 220 Spindeln täglich in 8 Stunden hergestellt werden.

Daten: Spindeldrehzahl: Mittlere Stufe mit 4100 U/min,
Garndrehung: $T/m = 300$,
geschätzter Wirkungsgrad 85%,
Zwirnnummer Nmz 15.

Nach der obigen Formel können wir nun rechnen:

$$L/h = \frac{4100 \cdot 0{,}85 \cdot 0{,}06 \cdot 220}{300 \cdot 15}$$

$$= 10{,}22 \text{ kg/h}.$$

In 8 Stunden: ~81 kg.
Den gleichen Wert, allerdings nicht mit der gleichen Genauigkeit, erkennen wir auch, wenn wir im Nomogramm die gestrichelte Linie verfolgen.

2. Eine Partie von 560 kg Zwirn, Streichgarn Nmz 9, ist mit 250 Drehungen pro Meter in 24 Stunden (Rüstzeit soll nicht berücksichtigt werden) fertigzustellen (Wirkungsgrad 80% und Spindeldrehzahl 4100, vgl. im Nomogramm punktierte Linie). Wir berechnen zuerst die notwendige Stundenleistung mit

$$\frac{560}{24} \simeq 24 \text{ kg}.$$

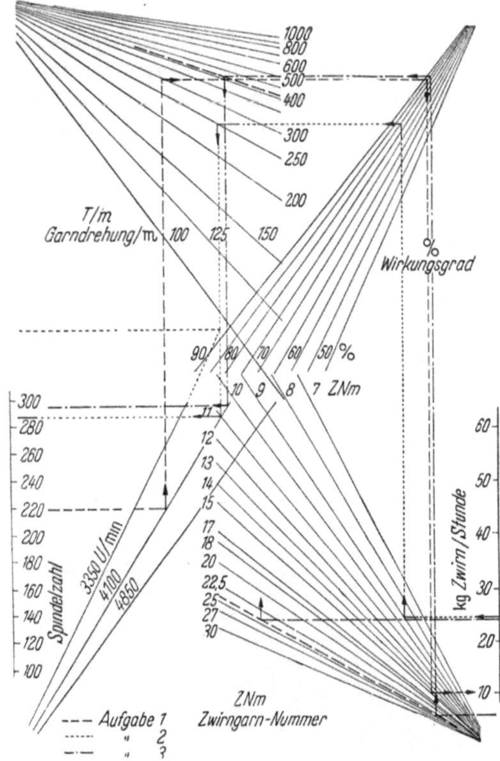

Abb. 221. Leistungsnomogramm

In der Zeichnung gehen wir nun den umgekehrten Weg wie in Aufgabe 1, indem wir von der Stundenleistung ausgehen und den Rechenstrahl an den einzelnen vorgegebenen Werten

der Aufgabenstellung brechen. Wie dann das Ergebnis zeigt, sind rund 300 Spindeln vor-
zurichten. Sehr wahrscheinlich muß aber bei dieser groben Nummer mit der geringeren Geschwindigkeit von 3350 Spindelumdrehungen gearbeitet werden. Es ist dann der Rechenstrahl an der punktierten Verlängerung für die Spindelgeschwindigkeit von 3350 zu brechen
und die Spindelskala entsprechend zu verlängern. Die andere Möglichkeit ist in der nachfolgenden Aufgabe dargestellt.

3. Eine Partie Zwirn von 560 kg 48/2 Kammgarn mit 420 Drehungen/m muß in 24 Stunden (Rüstzeit soll nicht berücksichtigt werden) fertiggestellt werden. Wieviel Spindeln sind
hierzu notwendig zu bestellen? Es soll bei der Erfüllung dieses Auftrages mit der mittleren
Spindelgeschwindigkeit von 4100 U/min gearbeitet werden und ein Wirkungsgrad von 85%
geschätzt werden.

Man errechnet die notwendige Stundenleistung:

$$\frac{560}{24} \cong 24 \text{ kg} .$$

Dann trägt man die Zwischenwerte für die Drehung und die Garnnummer ein (im Nomogramm strichpunktiert), indem man die Abstände schätzt (nämlich wie bei einem Rechen-
schieber). Nun geht man von der Stundenleistung aus wie im Beispiel 2. Man stellt, wie der
Rechenstrahl zeigt, sehr bald fest, daß man bei weiterer Auszeichnung aus dem Nomogramm-
feld herauskommt. Um nun doch zu einem Ergebnis zu kommen, reduziert man die Stundenleistung auf 25% und muß das spätere Ergebnis mit 4 multiplizieren. Der nunmehrige Rechenstrahl geht also von 6 kg aus und endet bei 228 Spindeln. Die erforderliche Spindelzahl ist
also rund 1150. (Im Nomogramm punktierte Linie.)

VII. Konstruktionselemente der Etagenzwirnmaschine

Bereits unter dem Dispositionspunkt-Verfahren der Zwirnherstellung wurde
auf die Arbeitsweise der Etagenzwirnmaschine hingewiesen und bildlich dargestellt. Die einzelnen aus der Abb. 163 und 164 ersichtlichen Elemente sollen in
der nachfolgenden Abhandlung zur Diskussion gestellt werden.

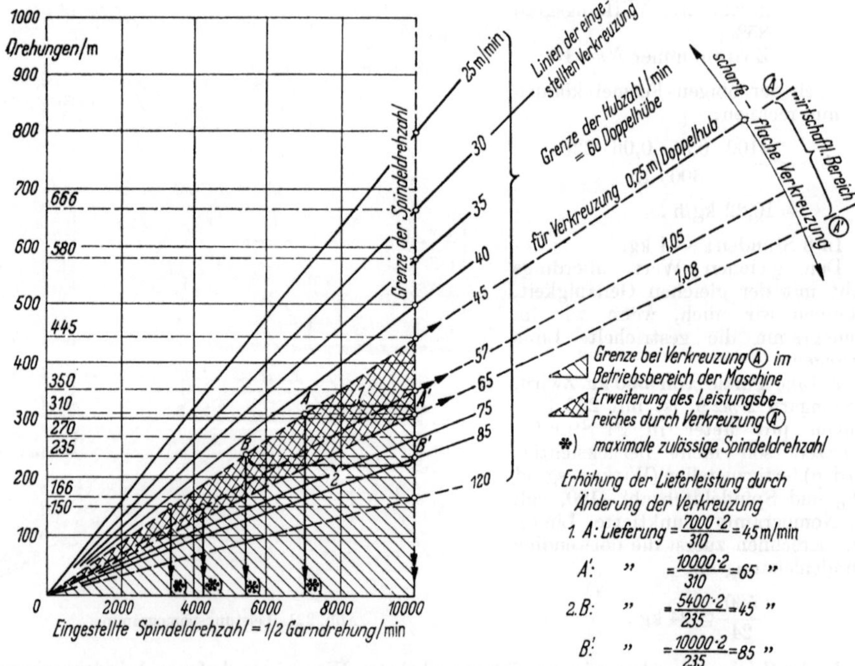

1. A: Lieferung $= \dfrac{7000 \cdot 2}{310} = 45$ m/min

A': „ $= \dfrac{10000 \cdot 2}{310} = 65$ „

2. B: „ $= \dfrac{5400 \cdot 2}{235} = 45$ „

B': „ $= \dfrac{10000 \cdot 2}{235} = 85$ „

Abb. 222. Doppeldraht-Zwirnmaschine. Zwirnleistung in Abhängigkeit von Spindeldrehzahl und Drehung pro m

Die Leistung der Doppeldraht-Zwirnmaschine. Ähnliche zahlenmäßige Zusammenhänge wie bei den Zwirnmaschinen allgemein bestehen auch bei der Doppeldrahtmaschine. Eine einfache Änderung in der Produktionsformel der Art, daß man zur Ermittlung der Produktion 2 mal n_{sp} einsetzt, führt nicht zu den wirklichen Verhältnissen, weil noch andere Einflußgrößen die Produktion beeinflussen.

Die Abb. 222 und Tab. 14 geben die Möglichkeit, diese Einflußgrößen zahlenmäßig zu erfassen.

In der Abb. 222[1] sind auf der Abszissenachse des Koordinatensystems die Spindeltourenzahlen (1 Spindeldrehung = 2 Garndrehungen) aufgetragen, während auf der Ordinate die Garndrehungen/m eingezeichnet sind.

Die Linien konstanter Liefergeschwindigkeit sind durch die Bestimmung eines Punktes der Linie und

Tabelle 14. *Doppeldraht-Zwirnmaschine*
Zwirnleistung in Abhängigkeit von Spindeldrehzahl und Drehungen pro Meter bei Begrenzung der Lieferung auf 60 m/min und der Spindeldrehzahl auf 10000 per Minute

Drehungen per Meter	$\times$	Lieferung per Min.	$=$	Drehungen per Min.	$=$	Spindeldrehzahl per Min.
100		60		6000		3000
150		60		9000		4500
200		60		12000		6000
250		60		15000		7500
300		60		18000		9000
350		57		20000		10000
400		50		20000		10000
450		44,4		20000		10000
500		40		20000		10000
550		36,4		20000		10000
600		33,4		20000		10000
650		30,8		20000		10000
700		28,6		20000		10000
750		26,8		20000		10000
800		25		20000		10000
850		23,6		20000		10000
900		22,2		20000		10000
950		21		20000		10000
1000		20		20000		10000

Verbindung des ermittelten Funktionspunktes mit dem Ursprung festzulegen. Bei einer bestimmten Garndrehung pro Meter lassen sich mit ihrer Hilfe leicht die zulässigen Spindeltourenzahlen ermitteln.

Andererseits ist die maximale Spindeltourenzahl nicht durch technische Daten, sondern durch Wirtschaftlichkeitserwägungen begrenzt, da der Stromverbrauch einer Spindel wegen des hohen Luftwiderstandes des Fadenballons bei Drehzahlen von über 10000 Umdrehungen/min zu hoch wird. Da dieser Drehzahl jedoch 20000 Garndrehungen in gleicher Zeit entsprechen, zeigt sich schon daraus eindeutig die Absicht, die bei der Konstruktion der Maschine zugrunde lag: eine Maschine für die wirtschaftliche Herstellung normal- und hochgedrehter Zwirne zu schaffen. Hierzu tragen alle weiteren Konstruktionsmerkmale der Maschine bei: die raumsparende Anordnung von zwei Spindeletagen übereinander, das hohe Spulengewicht der fertigen Zwirnspulen und die große Zahl der einer Zwirnerin zuweisbaren Zwirnspindeln.

Unter Berücksichtigung eines Wirkungsgrades, den man wie bei der Produktionsberechnung auf

Tabelle 15. *Doppelhübe pro Minute*
bei 60 m Lieferung pro Minute und einer Verkreuzung von:

Lieferzylinder-Umdrehungen pro Doppelhub	Doppelhübe pro Min.
3	76
3,3	69
3,7	61
4,2	54
4,7	48
5,2	43,6
5,9	38,5
6,7	34
7,6	30
8,7	26

60 m Lieferung ergeben bei einem Wickeltrommeldurchmesser von 84 mm 227 Wickeltrommelumdrehungen pro Minute.

---

[1] Vgl. JOACHIM SCHNEIDER: Rationalisierung durch Doppeldraht-Zwirnen. Melliand Textilber. 1960, 258.

S. 181 schätzen muß, errechnet sich die Leistung in kg. Den Zusammenhang zwischen Drehungen pro m, Lieferung pro min und Spindeldrehzahl, wowie die Anzahl der Doppelhübe zeigt Tab. 15.

1. Die Spindeln der Etagenzwirnmaschine

Die Probleme, die beim Trieb der Spindeln an den Etagenzwirnmaschinen auftreten, sind die gleichen wie an den Ringzwirnmaschinen.

Für die normalen Etagenzwirnmaschinen gelten also auch die gleichen Richtlinien, wie sie auf den S. 155 ff. besprochen wurden.

In diesem Zusammenhang soll lediglich auf die darüber hinaus noch gebräuchlichen Spezialspindeln hingewiesen werden.

Die obere Spindeldrehzahl ist bei den Ringzwirnmaschinen bekanntlich durch die Schwingungsresonanz bei Drehzahlen über 12 000 U/min und durch die maximale Ringläufergeschwindigkeit begrenzt. Da aber bei den Etagenzwirnmaschinen ein Ringläufer nicht angewendet wird, liegt es nahe, durch geeignete Konstruktion der Spindel den oberen Resonanzbereich zu überwinden und mit hohen Spindeltourenzahlen von teilweise mehr als 20 000 U/min zu arbeiten oder aber durch einen anderen geeigneten konstruktiven Aufbau — Doppeldraht — eine Produktionssteigerung zu erhalten. Dieser Gedanke liegt besonders nahe, weil die Etagenzwirnmaschinen dort eingesetzt werden, wo bei sehr feinen Garnnummern in der Reyonindustrie sehr hohe Drehungen erforderlich sind.

Die Elektrospindel von Jores-Pastor (Krefeld). Bei dieser Konstruktion wird die Spindel durch einen Einzelmotor je Spindel angetrieben. Der Anker dieses Motors läuft mit 20 000 U/min. Er ist als Röhre ausgebildet, in der sich die Spindel befindet. Auf Grund dieser elastischen Kupplung wird es vermieden, daß die Spindel beim außerordentlich schnellen Anlauf zu Bruch geht.

Die Motoren werden synchron gesteuert, so daß eine ziemlich konstante Drehzahl gehalten werden kann. So werden dann Kreppgarne von hoher Gleichmäßigkeit hergestellt. Die Spindel arbeitet ohne Campanillo und hat kleine Garnkörper auf Spezialbobinen aus Leichtmetall und Bakelitflanschen. Wegen dieser kleinen Garnkörper eignet sich die Spindel nur für feinste Garne — weniger als 30 den.

2. Doppeldrahtspindeln

Bei der Doppeldrahtspindel wird durch die geeignete Führung des Fadens doppelter Draht in einem Arbeitsgang erzeugt.

Wie dies erfolgt, soll an Hand der Abb. 223 bis 225 besprochen werden.

Jede Abwinklung eines Fadens — jede „L-Führung" — erteilt dem Faden bei jeder Spindelumdrehung eine Drehung. Aus der Abb. 223 ist zu erkennen, daß die beiden übereinanderliegenden „L" dem Faden einen doppelten Draht erteilen müssen, wenn die Ablaufspule stillsteht. Den Unterschied zur normalen Zwirnspindel kann man in der Abb. 224 erkennen, bei der nur eine „L-Führung" des Fadens ersichtlich ist. Die Schwierigkeit in der Konstruktion von Doppeldrahtspindeln besteht darin, die Ablaufspule, die auf einem schnell rotierenden Teil abgestützt wird, stillzusetzen. Die Lösung dieses Problems führt zu immer neuen Konstruktionen.

Folgende Konstruktionen unterscheiden wir:

1. Formschlüssige Konstruktionen unter Verwendung von Getrieben.
2. Kraftschlüssige Konstruktionen unter Nutzbarmachung der Gravitation oder, wie aus der Abb. 225 ersichtlich ist, durch Anordnung eines Magneten. Die Anordnung von Magneten

hat den Vorteil, daß man die Spindel nicht wie bei den mit großer Unwucht ausgestatteten Spindeln, deren Stillsetzung durch den Einfluß der Schwerkraft der Unwucht erfolgt, schräg anordnen muß. Sie haben aber auch den Nachteil, daß besondere Sicherungen den absoluten Stillstand der Ablaufspulen gewährleisten müssen.

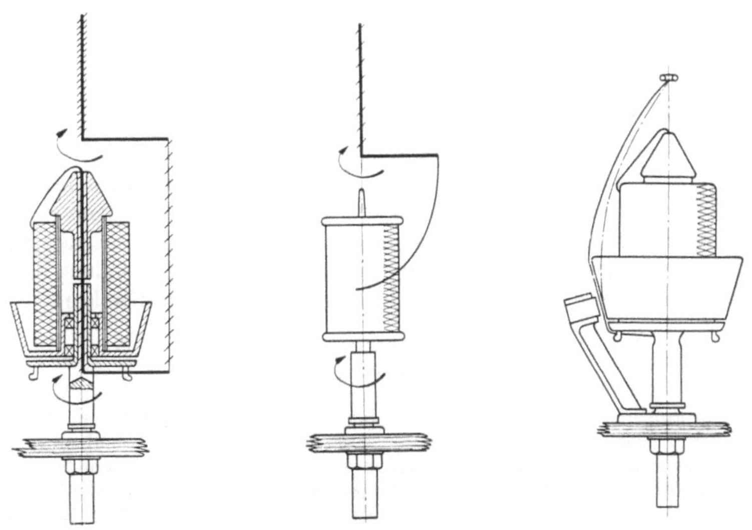

<table>
<tr><td>Abb. 223. Entstehung des doppelten
Drahtes</td><td>Abb. 224. Einfache Draht-
erteilung</td><td>Abb. 225. Doppeldraht-Spindel
(Abbremsung durch Magnet)</td></tr>
</table>

a) Fadenbruch-Abstellvorrichtungen (vgl. Abb. 226)

Etagenzwirnmaschinen sind in der Regel nicht mit Abstellvorrichtungen versehen. Auch sind nur bei einzelnen Fabrikaten Trennbleche vorhanden, da fast ausschließlich einfache Garne in feinen Titern zur Verarbeitung gelangen. Durch die meist hohen Drehzahlen wird sich der gebrochene Faden um die Ablaufspule wickeln und nicht in den Zwirnballon der Nachbarspindeln einschlagen.

Ganz anders verhält es sich dagegen bei den DD-Spindeln. Hier würde der gebrochene Faden vom Rotationskörper, der sich noch in voller Drehung befindet, weiter von der Ablaufspule nachgezogen werden, da sich der Fadenabheber noch dreht und weitere Garnlagen von der Ablaufspule löst. Ein Fadenbruch entsteht in den allermeisten Fällen innerhalb des Zwirnballons, das gebrochene Fadenende würde sich also um die Speicherscheibe und den Wirtel schlingen und damit eine größere Stillstandszeit verursachen. Um diese Störungen zu vermeiden, wird ein Drahtbügel zwischen der Zwirnöse und dem Vorab-

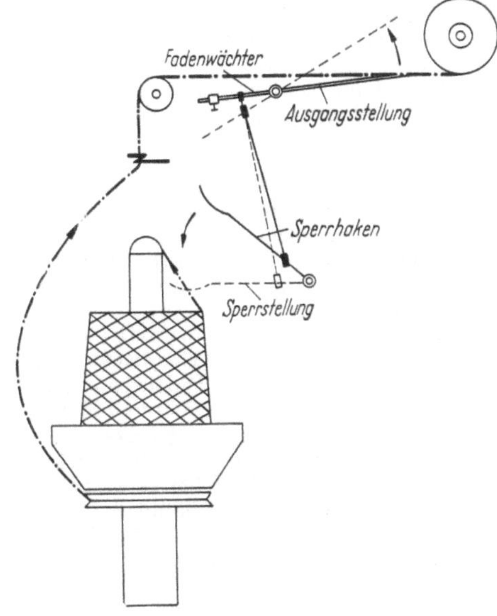

Abb. 226. Fadenbruch-Abstellvorrichtung

zug angebracht. Dieser Bügel wird durch den gespannten Faden gehalten und
fällt bei einem entstandenen Fadenbruch nach unten auf die Ablaufspule. Dadurch wird der Fadenabheber gebremst und ein Nachziehen durch die Speicherscheibe verhindert. Jeder Drahtbügel kann außerdem einzeln arretiert werden.

b) Fadenspannungen an DD-Spindeln

Obwohl sich die Fadenspannungen an DD-Spindeln in bedeutend niedrigeren
Grenzen als bei Ring- oder Etagenzwirnmaschinen bewegen, so bestehen auch an
diesen Spindeln Fadenspannungsprobleme. Es handelt sich hierbei meist um
unterschiedliche Fadenspannungs-Abzugsverhältnisse. Außerdem läßt sich feststellen, daß die Abzugsverhältnisse an konischen oder zylindrischen Ablaufspulen
unterschiedlich sind. Auch bei der Vorlage von Sonnenspulen werden sich unterschiedliche Abzugsverhältnisse nicht vermeiden lassen, besonders dann, wenn
beide Vorlagespulen einen unterschiedlichen Durchmesser aufweisen.

c) Abwindespannung

Die Hauptursache für die Abwindespannung sind die unterschiedlichen Abzugsverhältnisse. Man war bisher an einen maximalen Kerndurchmesser der Ablaufspulen gebunden.
Um die Fadenspannungen auf ein erträgliches Maß (bei kleiner werdenden Spulendurchmesser) zu reduzieren, mußten die Vorlagespulen auf besondere große Spulenkerne gewickelt
werden, die im Durchschnitt 35···40 mm aufwiesen. Bei einem Nm 40/2 Kammgarn z. B.
kann man einen annähernd konstanten Verlauf der Fadenspannung mit einer Gewichts-
belastung von etwa 17 g bis zu einem Durchmesser von etwa 50···60 mm beobachten. Von
hier aus abwärts zeigt sich ein parabolischer Verlauf der Kurve und die Fadenspannung erreicht, bei einem Durchmesser der Ablaufspule von etwa 25···30 mm, Werte von maximal
100 g und darüber. Aber auch die Minimumwerte, sie könnten für konische Kreuzspulen zu-
treffen, bewegen sich bei etwa 80 g.
Ein wirtschaftliches Arbeiten ist also nur in einem Bereich des Kerndurchmessers von
etwa 50 bis höchstens 40 mm Durchmesser möglich. Außerdem muß sich die maximale
Spindeldrehzahl, die durch die Fadenbruchzahl maßgeblich beeinflußt wird, nach den schlech-
teren Ablaufverhältnissen bei kleiner werdendem Spulendurchmesser richten. Aus diesen
Gründen hat sich die theoretisch erreichbare Spindeldrehzahl nur bei besonders strapazier-
fähigen, d. h. gröberen Garnen, erreichen lassen. Der entsprechende Garnnummernbereich
lag dabei vorteilhaft zwischen Nm 28/2···Nm 60/2, im Maximum von Nm 14/2···Nm 70/2.
Für diesen wirtschaftlichen Bereich ist allerdings Voraussetzung, daß mit einer normalen bzw.
hohen Drehung gearbeitet wird. Auf Grund ihrer verhältnismäßig hohen Einzelfaserzahl im
Fadenquerschnitt sind die zur Verarbeitung gelangenden Garne in der Lage, die erhöhten
Fadenspannungen am Kern der Ablaufspule aufzufangen, ohne einen Fadenbruch zu verursachen.
Eine wirtschaftliche Verarbeitung von gröberen Garnen, die meist mit geringerer Dre-
hung/m gezwirnt werden, wird in Frage gestellt, da hierbei die Abzugsgeschwindigkeiten zu
hoch ansteigen. Allgemein kann man sagen, daß sich die Liefergeschwindigkeiten bei etwa
40···50 m/min bewegen. Zur Erreichung hoher Spindeldrehzahlen bei feinen Garnen besteht
die Schwierigkeit darin, daß wegen der hohen Beanspruchung des Garnes zu viele Fadenbrüche auftreten.
Selbstverständlich sind die auftretenden Fadenspannungen auch materialabhängig. Bei
Streichgarnen mit moosiger Oberfläche kommt noch eine zusätzliche Haftreibung hinzu.
Außerdem treten noch Fadenspannungen auf, die beim Fachen entstehen und sich hier
nicht ganz vermeiden lassen. Wird ab Spinnkop gefacht, so sind die auftretenden Spannungen
größer als beim Vorlegen von Kreuzspulen. Eine wichtige Voraussetzung ist auch, daß beim
Fachen gebrochene Fäden einzeln angeknotet werden. Durch das gemeinsame Anknoten
kann beim späteren Abwinden kein Spannungsausgleich innerhalb des Fadenbündels stattfinden und die Folgen sind die unerwünschten Schlaufen im Zwirn. Der Fadenabheber, vom
Faden mitgeschleppt, hält das Fadenbündel zusammen und sorgt für ein gleichmäßiges Abheben. Ohne diese Vorrichtung und nur mit der Fadenbremse wäre ein Vor- oder Nacheilen
einzelner Fäden infolge der unterschiedlichen Spannungen nicht zu vermeiden. Es kann dann
durchaus der Fall eintreten, daß ein Faden um eine ganze Windung zurückbleibt und durch
Kreuzen mit den anderen Lagen einen Fadenbruch verursacht.

d) Bremselemente

Der Fadenabheber, der zusammen mit der Fadenbremse aufgesteckt wird, läuft kugel-gelagert und kann, mit Hilfe einer Ringfeder, welche sich gegen eine Gewindemuffe stützt und durch Anziehen derselben, einen mehr oder weniger bremsenden Einfluß auf den sich abwindenden Faden ausüben. Ebenso kann die Kugelbremse (bestehend aus einer Ringfeder und je einer Kugel oben und unten in einer entsprechenden Fassung) vermittels einer drehbaren Gewindekappe, welche die Bremselemente in der Kunst-stoff-Fassung zusammenhält, stärker oder schwächer ein-gestellt werden.

Man kann daher einen Zwirnprozeß nur allein mit dem Fadenabheber (sorgt für Spannungsausgleich, brem-sender Einfluß) ohne weiteres durchführen, während ein Zwirnen ohne diesen, also nur mit der Kugelbremse, praktisch nicht durchführbar ist.

In Abb. 227 ist eine Kugelbremse für Kordzwirne dargestellt. Da der Fadenabheber eine Stelle darstellt, die zusätzliche unerwünschte Reibung erzeugt und trotz-dem mit der Fadenbremse keinen genügenden Spannungs-ausgleich schaffen kann, gehen die Bestrebungen dahin, diese Elemente gegen eine Bremse auszutauschen, die den wechselnden Fadenzug selbsttätig reguliert.

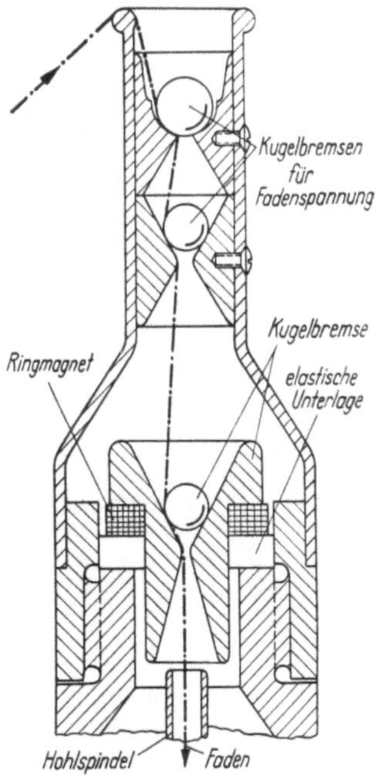

Abb. 227. Kugelbremse für Kordzwirne

e) Zwirnspannung

Der von der Ablaufspule durch den hohlen Teil des Spindeltopfes geführte Faden tritt aus der Öffnung der „Speicherscheibe", dem eigentlichen drahterteilenden Organ, heraus und wird der oben befindlichen Aufwickel-vorrichtung zugeführt. Bei voller Ablaufspule muß die Fadenbremse so eingestellt sein, das der austretende Faden die Speicherscheibe in einem Winkel bis zu 360° umschlingt. Da sich die wechselnden Fadenspannungen beim Abwinden von der Vorlagespule auf den Zwirnballon auswirken, soll mit dieser Umschlingung der Speicherscheibe eine Fadenreserve gebildet werden, die es ermöglicht, bei einem auftretenden Fadenzug ein Stück des Fadens frei-zugeben, indem sich der Umschlingungswinkel verkleinert und somit ein Spannungsaus-gleich stattfindet. Im Laufe des Zwirnprozesses verkleinert sich die Fadenreserve, bedingt durch die höher werdenden Abwindespannungen, bis sie schließlich am Kerndurchmesser der Ablaufspule gänzlich aufgebraucht ist. Sehr ungünstig wäre ein Arbeiten ohne Um-schlingung der Speicherscheibe, da der Zwirnballon und auch der Faden den dauernd wech-selnden Spannungen unterliegen würde. Die Fadenspannung ist außerdem abhängig vom Durchmesser der Speicherscheibe, da auch die Umfangsgeschwindigkeiten derselben für die Spindeldrehzahlen von Bedeutung sind und daher berücksichtigt werden müssen.

Bei kleinerem Durchmesser der Speicherscheibe, folglich auch niedrigerer Umfangs-geschwindigkeit, können höhere Spindeldrehzahlen angewendet werden. Aus diesem Grunde werden in der Regel auch zwei Spindelgrößen gebaut, die für einen jeweils bestimmten Garn-nummernbereich konstruiert sind.

Ab Nm 34/2 aufwärts kann mit einer Maximalspindeldrehzahl gerechnet werden von:

etwa 10 000 ··· 12 000 für die große Spindel,
etwa 16 000 ··· 18 000 für die kleine Spindel.

Bisher war es jedoch nicht möglich, die Speicherscheibe und auch die Umschlingung der-selben durch den Faden durch eine andere konstruktive Lösung zu ersetzen. Die Speicher-scheibe kann, da sie erhebliche Mängel aufzuweisen hat, als ein konstruktiver Behelf an-gesehen werden (Abb. 228 zeigt einen Fadenspannungsregler).

Um einen einwandfreien Zwirnprozeß durchführen zu können und ein einwandfreies Garn herzustellen, muß die Zwirnspannung höher als die Abwindespannung sein, da sonst bei kleinerer Zwirnspannung keine genügende Ballonbildung möglich ist. Trotzdem der Faden an der DD-Spindel abgebremst wird, hat die Zwirnspannung einen wesentlich ruhigeren Ver-lauf als an Ringzwirnmaschinen.

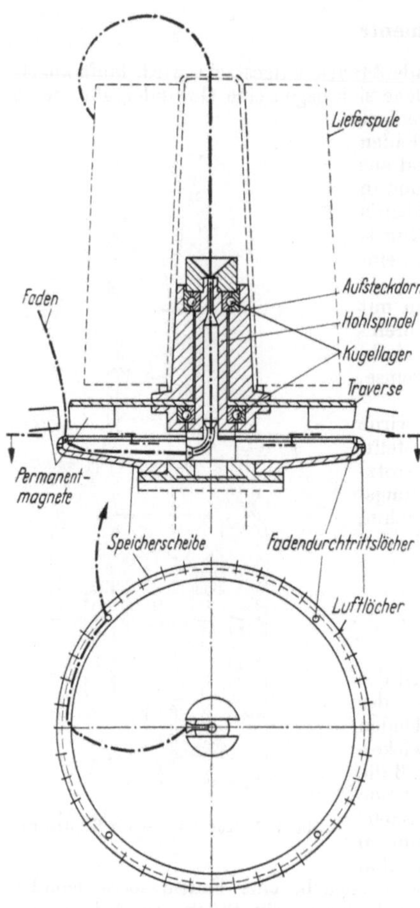

Abb. 228. Fadenspannungsregler

Das Einfädeln in die Hohlspindel und die Speicherscheibe geschieht mit einem gezahnten Perlondraht.

Beim Beheben eines Fadenbruches lassen sich fehlerhafte Stellen im Zwirn nicht vermeiden.

f) Aufwindespannung

Diese ist unabhängig von der Abwinde- und Zwirnspannung und kann im Bereich wie bei den üblichen Kreuzspulmaschinen liegen. Wie bereits erwähnt, kann diese Spannung durch Anwendung einer angetriebenen Regelrolle (vgl. Abb. 229) größer oder kleiner gehalten werden.

Im Hinblick auf den Gesamtzwirn muß aber auch diese Spannung berücksichtigt werden, da sich das Material durch den in einem Arbeitsgang stattfindenden Zwirn- und Spulprozeß im dauernden Zustand der Dehnung befindet. Gewiß ist es nicht ratsam, eine minimale Fadenspannung zu unterschreiten, aber ebensowenig, eine maximale zu überschreiten.

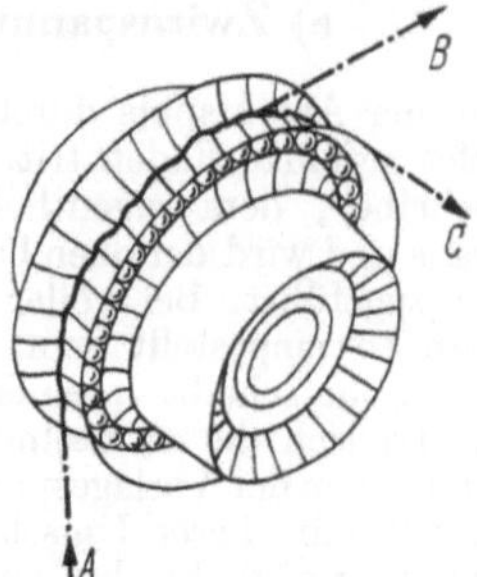

Abb. 229. „Kotte" Regelrolle

Abschließend kann gesagt werden, daß der auf einer DD-Zwirnmaschine hergestellte Zwirn bedeutend gleichmäßiger ist, als der auf einer Ringzwirnmaschine angefertigte. Dies kann man darauf zurückführen, daß der Faden, bevor er in die eigentliche Zwirnzone gelangt, eine Vorzwirnung in der hohlen Spindel erhält, die man mit einer Vergleichmäßigung des zu zwirnenden Garnes bezeichnen könnte.

Ungleichmäßigkeiten im Zwirn können nur in der ersten Drehung entstehen, wenn sehr stark schwankende Abzugsverhältnisse vorliegen. Durch den dauernden Wechsel von „spannen" und „entspannen" legen sich die Drehungen ungleichmäßig in den Zwirn, während sich diese Einflüsse bei der zweiten Drahterteilung im Außenballon nicht bemerkbar machen.

Spindel für „Umspinnungs"-Zwirne. Dieses Verfahren, das in der Elektroindustrie für das „Umspinnen" von Isolationsdrähten bekannt ist, wurde auch teilweise für die Verwendung in der Textilindustrie moduliert.

Bei diesem Verfahren wird mit einer hohlen Spindel gearbeitet; das gesamte Arbeitsverfahren entspricht dem Etagenzwirnverfahren. Die Seele des späteren Zwirnes — der Faden, der umzwirnt werden soll — wird von unten durch die hohle Spindel geführt. Die auf die Spindel aufgesteckte Vorlage legt nun bei jeder Spindelumdrehung eine Garndrehung auf die Fadenseele.

3. Die Aufwindung und Aufwicklung des Fadens

Bereits auf S. 133 wurde darauf hingewiesen, daß der Abzug und die Aufwindung des gezwirnten Fadens durch eine Vorrichtung erfolgt, die konstruktiv gleiche Merkmale besitzt wie die Kreuzspulmaschine. Die Vorrichtung ist auch aus den Abb. 163 und 164 erkenntlich.

Die Aufwicklung selbst richtet sich danach, welche Spulen — Kreuz- oder Scheibenspulen — hergestellt werden sollen. Kreppzwirne werden nach dem Zwirnen meist durch Dämpfen fixiert. Sie werden dann in Kreuzspulform auf perforierte Papphülsen aufgewunden. Scheibenspulen sind in der Handhabung einfacher und verursachen weniger Verluste.

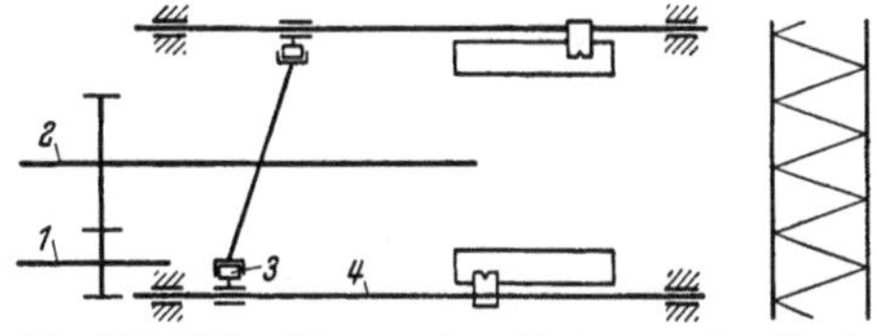

Abb. 230. Fadenführung ohne Verlegung der Kante

Soll ein Kreppzwirn zweistufig hergestellt werden, dann verwendet man vorteilhaft Scheibenspulen, weil diese in dem nächsten Arbeitsgang sofort auf der Etagenzwirnmaschine verwendet werden können. Die Maschinen sind daher für die Herstellung von Scheibenspulen *und* von Kreuzspulen konstruiert. Der Unterschied ist lediglich eine Frage der Übersetzung.

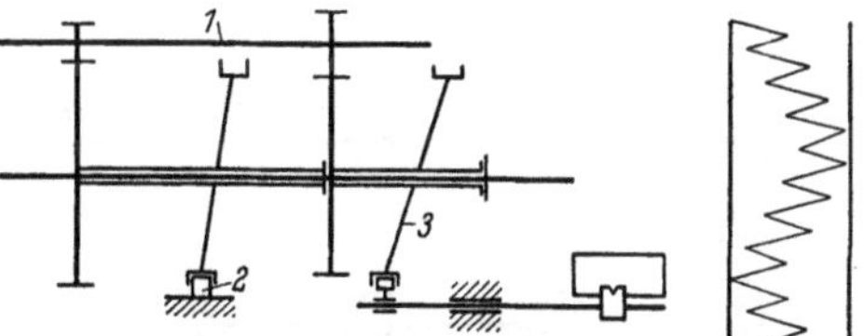

Abb. 231. Fadenführung mit periodischer Kantenverlegung

Aus den Abb. 230 bis 232 sind drei verschiedene Konstruktionen für die Fadenverlegung zu erkennen.

Das in der Abb. 230 dargestellte einfache Exzenter ergibt eine proportionale Verlegung des Fadens. Da bei den Etagenzwirnmaschinen die Drehzahl der Wickelwelle geringer ist als bei den Kreuzspulmaschinen, wirken sich die härter gewickelten Kanten nicht in der üblen Weise aus. Außerdem ist es zuweilen erwünscht, wenn bei den Reyongarnen die Kanten etwas härter gewickelt sind, weil dann die Gefahr der Kringelbildung geringer ist. Grundsätzlich besteht

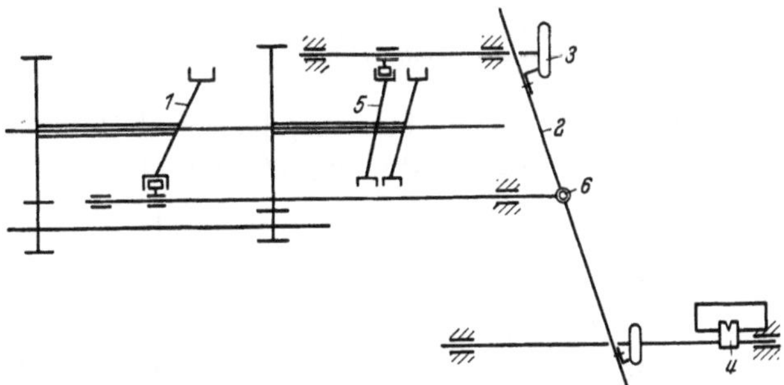

Abb. 232. Fadenverlegung mit Kantenverlegung (Die beiden Exzenter *5* ermöglichen je nach Verwendung größere oder kleinere Kantenverlegung)

aber bei den bekannten Konstruktionen die Möglichkeit der Kantenverlagerung in ähnlicher Weise wie bei den Kreuzspulmaschinen.

In der Abb. 231 dient der direkten Fadenverlegung das Exzenter *3*, das von der Hauptwelle *1* zwangsläufig angetrieben wird.

Das den Stein *2* umfassende Exzenter hat nur einen sehr kleinen Hub und wird ebenfalls durch die Hauptwelle *1*, aber mit sehr stark untersetzter Drehzahl, angetrieben. Somit ist die gesamte Fadenführervorrichtung durch den Stein *2* am Maschinengestell geführt und verlegt sich in dem Rhythmus der Drehung des Exzenters. Es entsteht somit die in der Abb. 231 dargestellte Wicklung.

In der Abb. 232 ist *1* das Exzenter für die Hauptfadenverlegung. Die Bewegung von *1* wird nach *6* auf den Hebel *2* übertragen, dessen momentaner Drehpunkt *3* ist. Dieser Drehpunkt *3* wird aber durch eins der beiden Exzenter stetig langsam verlagert, so daß die Kantenverlegung eintritt.

4. Das Getriebe

Der Antrieb der Etagenzwirnmaschine erfolgt heute mit Ausnahme der Maschine mit Elektrospindel durch Keilriemen auf die Hauptwelle, von dieser über Riemenscheiben mit großem Durchmesser und über breite Treibriemen auf die Wirtel der Spindel. Die Abb. 233 zeigt drei verschiedene Konstruktionen für den Spindelantrieb.

Die an den nachfolgenden Abb. 234 und 235 durchgeführten Berechnungsbeispiele für eine Etagenzwirnmaschine beziehen sich auf das bekannte Modell LL von Hamel.

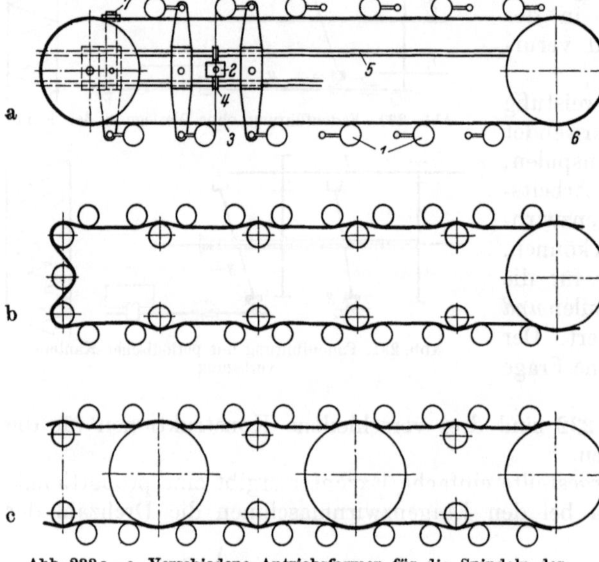

Abb. 233a—c. Verschiedene Antriebsformen für die Spindeln der Etagenzwirnmaschine

Die Berechnung der Spindeldrehzahl. Hierfür kann man aus dem Getriebe wie folgt ablesen (vgl. Abb. 234):

$$n_{sp} = \frac{n\,G\,(R+4)}{H\,(d+4)}.$$

Die Berechnung der Garndrehung. Die Maschine hat zwei Drehungsbereiche, die je nach Wunsch eingestellt werden können. Es können dabei folgende Drehungsbereiche erfaßt werden:

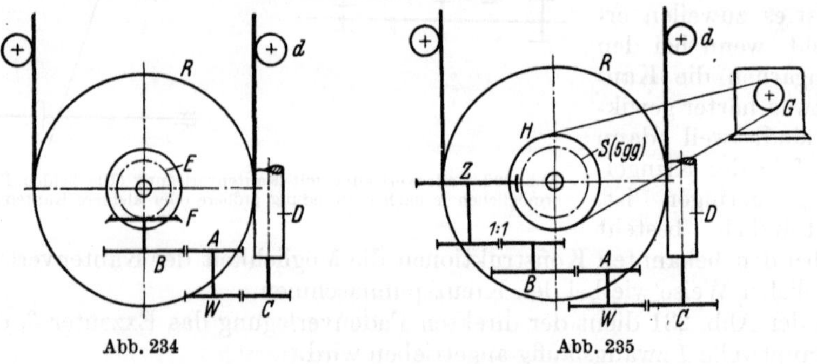

Abb. 234   Abb. 235

Schußdrehung (niedrige Drehung) Abb. 234),
Kettdrehung (hohe Drehung) (Abb. 235).
Diese Kombination von zwei Getrieben hat sich als günstig erwiesen, weil man dann den großen vorkommenden Drehungsbereich besser erfassen kann.

Schußdrehung (Abb. 234):

$$T/\mathrm{m} = \frac{1000\,C\,A\,F\,(R+4)}{D\,\pi\,W\,B\,E\,(d+4)}\,.$$

Kettdrehung (vgl. Abb. 235):

$$T/\mathrm{m} = \frac{1000\,C\,A\,Z\,(R+4)}{D\,\pi\,W\,B\,S\,(d+4)}\,.$$

Die Lieferungs- und Leistungsberechnung der Etagenzwirnmaschine unterscheidet sich in der Art nicht von der gleichen Berechnung an Ringzwirnmaschinen. Es soll daher auf diese Berechnungsarten in diesem Zusammenhang nicht mehr eingegangen werden.

VIII. Die Herstellung von Zwirneffekten aus synthetischen Fasern bzw. Garnen[1]

Mit der Bezeichnung „Zwirneffekte" in dem Thema, das in diesem Zusammenhang behandelt wird, soll eine Distanzierung von der Bezeichnung „Effektzwirne" herbeigeführt werden. Unter Zwirneffekten, namentlich dann, wenn sie in Verbindung mit synthetischen Garnen und Fasern genannt werden, sei die große Gruppe der Garne angesprochen, die heute z. B. unter dem Namen Helanka, Fluflon, On-Dulon, Taslan usw. bekannt ist, Garne also, deren Verwandtschaft man auf Krepp-, Kräusel- und texturierte Garne zurückführen darf.

Die in dieser charakterlichen Richtung liegenden Garne haben nicht nur eine schon sehr lange Entwicklungsgeschichte, sondern sie haben gerade seit der Einführung der synthetischen Garne und Fasern die Gemüter der daran beteiligten in unvergleichbarem Maße erhitzt. Die Anzahl der Garne, die in der Fachwelt bekannt sind, ist bis heute so mannigfaltig, daß nur wenige wirklich genau orientiert sein können. Die Unterschiede zwischen den teilweise mit unterschiedlichen Namen benannten Garnen sind auf S. 218 angesprochen worden.

Die Meilensteine in der Entwicklung solcher Garne können kurz aufgezeigt werden. Im Anfang war es das Kreppgewebe. Man verwendet dabei ein hochgedrehtes Garn, das mit S- und Z-Drehung abwechselnd eingeschossen wird. Die Erzeugung von Kreppgeweben ist schon relativ alt, bereits im Jahre 1680 stellte Sainte Badour einen Seidenkrepp her, d. h. er nahm eine Kreppkette und schoß ein Teil Kammgarn ein. 1768 nahmen James Crookshank und William Norton in England ein Patent zur Herstellung von Kreppgeweben. Im Großen aber fand es erst Einführung beim Tod der Königin Charlotte, zu deren Begräbnis als Unterkleidung „Dark Norwich crape", ferner Krepp-Schleier usw. befohlen wurden. Der erste Krepp aus Reyon wurde 1926 in England hergestellt. Dieses war der zweite Meilenstein und der dritte Meilenstein ist der Gegenstand dieses Themas, nämlich gleiche und ähnliche und besondere Garne aus synthetischen Faserstoffen. Wie es zu diesem dritten Meilenstein gekommen ist, dürfte verhältnismäßig einfach zu erklären sein.

Die Absicht, den glatten, nackten Fasern und Garnen aus Reyon und heute auch synthetischen Faserstoffen einen dem Kreppgewebe ähnlichen kräuselartigen Effekt zu geben, um sie voluminös und unter Umständen wollähnlich zu gestalten und damit ein erstklassiges Ausgangsmaterial für die Wirkerei und Strickerei zu schaffen, lag nahe. Auch über die Art, wie man dieses verwirklichen wollte, gab es zwei bestimmte Vorstellungen. Die eine, die heute gar keine Bedeutung mehr hat,

---

[1] Vgl. J. Schneider: Über den Stand der Verfahren für die Herstellung von Zwirneffekten aus synthetischen Fasern bzw. Garnen. VDI-Ber. 22 (1957) 47—53.

war die, dem Stapel oder auch dem endlosen Faden eine Kräuselung zu geben, indem man das Fasermaterial zwischen beheizte und verzahnte Zylinder hindurchlaufen ließ. Ein Verfahren, das in anderer Richtung auch heute noch etwas Bedeutung hat. Der andere Gedanke, der dann auch heute zur modernen Fertigung führte, stammt noch aus den Anfängen der Entwicklung. Wie man den Kreppcharakter im Gewebe durch Verwendung von *S*- und *Z*-gedrehtem Garn bekommen hat, so erhofft man sich einen ähnlichen Effekt zu erzielen, wenn man Zwirne aus *S*- und *Z*-gedrehtem Einzelgarn verwendete.

Das grundlegende Pionierpatent dürfte ohne allen Zweifel das am 31. August 1935 in Deutschland von der Firma Heberlein & Co. AG in Wattwil/Schweiz rechtskräftig gewordene Patent Nr. 618050 sein.

Dem Wortlaut dieser Patentschrift zufolge wird ein besonders weicher und warmer Griff und damit eine wollartige Beschaffenheit der Kunstseidenfaser dadurch verliehen, daß man gedrehte oder ungedrehte Kunstseidenfäden unter einer, gegenüber der normalen, mindestens 4fach höheren Drehung aufspult, auf der Spule bei höherer Temperatur befeuchtet und trocknet und dann über den Nullpunkt hinaus zurückdreht.

Es sollte dabei zweckmäßig derart verfahren werden, daß der normal gedrehte oder, was namentlich für Kunstseide in Betracht kommt, der ungedrehte Faden auf einer Zwirnmaschine u. dgl. überdreht wird. Das Maß der Überdrehung sollte sich dabei, und dies wurde auch später in exakter Weise bestimmt, sowohl nach der Art und dem Titer der Kunstseide, wie auch nach dem gewünschten Effekt, d. h. ob mehr oder weniger Kräuselung erwünscht war, richten.

Wie aus der bisherigen Darstellung ersichtlich ist, bezog sich dieses Patent ausschließlich auf die Verarbeitung von Reyon. Da jedoch Reyongarne infolge der hygroskopischen Eigenschaften keine besonders große Formbeständigkeit aufweisen, konnten die tatsächlichen Erfolge im Hinblick auf den Gebrauchswert nicht befriedigend sein. Auch die Behandlung mit Knitterfreiheit erzeugenden Chemikalien, die vorübergehend zu besonderer Hoffnung Veranlassung gaben, wurde wieder vergessen. Man denke hierbei insbesondere an ein im August 1941 rechtskräftig gewordenes schweizerisches Patent von Heberlein, in dem zur Herstellung eines gekräuselten und haltbaren Zellulosehydratfadens mit besonders haltbarem Wolleffekt empfohlen wird, eine Behandlung mit Formaldehyd vorzunehmen. Während die Bedeutung dieses vorgenannten Verfahrens heute wesentlich gemindert ist, erinnert man sich immer noch besonders lebhaft an ein im Jahre 1942 ebenfalls aus der Schweiz bekanntgewordenes Patent, bei dem die Fäden vor dem Hochzwirnen einem Quellungsprozeß unterworfen wurden. Wie z. T. bekannt und auch aus der späteren Erörterung noch näher hervorgehen wird, erzielt man den Kräuseleffekt schließlich durch eine Strukturwandlung, die man auf der Zwirnmaschine mit dem Hochdrehen und Fixieren erreicht. In einem solchen Verfahren spielt ein Quellmittel selbstverständlich eine sehr wesentliche Rolle. Wird z. B. ein 30 den-Faden durch Quellmittel auf etwa 40 Denier gebracht, so wird eine gleiche Garndrehung eine viel intensivere Strukturwandlung ermöglichen mit dem Erfolg, daß die Kräuselung beständiger wird. An diese Vorteile erinnert man sich heutzutage bei der Konstruktion der sog. Falschdrahtmaschinen, denn hier ist Trocken- und Fixierzeit gegenüber dem klassischen Verfahren, bedingt durch den kontinuierlichen Ablauf, wesentlich reduziert, und es ist somit erklärlich, daß die sog. Kräuselbeständigkeit darunter leiden kann.

Verfahren der Herstellung von elastischen Garnen

Das Verfahren für die Herstellung hochelastischer Garne war so lange uninteressant, als im Hinblick auf die Rohstoffe die Voraussetzungen für einen guten

Gebrauchswert fehlten. Die hygroskopischen Reyongarne konnten auch bei entsprechender chemischer Behandlung keine genügende Beständigkeit garantieren. Mit dem Bekanntwerden der synthetischen Fasern und Garne nach dem Kriege hat diese Entwicklung einen ungeahnten Aufschwung erfahren, weil die auf Nylon- und Perlonbasis aufgebauten Garne eine außerordentliche Haltbarkeit einer durch thermische Behandlung fixierten Strukturänderung zeigten. Über die Einteilung der „texturierten" Garne und deren prinzipielle Herstellung wird auf S. 218 berichtet.

1. Die Erzeugung von Stretchgarn im kontinuierlichen Fertigungsprozeß

Das oben besprochene klassische Verfahren zur Herstellung von Kräuselgarnen nach der Hochdraht-Fixier- und Rückdrahtmethode, das sog. „Helanka-Verfahren", besteht aus mindestens drei Arbeitsgängen und ist daher sehr kostspielig. Für die Zwirngebung sowie für das Zurückdrehen des Zwirnes sind zwei getrennte Zwirnmaschinen erforderlich.

Außerdem kommt man nicht ohne einen vor dem Zurückdrehen des Zwirnes stattgefundenen Dämpfprozeß aus. Und schließlich benötigt man noch eine Ringzwirnmaschine, um den fertigen Kräuselzwirn beim Zusammendrehen von s- und z-gekräuselten Garn zu erreichen. Es waren gerade die beiden ersten Fertigungsstufen dieses Verfahrens, das Hochdrehen und Zurückdrehen mit dem dazwischenliegenden Fixierprozeß, die Veranlassung gaben, die Fertigung überhaupt anders zu gestalten. Denn das Endprodukt weist schließlich nicht erhebliche Drehungsunterschiede gegenüber dem Ausgangsprodukt auf. Nimmt man an, daß dieser Drehungsunterschied überhaupt gleich Null ist, dann handelt es sich ja schließlich im Prinzip um eine Erscheinung, die sehr früh schon in der Spinnerei, namentlich in der Streichgarnspinnerei unter dem Namen Falschdraht bekannt wurde. Es darf als bekannt vorausgesetzt werden, daß für die Herstellung des Falschdrahtes in der Spinnerei ein Drehröhrchen benützt wurde, das dem durchlaufenden Faden entgegengesetzte Drehungen vor und hinter dem Drehröhrchen erteilte, die sich letzten Endes wieder gegeneinander aufhoben.

Wenn schon nach diesem Verfahren die Möglichkeit des Vor- und Rückdrehens mit Hilfe eines Falschdrahtprozesses möglich war, so fehlte für die Herstellung des Kräuselgarnes lediglich noch der Fixierprozeß nach der ersten Drahtstufe.

Es ist also gar nicht verwunderlich, daß die ersten Patente einer kontinuierlichen Fertigung von Kräuselgarnen bereits zu einem Zeitpunkt rechtskräftig wurden, wo die rohstoffmäßigen Voraussetzungen durch die Einführung synthetischer Garne noch gar nicht gegeben waren.

Das Pionierpatent für die Herstellung des Kräuselgarnes im kontinuierlichen oder unter heutigem Aspekt gesehen im halbkontinuierlichen Arbeitsverfahren wurde erstmals am 15. Mai 1934 von der British Celanese Ltd. angemeldet und im März 1935 unter der Nummer 424880 rechtskräftig. Am 13. Juni 1935 hat die British Celanese Ltd. ein weiteres Patent „Improvements in the Production of Crimped Filaments, Yarns or Fibres" angemeldet, das am 30. Januar 1936 unter der Nummer 442073 rechtskräftig wurde. In beiden Patenten wird bereits von Falschzwirnen gesprochen (false Twisting, false Twist).

Das prinzipielle Arbeitsverfahren selbst unterschied sich auch nicht von dem Falschzwirnverfahren der heutigen Zeit.

Am 6. Januar 1942 wurde in Deutschland ein Patent für die Herstellung von Kräuselgarnen im halbkontinuierlichen Arbeitsprozeß rechtskräftig (J.P.Bemberg AG.) Das Patent wurde unter der Nummer DRP 830183 bekanntgegeben und am 15. Juli 1944 unter den Nummer 233148 als schweizerisches Patent eingetragen.

Es ist interessant und für die Rechtslage dieser Dinge vielleicht auch etwas
verwirrend, wenn man erfährt, daß die Firma Heberlein & Co. AG., Wattwil am
22. 8. 1944 für das gleiche Verfahren mit Priorität vom 18. 10. 1943 in der Schweiz
auch ein Patent (29a, 6/06. H 14121) erhielt. Dieses Patent wurde am 11. 3. 1954
bekanntgemacht.

Um das Verfahren selbst zu erklären, sei das vorerwähnte Patent der Firma
Bemberg herangezogen (Abb. 236a—h). Die Einrichtung besitzt nach der schema-
tischen Darstellung a) eine Fadenliefervorrichtung *3* mit Fadenleitorgan *1*, eine
Imprägniervorrichtung *4*, eine Fadenfördervorrichtung *2*, eine röhrenartige und
mit aufklappbarem bzw. abnehmbarem Deckel versehene Trockenvorrichtung *5*,
einen Drallgeber *6*, eine zweite Faden-
fördervorrichtung *12* und eine Auf-
wickelvorrichtung *13*.

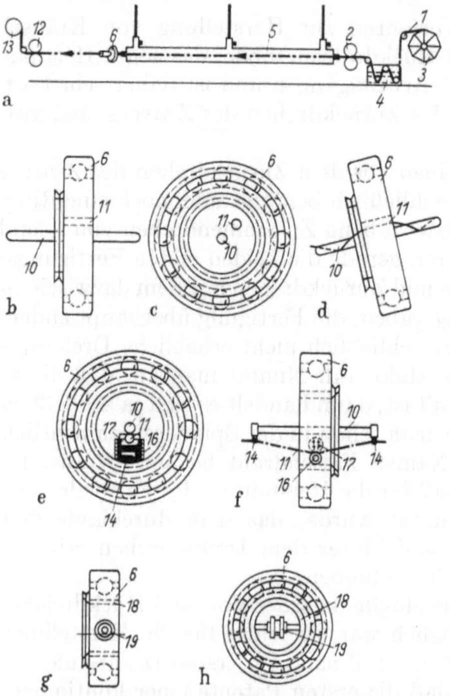

Die erste Fadenfördervorrichtung
2 besteht aus einem, zweckmäßig mit
Gummi überzogenen, Walzenpaar und
auch die zweite Fadenfördervorrichtung *12* ist durch ein Walzenpaar gebildet. Die Trockenvorrichtung *5* ist
durch einen röhrenförmigen Kanal gebildet und zweckmäßig mit einem beweglichen, d. h. aufklappbaren oder
abnehmbaren Deckel versehen. Der
Drallgeber *6* hat im Sinne von Abb.
236b bis h eine eigentümliche Gestalt.
Er besteht aus einem äußeren, ortsfesten Ring *6* in dem in einem Kugellager der innere, eigentliche drallge-
bende Teil umläuft. Der Drallgeber ist
so eingerichtet, daß der durchlaufende
Faden zwangsläufig verdreht werden
muß. Zu diesem Zweck hat der innere
rotierende Teil nach Abb. 236a bis f
beidseitig einen Fadenführer-Dorn *10*
und ist mit einem zur Rotorachse
exzentrischen Fadendurchlaß *11* versehen, wozu nach e) und f) in der Öffnung *11* ein Fadenführungsrollenpaar

Abb. 236a—h. Herstellung von Kräuselgarn nach einem
Patent aus dem Jahre 1942 von J. P. Bemberg durch
Falschdraht

16, 17 dient. Das Röllchen *16* ist fest und das Röllchen *17* beweglich gelagert, und
zwar derart, daß es unter der Wirkung der Fliehkraft gegen das Röllchen *16* gepreßt wird. Nach den Abb. 236b bis d handelt es sich um einen platten, koaxialen
Dorn *10*, der zwecks Verdrehung des Fadens samt dem Drallgeberkörper schief zur
Fadendurchzugsrichtung steht. Gemäß e) und f) ist die Drallwirkung des hier
durchgehenden Fadenführungsdornes *10* durch je eine an dessen Enden vorgesehene exzentrische Fadenleitöse *14* sichergestellt, durch die der Faden geleitet wird.

Nach Abb. 236g und h ist der freie Raum des rotierenden Ringes *18* im Durch-
messersinne, also quer zum Fadenlauf, von einer stabförmigen Achse überbrückt,
auf der ein Röllchen *19* drehbar sitzt. Über dieses Röllchen wird der Durchlauf
der Faden geführt und dabei einmal umschlungen, wodurch der Faden vom Drallgeber ebenfalls zwangsläufig erfaßt und rotierend mitgenommen wird.

Der am Ausgang des Trockenkanals angeordnete Drallgeber *6* erteilt dem
imprägnierten Faden während des Trocknens einen sog. falschen Draht, der gemäß

der Patentschrift für Kupfer- und Viscosereyon eine Höhe von 1000···1500 Drehungen je m haben sollte. Dieser falsche Draht wird hinter dem Drallgeber *6* sofort zurückgedreht. Der imprägnierte, während der Drallgebung getrocknete und wieder zurückgedrehte Faden durcheilt schließlich noch das Walzenpaar *12* und wird dann von einem Sammelorgan, z. B. von einer Spule *13*, aufgenommen.

Die Firma J. P. Bemberg hat sich dieses Verfahren ebenfalls am 6. Januar 1942 in Deutschland und am 15. Juli 1944 in der Schweiz mit einem weiteren Hauptpatent, in dem eine Reihe von Beispielen genannt werden, schützen lassen. Der Zeitpunkt dieser Erfindung jedoch ließ es nicht zu, bereits auf moderne Faserstoffe hinzuweisen. In dem bereits genannten Patent der Firma Heberlein & Co., das am 11. 3. 1954 bekanntgemacht wurde und Prioritätsrechte seit dem 18. 10. 1943 beansprucht, wird auf diese erste deutsche Erfindung kein Bezug genommen.

Aber es wird, wenn auch nicht in den Patentansprüchen selbst, so doch im erklärenden Text darauf hingewiesen, daß als Ausgangswerkstoff z. B. vorgedrehte zellulosehaltige Kunstseidenfäden Verwendung finden können, und zwar entweder für sich oder in Verbindung mit Stapelfasergarnen, z. B. Zellwollgarnen oder Baumwollgarnen (auch Leinen), die vorteilhaft in derselben Richtung gesponnen sind.

Auch anders gedrehte Kunstseidenfäden oder Stapelfasergarne, z. B. solche aus Kasein, Polyamiden, Polyuräthane oder Polyvinylchloride können verwendet werden, ebenso ist Naturseide verwendbar.

Während sich die vorher genannte Erklärung hauptsächlich auf die Ausführung gemäß des zitierten Pionierpatentes bezieht, sei nachfolgend an Hand von Abb. 237 mit einer prinzipiellen Skizze das Verfahren erklärt, wie es an den heute gebauten modernen Maschinen durchgeführt wird. Die Vorlagespulen mit synthetischen Garnen, mit der üblichen niedrigen fertigungsbedingten Drehzahl werden auf eine feststehende Bank rotationssicher aufgesteckt, denn der Transport durch die Fertigungszone wird durch ein Lieferwerk und durch ein Abzugswerk gesichert. Der Faden durchläuft nach dem Passieren des Lieferzylinders eine etwa 30···75 cm lange Heizzone, in der der Faden bereits seine vom Drehmotor herablaufende z. B. *s*-Drehung hat, die dann auf dem Heizwege fixiert wird. Nach dem Passieren des Drehrohres wird die gegenläufige Garndrehung die vorherige auflösen — das Kennzeichen der Falschdrehung — und schließlich wird das Garn auf eine Kreuzspule aufgewunden.

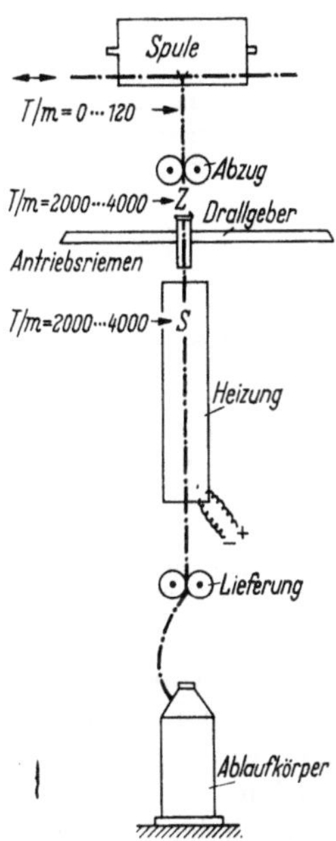

Abb. 237. Halbkontinuierliche Herstellung von Kräuselgarn nach dem Falschdrahtprinzip

Vergleicht man dieses Verfahren mit dem klassischen Verfahren, das bereits oben genannt wurde, so erkennt man den wesentlichen Fortschritt daran, daß die beiden ersten Arbeitsverfahren auf einer Maschine praktisch vereinigt wurden. Der Vorteil findet nicht nur kostenmäßig seinen Ausdruck. Hierüber braucht wohl kaum diskutiert zu werden, sondern das wesentliche Moment bei solchen, man möchte sagen halbkontinuierlichen Arbeitsvorgängen, ist wohl die Tatsache, daß eine wesentliche Qualitätssteigerung insofern erzielt wird, als es nie vorkommen kann, daß die Vordrehung des ersten Arbeitsverfahrens drehungsmäßig zu der Nachdrehung des zweiten Arbeitsverfahrens in irgendeinem Mißverhältnis steht. Auch konstruktiv kann man hier wesentliche Vorteile insofern erkennen, als durch das Fehlen der Unwuchtprobleme die üblicherweise bei Spindellagerungen

13*

auftreten, beträchtlich hohe Drehzahlen des Drehröhrchens und damit eine große Beschleunigung des Arbeitsprozesses erzielt werden können.

Gewiß darf man nicht verkennen, daß die sehr kurze Heizstrecke und die damit verbundene starke Reduzierung der Fixierzeit einen bestimmten Einfluß auf die Qualität ausübt. Das hat man zum großen Leidwesen sogar bei vielen, aus den Vereinigten Staaten importieren Kräuselqualitäten einsehen müssen. Es wäre jedoch vollkommen falsch, diesen theoretisch erklärlichen Mangel grundsätzlich zu verallgemeinern. Hier besteht ein echtes Ingenieurproblem: die Frage der richtigen und optimalen Beheizung. Dabei scheint weniger die Frage der Art der Beheizung eine Rolle zu spielen, als Länge und Dauer, also die optimale Beheizungszeit, denn man hat gleicherweise mit Kontaktheizung und auch mit der Strahlenheizung hervorragende Erfolge erzielt.

Die auf den vorher gezeigten Maschinen hergestellten Garne müssen nach diesem Arbeitsprozeß erklärlicherweise noch als zweifache Garne auf einer Zwirnmaschine — hierfür verwendet man meistens eine Ringzwirnmaschine — verzwirnt werden. Gegenwärtig sieht man in diesem Arbeitsprozeß, und das ist wohl die modernste Ansicht, eine gewisse und teilweise erhebliche Gefahr für die Qualität. Was im klassischen Verfahren die Hochdraht-Fixier- und Rückdrahtmethode in getrenntem Fertigungsgang in hohem Grade gefahrvoll war, Spannungs- und Drehungsschwankungen beim Übergang von der einen auf die andere Maschine, ist auch beim Übergang des gekräuselten Einzelgarnes auf die

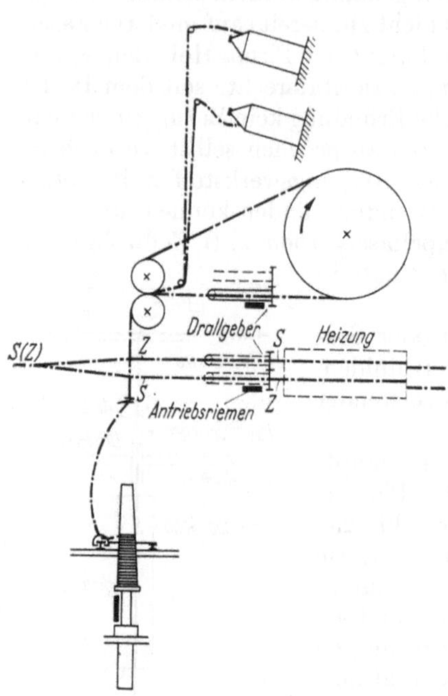

Abb. 238. Herstellung von Kräuselzwirn im kontinuierlichen Arbeitsprozeß

Fertigzwirnmaschine noch von großer Bedeutung. Es liegt somit im Interesse aller, den Fertigungsvorgang vollkontinuierlich zu gestalten. Wie dies verwirklicht werden kann, soll zunächst an Hand von Abb. 238 prinzipiell dargestellt werden.

Zu jeder Fertigungsstelle gehören zwei Ablaufkörper mit der normal üblichen Drehung. Jeder Faden durchläuft ein Fertigungsaggregat, dessen Wirkungsweise bereits am halbkontinuierlichen Arbeitsprozeß erklärt wurde, d. h. eine Heizzone und ein Drehröhrchen, in dem der Falschdraht erzeugt wird. Dann werden beide Fäden zusammengefaßt und mit Hilfe einer Ringzwirnspindel zum fertigen Zwirn bei den normal üblichen niedrigen Drehungen vereinigt.

2. Das Einbauattachment

Wie man aus den Bildern erkennen konnte, benötigt man für die Fertigung von Kräuselkrepp die ganze Höhe einer Maschine, die man früher bei einer Etagenzwirnmaschine mit zwei Etagen hatte. Da diese Falschdrahtmaschinen hauptsächlich auch dort eingesetzt werden, wo man früher Etagenzwirnmaschinen verwendete, lag es nahe, Einbau-Aggregate zu konstruieren. Solche Einbauaggregate werden heute von vielen der Firmen gebaut, die bisher schon genannt worden sind. Attachments haben den einen Nachteil, daß durch die mehrfache Umschlingung des Fadens und die Auf- und Abwärtsführung, die bedingt ist durch die geringe Fertigungshöhe der Etage selbst, sehr starke Spannungsschwankungen und Spannungsunterschiede auftreten. Die Garne der Einbauattachements sind durchweg schlechter als solche auf normalen Falschdrahtmaschinen hergestellte.

3. Die Maschinendrehzahlen

Da man, um eine wirkungsvolle Kräuselung zu erhalten, Garnen von z. B. 450 den. immerhin ungefähr 1000···1500 Drehungen je m erteilen muß, ist leicht zu sehen, daß man für einen praktisch befriedigenden Betrieb beträchtliche Durchlaufgeschwindigkeiten des Garnes erreichen muß, die ihrerseits wiederum sehr hohe Umdrehungszahlen des Drehkopfes, des Drallgebers oder, wie bisher bezeichnet, des Drehröhrchens, bedingen. Beispielsweise würde eine Durchlaufgeschwindigkeit von 60 m/min (1 m/sek) eines Garnes von 450 Denier eine Umdrehungsgeschwindigkeit des Drehkopfes von 1000···1500 U/sek bedingen, oder 60 000 bis 90 000 U/min. Bei einem Garngewicht von rd. 50 g je 1000 m, was je 1 m/sek Durchlaufgeschwindigkeit eine Produktion von 50 mg ausmacht, käme man an eine 24stündige Tagesleistung von 4,3 kg je Arbeitsstelle. Um aber eine solche Leistung zu erzielen, ist es, wie ersichtlich, nötig, einen Drehkopf mit der sehr hohen Tourenzahl von 50 000···90 000 U/min zu verwenden.

Solange man an den Bau konventioneller Zwirnmaschinen denkt, scheint eine solch hohe Drehzahl praktisch unmöglich zu sein. Bedenkt man aber, daß die bekannten Spindelprobleme, die durch Unwucht und Fadenzug bedingt sind, bei dem Antrieb des Drallgebers oder Drehröhrchens wegfallen, so wird man schon leicht geneigt sein, an die Verwirklichung dieses Problems zu glauben. Selbstverständlich stehen bei der Verwirklichung die Kosten den Möglichkeiten gegenüber.

Die Konstrukteure, die maßgeblich an der Entwicklung dieser Dinge beteiligt sind, stehen in einem erbitterten Ringen um die letzte Erkenntnis. Es ist durchaus verständlich, daß man zunächst glaubte, die erforderlichen hohen Drehzahlen mit dem konventionellen Bandantrieb nicht erreichen zu können. Für diese Erkenntnis mögen die unangenehmen Erfahrungen im Spindelbau ausschlaggebend gewesen sein.

Man erinnerte sich daher gerne an die hohe Betriebsdrehzahl der Hochfrequenzmotoren und am 25. Oktober 1951 wurde der Firma Heberlein & Co. in Wattwil vom Deutschen Patentamt unter der Nr. 848467 ein Patent auf einen Drehkopf zur Erzeugung eines „falschen Drahtes" erteilt. Wegen des globalen Charakters sei nicht unterlassen, die genehmigten Patentansprüche anzuführen:

1. Drehkopf zum Erzeugen eines falschen Drahtes, dadurch gekennzeichnet, daß er an einem Ende der durchbohrten Welle eines Wechselstrommotors angebracht ist, der mit Wechselstrom von 500···2000 Perioden/sek gespeist wird.

2. Drehkopf nach Anspruch 1, gekennzeichnet durch einen Drehstrommotor mit Kurzschlußanker.

3. Drehkopf nach Anspruch 1, gekennzeichnet durch eine zentrale Fadenführung 8 (vgl. Abb. 239).

4. Drehkopf nach den Ansprüchen 1 und 3, dadurch gekennzeichnet, daß ein auf einer Achse 10 senkrecht zur Hülsenachse des Drehkopfes gelagertes Röllchen 9 mit Fadenführungsrille derart angeordnet ist, das sein Umfangskreis mindestens angenähert die Hülsenachse tangiert, wobei zum Auswuchten auf der dem Röllchen in bezug auf die Drehachse gegenüberliegenden Seite ein Gegengewicht 11 angeordnet ist.

5. Drehkopf nach Anspruch 1, dadurch gekennzeichnet, daß die Bohrung 8 der Welle poliert ist.

Unbekümmert um die hier durch Patentansprüche eingeengte Anwendungsmöglichkeit eines Drehstrommotors dürfte es allgemein bekannt sein, daß bei einem Betrieb mit Hochfrequenz die genannten hohen Tourenzahlen erreichbar sind. Für die Anwendung an den Zwirnmaschinen jedoch wird auf die Dauer die Haltbarkeit der Lager so schnell laufender Motoren schwierig werden. Man bedient sich dann u. U. einer Vorrichtung, die luftgelagert ist und Drehzahlen bis zu 120 000 U/min zuläßt.

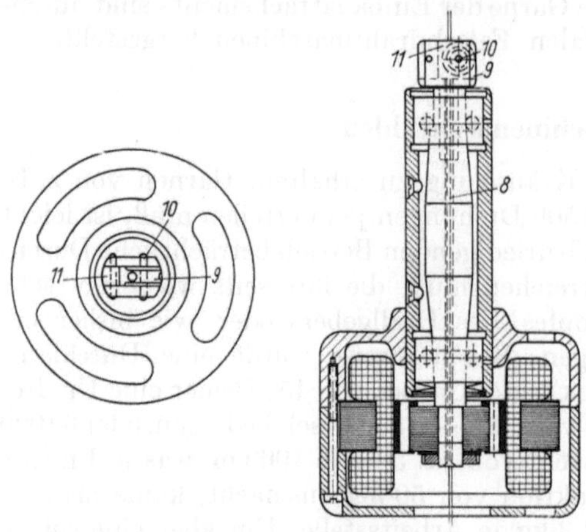

Abb. 239. Zwirnmotor von Heberlein (aus einer Patentschrift von 1951)

Luftgelagerte Spindeln sind aus den 25er Jahren aus dem Werkzeugmaschinenbau bekannt. Sie hatten den Nachteil, daß für die Erzeugung der Kompressionsdrücke und für die Haltung des Luftkissens relativ hohe Aufwendungen notwendig waren.

Bekannt ist, daß je Zwirnstelle 1 m³/h gereinigte Luft bei 3 atü erforderlich ist. Dies ist ein nicht zu unterschätzender Kostenaufwand. Auch der Umfang solcher Teile dürfte erheblich sein.

Von der Firma G. Müller, Nürnberg wurde eine sog. „Müller-Tempo-Spinn-Spindel" entwickelt. Der Antrieb dieser Spindel besteht aus einem Hochfrequenzmotor kleinster Abmessung. Im Motorgehäuse ist die durchbohrte Welle, die den Faden aufnimmt, mit dem Rotor gelagert. Auf der Stirnseite hat die Welle einen Zwirnkopf. Der Zweiphasenhochfrequenzmotor hat bei 2000 Hz Betriebsfrequenz eine Drehzahl von 120 000 U/min. Soll die Spindel mit einer geringeren Drehzahl laufen, z. B. 90 000 bzw. 60 000 U/min, so ist es erforderlich, daß die Frequenz herabgemindert wird. Da die Betriebsverhältnisse die Anwendung von Ölnebelschmierung und Wasserkühlung nicht zulassen, ist die Lagerung der Spindel so ausgebildet, daß ein tägliches Nachschmieren mit 5 Tropfen Spezialöl ausreicht. Mit dieser Schmiermenge kann notfalls eine Betriebsdauer von 36 h durchgeführt werden. Ein Teil der auftretenden Wärme wird durch Kühlrippen, die am Motorgehäuse angebracht sind, abgeführt. Der größte Teil der Wärme wird jedoch über den Motorhalter abgeleitet. Aus diesem Grunde soll dieser Halter möglichst massiv gestaltet sein.

Wie aber eingangs schon betont, stehen den Möglichkeiten die Aufwendungen für die Kosten gegenüber. Es ist erklärlich, daß man sich beim Betrachten der Kosten für die Zwirnmotoren immer wieder an die alte bekannte Antriebsmöglichkeit für die Spindel erinnert. Auch auf diesem Wege, wurden bereits beachtliche Erfolge erzielt. In diesem Fall ist der Falschdrehspinner oder das Drehröhrchen mit Speziallagern ausgerüstet. Die Arbeit und Zuverlässigkeit ist aus der Tatsache ersichtlich, daß durchweg Geschwindigkeiten von 60 000 U/min im Experiment für die Dauer von Monaten Betriebszeit erhalten wurden. Betriebsdrehzahlen von 50 000 U/min dürften derzeitig keineswegs mehr problematisch sein. Daß auch auf diesem Wege Erfolge erreicht werden können, ergibt sich aus einer sehr einfachen Überlegung. Der sehr geringe Durchmesser des Spinnröhrchens und das leichte Gewicht haben schon 32 000 U/min mit einer Riemengeschwindigkeit zur Folge, die beim alten Spindelantrieb eine Spindeldrehzahl von 10 000 U/min ergeben würde. Angesichts der hohen Kosten für die Zwirnmotoren muß man dieser Entwicklung unbedingt jede Entfaltungsmöglichkeiten bieten.

In den letzten Jahren wurden beachtliche Spindeldrehzahlen auch nach folgenden Methoden erzielt:

1. Drehröhrchen mit geringem Durchmesser wird mit Hilfe eines permanenten Magneten direkt auf den Antriebsriemen gelegt.

2. Antriebsriemen treibt auf Übersetzungsscheibchen, die ihrerseits das Drehröhrchen in Kerben tragen.

3. Der Faden wird durch eine rotierende Bohrung in der Spannung im Winkel geführt, so daß der Faden einen Falschdraht in dem Übersetzungsverhältnis $\dfrac{\text{Rohrdurchmesser}}{\text{Garndurchmesser}}$ erhält (n Falschdraht $\sim$ 900000 U/min).

4. Andere Verfahren zur Herstellung von Kräuselgarnen

Findungen und Erfindungen haben sich in den letzten Jahren überstürzt und eine unvergleichbar hohe Anzahl von Patenterteilungen haben die jeweilig gefundenen Anwendungen eingeengt und gaben Veranlassung, neue Wege zu finden. Wenn also das Thema so formuliert ist, daß über den Stand der Verfahren für die Herstellung von Zwirneffekten berichtet werden sollte, so konnte der Schwerpunkt dieser Berichterstattung nur auf das Verfahren gelegt werden, das derzeitig auch dominierende Bedeutung hat. Diese Verfahren in prinzipieller Darstellung können auf den S. 218 ff. nachgelesen werden.

IX. Die Herstellung von Effektzwirnen

1. Anwendungsbereich

Für die Musterung farbenfreudiger Gewebe und für die Verwendung in Strickereien und Wirkereien benötigt man Effektgarne (vgl. Abb. 247 bis 260), deren Zusammenstellung und Verzwirnung in so mannigfaltiger Form wiederzufinden ist, daß es zweckmäßig erscheint, unter Zugrundelegung einer bestimmten vielseitig bekannten Maschine eine Synthese und Analyse zu schaffen, um die wenigen Elemente kennenzulernen, deren bewußte Kombination zu einem bestimmten gewünschten Ziel führt. Als Maschine wird der Abhandlung eine konventionelle Effektgarneinrichtung zugrunde gelegt.

Mit Hilfe des Gesetzes der Kombinatorik soll zunächst einmal die Vielzahl der Variationen und Permutationen begründet werden, die bei Verwendung verschiedener Garne als Elemente auftritt. Man kann sich dann auch ein Bild von der Abgrenzung der Vielzahl machen. Werden n verschiedene Elemente (Garne) zur Vorlage verwendet, so gibt es $n!$ verschiedene Elementstellungen. Das heißt in Anwendung: Bei Verwendung von 4 verschiedenen Garnen gibt es $1 \cdot 2 \cdot 3 \cdot 4 = 24$ verschiedene Elementstellungen. Sind jedoch unter n Elementen p gleiche Elemente vorhanden, so ist die Zahl der Permutationen

$$p = \frac{n!}{p!} \,.$$

Sind also unter 4 Elementen 2 gleich, so gilt die $24 : 1 \cdot 2 = 12$ verschiedene Elementstellungen.

Sind außer den p gleichen Elementen noch q gleiche Elemente anderer Art unter den n verschiedenen Elementen, so errechnet sich die Permutation:

$$p = \frac{n!}{p! \cdot q!} \,.$$

Unter 4 Elementen würden 2 Elemente der Sorte p und 2 Elemente der Sorte q die Gesamtzahl der Permutation auf

$$p = \frac{4!}{2! \cdot 2!} = 6$$

verschiedene Stellungen reduzieren.

Die Anwendung sieht wie folgt aus:

Sind in einem Effektgarn mit einem graden Faden a zwei verschiedene Schlinfäden b und c und ein Noppenfaden d enthalten, so gibt es 4! = 24 verschiedene Arten von Garnen, deren Anordnungen in Gruppen von $4 \cdot 3 \cdot 2$ Arten variieren.

Auf diese Weise kann man einen raschen Überblick über die Musterungsmöglichkeiten gewinnen.

2. Die Herstellung von Effektzwirnen niederer Ordnung

(Verwendung von zwei Garnen ohne Variation — herstellbar auf einfachen Zwirnmaschinen)

Ein *Mouliné* ist ein Zwirn, der aus zwei Kontrastfäden hergestellt wird, die normale, d. h. der Spinndrehung entgegengesetzte Zwirndrehung erhalten. Zur Erzielung des perlenden Charakters erteilt man eine höhere Drehung als bei normalen Zwirnen. Als Anhaltsmaß für die Größe des notwendigen Drahtes gilt ein Wert, der nach folgender Formel berechnet wird:

$$T/m = \left(\sqrt{N_{mz}} - \frac{1}{F} \right) \cdot 181.$$

(Es bedeuten: T/m Drehung pro Meter, N_{mz} Nummer metrisch Zwirn, F Fachung.)

Ein *Broderie* ist ein Strickzwirn (gelegentlich auch als Kreuzzwirn bezeichnet), der aus einem Mouline hergestellt wird, indem man diesen mit einem dritten Faden entgegengesetzt der Drehrichtung des Mouline und mit Moulinedrehung verzwirnt (zweistufiger Zwirn).

Als *Ondé* bezeichnet man einen Zwirn, bei dem man in der Vorlage s- und z-gedrehtes Spinngut verwendet und dieses S oder Z verzwirnt. Der Draht entspricht dem Normaldraht.

Als *Kordeleffekt* bezeichnet man einen Zwirn, der in der Spinndrehung weitergezwirnt wurde. Der Draht wird dem gewünschten Effekt angepaßt und richtet sich nach dem Draht des Spinngutes.

Als *Flammenzwirn* niederer Ordnung bezeichnet man einen Zwirn, der in der Vorlage aus Garnen zusammengestellt wird, die man als „Spinnflammen" bezeichnet. Das Garn der Vorlage wird vom Spinner auf Ringspinnmaschinen hergestellt, die eine besondere Streckwerkvorrichtung besitzen. Man braucht das zur Vorlage kommende Garn lediglich mit einem Grundfaden oder mit einem gleichen Faden mit normalem Draht zu verzwirnen.

Als *Noppenzwirn* niederer Ordnung bezeichnet man einen Zwirn, der aus Vorlagegarnen hergestellt ist, die man als „Spinnoppen" bezeichnet. Solche Garne stellt der Spinner her, indem er mit Hilfe eines Noppenstreuapparates an der Krempel genitschelte Fasernoppen in den Krempelflor einstreut. Diese meist farbigen Noppen werden bei einem nachfolgenden Krempeln nicht mehr restlos aufgearbeitet und erscheinen als farbige Knoten und Noppen im Fertiggarn. Als eine gewisse Überleitung zu den Zwirnen höherer Ordnung kann man alle Zwirne bezeichnen, die wie normale Zwirne, jedoch mit stark unterschiedlichen Spannungen hergestellt sind. Man verfährt dabei so, daß man von den beiden Fäden der Vorlage einen durch das Lieferwerk laufen läßt und den anderen vom Aufsteckgatter ohne Lieferwerk aufarbeiten läßt. Die dabei auftretenden Zufallserscheinungen können oft einen ansprechenden Charakter haben. Leider aber handelt es sich nur um Zufälle, die von einem erstrebten Ziel sehr weit abweichen können.

Zwirne, an die man bezüglich der Musterung große Ansprüche auf Gleichmäßigkeit stellt, müssen auf einer Effektzwirnmaschine hergestellt werden.

3. Die Herstellung von Effektgarnen höherer Ordnung

a) Effektgarnvorrichtung mit Schaltscheibe

Das Wesentliche einer Effektzwirnmaschine sind die beiden Reihen Lieferzylinder (Abb. 240). Der Lieferzylinder für das Grundgarn kann in seinen Geschwindigkeitsverhältnissen zum Effektlieferzylinder einreguliert werden, bzw. es kann die Liefergeschwindigkeit zeitweise unterbunden werden oder man kann beide Bewegungsverhältnisse kombinieren.

Abb. 240. Lieferwerk der Effektzwirnmaschine (ältere Bauart)

Bei der Herstellung von Effektgarnen, die später für die Herstellung eines *Gewebes* verwendet werden, besteht erfahrungsgemäß die große Gefahr, daß die Regelmäßigkeit der Abstände für die Effektbildung (Knoten, Noppen usw.) später im Gewebe als Regelmäßigkeit erkennbar ist, indem beispielsweise die Knoten einen „Grat" bilden. Um diese Unzulänglichkeit zu vermeiden, hat man zu den beiden obengenannten Bewebungstrieben noch einen Störungstrieb koordiniert, dessen Wirkungsweise aus der Abb. 244 erkennbar ist.

Die Abb. 241 bis 243 zeigen die verschiedenen Möglichkeiten der Getriebekombination. In allen Fällen erfolgt der Antrieb durch das Effektlieferwerk, und zwar zeigt die Abb. 241 eine Übersetzung im Verhältnis 1 : 1 über die Räder *1···3*. (Durch das Zwischenrad erhält der Oberzylinder gleichen Drehsinn.)

Um zwischen beiden Lieferzylindern ein beliebiges Übersetzungsverhältnis (beliebige Fadenlaufgeschwindigkeit) zu erhalten, wird das Unterzylinderrad *1a*

mit Hilfe der Räder *4, 5* mit dem Oberzylinderrad *3a* verbunden (vgl. Abb. 242).
Die Räder *4* und *5* liegen (vgl. Abb. 242 u. 245) in einer Schere. Während die
Anordnung der Abb. 241 und 242 kon-
stante Lieferung der Lieferzylinder zur
Folge hat, zeigt Abb. 243 eine Möglichkeit zur Unterbrechung der Lieferung des
Oberzylinders. In diesem Fall wird Rad *3*,
welches lose drehbar auf der Zylinderwelle
liegt, nach dem Schema der Abb. 241 oder
242 konstant angetrieben. Die Kupplung
15, die eine feste Verbindung zwischen *3*
und dem Zylinder schafft, wird jedoch
durch das Getriebe der Anordnung Abb.
243 wechselweise ein- und ausgeschaltet.
Der Antrieb erfolgt durch die Räder *1b*,
6, 7, 8, 9, 10 auf die Schaltscheibe *11*.

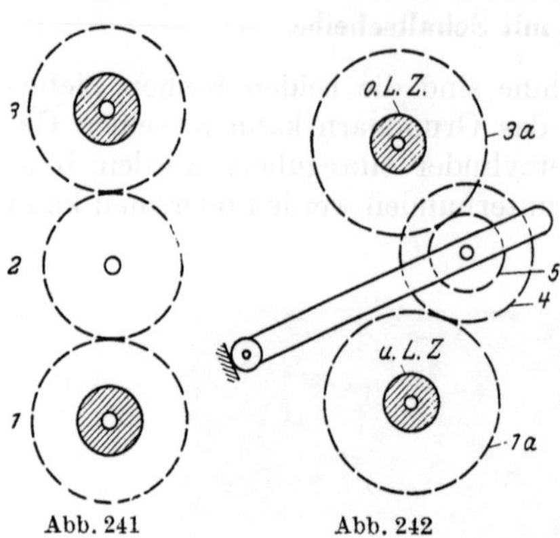

Abb. 241   Abb. 242

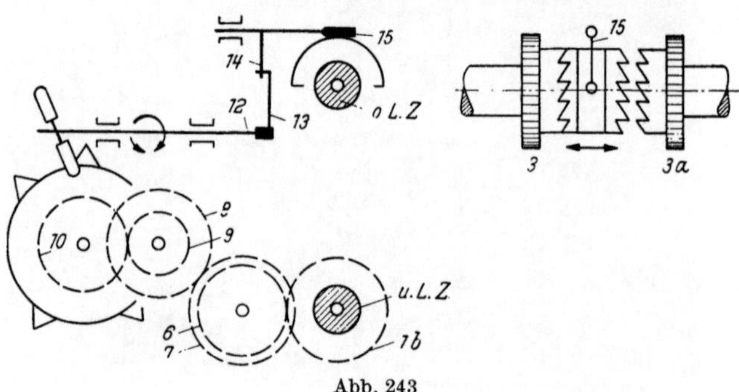

Abb. 243

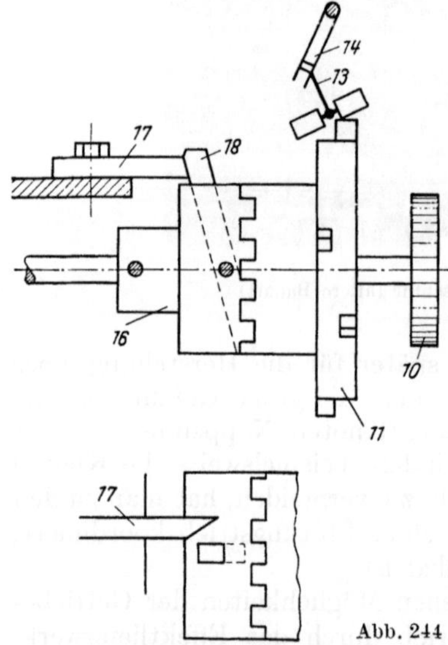

Abb. 244

Diese Schaltscheibe kann entsprechend der
Musterung mit Hubkörpern versehen werden,
die die Rollen auf *12* so beeinflussen, daß
über *13, 14* mit Hilfe der Klaue *15* die Kupplung entsprechend der Anordnung der Hubkörper auf *11* ein- und ausgeschaltet wird.
Die Art der Anordnung der Hubkörper
ergibt also ein Musterbild, denn beim Stillstand des Grundfadens läuft (vgl. Abb. 246b)
der Effektfaden auf den Grundfaden punktförmig auf (Entstehung eines Knotenzwirnes).
Die Anordnung der Abb. 241 bis 243 können
miteinander kombiniert werden. Die Abb. 244
zeigt das Störgetriebe, und zwar ist das Zahnrad *10* mit der Kupplung fest verbunden,
während die Nabe der Schaltscheibe *11* mit
9 Rasten versehen ist. Die Kupplung zwischen *16* und *11* erfolgt durch den Hebel *18*,
der in *16* gelagert ist. *18* rotiert mit *16* und
wird beim Vorbeigleiten an den Keil *17* in die
gestrichelt gezeichnete Stellung bewegt, so daß die Kupplung zwischen *11* und
16 gelöst wird. *11* bleibt stehen, bis *18* in die nächste Raste einklinkt. Das Musterbild wird also jeweils um $^1/_9$ der Umdrehung des Schaltrades verschoben.

Aus dieser Erklärung ergeben sich die Grundeinstellungen der verschiedenen Effektgarne:

Bouclé-, Kräusel-, Frotté- oder Kettenzwirne erhält man, indem man zunächst einen Vorzwirn herstellt, bei welchem ein dicker Faden mit einem dünnen Faden zusammengezwirnt wird. Hierbei wird der dicke Faden um einen bestimmten Prozentsatz schneller geliefert („Prozentgarne", vgl. Abb. 253 bis 256). Damit der so in der ersten Stufe hergestellte Zwirn einen Halt hat, wird in einem zweiten Arbeitsgang mit einem sehr dünnen Faden im umgekehrten Drehsinn nachgezwirnt. — Man erhält solche Zwirne durch Getriebekombination nach Abb. 242. [Großer Auflauf bei gleichmäßiger Lieferung ergibt Kräuseleffekt (Anordnung der Fäden Abb. 246a).]

Knoten und Noppen erhält man, wenn die Lieferung des Grundfadens periodenweise aussetzt. Während des Stillstandes erhält der Grundfaden von der Spindel Drehung, während der Effektfaden auf den Grundfaden zu einem Knoten aufläuft. Während der übrigen Zwirnperiode verzwirnen sich beide Fäden normal miteinander, vgl.

Abb. 245. Getriebe des Effektgarnlieferzylinders (Nummern beziehen sich auf die Abb. 241 bis 244)

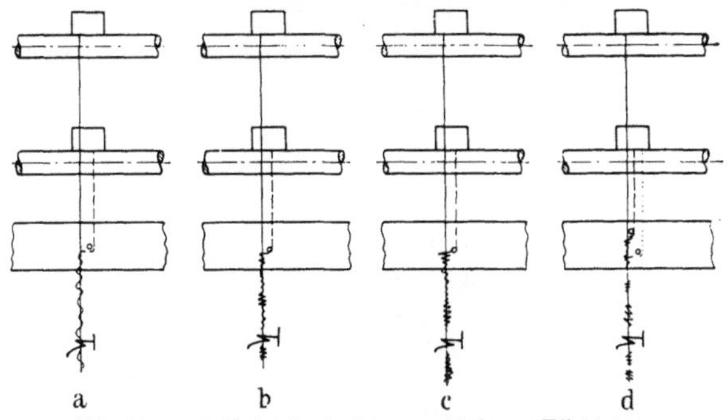

Abb. 246a—d. Entstehung der verschiedenen Effektgarne

Abb. 247 bis 252 (falls nicht eine Getriebekombination mit der Herstellung von Kräuselzwirnen erwünscht ist).

Es ist auch möglich, absatzweise die Lieferung des einen und des anderen Fadens abzustoppen, so daß man wechselweise Knoten der einen und anderen

Tabelle 16. *Herstellungsrichtlinien für Knotenzwirne*

Abb.	Grund-drehung	Zylinder-wechsel				Nocken-wechsel				Anzahl der Nocken und Störgetriebe	Material		Nachzwirn mit Drehung
		a	b	c	d	a	b	c	d		Grund	Effekt	
	pro m										1 Fd.	2 × 1 Fd.	
247	580 S	—	—	—	—	22	36	22	40	10 Nocken m. Störgetriebe	130 den rot Reyon	150 den Azetat	
248	526 S	—	—	—	—	26	32	40	34	8 Nocken m. Störgetriebe	2 Fd. 40/1 Z'wolle	2 Fd. 100 den Azetat	
249	464 S	—	—	—	—	22	32	34	30	6 Nocken m. Störgetriebe	1 Fd. 34/2 B'w. weiß	1 Fd. 34/2 B'w. schwarz	
250	426 S	—	—	—	—	22	32	36	30	6 Nocken m. Störgetriebe	1 Fd. 40/2 weiß Z'wolle	1 Fd. 30/2 weiß 1 Fd. 30/2 schwarz	
251	360 S.	—	—	—	—	22	28	30	40	6 Nocken m. Störgetriebe	2 Fd. 30/1 grau	1 Fd. 30/2 gelb	1 Faden 9 mm rot Streichgarn
252	388 S	—	—	—	—	22	24	28	40	6 Nocken m. Störgetriebe	1 Fd. 36/2 weiß Z'wolle	8 mm bronze Z'wolle	1 Faden 8 mm bronze Z'wolle 70 Z

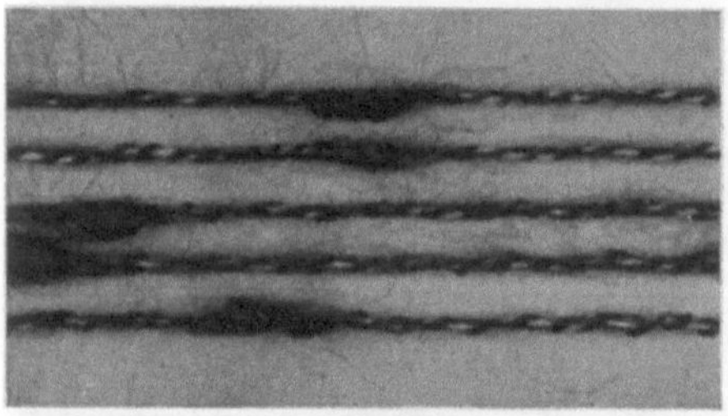

Abb. 247

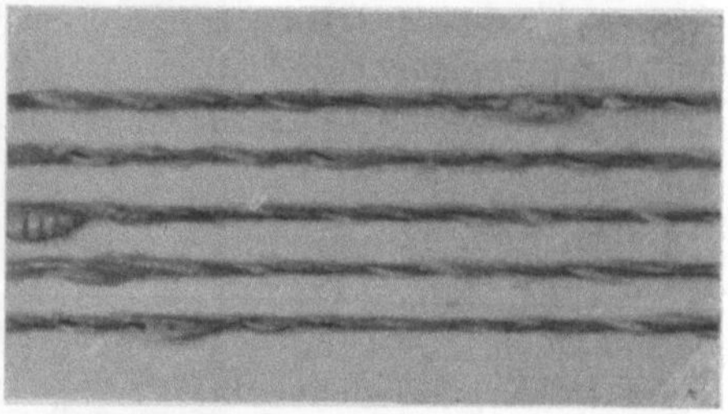

Abb. 248

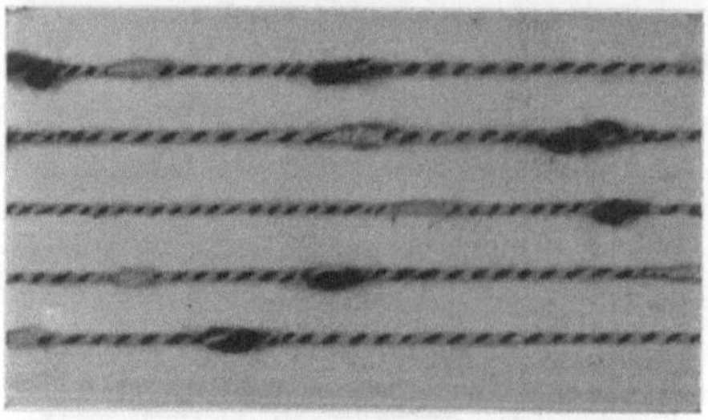

Abb. 249

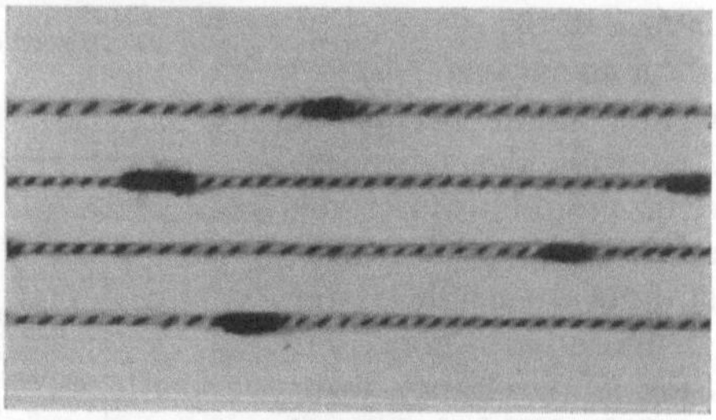

Abb. 250

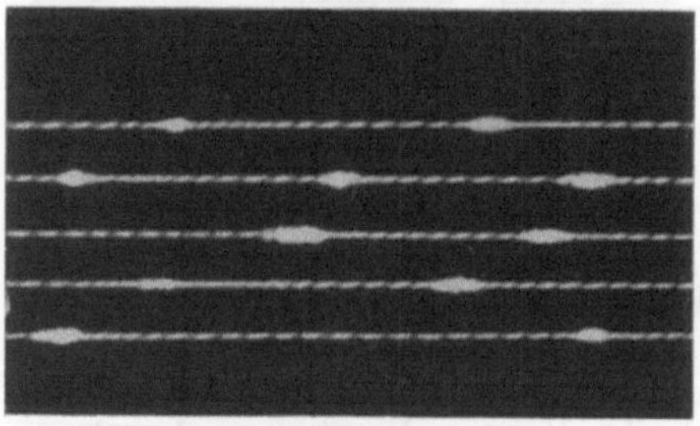

Abb. 251

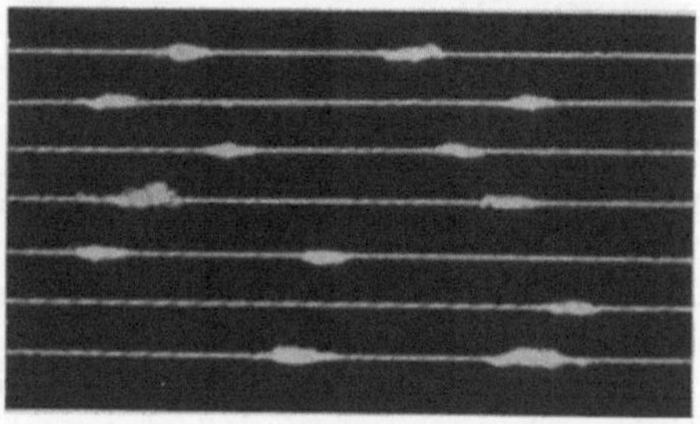

Abb. 252

Farbe erhält, oder man läßt zwei Effektfäden an verschiedenen Stellen knotenförmig auf den Grundfaden auflaufen (vgl. Abb. 246b).

Die für solche Zwirne notwendige Getriebekombination zeigt die Abb. 243
mit oder ohne Störgetriebe. Der große Auflauf bei gleichzeitigem Stillstand des
Grundfadens ergibt punktförmigen Auflauf (vgl. Abb. 246b).

Zwei- und mehrfarbige Knoten verlangen eine Fadenordnung nach Abb. 246d.
Bei *Flammenzwirnen* unterscheiden wir außer den unter Zwirnen niederer Ordnung
genannten Flammen:

1. Die *Vorgarnflammen*, die man herstellt, indem man zwei normale Grundfäden miteinander verzwirnt und durch das Effektlieferwerk absatzweise ein

Tabelle 17. *Herstellungsrichtlinien für Frottierzwirne*

Abb.	Grund-drehung	Zylinder-wechsel				Nocken-wechsel				Anzahl der Nocken und Störgetriebe	Material		Nachzwirn mit Drehung
		a	b	c	d	a	b	c	d		Grund	Effekt	
253	730 S	22	30	32	60					—	2 Fd. 100 den weiß Azetat	1 Fd. 100 den weiß Reyon	1 Fd. 100 den blau Reyon 510 Z
254	390 S	22	32	30	60					—	1 Fd. 50/2 weiß Z'wolle	1 Fd. 36/2 weiß Z'wolle	1 Fd. 36/2 weiß Z'wolle 330 Z
255	310 S	22	30	32	40					—	1 Fd. 50/2 engl. B'wolle 1 Fd. 16 mm Streich-garn weiß	1 Fd. 16 mm Streich-garn weiß	1 Fd. 16 mm weiß Streich-garn 310 Z
256	360 S	22	30	32	60					—	1 Fd. 30/2 weiß Z'wolle	1 Fd. 20/2 weiß Z'wolle	1 Fd. 30/2 weiß Z'wolle 310 Z

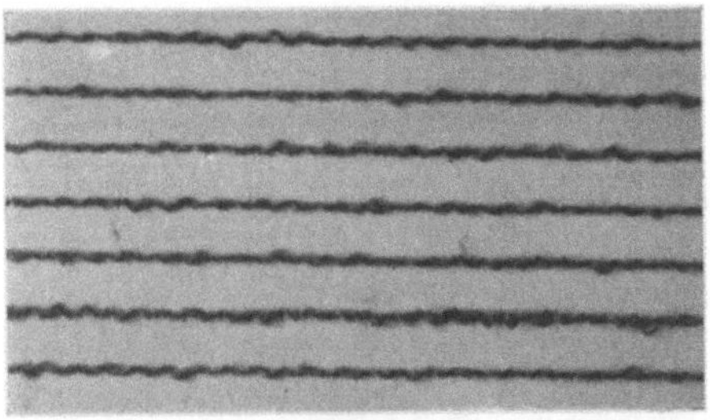

Abb. 253

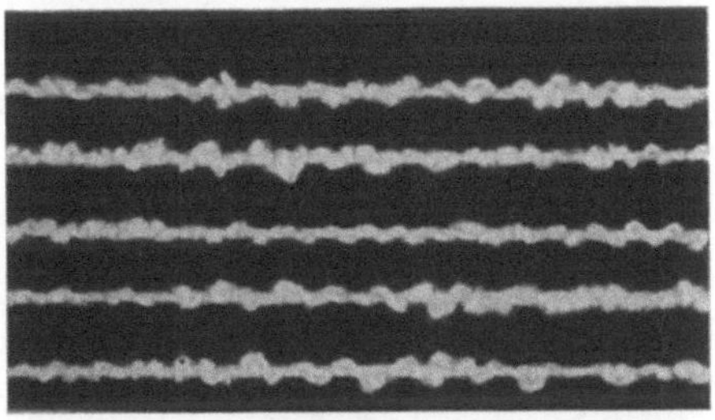

Abb. 254

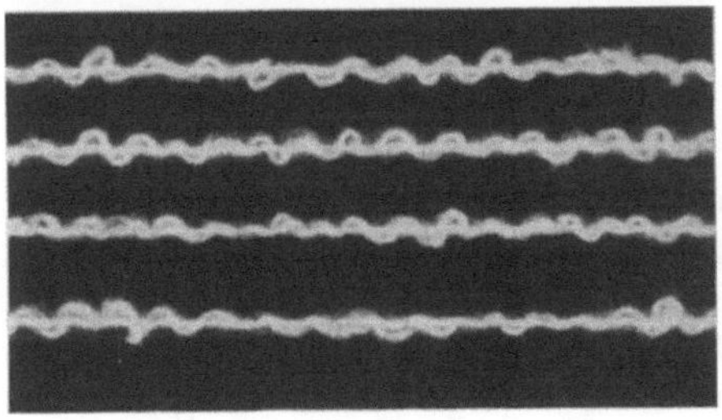

Abb. 255

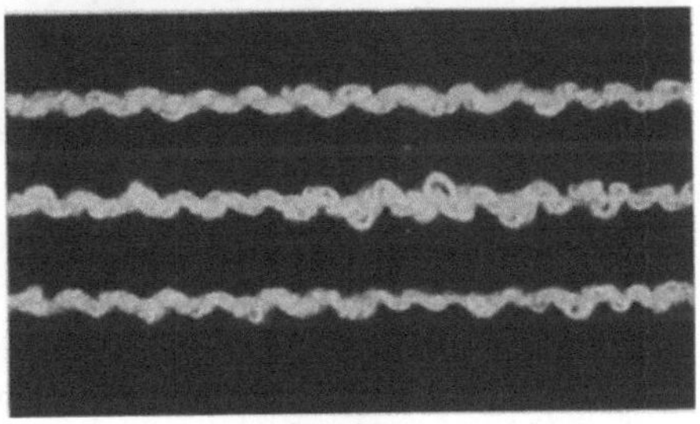

Abb. 256

grobes Stück Vorgarn zulaufen läßt, das sich einzwirnt und nach beendigter Lieferung abreißt. Die Größe des Effektes richtet sich nach der Zeitdauer der Zulieferung des Vorgarnes.

Tabelle 18. *Herstellungsrichtlinien für Flammenzwirne*

Abb.	Grund-drehung	Zylinder-wechsel				Nocken-wechsel				Anzahl der Nocken und Störgetriebe	Material		Nachzwirn mit Drehung
		a	b	c	d	a	b	c	d		Grund	Effekt	
257	580 S	22	40	38	60	22	32	30	40	10 Nocken m. Störgetriebe	1 Fd. 100 den Reyon	2 Fd. 10 den Reyon	
258	426 S	22	40	40	60	22	36	22	40	10 Nocken m. Störgetriebe	1 Fd. 150 den Azetat 1 Fd. 8 mm bronze Z'wolle	2 Fd. 34/1 weiß Z'wolle	
259	275 S	22	40	32	60	22	34	32	40	4 Nocken o. Störgetriebe	1 Fd. 30/2 weiß	1 Fd. 30/2 rot	
260	360 S	22	40	24	60	22	26	24	40	6 Nocken m. Störgetriebe	1 Fd. 30/1 grau Z'wolle 1 Fd. 8 mm h'mode Streichgarn	1 Fd. 8···9 mm dunkel-braun	

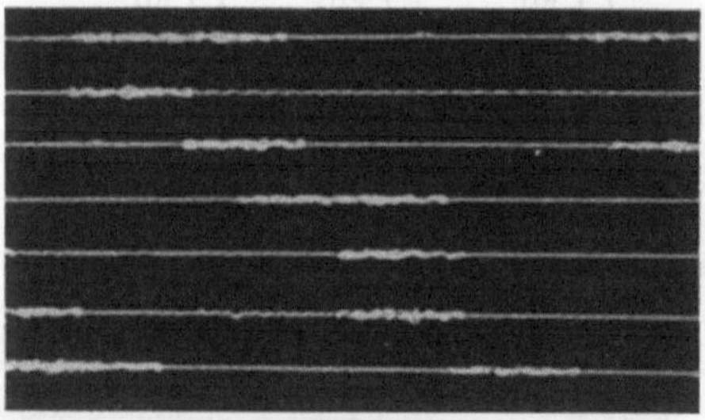

Abb. 257

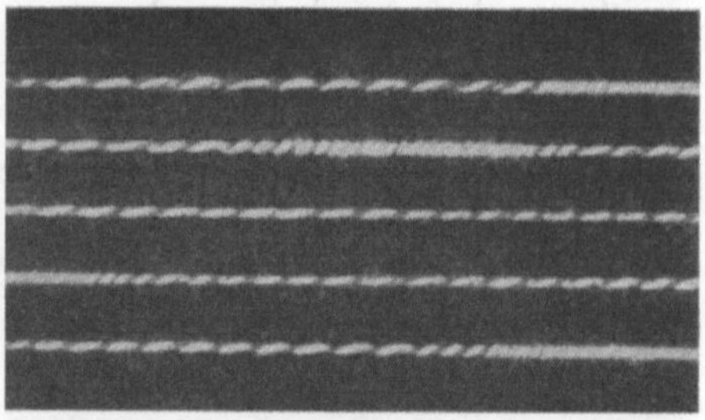

Abb. 258

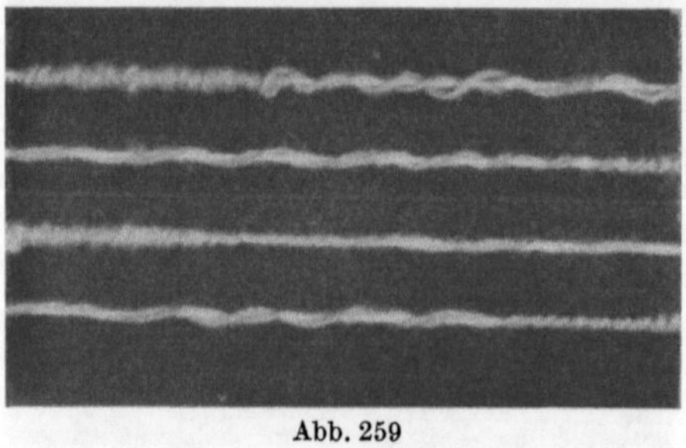

Abb. 259

Abb. 260

2. *Zwirnflammen* werden nach Abb. 246 c hergestellt, indem man den Effektfaden mit konstanter Geschwindigkeit zulaufen läßt, während der Grundfaden mit verzögerter oder beschleunigter Geschwindigkeit zuläuft. Diese Zwirnflammen (vgl. Abb. 257 bis 260) erhält man durch die Kombination folgender Getriebe: Abb. 241, 242, 243.

Schlingenzwirne werden grundsätzlich nach fast gleichem System hergestellt wie Knotenzwirne. Man läßt den Schlingenfaden mit sehr großer Geschwindigkeit zulaufen. Es besteht lediglich die Schwierigkeit, zu vermeiden, daß der Faden knotenförmig aufläuft. Zweckmäßig ist es daher, ein Material zu verwenden, welches nicht allzu schmiegsam ist. Sehr gut eignet sich Mohair oder eine grobe Zellwolle.

Die Tab. 16 bis 18 geben das Herstellungsverfahren der in den Abb. 247 bis 260 dargestellten Zwirne als Rezept wieder, wobei die Abb. 261 die Wechselräder der Abb. 242 für die Verwendung in den Tabellen kennzeichnet.

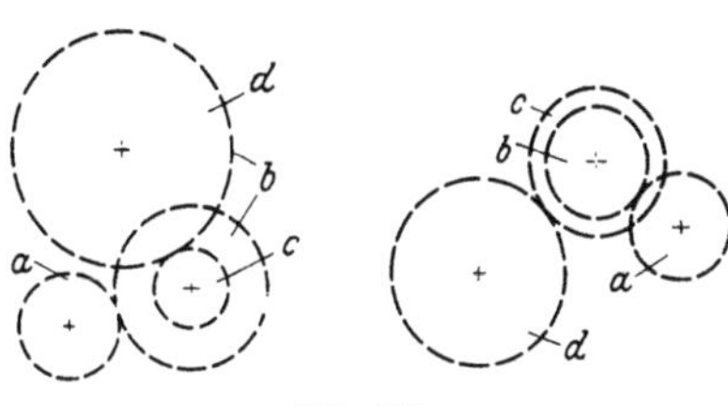

Abb. 261

b) Effektgarnbildung durch Verschiebung der Fadenführerleiste

In einigen wesentlichen Punkten unterscheidet sich diese Konstruktion der Effektgarnvorrichtung von den bereits besprochenen Vorrichtungen. Die prinzipielle Darstellung dieser Vorrichtung soll an Hand der Abb. 262 bis 269 besprochen werden.

Bei dieser Effektgarnvorrichtung wird mit drei Lieferzylindern gearbeitet, wie aus der Abb. 263 ersichtlich ist; Schlingenzylinder, Vorderzylinder, Hinterzylinder.

Die drei Zylinder werden durch den Vorderzylinder über ein Vorgelege angetrieben. Aus der Abb. 264 ist ersichtlich, daß der Vorderzylinder in der üblichen Weise über ein Vorgelege von der Spindeltrommel angetrieben wird. In diesem Vorgelege befinden sich auch die Drehungswechsel. Die bei anderen Konstruktionen bereits beschriebene Fadenführerlatte, die der Vereinigung der zueinanderlaufenden Fäden dient, steht bei der Konstruktion von Hamel nicht fest, sondern kann durch ein in der Abb. 264 gezeigtes Exzenter auf und ab bewegt wer-

Abb. 262. Effektzwirnmaschine von Hamel

den. Die Noppenlatte braucht nicht in jedem Falle bewegt zu werden. Vielmehr kann sie bei bestimmten Knotenzwirnen auch stillgesetzt werden. Mittels eines anderen Fadeneinzuges können dann ebenfalls Knoten erzeugt werden. Insbesondere zur Herstellung von Noppen und Knoten mit sehr kurzen Abständen empfiehlt sich, die Noppenlatte stillzusetzen, wobei dann eine höhere Maschinengeschwindigkeit anwendbar ist.

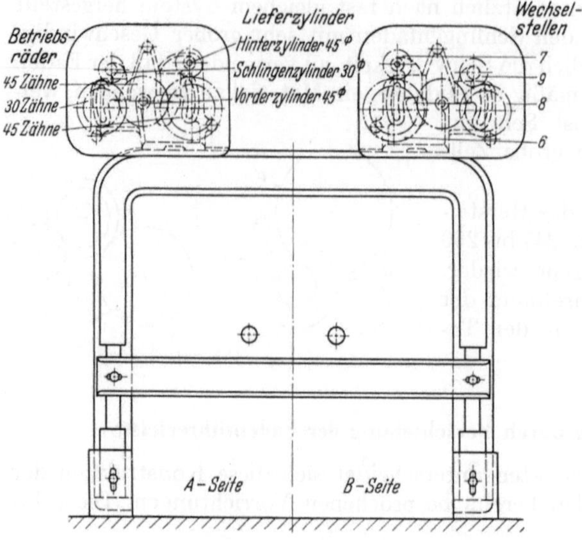

Abb. 263. Getriebe der Effektzwirnmaschine von Hamel (von der End-
wand aus gesehen)

Wie die einzelnen Effektgarne gebildet werden, soll um des besseren Vergleiches willen in der gleichen Reihenfolge wie bei den anderen Konstruktionen besprochen werden.

In der Herstellung des *Bouclé-, Kräusel-, Frotté-* oder *Noppenzwirnen* besteht, wie aus der Abb. 265 ersichtlich, kein Unterschied in der Herstellungsweise. Es wird mit dem Vorder- und Hinterzylinder gearbeitet, wobei der Hinterzylinder mit großem Zulauf den Effektfaden liefert. Kräuselzwirne in ihrer prägnanten

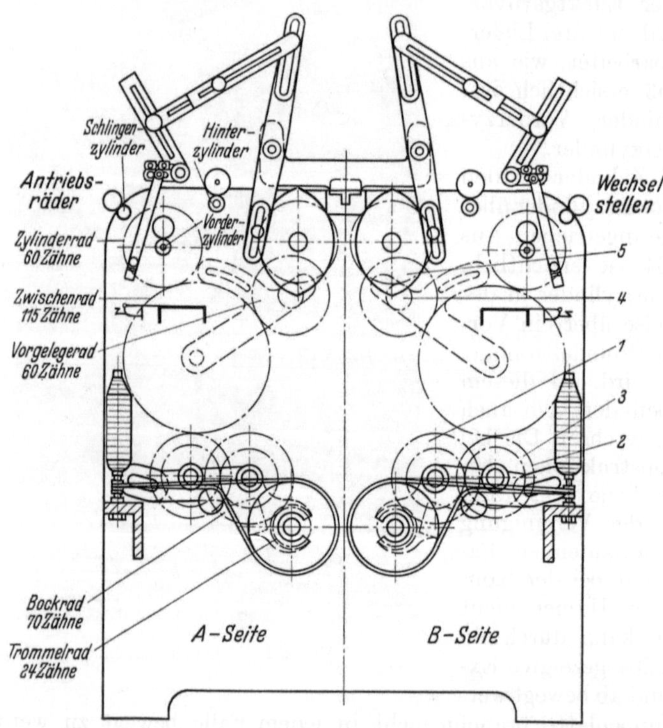

Abb. 264. Getriebe der Effektzwirnmaschine von Hamel (Getriebekopf)

Art werden jedoch nicht mit Vorder- und Hinterzylinder hergestellt, sondern mit Hinter- und Schlingenzylinder. Die Herstellung der *Knoten- und Noppenzwirne* unterscheidet sich jedoch wesentlich. Während bei den bereits besprochenen

Konstruktionen das eine der beiden Zylinderpaare periodisch wechselnd stillgesetzt wird, damit der Effektfaden punktförmig aufläuft, liefern in diesem Falle beide Zylinder (Hinter- und Vorderzylinder) die Garne mit konstanter Geschwindigkeit. Dadurch können die Stege mit sauberen Moulinés hergestellt und jederzeit

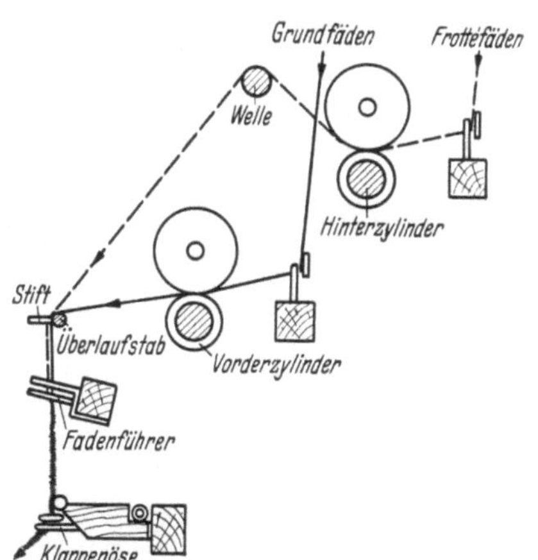

Abb. 265. Herstellung von Frottés

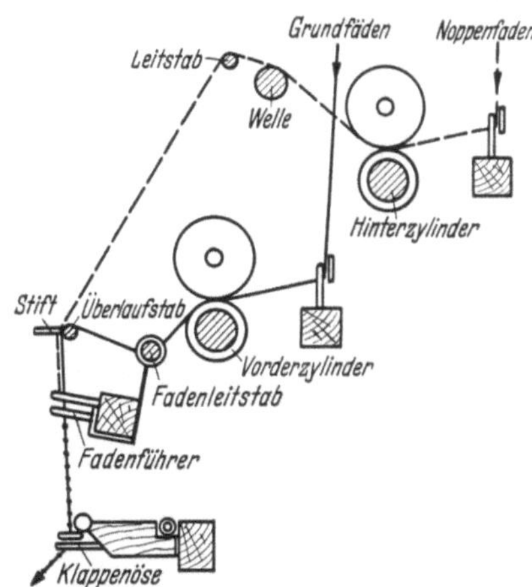

Abb. 266. Herstellung von Knoten

mustergetreu wieder nachgeliefert werden. Den für die Herstellung von Noppen- und Knotenzwirnen notwendigen punktförmigen Auflauf des Effektfadens auf den Grundfaden erzielt man, indem der Fadenführerlatte und dem Fadenleitstab der Abb. 266 eine senkrechte auf- und abwärts gerichtete Bewegung mit

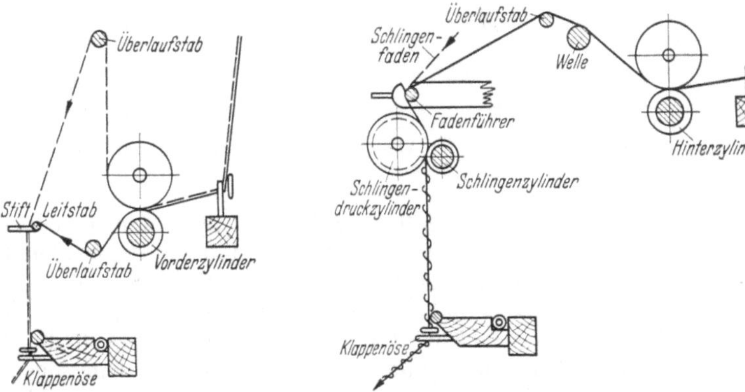

Abb. 267. Herstellung von Fadenflammen   Abb. 268. Herstellung von Schlingenzwirn

Hilfe des in der Abb. 264 erkenntlichen Exzenters erteilt wird. Erfolgt diese Bewegung gleichsinnig mit der Fadenlieferung, so erfolgt eine dichte Aufwicklung, die in dem Falle, in dem die beiden Geschwindigkeiten (von Faden und Fadenführerlatte) gleich sind, punktförmig erfolgt. Bei der Aufwärtsbewegung der Latte wird der Grundfaden in langen Spiralen durch den Effektfaden bewickelt.

Prinzipiell werden nach dem gleichen Verfahren auch die *Flammengarne* hergestellt; es ist dies lediglich eine Geschwindigkeitsfrage. Wie aus der Abb. 267 ersichtlich, kann man aber Flammenzwirn noch einfacher herstellen, indem man die beiden in Frage kommenden Garne durch den Vorderzylinder zulaufen läßt,

den einen der beiden Fäden über den feststehenden Überlaufstab (oben) führt
und den andern unter den alternierenden Überlaufstab (unten) leitet. Die dabei
auftretenden Geschwindigkeitsschwankungen ergeben unterschiedlich dichte Be-
wicklungen auf dem Effektfaden. Die Wirkung des Effektes für Knotenzwirne
und für Flammenzwirne ist somit durch die Form des Exzenters gegeben; und
zwar bezüglich des Rapportes der Effektbildung wie auch bezüglich der Intensität
des Effektes.

Besondere Beachtung verdient die Konstruktion noch deswegen, weil man
in der Lage ist, einwandfrei Schlingenzwirne — sogenannte Loopgarne — herzustellen.

Wie die Garne für die Herstellung der *Schlingenzwirne* geführt werden, ersieht man aus den Abb. 268 und 269. Zwei Grundfäden werden durch das Hinter-

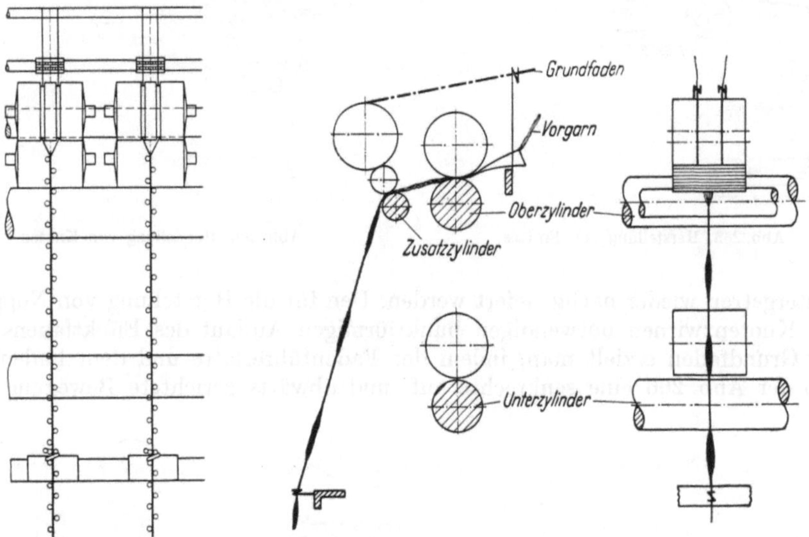

Abb. 269. Wirkungsweise des
Schlingenzylinders

Abb. 270. Herstellung von Vorgarnflammen

zylinderpaar zugeleitet. Durch das Schlingenzylinderpaar werden sie jedoch nicht
klemmend geführt, sondern im Belastungszylinder sind für die beiden Grundfäden (vgl. Abb. 269) zwei Rillen eingedreht. Die Grundfäden brauchen somit der
viel größeren Umfangsgeschwindigkeit des Schlingenzylinderpaares nicht zu
folgen. Der Schlingenfaden selbst wird klemmend geführt. Durch die größere
Zuliefergeschwindigkeit des Schlingenfadens wirft dieser in dem sogenannten
Zwirndreieck, das durch die beiden Grundfäden gebildet wird, eine Schlinge, die
unmittelbar nach der Entstehung durch die von der Spindel hochkommende
Drahtbildung verzwirnt wird.

Bei der Herstellung eines Vorgarnflammenzwirnes wird von dem konstant
laufenden Grundfaden in periodischen Abständen ein Stück Vorgarn eingezwirnt
(vgl. Abb. 270).

c) Die aperiodische Steuerung von Vorder- und Hinterzylinder

Die Steuerung von Vorder- und Hinterzylinder durch Schaltscheibe hat, wie
auf S. 201 dargestellt, den Nachteil, daß eine Effektbildung im Gewebe nicht
sicher verhindert wird. Neuere Konstruktionen der Steuerungen sollen diese Er-

scheinung beseitigen. die bei diesen Konstruktionen erforderlichen Steuerungs-
kontakte werden ausgelöst durch:

Fotozelle mit Klappenräder,
Programmscheibe mit Reiter,
Filmband mit Kontaktgeber.

Die Kupplungen sind dann elektromagnetisch.

1. Fotozelle mit Relais und Klappenräder (Berliner Maschinenfabrik). Durch die Fotozelle
werden Steuerimpulse ausgelöst, die über ein Relais auf die elektromagnetischen Scheibenkupplungen wirken und so-
mit während des Laufes un-
abhängige Liefergeschwindigkeiten des Ober- und Unterzylinders hervorrufen.

Zu jeder elektromagneti-
schen Scheibenkupplung gehört eine Fotozelle mit Lichtquelle und ein Klappenrad.
Die Lichtquelle mit einer
Blendenöffnung befindet sich
im Inneren des Klappenrades.
Die Fotozelle ist außerhalb
des Klappenrades gelagert
(Abb. 272).

Die Klappenräder rotie-
ren zwischen Lichtquelle und
Fotozelle. Sie erhalten von

Abb. 271. Aufzeichnung der Klappenstellung; die Stellung wird für eine
evtl. nötige Neueinstellung festgehalten

der Zwischenwelle Zw (Abb. 273) über die Zahnräder *1* und *2* und die Wechselräder *a*, *b*, *c*
und *d* ihren Antrieb. Mit Hilfe dieser Wechselräder kann die dem Effekt günstigste Geschwindigkeit eingestellt werden.

Auf den Rädern sind 72 Klappen angebracht.
Durch wahlweises Umlegen der Klappen wird bei
Drehung des Klappenrades der in die Fotozelle einge-
fallene Lichtstrahl unterbrochen oder durchgelassen
(Abb. 271).

Bei einfallendem Lichtstrahl in die Fotozelle werden Elektronen frei und in der Anodenleitung entsteht
ein Strom, der über eine Verstärkerröhre das Relais
in Tätigkeit setzt. Die entsprechende Elektromagnetkupplungshälfte wird unter Spannung gesetzt und
zum Eingriff gebracht.

Ist die Fotozelle abgedunkelt, d. h. der einfallende
Lichtstrahl durch Klappen unterbrochen, so fließt in
der Anodenleitung nur ein ganz geringer Strom. Von
der Verstärkerröhre wird dieser gesperrt und das
Relais bleibt stromlos. Die Elektromagnetkupplung
schaltet um.

Die Schaltdauer, bzw. die Zeitfolge der Impuls-
gebung durch die Fotozelle kann beliebig sein und
wird durch die Stellung der Klappen an den Klappenrädern bestimmt. Da alleine durch die konstante
Drehbewegung des Klappenrades sich der erzielte
Effekt stets wiederholen würde, hat man eine Störeinrichtung angebracht (Abb. 272).

An einen Schwenkhebel, der auf der Antriebswelle des Klappenrades gelagert ist, wird die Foto-

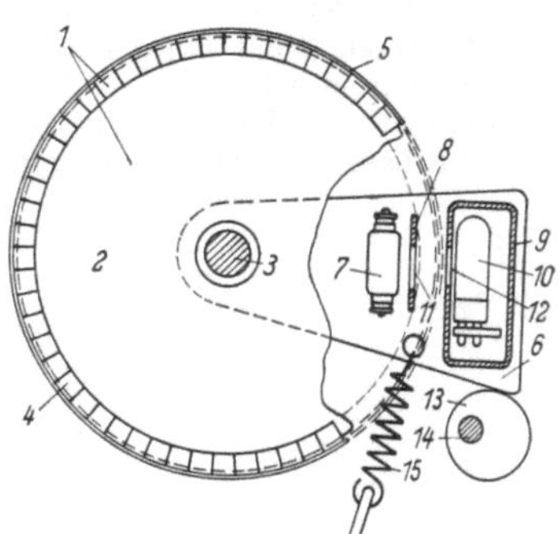

Abb. 272. Seitenansicht der Schaltvorrichtung mit Fotozelle (Ausschnitt im Klappenrad und Schnitt des Fotozellengehäuses)
1 Klappenrad (Blendenzylinder); *2* Boden
des Klappenrades; *3* Antriebswelle für das
Klappenrad; *4* Klappen; *5* Scharniere für
die Klappen; *6* Träger; *7* Lichtquelle (Soffit-
tenlampe); *8* Lichtspalt; *9* Fotozellengehäuse; *14* Fotozelle liefert den Fotostrom für
ein elektronisches Relais (Verstärkerröhre);
11, *12* schmale Öffnungen im Lichtschirm
bzw. im Fotozellengehäuse; *13*, *14*, *15* Störeinrichtung

zelle mit Lichtquelle befestigt. Durch ein Exzenter erhält dieser Schwenkhebel seine Bewegung, wobei eine Zugfeder ein stetiges Andrücken an den Exzenter bewirkt. Durch diese
hin- und hergehende Bewegung des Schwenkhebels und das Drehen des Klappenrades wird
der Strahleneinfall verlagert und der Effektrapport stark vergrößert.

An Stelle von Fotozellen mit Klappenrädern werden auch Nockentrommeln mit Kontakt-
gebern verwendet.

Die Nockentrommel weist 4 Lochreihen auf, von denen jede in 72 Teile unterteilt ist. In
diese Lochreihen können ebenfalls wahlweise Nocken eingesetzt werden.

14*

Bei einer Drehung der Nockentrommel unter einem Mikroschalter hindurch, hebt die Nocke den Schalter aus. Dadurch wird ein Stromkreis geschlossen, der je nach Lochreihe, in der sich die Nocke befindet, die dazugehörige Kupplungshälfte anregt. Es entsteht ein elektromagnetisches Kraftfeld und die Ankerscheibe des Kupplungsmittelstückes wird angezogen. Der Lieferzylinder erhält Antrieb. Durch eine Nockenreihe wird jeweils nur eine Kupplungshälfte angeregt.

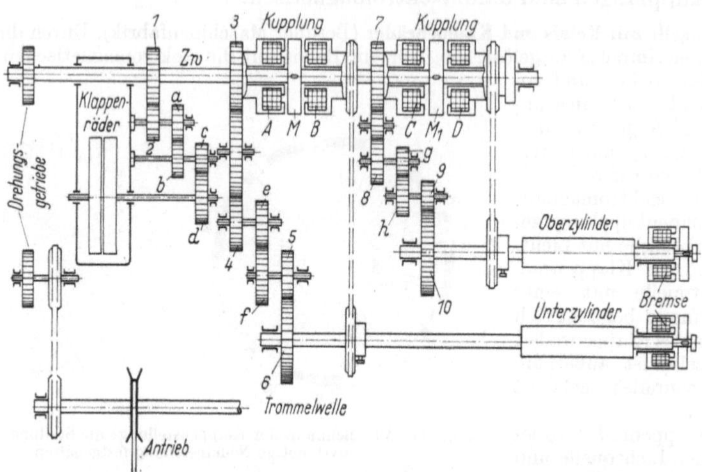

Abb. 273. Getriebebild der Effektzwirnmaschine (Berliner Maschinenfabrik)

Die Abb. 274a–c zeigt das Schaltschema für die Tätigkeit der Fotozelle. An die Kathode K und die Anode A der Fotozelle PZ wird über die Widerstände r_1 und r_2 die Spannung eines Transformators gelegt.

Die Kathodenfläche hat die Größe von 4 cm² und besteht aus Zäsium. Die Fotozelle selbst kann zur besseren Elektronenwanderung mit Edelgas gefüllt werden.

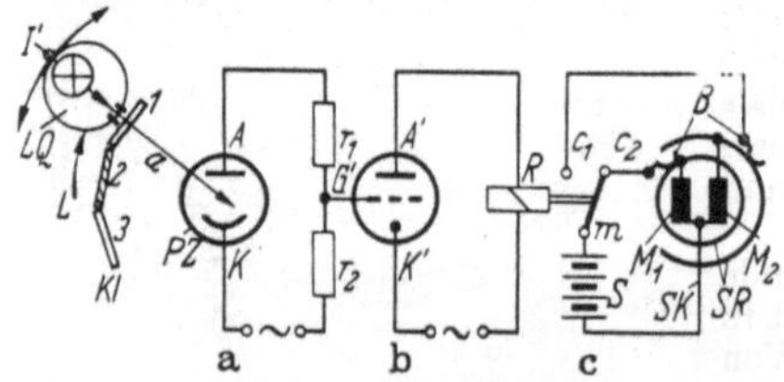

An die Fotozelle schließt sich eine Verstärkerröhre, deren Schaltung ähnlich der Fotozellenschaltung aufgebaut ist. An die Kathode K' und Anode A' wird die Spannung eines Transformators gelegt. In die Anodenleitung ist die Wicklung eines Schaltrelais R eingebaut, das bei Stromführung über die Kontakte c_1 und m an die Wicklung M_2 Spannung legt und somit ein Umschalten der Kupplung bewirkt. Bei stromlosem Relais wird der Kontakt m durch eine Feder gegen Kontakt c_2 gedrückt und an Wicklung M_1 Spannung gelegt. Die Elektromagnetkupplung schaltet um.

Die elektromagnetische Scheibenkupplung in Abb. 273 besteht aus:

1. der Scheibenkupplung mit Zahnradgetriebe und Kettentrieb für den Unterzylinder,

2. der Scheibenkupplung mit Zahnradgetriebe und Kettentrieb für den Oberzylinder.

Vom Drehungsgetriebe über die Zwischenwelle Zw erfolgt der Antrieb der beiden elektromagnetischen Scheibenkupplungen. Die Kupplungsmittelstücke M und M_1 sind fest, aber axial verschiebbar, mit der Zwischenwelle Zw verbunden, während die Kupplungshälften A, B, C und D lose auf der Zwischenwelle sitzen.

Abb. 274a—c. Die Fotozellen-Schaltung mit anschließendem Verstärkerkreis
a) Fotostromkreis; b) Anodenstromkreis mit Schaltrelais R; c) Kupplungskreis

PZ Fotozellen mit hohem innerem Isolationswert (Saugspannung 90 Volt); LQ Lichtquelle, bestehend aus Lampe und Lichtspalt; K' Kathode; G' Gitter; A' Anode; Kl verstellbare Steuerklappen $1, 2, 3$ bis 72; a einfallender Lichtstrahl; K Kathode (Zäsium); A Anode mit positiver Vorspannung; L Laufrichtung des Klappenrades; I' durch Exzenter betätigte Schwenkrichtung des Lichtkopfes (Störeinrichtung); m Doppelkontakt (zwischen c_1 und c_2); S Stromquelle (Gleichstrom); B Bürsten auf den Schleifringen SR; M_1 und M_2 Magnetwicklungen in der Kupplung; SK gemeinsame Rückleitung

Die Kupplungshälften C und A stehen mit den Rädertrieben, die Kupplungshälften B und D mit den Kettentrieben in fester Verbindung.

Steht die Kupplungshälfte A mit dem Kupplungsmittelstück M in Eingriff, so erfolgt der Antrieb des Unterzylinders über die Zahnräder $3, 4$, Wechselräder e, f und Zahnräder 5 und 6.

Steht die Kupplungshälfte c mit dem Kupplungsmittelstück M_1 in Eingriff, so erfolgt der Antrieb des Oberzylinders über die Zahnräder *7, 8,* Wechselräder g, h und Zahnräder *9* und *10.*

Um einen schnellen Austausch der Wechselräder im Rädertrieb zu ermöglichen, erfolgt die Sicherung derselben durch aufsteckbare Verschlußscheiben, die von Hand wieder entfernt werden können.

Stehen die Kupplungshälften B und D mit den Kupplungsmittelstücken M und M_1 in Eingriff, so erfolgt der Antrieb der Lieferzylinder über den Kettentrieb. Das Übersetzungsverhältnis ist 1 : 1.

Durch diese Umkupplungen erhalten die Lieferzylinder zwei Geschwindigkeiten und somit einen aperiodischen Lauf.

2. Programmscheibe mit Reiter (Hamel). Die Programmscheibe mit Reiter entspricht der Fotozelle mit Klappenrädern. Die Kommandos für die effektbildenden Aggregate wie Vorder-

und Hinterzylinder, Noppenexzenter und Schlingenzylinder geschehen von der Programmscheibe aus (Abb. 275).

Die Programmscheibe hat einen Durchmesser von 400 mm und weist 300 Teilungen auf, wodurch die Rapportlänge des Effektzwirnes bestimmt wird. Reiter, die wahlweise auf die Programmscheibe aufgesetzt werden, bewirken über Kontaktgeber und Relais ein Ein- und Ausschalten der elektromagnetischen Doppelzahnkupplungen.

Wir unterscheiden Kommandoreiter und Aufreihungsreiter.

Man verwendet 4 verschiedene Sorten Kommandoreiter. Diese weisen je nach ihrer Funktion verschiedene Farben und Zapfenlängen auf. Bei Drehung der Programmscheibe greifen diese in dahinterliegende Kontakte ein. Die dazugehörige Elektromagnetkupplungshälfte wird unter Spannung gesetzt und zum Eingriff gebracht.

Die Kontakte sind in der Maschine unterschiedlich angebracht, so daß immer nur gleiche Reitersorten in Eingriff kommen können.

Durch Aufreihungsreiter können die von Kommandoreitern ausgelösten Impulse dem gewünschten Effekt entsprechend beliebig verlängert werden. Jedoch ist hierbei zu beachten, daß Kontakt erfolgt, bevor der durch die Kommandoreiter ausgelöste Impuls auf der eingestellten Zeituhr abläuft. Aufreihungsreiter alleine sind wirkungslos. Die Zeituhr hat eine Regelbarkeit von 0,2 bis 2 sek. Die Schaltdauer bei Verwendung von Aufreihungsreitern setzt sich zusammen aus:

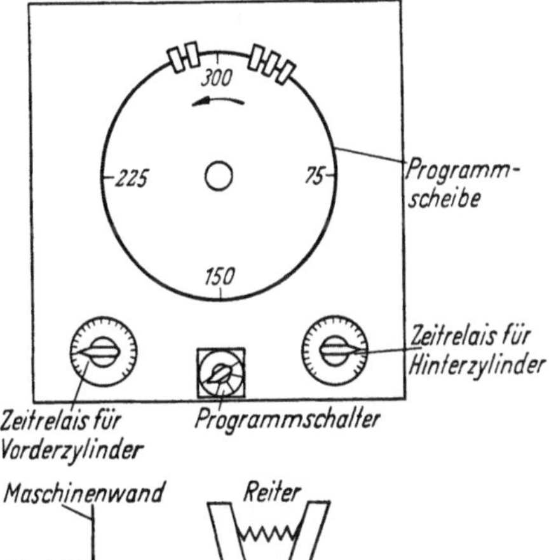

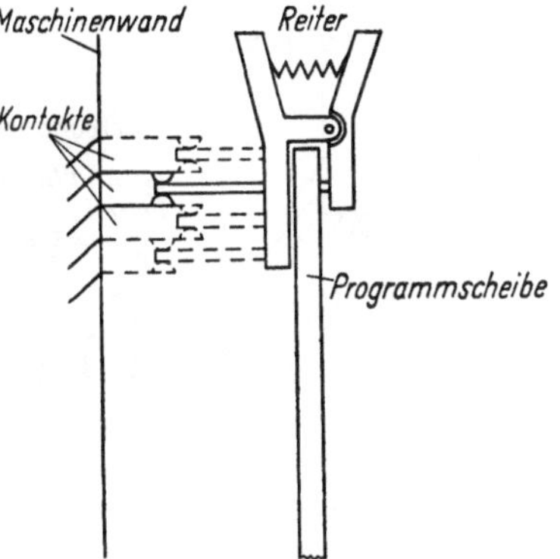

Abb. 275. Programmscheibe mit Reiter

1. der bereits abgelaufenen Zeit von Impuls durch den Kommandoreiter bis zur Kontaktauslösung durch den Aufreihungsreiter,

2. der Dauer der Kontaktberührung durch den bzw. die Aufreihungsreiter und

3. der eingestellten Zeit am Zeitrelais.

Die verschiedenen Farben der Reiter bedeuten:

grüne Reiter eine Umschaltung der Zylindergeschwindigkeit für den Hinterzylinder

gelbe Reiter ein Stillsetzen des Hinterzylinders

blaue Reiter eine Umschaltung der Zylindergeschwindigkeit für den Vorderzylinder

weiße Reiter ein Stillsetzen des Vorderzylinders

rote Reiter eine Zeitaufreihung für alle Reiter.

Durch die Programmscheibe können große Rapportlängen erreicht werden, wenn die Geschwindigkeit der Programmscheibe zur Fadenlieferung niedrig ist. Werden aber bei hoher Fadenlieferung kurze Effektabstände verlangt, so muß die Programmgeschwindigkeit entsprechend gewählt werden. Um dieser Forderung nachzukommen und eine große Regelbarkeit der Programmgeschwindigkeit zu erhalten wurde ein Störgetriebe entwickelt. Mit dessen Hilfe können sehr große Rapporte von Effektzwirnen hergestellt werden. Das Übersetzungsverhältnis weist eine Größe von 1 : 10 und 1 : 20 auf.

Der Antrieb des Störgetriebes (Abb. 276) erfolgt von der Noppenexzenterwelle auf Zahnrad *a* mit verstellbarem Kurbelzapfen. Kettenrad *b* ist fest mit dem Kurbelzapfen verbunden. Durch eine an den Kettenrädern *b* und *c* gelagerte Kurbelstange wird der Abstand der Kettenräder und die Spannung der Kette gehalten. Kettenrad *c* ist mit Zahnrad *d* fest verbunden und in der Kurbelschwinge gelagert. Von hier erfolgt der Antrieb über Zahnrad *e*, Kegelräder *f* und *g* und umschaltbares Getriebe mit dem Übersetzungsverhältnis 1 : 10 und 1 : 20 auf die Programmscheibe.

Dieses Störgetriebe ist hinsichtlich der Störwirkung durch Verschieben des Kurbelzapfens einstellbar.

Durch Verlagerung des Kurbelzapfens in den Mittelpunkt des Zahnrades *a* ist die Störwirkung ausgeschaltet und der Hub = 0.

Wird der Kurbelzapfen nach außen versetzt, so vergrößert sich der Hub. Das Zahnrad *e* erhält dadurch bei Hochgang der Kurbelschwinge und damit des Zahnrades *d* eine um das Ausschwingen vergrößerte Beschleunigung (Addition), während diese sich bei Tiefgang vermindert (Subtraktion). Diese Beschleunigung bzw. Verzögerung wird auf die Programmscheibe übertragen und eine Störwirkung bewirkt.

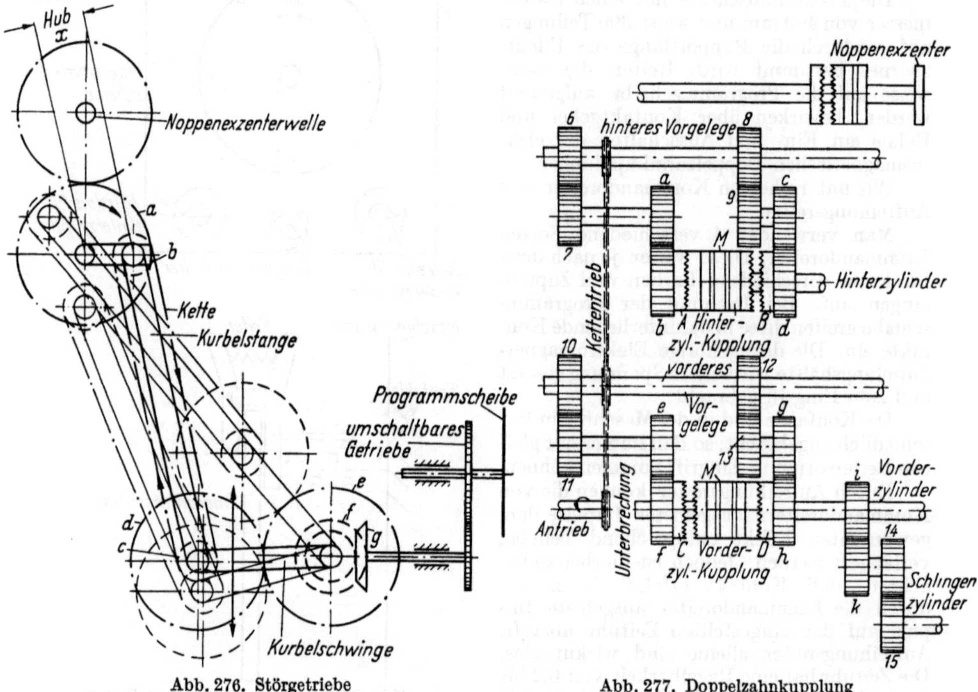

Abb. 276. Störgetriebe   Abb. 277. Doppelzahnkupplung

Für die Zähnezahl der Kettenräder wurden Primzahlen gewählt, so daß Zahnrad *e* nie die gleiche Stellung zur Kurbelschwinge einnehmen kann. Eine Bildwirkung im Gewebe kann dadurch nie eintreten.

Elektromagnetische Doppelzahnkupplung (Abb. 277). Zu der bei dieser Konstruktion verwendeten elektromagnetischen Doppelzahnkupplung gehören:

1. Hinterzylinder mit der hinteren Vorgelegewelle, die Wechselräder *6, 7, 8, 9* und die Hinterzylinderdoppelzahnkupplung

2. Vorderzylinder mit der vorderen Vorlegewelle, die Wechselräder *10, 11, 12, 13* und die Vorderzylinderdoppelzahnkupplung und der Schlingenzylinder

3. Noppenexzenter mit der Elektromagnet-Zahnkupplung. Der Antrieb des Vorder- und Hinterzylinders erfolgt über Kettentrieb, der Antrieb der Noppenexzenterwelle über das Drehungsgetriebe.

Der Kettentrieb, der ebenfalls über das Drehungsgetriebe seinen Antrieb erhält, treibt auf die hintere Vorgelegewelle. Über Wechselrad *6* wird Wechselrad *7* und damit die Räderschere angetrieben. Von der Räderschere erfolgt der Antrieb auf die Zahnräder *a* und *b* und somit auf die Hinterzylinderwelle. Zahnrad *b* sitzt lose auf der Welle und ist mit der Kupplungshälfte *A* fest verbunden.

Auf derselben hinteren Vorlegewelle sitzt Wechselrad *8*, das über Wechselrad *9* und Räderschere die beiden Zahnräder *c* und *d* treibt. Zahnrad *d* sitzt ebenfalls lose auf der Hinterzylinderwelle und steht mit der Kupplungshälfte *B* in fester Verbindung.

Durch Kontaktauslösung der Kommandoreiter greift das Kupplungsmittelstück *M*, das fest auf der Hauptzylinderwelle sitzt, in die Kupplungshälfte *A* des Zahnrades *b* oder Kupplungshälfte *B* des Zahnrades *d* ein. Durch Einsetzen verschiedener Wechselräder erhalten wir 2 Geschwindigkeiten und einen aperiodischen Lauf der Hinterzylinders.

Vom gleichen Kettentrieb aus wird auch die vordere Vorlegewelle angetrieben. Über die Wechselräder *10* und *11*, Räderschere und den beiden Zahnrädern *e* und *f* erfolgt der Antrieb auf die Vorderzylinderwelle. Zahnrad *f* sitzt lose auf der Welle und ist mit der Kupplungshälfte *C* fest verbunden.

Auf der vorderen Vorlegewelle sitzt auch Wechselrad *12*, das über Wechselrad *13* auf die Räderscherenwelle treibt. Über die Zahnräder *g* und *h* erfolgt der Antrieb der Vorderzylinderwelle. Zahnrad *h* sitzt ebenfalls lose auf der Welle und steht mit der Kupplungshälfte *D* in fester Verbindung.

Durch Eingriff des Elektromagnetkupplungsmittelstückes *M* in die Kupplungshälften *C* oder *D* erfolgt der Antrieb des Vorderzylinders. Wir erhalten 2 Liefergeschwindigkeiten und somit einen aperiodischen Lauf des Vorderzylinders.

Der Antrieb des Schlingenzylinders erfolgt vom Vorderzylinder.

Auf dem Vorderzylinder sitzt fest Zahnrad *i*, das über Zahnrad *k*, Räderschere, Wechselräder *14* und *15* den Schlingenzylinder treibt.

Zieht man die Grundfäden über den Hinterzylinder ein, so können unter Ausnutzung der unterschiedlichen Liefergeschwindigkeiten abgesetzte Schlingen- oder Loopzwirneffekte hergestellt werden. Während der Schlingenbildung läßt man den Hinterzylinder langsam, bei der Stegbildung schnell laufen, d. h. man stellt das Fadenlieferungsverhältnis der Grundfäden zur Schlingenfadenlieferung 1 : 1.

Am Wellenende des Vorder- und Hinterzylinders sind Elektromagnetbremsen angebracht.

Durch die Kommandoreiter (gelbe Reiter) werden die Elektromagnet-Doppelzahnkupplungen ausgeschaltet, gleichzeitig aber die Bremsen in Tätigkeit gesetzt. Ein Nachlaufen der Lieferzylinder wird verhindert und saubere Effekte erzielt.

Bei Stromzuführung entsteht im Spulenteil ein magnetisches Feld. Die Ankerscheibe wird angezogen und gegen den Reibbelag gepreßt. Es erfolgt eine Abbremsung.

Um eine ausreichende Bremsung zu erhalten, muß ein Luftspalt von 0,4 mm zwischen Reibbelag und Ankerscheibe vorhanden sein.

Bei Abschalten des Stromes, das zugleich ein Einschalten der Elektromagnetkupplungen bedeutet, wird die Ankerscheibe durch eingebaute Rückzugfedern in ihre Ausgangslage gebracht und vom Reibbelag gelöst.

Das Ankerteil ist durch einen Keil mit dem Lieferzylinder fest verbunden.

3. Filmband mit Relais und Kontaktgeber (Weller). Das Filmband mit Relais und Kontaktgeber (Abb. 278) entspricht in ihrer Wirkungsweise der Fotozelle mit Klappenräder der Fa. Berliner Maschinenfabrik oder der Programmscheibe mit Reiter der Fa. Hamel.

Die Steuerung der Elektromagnet-Doppelzahnkupplungen und somit der aperiodische Lauf des Ober- und Unterzylinders wird durch das Filmband mit Kontaktgeber bewirkt.

Der Antrieb des Filmbandes erfolgt von der Königswelle über Zahnräder und ein Wechselrad.

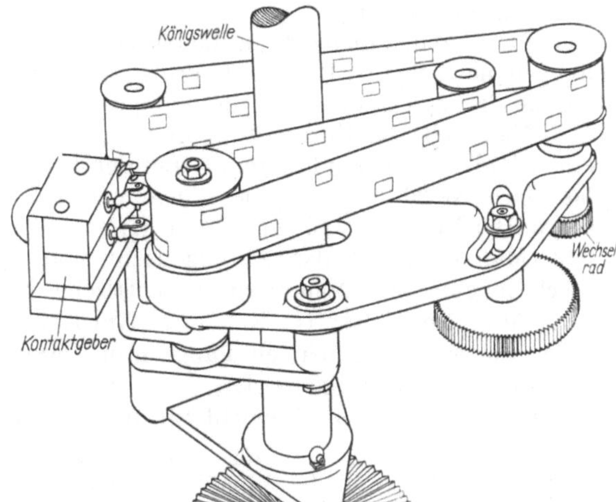

Abb. 278. Programmwahl durch Filmband

Durch das Wechselrad kann die Geschwindigkeit des Filmbandes reguliert und dem gewünschten Effekt entsprechend angepaßt werden.

Das Filmband besteht aus Perlon. Es hat eine Länge von 820 mm und kann mit zwei Lochreihen versehen werden. Die Löcher im Filmband sind in verschieden großen Abständen innerhalb der vorgesehenen Bahn einzuschlagen. Dadurch verhindert man, daß die Effekte in gleichmäßigen Abständen im Effektzwirn entstehen. Eine Bildwirkung im späteren Gewebe wird damit ausgeschaltet.

Kontaktgeber, die im Halbkreis um die Führungsrolle des Filmbandes changieren, bewirken eine noch größere Verhinderung der Bildwirkung und vergrößern somit die Rapportlänge des Effektzwirnes. Durch diese Kontaktgeber wird das Filmband abgetastet. Bei einem Loch im Filmband lösen sie getrennt für die Ober- und Unterzylinderkupplung Kontakte aus. Die entsprechende Elektromagnetkupplungshälfte wird unter Spannung gesetzt und zum Eingriff gebracht. Die Kontaktgabe kann für jeden Zylinder getrennt über ein Verzögerungsrelais von $0,2\cdots2,5$ sek ausgedehnt werden. Dadurch erreicht man, daß die Knotendicke bzw. Flammenlänge auch bei laufender Maschine geändert werden kann. Will man Flammenzwirne von unterschiedlicher Flammenlänge herstellen, so bedient man sich eines Filmbandes mit verschieden langer Lochung. Hierbei erfolgt eine direkte Kontaktgabe und wird in ihrer Länge durch den Schlitz im Band bestimmt. Man arbeitet in diesem Fall ohne Verzögerungsrelais.

Ein besonderer Vorteil dieser Einrichtung ist, daß mit einem Filmband durch Regulierung der Filmbandgeschwindigkeit und des Verzögerungsrelais, Knoten- und Flammenzwirne ein- und zweifarbig hergestellt werden können.

Die Wirkungsweise der bei dieser Konstruktion verwendeten elektronischen Doppelzahnkupplung ist mit der oben besprochenen Konstruktion vergleichbar.

4. Materialbedarfsberechnung für die Herstellung von Effektgarnen

Hat man nach dem vorgenannten Rezept oder auf Grund einer eigenen Ermittlung einen befriedigenden Zwirn hergestellt, so tritt die Frage auf, wieviel Material für die Herstellung einer bestimmten Partie von y kg Fertiggarn bereitzustellen ist. Die Beantwortung dieser Frage ist in gleichem Maße für die Kalkulation von Bedeutung. Sie bereitet jedoch in gewissem Sinne Schwierigkeiten, da man mit den verschiedenen Auflaufverhältnissen und den verschiedenen Drehungsrichtungen rechnen muß.

Wie man hier am einfachsten vorgeht, soll im folgenden an dem Beispiel eines Schlingenzwirnes demonstriert werden.

Ein Schlingenzwirn hatte folgende Zusammenstellung: Ein Baumwollfaden Ne 20/2 war mit einem Schlingenfaden (Mohair) Ne 30/2 lose und mit Schlingen umzwirnt. Diese Schlingen waren durch einen dritten Faden 56/2 Nm Kammgarn als Kreuzfaden fixiert.

1. Man stellt zunächst die metrische Zwirnnummer (N_{mz}) fest, indem man eine genaue Länge, z. B. 1 m als Probe, abwiegt. Bei dem vorgenannten Beispiel wog die Probe: 1 m 0,1839 g, dies entspricht der Nm 5,44.

2. Man stellt die Einzwirnung in % a. H. fest, indem man vorsichtig die einzelnen Fäden voneinander trennt. Bei der Probe zeigte sich folgendes Ergebnis: Das Garn Ne 20/2 zeigte eine Länge von 102 cm, 2% a. H.; Ne 30/2 140 cm, 40% a. H.; Nm 56/2, 110 cm, 10% a. H.

3. Man errechnet das Anteilgewicht von 1000 m Effektzwirn. Zu diesem Zweck müssen alle Nummern in metrische Nummern umgewandelt werden. I. Ne 20/2, Nm 16,93; II. Nek 30/2, Nm 16,9; III. Nm 56/2, Nm 28. Bei der in der Formel anzugebenden Länge muß jeweils der Prozentsatz für die Einarbeitung berücksichtigt werden.

Man erhält dann als Gewicht für 1000 m Zwirn für die einzelnen Garne anteilig:

$$\text{1.}\quad \frac{102\cdot1000}{100\cdot N_m}=\frac{102\cdot1000}{100\cdot16,93}=60,2\,\text{g}$$

$$\text{II.}\quad \frac{140\cdot1000}{100\cdot16,9}=82,8\,\text{g}$$

$$\text{III.}\quad \frac{110\cdot1000}{100\cdot28}=39,3\,\text{g}$$

$$\text{1000 m Zwirn wiegen } 182,3\,\text{g}$$

Der geringfügige Unterschied zwischen dem Gewicht der Probe ist auf Ungenauigkeiten zurückzuführen, die entstehen können, wenn man beim Trennen der Fäden nicht absolut gleiche Spannung aufwendet.

4. Dann berechnet man den Garnbedarf x für die Herstellung von 1 kg Effektzwirn:

$$\left.\begin{array}{lll} \text{I.} \ \dfrac{60,2}{182,3} = \dfrac{x}{1000} & \quad x = 330\,\text{g} \\[2ex] \text{II.} \ \dfrac{82,8}{182,3} = \dfrac{x}{1000} & \quad x = 455\,\text{g} \\[2ex] \text{III.} \ \dfrac{39,3}{182,3} = \dfrac{x}{1000} & \quad x = 215\,\text{g} \end{array}\right\} 1000\,\text{g}$$

Diese Einzelmenge kann man auf jeden Garnbedarf umrechnen, indem man mit y kg multipliziert.

X. Texturierte Garne

Unter „texturierte Garne" werden zum Unterschied zu Effektzwirnen Zwirneffekte verstanden, deren Charakter durch eine Spezialfertigung oftmals auf einer Spezialzwirnmaschine geprägt wird. Des speziellen Charakters wegen sollen die Tab. 19 und 20 (s. S. 218—223) nur eine Ordnung zur Orientierung geben.

XI. Messungen

1. Drehzahlmessungen

Manche speziellen Fragen innerhalb des Zwirnereibetriebes, seien sie konstruktiver oder textiltechnischer Art, können nicht präzise beantwortet werden, weil eine genaue Beantwortung der Frage nach der Drehzahl unbedingt erforderlich ist. Dies gilt in besonderem Maße für die Ermittlung der Drehzahlen von Spindeln und Ringläufern sowie für die Feststellung von Ballongrößen und -formen. Man kann an solchen Elementen mit Tachometern weder auf mechanischem noch elektrischem Wege herankommen, bzw. die Meßträgheit solcher Elemente ist zu groß, um einwandfreie Ergebnisse zu erzielen. Hier müssen die stroboskopischen Messungen angewendet werden, d. h. Meßeinrichtungen, bei welchen das zu beobachtende Objekt entweder durch eine im Takte der Umdrehungszahl periodisch freigegebene Schauöffnung betrachtet oder durch eine im gleichen Takte betätigte Lichtquelle periodisch beleuchtet wird.

Bei den stroboskopischen Einrichtungen der ersten Art wurde meist von einem kleinen Gleichstrommotor, der durch Vorschaltwiderstand regulierbar war, eine rotierende Scheibe angetrieben, in welcher ein oder mehrere Schaulöcher angebracht waren.

Das zu beobachtende Objekt scheint stillzustehen, wenn die Umdrehungszahl des Elementes mit der Öffnungsperiode der Schauöffnung übereinstimmt oder ein ganzes Vielfaches oder ein Bruchteil desselben ist. Bei nur angenäherter Übereinstimmung der Drehzahlen scheint sich der beobachtete Gegenstand langsam nach links oder rechts zu drehen. Rein theoretisch kann man auf diese Weise die genaue Drehzahl z. B. einer Spindel feststellen bzw. die Ballonbildung und die Auswirkung der Ballonkräfte verfolgen.

Dieses Verfahren bietet den Vorteil, daß es nicht unbedingt notwendig ist, das zu untersuchende Element durch eine Speziallichtquelle zu beleuchten. Es ist aber auf jeden Fall eine grelle Beleuchtung notwendig, da die gesamte (durch die periodische Abdeckung bedingte) Lichtenergie, die zum Auge gelangt,

Einteilung der Bausch-, Kräusel- und Stretchgarne

Tabelle 19.

Gruppen der texturierten Garne	"B" gebauschte Garne	
Arten der texturierten Garne	"e" *hochelastische Endlosgarne*	"k" 1. *gekräuselte* bzw. 2. *geringelte Endlosgarne* oder *Monofile*
englische Bezeichnung	(bulked, stretch yarns) – torque –	(crimped yarns, curled yarn) – non torque –
Verwendung bei	thermoplastischen Kunstseiden	thermoplastischen Kunstseiden und Monofilen
Charakteristik der Eigenschaften*	*TTEEVV*	1. *EV*, 2. *EEVV*
Bekannteste Fabrikate	Helanca** Nigrila Cheveux d'Ange Elastisches Enkalon Fluflon (Polyamid) Fluflenne (Polyester) Synfoam	1. Ban-Lon (Ondu-lon) 2. Agilon

* Es bedeuten: E elastisch; T mit Verdrehungstendenz; V voluminös; EE hochelastisch; TT mit starker Verdrehungstendenz; VV hoch voluminös.

Tabelle 20[2]

Klassifizierung	Namen	Charakteristik der Eigenschaften	Üblicher Verwendungszweck	Gebräuchliche Rohstoffe	
111 11	Helanca Nefalon	endlos, multifil, füllig, hochelastisch, dehnbar 300% (400%), formbeständig, gleicht nicht einem normalen Endlosgarn, hohe Kapillarwirkung	Unterwäsche Socken	Nylon Perlon	
11	Synfoam	Ähnlich wie Helanca aber mit etwas anderen Eigenschaften	Besonders als Polstermaterial	Nylon Dacron	
11	Fluflon Superloft	endlos, mono- und multifil, sehr füllig, weich, hochelastisch, dehnbar bis 400%, fast identisch mit Helanca	Unterwäsche Socken	Nylon und andere thermoplastische Synthetiks	
	Glacelon				

[1] In Anlehnung an den Klassifikationsvorschlag von E. Cuche: Versuch einer Klassifikation der Texturgarne (Kräusel)garne. SVF-Fachorgan 12 (1957) 313–315.

Texturierte Garne[1]

"B" gebauschte Garne		"HD" Hochdrahtgarne	"K" Kombinationsgarne
"b" *Bausch-Stapelgarne*	*"s"* *Schlingen-Endlos-garne*		
(high bulk yarns)	(loop yarns)	(high twist yarns)	(combined yarns)
thermoplastischen Stapelfasern	allen Kunstseiden	thermoplastischen Kunstseiden und Monofilen	
EVV	*V*	*T* (*E* in Fertigware)	
Polyacrylnitril- bzw. Mischpolymerisat-Faser-,,Hoch-bausch-Garne"	Taslan	Stretch Chadolan Nylsuisse-Stretch	Flexcel Nyfoyle
	Voluminöses Enkalon Rhodelia (Acetat) Nydelia (Polyamid)	Torsion Enkalon	High bulk-Garn Zinggeler

** Helanca-Garne werden heute in verschiedenen Typen hergestellt, die bezüglich ihrer Eigenschaften voneinander abweichen, was noch eine Erweiterung ihrer Charakteristik nötig macht.

Hersteller	Amerikanische Terminologie		Herstellungsmethode
Heberlein Schweiz Kuag Deutschl. u. Lizenznehmer	bulk and stretch twisting method		Überdrehen (3500) zweifach S u. Z, anschließend fixieren, aufdrehen z. B. auf $S=0$, $Z=200$, dann zusammenzwirnen mit 100 S, ergibt völligen Spannungsausgleich, Unterbrochenes Herstellungsverfahren
Synfoam Yarns Inc. USA	bulk and stretch twisting method		Dreh- und Aufdrehverfahren, wie oben
Marionette Mills Inc. South Coatesville, Da. USA Universal winding Co. USA Textile Equipment Sales Corp. Greensboro N.C.	bulk and stretch twisting method	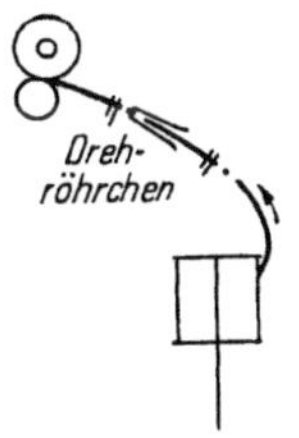 *Dreh-röhrchen*	Falschdrehungsmethode, kontinuierliches Herstellungsverfahren

[2] Auszug aus A. WILHELM: Stretch-, textured- und high bulk-Garne. Melliand Textilber. 1045 (1956) Nr. 9.

Tabelle 20

Klassifi-zierung	Namen	Charakteristik der Eigenschaften	Üblicher Verwendungszweck	Gebräuchliche Rohstoffe	
11	112 Ban-lon Ondulon Newlon B Rosenstein-Patent	Endlos, multifil, sehr weich und füllig, mittelmäßige Dehnung, hohe Kapillarwirkung	Strümpfe Unterwäsche Oberbekleidung Webwaren, seidenartiger Charakter	Nylon und andere thermoplastische Synthetiks	
11	113 Agilon	Endlos, ungezwirnt und gezwirnt (nicht aus Gründen der Fixierung), füllig dehnbar etwa 300%, evtl. andere Garne eingezwirnt	Strümpfe Unterwäsche Oberbekleidung Teppiche	Nylon und andere thermoplastische Synthetiks	
12	121 Chadolon	Endloses, *monofiles* Garn, hochgedreht, unechtes Stretch-Garn, übt Drehmoment auf Maschen aus	Damenstrümpfe	Nylon	
12	122 Taslan Nefafil	Endlos großes Bedeckungsvermögen, ähnlich wie Fasergarn, Schleifen können verschieden groß oder dicht sein je nach Voreilung der Speisewalze, Dehnvermögen ist kaum erhöht	Webwaren Krawatten Hemden	Nylon und andere Endlosgarne	
	Rhodelia Nydelia				

(Fortsetzung)

Hersteller	Amerikanische Terminologie		Herstellungsmethode
Joseph Bancroft & Sons Wilmington 99, Del. Colsmann Essen Hartford Spinning Inc. USA	*crimp yarn* crimped stretch yarn	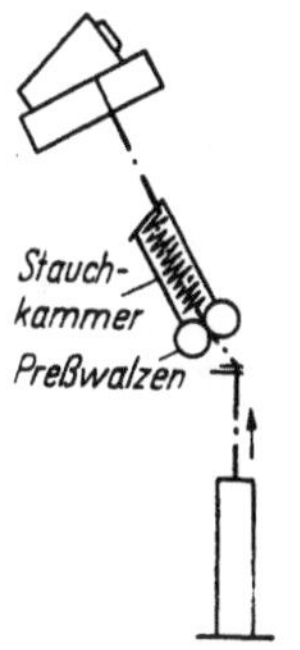	Stauch-Kräusel-methode, wird in einem Füllkasten gestaucht und permanent gekräuselt, kontinuierlich
Deering Milliken Research Trust, Pendellon, S.C. USA	stretch and bulk	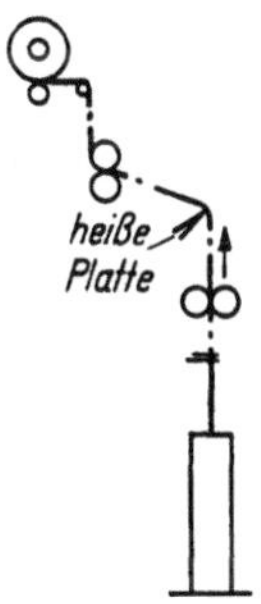	Ondulationsmethode wird über scharfe, erhitzte Kante gezogen, kontinuierlich
Patentex Inc. Chadolon Inc. USA	some stretch lively yarn		Hochgedreht, fixiert im thermoplast. Zustand; der monofile Faden ist sehr empfindlich (schwache Stellen)
Du Pont USA Kuag Deutschl. u. Lizenznehmer	no stretch yarn, lopp yarn, jedoch high bulk oder textured = texturiertes Garn	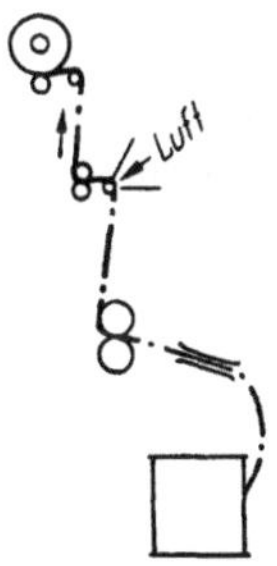	Schlingenmethode; Beim Einführen in Speise- und Lieferzylinderpaar wird mehr zugeliefert als abgezogen, dabei Hochdruckluft-einblasung. Anzahl und Größe der Schleifen kann verändert werden
Deutsche Rhodiaceta	texturierte Garne		Methode noch nicht bekanntgegeben

Tabelle 20

Klassifi-zierung	Namen	Charakteristik der Eigenschaften	Üblicher Verwendungszweck	Gebräuchliche Rohstoffe	Hersteller
21	211 high bulk (,,Hi"-bulk) Nach dem Perlock-system (Turbo-Stapler)	Faserngarn aus gerissenem Kabel, ein Anteil Fasern ist in der Aus-rüstung ge-krumpft u. hat durch Aufbau-schen der ande-ren Fasern den hochvolumi-nösen Charakter erwirkt	Oberbekleidung vorzugsweise Maschenwaren Damenpullover Herrenwesten meist als Stück-ware ausgerüstet	Polyacryle, Polyester u. Mischungen	Herstellerfirma des Turbo-Stap-lers: Turbo-Maschinen-Co. USA
21	212 high bulk (,,Hi"-bulk) System Pacific-Converter	wie oben	wie oben	wie oben	Maschinenfabrik Warner&Swasey USA
22			wie oben	wie oben	Du Pont USA Bayer Deutschl.
31	311 Stretch-Core	Umsponnene Polyamidseele, sehr elastisch	Herrensocken Oberbekleidung Maschen- u. Web-waren	Polyamide mit Wolle, evtl. Baumwolle	
32	321 Flexcell	Doppelgarn, Effektgarn, Zwirn	wie oben	Synthetikgarn mit Naturfaser-garnen	Pen Wilson Co. USA Nyacry: Black-welder Textile Co. USA

(Fortsetzung)

Amerikanische Terminologie	Herstellungsmethode
high bulk („Hi"-bulk) stretch break method	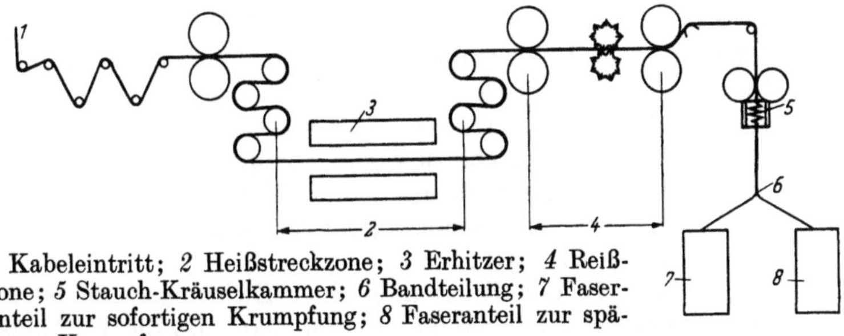 *1* Kabeleintritt; *2* Heißstreckzone; *3* Erhitzer; *4* Reiß-zone; *5* Stauch-Kräuselkammer; *6* Bandteilung; *7* Faser-anteil zur sofortigen Krumpfung; *8* Faseranteil zur spä-teren Krumpfung Alle Fasern werden heiß verstreckt und auf Stapellänge gerissen. An-schließend wird ein Teil der Fasern wieder gekrumpft (Dampf) und die beiden Komponenten miteinander versponnen. Bei der nachfolgenden Ausrüstung schrumpfen die gedehnten Fasern und bewirken Kräuselung der anderen.
high bulk („Hi"-bulk) stretch break method	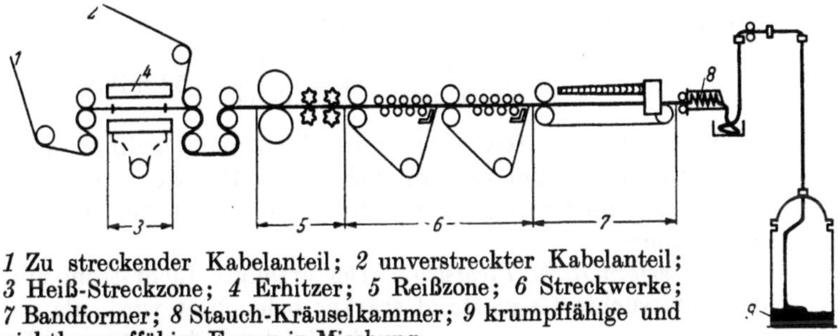 *1* Zu streckender Kabelanteil; *2* unverstreckter Kabelanteil; *3* Heiß-Streckzone; *4* Erhitzer; *5* Reißzone; *6* Streckwerke; *7* Bandformer; *8* Stauch-Kräuselkammer; *9* krumpffähige und nichtkrumpffähige Fasern in Mischung Von einem Kabel wird ein Teil heiß verstreckt, dann mit dem unver-streckten Kabel wieder zusammengeführt, gerissen und versponnen. Ausrüstung und Schrumpfung wie oben.
stretch method	Vom Faserhersteller, z. B. Du Pont, bereits verstreckt angeliefertes Fasermaterial wird zusammen mit unverstrecktem oder Naturfasern ver-sponnen.
stretch core	Wird auf gewöhnlicher Spinnmaschine hergestellt, indem man durch die vorderen Speisewalzen das ausgestreckte Synthetikgarn gibt, während die Wolle oder das Kamm-garn versponnen wird. Das Synthetikgarn ist ganz mit Wolle umhüllt. 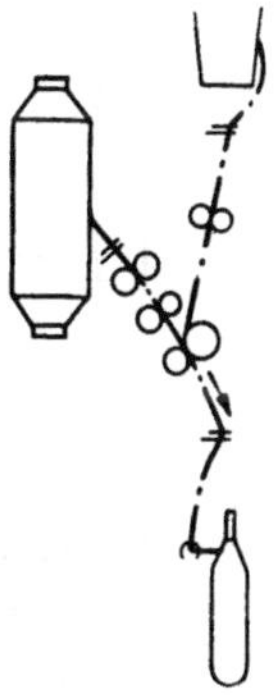
Flexcell	Verzwirnung von kräuselelastischem Synthetikgarn mit Garn aus Baum-wolle, Zellwolle u. a. Synthetiks. Variation: Nyacry = 10 den. Nylon mit Acrylan gezwirnt.

relativ klein ist. — Außerdem ist das Gesichtsfeld sehr beschränkt, und man kann in der Regel nur ein Element untersuchen, so daß eine Vergleichsmessung mit anderen Elementen nicht möglich ist. Die Untersuchung kann jeweils nur durch eine Person durchgeführt werden, so daß eine gewisse Subjektivität der Beobachtung nicht auszuschalten ist. Man verdunkelt den Versuchsraum und beleuchtet den Gegenstand durch Lichtblitze, deren Frequenz der Drehzahl des Objektes entspricht. Der Nachteil ist, daß der Versuchsraum teilweise oder ganz verdunkelt werden muß. Dieses Verfahren gestattet auch durch photographische Aufnahmen, aperiodische Bewegungen zu untersuchen.

Die konstruktive Sonderheit und Schwierigkeit dieser Geräte liegt darin, daß die Blitzdauer ganz besonders kurz sein muß. Die maximal zulässige Blitzdauer errechnet sich wie folgt:

Macht z. B. der Ringläufer einer Zwirnmaschine 9000 U/min und ist der Durchmesser des Ringläufers 40 mm, dann ist die Umfangsgeschwindigkeit des Ringläufers:

$$v = \frac{\pi\,d\,n}{60} = \frac{3{,}14 \cdot 0{,}04 \cdot 9000}{60} = 18{,}8 \text{ m/sek}.$$

Man will nun erreichen, daß der Gegenstand scheinbar stillsteht, um ein möglichst scharfes Bild zu erhalten. Man kann dann eine Verlagerung des Ringläufers auf der Peripherie des Kreises von 1 mm während der Betrachtungszeit zulassen. Dies entspricht einer Zeitdauer von

$$\frac{1}{18{,}8 \cdot 1000} \text{ sek} = \frac{1}{18\,800} = 53 \text{ mikrosek}.$$

Wenn also die Herstellung einer Lichtquelle gelingt, die derartige und kurze Blitzdauer bei großer Lichtintensität (zur Beobachtung auch bei Tageslicht) und genügend großer Frequenz gewährleistet, so hat das zweite Verfahren unbedingt den Vorzug.

Der erforderliche Lichtstrom. Der erzeugte Lichtstrom muß so groß sein, daß der untersuchte Gegenstand stärker beleuchtet wird, als dies durch die augenblickliche Beleuchtung (künstliches Licht oder Tageslicht) der Fall ist. — Ein durch Tageslicht erleuchteter Raum weist 100 ··· 500 Lux und bei Sonnenschein bis zu 10000 Lux auf. Die Blitzbeleuchtung durch Stroboskop muß also um ein Vielfaches größer sein. Die Grundkonstruktion der bisher üblich verwendeten Geräte zeigt nachfolgende Abbildung (Frz. Pat. Nr. 606931) (Abb. 279). Der Dynamo G ladet den Kondensator K auf. Die Scheibe S wird durch regelbaren Motor angetrieben. Beim Vorbeigehen der Kontaktspitzen der Scheibe S bei a und b wird der Kondensator periodisch über eine Blitzlichtlampe entladen.

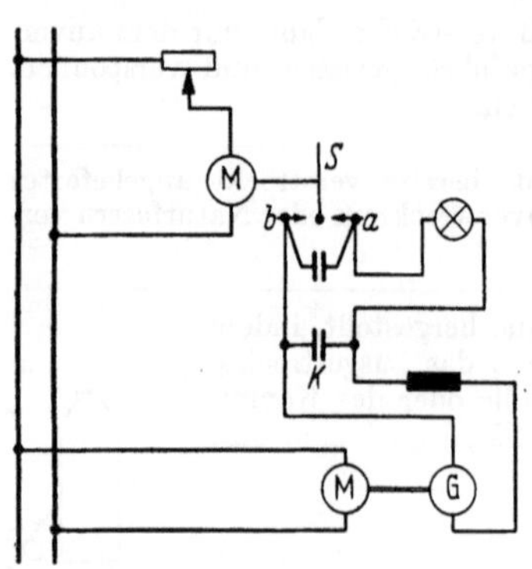

Abb. 279. Stroboskop

Der Nachteil all dieser elektro-mechanisch wirkenden Geräte ist der, daß die Messung durch eine gewisse Trägheit beeinflußt wird und daß die erreichbare Meßhöhe von der maximalen Drehzahl der im Aggregat vorhandenen Motoren abhängig ist.

Durch eine von Philips konstruierte Lampe ist es gelungen, diese Unzulänglichkeiten auszuschalten. Wie das Blockschema (vgl. Abb. 280) zeigt, besteht das Gerät aus fünf Einzelteilen[1]:

---

[1] Vgl. Elektrotechnisch messen 2 (1953) Nr. 6.

1. *Lichtwerfer mit Blitzlampe zur Beobachtung des rotierenden Gegenstandes.*
Diese Lampe besteht aus einem vollständig geschlossenen Glaskolben mit ein-
gebautem Spiegelreflektor. In den Brennpunkt ist eine Quarzröhre montiert,
die mit unter hohem Druck stehendem Argongas gefüllt ist. Diese Röhre bildet
das eigentliche lichtgebende Element. Der Glaskolben ist mit Stickstoff gefüllt,
weil der Quarz durch den Sauerstoff der Luft angegriffen werden kann. Die
Verwendung einer Argonlampe statt einer Quecksilberlampe ist deswegen vorteilhafter, weil Argonlampen nicht durch Wasser gekühlt werden müssen und

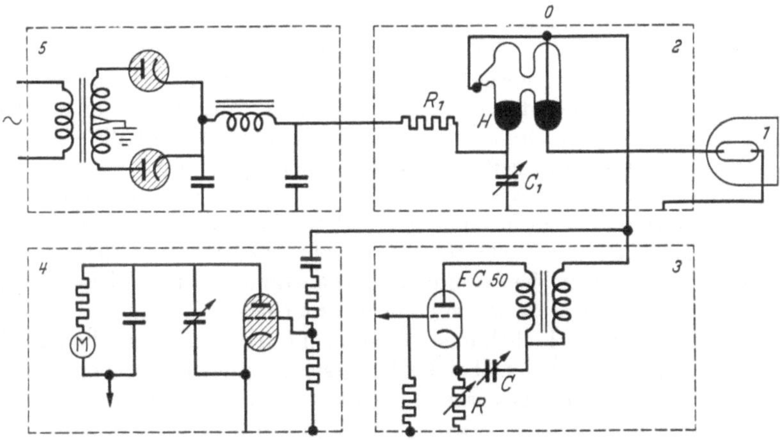

Abb. 280. Blockschema des Lichtblitztroboskopes von Philips

somit stets betriebsbereit sind. Außerdem besitzt die Quecksilberlampe eine gewisse Wärmeträgheit, die ein Nachleuchten und damit eine zu große Blitzdauer
verursacht. Die Blitzdauer beträgt 10^{-5} sek. Die während dieser Zeit bei stärkster
Intensität erfolgte Lichtaussendung beträgt 200 Lm/sek bei einem Energiebedarf
von 2 W/sek. Der maximale Lichtstrom beträgt 20000000 Lm, das ist eine Licht-
stärke von 10000000 Lux in einem Abstand von 2 m. Die Frequenz der Blitze kann
bis auf 250 sek^{-1} (15000 U/min) gesteigert werden. Für die Beobachtung noch
größerer Drehzahlen muß man bei je 2 Umdrehungen einen Blitz erzeugen.

2. *Der Generator* sorgt für die periodischen Stromstöße. Ein Kondensator C_1
wird dauernd über einen Ladewiderstand R_1 bis zu 700 V geladen und periodisch
durch die Blitzlampe entladen.

3. *Der Steuergenerator — Frequenzregler.* Der Steuergenerator und Frequenzregler steuert die Relaisröhre des Stromstoßgenerators. Dieser erzeugt mit
Hilfe einer Gastriode Schwingungen; ein Kondensator wird über einen Widerstand geladen, wobei die Anodenspannung der Relaisröhre steigt, bis Durch-
schlag erfolgt. Der Kondensator entlädt sich über die Primärwicklung des Transformators und die Relaisröhre. Darauf wird in der Sekundärwicklung des Transformators ein Spannungsstoß von etwa 3 kV induziert, welcher zur Steuerung
der Relaisröhre des Stromstoßgenerators durch die Blitzlichtlampe benötigt wird.
Sobald die Entladung des Kondensators genügend weit vorgeschritten ist, erlischt die Relaisröhre, und die Ladung beginnt aufs neue. Die Frequenz des
Spannungsimpulses wird durch die Werte von R und C bestimmt und kann
zwischen 0,5 und 250 Hz geregelt werden. Legt man an das Gitter der Röhre
eine Wechselspannung an, deren Frequenz von der periodischen Bewegung des
zu beobachtenden Objektes abhängig ist, dann kann die Frequenz des Steuer-
generators mit der Bewegung des Gegenstandes synchronisiert werden.

15   Schneider, Vorbereitungsmaschinen, 2. Aufl.

4. Mit Hilfe des *Frequenzmeters* wird die Frequenz der Blitze kontrolliert. Die Frequenz wird indirekt gemessen, indem das Frequenzmeter den mittleren Ladestrom des Kondensators anzeigt, der bei jedem Blitz durch eine Gastriode entladen wird, um darauf wieder auf eine bestimmte Spannung geladen zu werden.

5. Der Speiseteil muß alle Teile des Gerätes mit den erforderlichen Spannungen und Strömen versehen.

Hat man nicht die Absicht, Untersuchungen zu photographieren, so empfiehlt es sich, auf ein neues Gerät zurückzugreifen, welches von der Firma Dr. Steiger und Mohilo hergestellt wird.

Das Gerät entspricht in der grundsätzlichen Bauweise dem früher von der Zeiss-Ikon AG, Dresden, hergestellten Blendscheibenstroboskop. Man konnte durch die Leichtbauweise das Gewicht des Gerätes auf etwa 2 kg herabsetzen, außerdem hat man den Drehzahlmesser so angeordnet, daß die Ablesung im Gegensatz zum Zeiss-Gerät genau und mühelos erfolgen kann.

Der Skalendurchmesser des Tachometers beträgt 70 mm, die Ablesung kann so auch von weiter entfernt stehenden Personen gleichzeitig erfolgen. Eine wesentliche Erleichterung bedeutet die angebrachte Fassung für eine 250-W-Nitraphotlampe. Der zu beobachtende Gegenstand wird so ohne zusätzliche Scheinwerfer in günstiger Weise mit der erforderlichen Lichtmenge angestrahlt.

Im Gegensatz zu den Lichtblitzstroboskopen (insbesondere solche mit Glimmlampe oder Neonröhre) braucht bei der Untersuchung der Raum nicht verdunkelt zu werden, im Gegenteil, das vorhandene Licht ist nicht schädlich, sondern wird mit ausgenützt.

Die Blendscheiben sind leicht auswechselbar. Der kleine Spezialmotor ist mit Grob- und Feinregelung ausgestattet. Außerdem sorgt eine kräftige Wirbelstrombremse für einen gleichmäßigen Lauf.

Die Drehzahl kann zwischen 500 und 3000 U/min geregelt werden, der gewünschte Meßbereich wird durch die Wahl einer entsprechenden Blendscheibe hergestellt (z. B. Spindeldrehzahl im Bereich von 800 U/min, Blendscheibe mit 4 Schlitzen, Ablesung etwa in Skalenmitte des Tachometers).

Man kann gleichzeitig eine ganze Anzahl von Spindeln an einer Spinnmaschine überblicken und so nicht nur ihre Drehzahl, sondern auch feststellen, ob sie alle die gleiche Drehzahl haben. Dies ist bei kleineren Lichtblitzstroboskopen auch nicht möglich.

Das ganze Gerät ist in einem praktischen Holzkoffer untergebracht.

Nachfolgend einige technische Angaben:

1. Blendscheibenwahl: Bevor die Untersuchung erfolgen kann, muß die richtige Blendscheibe gewählt werden.

Frequenz	
10 ··· 50 Hz	1 Schlitz,
30 ··· 100 Hz	2 Schlitze,
50 ··· 150 Hz	3 Schlitze,
70 ··· 200 Hz	4 Schlitze,
80 ··· 250 Hz	5 Schlitze,
150 ··· 500 Hz	10 Schlitze,
250 ··· 1000 Hz	20 Schlitze.

Bestehen mehrere Möglichkeiten, nimmt man immer die Blendscheibe mit der kleineren Schlitzzahl. Kennt man die Periodenzahl nicht, so nimmt man eine sicher höher liegende Frequenz an.

Binokulare Beobachtung kann nur bei Scheiben, deren Schlitzzahl durch 5 teilbar ist, erfolgen. Ein Fernglas kann die Beobachtung entfernt liegender Maschinenteile erleichtern.

2. Die Drehzahl ergibt sich aus der Tachometerablesung $\times$ Anzahl der Blendscheibenblitze.

3. Um Irrtümer durch Einstellung auf eine harmonische Drehzahl zu vermeiden, stellt man immer auf das erste erscheinende Bild ein, indem man die Drehzahl verringert. Hat der zu untersuchende Gegenstand keine rotierende Marke, so bringt man einen Kreidestrich an.

2. Berechnung der Durchschnittsdrehzahl

Unter Durchschnittsdrehzahl versteht man nicht die auf Grund der Übersetzung rechnerisch bestimmbare oder die durch Stroboskop meßbare Drehzahl, sondern es ist die dem Nutzeffekt entsprechende, aus der Produktion zu bestimmende Drehzahl der Spindeln. Diese Zahl gibt auch einen Aufschluß über die Ausnützung der Maschine. Sie ist in gewissem Sinne ein Wirkungsgrad — in gewissem Sinne deshalb nur, weil nur die Stillstandzeiten erfaßt werden, die während der Maschinenlaufzeit eines Abzuges anfallen.

Wie die Berechnung der Durchschnittsdrehzahl zu erfolgen hat, soll an einem praxisnahen Beispiel gezeigt werden.

Das Bruttogewicht eines Zwirnabzuges von 114 Zwirnkopsen wurde mit 19,220 kg gewogen. Das Hülsengewicht von 114 Hülsen wurde mit 3,420 kg gewogen. Dann beträgt das Nettogewicht eines Abzuges 15,8 kg. (Die Zeit für die Fertigung des Abzuges betrug 245 min.) Aus dieser Zahl kann man die Gramm, Spindelstunde berechnen mit

$$G = \frac{\text{kg}}{\text{Spindelzahl} \cdot \text{Zeit}} = \frac{15,8 \cdot 60}{114 \cdot 245} = 0,034 \text{ kg} .$$

Die Durchschnittsdrehzahl berechnet sich nunmehr mit

$$n_{\text{Spindel}} = \frac{N_{mz} \cdot \text{g/Spindelstunde} \cdot T/\text{m}}{60} .$$

Diese Formel läßt sich durch einfache Umstellung der auf S. 181 besprochenen Formel für die Lieferkonstanten ermitteln.

Beträgt die Drehung pro m ($T/$m) 350 und $N_{mz} = 13$, so errechnet man eine Drehzahl von:

$$n_{\text{Spindel}} = \frac{13 \cdot 34 \cdot 350}{60} = 2578 \text{ U/min} .$$

Vergleicht man nun eine so gewonnene Zahl mit der durch Rechnung oder durch Stroboskop bestimmten Spindeldrehzahl, so erhält man ein aufschlußreiches Kriterium über die Ausnützung der Maschine.

3. Fadenbruchmessungen

Die an einer Maschine auftretenden Fadenbrüche sind in ihrer Häufigkeit ein zuverlässiges Kriterium für die mehr oder weniger einwandfreie Arbeitsweise der Maschine. In ganz besonderem Maße gilt dies für alle irgendwie gestalteten Untersuchungen an Zwirnmaschinen. Sei es, daß man die Laufeigenschaften der Spindeln oder den Verschleiß der Ringläufer untersucht oder auf Grund von Arbeitszeitstudien den Belastungsgrad der Arbeiterin ermitteln will oder den Einfluß der Spindeldrehzahl auf die Produktion abstimmen will. Immer ist es notwendig, daß man Fadenbruchmessungen durchführt.

Um dann ein Vergleichsmaß gegenüber anderen Untersuchungen zu bekommen, ermittelt man nicht die absolute Fadenbruchzahl an einer Maschine, weil

15*

diese Zahl in Abhängigkeit von Zeit und Spindelzahl der Untersuchung variiert. Man bezieht die Fadenbrüche daher auf 100, vorzüglich aber auf 1000 Spindelstunden.

Die Berechnung erfolgt nach folgender Formel:

$$\text{Fadenbrüche/1000 Spindelstunden} = \frac{\text{Fadenbrüche} \cdot 60 \cdot 1000}{\text{Spindelzahl} \cdot \text{Zwirnzeit (min)}}.$$

Wurden z. B. an 115 Spindeln während eines Abzuges in 245 min 32 Fadenbrüche ermittelt, so erhält man:

$$\frac{32 \cdot 60 \cdot 1000}{115 \cdot 245} = 74 \text{ Fadenbrüche/1000 Spindelstunden.}$$

Diese Zahl mag dann als Vergleich dienen zu anderen, etwa in der gleichen Richtung liegenden Versuchen.

D. Zettelmaschinen — Schärmaschinen

Die Herstellung der Kette ist die unmittelbare Vorbereitung vor dem Webprozeß. Bei diesem Arbeitsgang, den man Zetteln oder Schären nennt, je nach der Art, wie man die Zusammenstellung der Kette durchführt, werden Kettfäden auf einen Baum aufgewickelt, und zwar so, daß auf dem späteren Kettbaum die vorgeschriebene Fadenzahl in der der Webbreite entsprechenden Breite in gleichmäßiger Form nebeneinanderliegen.

Der Unterschied in den beiden Verfahren ist der:

Beim *Zetteln* wickelt man die vom Gatter kommenden Kettfäden parallel nebeneinander auf einen Baum, den Zettelbaum. Die auf dem Baum aufgewickelte Fadenzahl entspricht dem Fassungsvermögen des Zettelgatters und liegt zwischen 400 und 800 Fäden. Durch die Vereinigung mehrerer Zettelbäume durch eine entsprechende Vorlage vor der Schlichtmaschine oder von einem Bäumgestell erhält man die fertige Kette. Die Breite des Zettelbaumes ist gleich der des Webbaumes; zweckmäßiger noch ist es, eine bis 50% größere Breite zu wählen, weil dann das Fassungsvermögen des Zettelbaumes größer wird und man so wirtschaftlicher fertigen kann.

Beim *Schären* wickelt man die vom Gatter kommenden Kettfäden als schmales Band mit der späteren Kettfadendichte auf eine Trommel. Die Länge des Bandes entspricht der Länge der Kette auf dem Kettbaum. Es wird Band neben Band aufgewickelt, bis die parallel nebeneinander gewickelten Fäden der Kettfadenzahl entsprechen. Die Wickelbreite aller Bänder auf der Trommel entspricht der späteren Kettbaumbreite, so daß die Bandbreite durch Berechnung vorher bestimmt werden muß.

Die fertige Kette erhält man schließlich, indem man durch die Bäummaschine alle Bänder gemeinsam auf den Kettbaum abwickelt.

Eine Vorrichtung, die beiden Maschinen gemeinsam ist, ist das Gatter. Ein Unterschied zwischen den Gattern für Zettelmaschinen und für Schärmaschinen besteht nur insofern, als die Gatter für die Zettelmaschinen eine größere Dornteilung und ein größeres Fassungsvermögen haben. Die größere Dornteilung deshalb, weil im allgemeinen beim Zetteln größere Spulenformate verwendet werden.

Die Gatter sollen im folgenden einer besonderen Betrachtung unterzogen werden.

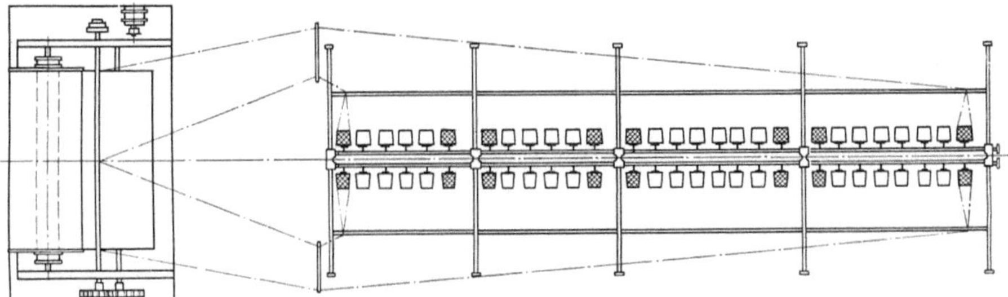

Abb. 281. Gatter ohne Reservespindeln (Rüti)

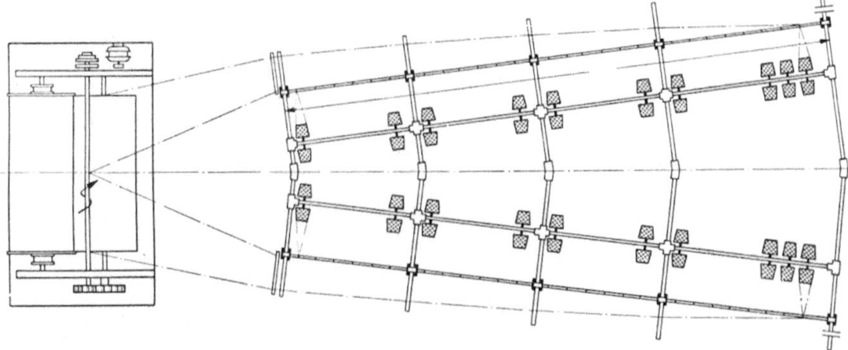

Abb. 282. Gatter mit Reservespindeln (Rüti)

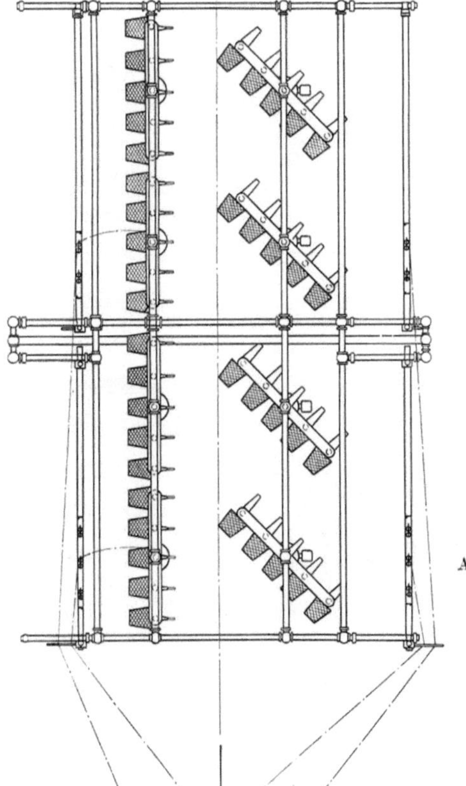

Abb. 283. Gatter mit
Schwenkrahmen
(Schlafhorst)

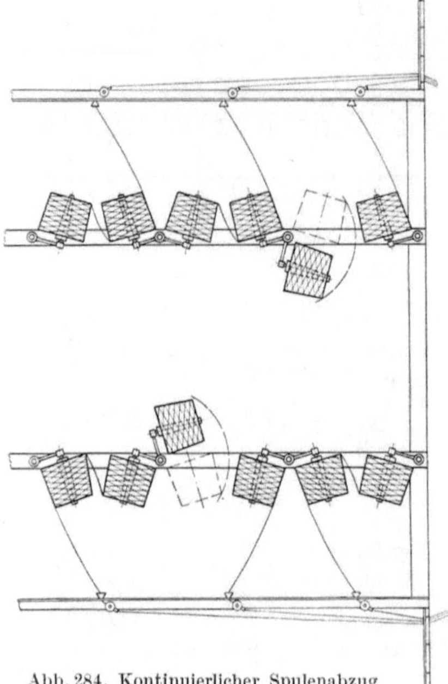

Abb. 284. Kontinuierlicher Spulenabzug
(Schlafhorst)

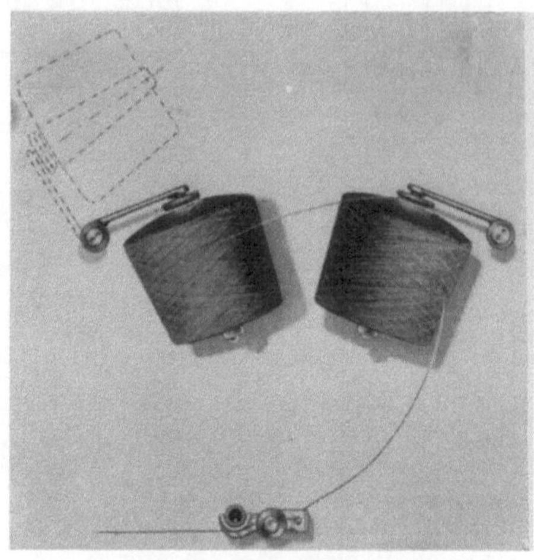

Abb. 285. Kontinuierlicher Spulenabzug
(Die Spule wird zum Wechseln nach
rückwärts geschwenkt)

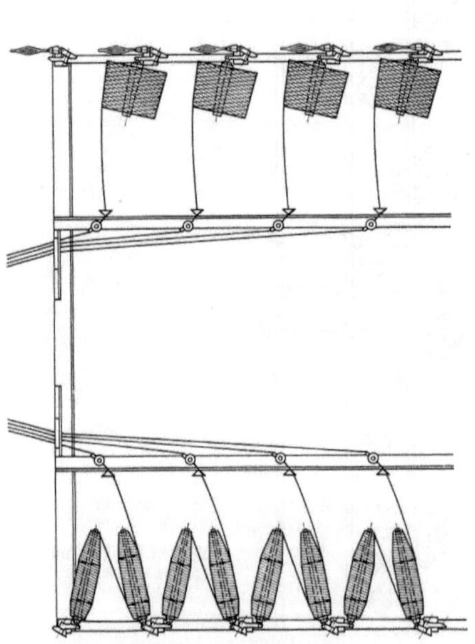

Abb. 286. Spulenanordnung bei Kombinations-
gattern (Schlafhorst)

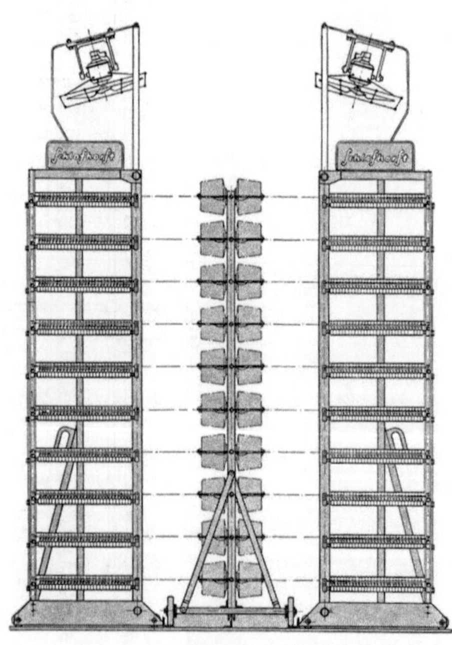

Abb. 287. Gatter mit Spulenwagen
(Schlafhorst)

I. Gatter für Zettel- und Schärmaschinen

Wie aus der Abb. 281 hervorgeht, handelt es sich bei dieser Vorrichtung um ein Gestell, das der Aufnahme der Spulen dient. Moderne Gatter arbeiten grundsätzlich mit Kreuzspulen, weil das Fassungsvermögen von Kreuzspulen gegenüber allen anderen Fadenkörpern groß ist.

Während die Abb. 281 ein Gatter zeigt, bei dem die aufgesteckten Kreuzspulen, nachdem sie abgelaufen sind, durch neue ersetzt werden müssen, während die Maschine stillsteht, kann man bei der Vorrichtung, die in der Abb. 282 gekennzeichnet ist, vom Zwischengang die Spulen neu aufstecken, während die Maschine läuft und von den nach außen gerichteten Spulen abzieht. Eine ähnliche Konstruktion von Schlafhorst zeigt die Abb. 283. Aus der Abbildung ist zu erkennen, wie der Spulenwechsel durchgeführt wird. Es ist nun nur noch ein Stillstand der Maschine notwendig, um die neuen Fadenenden in die Brems- und Wächtervorrichtung einzufädeln. Hierin unterscheiden sich die vielen verschiedenartigen Konstruktionen, weil jede Maschinenfabrik bestrebt ist, den Stillstand der Maschine für dieses notwendige Einfädeln auf ein Minimum herabzusetzen.

Einige dieser Konstruktionen sollen in der Folge besprochen werden. In den Abb. 284 und 285 ist eine Vorrichtung dargestellt, mit der man praktisch kontinuierlich arbeiten kann. Vom Bedienungsgang aus kann man die vollen Kreuzspulen nachstecken. Man verknotet dann die Anfänge der Spulen mit den Enden der Reservewindung und klappt in der in der Abbildung dargestellten Weise die Spule nach außen, so

Abb. 288. Einfahrbarer Spulenwagen (Schlafhorst)

daß der ablaufende Faden der einen Spule ohne Schwierigkeit auf die andere nachgesteckte Spule überspringt.

Je nach den Anforderungen, die man an das Arbeitsverfahren bezüglich des Fertigungswechsels stellt (z. B. bei Schärgattern in der Tuchfabrik), ist es empfehlenswert, wenn man sogenannte Kombinationsgatter verwendet, wie in der Abb. 286 dargestellt. Die Kreuzspulen werden dann in ihrem Durchmesser so bemessen, daß das Schären einer ganzen Kette ohne Unterbrechung durch Nachstecken möglich ist. Wird, wie in der gleichen Abbildung auch ersichtlich ist, direkt von Kopsen abgezogen (dies ist nur möglich, wenn man mit großen Kopsen und mit feiner Nummer arbeitet), so werden die Kopse in der gleichen Weise, wie in der Abb. 286 besprochen, hintereinandergeknotet. In solchen Fällen geht man dann noch dazu über und ordnet immer vier Kopse gemeinsam auf einem Teller an.

Sowohl für das Zetteln wie für das Schären ist eine Vorrichtung zweckmäßig, wie in der Abb. 287 und 288 beschrieben. Das Aufstecken der vollen Kreuzspulen erfolgt außerhalb der Maschine. Sobald das laufende Gatter abgelaufen ist, fährt man den gefüllten Spulenwagen in das Gatter ein, verknotet die Fäden wieder und kann mit dem Arbeitsprozeß fortfahren.

Abb. 289. Gatter und Zettelmaschine von Barber & Colman

Diese Vorrichtung gestattet zwar nicht einen kontinuierlichen Betrieb, dafür ist aber die Tatsache, daß man außerhalb der laufenden Maschine in der durch das Schärmuster vorgeschriebenen Weise in aller Sorgfalt aufstecken kann, besonders erwähnenswert.

Das Aufsteckgatter von Barber & Colman besteht aus einer Reihe von vertikalen Schienen, von denen jede 9 Spulenhalter trägt (Abb. 289). Diese Halter sind mit einer Federsperre versehen, welche in die an der Innenseite der Manschette befindliche Rille einspringt und dadurch einen festen Sitz der Spule in der richtigen Stellung garantiert. Die oberen und unteren Enden der vertikalen Schienen, welche die Sonnenspulenbehälter tragen, sind an einer endlosen Kette befestigt, die um die Schärrahmen läuft. Diese Ketten laufen an der Außenseite des Aufsteckrahmens entlang, über Kettenräder an beiden Enden zur Innenseite; sie tragen sowohl an der Innenseite wie auch an der Außenseite die Spulenhalter.

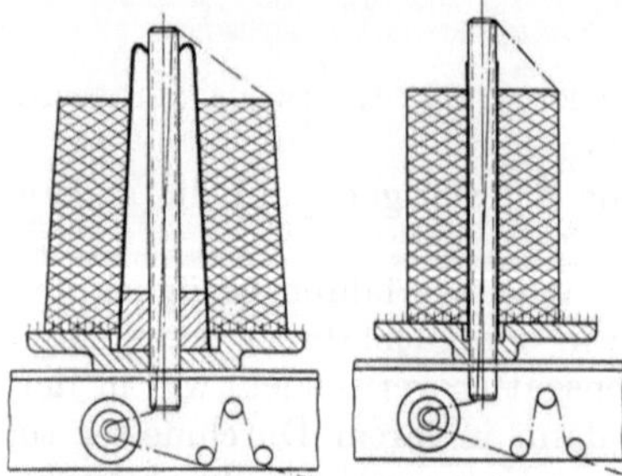

Abb. 290. Fadenführung in SZK-Gatter (Rüti)

Dadurch wird es möglich, während die Zettelmaschine in Betrieb ist, das Aufstecken der Sonnenspulen an der Innenseite des Aufsteckrahmens vorzunehmen. Wenn die Spulen auf der Außenseite des Aufsteckrahmens abgelaufen sind, wird ein kleiner Motor eingeschaltet und die Spulenreste von außen an die Innenseite des Rahmens befördert.

Auf gleiche Weise werden die vollen Spulen von der Innenseite des Aufsteckrahmens nach außen in Laufposition gebracht. Hinsichtlich der Wirtschaftlichkeit
des Zettel- und Schärprozesses sollte man dem Zwei-Gatter-Prinzip den Vorzug
geben. Es kann dann jeweils ein
Gatter beschickt werden, während das andere leergearbeitet
wird. Man hat damit die Gewiß-
heit eines fast ununterbroche-
nen Maschinenlaufens und kann
auf die einfacheren Gatterfor-
men zurückgreifen. In diesem
Falle muß die Maschine durch
Hilfsmotor auf Schiene fahrbar
sein.

*Schärgatter SZK für Reyon
und Krepp (Rüti).* Dieses Krepp-
gatter nach Abb. 290 bis 292 hat
sich in der Praxis sehr gut bewährt. Es unterscheidet sich von
der bekannten Ausführung mit
horizontal und vertikal angeordneten Spulen und Fadenabzug über den Kopf dadurch, daß
der Faden von zylindrischen
oder konischen Kreuzspulen auf
der Abzugsseite in eine Öffnung
des Spulentragdornes läuft,
durch diesen hindurch und unmittelbar nachher durch die
Bremsplättchen und, wenn nötig, um 1···3 Bremsstifte.

Dieses Gatter eignet sich
gleich gut für offene Seide,
Krepp- und synthetische Garne.
Es ist äußerst einfach und zugänglich. Die Faden sind auf
dem kürzesten Wege geführt,

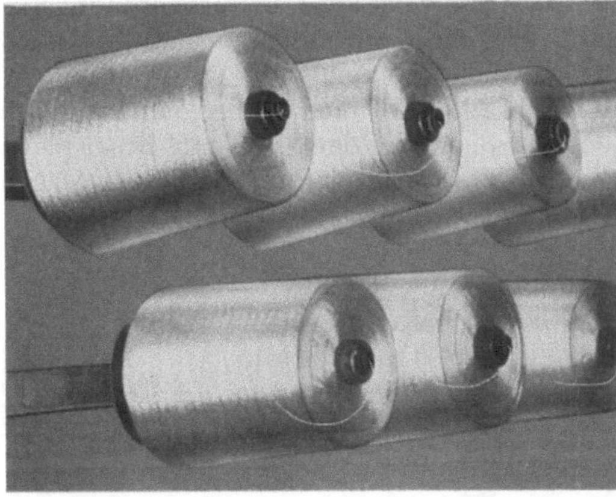

Abb. 291. Fadendurchzug durch die Hülse (Ansicht von innen)

Abb. 292. Fadenaustritt und Bremsung (Ansicht von außen)

um eine Kringelbildung möglichst zu verhüten. Das Gatter wird mit einer Spindelteilung von 200 m gebaut, d. h. für die Verwendung von konischen Spulen
mit maximal 180 mm Durchmesser.

Die Gatterverschiebung mit Motor wird vom Arbeitsplatz der Konusschärmaschine aus betätigt.

Auch dieses Gatter wird vorteilhaft mit einer elektrischen Fadenbruchabstellung ausgerüstet.

Die Firma Reiner, New York[1], baut für kleinere Partien Gatter mit einem
Mittelrahmen, der von beiden Seiten Spindeln zum Aufstecken von Konen hat.
Ferner wurde ein Gatter mit auswechselbarem Spulenwagen und das Magazingatter entwickelt. Beim Magazingatter erfolgt die Bedienung von der Innenseite aus. Von Bedeutung ist die Anordnung der Friktionsbremse für die verschiedenen Materialien. Die auf einem Träger aus Rundeisen befestigte Doppel-

---

[1] MORAWEK, W.: Textil-Praxis 1950, 703.

nadeltellerbremse besitzt zur Ablaufspule hin eine Aluminiumscheibe, die Schlingen zum Teil auffängt und durch Abziehen auflöst.

Auf einem Rahmen, in Schlitzen verstellbar, sind 2 Stifte aus Chromstahl angeordnet. Auf diese Stifte werden Tellerbremsen aufgesetzt.

Abb. 293 zeigt eine Bremsanordnung für Nylon und feine Garne, während Abb. 294 eine Anordnung von Zetteln oder Schären von Garnen gröberen Titers wiedergibt.

Abb. 295 stellt eine Bremsvorrichtung zum Schären oder Zetteln von Krepp dar. An die Stelle der Stifte mit Bremsplättchen sind leicht konisch zulaufende Porzellandorne getreten. Um diese Dorne wird der Faden herumgeschlungen,

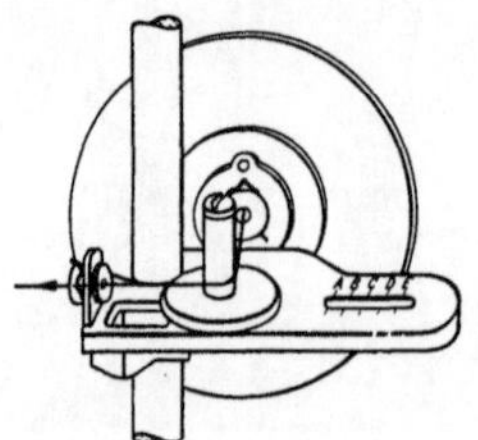

Abb. 293. Bremsvorrichtung für
Nylon und feine Garne

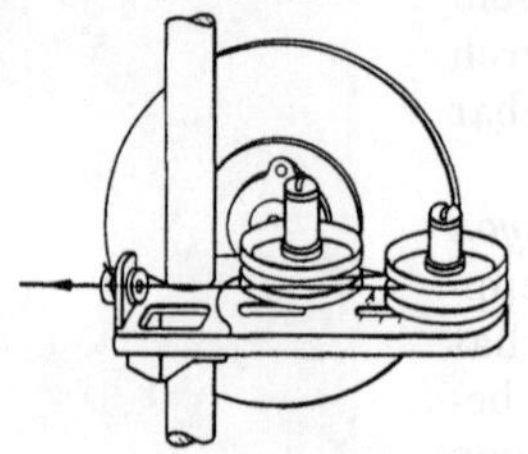

Abb. 294. Bremsvorrichtung für
Garne mit gröberem Titer

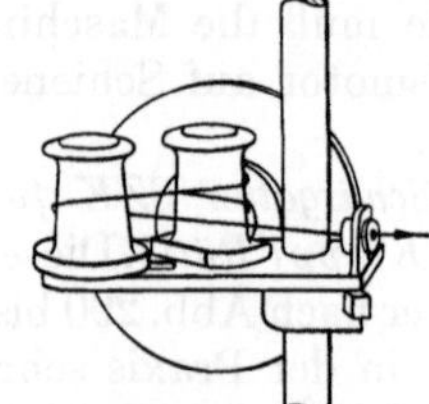

Abb. 295. Bremsvorrichtung
für Krepp

Abb. 293—295. Spezialbremsen

um Schlingen zur Auflösung zu bringen. Auf diese Weise tritt auch keine Verschiebung der Drehung ein, welche bei Anwendung von Friktionsbremsen erfolgen kann.

Der elektrische Fadenwächter. Nach dem Abzug des Fadens von der Spule durchläuft er eine Bremsvorrichtung. In der Regel verwendet man Tellerbremsen. Diese Bremsvorrichtung hat lediglich den Zweck, zu verhindern, daß der Faden auf Grund seines Gewichtes zwischen der Maschine und dem Gatter sich von der Spule abspult.

Die häufigsten Fadenbrüche treten aber beim Ablauf von der Spule und beim Durchlauf durch diese Bremse auf. Um nun zu vermeiden, daß das Ende des gerissenen Fadens noch auf den Baum oder die Trommel aufläuft, verlegt man die Abstellvorrichtung zum Gatter. Der Faden durchläuft nach der Art der Abb. 296 einen Kontakt, der mit Hilfe eines Schwachstromkreises über ein Relais den Stillstand der Maschine bei einem Fadenbruch einleitet. Die Abbildung zeigt auch die prinzipielle Anordnung sowie die Schaltung und die Wirkungsweise in Verbindung mit einer Schnellzettelanlage.

Besondere Schwierigkeit bereitet bei empfindlichem Material die konstante Fadenspannung. Fadenspannungsschwankungen entstehen zwangsläufig durch Unterschiede des Ablaufdurchmessers und durch die unterschiedlichen Entfernungen der einzelnen Ablaufkörper von der Maschine. Die hier aufgezeigten Schwierigkeiten wachsen mit der besonders bei synthetischen Garnen erforderlichen kleinen Spannung. Bei den verschiedenen bekannten Bremsvorrichtungen mit Bremstellerchen wird wohl für einen sehr hohen Bereich eine einwandfreie Belastung erzielt aber eine gewisse untere Grenze kann nicht unterschritten werden.

Um das hier gekennzeichnete Problem zu lösen wurden zwei Konstruktionen bekannt.

1. Die Kidde-Kompensationsbremse, deren Bremswirkung sofort verringert wird, wenn die Spannung nachläßt und umgekehrt.

2. Vakuumgatter (Rüti), bei dem jeder Faden vor eine Saugöffnung geführt wird, die durch ein sehr leichtes elastisches Plättchen abgedeckt ist.

Durch die entstehende Saugwirkung werden die Plättchen, die durch einen Stift gehalten werden, an die Öffnung gezogen, wobei eine Bremswirkung auf den

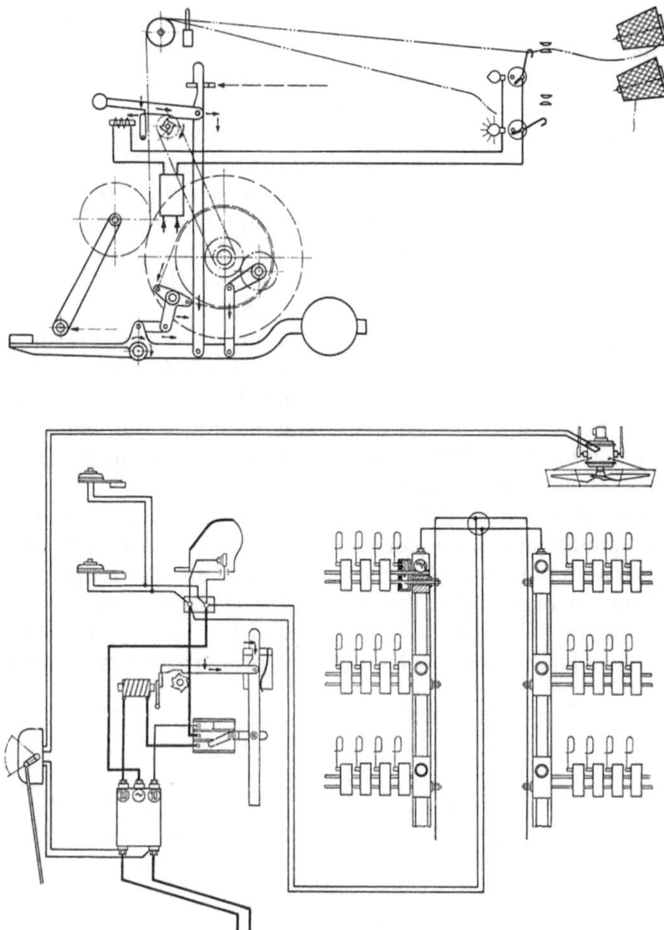

Abb. 296. Elektrische Fadenüberwachung am Zettelgatter und eine Schnellzettelanlage von Schlafhorst

unter dem flexiblen Plättchen durchgleitenden Faden entsteht. Durch Veränderung des Unterdruckes kann die Bremsung eingestellt werden.

II. Konstruktion und Arbeitsweise der Zettelmaschine

Die Zettelmaschinen haben im Laufe der Zeit verschiedene Stufen durchgemacht, die den jeweiligen Anforderungen der Textilindustrie und den zur Verfügung stehenden, konstruktiven Mitteln entsprachen. Gesteigerte Ansprüche der Webereien und neue technische Lösungen haben schließlich zu den heutigen hochmodernen Konstruktionen geführt.

Textiltechnisch gesehen ist der Fertigungsprozeß Zetteln nicht besonders problematisch. Wohl in Hinblick auf die an das erzeugte Gut, den Zettelbaum, zu stellenden Anforderungen bestehen gewisse maschinenbautechnische Schwierigkeiten; insbesondere ist es der *Antrieb* der Zettelmaschine.

1. Der Antrieb der Zettelmaschinen[1]

Das Antriebsproblem bei Zettelmaschinen ist gekennzeichnet durch die Bedingungen einer gleichmäßigen Wickeldichte und einer konstanten Fadenspannung vom Anfang bis zum Ende der Bewicklung des Zettelbaumes.

Die technische Lösung der so gekennzeichneten Bedingungen wird erfüllt durch den Umfangsantrieb. Hierbei treibt eine Walze oder eine Trommel den Zettelbaum in ganzer Breite an und es entsteht so eine von der Umfangsgeschwindigkeit des Wickelbaumes abhängige stets gleichbleibende Wickelgeschwindigkeit. Die gleichmäßige, zuverlässige und zügige Mitnahme des Zettelbaumes durch die Antriebstrommel setzt einen beträchtlichen Anpreßdruck voraus. Andererseits kann bei der Herstellung von Färbebäumen nur mit sehr geringem Anpreßdruck gegen den Zettelbaum gearbeitet werden, damit der Baum eine für den Färbeprozeß erforderliche größtmögliche Weichheit erhält. Auch die Verarbeitung von hochempfindlichem Material wie Reyongarn kann nicht durch einen Mitnehmerbaum oder eine Mitnehmerwalze erfolgen, denn beim Anlauf wie auch beim Bremsen der Mitnehmerwalze sowie des Zettelbaumes können selbst bei einwandfreier Konstruktion der einzelnen Bremsorgane von Trommel und Baum kleine Differenzen in den Umfangsgeschwindigkeiten auftreten, die zur mechanischen Beschädigung des Garnes führen müssen.

So kann man also folgern, daß für das Zetteln von Färbebäumen und für das Zetteln hochempfindlicher Garne ein direkter Antrieb erforderlich ist, wobei aber dann der Zettelbaum über eine elektrische oder mechanische Regelung direkt vom Hauptantriebsmotor angetrieben werden muß. Die Regulierung der Drehzahl ist nötig, denn nach der Beziehung $v_u = d \cdot n \cdot \pi$ wird bei zunehmendem Durchmesser des Zettelbaumes die Umfangsgeschwindigkeit proportional zunehmen.

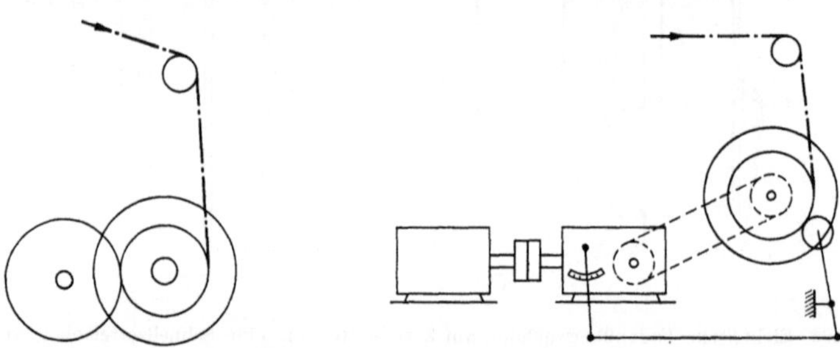

Abb. 297. Umfangsantrieb durch Mitnehmerwalze; n, u und v_u konstant

Abb. 298. Direktantrieb über Regelgetriebe

Die Abb. 297 und 298 zeigen in prinzipieller Darstellung die beiden verschiedenen Antriebsformen. In Abb. 297 wird der Zettelbaum durch eine Antriebstrommel infolge der am Umfang auftretenden Reibung mitgenommen. In Abb. 298 wird der direkte Antrieb unter Zwischenschaltung eines Regelgetriebes erläutert, das auf irgendeine Weise durch eine Fühlwalze in Abhängigkeit vom zunehmenden Kettbaumdurchmesser geregelt wird. Das in der Abb. 299 dargestellte Diagramm gibt Auskunft darüber, in welchem Umfang die Fadenlaufgeschwindigkeit variieren würde, wenn bei konstanter Betriebsdrehzahl der Durchmesser des Zettelbaumes zunimmt. So wächst beispielsweise bei einer Anfangsfadenlaufgeschwindigkeit von 600 m/min bei einem Zettelbaum von 200 mm Durchmesser die Fadenlaufgeschwindigkeit auf 1800 m/min bei einem Durchmesser von 600 mm — eine Geschwindigkeit, die für diesen Fertigungszweig vorerst undenkbar ist.

---

[1] Vgl. J. Schneider: Z. ges. Textilind. 61 (1959) Nr. 17, 701–706.

Dies erläutert in optischer Form die Abb. 300 aus der man im Vergleich der auftretenden Fadenspannungen den Einfluß der Geschwindigkeitsänderung auf das Material erkennen kann. In dem Diagramm wird ein Versuch gezeigt, der mit einem Baumwollgarn Nm 34 gefahren wurde. Die Abzugsspannung nimmt dabei nahezu proportional zu. Da die Spannung nicht durch erhöhte Reibung entstehen

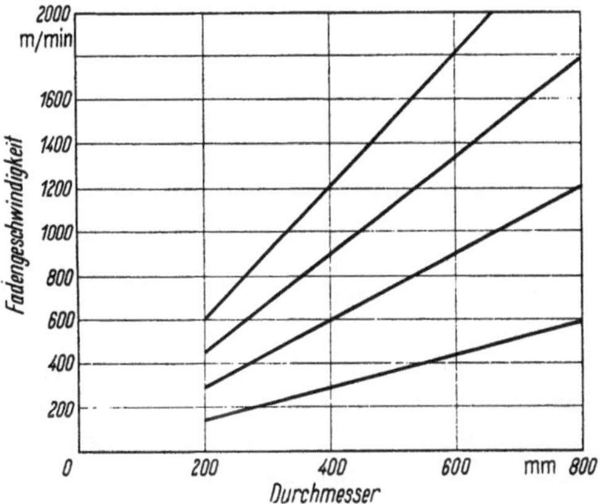
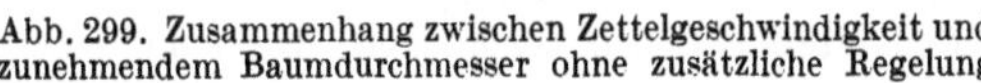
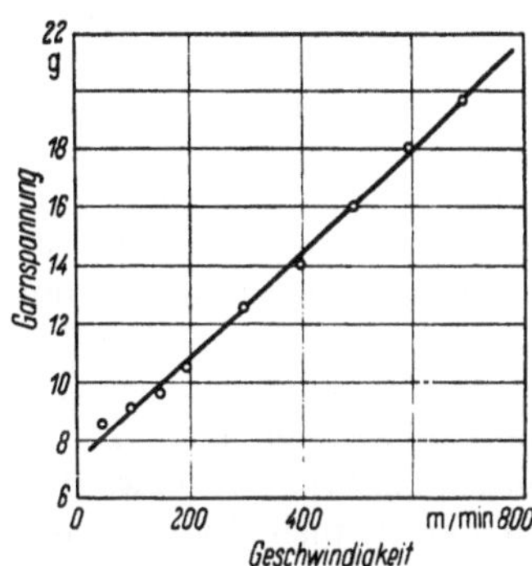

Abb. 299. Zusammenhang zwischen Zettelgeschwindigkeit und zunehmendem Baumdurchmesser ohne zusätzliche Regelung

Abb. 300. Abhängigkeit der Garnspannung von der Zettelgeschwindigkeit bei einem Garn Nm 34

kann, denn die Reibung ist geschwindigkeitsunabhängig, lassen sich die Wertänderungen nur dadurch erklären, daß die größeren Ballonkräfte und die größeren Beschleunigungskräfte beim Ablösen des Garnes vom Abzugskörper ursächlich sind. Die erhöhte Garnspannung bei größer werdender Umfangsgeschwindigkeit kann natürlich nicht vom Material abgefangen werden. Das Garn wird überdehnt werden, die Fadenbruchzahlen steigen bzw. werden so hoch, daß das Zetteln unmöglich wird. Gerade bei der Verarbeitung von Färbebäumen ist die gleichmäßige Garnspannung ein wesentlicher Faktor, aus dem die gleichmäßige Durchfärbbarkeit der Bäume resultiert.

Mit zunehmender Garnspannung steigt der Normaldruck (das ist der Druck, der durch die gespannten Fäden auf das bereits aufgewundene Garn ausgeübt wird) und erzeugt so einen mit zunehmendem Durchmesser härter werdenden Baum, der dann nicht mehr gleichmäßig gefärbt werden kann.

Aus dem bisher Dargestellten über die Antriebsart an Zettelmaschinen ist ersichtlich, daß aus dem Verlangen seitens der Textilindustrie, empfindliche Garne einwandfrei zu verarbeiten und bessere Färbebäume herzustellen, der Direktantrieb *nach* dem Umfangsantrieb entwickelt worden ist, nachdem die Nachteile, die aus dem Prinzip des Umfangsantriebes resultieren, bekannt waren. Die Entwicklung des Zettelmaschinenantriebes nahm also im Umfangsantrieb ihren Beginn.

Einer der Hauptnachteile der ersten Maschinen mit Umfangsantrieb war, wie bereits dargestellt wurde, die Unzulänglichkeit der damaligen Bremsen, mit denen es nicht möglich war, die Antriebstrommel *und* die veränderliche Masse des rotierenden Zettelbaumes so gleichmäßig zu bremsen, daß empfindliche Garne nicht beschädigt wurden. Dieser Nachteil konnte beim Direktantrieb umgangen werden.

Heute ist man in der Lage, für den Umfangsantrieb bedeutend bessere Bremsen zu bauen, die es gestatten, diesen Antrieb für eine große Auswahl von Garnsorten zu verwenden. Es werden daher neben Maschinen mit direktem Antrieb heute wieder solche mit indirektem also Umfangsantrieb gebaut, die für viele Zweige der Textilindustrie ausreichen und außerdem bedeutend billiger sind.

Die Entwicklung der Zettelmaschine mit Hinblick auf ihren Antrieb ist, wie aus dem oben Dargestellten hervorgeht, nicht nur durch die Entwicklung der Regelbereiche gekennzeichnet, sondern gleichzeitig durch die Vervollkommnung der Bremsorgane.

Während voranstehend die Probleme der beiden Antriebsarten alternativ gegenübergestellt wurden, ergibt sich mit Rücksicht auf die Reißfestigkeit bzw. die Empfindlichkeit der verschiedenen Garne noch eine parallele Entwicklung, und zwar die der Regulierbarkeit des Geschwindigkeitsbereiches. Moderne Zettelmaschinen haben mit Rücksicht auf die unterschiedliche Empfindlichkeit der verschiedenen Materialien einen Regelbereich von $200 \cdots 600$ bzw. von 0 bis 600 m/min. Die konstruktiven Lösungen der Verstellbarkeit des Geschwindigkeitsbereiches werden im Zusammenhang mit dem obengenannten Problem in der nachfolgend dargestellten Erörterung behandelt.

Die Reihenfolge der diskutierten Zettelmaschinenantriebe entspricht ungefähr der Reihenfolge ihrer zeitlichen Entwicklung. Es wurden dabei als Beispiele Maschinentypen ausgewählt, die dem Verfasser als repräsentativ für die Entwicklung erscheinen. Es werden folgende Maschinentypen besprochen:

1. Die Maschine H 40, H 50 von W. Schlafhorst & Co. mit Umfangsantrieb.

2. Mit direktem Antrieb werden von den älteren Typen besprochen: H 60 mit einem einfachen Konusriemenantrieb.

3. Die Drapermaschine mit einem kombinierten Differentialgetriebe und verschiebbarem Riemen auf zwei Konusriemenscheiben.

4. Leonard-Schaltung – eine Kombination eines Drehstrommotors – Gleichstromgenerators und regelbarem Gleichstrommotor. Auf gleicher Ebene liegt eine Kombination eines Hg-Gleichrichters mit regelbarem Gleichstrommotor.

5. Regulierung durch einen Regelmotor der Type H 110 von W. Schlafhorst & Co.

6. Die Typen CZU von W. Schlafhorst & Co., Z 6 von Franz Müller mit Umfangsantrieb.

7. Die Typen Z 7 von Franz Müller; EZD von W. Schlafhorst & Co., ZD von Rüti (Benninger) mit Direktantrieb; UZ von Eichler.

1. Modelle H 40 und H 50. Diese Maschinen der Firma Schlafhorst arbeiten mit Umfangsantrieb. Sie zeigen jede einzeln und in ihrer Aufeinanderfolge Konstruktionsvarianten im Hinblick auf den Antrieb der Trommel mit verschiedenen Geschwindigkeiten, die typisch sind für die steigende Anpassung der Maschine an die verschiedenen Materialien.

Bei dem Modell H 40 trieb ein direkt auf der Motorwelle befindliches Ritzel ein großes Zahnrad an. Auf der Achse des Zahnrades sitzt eine Keilriemenscheibe, von der aus die Trommel in einer weiteren Untersetzung angetrieben wird (Abb. 301). Die Trommelantriebsscheibe ist eine Los-

Abb. 301. Teil des Antriebs beim Modell H 40 (Schlafhorst)

scheibe, die über eine Konuskupplung mit der Trommelachse verbunden werden kann. Anstatt der Keilriemenscheibe ließ sich auch eine Flachriemenscheibe verwenden, die später als Stufenscheibe ausgebildet wurde. Der Antrieb bei der Zettelmaschine H 50 erfolgte über ein Zahnradvorgelege bereits für zwei Geschwindigkeiten. Die Umschaltung der Geschwindigkeit geschah dadurch, daß die Gleitmuffe *58* (Abb. 302), die auf der Antriebswelle verschiebbar angeordnet

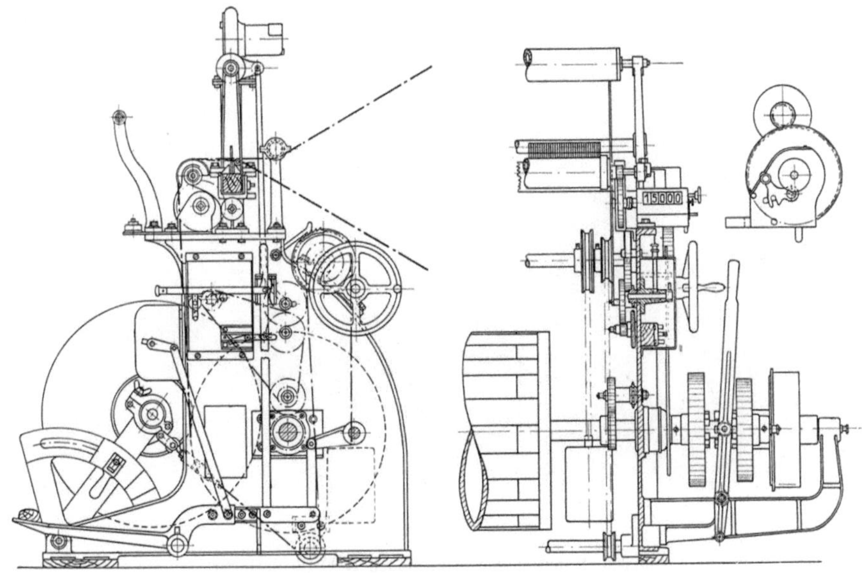

Abb. 302. Wirkungsweise des Antriebs beim Modell H 50 (Schlafhorst)

war, mit Hilfe des Schalthebels *16* mit den lose auf der Antriebswelle laufenden Zahnrädern *55* und *59* zum Eingriff gebracht werden konnte. Der Antrieb des Vorlegers vom Motor erfolgte wieder über eine Losscheibe mit Konuskupplung, die durch Tritthebel betätigt wurde.

Bei der Weiterentwicklung des Antriebes der Type H 50 wurde zunächst ein polumschaltbarer Motor für zwei und drei Geschwindigkeiten verwendet, der getriebemäßig schon eine weit elegantere Lösung möglich machte. Auch diese Lösung gestattet nur eine Geschwindigkeitsregulierung in Stufen. Der nächste Schritt in der Entwicklung des Antriebes war die Verwendung eines PIV-Getriebes für stufenlose Geschwindigkeitsregulierung. Dieses Getriebe wurde direkt an den Motor angeflanscht und hatte einen Keilriemenabtrieb.

2. Modell H 60 (oder HSF). Der erste Direktantrieb des Zettelbaumes wurde konstruktiv durch zwei gegeneinander versetzte Konen gelöst (Abb. 303). Die Wirkungsweise dieser von W. Schlafhorst & Co. seinerzeit erbauten Maschine ist folgende: Der in der Abb. 303 sichtbare untere Konus wurde über Losscheibe und Konuskupplung und über ein Rädergetriebe umschaltbar für zwei Geschwindigkeiten (siehe H 50) vom Motor aus konstant angetrieben. Der obere Konus, der seinerseits Antrieb durch Flachriemen erhielt, übertrug die Drehung über ein Rädergetriebe direkt auf den Zettelbaum. Eine Fühlwalze tastete den Durchmesser des Zettelbaumes ab und schaltete über eine Riemengabel bei zunehmendem Durchmesser den Riemen auf dem Konuspaar weiter, so daß der Zettelbaum stets mit konstanter Geschwindigkeit angetrieben wurde. Die ebenfalls in der Abbildung sichtbare Spannwalze mußte die gleichmäßige Riemenspannung aufrechterhalten. Da die gesamte Konuslänge nicht für die eingangs beschriebene automatische Geschwindigkeitsregelung benötigt wurde, konnte man mit Hilfe eines Handrades eine zusätzliche Regelung vornehmen. Die Maschine war bereits für die Zettelgeschwindigkeiten bis zu 400 m/min vorgesehen. Rein mechanisch gesehen, muß wohl diese heute längst nicht mehr gebaute Maschine den Nachteil

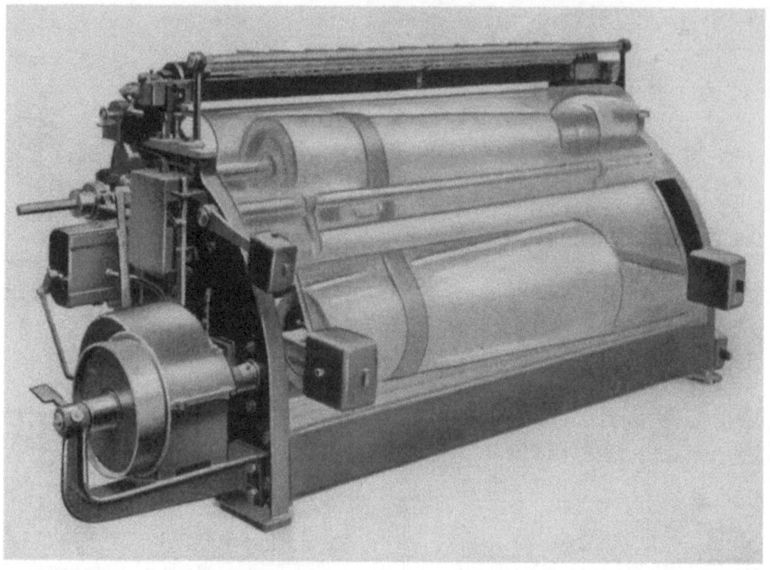

Abb. 303. Konusantrieb beim Modell H 60 (Schlafhorst)

gehabt haben, daß die Leistungsübertragung durch einen Flachriemen und zwei Konuspaare schwierig war. So jedenfalls ist die nachfolgend rein theoretisch beschriebene Konstruktion von Draper zu verstehen, bei der die Hauptleistung durch das Differentialgetriebe übernommen werden konnte.

3. Die Drapermaschine. Zur Regulierung der Zettelbaumgeschwindigkeit in Abhängigkeit vom Bewicklungsdurchmesser sind wiederum zwei Konusriemenscheiben vorgesehen, auf denen ein Flachriemen verschoben wird. Im Gegensatz zum reinen Konusantrieb leisten hier die Konen nur den unbedeutenden Anteil der Leistung, die zur Regulierung der Drehzahl notwendig ist. Ein Differentialgetriebe sollte den gesamten Kraftaufwand übernehmen. Die Abb. 304 zeigt in schematischer Darstellung eine solche Getriebekombination. Das Differentialgetriebe erhält seinen ersten Zutrieb von einem Motor. Dabei läßt sich die Geschwindigkeit des ersten Zutriebes durch veränderliche Übersetzung des Zahnradvorgeleges einrichten. Den zweiten Zutrieb erhält das Differentialgetriebe über das Konuspaar, deren obere Konusriemenscheibe ebenfalls durch den Motor angetrieben wird. Der Flachriemen, der die getriebemäßige Verbindung zur zweiten Konusriemenscheibe darstellt, wird, wie beim einfachen Konusriemenantrieb, abhängig vom Zettelbaumdurchmesser verschoben. Die Steuerung der Riemen-

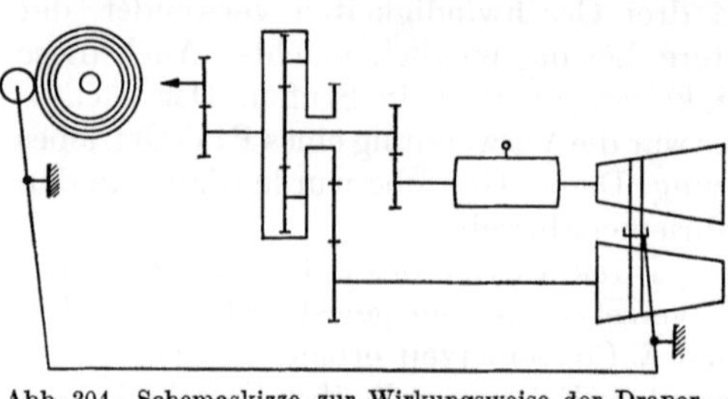

Abb. 304. Schemaskizze zur Wirkungsweise der Drapermaschine

verschiebung erfolgt durch eine Tastwalze, wie dies aus der Abb. 304 in schematischer Weise ersichtlich ist. Im Abtrieb des Differentialgetriebes lag der direkt angetriebene Zettelbaum.

4. Die Leonard-Schaltung (direkter Antrieb). Unter dem Namen Leonard-Schaltung sind zwei verschiedene Methoden bekannt geworden, die aber beide im Prinzip der Regelung gleich arbeiten. Sie sind gekennzeichnet durch einen Gleichstromregelmotor, der die Fadenlaufgeschwindigkeit durch Änderung der Feldstärke konstant hält.

Die erste Methode besteht darin, daß der für den Gleichstromregelmotor nötige Gleichstrom über einen Drehstrommotor und Gleichstromgenerator erzeugt wird.

Bei der zweiten Methode wird der Gleichstrom über einen Quecksilberdampfgleichrichter erzeugt. (Der Quecksilberdampfgleichrichter muß alle 3000 Betriebsstunden evakuiert werden!)

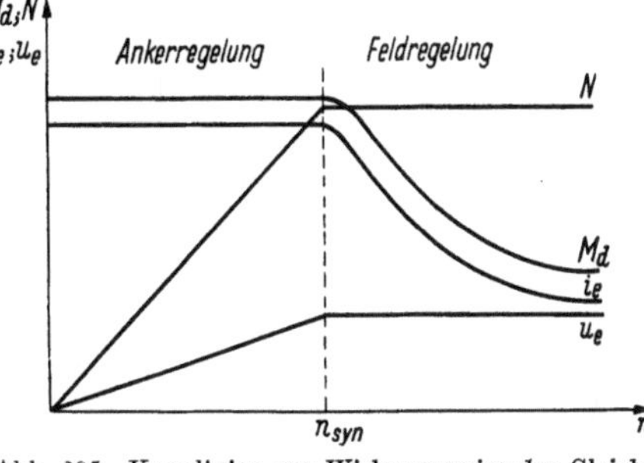

Abb. 305. Kennlinien zur Wirkungsweise des Gleichstromregelmotors

Entsprechend der höheren Investitionskosten bzw. der höheren Wartungskosten haben beide hier dargestellten Systeme einen sehr ungünstigen Wirkungsgrad.

Grundsätzlich ist zur Regelung der Zettelgeschwindigkeit mit Gleichstrommotoren noch folgendes zu sagen: Der Antrieb des mit zunehmendem Durchmesser laufend größer werdenden Zettelbaumes erfordert ein immer stärker werdendes Drehmoment. Die Leistungscharakteristik eines Gleichstromregelmotors, der als Nebenschlußmotor geschaltet werden muß, liegt hinsichtlich dieser Anforderung im direkten Gegensatz zur gewünschten Antriebsleistung des Zettelbaumes. Dies geht aus der in der Abb. 305 dargestellten Motorcharakteristik hervor, die jedoch in diesem Zusammenhang nicht näher erörtert werden soll.

Abb. 306. Antrieb des Modells H 110 (Schlafhorst)

5. Modell H 110. Bei dieser Type erfolgt der Antrieb von einem Drehstrom-
regelmotor über Kupplung und Zahnradvorgelege direkt auf den Zettelbaum. Die
Kupplung wird durch Tritthebel betätigt. Mit zunehmendem Bewicklungsdurchmesser wird die Fadenlaufgeschwindigkeit bei dieser Type automatisch dadurch
konstant gehalten, daß eine Tastwalze den Regelmotor entsprechend dem Durchmesser steuert. Die Anordnung ist aus der Abb. 306 erkenntlich. Die Tastwalze
ist gleichzeitig die Walze, die auch für den gleichmäßigen Anpreßdruck während
des Zettelns sorgt. Die materialabhängige Grundgeschwindigkeit läßt sich dadurch
verändern, daß die Übersetzung des Rädergetriebes vom Motor zum Zettelbaum
geändert wird. Bei dem Regelmotor handelt es sich um eine Kommutatormaschine
von 1,8 kW und einem Regelbereich von 1:3. Die Leistungskurve zeigt ebenso wie
beim Gleichstromregelmotor ähnlich ungünstige Verhältnisse, wie dies aus der

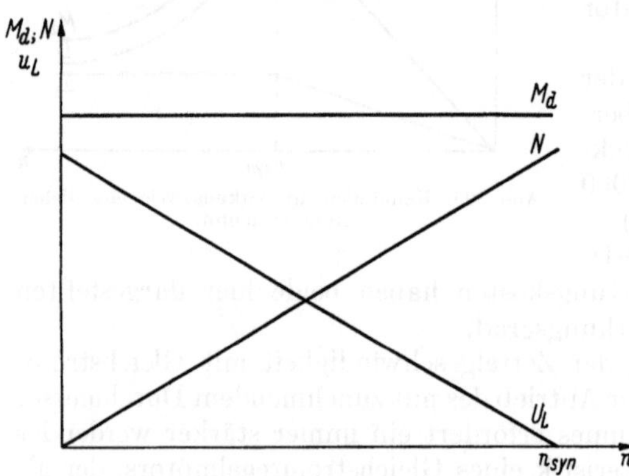

Abb. 307 ersichtlich ist. Die Leistung des Motors sinkt proportional mit der heruntergeregelten
Drehzahl. Das Drehmoment
bleibt zwar konstant, aber das
Antriebsdrehmoment des Zettelbaumes wird größer. Der Motor
muß entsprechend dem größten
erforderlichen Drehmoment ausgelegt werden, und das führt er-
wartungsgemäß zu einem sehr
schlechten Wirkungsgrad.

*6. Modell CZU (Schlafhorst)
und Modell Z 6 (Müller).* Bei den
beiden nachfolgend besprochenen
Typen handelt es sich um moderne Konstruktionen mit Um-

Abb. 307. Kennlinien zur Wirkungsweise des
Drehstromregelmotors

fangsantrieb. Das in der Einleitung erwähnte Problem der zuverlässigen und
gleichmäßigen Bremsung von Antriebstrommel und Zettelbaum ist bei der Type
CZU durch eine moderne hydraulische Bremse (Kraftfahrzeugbremse) und bei der
Type Z6 durch eine elektrisch betätigte Backenbremse gelöst.

Modell CZU (vgl. Abb. 308). Als Antriebsmotor wird ein Kurzschlußläufer-
motor *1* von 3,5 kW verwendet. Direkt an den Motor angeschlossen ist eine Lamel-
lenkupplung *2*, an die eine siebenstufige Stufenscheibe *3* angeflanscht ist. Die Kupplung sorgt für einen sanften Anlauf (etwa 10···15 sek Dauer) der Maschine beim
Einrücken. Die mit konstanter Tourenzahl umlaufende Stufenscheibe treibt über
ein Reibrad *4* die Antriebstrommel *5* an, die ihrerseits den Zettelbaum am Umfang
mitnimmt. Mit Hilfe der Stufenscheibe läßt sich die Zettelgeschwindigkeit zwischen
300 und 600 m/min variieren. Bei einer Geschwindigkeitsänderung wird über
einen Tritthebel das Reibrad *4* ausgekuppelt. An der rechten Maschinenseite befindet sich ein Kugelgriff mit Einstellskala. Durch Drehung des Knopfes wird das
Reibrad über einen Seilzug in die gewünschte Lage gebracht.

Modell Z 6 (vgl. Abb. 309). Der Antrieb dieser Maschine erfolgt durch einen
normalen Drehstrommotor *1*, der über drei Keilriemen das Regelgetriebe *2* betätigt. Dieses Regelgetriebe ist eine Konstruktion von Wülfel. Die Regelung erfolgt
stufenlos für einen Bereich von 1:4,5, so daß eine weitreichende Anpassung der
Aufwickelgeschwindigkeit von 135 bis 600 m/min an jede Garnqualität möglich
ist. Die Regulierung der Fadenlaufgeschwindigkeit erfolgt durch das in der Abb. 309
ersichtliche Handrad *A*, indem über *5* die Beeinflussung des Regelgetriebes erfolgt.
Der Motor und das Regelgetriebe sind im Inneren der Maschine gut zugänglich

untergebracht. Die Drehung der Antriebstrommel *3* erfolgt von der Antriebsscheibe des Regelgetriebes durch einen Spezial-Perlonflachriemen. Um bei der Maschine einen langsamen Anlauf zu erzielen, ist die Abtriebsscheibe des Regelgetriebes

Abb. 308. Antrieb des Modells CZU (Schlafhorst)

als Rutschkupplung ausgebildet, die jegliche Stöße und zu rasches Anlaufen in sich aufnimmt. Eine in Kugellagern laufende Trommel bewirkt durch Umfangsreibung den Antrieb des Zettelbaumes.

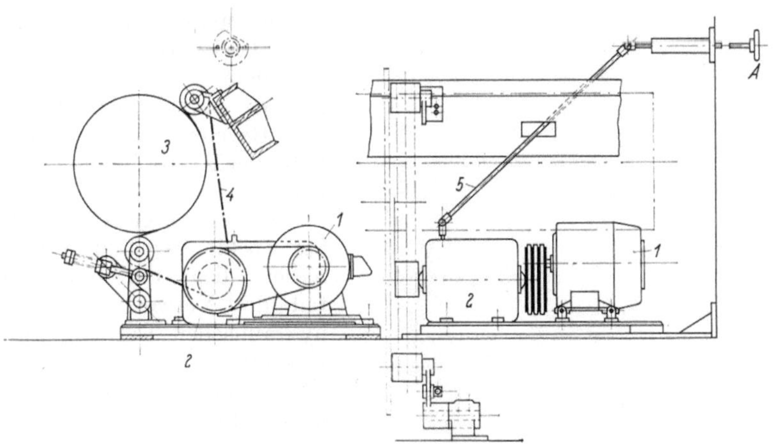

Abb. 309. Antriebsschema der Zettelmaschine Z 6 (Franz Müller)

7. Die vier anschließend diskutierten Antriebskonstruktionen stellen in ihrer Reihenfolge nicht mehr eine Vorwärtsentwicklung dar, sondern sind moderne Lösungen von vier führenden Maschinenfabriken für den Direktantrieb.

Modell Z7 (Franz Müller) und Modell EZD (W. Schlafhorst & Co.). In beiden Maschinen wird zur stufenlosen Geschwindigkeitsregelung und zum Konstant-

16*

halten der Zettelgeschwindigkeit bei zunehmendem Kettbaumdurchmesser das
Boeringer-Sturm-Ölgetriebe verwendet. Die Wirkungsweise des Getriebes ist eine
Kombination von Flüssigkeitspumpe und Flüssigkeitsmotor. Die von einem angeflanschten Drehstrommotor angetriebene Pumpe saugt das vom Flüssigkeitsmotor und aus dem Ölbehälter kommende Öl an und drückt es wieder in den Flüssigkeitsmotor, so daß dieser angetrieben wird. Bei gleichbleibender Antriebsdrehzahl ist die Abtriebsdrehzahl abhängig:

1. von der Änderung der Schluckmenge des Flüssigkeitsmotors und
2. von der Änderung der Fördermenge der Pumpe.

Beide Regelmöglichkeiten können zueinander koordiniert werden. Die Verstellung der Fördermenge der Pumpe ergibt eine Drehzahländerung bei konstantem Drehmoment und dient zur Regelung der materialbedingten Zettelgeschwindigkeit mit Hilfe eines Handrades. Die Verstellung des Flüssigkeitsmotors ergibt eine Drehzahländerung bei konstanter Leistung und dient zur Regulierung der durchmesserabhängigen Zettelbaumdrehzahl. Die Abb. 310 zeigt das Leistungs- und Momentenschaubild des Getriebes. Die Diagramme entsprechen im Gegensatz zum Regelmotor in ihrer Charakteristik der Kraftaufnahme des Zettelbaumes.

In der vorgenannten Möglichkeit, beide Regelungen zu kombinieren, liegt der besondere Vorteil der Verwendung solcher ölhydraulischen Getriebe an Zettelmaschinen.

Bei der Type EZD der Fa. Schlafhorst erfolgt der Antrieb des Zettelbaumes vom Ölgetriebe (vgl. Abb. 311) über eine doppelte Präzisionskette. Bei dem Modell Z 7 der Fa. Franz Müller übernimmt ein Keilriemen den Trieb vom Ölgetriebe und treibt sofort auf die Antriebsscheibe der Baumachse (vgl. Abb. 312). An beiden Maschinen wird die Steuerung des Ölmotors zum Konstanthalten der Fadengeschwindigkeit vom wachsenden Bewicklungsdurchmesser abgeleitet. Das Ölgetriebe vermittelt naturgemäß ein sanftes

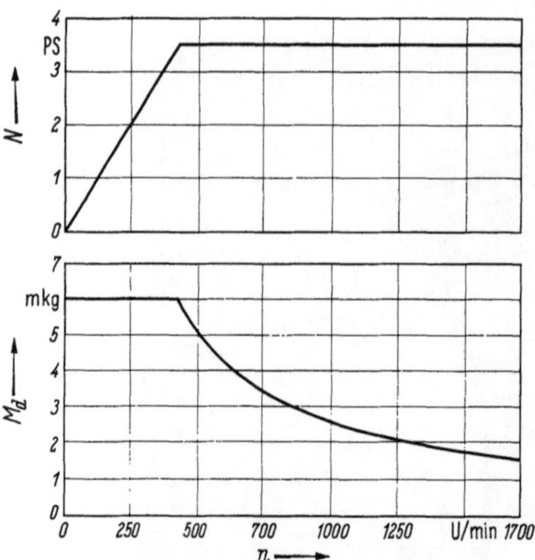

Abb. 310. Kennlinien des Boehringer-Sturmgetriebes

Abb. 311. Antrieb der Zettelmaschine EZD (Schlafhorst)

Abb. 312. Antrieb der Zettelmaschine Z 7 (Franz Müller)
1 Antriebsscheibe; *2* Spannzylinder; *3* elektr. Fernsteuerung; *4* elektr. Schaltkasten; *5* elektr. magnetische Kupplung; *6* Hubzylinder; *7* einstellbarer Nocken für Fadengeschwindigkeit; *8* Boehringer-Sturm-Ölgetriebe; *9* Changiergetriebe; *10* Exzenter

Abb. 313. Antrieb der Zettelmaschine ZD (Rüti-Benninger)

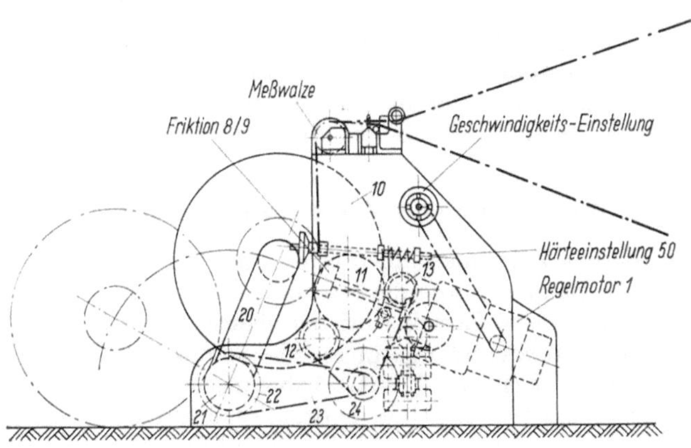

Abb. 314. Antrieb der Zettelmaschine UZ (Eichler)

Anlaufen der Maschine. Hierin ist ein wesentlicher Faktor für die Schonung des Materials zu sehen.

Modell ZD (Rüti-Benninger). Der Antrieb der Maschine erfolgt von einem normalen Drehstrommotor über ein Getriebe zur stufenlosen Geschwindigkeitsregelung direkt auf den Zettelbaum. Das gleiche Getriebe übernimmt dabei den Regelbereich für die Grundgeschwindigkeit und die Regulierung der durchmesserabhängigen Geschwindigkeit (vgl. Abb. 313). Die Grundgeschwindigkeit wird über einen Schalter elektrisch ferngeregelt, während die Steuerung der Antriebsgeschwindigkeit bei zunehmendem Durchmesser durch eine untere Leitwalze erfolgt, die kugelgelagert ist und außerordentlich leicht läuft. Der Anlauf der Maschine steigt nach jedem Stillstand automatisch progressiv bis zur eingestellten Geschwindigkeit an. Dies ist im Hinblick auf die Beschleunigung des Materials ein besonderes Merkmal der Materialschonung.

Modell UZ (Eichler). Wie aus der Abb. 314 ersichtlich ist, wird der Zettelbaum direkt und ohne Fühlwalze angetrieben. Es wird hier wieder ein Regelmotor *1* verwendet, der zwischen 600 und 2000 U/min regelbar ist und dabei eine Leistungsaufnahme von $0{,}9 \cdots 3{,}5$ kW hat. Der Regelbereich ist je nach der Wahl einer entsprechenden Übersetzung für die Ware $100 \cdots 400$ m/min oder $150 \cdots 600$ m/min.

Der hier gekennzeichnete Regelbereich ist der Normalfall. In besonderen Ausnahmefällen, z. B. in der Reyonindustrie, in der die Zettelmaschine je nach der Art des Fertigungsprogrammes unter Umständen als Bäummaschine gebraucht wird, kann auch ein Regelbereich in der Größenordnung $1:10$ für Fadenlaufgeschwindigkeiten von $30 \cdots 300$ m/min eingerichtet werden. Allerdings muß dann ein stärkerer als der oben gekennzeichnete Motor verwendet werden (vgl. Drehmomentencharakteristik bei Regelmotoren).

Die Regelung erfolgt lediglich durch Motorregelung. Aus der Abb. 314 ist das Handrad für die Einstellung der Fadenlaufgeschwindigkeit ersichtlich.

Die auf der Abb. 314 erkenntliche Walze *11* hat bei dieser Maschine nicht die Aufgabe einer Geschwindigkeitregelung, sondern soll lediglich egalisieren und eine regelbare Pressung erzielen. Die beiden Reibräder sind zur Lage der Preßwalze geometrisch so koordiniert, daß der Berührungspunkt zwischen den Reibrädern auf der großen Planscheibe genau in der Tangente und dem Berührungspunkt der auf dem Zettelbaum aufliegenden Kettfäden liegt. Hierdurch entspricht die Fadenlaufgeschwindigkeit der Umfangsgeschwindigkeit der Reibräder, wobei man von dem Minimum an Reibungsverlust absehen kann. Aus dieser einfachen und übersichtlichen Art ergibt sich auch, daß die Fadenlaufgeschwindigkeit, die durch den Regelmotor eingestellt und auf dem Tachometer abgelesen werden kann, vom kleinen bis zum großen Zettelbaumdurchmesser konstant bleibt. Wie man aus der Abb. 314 erkennen kann, bewegt sich der an Durchmesser zunehmende Zettelbaum mehr und mehr aus der Maschine heraus, wobei sich die Peripherie der aufgewickelten Zettelkette an der Preßwalze abstützt.

2. Die Lagerung des Zettel- bzw. Färbebaumes

Bei allen modernen Zettelmaschinen erfolgt das Einlegen des leeren und das Auslegen des vollen Baumes durch die Maschine selbst ohne Kraftleistung durch die Arbeitskraft. Zu diesem Zweck wird der (heute vielfach spindellose) Baum durch Einspann- und Hubzylinder getragen oder ruht während des ganzen Laufes auf einer Ausschwenkvorrichtung. Für das Abbremsen des Baumes verwendet man heute in der Regel kräftig wirkende hydraulische Bremsen (ate-Bremsen des Automobilbaues), die in der Lage sind, durch äußerst kurze Bremszeiten ganz geringe Fadennachlauf einzuhalten.

Die Anlegewalze. Die heute allgemein übliche Absicht, auf der gleichen Zettelmaschine sowohl harte Bäume als auch superweiche Färbebäume herstellen zu können, verlangt die Verwendung einer Anlegewalze, die nicht mit der oben diskutierten Mitnehmerwalze identisch sein muß. Bekanntlich wird die Härte eines Wickelkörpers — hier des Zettelbaumes — primär durch den Anpreßdruck während des Aufwickelns bestimmt. Diesem Anpreßdruck zu erzeugen ist die Aufgabe der Anlegewalze. Die Größe des Preßdruckes ist dabei einstellbar und hängt davon ab, wie groß der durch Bremsen erzeugte *regelbare* Andruck ist, der sich aus dem Verschiebewiderstand der Anlegewalze bei wechselndem Baumdurchmesser ergibt.

Die in den nachfolgenden Abb. 315 und 316 gezeigten prinzipiellen Möglichkeiten können in der Maschine EZD (Schlafhorst) mit Hilfe des in der Abb. 308 erkenntlichen kurzen Schalthebels eingestellt werden.

Unter der selbstverständlichen Voraussetzung durchweg gleichmäßiger Vorspannung der vom Zettelgatter kommenden Fäden ist damit die Gleichmäßigkeit der Spannung aller Fäden unter sich auch für die folgenden Arbeitsvorgänge gesichert, was sich besonders in der Weberei auswirkt, wo die Abwesenheit von Spannungsunterschieden im Kettgarn gleichbedeutend ist mit einer Herabsetzung der Anzahl der Kettfadenbrüche auf das denkbar geringste Ausmaß.

Maßgebend für die jeweilige Art und Weise der Benutzung der Anlagewalze ist die Tatsache, daß

a) großer Garninhalt (neben mustergültiger Gleichmäßigkeit der Spannung aller Fäden in der ganzen Breite) das Haupterfordernis bei Herstellung harter Zettelbäume ist, während

b) Färbebäume weich sein müssen und hohe Anforderungen an die gewünschte Garndichte stellen.

Abb. 315 zeigt die Anordnung für harte Zettelbäume; hier ist die Anlegewalze *2* ortsfest gelagert; der Zettelbaum weicht vor dem wachsenden Durchmesser des

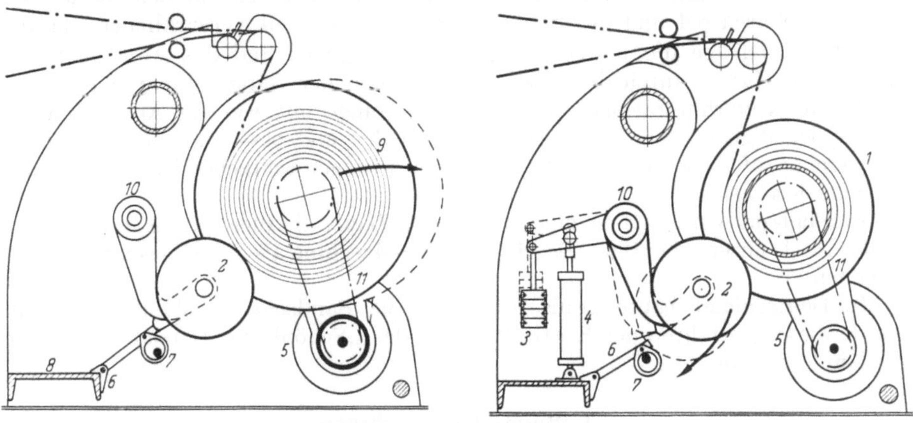

Abb. 315. Anordnung für harte Zettelbäume   Abb. 316. Anordnung für Färbebäume
2 Anlegewalze; *8, 6, 7, 10* Feststellvorrichtung; *5, 11* Antrieb des Baumes *9*

Garnkörpers aus, wobei eine im linken Baumlagerraum untergebrachte, stufenlos einstellbare Bremse die Härte des Zettelbaumes regelt. Der Anpreßdruck wird in diesem Falle teils durch das Eigengewicht des Baumes, der Baumarme, der Baumlagerungen usw. erzielt, teils auch durch zwei in der Baumlagerung untergebrachte Reibscheiben, die dem Ausschwenken des Baumes einen gewissen Widerstand entgegensetzen, der von dem sich aufbauenden Garnkörper überwunden werden muß.

Das Ausmaß des Widerstandes kann durch Regulieren des Anpreßdruckes eingestellt werden.

Abb. 316 stellt die Anordnung für Färbebäume dar; in diesem Falle hat die Ausgleichswalze die Hauptaufgabe, als Tastwalze in Verbindung mit einem geeigneten Gestänge das Regelgetriebe so zu beeinflussen, daß die Auflaufgeschwindigkeit der Fadenschar durch eine dauernd dem Durchmesser des Wickelkörpers angepaßte Änderung der Antriebsgeschwindigkeit konstant gehalten wird.

Wie man aus der Abb. 316 erkennt, soll der Baum ortsfest stehen. Nur die Anlegewalze soll dem wachsenden Baumdurchmesser weichen. Der Anlegedruck wird durch Gewichte *3* am System *3–10–2* eingestellt. *4* ist ein Dämpfungszylinder.

Die Meßeinrichtung. Auf den zu jeder erforderlichen Arbeitsbreite einstellbaren Zettelkamm (Expansionskamm) folgt ein Meßwerk, das sowohl das Messen der gezettelten Länge erlaubt, als auch die sofortige Abstellung beim Erreichen der Zettellänge einleitet. Die Rotation der Meßwalze wird durch die laufende Zettelkette eingeleitet.

III. Mechanische Schärerei

Mit der Entwicklung der Webmaschine, die bessere Ketten verlangte, wurde es notwendig, das Schären mit größerer Aufmerksamkeit weiterzuentwickeln. Die schnell arbeitenden Webmaschinen erforderten in schnellerer Reihenfolge neue Ketten, die für einen größeren Betrieb nur mit einer sehr großen Anzahl von Schärern und Hilfskräften hergestellt werden konnte. Die Ketten mußten daher – und um nicht zuviel Stuhlstillstände durch Neueinlegen der Kette zu erleiden – länger geschärt werden, d. h. es mußte das Garn für mehrere Stücke auf einem Kettbaum untergebracht werden. Das ließ sich auf dem bisher benutzten Schärhaspel und der Schärmühle nur zum Teil verwirklichen, da bei größerer Kettlänge die Fadenspannung sehr ungleich und das Abnehmen der Kette vom Haspel durch das Übereinanderliegen der Gänge immer schwieriger wird. Um weiterhin rationell arbeiten zu können, mit weniger Arbeitskräften die in der Weberei benötigten Ketten schneller und besser als in der Handschärerei anzufertigen, mußten die Schäreinrichtungen weitgehend verbessert und mechanisiert werden.

In England wurde zuerst eine Maschine gebaut, die diese Anforderungen erfüllte. Nach unserm heutigen Begriff ist diese Maschine als Zettelmaschine zu bezeichnen.

In Deutschland baute Louis Schönherr die Bandschärmaschine. Nach ihm wurde dieses Verfahren der Kettherstellung das „Schönherrsche oder Sächsische System" genannt.

1. Bandschärmaschinen

Bei den Bandschärmaschinen wurden die einzelnen Lagen des Bandes senkrecht aufeinander auf die Trommel gewickelt. Damit die Fäden an den Kanten nicht abschlugen, schärte man das Band zwischen Stellblechen. Diese wurden auf den Leisten der Trommel, in der jeweiligen Bandbreite voneinander entfernt, festgeschraubt. Das Schärblatt mußte nach dem Abschneiden des fertigen Bandes um dessen Breite verschoben werden.

Andere Arten der Bandschärmaschine haben Stifte oder auch Bügel an Stelle der Stellbleche. Sie werden in Löcher der Leisten eingeschlagen, die versetzt angeordnet sind, um besser und feiner einstellen zu können.

Man könnte annehmen, daß diese Maschinen heute nicht mehr benutzt werden. Wegen ihrer kräftigen Bauart und ihrer besonderen Eignung zur Herstellung schwerer Ketten aus groben Garnen finden sie heute noch zur Herstellung von Ketten für Markisenstoffe, Planen und Segeltuchen Anwendung. Für feinere Garne hat sich die Bandmaschine nicht durchsetzen können.

2. Das Blockschären

Eine andere Maschine, welche ebenfalls die Bänderlagen senkrecht aufeinander wickelt, ist die Blockschärmaschine. Bei dieser wird ein Band nach dem andern zwischen den Scheiben von Holz- oder Metallhülsen geschärt, danach diese „Blocks" durch eine Welle zu einem Kettbaum zusammengesteckt.

3. Konusschärmaschinen

Die Konusschärmaschine ist die Vorläuferin der heutigen Hochleistungsschärmaschinen. Sie soll im folgenden näher erläutert werden.

Konus-Schärmaschine heißt die Maschine deshalb, weil die Bewicklung der Trommel konus- oder kegelförmig erfolgt. Die Maschinen mit festem Konus haben auf der linken Seite (vom Fadenlauf oder Bedienungsstand aus) einen festen Keil auf jeder Trommellatte.

Das erste Band wird mit seiner linken Kante an den Beginn der Konussteigung angesetzt. Das Schärblatt muß um so viel nach links verschoben werden, daß der Winkel, den die rechte Kante des Bandes bildet, mit dem Winkel des feststehenden Konus übereinstimmt ($\alpha = \beta$) (Abb. 317). Hierbei spielt vor allem die Fadendichte eine Rolle. Ferner wirken sich

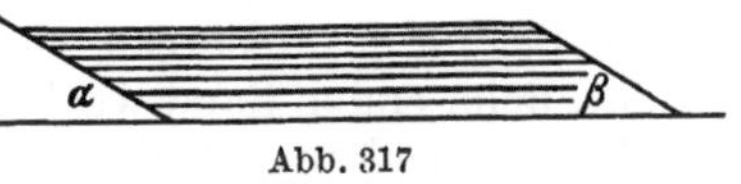

Abb. 317

aus: Das Spinnverfahren, der Luftgehalt des Fadens, die Spannung und die Geschwindigkeit des Fadens.

Um den Vorschub und den Konus besser aneinander angleichen zu können, wurden die feststehenden Keile durch verstellbare Konusstäbe ersetzt. Man baute Schärmaschinen mit Einrichtung zur Verstellung des Konus. Hierbei ist der Konusstab unterhalb seiner Lagerung in der Trommellatte gabelförmig ausgebildet. Auf einem Gewinde auf der Trommelachse kann ein Handrad nach rechts oder links bewegt werden. Das gabelförmige Ende umschließt den Kranz des Rades. Durch die seitliche Bewegung des Rades wird der Konusstab hoch oder tief gestellt.

Maschinen mit verstellbarem Konus haben außerdem noch einen Satz Wechselräder, mit deren Hilfe der Vorschub reguliert wird.

Die Schönherrsche Schärmaschine Modell KK, eine ältere Maschine, hatte einen Meterzähler, wie ihn Abb. 318 zeigt. Der Meterzähler läuft auf dem soeben aufgewundenen Band und wird durch dieses in Drehung versetzt. Der Tourenzähler des gleichen Modells hat eine senkrecht stehende Achse und zählte 100 Touren.

Der Zähler wurde durch sein Eigengewicht auf das Band aufgedrückt.

Der Trommelumfang betrug 2,50 m.

Die Schärmaschinen von Sucker und spätere Modelle von Schönherr besitzen einen *Trommelmeterzähler.*

Der Tourenzähler der Suckermaschine hat waagerechte Achse und zeigt 200 Touren an. Dabei ist die Skala zweiseitig mit Zahlen beschriftet, einmal vorwärts und einmal rückwärts zählend.

Der Tourenzähler ist mit einem festen und einem verstellbaren Zeiger versehen.

An dem Skalenrad *1* (vgl. Abb. 319) sitzt seitlich eine Gleitbahn *2*, welche an einer Stelle eine Einbuchtung nach innen aufweist. Diese Gleitbahn wird von einer Rolle *4*, die auf Hebel *5* sitzt, abgetastet. Die Einbuchtung *3* wird so eingestellt, daß sie kurz vor der Nullstellung gleich 200 die Rolle *4* nach innen

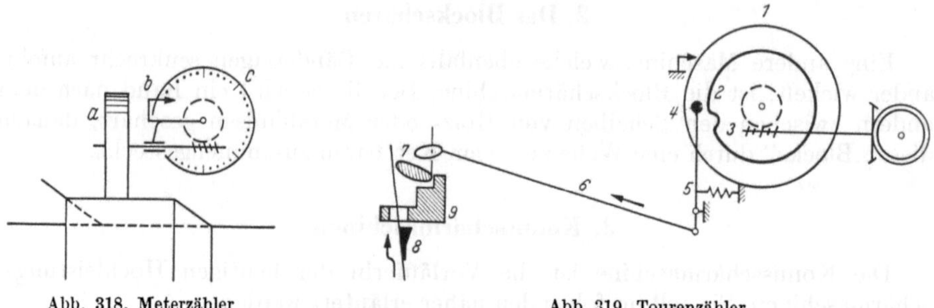

Abb. 318. Meterzähler   Abb. 319. Tourenzähler

gehen läßt. Dies geschieht durch Federzug. Über *6* wird die Bewegung auf *7* übertragen, und der Abstellhebel *8*, der in Betriebsstellung unter *9* sitzt, wird nach links gedrückt, verliert seinen Halt bei *9* und strebt aufwärts.

Um die Wirkung der Abstellvorrichtung verstehen zu können, muß zuerst die Ermittlung der Tourenzahl erläutert werden, die sich wiederum nach der Meterzahl richtet.

Vor Beginn des Schärens wird sowohl Tourenzahl als auch Meterzähler auf 0 gestellt. Beim ersten Band wird der Meterzähler beobachtet und bei Erreichen der jeweiligen Stücklänge (z. B. 75 m) geschmettet oder geschmitzt. Hierunter versteht man ein Markieren durch Farbe oder ein Einknüpfen von andersfarbigem Garn als das der Kette.

Soll die Kette 10 Stücke von je 75 m, also 750 m lang werden, so wird abgestellt, wenn die Zahl 350 des Meterzählers zum zweitenmal am Zeiger steht (400 m gleich eine Skalenumdrehung).

Der Tourenzähler wird daraufhin abgelesen. Steht er z. B. auf 35 (165), nachdem er schon eine volle Umdrehung gemacht hat, so entsprechen also den 750 m Kette 235 Umdrehungen der Schärtrommel.

Da der Nullpunkt gleichbedeutend mit 200 und dem Abstellpunkt ist, der Tourenzähler beim Schären immer nur in einer Richtung läuft, ist folgendes zu beachten:

1. Band. Beginn bei 0. Skala läuft bis 200 (0) und weiter bis 35, insgesamt 235 Touren.

2. Band. Maschine soll bei 0 abstellen. Die Skala ist also auf 35 der gegenüberliegenden Seite zu stellen (165 der Seite, auf welcher beim 1. Band 35 abgelesen wurde). Die Maschine stellt zum erstenmal nach 35 Touren, nach weiteren 200 Touren (eine Skalenumdrehung) zum zweiten Male ab.

Man hat hierbei die Tatsache ausgenutzt, daß bei gleicher Fadenspannung und -dichte 235 Touren gleich 735 m im 2. Band sind, wenn im 1. Band 735 m gleich 235 Touren waren.

Der Metermesser wird also nur beim 1. Band, bei den folgenden Bändern nur der Tourenzähler eingestellt.

Der Tourenzähler wird bei Maschinen ohne Bremse so eingestellt, daß er etwa 3 Touren vor Erreichen der Nullmarke die Maschine abstellt, um die Bänder durch Freilauf der Trommel nicht zu lang und über das Vorhergehende zu schären.

Maschinen dieser Art, die noch gut instand sind, können durch Einbau von Doppelbackenbremsen und einer elektrischen Ausrüstung (Abstellmagnet) mit Hochleistungsgattern gefahren werden. Während man mit den ursprünglich zu diesen Maschinen gehörenden V-Gattern mit abrollenden Spulen bei gutem Material im Maximum 100 m pro Minute erreichen kann, läßt sich mit der gleichen Maschine in Verbindung mit obengenannter Ausrüstung und Hochleistungsgatter die Fadenlaufgeschwindigkeit mindestens verdoppeln.

4. Hochleistungsmaschinen

Da die obengenannten Maschinen eine höhere Fadenlaufgeschwindigkeit wegen der Drehzahlbeschränkung, die sich aus der Bauweise ergibt, nicht erreichen können, wurden die Hochleistungsschärmaschinen gebaut. Diese sind eine Weiterentwicklung der normalen Konusschärmaschinen. Durch bessere Lager, bessere Schmierung, stabile Bauweise, sorgfältig ausgewuchtete und verkleidete Trommeln werden hohe Geschwindigkeiten erreicht. Die Verwendung eines Hochleistungs-Spulenablaufgatters ist Voraussetzung.

Neben der Geschwindigkeit wurde auch der Schärtrommelumfang vergrößert (bis 4 m). Dadurch ergeben sich höchste Fadenlaufgeschwindigkeiten.

Um eine Hochleistung zu erzielen, legte man auch alle die Hebel und Räder, die beim Bandwechsel betätigt werden müssen, näher zusammen. Hierdurch wurde ein Verkürzen der Maschinenstillstandszeit erreicht und der Wirkungsgrad erhöht.

So wird z. B. das Geleseblatt direkt am Support angebracht und hierdurch die Zeit für das Kreuzlegen verkürzt.

Bei der von der Großenhainer Webstuhl- und Maschinenfabrik hergestellten Hochleistungsschärmaschine für Seide, Reyon, Baumwolle besteht durch Regelmotor die Möglichkeit, die Schärgeschwindigkeit von $200 \cdots 400$ m/min zu regulieren.

Andere Maschinen der gleichen Firma besitzen Regelgetriebe. Es werden Arbeitsgeschwindigkeiten bis zu 700 m in der Minute erzielt.

Die Trommel ist in Kugellagern gelagert und läuft auch bei hohen Touren leicht und geräuscharm.

Eine Hochleistungsmaschine der Firma Güsken in Dülken/Rhld. hat eine automatische Maschinenverschiebung. Dadurch laufen die Fäden immer gerade auf die Maschine zu.

Die Abstellung der Großenhainer Maschine gleicht der waagerechten Anordnung, wie sie oben beschrieben wurde. Die Abstellung erfolgt jedoch hier durch elektrischen Zeigerkontakt.

Beim Abstellen der Maschine treten sofort die Bremsen in Tätigkeit; dadurch wird die Maschine auf kürzestem Wege stillgesetzt.

Alle Hochleistungsmaschinen haben elektrische Selbstabstellung bei erreichter Kettlänge sowie bei Fadenbruch, leicht und schnell zu bedienende und möglichst von einem Punkt aus erreichbare Hebel und Handräder.

Einzelne Firmen haben sich auf die Herstellung von Maschinen für Seide und Reyon, Baumwolle und Leinen oder Wolle spezialisiert, wobei jedoch meistens sogenannte Universal-Hochleistungs-Konusschär- und -bäummaschinen gebaut werden. Diese sind für alle Materialien geeignet oder können durch einige austauschbare Teile für einige Materialien besonders hergerichtet werden.

Äußerlich unterscheiden sich die verschiedenen Maschinen nur wenig.

Konusschär- und -bäummaschine Modell DSB von Schlafhorst. Als Beispiel einer modernen Hochleistungsmaschine soll im folgenden eine Maschine der Firma Schlafhorst in verschiedenen Details dargestellt werden.

Diese Maschine ist in der Abb. 320 dargestellt. Das äußere Kennzeichen der Maschine ist die geschlossene Bauweise. Alle Antriebselemente sind in den Maschinenkörper eingebaut. Der Antrieb erfolgt als Einzelantrieb durch einen 6 PS-Motor über ein stufenlos regelbares Getriebe.

Die *Schärtrommel* wird in verschiedenen Variationen gebaut, und zwar für geringe Spulgeschwindigkeiten bei der Verarbeitung von Streichgarnen u. dgl. in offener Ausführung, für

Abb. 320. Konusschärmaschine (Modell DSB von Schlafhorst)

höhere Spulgeschwindigkeiten bei der Verarbeitung von Baumwolle, Zellwolle oder Reyon in vollkommen geschlossener Ausführung. Die in der Abb. 320 erkenntlichen verstellbaren Konuskeile gestatten eine Konuswinkeleinstellung von 6°···28°.

Die Präzision der Arbeitsweise der Schärmaschine läßt sich am leichtesten aus der Abb. 321 erkennen, in der der Schärapparat so dargestellt ist, daß man die Wirkungsweise und die notwendigen Handgriffe erkennen kann.

Abb. 321. Schärsupport

Die Fäden werden durch das Geleseriet eingezogen und passieren die Teilstäbe *5*. Zum Einhängen des Bandes klappt man die Umlenkwalze *12* hoch, wie in der Abb. 321 ersichtlich, und richtete nach dem Einhängen des Bandes den Support aus. Die beim Schären zu kennzeichnenden Längen werden durch drei Meßaggregate kontrolliert: durch das Bandlängenzählwerk *11*, durch das Stücklängenzählwerk *13* und durch die Meßtrommel *7*. Man verfährt dabei wie folgt:

Nachdem die Umlenkrolle *12* geschlossen wurde, stellt man das Stücklängenzählwerk *13* auf die gewünschte Stücklänge und das Bandzählwerk auf die Bandlänge ein. Mit Hilfe des Handrades *2* stellt man die Klinke *19* gegen den Anschlag *20* und erhält so die Nullstellung. Nunmehr werden beide Zählwerke *11* und *13* mit der Meßwalze *10* gekuppelt. Nach einem kurzen langsamen Anlauf der Maschine wird kontrolliert, ob auch die ersten Fäden des Bandes am Fußpunkt des Konuslineales liegen. Ist dies einmal nicht der Fall, so muß man mit Hilfe des Knaufes *24* fein einstellen. Dann stellt man die Maschine noch einmal ab, um das Anschlagstück *28* fest gegen den Schärsupport zu fahren und mit dem Hebel *23* festzuklemmen. Die Sonderheit dieses Anschlagstückes ist, daß der Schärer nicht mehr, wie bei allen anderen Schärmaschinen, nach dem Schären des ersten Bandes den Support auf Grund eigner Messung verstellen muß, sondern man schafft mit dem Anschlagstück die Voraussetzung, daß alle Bänder ohne Unterschied mit gleichem Abstand voneinander aufgewickelt werden. Man verfährt dabei so, daß man nach fertiggeschärtem erstem Band im Ablesefenster *25* den Weg des Supportes ablesen kann, hierzu wird die gemessene Bandbreite auf der Trommel addiert. Man verschiebt dann das Anschlagstück so weit nach rechts, bis man in dem Fenster auf dem Lineal *27* die Summe der beiden vorher ermittelten Strecken ablesen kann. Diese Strecke legt man mit dem Einstellstück *26* fest, indem man es fest vor dem Anschlag *28* heranschiebt.

Während des Wickelns des ersten Bandes stellt das Stücklängenzählwerk *13* die Maschine bei erreichter Stücklänge automatisch ab, wobei eine Kontrollampe *33* aufleuchtet. Dann kann die Stücklänge geschmettet werden. Bringt man nun *13* wieder auf die eingestellte Stücklänge, so erlischt die Kontrollampe *33*. Dies wiederholt sich während der Fertigstellung des ersten Bandes, bis durch das Bandlängenzählwerk *11* bei erreichter Kettlänge die Maschine wieder automatisch ausgerückt wird. In diesem Falle leuchtet die Kontrollampe *35* auf. Sobald jetzt die Maschine stillsteht, befestigt man den Endanschlag *21* in der Meßtrommel so, daß er im Anschlag mit der Klinke *19* steht. Beim Schären des zweiten Bandes und der weiteren kann man dann die Zählwerke *11* und *13* von der Meßwalze *10* lösen. Das Ausrücken der Maschine, das ja nunmehr nur bei erreichter Kettlänge zu erfolgen braucht, wird nur noch durch die Meßtrommel *7* bewerkstelligt. Dabei leuchtet dann zur optischen Kennzeichnung jeweils die Kontrollampe *34* auf.

Bei *Fadenbruch* stellt die Maschine durch den oben beschriebenen elektrischen Fadenwächter ab, eine Kontrollampe am Gatter leuchtet auf, während die Kontrollampen am Support dunkel bleiben.

Das Bäumen der geschärten Kette. Zur Erreichung eines möglichst hohen Nutzeffektes, der bekanntlich beim Schären und Bäumen nicht durch übermäßige Erhöhung der Schär- und Bäumgeschwindigkeiten erreicht wird, müssen die Maschinenstillstandszeiten auf ein Mindestmaß verringert werden.

Die Abb. 322 gewährt einen Einblick in die Bäumvorrichtung. Zum Ein- und Ausschwenken des Kettbaumes dienen schwenkbare Lager, deren Bewegung durch einen Handhebel bewerkstelligt wird. Aus der Abb. 322 erkennt man den Antriebsmotor *15* mit dem Regelgetriebe *13*. Die Räder *12* dienen der Einrichtung zum Schwenken des Baumes. Die beiden Kegeltreibräder *9* dienen als Wendegetriebe für das Ein- und Aus-

Abb. 322. Antrieb und Bäummaschine

schwenken des Baumes. Am Handhebel *8* betätigt man die Kupplung für Schären oder Bäumen.

Zum Antrieb des Kettbaumes während des Bäumens ist das eine (in der Abb. 320 erkenntliche) schwenkbare Lager als Antriebslager mit einem Getriebe ausgerüstet.

Der Bäumvorgang erfolgt mit konstanter Geschwindigkeit. Die Regelung der Geschwindigkeit in Abhängigkeit des Raumdurchmessers erfolgt selbständig. Eine durch Hebeldruck einschaltbare selbsttätige Schnellverstellung für die Querbewegung der Baumlagerung sowie eine Rücklaufsperre sind vorgesehen. Sofern beim Bäumen von schweren Garnen zusätzliche

Fadenspannung durch Umschlingung erwünscht ist, werden Schleifriegel vorgesehen, welche die Garnumschlingung und damit die Spannung in gewissen Grenzen variieren lassen.

Auswechselbare Schärtrommel. Bei einigen Ausführungen von Schärmaschinen wird die Trommel als eine Transporteinheit ausgeführt, die man nach beendigtem Schärprozeß ausfahren kann. Die Abb. 323 zeigt eine Ausführung der Firma Benninger. Eine solche Maschine bietet die Möglichkeit, auf das Bäumen der Kette nach dem Schären zu verzichten, wenn die Notwendigkeit besteht, alle Ketten zu schlichten, weil man nach dem Lösen der Kupplung zwischen Schärmaschine und Transporttrommel durch einen Bedienungsgriff lösen kann, um sie

Abb. 323. Ausfahren der Schärtrommel (Benninger)

wegzufahren und durch eine volle Trommel zu ersetzen. Der Arbeiter fährt (vgl. Abb. 324) die volle Schärtrommel dann vor die Schlichtmaschine und dort wird, wie es auf der Abb. 323 erkenntlich ist, die gesamte Kette abgezogen, durch die Schlichtmaschine transportiert und am Ende der Schlichtmaschine gebäumt. An der Maschine ist vorn ein Getriebe, das bei Verwendung dieses Transporttrommelsystems zusätzlich notwendig ist, weil der Ablauf der Kette von der Schärtrommel eine Verlagerung der Trommel verlangt, die der ursprünglichen Supportverschiebung in der Schärmaschine entspricht. Diese Verlagerung wird mit Hilfe des Getriebes durch eine einfache Übersetzung mit Spindel ermöglicht. Wird bei der Planung einer kompletten Anlage diese Möglichkeit richtig einkalkuliert, so ergibt sich eine besondere Wirtschaftlichkeit des Fertigungsverfahrens, die an Hand der Abb. 324 versuchsweise erklärt wird. Die Abb. 324 stellt als Planungsentwurf einen Ausschnitt aus der Webereivorbereitung dar, und zwar erkennt man einen Teil der Schärerei und die angeschlossene Schlichterei rechts. Die Schärmaschine mit Transporttrommel ist fahrbar angeordnet und kann zwei Gatter wechselweise bedienen (falls es die Gegebenheiten erforderlich machen, können auch drei und, rein theoretisch, mehrere Gatter mit einer Schärmaschine koordiniert werden). In der Darstellung wird das rechte Gatter z. Z. abgeschärt, und man kann sich den Vorgang so vorstellen, daß nach Beendigung des Schär-

prozesses die Transporttrommel aus der Maschine herausgefahren wird (die gestrichelte Pfeillinie), während eine neue, leere Transporttrommel in die Maschine
einfährt. Ist das Fassungsvermögen des rechten Gatters erschöpft oder soll eine
neue gemusterte Kette angeschärt werden, so kann man mit Hilfe eines kleinen
Hilfsmotors die ganze Schärmaschine nach links ausfahren, die Schärerin kann
dort am Geleseblatt das vorbereitete Band nehmen und mit dem Schärprozeß in
der bekannten Weise unmittelbar beginnen. Während dieser neuen Arbeitszeit
kann die Vorbereitung des ersten Gatters erfolgen. Diese Planung setzt voraus,

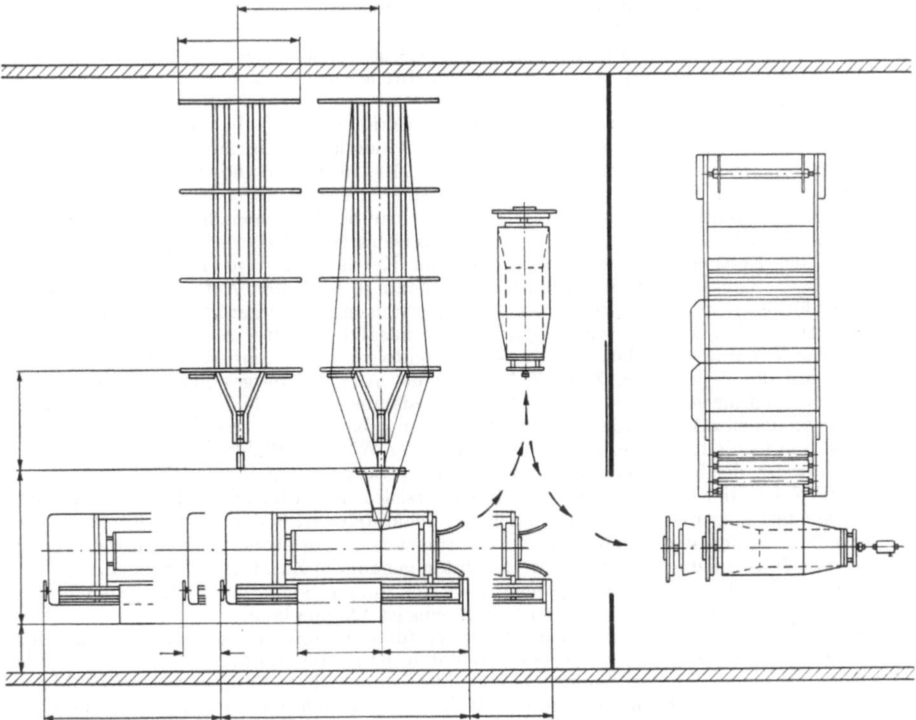

Abb. 324. Transportschema für den Trommeltransport zwischen Schärmaschine und Schlichtmaschine

daß der Rhythmus in der Schärerei mit dem Fertigungsrhythmus in der Schlichterei verhältnismäßig genau abgestimmt sein muß, damit einerseits für die bereit-
stehende Schärmaschine eine neue leere Trommel zur Verfügung steht, andererseits dürfen der hohen Anschaffungskosten wegen nicht zu viele Transporttrommeln erforderlich sein. Bei genauer Beachtung dieser Planungsvorschriften
kann die Schärmaschine praktisch ständig fertigungsmäßig tätig sein. Als Stillstände treten nur noch die kurzen Zeiten zum Verschieben der Maschine bzw. zum
Einhängen der Bänder auf. Die Firma selbst empfiehlt noch, diese Schärmaschine
auch dann einzurichten, wenn die derzeitigen Betriebs- oder Raumverhältnisse das
Transporttrommelverfahren noch nicht zulassen, sofern es für die Zukunft als
wünschenswert erscheint. In diesem Falle kann die Schärmaschine vorerst mit
einer Transporttrommel und mit Bäumvorrichtung in Betrieb genommen werden.
Sobald das Verfahren eingerichtet werden kann, müssen nur noch Reservetrom-
meln und Verschiebevorrichtung vor der Schlichtmaschine angeschafft werden.
  Aber auch dann, wenn die Ketten ungeschlichtet zur Weiterverarbeitung gelangen, bietet sich mit der Anschaffung einer separaten Bäummaschine eine sehr

interessante und sehr wirtschaftliche Fertigungsmöglichkeit. In diesem Falle wird auf mehreren Schärmaschinen geschärt, die mit Transporttrommelsystem ausgerüstet sind. Die vollen Transporttrommeln werden aus der Schärmaschine herausgefahren, und anschließend erfolgt auf der separaten Bäummaschine der Bäumprozeß.

Die Schärmaschine kann in diesem Falle mit der beim Schären üblichen Geschwindigkeit fertigen, während der relativ langsame Abbäumprozeß an anderer Stelle und weniger kostenaufwendig erfolgt.

Die Varianten der Maschine.[1] Der Aufbau der Maschine erfolgt nach dem Baukastensystem. Die vier nachstehenden Varianten sind in einer Standardausführung lieferbar. Sie werden mit der bereits besprochenen Trommel ausgerüstet. Der Vorschub des Schärsupportes und des Kettbaumträgers erfolgt von der Trommelwelle aus über 2 Wechselräder. Beim einstufigen Vorschub der Standardausführung ist stets ein Wechselradpaar eingebaut. Zur Änderung des Vorschubes können die beiden Wechselräder in einfacher Weise gegeneinander ausgetauscht werden. Die theoretische Schärgeschwindigkeit ist in zwei Bereichen jede im Verhältnis von 1:6 stufenlos regelbar, und zwar von 25···150 m/min und von 135···800 m/min. Die Umstellung von einem Stufenbereich zum anderen erfolgt durch einfache Schalthebelbetätigung. Die praktisch erreichbare, wirtschaftlichste Schärgeschwindigkeit ergibt sich aus den jeweiligen Arbeitsbedingungen. Sie wird von verschiedenen Faktoren beeinflußt, wie z. B. der Güte des Kettmaterials, der Banddichte, der Kettlänge u. a. m. Die voranstehend in groben Zügen dargestellte Standardausführung kann je nach den Anforderungen und Betriebsverhältnissen mit einer Reihe von Zusatzvorrichtungen ausgerüstet werden. Wie die Firma mitteilt, sind solche Ergänzungen auch grundsätzlich später noch möglich.

Die vier Varianten der Maschine ZA sollen nachfolgend kurz umrissen werden, wobei im Hinblick auf die Typen ZAS, ZAL, ZAT die in der Abb. 323 dargestellte Maschine gültig bleiben soll, weil die sehr geringfügigen Unterschiede aus einer Abbildung kaum erkenntlich sind. Das 4. Modell ZASe wurde dagegen oben genauer besprochen, weil es sich hier um eine Konstruktion handelt, die speziell zur Steigerung der Wirtschaftlichkeit von der konventionellen Bauweise, der fest in die Maschine eingefügten Schärtrommel, abweicht.

Modell ZAS. Hier handelt es sich um ein universelles Modell für feinste bis mittlere Materialien, mit fest eingebauter Schärtrommel, der Schärkonus ist 850 mm lang. Für diese Maschine gilt bezüglich der Bauausführung die eingangs beschriebene Standardform. Hierzu kommen noch in beliebiger Wahl die weiter unten genannten Zusatzvorrichtungen.

Modell ZAL. Bei dieser Maschine handelt es sich um ein Sondermodell für grobe Materialien, insbesondere für Streichgarn. Der Schärkonus ist 425 mm lang.

Modell ZAT. Dieses Sondermodell ist speziell für Wirkereiketten gedacht und hat einen Schärkonus von 850 mm Länge. Außer den unten genannten Zusatzvorrichtungen ist die Maschine mit einem Support für das Sammelblatt ausgerüstet, Support für schwenkbares Schärblatt mit Klebevorrichtung, ferner mit Rücklaufvorrichtung zum Zurücknehmen der Wirkketten vom Kettbaum auf die Trommel, um einen gebrochenen Faden neu einknüpfen zu können.

Modell ZASe. Die Wirtschaftlichkeit einer Schärmaschine wird durch die Notwendigkeit der Gatterbesteckung und des Bäumens und damit durch unliebsame Verteilzeiten negativ beeinflußt. Dieser Mangel tritt bei modernen Maschinen um so mehr zutage, je größer die Fadenlaufgeschwindigkeit während des Schärens ist und je höher die Anschaffungskosten der Maschine sind. Die Ausschaltung dieser Stillstände könnte die mit der modernen Bauform verbundene mögliche Leistungssteigerung voll zur Geltung bringen.

Diese Maschine bietet die so gekennzeichneten Vorteile, Stillstände auszuschalten, in einer der Wirtschaftlichkeit des Zettelverfahrens angeglichenen Weise durch:

1. Transporttrommelsystem (Abb. 323),
2. Verschiebbare Schärmaschine mit mehreren Schärgattern (Abb. 324).

5. Die Einstellung des Konus und der Supportverschiebung

Wie aus den vorangegangenen Darstellungen über Schärmaschinen ersichtlich ist, gibt es Maschinen mit veränderlichem Konuswinkel und konstanter Supportverschiebung; Maschinen mit veränderlicher Supportverschiebung und konstantem Konuswinkel und Maschinen, bei denen Konuswinkel und Support-

---

[1] Vgl. Z. ges. Textilind. 63 (1961) Nr. 9, 739.

verschiebung veränderlich sind. Moderne Maschinen weisen ausnahmslos die Möglichkeit zur Verstellung beider Vorrichtungen auf.

Erfolgt die Einstellung von Konus und Support nicht einwandfrei, dann treten die in den Abb. 325 und 326 gezeigten Fehler auf. Ist der Konus zu steil oder die Supportverschiebung zu groß eingestellt, so werden durch den vergrößerten Umfang bei A die dort auflaufenden Fäden länger und behindern beim Weben die Fachbildung, da sie infolge ihrer Länge durchhängen und zu Bindungsfehlern Veranlassung geben. Sicher aber ist eine unsaubere und wellige Kante die Folge. Empfindliche Artikel weisen schon bei geringfügigem Fehler in dieser Hinsicht starke Kettstreifigkeit auf.

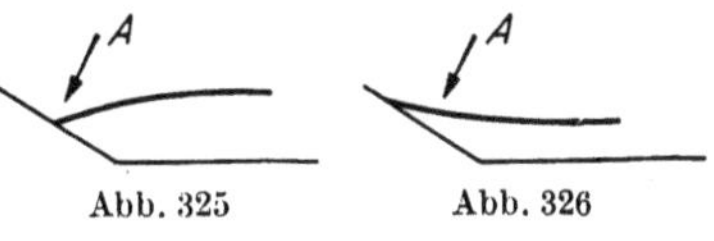

Abb. 325   Abb. 326

Im Fall der Abb. 325 werden die Fäden zu kurz, so daß ein immerwährendes Zerreißen der Kantenfäden die Folge ist. Der Weber hilft sich in diesem Falle, indem er die Kantenfäden herauslaufen läßt und durch neue von einer Spule ersetzt.

Das Einstellen des Konus und des Supportes erfolgt in der Regel empirisch, indem der Schärer mit Hilfe von Vergleichswerten und Erfahrungstabellen die Einstellung schätzt. Dieses Schätzen erfordert langjährige Erfahrung, die den jüngeren Kollegen meistens abgeht, die aber auch die älteren Kollegen oftmals verläßt, wenn es darum geht, neue Musterungen zu verarbeiten.

Um das empirische Tasten nach dem richtigen Einstellwert zu erleichtern, folge hier eine geometrische Überlegung:

a) Geometrische Überlegung zur Einstellung von Konus und Support

Maschinen mit konstanter Supportverschiebung und veränderlichem Konuswinkel. Wie aus der Abb. 327 ersichtlich ist, soll die Größe der Supportverschiebung so angenommen werden, daß bei jeder Trommelumdrehung ein Vorschub

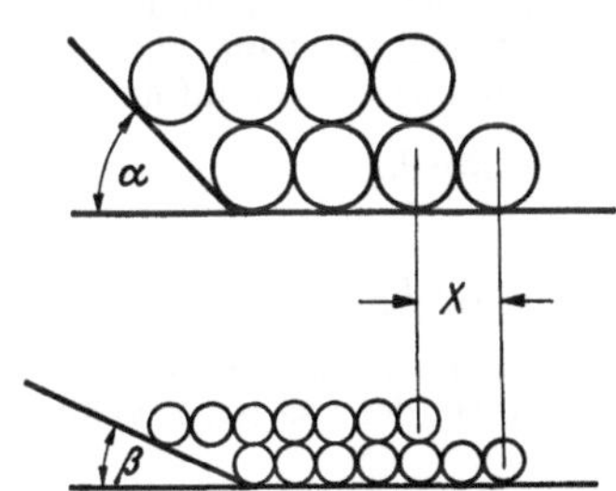

Abb. 327. Veränderlicher Konuswinkel;
konstante Supportverschiebung

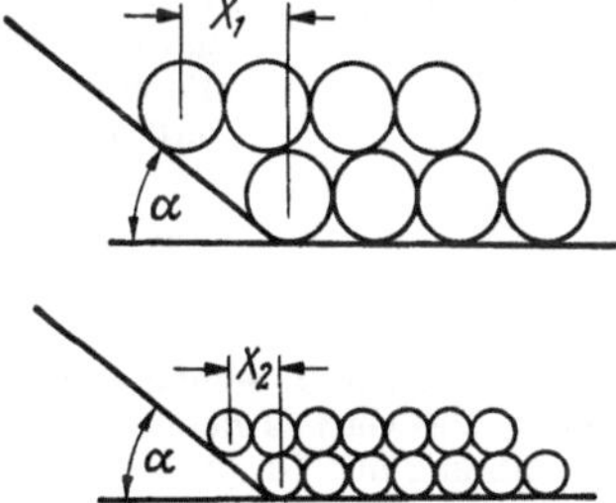

Abb. 328. Veränderliche Supportverschiebung;
konstanter Konuswinkel

von der Größe x entsteht, der dem Durchmesser des Fadens entspricht. Dann ergibt sich auf Grund der Notwendigkeit, daß die seitlichen Fäden einer Unterstützung bedürfen, ein Winkel α, der in Abhängigkeit vom Garndurchmesser (und der Fadendichte, wenn man den in der Abb. 327 dargestellten Querschnitt als Fadenbündel betrachtet) variiert.

Der Konuswinkel wird bei konstantem Supportvorschub steiler, je gröber die Garnnummer ist.

Maschinen mit konstantem Konuswinkel und veränderlicher Supportverschiebung. Die entsprechende Regelung läßt sich aus der Abb. 328 für diese Maschinen wie folgt ausdrücken:

Die Größe der Supportverschiebung nimmt bei konstantem Konuswinkel mit der Dicke des Garnes zu.

Aus diesen beiden Regeln muß man sich das Gefühl für die Einstellung der Schärmaschine bilden. Maschinen, die sowohl einstellbaren Konus als auch eine einstellbare Supportverschiebung haben, werden nach den gleichen Gesichtspunkten eingestellt, indem man in den möglichen Betrachtungsgrenzen den einen oder anderen Fall voraussetzt.

Es ist nicht möglich, aus dieser geometrischen Überlegung ohne Weiterungen der Probleme auf eine mathematische Formel zu schließen, mit der man in jedem Falle in der Lage ist, die Einstellungen rechnerisch zu ermitteln. Hierzu ist die Berücksichtigung einer Reihe von textilen Komponenten erforderlich.

b) Die Berechnung der Einstellung der Konusschärmaschine

Für die Berechnung von Konus und Supporteinstellung müssen verschiedene textiltechnische Komponenten berücksichtigt werden, die aus der geometrischen Überlegung nicht ohne weiteres ersichtlich sind. Für die Verarbeitung von Baumwollgarnen soll dies in der nachfolgenden Darstellung gezeigt werden. Der Interessent ist jederzeit in der Lage, durch Versuche die Verhältnisse für Baumwolle auch auf die anderen textilen Rohstoffe zu übertragen.

Die Ermittlung der richtigen Einstellung durch Berechnung wird erschwert, weil der Querschnitt eines Fadens nicht aus reiner Substanz besteht, sondern auch Zwischenräume enthält.

Die Größe dieser Zwischenräume hängt von der Dichte, in der die Fasern im Faden zusammengepreßt sind, ab. Es liegt nun nahe, die spezifischen Gewichte zweier Garne zu ihren Drehungskoeffizienten ins Verhältnis zu setzen, z. B.

$$s_1 : s_2 = \alpha_1 : \alpha_2 , \qquad (1)$$

wenn s = spezifisches Gewicht und α = den Drehungskoeffizient bezeichnen.

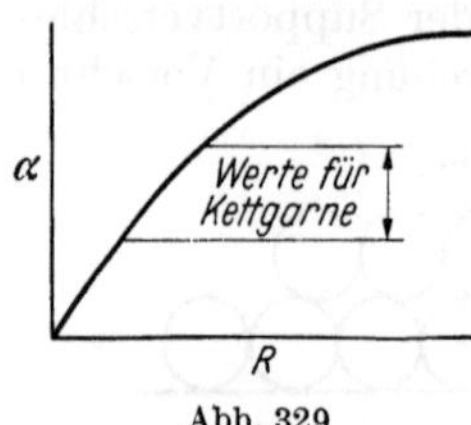

Abb. 329

Nun ist weiter bekannt, daß die Reißfestigkeit bzw. die Reißlänge eines Garnes vom Drehungskoeffizienten abhängt. In Abb. 329 ist der Zusammenhang zwischen Reißfläche R und Drehungskoeffizient α veranschaulicht. Da für Baumwollgewebgarne α engl. zwischen 3 und 4 liegt, so kann man in diesem Bereich ohne großen Fehler einen linearen Verlauf annehmen, so daß man erhält:

$$\alpha_1 : \alpha_2 = R_1 : R_2 . \qquad (2)$$

Aus Gl. (1) und (2) folgt:

$$s_1 : s_2 = R_1 : R_2 . \qquad (3)$$

Würde das Garn in seinem gesamten Volumen aus Fasersubstanz bestehen, so würde die Reißlänge des Garnes gleich der der Faser sein. Da dies nicht der Fall ist, so kann man in Übereinstimmung mit Gl. (3) setzen:

$$s_f : s_g = R_f : R_g \quad \text{oder} \quad s_g = \frac{s_f \, R_g}{R_f} . \qquad (4)$$

Wobei die Indizes f und g sich auf Faser bzw. Garn beziehen.

Das Gewicht G einer Garnlänge L berechnet sich aus:

$$G = q \, L \, s_g ,$$

und da die Nummer $N_m = L/G$, erhält man:

$$N_m = \frac{L}{q \, L \, s_g} = \frac{1}{q \, s_g} .$$

Setzt man noch das spezifische Gewicht aus Gl. (4) ein, so ergibt sich:

$$N_m = \frac{R_f}{q \, s_f \, R_g} \quad \text{oder} \quad q = \frac{R_f}{N_m \, s_f \, R_g} \text{ in mm}^2 . \qquad (5)$$

Die Gl. (5) gestattet also die Berechnung des Garnquerschnittes, wenn die metrische Nummer, die Reißlänge der Faser, das spezifische Gewicht der Faser und die Reißlänge des Garnes bekannt sind.

Um nun bei Schärmaschinen mit verstellbarem Konus den richtigen Konuswinkel α berechnen zu können, geht man zunächst von der Annahme aus, daß beim Schären die Kettfäden durch das Aufwickeln so auf- und aneinandergepreßt werden, daß der runde Fadenquerschnitt (Abb. 330a) in die Rautenform (Abb. 330b) übergeführt wird. Es ist nun leicht zu erkennen, daß folgende Beziehung besteht:

$$\text{tg}\,\alpha = \frac{x'}{v'}, \qquad (6)$$

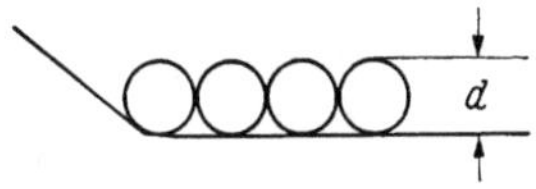

[wenn α die Neigung des Konus ist (vgl. auch Abb. 328)].

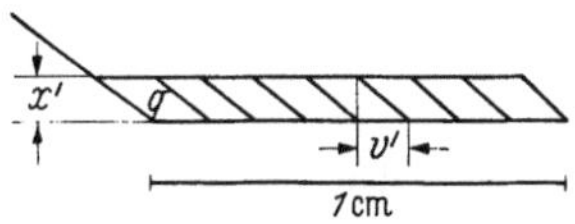

Abb. 330a

Abb. 330b

Ferner soll gelten, daß der Fadenquerschnitt vor der Aufwicklung gleich der Fläche nach der Aufwicklung ist, also:

$$q = \frac{d^2\,\pi}{4} = x'\,v'\,.$$

Hat man nun F-Fäden im Schärband, so gilt:

$$q\,F = x'\,v'\,F\,,$$

worin $v'\,F = B_b =$ Bandbreite ist,

$$x' = \frac{q\,F}{B_b}\,,$$

und damit wird:

$$\text{tg}\,\alpha = \frac{q\,F}{B_b\,v'}\,. \qquad (7)$$

Die seitliche Verschiebung v' bzw. der Vorschub des Supportes an der Schärmaschine errechnet sich für eine Umdrehung der Schärtrommel aus

$$v' = i\,G_h\,, \qquad (7\,\text{a})$$

wenn $i =$ das Übersetzungsverhältnis zum Antrieb der Zugspindel bei einem gewissen Wechselrad und $G_h =$ die Ganghöhe der Zugspindel ist. Man erhält dann die theoretische Gleichung für den Konus, indem man noch v' in die Gl. (7) einsetzt zu:

$$\text{tg}\,\alpha = \frac{q\,F}{B_b\,G_h\,i}\,. \qquad (8)$$

Nun trifft aber die für die Ableitung der Gl. (8) gemachten Voraussetzung nicht ganz zu. Es verbleiben doch gewisse Zwischenräume beim Aufwickeln der Fäden. Die Größe dieser Zwischenräume hängt von der Spannung ab, mit der die Fäden auf die Schärtrommel auflaufen. Bei gleichem Gatter wird diese Abweichung konstant. Um die theoretische Gl. (8) den tatsächlichen Verhältnissen anzupassen, wird noch ein Korrekturfaktor C hinzugefügt, der, wie nachstehende praktische Messungen zeigen, für eine Materialart und eine Maschine konstant bleibt. Man kann deshalb folgende allgemeingültige Gleichung anschreiben:

$$\text{tg}\,\alpha = \frac{q\,F}{B_b\,i\,G_h}\,C\,. \qquad (9)$$

In diese Gleichung wird der Faserquerschnitt q in mm², die Bandbreite B_b in cm und die Ganghöhe G_h der Zugspindel in cm eingesetzt.

Nun gilt es noch, den Korrekturfaktor C zu bestimmen. Zu diesem Zweck wurden Schärversuche durchgeführt und dabei der Konuswinkel versuchsweise ermittelt. Setzt man diesen Wert bzw. den Tangens dieses Winkels in die Gl. (9) ein, so kann man daraus den Korrekturfaktor C berechnen.

Dem 1. Versuch wurden folgende Werte zugrunde gelegt:

N_m	40/2 = 20,	s_f	1,5 für Baumwolle,
R_g	10,5 km,	i	1 : 15,
R_f	25 km für Baumwolle,	G_h	0,63 cm,
F	202 Fäden im Band,	α	27° Konuswinkel,
B_b	12,8 cm,	tg α	0,51.

Der Fadenquerschnitt berechnet sich aus Gl. (5):

$$q = \frac{R_f}{N_m\,s_f\,R_g} = \frac{25}{20 \cdot 1,5 \cdot 10,5}\,0,0795\ \text{mm}^2\,.$$

17*

Der gefundene Konuswinkel $\alpha = 27°$ bzw. $\mathrm{tg}\,\alpha = 0{,}51$ muß nun die Gl. (9) befriedigen, d. h. es muß sein:

$$0{,}51 = \frac{q\,F}{B_b\,i\,G_h}\,C = \frac{0{,}0795 \cdot 202 \cdot 15}{12{,}8 \cdot 1 \cdot 0{,}63}\,C = 0{,}298\,C\,,$$

und daraus folgt:

$$C = \frac{0{,}51}{0{,}298} = 1{,}71\,.$$

Für den 2. Versuch wurde wiederum Baumwollgarn genommen, aber folgende Abänderungen getroffen:

N_m 5/5 = 1, i 1 : 5,
R_g 10 km, α 21° Konuswinkel,
B_b 30 cm, $\mathrm{tg}\,\alpha$ 0,384.
F 50 im Band,

$$q = \frac{25}{1 \cdot 1{,}5 \cdot 10} = 1{,}68\ \mathrm{mm}^2\,,$$

ferner

$$0{,}384 = \frac{1{,}68 \cdot 50 \cdot 5}{30 \cdot 1 \cdot 0{,}63}\,C = 0{,}222\,C\,,$$

$$C = \frac{0{,}384}{0{,}222} = 1{,}73\,.$$

Aus diesen beiden weit auseinanderliegenden Versuchen folgt, daß der Korrekturfaktor etwa $C = 1{,}7$.

Die Gl. (9), deren Berechnung an sich keine besonderen Schwierigkeiten bereitet, kann aber für den praktischen Gebrauch noch in Form eines Nomogrammes zur Darstellung gebracht werden, so daß sich jede Rechnung erübrigt. Zu diesem Zweck muß man die Gl. (9) etwas umschreiben und eine Vereinfachung vornehmen, die aber das Ergebnis nicht wesentlich beeinflußt.

Zunächst setzt man in Gl. (9) für q den Wert aus Gl. (5) ein und nimmt innerhalb der Gleichung eine andere Zusammensetzung vor.

$$\mathrm{tg}\,\alpha = \frac{R_f}{s_f\,R_g}\,\frac{F\,C}{N_m\,B_b\,i\,G_h}\,.$$

Nach Gl. (7a) ist aber $i\,G_h = v'$, d. h. die seitliche Verschiebung bei einer Umdrehung der Schärtrommel. Diese seitliche Verschiebung wird aber durch das Wechselrad hervorgerufen, bzw. zu jedem v' gehört ein ganz bestimmtes Wechselrad. Die obige Gleichung läßt sich also auch folgendermaßen anschreiben:

$$\mathrm{tg}\,\alpha = \frac{R_f}{s_f\,R_g}\,\frac{F\,C}{N_m\,B_b\,v'}\,. \tag{10}$$

Den 1. Teil des Ausdruckes kann man, da sich die Reißlänge innerhalb einer Garnsorte nur wenig verändert, als konstant ansehen. Für die verschiedenen Garnarten aber kann man der Tab. 21 die Werte entnehmen.

Tabelle 21

Garnart	Garnreiß-länge [km]	Baumwolle		
		hochwertig	mittel	gering
Mule Zettel	9,3	2,15	1,79	1,075
Water	11,0	1,82	1,517	0,91
Water hart	13,5	1,48	1,235	0,74
Ia Baumwollzwirn..............	20,0	1,00	0,83	0,5
Baumwollkordzwirn	14	1,43	1,19	0,725

Die Tabelle errechnet sich aus der Gleichung $\dfrac{R_f}{s_f\,R_g}$ mit $s_f = 1{,}5$ und Faserreißlängen von 30, 25 bzw. 15 km.

Den Zusammenhang zwischen der Zähnezahl des Wechselrades der Übersetzung und dem Vorschub 100 v', d. h. für 100 Schärtrommelumdrehungen, gibt die Tab. 22 wieder.

Tabelle 22

Zähnezahl des Wechselrades	Übersetzung i	Vorschub 100 v' in cm
60	1 : 4,5	14
51	1 : 5	12,6
48	1 : 5,6	11,3
42	1 : 6,43	9,8
36	1 : 7,5	8,4
30	1 : 9	7,0
24	1 : 11,25	5,6
18	1 : 15	4,2
12	1 : 22,5	2,9

Das Übersetzungsverhältnis i errechnet sich aus der Beziehung:

$$i = \frac{\text{Zähnezahl des Wechselrades}}{\text{Maschinenkonstante}}.$$

In dem vorliegenden Falle betrug die Maschinenkonstante 2700. Der Vorschub für 100 Trommelumdrehungen berechnet sich aus:

100 v' = Ganghöhe der Zugspindel G_h mal Übersetzungsverhältnis i.

Der 1. Ausdruck aus Gl. (10) ist als „Materialkonstante" in das Nomogramm übernommen worden. Die Berechnung der anderen Größen erfolgt nach der bekannten Art des Zeichnens von Nomogrammen (Abb. 331), indem die jeweiligen Werte für Bandbreite, Garnnummer und Vorschub durch Strahlen gekennzeichnet sind. Es sei noch darauf aufmerksam

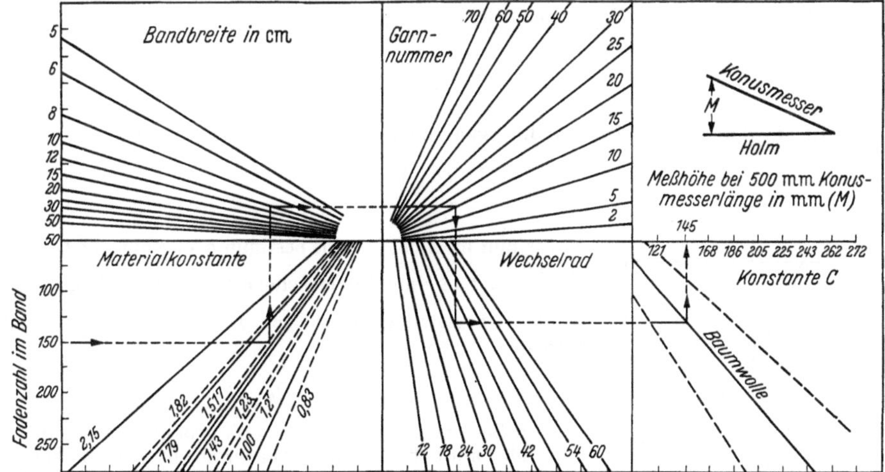

Abb. 331. Nomogramm zur Bestimmung der Konushöhe beim Schären von Baumwolle

gemacht, daß in den 4. Quadranten des Nomogrammes nicht der Vorschub, sondern gleich die Zähnezahl des Wechselrades eingetragen ist. Es wurde aber schon betont, daß, wie auch aus der Tab. 22 hervorgeht, zu jedem Vorschub ein bestimmtes Wechselrad gehört. Es ist in der Praxis einfacher, mit dem Wechselrad als mit dem Vorschub zu rechnen, weil der Schärer doch das Wechselrad anstecken muß.

Schließlich ist noch eine der Praxis näherliegende Umrechnung erfolgt. Das Ergebnis des Nomogrammes ist nach Gl. (10) der Tangens des Konuswinkels. Dies ist aber vom Schärer ein kaum verständliches Maß, weshalb aus dem Tangens der zugehörige Sinus berechnet worden und als Meßhöhe M unter Berücksichtigung der Länge des Konusmessers (im Beispiel 500 mm) ausgedrückt ist. Der Schärer kann nun mit einem Zollstock die Höhe des Konusmessers feststellen.

Ein Beispiel soll die Anwendung des Nomogrammes erläutern: Aus einem Watergarn mittlerer Baumwollqualität (Materialkonstante 1,517, s. Tab. 21) ist eine Kette zu schären mit einer Bandbreite von 10 cm, 150 Fäden im Band, der Garnnummer $N_m = 15$ und einem Wechselrad mit 36 Zähnen. Dieses Beispiel ist in Abb. 331 eingezeichnet. Verfolgt man den Rechenstrahl, so erhält man eine Meßhöhe von 147 mm. Um jeden Fehler auszuschalten, ist in dem freien Feld noch einzutragen, wie die Meßhöhe M zu messen ist.

Bei Maschinen mit festem Konus ist nach Gl. (7)

$$v' = \frac{q\,F}{B_b\,\mathrm{tg}\,\alpha}\,.$$

Die durch Klinken hervorgerufene Vorschubbewegung muß bei diesen Maschinen so eingestellt werden, daß der Vorschub dem fest eingestellten Konus entspricht. [In dem Nomogramm entspricht der Konus dem fest eingestellten Vorschub (Wechselrad).]

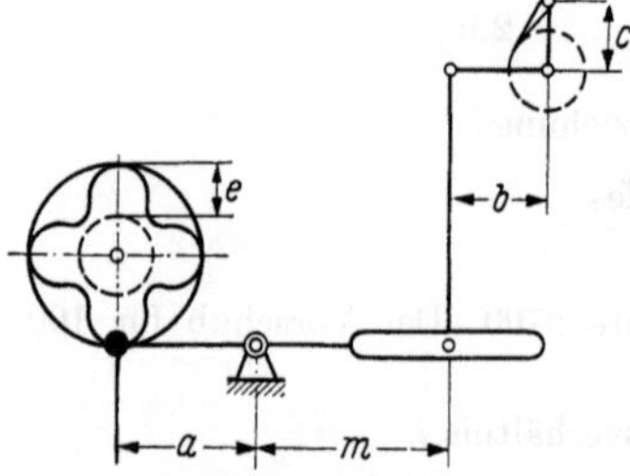

Abb. 332

Aus Abb. 332 ist zu erkennen, daß sich die Schaltung für die einzelnen Vorschubgrößen nach der Exzentrizität des die Schaltung hervorrufenden Rades richtet, außerdem nach dem Hebelverhältnis, der Teilung, der Zähnezahl des Zugspindelrades und der Ganghöhe der Zugspindel.

Der Schaltweg bei flachem Exzenter ist:

$$s = 4\,\frac{e\,m\,c}{a\,b}, \qquad (11\,\mathrm{a})$$

worin m der veränderliche Hebelarm ist, der die Bewegungsgröße festlegt. Bei einer Umdrehung der Schärtrommel muß der Support um v' weiterbewegt werden. Die Zugspindel dreht sich um v'/G_h. Eine Zugspindelumdrehung entspricht dem Schaltweg zt, wenn $z =$ Zähnezahl und $t =$ Teilung des Zugspindelrades.

Der Schaltweg bei einer Schärtrommelumdrehung ist:

$$s = z\,t\,\frac{v'}{G_h}\,. \qquad (11\,\mathrm{b})$$

Da Gl. (11a) und (11b) gleich sind, so kann man daraus m errechnen. Es ist

$$m = \frac{1}{4}\cdot\frac{a\,b}{e\,c}\,\frac{v'}{G_h}\,z\,t\,. \qquad (12)$$

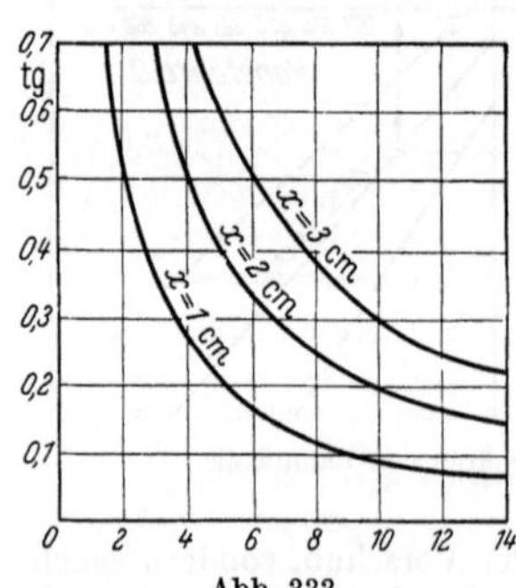

Abb. 333

Es ist nun möglich, für eine bestimmte Maschine die Größen $\frac{1}{4}\,\frac{a\,b}{e\,c}$ und $z\,t$ einmal zu errechnen und als gleichbleibenden Wert i (Übersetzung) festzulegen. Dadurch geht die Gl. (12) über in

$$m = \frac{v'}{G_h}\,i\,. \qquad (13)$$

Zur Berechnung von i müssen die genauen Abmessungen der Hebel am Schaltmechanismus ermittelt werden. Ferner kann man noch i/G_h errechnen, ein Wert, der für eine Maschine konstant bleibt und als Maschinenkonstante k in die Rechnung eingeführt wird. Damit erhält man:

$$m = \frac{k}{v'} \qquad \text{oder} \qquad v' = m\,k\,.$$

Es besteht nach den früheren Ausführungen ein enger Zusammenhang zwischen Konuswinkel und Vorschub. Nach Gl. (6) ist

$$\mathrm{tg}\,\alpha = \frac{x}{v} \qquad \text{oder} \qquad v\,\mathrm{tg}\,\alpha = x\,.$$

Da nun die Auflaufhöhe x bei dieser Schärmaschine konstant bleibt, so gilt:

$$v \operatorname{tg} \alpha = \text{const}.$$

Diese Gleichung als Diagramm dargestellt ergibt eine Hyperbel, deren Verlauf sich nach der Auflaufhöhe richtet (Abb. 333).

c) Die Ermittlung der Konussteigung und der Supportverschiebung durch Messung

Während die geometrische Überlegung mit einem großen Unsicherheitsfaktor behaftet ist, hat die Berechnung den Nachteil, daß man an das Arbeitspersonal im Hinblick auf rechnerische Sicherheit große Ansprüche stellen muß.

Die Messung gestaltet sich dahingegen etwas einfacher. Als Hilfsmittel verwendet man ein *Auftragsmeßgerät* (vgl. Abb. 334). Hierbei wird auf einer in der Breite begrenzten Trommel von Hand aus die aus dem Muster auf diese Breiteneinheit entfallende Kettfadenzahl aufgewikkelt, wobei entweder die Drehzahl der Trommel nach dem Erreichen einer bestimmten Eichhöhe oder nach einer bestimmten Trommeldrehzahl die erreichte Auflaufhöhe gemessen wird.

Solche Auftragsmeßgeräte sind schon lange bekannt. Sie konnten sich jedoch in der Praxis nicht einführen, weil die Umrechnung von den auf der Trommel ermittelten Werten auf die für die Schärmaschine notwendigen Werte für den Prak-

Abb. 334. Auftragsmeßgerät (Schlafhorst)

tiker mit Schwierigkeiten mathematischer Art verbunden waren. Erwähnenswert ist noch, daß die Maschinen von Schlafhorst (Modell DSB) auf der Maschinenvorderseite Rechenscheiben tragen, die es ermöglichen, den gewünschten Wert zu finden.

Wie man die Ermittlung von Konussteigung und Supportverschiebung nicht machen sollte. In der Praxis begegnet man vielfach der Ansicht, daß der Konus immer, unbekümmert darum, wie lang die Kette geschärt wird, vollgeschärt werden müsse. Unter Voraussetzung dieser Ansicht hat man Formeln entwickelt, (der Urheber dieser Formeln ist nicht bekannt), die leider immer noch häufig angewendet werden, obwohl nach der Ermittlung immer noch beträchtliche Korrekturen der Einstellung notwendig sind. Diese Formeln heißen[1]:

$$H = \frac{F\,S\,\mathrm{den}}{175\,000} \quad \text{für Reyon},$$

$$H = \frac{F\,S}{N_m \cdot 10} \quad \text{oder} \quad H = \frac{F\,S}{16{,}93 \cdot N_e} \quad \text{für Baumwolle usw.}$$

---

[1] Siehe auch Textil-Praxis 1953, 559.

Schon aus dem Dimensionsvergleich geht eindeutig hervor, daß das Ergebnis für H nicht mm ergibt.

d) Regelung der Maschine mit Differentialrechenwerk (Benninger)[1]

Die Regelvorrichtung im Antriebskopf der in Abb. 323 gezeigten Maschinen wird in Abb. 335 in Vergrößerung dargestellt, um die Manipulation der Einstellungen zu erklären: Die drei linken Skalenfenster *1, 2, 3* dienen zur Einstellung folgender Grundwerte:

1. Anfangsdurchmesser des Kettbaumes,
2. Bäumgeschwindigkeit,
3. Schärgeschwindigkeit.

Die Konstanthaltung der Geschwindigkeiten geschieht jedoch mit Hilfe der Werte, die am Konushöhenermittler eingestellt werden. Die fünf in der Mitte befindlichen Skalen *4—8* werden für die Konushöhenermittlung benötigt. Fenster *9*

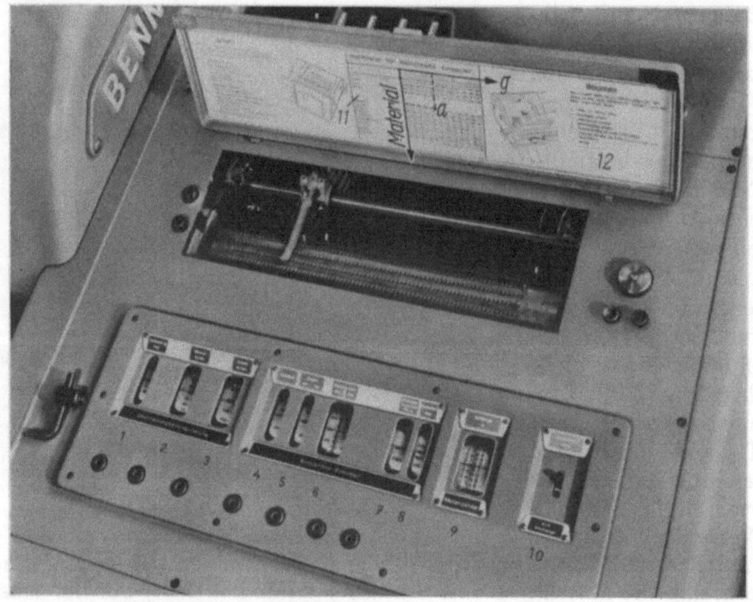

Abb. 335. Das Differentialrechenwerk (Benninger)

stellt den Meterzähler dar, und Schalter *10* dient zum Einstellen der Stücklängenabstellung. Die Handhabung des Differentialrechenwerkes kann in groben Zügen wie folgt erklärt werden. Mit Hilfe der Daten auf dem Stückzettel wird bei *5* die Fadendichte/cm, bei *6* die Garnnummer in den oder Nm, bei *7* die Größe des vorgewählten Supportvorschubes eingestellt. Dann liest man bei *11* in Abhängigkeit vom Material und Fadenspannung in g auf einer Tabelle einen Zahlenwert a ab, den man dann bei der Skala *4* einstellt. Diese Nachstellung korrigiert die bereits eingestellte Garnnummer, indem durch den Zahlenwert die Verschiedenheit der Materialien in bezug auf Volumen, Drehung usw. berücksichtigt werden. Es erscheint dann bei *8* die Anzeige der erforderlichen Konushöhe, die dann mit Hilfe eines Handrades an der Maschine eingestellt werden kann. Sind diese Werte erst

---

[1] Vgl. Z. ges. Textilind. 63 (1961) Nr. 9.

einmal richtig eingestellt, dann braucht man lediglich noch bei *1* den erforderlichen Kettbaumdurchmesser, bei *2* die gewünschte Bäumgeschwindigkeit, bei *3* die gewünschte Schärgeschwindigkeit einzustellen, dann ergibt sich aus der Korrespondenz der Einzelwerte auf Grund des Rechenwertes eine Einstellung der Maschine, die eine absolut konstante Schär- und Bäumgeschwindigkeit garantiert. Die näheren Einzelheiten dieser Vorrichtungen sollen nicht in diesem Zusammenhang besprochen werden.

6. Das Geleseblatt

Das Geleseblatt dient zum Kreuzlegen oder Kreuzschlagen. Es besteht aus einem Riet, welches offene und zugelötete Lücken hat.

Das Kreuzschlagen mit Hilfe des Geleseblattes geschieht wie folgt: Vor dem Blatt sind nach oben und unten bewegliche Stäbe angeordnet. Zwischen diesen hindurch werden alle Fäden eingezogen. Ein Riet zur Herstellung eines normalen

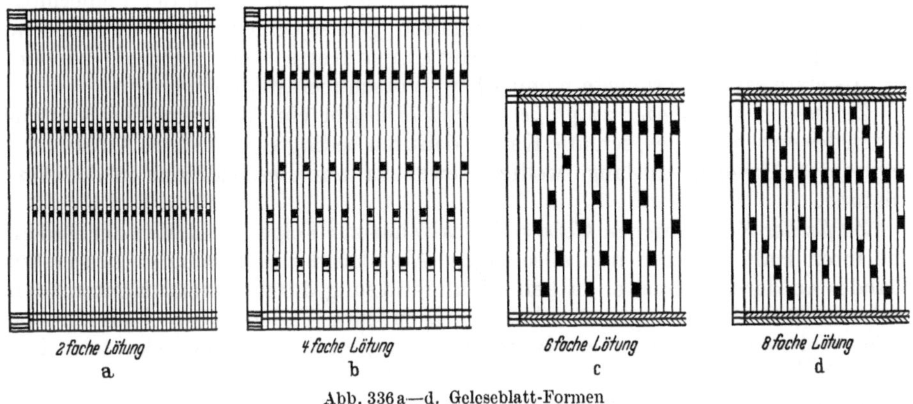

Abb. 336 a—d. Geleseblatt-Formen

Kreuzes (Abb. 336a) hat abwechselnd eine offene und eine zugelötete Rietlücke. Die Fäden werden der Reihe nach eingezogen, so daß sich die geraden Fäden in den zugelöteten Lücken, die Fäden mit ungeraden Zahlen in den offenen Lücken befinden. Wird das Riet gesenkt oder werden die beiden Stäbe vor dem Riet angehoben, bleibt der Faden in der zugelöteten Lücke jeweils zurück, während der in der offenen Lücke nach oben folgen kann. Es entsteht ein Fach. Beim Senken der Stäbe oder beim Anheben des Rietes ist der Vorgang umgekehrt.

Zum Teilen der Kette auf der Schlichtmaschine durch Teilstäbe wird die Kette in mehrere Fadenlagen aufgeteilt. Die Anzahl der Lötstellen entspricht dann jeweils der Teilung, die gewünscht wird (z. B. 4fach = 4 Lötstellen). Die Höhe der Lötstellen ist verschieden, aber immer rapportierend (Abb. 336 b—c).

Das Geleseblatt oder Kreuzblatt finden wir mit dem Gatter fest verbunden auf besonderem fahrbarem Ständer oder fest mit dem Support verbunden. Die letzte Befestigungsart hat den Vorteil, daß das Geleseblatt mit dem Support bewegt wird und die Fäden immer gerade einlaufen und daß das Kreuz schnell eingelegt werden kann. Für schwere Ketten wird jedoch oft ein gesonderter Ständer verwendet.

7. Das Schärblatt

Im Schärblatt werden die Fäden auf die richtige Fädendichte und Bandbreite gebracht.

Grundsätzlich wird die Bandbreite nach folgender Formel ermittelt:

$$\frac{\text{Schärbreite} \times \text{Fadenzahl des Bandes}}{\text{Gesamtkettfadenzahl}} = \text{Bandbreite}.$$

Der Einzug pro Lücke des Schärblattes errechnet sich aus

$$\frac{\text{Bandbreite} \times \text{Lückenzahl/cm}}{\text{Fadenzahl des Bandes}} = \text{Einzug pro Lücke}.$$

Das Schärblatt ist bei älteren Maschinen oder aber auch bei Wollschärmaschinen schräg einstellbar, bei neueren Maschinen als Winkelriet ausgebildet.

Dadurch kann die Bandbreite, die zweckmäßig am aufgelaufenen Band gemessen wird, genau eingestellt werden.

IV. Fehler beim Schären und Bäumen

Auswirkungen auf die Kette, das Weben und die Ware. Neben der Fehlermöglichkeit, die Schärfolge nicht ganz einzuhalten, gibt es beim Schären verschiedene andere Fehlerquellen, die den guten Ausfall der Kette beeinträchtigen können.

Als erste sei die verkehrte Konus- bzw. Vorschubeinstellung genannt.

Zu steiler Konus oder zu großer Vorschub ergibt ein Auflaufen der Kantenfäden des ersten Bandes, schlaffe Kante, dadurch bedingtes schlechtes Abbäumen, schlechtes Abweben, zu lange wellige Gewebekanten, Beschädigung in der Ausrüstung.

Zu flacher Konus oder zu kleiner Vorschub hat zur Folge: Auflaufen der Fäden, die ihren Halt verlieren und abschlagen. Abfallen der Kantenfäden des ersten Bandes an der Konusseite, da keine Unterstützung durch Konus. Kantenfäden mit schlechter Spannung, beim Abbäumen zu kurz, Fäden reißen. Fadenbrüche beim Weben wegen zu hoher Kantenspannung, zu straffe Gewebekanten, Einreißen in der Ausrüstung.

Wird ein neues Band zu nahe an das fertige angesetzt, so laufen die linken Kantenfäden auf das fertige Band auf. Beim Abbäumen ziehen sich die Fäden unter den Nachbarfäden heraus. Sie bekommen eine hohe Spannung und reißen. Wird das Reißen nicht bemerkt, bleibt der Faden zurück und behindert nun seinerseits die andern Fäden. Die Folgen: Beim Weben Fadenbrüche, ausbleibende Fäden, in der Ware Spannerfäden, die sich besonders bei Reyon zeigen.

Ein zu weit angesetztes Band hat zur Folge, daß die Fäden zuerst keine Auflage durch das fertige Band und schlechte Spannung erhalten. Schließlich fehlt beim Bäumen der Betrag zwischen den Bändern, um welchen das eine zu weit entfernt angesetzt worden ist. Ringförmige Einschnitte in der Kette, weiche Stellen, schlechte Spannung dieser Stelle beim Weben, fehlerhafte Ware. Wird während des Schärens die Bandbreite (bei gleicher Fadenzahl) vergrößert oder verringert, treten ähnliche Fehler auf.

Ein mit normaler Breite richtig angesetztes Band, das während des Schärens verbreitert wird, läuft links auf und schlägt rechts ab. Die Fadendichte wird geringer. Folge: Spannerfäden beim Bäumen neben weichen Stellen infolge geringeren Materialauflaufs.

Eine während des Schärens eingestellte verringerte Bandbreite erhält größere Fadendichte, größeren Materialauflauf auf die Schärtrommel. Beim Bäumen fehlt rechts und links je die Hälfte des Betrages, um welchen das Band schmäler wurde. Lockeres Band wegen größerer Länge.

Daß eine Kette zu lang oder zu kurz geschärt werden kann, braucht nicht erwähnt zu werden. Hingegen können die Bänder infolge falscher Einstellung

des Tourenzählers unterschiedliche Länge erhalten. Beim Abschneiden der
Bänder auf die Länge des kürzesten Bandes geht neben dem Material meist auch
das Fadenkreuz verloren, das beim Bäumen am Ende eines jeden Bandes liegt.

Ist die Bandbreite zu gering, wird die Kette zu schmal; ist das Band zu breit,
wird die Kette zu breit. Ebenfalls kann eine Kette durch zu nahes Bandansetzen
zu schmal und durch zu weites Ansetzen zu breit werden, was sich besonders bei
großer Bandzahl bemerkbar macht.

Fehler beim Bäumen. Werden die Bänder nicht mit gleichmäßiger Spannung,
d. h. gleich lang, am Kettbaum befestigt, kann es lange dauern, bis alle Bänder
gleiche Spannung haben. Weiche und harte Stellen auf dem Baum.

Schlecht befestigte Bänder können sich beim Abweben des Kettendes lösen
und das Herausfliegen des Schützens zur Folge haben.

Zu enge Kettbaumscheiben verursachen ein Auflaufen der Kantenfäden zu
ringförmigen Erhöhungen. Große Fadenbeanspruchung, da Umfang an den Kettfäden dadurch größer, Spannung steigt.

Beim Bäumen zwischen zu weiten Scheiben finden die Kantenfäden keine
Auflage, rutschen zwischen Kette und Scheibe, bekommen geringe Spannung.
Kette an den Kanten weich, läßt sich schlecht abweben.

Lose Kettbaumscheiben verursachen die gleichen Mißstände. Schiefe Scheiben
drängen einmal die Kantenfäden zusammen, an anderer Stelle geben sie ihnen
zuviel Raum. Es ist verständlich, daß sich eine solche Kette schwer abweben läßt,
wenn man ihren Querschnitt betrachtet. Bei gleichem Drehwinkel wird einmal
viel und einmal wenig Garn abgewickelt.

Eine in der Breite richtig eingestellte Kette, die jedoch zu sehr auf eine Seite
gebäumt wurde, ist ebenfalls Veranlassung zu fehlerhafter Ware.

Zu hohe Bäumspannung kann dazu führen, daß die Kettfäden ihre Dehnung
verlieren und sich beim Weben die Fadenbrüche häufen.

Ist die Bäumspannung zu gering, kann es vorkommen, daß sich die Kette
nicht ganz zwischen die Scheiben bäumen läßt, also über deren Durchmesser
hinausgeht. Man kann durch Einlegen von Karton den Rest meist noch auf-
bäumen.

Abb. 337. Kettenbäummaschine

V. Kettenbäummaschine

Zum Bäumen von Ketten für Teppiche, Jutegewebe, Segeltuche, Autoreifen-
tuche und ähnlichen schweren Geweben verwendet man, da die Gesamtfadenzahl
der Kette nicht größer ist als das Fassungsvermögen eines Gatters, maschinelle
Vorrichtungen, die dem Prinzip der Arbeitsweise nach zu den Zettelmaschinen,
nach dem konstruktiven Aufbau zu den Bäummaschinen geordnet werden müßten. Die Abb. 337 zeigt eine solche Konstruktion mit zweiseitigem Kettenantrieb
durch starke Reibscheiben, die von Schneckenrädern und auslösbaren Schnecken
zusammengepreßt werden können. Die Bäumwellen sind durch Gewindespindeln
einstellbar. Die übrigen Einrichtungen entsprechen den Einrichtungen normaler
Bäummaschinen.

E. Schlichtmaschinen

Einleitung

„*Gut geschlichtet ist halb gewebt.*" So lautet ein alter Weberspruch, dessen
Richtigkeit heute von der modernen Textilindustrie rückhaltlos anerkannt wird.
Das war nicht immer so, denn ursprünglich behandelte man die Schlichterei als
ein Stiefkind und wies ihr im Rahmen des Arbeitsablaufes eine untergeordnete
Bedeutung zu.

Der Grund hierfür dürfte wohl darin zu sehen sein, daß einmal der Markt
mit einer Überfülle der verschiedensten Schlichtemittel übersättigt war, die nach
„Geheimrezepten" in kleinen Werkstätten hergestellt waren. Zu solchen Schlichtemitteln hatte man teilweise mit Recht nur ein sehr geringes Vertrauen. Der zweite
Grund hat wohl auch heute noch seine Bedeutung. Das Schlichten wird vom
Techniker durchgeführt. Bei einem planmäßigen Einsatz ist es aber unerläßlich,
sich zum mindesten mit der chemischen Grundmaterie etwas vertraut zu machen.

Das Streben, in den Webereien mit immer höheren Tourenzahlen zu arbeiten
und die Wirtschaftlichkeit der Herstellung durch Automatisierung zu steigern,
verlangt aber eine höhere Widerstandsfähigkeit des Garnes gegenüber den mechanischen Beanspruchungen. Die Notwendigkeit des Schlichtens kann heute gar
nicht mehr in Zweifel gestellt werden. Für die Verarbeitung ungezwirnter Ketten
und für die Verarbeitung von Ketten mit sehr feinfädigen Zwirnen betrachtet man
das Schlichten als eine unumgängliche Notwendigkeit.

Durch die planmäßigen Entwicklungsarbeiten der chemischen Industrie ist es
möglich geworden, Schlichtemittel zu beziehen, die allen technischen Anforderungen entsprechen und durch ihre gleichmäßige Zusammensetzung jederzeit ein
sicheres und einfaches Arbeiten gewährleisten.

Die Aufgabe der nachfolgenden zusammengefaßten Darstellung soll sein, dem
Techniker durch eine geeignete Klassifizierung den Überblick über verschiedene
zur Zeit anerkannte Schlichtemittel zu ermöglichen und an Hand von Rezepten
den Weg für einen planmäßigen Einsatz zu zeigen.

Die an der Herstellung von Schlichtemitteln interessierte chemische Industrie
ist in der Entwicklung der Schlichtemittel von teilweise gänzlich verschiedenen
Grundstoffen ausgegangen.

I. Die Aufgabe der Schlichte und der hieraus abzuleitenden Anforderungen

Wird in der Kette ungezwirntes Garn verarbeitet, so besteht während des
Webens die Gefahr, daß auf Grund der mechanischen Beanspruchung der Kette

durch die Schaftbewegung, durch den Blattanschlag und durch die Schützenbewegung auf Zug und Reibung das Kettmaterial reißt. Die Fadenbruchhäufigkeit nimmt Werte an, die eine beträchtliche Reduzierung des Wirtschaftlichkeitsgrades des gesamten Webprozesses zur Folge hat.

Das Schlichten der Garne hat also den Zweck, die Fäden für die weitere Verarbeitung im Webstuhl zu *festigen*, zu *glätten* und ihnen eine gewisse *Fülle* zu geben, die das fertige Gewebe nachher ansehnlicher macht. In dieser Forderung birgt sich eine Menge von Sonderwünschen, deren gleichzeitige und restlose Erfüllung keineswegs in allen Fällen möglich ist.

Je nach den vorhandenen Materialien, der Herkunft und Herstellungsweise, der Art des anzufertigenden Gewebes und den zur Verfügung stehenden Schlichtmaschinen, den Webstühlen und sonstigen maschinellen Einrichtungen sind die Anforderungen an die Schlichte aus folgenden Gründen verschieden:

Eine langstaplige ägyptische Makobaumwolle braucht nicht so stark geschlichtet zu werden wie eine geringwertige ostindische Skinde. Wird aber aus der gleichen Mako ein feinfädiges Gewebe mit dichter Bindung und dichter Garneinstellung hergestellt, so ist, trotz der vorigen Überlegung, eine sehr starke Schlichtung notwendig.

Bei Wolle spielt die Herkunft des Materials, die Feinheit und Kräuselung der Faser und die Verarbeitung (Streichgarn-Kammgarn) eine ausschlaggebende Rolle.

Genau so ist bei Reyon und Zellwolle der Unterschied je nach Herstellungsverfahren, Titer, Einzeltiter, Präparation und Stapellänge sehr erheblich.

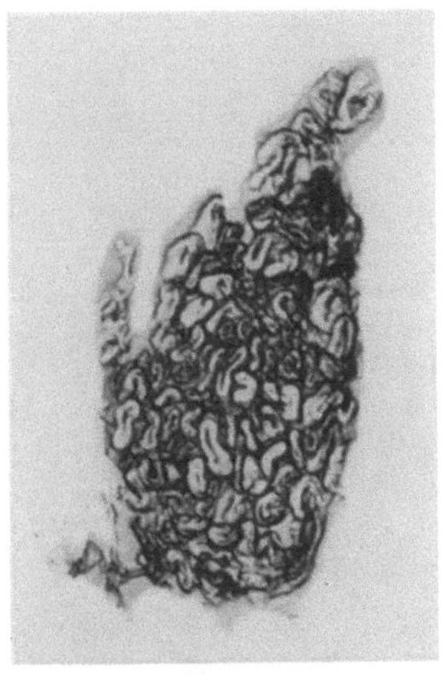

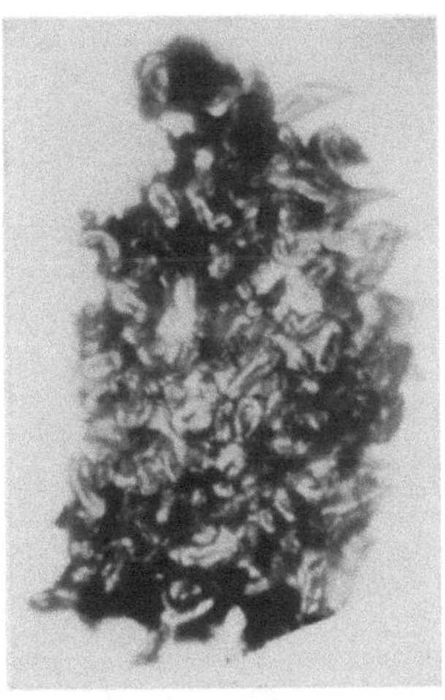

<table>
<tr><td>Abb. 338. Querschnitt durch einen ungeschlichteten
Baumwollfaden Nm 40</td><td>Abb. 339. Querschnitt durch einen Baumwollfaden
Nm 40, der mit Kartoffelstärke und Diazet
geschlichtet wurde</td></tr>
</table>

Diese nur zum Teil angegebenen Unterschiede und die immer höher werdenden Anforderungen des Verbrauchers lassen es erklärlich erscheinen, daß man heute von nur einem Universalschlichtemittel oder nur einem Schlichteverfahren nicht mehr sprechen kann. Die Einzelanforderungen, die von Fall zu Fall einzeln oder gemeinsam variiert werden müssen, können wie folgt genannt werden:

1. Bei größter Klebefähigkeit ist eine so geringe Viskosität erforderlich, daß die Flotte in die Zwischenräume der einzelnen Fasern eindringen kann.

2. Weder das Kettmaterial noch die Schlichte selbst dürfen durch die Behandlung steif
und brüchig werden.

(Zu hohe Steifigkeit des Materials hat sehr hohe Kettfadenbruchzahl zur Folge, und zu
hohe Steifigkeit der Schlichte hat zur Folge, daß diese schon frühzeitig, meist bei der Fachbildung, ausfällt und dem Faden nicht genügenden Schutz bis zur Beendigung des Webprozesses bietet.)

Es ist nicht Aufgabe der Schlichte, in die Faser einzudringen. Die nachfolgenden Abbildungen zeigen, wie die Schlichte in das Fasergefüge eindringt und
dem Faden insgesamt einen Schutzfilm gibt und die einzelnen Fasern aneinander-
geklebt werden.

Abb. 338 zeigt Baumwolle Nm 40 Makopopeline roh.

Abb. 339 zeigt den gleichen Faden, geschlichtet mit:

$$\frac{\begin{array}{l}\text{5 kg Diazet (Diamalt AG., München)}\\ \text{5 kg Kartoffelstärke}\\ \text{0,3 kg Digoral}\end{array}}{\text{100 Liter}}$$

Abb. 340 zeigt Zellwollgarn Nm 28, Langfaser, Wolltype 60 mm roh.

Abb. 341 zeigt den gleichen Faden, geschlichtet mit:

$$\frac{\begin{array}{l}\text{6,5 kg Diazet 66}\\ \text{0,6 kg Digoral}\end{array}}{\text{100 Liter}}$$

Obwohl solche optische Darstellungen außerordentlich schwierig sind, kann
man relativ gut erkennen, wie die Schlichte im Fasergefüge sitzt.

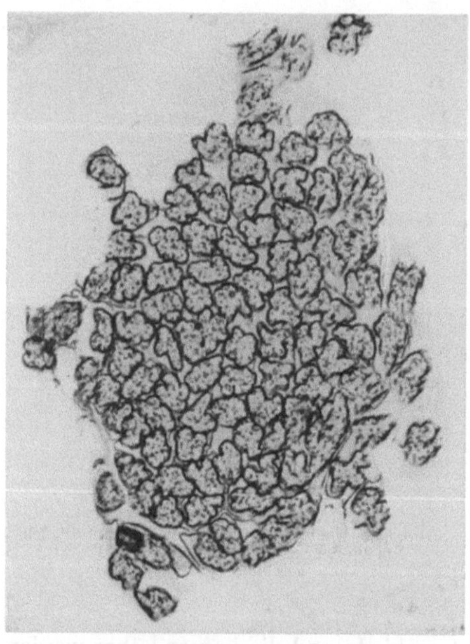

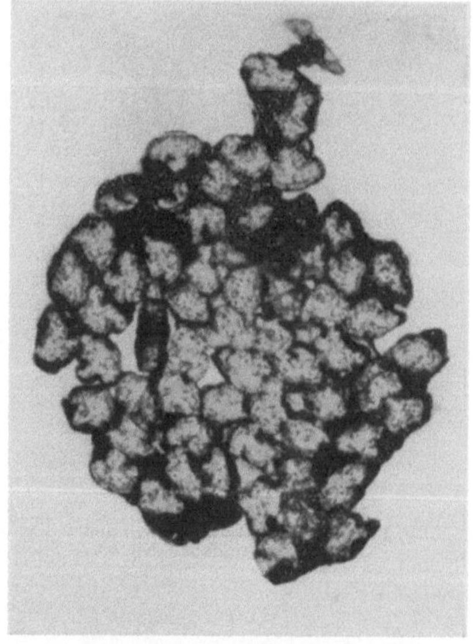

Abb. 340. Querschnitt durch einen ungeschlichteten
Zellwollfaden Nm 28

Abb. 341. Querschnitt durch einen mit Diazet
geschlichteten Zellwollfaden Nm 28

Der Grundstoff der Schlichte ist also der Kleber. Alle Zusatzmittel, die der
Schlichte zugesetzt werden, dienen der Unterstützung dieser Anforderungen.

Die Zusatzmittel zur Beeinflussung der unter 2. gekennzeichneten Anforderungen mögen der späteren spezifischen Betrachtung vorweggenommen werden.

Sowohl die Fasern als auch die Schlichte sind gegen den mechanischen Abrieb sehr empfindlich. Man kann dies in einer Weberei zuweilen sehr gut beobachten, wenn man die Anhäufungen von Schlichte und Flusen unterhalb des Webstuhles betrachtet. Es müssen der Schlichte glättende Mittel zugesetzt werden. Wenn auch diese Mittel die durch den Kleber erzeugte hohe Reißfestigkeit zum Teil reduzieren, so kann man doch nicht darauf verzichten, da der Gesamterfolg durch die besseren Gleiteigenschaften gesteigert wird.

Eine gute Verarbeitung des Kettmaterials ist auch mit Rücksicht auf die Gefahr der elektrostatischen Aufladung nur möglich, wenn die Kette genügende Feuchtigkeit aufweist. Hierfür ist ja nach dem scharfen Trockenprozeß nicht unbedingte Gewähr gegeben. Es müssen also der Schlichte Mittel zugesetzt werden, durch deren hygroskopische Eigenschaften sich die Feuchtigkeit der Kette von selber einstellt, oder aber Mittel, die als antistatische Mittel eine Aufladung nicht zulassen.

Wird mit hygroskopischen Mitteln gearbeitet, so ist der Schlichte noch ein konservierendes Mittel zuzusetzen, um die Ware bei längerer Lagerung vor Bakterienbefall und Fäulnis zu schützen.

Wird die Ware später einem Ausrüstungs- oder Färbeprozeß unterworfen, so muß die Möglichkeit bestehen, auf verhältnismäßig einfachem Wege die Schlichte wieder aus der Ware herauszubekommen. Bei diesem Arbeitsgang, den man unter dem Namen „Entschlichtung" kennt, darf die Ware nicht so strapaziert werden, daß die Güte leidet.

II. Die Aufbereitung des Klebers

Wie aus der vorangegangenen Darstellung zu erkennen ist, kann man den Kleber als den Grundstoff für die Schlichte ansprechen. Als solchen verwendet man:

1. Für Wolle und Wolle-Zellwoll-Mischungen: Leim und lösliche Stärke einzeln oder gemeinsam sowie Zellulosederivate als Spezialprodukte ebenfalls allein oder in Verbindung mit Stärke.
2. Für Baumwolle oder Baumwoll-Zellwoll-Mischungen: lösliche Stärke, Zellulosederivate.
3. Für reine Zellwolle: Leim und lösliche Stärke.
4. Für Viskose- und Kupferreyon: Leim, Eiweiß, Kunststoff, Leinöl.
5. Für Azetatreyon: Eiweißprodukte.
6. Für synthetische Faserstoffe: Synthetische Produkte mit hoher Dehnungsfähigkeit.

1. Stärke

Unter den verschiedenen Stärkesorten sind es die Kartoffelstärke und die Weizenstärke, die eine Verwendung in der Weberei finden.

Die Weizenstärke gibt dem Gewebe zwar einen harten und spröden Griff, aber man hat auf der anderen Seite den besonderen Vorteil, daß sie die Eigenschaft einer Deckfarbe hat. Sie ist deshalb in der Rohweißweberei gelegentlich in Anwendung.

Unter den nativen Stärken hat die Kartoffelstärke wegen der günstigen Preislage den besonderen Vorzug. In unmodulierter Form kann sie jedoch in der Schlichterei nicht zur Anwendung gebracht werden, weil sie die höchste Viskosität aufweist. Die Schlichteaufnahme nimmt aber mit steigender Viskosität ab und damit auch der Schlichteffekt.

Eine Verminderung der Viskosität durch Stärkeabbau ist fast unumgänglich, wenn man mit einem guten Erfolg rechnen will.

Der optimale Abbaugrad liegt mit Rücksicht auf den Schlichteffekt bei einem Mol.-Gew. von 15000···30000, während die native Stärke ein Mol.-Gew. von 150000 aufweist. Der elastischere Film der abgebauten Stärke ist auf das kleinere Mizellgewicht zurückzuführen.

Es treten hier mehr Mizellen zu einem Film des gleichen Gewichtes zusammen als bei nativer Stärke, und dies führt zu einer Erhöhung der Kohäsionskraft bzw. der „inneren" Klebkraft.

Der so als notwendig gekennzeichnete Stärkeabbau wird in der Praxis der Schlichterei zur Zeit durch folgende Möglichkeiten erreicht: a) Abbau durch Enzyme und Fermente, b) Abbau durch Oxydationsmittel.

a) Abbau durch Enzyme und Fermente

Enzyme sind organische Verbindungen ohne eine bestimmte Form, die in ihrer Zusammensetzung den Eiweißstoffen nahekommen. Sie werden von der lebenden Tier- oder Pflanzenzelle aus den Eiweißstoffen gebildet.

Diese Enzyme besitzen die merkwürdige Fähigkeit, kompliziert aufgebaute organische Stoffe zu spalten, abzubauen, in einfachere Bestandteile und in lösliche Formen überzuführen. So vermag z. B. eine bestimmte Art von Enzymen, die sogenannten Diastasen, Stärke unter Wasseraufnahme in einfachere lösliche Stoffe zu spalten, oder sie hydrolisieren die Stärke, wie der Chemiker sagt. Dabei wirken die Enzyme als Katalysatoren. Dies ist auch die Begründung, warum schon kleine Mengen genügen, um beträchtliche Mengen des zu spaltenden Körpers in lösliche Form überzuführen.

Die Enzyme wirken nur innerhalb bestimmter Temperaturgrenzen; unterhalb des Gefrierpunktes hört ihre Wirkung auf, kehrt jedoch mit dem Übergang zur normalen Umgebungstemperatur wieder. Beim Erhitzen über eine bestimmte Temperatur werden sie zerstört. Diese kritische Temperatur liegt für die einzelnen Enzyme verschieden hoch. Ferner werden die Enzyme unwirksam bei Gegenwart von oft sehr kleinen Mengen gewisser Salze oder bestimmter Säuren oder Laugen, die man dann als Enzymgifte bezeichnet. Eine weitere Merkwürdigkeit ist, daß ein bestimmtes Enzym nur auf einige wenige Stoffe einwirkt und andere ähnlich aufgebaute Stoffe unverändert läßt.

Diese spezifische Wirkung der einzelnen Enzyme ist für die Technik außerordentlich wichtig. Um ein Beispiel anzuführen: Amylase, auch Amylomaltase genannt, ein in der Diastase enthaltenes Enzym, verwandelt Stärke unter Wasseraufnahme in lösliche Bestandteile, greift dagegen die der Stärke nahestehende Zellulose nicht an, während Säuren beide Körper – Zellulose und Stärke – löslich machen.

Enzyme sind in der Natur außerordentlich verbreitet.

Die technische Verarbeitung von Enzymen in der Schlichterei. Da die Reaktionsfähigkeit und der Reaktionsverlauf für die verschiedenen Enzyme bei unterschiedlichen Temperaturen liegen, soll im folgenden ein bestimmtes Beispiel aus der textilen Praxis herausgegriffen werden: die Anwendung von Diastofor:

Das Wesentliche bei der Zubereitung einer Schlichte unter Verwendung von Enzymen ist die Aufhebung der diastatischen Wirkung zur rechten Zeit.

Die stärkeabbauende Wirkung verliert sich sofort, wenn die Flotte aufgekocht wird. Um eine Schlichte von der jeweils gewünschten Viskosität zu erhalten, läßt man z. B. Diastafor bei einer Temperatur von 65 °C im Durchschnitt etwa 5 min auf die Stärke einwirken. Diese Zeit kann selbstverständlich je nach den gewünschten Belangen in Abhängigkeit von den zur Schlichtmaschine als Vorlage verwendeten Ketten variiert werden. Sobald die Flotte die gewünschte Viskosität hat, kocht man die Flotte kurz auf, wobei die Enzyme vernichtet werden und die abbauende Wirkung augenblicklich aufhört und auch nicht beim Erreichen der normalen Temperatur wieder einsetzt.

Es ist in jedem Falle richtig, die Schlichteflotte zuerst zuzubereiten und auf eine Temperatur von 65 °C zu bringen und dann das Enzym in aufgelöstem Zustande einzugießen. Liegt die Verkleisterungstemperatur der Stärke über 70 °C, so liegt hierfür naturgemäß eine Zwangsmäßigkeit vor. Ist die Verkleisterungstemperatur niedrig, so ist es dennoch zweckmäßig, da das Maß des Abbaues auch eine Funktion der Zeit ist. Die Zeit für das Aufheizen ist aber vom Flotteninhalt abhängig.

Sollen der Schlichte weitere Mittel zugesetzt werden, so ist es auch hier immer zweckmäßig, dieses erst nach der Wirkung des Enzyms zu tun, da verschiedene Stoffe, insbesondere Alkalien, die Wirkung des Enzymes beeinträchtigen oder ganz unterbinden.

b) Modifizierte Stärken

Bei diesen Stärken handelt es sich um Schlichtestärken, die durch eine Behandlung in der Herstellerfirma bereits eine Konstitution haben, die der abgebauten Stärke entspricht. Diese Stärken brauchen also bei der Verwendung in den Schlichtereien weder auf enzymatischem Wege noch durch Oxydation, wie in dem nachfolgenden Kapitel besprochen, abgebaut zu werden. Sie werden entsprechend der normalen Stärke verkleistert und mit den üblichen Schlichtezusätzen versehen und sind dann sofort verwendbar.

c) Der Stärkeabbau durch Oxydationsmittel

Der Abbau der Stärke durch Oxydationsmittel gestaltet sich in der Praxis des Schlichterei-betriebes besonders einfach. Die Oxydationsmittel werden der Schlichteflotte in dosierten Mengen zugesetzt. Durch die Dosierung erreicht man einen bestimmten Abbaugrad. Es unterbleibt die Kettenwirkung. Der Schlichter braucht nicht auf Grund eigener Initiative den Vorgang des Abbaus zu überwachen, um ihn rechtzeitig zu unterbrechen.

Die Oxydationsmittel kommen in Form von Tabletten in den Handel (Stoko-Tabletten der Firma Stockhausen, Krefeld, Prosperin-Tabletten NO der Firma Pfersee, Augsburg).

Die Tabletten werden der kalt aufgeschlämmten Stärke zugesetzt und mit aufgekocht.

Hilfsmittel für das Schlichten auf Stärkebasis. Die mechanischen Eigenschaften des Stärke-schlichtefilmes werden durch besondere Zusätze auf die jeweils gestellten Anforderungen ab-gestimmt. Eine Erhöhung der Geschmeidigkeit und Glätte vermindert zwar die Bruchreiß-festigkeit; die gleichzeitig erzielte Verminderung der mechanischen Beanspruchung gleicht diesen Nachteil aber aus.

Insbesondere sind es die höher erstarrenden Fette, wie Talgpräparate, die als Zusätze beliebt sind. Talgprodukte (z. B. Tallosane der Firma Stockhausen) verbinden mit dem guten Weichmachungs- und Glättungseffekt des Talges auf Grund ihrer Wasserlöslichkeit eine grö-ßere Ergiebigkeit, bessere Abbindung der Schlichte, homogenere Filme und eine Erleichterung des Schlichtens. Zuweilen verwendet man Schlichtemittel, die neben emulgierfähigem Fett Anteile von Paraffin enthalten. Diese Zusätze wirken besonders glättend. Es ist jedoch rat-sam, diese, auch wenn sie gut emulgieren, nur für Stuhlware einzusetzen.

Andere Mittel als die hier genannten sind auf gleicher oder ähnlicher Basis aufgebaut, z. B. Textal (Pfersee), Lipon GH, Olgon (Röhm & Haas) u. a. m.

2. Leim

Leim hat von den tierischen Kolloiden für die Schlichterei die größte Bedeutung ge-wonnen. Kasein wurde nur vorübergehend in größerem Umfange eingesetzt. Der Leim erhöht die Reißfestigkeit des Schlichtefilmes, vermindert die Dehnung und bleibt ohne Einfluß auf die Scheuerfestigkeit. Aus diesem Grunde wird Leim in der Zellwollschlichte mit Stärke kom-biniert und in der Reyonschlichte allein verwendet. Mit Rücksicht darauf, daß der Film von unverändertem Knochenleim nach dem Trocknen verhältnismäßig spröde ist und im Ge-schirr bzw. im Webeblatt leicht abgerieben wird, zieht man Spezialpräparate, wie Monopol-schlichte SK, vor, deren Film nach dem Trocknen wieder so viel Feuchtigkeit unter Quellung aufnimmt, daß er elastisch und glatt bleibt. Auch zeigen derartige Produkte ein besseres Eindringungsvermögen und eine leichte Auswaschbarkeit selbst nach Übertrocknen.

Zusätze von sulfonierten Ölen, wie Monopolbrillantöl, ergeben zwar auch eine größere Elastizität, vermindern aber gleichzeitig die bezeichnende Klebkraft des Leimes.

Andersgeartete Eiweißschichten, bei denen besonders die Sicherung eines geschmeidigen Schlichtefilmes gewährleistet ist, wie z. B. Monopolschlichte EL, haben sich auch auf solchen Fasern hervorragend bewiesen, bei denen, wie z. B. Azetatreyon oder Polyamidfasern, reine Leimschlichten noch keine ideale Lösung des Schlichteproblemes darstellen.

Zur Verhinderung der elektrostatischen Aufladung empfiehlt die Firma Stockhausen den Zusatz von Tallopol P. Besser ist es noch, die Fäden nach dem Trocknen mit Tallopol flüssig zu ölen.

3. Synthetische Kolloide

Hochmolekulare Kolloide, wie z. B. Zelluloseäther, fanden in der Zelluloseschlichte wegen der Gleichartigkeit der Grundsubstanz umfangreiche Verwendung. Die Tylosemarken haben sich vielfach an Stelle der Stärke in der Baumwoll- und Zellwollschlichte eingeführt, und als Spezialschlichte finden sie auch Eingang in die Wollschlichtereien.

Die Tylosemarken werden in verschiedenen, in sich gleichbleibenden Viskositäten her-gestellt, so daß mit ihnen für jeden geforderten Zweck ohne Schwierigkeiten konstante Schlichteflotten hergestellt werden können, die zwischen sirupartiger Konsistenz und wasser-dünnen Lösungen liegen können.

Man verarbeitet die Tylose in $0,5\cdots4\%$igen Lösungen.

Ein weiteres vollsynthetisches Schlichtemittel – der Plexileim – wird heute auch sehr gerne in den Schlichtereien verwendet. Plexileim besteht im wesentlichen aus dem Natrium-salz der Polyacrylsäure. Der hochviskose, durchsichtige, gelblich gefärbte Leim löst sich klar und farblos in Wasser. Beim Auftrocknen ergibt er weiche und hochelastische Filme, die nicht brechen. Dieser Oberflächenfilm ist besonders glatt und bietet der Kette bei der Be-anspruchung im Webstuhl einen hohen Schutz. Die Reaktion von 5%igem Plexileim ist schwach alkalisch bei einem p_H-Wert von etwa $0,8$.

Die erwähnenswerten Eigenschaften dieser Schlichtemittel sind: große Ergiebigkeit, unbegrenzte Haltbarkeit in Substanz wie in Lösung, Verträglichkeit und Mischbarkeit mit fast allen bekannten Schlichtemitteln.

4. Hinweise für die Wahl des Schlichtemittels

Die derzeitigen Gesichtspunkte beim Schlichten kann man im einzelnen wie folgt differenzieren:

In der *Woll-*, *Baumwoll-* und *Zellwoll*kettschlichterei und beim Schlichten von Mischketten erfolgt das Ansetzen der Flotte hauptsächlich auf Stärkebasis, wobei wegen des geringeren Preises die Kartoffelstärke unter den nativen Stärken den Vorzug hat.

Da jedoch die Kartoffelstärke ein Molekulargewicht von 150000 aufweist und ein optimaler Schlichteeffekt bei einem Molekulargewicht von 15000 ··· 30000 erzielbar ist, muß die Stärke aufgeschlossen werden. Neben den konservativen Arten des chemischen Aufschlusses durch Enzyme, Fermente und Oxydationsmittel tritt der mechanische Stärkeabbau immer mehr in den Vordergrund. Bei mechanischem Stärkeabbau wird das Stärkemolekül in chemischer Hinsicht praktisch unverändert bleiben, nur die kolloidchemischen Eigenschaften wie Quellung usw. verändern sich. Der Aufschluß erfolgt hierbei unter Dampfdrücken von etwa 15 atü und es ist erklärlich, daß dafür besondere Schlichtekochanlagen notwendig sind.

Von den konservativen Aufschließungsarten auf chemischer Grundlage gibt man dem Stärkeabbauen durch Oxydationsmittel heute immer den Vorzug gegenüber dem Abbau durch Enzyme und Fermente, denn durch Oxydationsmittel erzielt man einen der Dosierung entsprechenden Abbaugrad, während der Abbau durch Enzyme und Fermente durch einen Schlichter überwacht werden muß, der sowohl zuverlässig ist als auch über Fachkenntnisse verfügt.

Beim Schlichten von Reyon besteht die Gefahr der Überstreckung, vor allen Dingen der ungleichmäßigen Überstreckung im feuchten Zustand, wenn man im wäßrigen Medium arbeitet. Es muß dann der Schlichtevorgang selbst besonders sorgfältig durchgeführt werden, um solche Überdehnungen zu verhindern. Die Gefahr besteht jedoch nicht, wenn als Lösungsmittel an Stelle von Wasser organische Lösungsmittel verwendet werden, weil dann keine Quellung der Faser eintritt.

Beim Schlichten von Reyonketten liegen gegenüber dem Schlichten von anderen Faserstoffen insofern andere Verhältnisse vor, als die Flotten bei Reyon weitaus niedriger viskos sein müssen, um Verklebungen zu vermeiden.

Deshalb wird, abgesehen von Azetatreyon, die Kette grundsätzlich nicht in das Schlichtebad eingetaucht, sondern nur durch die Quetschwalzen geleitet. In der Reyonindustrie ist man fast ganz davon abgegangen, die Schlichte im eignen Betrieb herzustellen. Die im Handel erhältlichen Schlichtemittel sind in der Regel so abgestimmt, daß sie gleichermaßen verwendet werden können für Viskose-, Kupfer- und Azetatreyon. Es liegt lediglich in der Hand des Schlichters, die Konzentration auf die jeweiligen betrieblichen Gegebenheiten einzustellen.

Mit dem Aufkommen der *synthetischen Fasern* zeigte sich eine neue Problematik. Eine Schwierigkeit bereitete die Tatsache, daß synthetische Faserstoffe nur ein sehr geringes Aufnahmevermögen für Wasser zeigen. Hierdurch unterblieb dann auch die Aufnahme der Schlichteflotte. Außerdem sind synthetische Faserstoffe hochelastisch. Vom Schlichtefilm muß man also verlangen, daß er eine ähnliche Elastizität aufweist wie die Faser selbst, damit bei den, beim Webprozeß auftretenden Streckungen ein Abspringen des Filmes vermieden werden kann. Während des Schlichtens solcher Faserstoffe muß auf eine besonders niedrige Streckung geachtet werden. Man spricht davon, daß die Streckung 1 bis höchstens 4% sein darf.

5. Die Schlichteaufnahme

Das Benetzen des Garnes mit Schlichte erfolgt im sogenannten Schlichtetrog. Das kapillarporöse Garn nimmt während des Durchlaufes durch die Schlichteflotte je nach der Affinität mehr oder weniger Schlichtematerial auf. Betrachtet man die Abb. 341 (S. 270), so erkennt man, daß das Schlichtematerial am Querschnitt ziemlich ungleichmäßig verteilt ist. Die Verteilung selbst ist letzten Endes abhängig einmal von dem Aufnahmevermögen des Garnes gegenüber der jeweiligen Schlichteflotte und damit auch von der Viskosität der Flotte, von der Eintauchzeit, vom Abquetscheffekt und von der Art der Trocknung.

Der maximale Schlichteeffekt würde erreicht werden, wenn sämtliche Garnkapillaren mit Schlichte gefüllt sind und wenn der Faden selbst durch einen kräftigen Schlichtefilm umschlossen ist. Dieser optimale Wert ist aber wohl beim Schlichten nie ganz zu erreichen. Einmal muß bedacht werden, daß Lücken beim Eintauchen des Garnes in die Schlichteflotte noch mit Luft gefüllt sind, so daß dem Eindringen ein Widerstand entgegengesetzt wird und schließlich ist dies eine Abhängige, von der Zeitdauer der Sättigung des Garnes im Schlichtebad selbst. Es ist diese Problematik ein Faktor, der bei der Steigerung der Fertigungsgeschwindigkeit besonders im Auge behalten werden muß. Der hier erzielbare Erfolg ist im wesentlichen von der Konstruktion des Schlichtetroges abhängig.

III. Rezepte für die Herstellung der Schlichte

Bei der Zubereitung der Schlichte sind die verschiedensten Gesichtspunkte zu berücksichtigen. Die Konzentration der Schlichte, die Art und Dauer der Behandlung und die einzelnen Zusätze müssen sich nach dem Rohstoff, nach dem Spinnverfahren, nach der Dichte in Kette und Schuß, nach der Bindung und nach dem späteren Fertigungsverfahren in der Ausrüstung und nach dem Verwendungszweck richten. Leider gibt es aus diesem Grunde niemals ein Einheitsschlichtemittel oder ein Einheitsrezept unter den vielen in der Praxis gebräuchlichen Schlichtemitteln.

Trotz dieser Schwierigkeit, Rezepte zu benennen, soll im folgenden eine Sammlung der verschiedensten Rezepte wiedergegeben werden, die sich unter bestimmten, teilweise gekennzeichneten Voraussetzungen gut bewährt haben. Sie können jedoch mit Rücksicht auf die oben erwähnten notwendigen Variationen nicht verbindlich genommen werden. — Es sind Richtlinien, die von Fall zu Fall einer Modulation bedürfen.

1. Rezepte für Reyon

1. Courtaulds 120 den, matt 3446 Fdn/105 cm: Sistig-Trommel-Schlichtmaschine, Kette eintauchend, Abquetschtauchwalze mit Filzbombage, 50 °C, 25 m/min, 7% Längenzunahme:

30 g Monopolschlichte EL im Liter.

2. 100 den, glänzend, 9088 Fdn/145 cm: Sistig-Trommel-Schlichtmaschine, gleiche Bedingungen wie 1. 15 m/min:

40 g Monopolschlichte EL im Liter.

3. 120 den, glänzend, 4600 Fdn/106 cm: Sucker-Lufttrocken-Schlichtmaschine, Kette eingetaucht, Abquetschtauchwalze mit Filzbombage, 50 °C, 10···12 m/min:

35 g Monopolschlichte EL im Liter.

Kupferreyon:
4. 120 den, matt, 2760 Fdn/86 cm, 3% Drehung: 5 Trommel-Sistig-Schlichtmaschine, Kette eintauchend, Abquetschwalze mit Filzbombage, 3% Dehnung, 50 °C, 10 m/min:

60 g Monopolschlichte EL zusätzlich,
30 g Tallosan SW im Liter.

18*

Azetatreyon:

5. Rhodiaseta 75 den, 66 Fdn/cm: Sucker-Lufttrockenmaschine, Kette taucht nicht ein, Mitnehmerwalze mit Filzbombage, 60 °C, 25 m/min.

80 g Monopolschlichte EL im Liter.

6. Rhodiaseta, 75 den, glänzend, 8158 Fdn/104 cm: 50 Drehungen, Zell-Wiesental-Lufttrockenschlichtmaschine, Kette taucht nicht ein, Streckung 18%, 50···60 °C, 28 m/min, Trockentemperatur 80 °C:

75 g Monopolschlichte EL im Liter.

7. Rhodiaseta 75 den, 4880 Fdn/103 cm: 3 Trommel-Sistig-Schlichtmaschine, 1. Trommel 75 °C, 2. Trommel 70 °C, 3. Trommel 60 °C, Schlichte 50 °C:

90 g Monopolschlichte EL im Liter.

8. Für Azetatreyonketten mit mittlerer Kettdichte bis 6000 Faden empfiehlt sich nach Angaben der Firma Röhm & Haas die Anwendung von Silkovan AS mit den nachfolgenden Konzentrationen in Abhängigkeit von den Nummern:

$\dfrac{\text{den}}{\text{Nm}}$	$\dfrac{75}{120}$	$\dfrac{100}{90}$	$\dfrac{120}{75}$	Azetatreyon
	40···50	40···50	50···60	glänzend
	35···40	40···45	40···50	glänzend gefärbt
	50···60	50···60	50···60	mattiert
	40···50	40···50	50···60	mattiert gefärbt
		Gramm in Liter		

9. Beim Schlichten von Azetatreyonkette ist ein Schlichtezusatz erforderlich, wenn, wie unter 8. beschrieben, mit Silkovan gearbeitet wird. Als Hilfsmittel kommen in Frage: Lipon GH in folgendem Ansatz:

45···50 g Silkovan K Pulver,
5 g Lipon GH im Liter.

Olgon (Schlichtefett) in folgendem Ansatz:

60 g Silkovan K Pulver,
5 g Olgon,
0,3 g Ammonia conc. im Liter.
Plexileim 3···5 g im Liter.

10. Viskose- und Bemberg-Reyon können mit Plexileim ohne Zusätze wie folgt geschlichtet werden:

1··1,8 kg Plexileimpulver auf 100 l Wasser.

11. Azetatreyonketten mit Plexileim in folgendem Ansatz:

3···4,5 kg Plexileim auf 100 l Wasser.

12. Mit Tylose wird nach den Erfahrungen der Praxis im allgemeinen mit folgenden Ansätzen geschlichtet:

Viskosereyon, glänzend, mittlerer Titer 18···22 g Tylose KZ im Liter.
Viskosereyon, matt, mittlerer Titer 22···25 g Tylose KZ im Liter.
Kupferreyon, glänzend, mittlerer Titer 20···25 g Tylose KZ im Liter.
Kupferreyon, matt, mittlerer Titer 22···25 g Tylose KZ im Liter.

13. Viskosereyon kann mit Silkovan K in folgendem Ansatz geschlichtet werden:

$\dfrac{\text{den}}{\text{Nm}}$	$\dfrac{75}{120}$	$\dfrac{100}{90}$	$\dfrac{120}{75}$	Viskose
	18···20	20···22	20···22	glänzend
	16	18	18	glänzend gefärbt
	20···22	20···22	22···25	mattiert
	18	18···20	20	mattiert gefärbt
		Gramm in Liter		

Schlichtetemperatur der Rezepte Nr. 8, 9: 60 ÷ 70 °C.
Schlichtetemperatur der Rezepte Nr. 10, 13: 40 ÷ 60 °C.
Trockentemperatur für Azetat max 75 °C.
14. Für Reyonketten allgemein empfiehlt die Diamalt eine dünnkochende modifizierte Stärke Diazet 10.

2. Rezepte für Baumwolle

1. Schlichten von rohen Baumwollketten. Ne 16···30:
    10 kg Kartoffelmehl
    50 g Diastofor
    200 g Digoral
    ____
    100 l Wasser

2. Ne 31···44:
    8 kg Kartoffelmehl
    40 g Diastofor
    300 g Digoral
    ____
    100 l Wasser

3. Ne 50···60: Mako:
    11,5 kg Kartoffelstärke
    1 Stoke-Schlichtetablette
    500 g Tallosan SW oder
    250 g Tallosan S 100
    500 g Tallofin
    ____
    100 l Wasser

4. Ne 16···20 Rohnessel:
    6,5 kg Kartoffelstärke
    $^1/_4$ Stoke-Schlichtetablette
    150 g Tallosan
    ____
    100 l Wasser

5. Gefärbte Baumwollkette: Ne 20/1 Inlett-Naphthol, stranggefärbt:
    7,5 kg Kartoffelstärke
    $^1/_2$ Stoko-Schlichtetablette
    250 g Tallosan SW
    200 g Tallofin
    ____
    100 l Wasser

6. Daunendichte Einschütte Ne 24/1:
    10 kg Kartoffelstärke
    $^1/_2$ Stoko-Schlichtetablette
    400 g Tallosan SW
    ____
    100 l Wasser

7. Bunte Baumwollketten, gröbere Nummern:
    8 kg Kartoffelstärke
    40 g Diastafor
    100 g Japanwachs
    250 g Digoral
    ____
    100 l Wasser

8. Bunte Baumwollketten, feinere Nummern:
    10 kg Kartoffelstärke
    50 g Diastafor
    100 g Japanwachs
    250 g Digoral
    ____
    100 l Wasser

9. Schwerschlichte für rohe Baumwollgarne:
    8 kg Kartoffelmehl
    40 g Diastafor
    35 g Bittersalz
    1···2 kg Glyzerin
    ____
    100 l Wasser

10. Schwerschlichte bei etwa 50% Beschwerung:
    Ansatz I   12,5 kg Kartoffelmehl
    60 g Diastafor
    ____
    100 l Wasser

Ansatz II   75 kg Chinaclay mit wenig Wasser und
2 kg Talg verkochen

(Ansatz II wird einen Tag vor der Herstellung der eigentlichen Schlichteflotte fertiggestellt. Die Flüssigkeit wird zu der nach Ansatz I hergestellten Flotte unter ständigem Rühren zugegeben, und beides wird gut miteinander verkocht.)

11. Schwerschlichte für bunte Garne
    10 kg Kartoffelmehl
    50 g Diastafor
    10 kg Bittersalz
    250 g Digoral
    ____
    100 l Wasser

(Diese Flotte kann je nach der Garnnummer mit heißem Wasser verdünnt werden.)

12. Rohbaumwolle bis Nm 20 und 10 Fäden pro Zentimeter:
    3···4 kg Kartoffelstärke
    1···1,5 kg Rabic-Stärke G
    0,2 kg Textal T
    ____
    100 Liter

13. Rohbaumwolle von Nm 22 bis Nm 40 und von 10···20 Fäden/cm:

> 4···5 kg Kartoffelstärke
> 1,5···2 kg Rabic-Stärke G
> 0,3 kg Textal T
> ———————————————
> 100 Liter

14. Baumwolle Nm 40 bis Nm 60 und von 30···45 Fäden/cm:

> 5···6 kg Kartoffelstärke
> 1,5···2 kg Rabic-Stärke G
> 0,4 kg Textal T
> ———————————————
> 100 Liter

15. Baumwolle mit dichter Kett- und Schußeinstellung:

a) Nm 34 bis Nm 40 mit 30···40 Fäden/cm:

> 5,5···6,5 kg Kartoffelstärke
> 0,6···0,8 kg Mizellan-Schlichte PF
> 0,1···0,2 kg Prosperin-Paste oder Textal An
> ———————————————
> 100 Liter

b) Nm 40 bis Nm 60 mit 40···50 Fäden/cm:

> 6···8 kg Kartoffelstärke
> 0,5···2 kg Rabic-Stärke G
> 1···1,2 kg Mizellan-Schlichte PF
> 0,3···0, kg Prosperin-Paste 49 oder Textal AN
> ———————————————
> 100 Liter

16. Für die Anwendung von Tylose in der Baumwollschlichterei haben sich folgende Konzentrationen bewährt:

Nm	Kartoffelmehl	Tylose CO
20/1	2,5···4 kg	1,5···2 kg/100 l
30/1	3···3,5 kg	1,5···1,75 kg/100 l
34/1	3···5 kg	1,5···2,5 kg/100 l
40/1	4···6 kg	2···3 kg/100 l
50/1	4···6 kg	2···3 kg/100 l
60/1	5···6 kg	2,5···3 kg/100 l
70/1	6···7 kg	3···3,5 kg/100 l
90/1	8···10 kg	4···5 kg/100 l

17. Schlichten von Baumwolle mit Plexileim:

> 5···10 kg Kartoffelmehl
> 3···5 kg Plexileim
> ———————————————
> 100 l Wasser

18. Schlichten von Baumwolle mit Silikovan K:

> 5···10 kg Kartoffelmehl
> 1···2 kg Silikovan K und
> 0,3···0,4 kg Olgon
> ———————————————
> 100 l Wasser

19. Schlichte für Watergarne zur Erhöhung des Glanzes:

a)
> 7,5 kg Kartoffelmehl
> 40 g Diastafor
> 4 kg Chinaclay
> 350 g Olivenöl
> 250 g Dedege-Seife
> 300 g Digoral
> ———————————————
> 100 Liter

b)
> 7,5 kg Kartoffelmehl
> 40 g Diastafor
> 5 kg Chinaclay
> 250 g Stearin in Alkohol gelöst
> 100 g Kokosnußöl
> 125 g Dedegeseife
> 125 g Soda krist.
> ———————————————
> 100 Liter

Die Garne werden mit dieser Masse geschlichtet, getrocknet, und nach dem Verweben werden die fertigen Gewebe gemangelt, eingespritzt und auf dem Finishkalander zur Erzielung eines Hochglanzes kalandert. Durch die Schlichte allein kann kein Hochglanz erzielt werden.

3. Rezepte für reine Zellwolle

1. 28/1-Trommelschlichtmaschine:

> 2 kg Kartoffelmehl
> 2 kg Monopolschlichte SK
> 300 g Tallosan SW

2. 34/1-Trommelschlichtmaschine:
        2,5 kg Kartoffelmehl
        1,5 kg Monopolschlichte SK
        $^1/_8$ Stoko-Schlichtetablette
        150 g Tallosan SW

3. 34/1 Phrix-Druckkochung, Sucker-Lufttrockenschlichtmaschine:
        3 kg Kartoffelstärke
        $^1/_8$ Stoko-Schlichtetablette
        1,5 Monopolschlichte SK
        600 g Tallosan SW
        300 g Glyzerinersatz-Stoko

4. 34/1 mit leichter Einstellung:
        2···4 kg Mizellanschlichte PF
        0,1···0,3 kg Textal AN

5. Nm 50 mit 27 Fäden/cm:
        2 kg Kartoffelmehl
        2 kg Mizellanschlichte PF
        0,3 kg Textal AN

6. Tylose wird bei normalen Zellwollketten mit 40 g/l angesetzt und muß von dieser Konzentration ausgehend variiert werden (zwischen 30 und 60 g/l). Bei Langfaserzellwollen kann es gelegentlich notwendig sein, daß man auf Konzentrationen von 60···70 g/l gehen muß.

7. Silkovan K-Pulver setzt man für die Herstellung einer Schlichte für Zellwolle mit 3 kg Silkovan K auf 100 l Wasser an.

8. Billiger als das unter 7. beschriebene Rezept ist bei gleichem Weberfolg:
        3 kg Kartoffelmehl
        0,8···1 kg Silkovan K-Pulver
        0,2 kg Olgon

9. Plexileim wird zum Schlichten von Zellwolle wie folgt angesetzt:
        2 kg Kartoffelmehl
        2 kg Plexileim
        ―――――――――
        100 Liter

Baumwoll- und Zellwollmischgarne.

1. Für Mischung 70/30 Zw/Bw:
        5 kg Plexileim
        5 kg Kartoffelmehl

2. Für Mischung 16/84 und 20/80 Zw/Bw:
        5 kg Kartoffelmehl
        5 kg Plexileim

3. Für Mischungen 30/70 Zw/Bw:
        4···6 kg Kartoffelmehl
        1,3···1,8 kg Silkovan K-Pulver:
        0,3···0,4 kg Olgon
        ―――――――――
        100 Liter

4.   5···6 kg Silkovan T-Pulver auf 100 Liter.

4. Rezepte für Leinen

Beim Ansatz von Leinenschichten sind stets fettende und weichmachende Mittel zuzusetzen.

1. Feinere Garne: 2 kg Kartoffelmehl
                    10 g Diastafor
                    180 g Stearin
                    20 g Terpentin
                    25 g Dedegeseife
                    ―――――――――
                    100 Liter

2. Stärkere Garne: 2 kg Kartoffelmehl
                    10 g Diastafor
                    150 g Japanwachs, Paraffin oder Appreturöl
                    50 g Dedegeseife
                    ―――――――――
                    100 Liter

3.   5···15 g/Liter Tylose TWA 25
                        2··· g/Liter Ramasit III
4.   2···4 kg Kartoffelmehl
                        2···4 kg Plexileim

(Bei den unter 3. und 4. gekennzeichneten Rezepten sind Zusätze nicht notwendig.)

5. Rezepte für Flockenbast

Dieses Material bereitet beim Verarbeiten als Kettenmaterial große Schwierigkeiten. Folgende Schlichteansätze haben sich bewährt:

1.   3···5 kg Kartoffelmehl
                        2···3 kg Silkovan K-Pulver
                        1,5 kg Plexileim
                        ─────────────
                        100 Liter
2.   3 kg Silkovan K-Pulver
                        3 kg Plexileim
                        ─────────────
                        100 Liter
3.   15 g Tylose MGC 600 oder
                        35···40 g BTA zusätzlich
                        3 g Ramasit III
                        ─────────────
                        1 Liter

Dieses Rezept hat sich gut bewährt zum Schlichten von Ketten aus 50% Flockenbast, 30% Zellwolle, 20% Baumwolle.

6. Rezepte für Wolle

Das Schlichten der Wolle mit tierischem Leim wird heute immer seltener durchgeführt. Aus der Schlichterei der Baumwolle wurde die Schlichte auf Stärkebasis unter Voraussetzung bestimmter Modulationen übernommen, und an Stelle des tierischen Leimes haben die vollsynthetischen Schlichtemittel Eingang gefunden. Sie werden teilweise allein oder in Kombination mit Stärkeschlichte verwendet.

1. Ungezwirnte feine Kammgarne von Nm 50/1 aufwärts und feine Kammgarnzwirne von Nm 70/2 aufwärts:
                        15···25 g/Liter Tylose MGC 2000

2. Ungezwirnte Kammgarne niederer Nummer:
                        20···25 g Tylose TWA 600 im Liter

3. Für gröbere Kammgarnzwirne:
                        10···12 g Tylose TWA 600 allein bzw. zusammen
                        $^1/_4$···$^1/_2$ g Netzmittel im Liter

4. Mittlere Kammgarnzwirne:
                        12···16 g Tylose TWA 600 zusätzlich
                        $^1/_4$···$^1/_2$ g Netzmittel im Liter

5. Kammgarn 52/1:
                        10 kg Monopolschlichte SK
                        5 kg Kartoffelstärke

6. Kammgarn 52/1 33/cm Aufkochen im Druckkessel:
                        5 kg Kartoffelstärke
                        1 kg Monopolschlichte SK
                        ─────────────
                        100 Liter

7. Merinostreichgarn:
                        10 kg Kartoffelstärke
                        55 g Diastofor
                        600 g Leinöl
                        175 g Paraffin
                        140 g Glaubersalz
                        ─────────────
                        100 Liter

8. Streichgarne:
                        12,5 kg Kartoffelstärke
                        60 g Diastafor
                        1,5···2,5 kg Bittersalz
                        ─────────────
                        100 Liter

Die nach 7. und 8. hergestellte Schlichtemasse kann nach Wunsch verdünnt werden. Will man weichere Ketten haben, so fügt man noch etwas Talg hinzu.

9. Streichgarne und Kammgarne:
$$6 \cdots 7 \text{ kg Plexileim}$$

10. Wolle und Zellwollmischgarne:
$$2 \text{ kg Kartoffelstärke}$$
$$2 \text{ kg Plexileim}$$

11. Wolle/Zellwolle 50/50 bzw. 70/30:
$$4 \text{ kg Kartoffelmehl}$$
$$^1/_4 \text{ Stoko-Schlichtetablette}$$
$$2 \text{ kg Monopolschlichte SK}$$

12. Grobe und mittlere Streichgarne:
$$6 \cdots 8 \text{ g Tylose TWA 600/Liter}$$

13. Feinere Streichgarne:
$$8 \cdots 12 \text{ g Tylose TWA 600/Liter}$$

14. Streichgarne:
$$3 \cdots 5 \text{ kg Kartoffelmehl}$$
$$1,5 \cdots 2 \text{ kg Silkovan K}$$

Ist den Wollen viel Schmälze zugesetzt, so ist mit einem Netzmittel zu arbeiten, zweckmäßig bis 1 g/Liter.

7. Rezepte für Nylon und Perlon

Beim Schlichten von Nylon und Perlon bereitet die hohe Dehnung dieser Garne besondere Schwierigkeit. Die Dehnungen und Streckungen, die beim Webprozeß auftreten, veranlassen meistens ein Abreiben der Schlichte. Der Schlichtefilm muß also Eigenschaften besitzen, die eine ungünstige Beeinflussung durch die Dehnung ausschalten.

Es ist zweckmäßig, die Längung der Kette während des Schlichteprozesses nicht über 4% einzustellen, es sind sonst beträchtliche Schwierigkeiten in der späteren Ausrüstung zu befürchten. Der Abquetscheffekt soll etwa 80% betragen. Die Temperatur der Schlichteflotte soll nicht über 60 °C steigen.

Die für diese Materialien notwendigen Schlichtemittel sind zur Zeit noch in der Entwicklung.

Mit Rücksicht auf den Charakter des Rohstoffes ist es zweckmäßig, mit vollsynthetischen hochelastischen Mitteln zu arbeiten, z. B.:

Perlonschlichte TB der BASF Ludwigshafen.
Vinarol der Farbwerke Höchst.
Ortoxin der Farbenfabriken Bayer, Leverkusen.
Plexileim von Röhm & Haas, Darmstadt.
Tylose von Kalle & Co., Wiesbaden-Biebrich.
Mit gutem Erfolg konnte auch für Perlon und Nefa-Perlon nachfolgendes Rezept verwendet werden.
Perlon und Nefa-Perlon 30 den:
$$5 \text{ kg Monopolschlichte EL}$$
$$\underline{300 \text{ g Tallopol P}}$$
$$100 \text{ Liter}$$

IV. Schlichtmaschinen

Der gesamte Fertigungsvorgang „Schlichten" zerfällt in drei Stufen:

1. Abbäumvorrichtung mit Schlichtetrog und gegebenenfalls mit koordinierter Schlichtekochanlage.
2. Die Trockenvorrichtung.
3. Die Aufbäumvorrichtung.

Durch diese drei Gesichtspunkte ist der elementare Aufbau einer jeden Schlichtmaschine gekennzeichnet. Die Unterschiede, die zu beobachten sind, sind in der Regel nur durch die unterschiedliche Beanspruchbarkeit der verschiedenen Textilmaterialien gekennzeichnet.

Der Unterschied im maschinellen Aufbau der verschiedenen im Handel befindlichen Maschinen dagegen ist keineswegs sehr groß.

Jedes dieser drei Aggregate weist bezüglich des optimal erreichbaren Schlichteeffektes eine Problematik eigener Form auf.

Diese Probleme seien hier aufgeführt, um sie später im Rahmen der Gesamtdisposition zu behandeln:

Bei der *„Abbäumvorrichtung"* besteht bei Verwendung von Zettelbäumen in der Vorlage die Schwierigkeit, die verschiedenen vorgelegten Zettelbäume mit der gleichen Spannung abzuziehen. Spannungsunterschiede führen später in der Ware zu Kettstreifigkeit und haben unter Umständen Senkung des Webereiwirkungsgrades durch erhöhte Fadenbrüche zur Folge.

Die Problematik, die bezüglich der Musterung von gezettelten bunten Ketten dadurch entsteht, daß bei der spannungsmäßig günstigsten Vorlage vor der Schlichtmaschine die gestürzte Anordnung notwendig ist, soll in diesem Zusammenhang nicht näher erörtert werden.

Die Gesamtanlage *„Schlichtetrog"* mit den zugehörigen Tauch- und Abquetschwalzen muß so beschaffen sein, daß die Kette und der einzelne Faden in der relativ kurzen Durchlaufzeit gründlich von der Schlichte durchdrungen wird. Die Flottenkonzentration muß konstant gehalten werden. Unter Umständen kann es auch sehr problematisch sein, wenn in einem Betrieb die verschiedensten Materialien als Vorlage vor die Schlichtmaschine kommen. In einem solchen Falle ist es notwendig, sofern nicht verschiedene Schlichtmaschinen zur Verfügung stehen, die Flottenkonzentration in Anpassung an die verschiedenen Materialien zu variieren. Gegebenenfalls kann man mit mehreren Trögen arbeiten oder mehrere Vorratsbehälter in der Kochanlage vorsehen.

Beim *Aufkochen* der Schlichte ist der Aufschließungsgrad auf die Intensität der Mischung für den optimalen Schlichteeffekt von ausschlaggebender Bedeutung. Das Ansetzen in einem kleinen offenen Bottich läßt sich in einem kleinen Betrieb wegen der Kosten vielleicht nicht vermeiden. Es ist aber nicht zu leugnen, daß durch dieses Ansetzen die verschiedensten Varianten einen unterschiedlichen Ausfall der Schlichte unvermeidlich erscheinen lassen. Die Problematik der *Trockenvorrichtung* ist sowohl thermischer als auch faserstoffhistologischer Art. In dieser Hinsicht können genannt werden: die Trockentemperatur, die Spannung der Kette, die Höhe des Austrocknungseffektes.

Bei der *Aufbäumvorrichtung* ist die Problematik etwa die gleiche wie bei der Aufbäummaschine der Schärmaschine.

1. Der Schlichtetrog und Zubehör

Das eigentliche Schlichten — das Aufbringen der Schlichteflotte auf die Kette — findet in einem „Schlichtetrog" statt, dessen konstruktiver Aufbau nur wenige Variationen zeigt.

Die Elemente sind:

Der meist doppelwandige Bottich und die Tauch- und Quetschwalzenpaare.

Während des Durchlaufes der Kette durch den Schlichtetrog muß die Schlichte selbst auf einer bestimmten, dem Schlichtemittel charakteristischen Temperatur gehalten werden. Es ist jedoch nicht möglich, den großen Wärmeverlust, der durch die durchlaufende Kette verursacht wird, dadurch zu ersetzen, daß man durch ein offenes Dampfrohr (direkte Beheizung) die entstandenen Wärmeverluste laufend ersetzt, weil dann die ständige Kondensation des Dampfes in der Flotte die Entnahme von Schlichte durch die Kette ganz oder teilweise kompensiert, was einer Reduzierung der Konzentration der Flotte gleichkäme. Das bedienende Personal wird zu dem Trugschluß veranlaßt, daß das Nachfüllen der Schlichte noch nicht notwendig sei, während die Flotte bereits weitgehend verwässert ist.

Es ist ohne Zweifel möglich, in einen einfachen nicht doppelwandigen Trog eine entsprechend lange geschlossene Dampfschlange zu verlegen, um die entsprechende Wärmemenge zu erzielen. Dies wäre für die Sauberhaltung des Troges von großem Nachteil. Dies als Begründung dafür, warum man den meist aus Kupferblech bestehenden Trog in einen anderen aus Eisen bestehenden Trog einläßt. In den Zwischenraum, der durch die beiden Tröge gebildet wird, verlegt man die notwendige Anzahl von Heizrohren (indirekte Beheizung) und füllt zur Wärmeübertragung den Zwischenraum mit Glyzerin aus, das eine Siedetemperatur von 260 °C hat. Es ist somit auch ein Kochen im Schlichtetrog möglich.

Die *Tauchwalzen* sind in der Regel aus starkwandigen Kupferrohren hergestellt. Um das Eindringen der Schlichte zu erleichtern, sind sie meist, wie dies auch aus der Abb. 343 ersichtlich ist, in axialer Richtung mit wellenförmigen Riefen ausgestattet. Sie werden mit einer Handkurbel (über Ritzel und Zahnstange) in den Bottich gesenkt.

Die *Abquetschwalzen* haben glattes Profil und sind wegen des teilweise sehr hohen Anpreßdruckes massiv aus Kupfer oder massive Eisenwalzen mit Kupferüberzug. Die Belastung dieser Walzen geschieht in der Regel durch Federzüge. Wird mit zwei Abquetschwalzenpaaren gearbeitet, so ist es zweckmäßig, das erste Walzenpaar gar nicht oder nur wenig zu belasten, um der Schlichte Zeit für das Eindringen in die Kette zu geben; der leichte Druck soll das Eindringen fördern. Die grundsätzliche Aufgabe dieser Walzen ist durch ihre Bezeichnung gekennzeichnet. Sie sollen die Kette von *aller* überschüssigen Schlichte befreien. Geschieht dies nur unzulänglich, so entstehen in der Kette die berüchtigten „Schlichtestellen", Fehler, die dadurch gekennzeichnet sind, daß die benachbarten Kettfäden miteinander verklebt sind und sich beim nachfolgenden Webprozeß nicht vor der Fachbildung öffnen. Dies führt unweigerlich zu einer gehäuften Anzahl von Kettfadenbrüchen beim Weben. Der gleiche Fehler entsteht auch, wenn man die Kette während der Fertigung längere Zeit stehenlassen muß. In einem solchen Fall ist es unbedingt erforderlich, die Quetschwalzen anzuheben [dies ist durch Handhebel mit Hilfe eines Exzenters (vgl. Abb. 343) möglich].

Für die Gleichmäßigkeit des Eindringens der Flotte in die Kette ist neben dem hohen Anpreßdruck auch die Elastizität der Peripherie der Abquetschwalzen von ausschlaggebender Bedeutung. Aus diesem Grunde werden die oberen Abquetschwalzen mit sogenannten Schlichtetüchern oder Schlichthosen bezogen.

Das Schlichtetuch. Als solches verwendet man vorzüglich Wollflanell, den man fadengerade und rechtwinklig am besten auf Baumwollunterlage auf die Walze auflaufen läßt. 4···8 Umwindungen sind ausreichend. Das Tuch ist faltenlos aufzuwickeln. Das Ende des Tuches franst man zweckmäßig etwa 3 cm aus und bürstet dieses bei Drehung der Walze unter gleichzeitigem Begießen mit heißem Wasser auf den Umfang auf.

Die Schlichtetücher sind täglich einmal durch Abgießen und wöchentlich einmal durch Entschlichten mit einem der jeweiligen Schlichte entsprechenden Entschlichtemittel zu reinigen. Zum Entschlichten ist das Schlichtetuch von der Walze abzuheben.

Die Schlichtehosen. Das sind Filzschläuche, die sich in der Schlichtereipraxis immer mehr einführen. Für deren Pflege und Behandlung gibt RAMSTHALER[1] folgende Richtlinien an:

„a) Ausgeweitete Manchons sind unbedingt trocken zu lagern, damit die Bezüge nicht etwa zurückspringen. Selbst geringe Feuchtigkeitsunterschiede machen sich oft bemerkbar. Am zweckmäßigsten sind sie in der Originalverpackung der Hersteller zu belassen.

b) Zu eng gewordene Manchons sind entweder auf eigenem Spanner leicht nachzuweiten oder dem Hersteller einzusenden.

c) Die Walzen sind vor dem Aufziehen zu säubern.

d) Das Überziehen der Manchons über die völlig trockenen Walzen muß ohne Gewaltanwendung erfolgen.

e) Überstehende Ränder sind tabakbeutelartig zusammenzuschnüren oder zu nähen.

f) Die Schlichteschläuche sind unter ständigem Drehen der Walzen von der Mitte nach den Köpfen hin mit heißem Wasser von mindestens 80 °C ausgiebig aufzubrühen. Dabei nicht mit Wasser sparen!

g) Nach dem erfolgten Aufbrühen sind Manchons und Walzen durch reichliches Übergießen mit kaltem Wasser abzuschrecken.

Unter Beachtung dieser Punkte aufgezogene Schlichteschläuche sitzen fest und faltenlos und gewährleisten einwandfreies, elastisches Abquetschen der Kette."

Die Bürsten. Die Anordnung von Bürsten hinter dem Schlichtetrog ist eine traditionsgebundene Konstruktion, deren Vorteil für den Schlichteprozeß nach Ansicht des Verfassers sehr zweifelhaft ist.

Die Aufgabe dieser Bürsten soll sein, die vom Faden abstehenden Fäserchen an den Fadenkern anzukämmen; und zwar so, daß sie zur Laufrichtung während des Schlichtens und Trocknens rückwärts an den Faden angebürstet werden. Der Erfolg soll sein, daß die Faserenden, die beim Weben in Richtung zum Warenrand zeigen, dem Eintrag des Schusses geringeren Widerstand entgegensetzen und sich besser mit einbinden. Tatsächlich aber ist die hohe Zahl der Scheuerungen, die durch das Riet auf die Kette ausgeübt werden, so groß, daß diese Ordnung längst wieder zerstört ist, wenn der Schuß eingetragen wird. Die Bürsten haben einen viel größeren Nachteil als diesen scheinbaren Vorteil. Sie entnehmen der mit Schlichte getränkten Kette mehr Schlichte, als für die Durchführung des Schlichteprozesses tragbar ist.

Statt der Bürsten verwendet man besser Teilstäbe, die langsam rotieren. Hierdurch gewinnt man alle Vorteile, die man sich von den Bürsten erhofft. Die abstehenden Fäserchen werden an den Kern angelegt, und die Kette wird geteilt.

Verschiedene Konstruktionen von Schlichtetrögen. Einen Schlichtetrog der Firma Rüti zeigt die Abb. 342.

Diese Konstruktion arbeitet mit einem Paar Schlichtewalzen. Die Leitwalze A ist so angeordnet, daß sie je nach Bedarf mit oder ohne Pressung arbeiten kann. Die untere Schlichtewalze ist aus einem dicken Mannesmann-Eisenrohr hergestellt und dieses mit einem starken lötnahtfreien Kupfermantel überzogen. Die vorstehenden Achsen sind zum Schutz gegen schädliche Einflüsse seitens der Schlichte mit Bronze überzogen.

Die auf der unteren Schlichtewalze rollende obere Walze D preßt die Kette. Diese Walze läuft in Hebelführung und kann nach Bedarf durch Federn belastet werden. Sie wird von der unteren Walze durch ein Friktionsgetriebe angetrieben. Dies ist so durchgeführt worden, um zu vermeiden, daß bei Verwendung einer sehr starken Schlichte die obere schwere Walze auf Grund der Gleitung durch die Schlichte stillsteht und so große Mengen Kettfäden zerreißen.

Die Pumpe F schafft die Verbindung zwischen dem Vorkochtrog und dem Haupttrog. Hierdurch wird eine fortgesetzte Schlichtezirkulation erzielt.

---

[1] RAMSTHALER, K., u. K. WALTER: Die Schlichterei.

Der Überlauf *E* hat die Aufgabe, die Schlichte aus dem Haupttrog beim Erreichen eines gewissen Niveaus in den Vorkochtrog zu leiten. Diese Überläufe sind

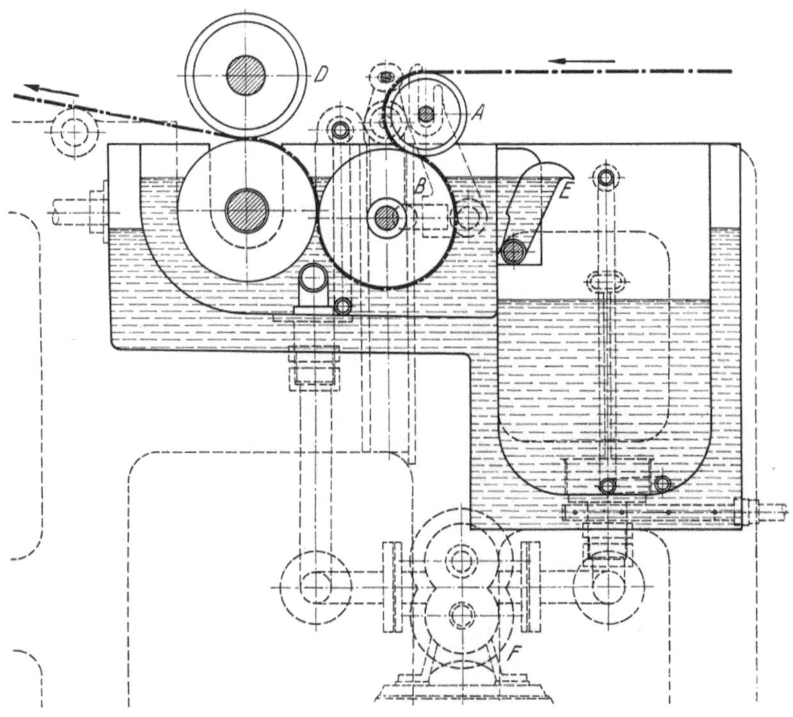

Abb. 342. Schlichtetrog mit Vorkochtrog (Rüti)

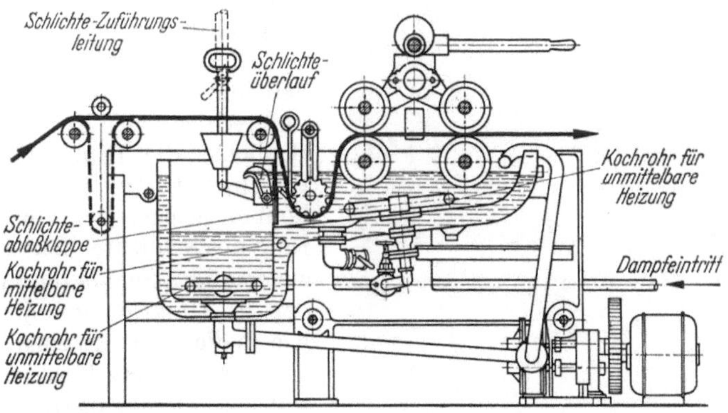

Abb. 343. Schlichtetrog mit Vorkochtrog und doppeltem Quetschwalzenpaar (Sucker)

verstellbar angeordnet, so daß das Niveau der Schlichte im Haupttrog nach Belieben reguliert werden kann.

Sowohl der Haupttrog wie auch der Vorkochtrog sind doppelwandig zur indirekten Beheizung.

Die Abb. 343 zeigt eine Konstruktion von Sucker. Das besondere Kennzeichen dieser Konstruktion sind die beiden hintereinanderliegenden Quetschwalzenpaare mit der vorgelagerten Tauchwalze. Die Kette wird zunächst getaucht, anschließend mit leichtem Druck und dann gründlich mit hohem Druck abgequetscht, damit alle überflüssige Schlichte beseitigt wird.

Abb. 344. Schlichtetrog von Sucker (Gesamtansicht)

Abb. 345. Schlichtetrog von Sucker (von oben gesehen)

Die in den Abb. 344 und 345 dargestellte Form unterscheidet sich von der in Abb. 343 dargestellten Form dadurch, daß zwischen den beiden Quetschwalzenpaaren nochmals eine Tauchwalze angeordnet ist.

Hierbei wird die Kette zunächst getaucht, anschließend mit leichtem Druck abgequetscht, damit sich die Kette mit Schlichte sättigt; nochmals getaucht und gründlich mit hohem Druck abgequetscht, damit alle überflüssige Schlichte beseitigt wird.

Die weitere Sonderheit ist die Schwimmerwalze zur Niveauregulierung im Trog.

Die Konstruktion ist mit doppeltem Boden für indirekte Beheizung und mit einer offenen Dampfschlange für direkte Beheizung eingerichtet.

Ist die Produktion eines Betriebes qualitätsmäßig nicht einheitlich; werden neben weißen Ketten auch bunte, möglicherweise nicht farbechte Ketten verwendet, oder wird in einer Tuchweberei neben Kammgarn auch Streichgarn verarbeitet, so ist im ersten Falle wegen der Reinheit und im zweiten Falle wegen der unterschiedlichen Konzentration der Schlichte die Hintereinanderschaltung zweier Tröge erforderlich. Diese können gelegentlich zur Intensivierung des Schlichteeffektes auch zum zweimaligen Schlichten hintereinander in Funktion gebracht werden, wie es die Abb. 346 zeigt.

Bemerkenswert ist der Spreizwalzenschlichtetrog (Abb. 347 u. 348) der Maschinenfabrik Zell. Bei dieser Konstruktion wurde davon ausgegangen, daß die Schlichte für die Durchdringung der Kette eine längere Zeit benötigt. Aus diesem Grunde wird die Tauchwalze nicht in der beschriebenen Weise gebaut. Es werden statt der üblichen Tauchwalzen jeweils zwei gebaut, die sich beim Senken voneinander wegspreizen (vgl. Abb. 348).

Auf diese Weise wird ein längerer Weg innerhalb des Troges erreicht. Vor allen Dingen kann die Flotte von allen Seiten ungehindert an die Kette heran.

Zweckmäßig ist es, für alle Konstruktionen von Trögen, die auf dem Markt erhältlich sind, die notwendige konstante Temperatur der Schlichteflotte automatisch zu erreichen. Die Lieferanten von Schlichtmaschinen empfehlen das. Wegen der geringeren Mehrkosten will man sich nicht immer dazu entschließen. Für die Güte des Schlichteerfolges ist diese zusätzliche Installierung unbedingt erforderlich.

Die beschriebenen und ähnliche andere Konstruktionen lassen keine bewußte und fein dosierte Regulierung der Flotte zu, wenn die aufeinanderfolgenden Ketten eine unterschiedliche Schlichtekonzentration erfordern. Diese Schwierigkeit besteht sehr häufig in gemischten Betrieben, wo z. B. neben der Baumwollware auch Zellwolle und Reyon verarbeitet wird, oder wenn z. B. neben der Streichwolle in einer Tuch-

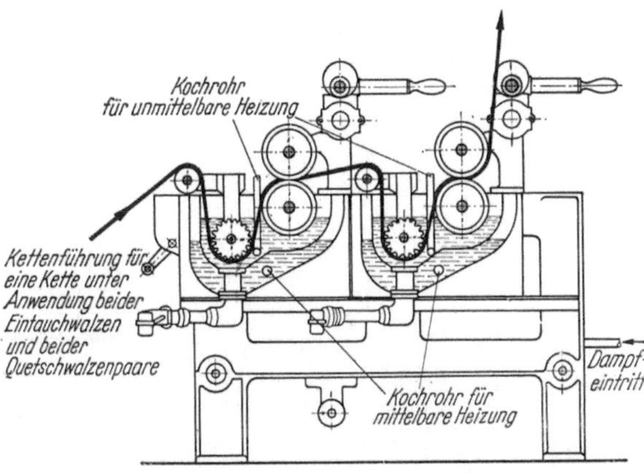

Abb. 346. Zwei hintereinandergeschaltete Tröge (Sucker)

Abb. 347. Schlichtetrog der Maschinenfabrik Zell

fabrik Kammgarn verarbeitet wird. Um dieser Schwierigkeit zu begegnen, wurde am Shirley-Institut ein „Shirley-Schlichteregler" gebaut, der automatisch arbeitet. Hierüber wurde im Fachorgan „The Textile Weekly", Febr. 1, 1952, berichtet.

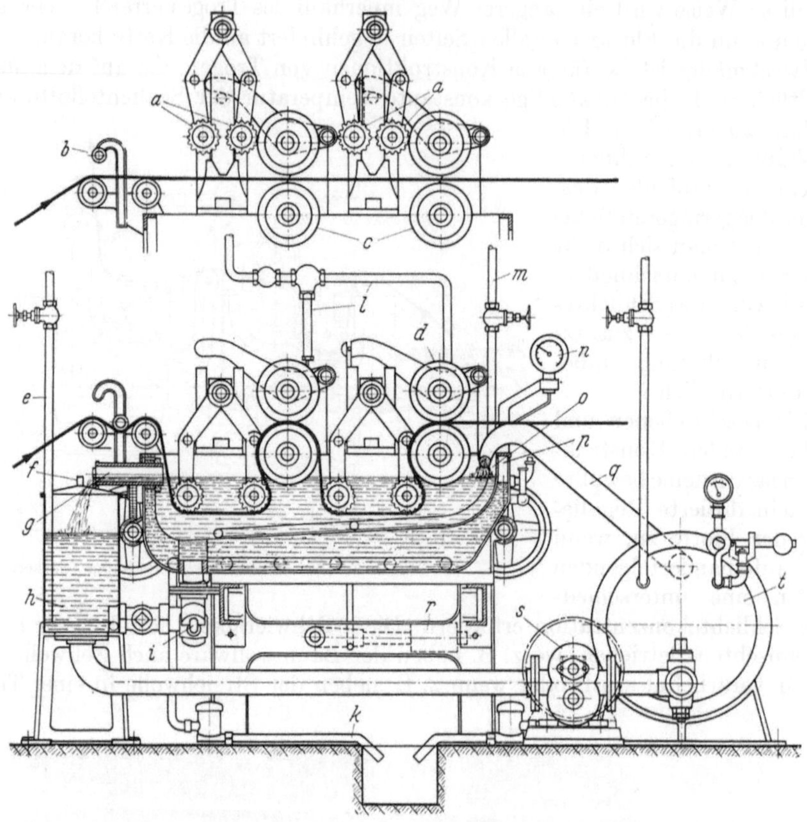

Abb. 348. Querschnitt durch den in Abb. 347 dargestellten Trog. Die obere Darstellung zeigt die
Lage der Tauchwalzen *a* (Spreizwalzen) vor dem Tauchen der Kette. Die untere Darstellung zeigt
den Trog in Betriebszustand

a Spreizbare Tauchwalzenpaare (außer Betrieb);
b Fallwalze zur Aufnahme der Garnschleife,
  gehoben;
c Schlichtwalzen mit Kupfermantel;
d Quetschwalzen mit Tuchbezug;
e Dampfzuleitung zum Aufnehmer;
f Deckel zum Aufnehmer;
g Einstellbarer Überlauf;
h Kupferner Aufnehmer;
i Ablaßhahn zum Reinigen des Schlichtetroges;
k Abwasserkanal;

l Dampfzuleitung zur indirekten Schlichtetrog-Öl-
  heizung mit automatischem Temperaturregler;
m Dampfzuleitung zur direkten Schlichtetrogheizung;
n Zeiger-Thermometer;
o Kupferner Schlichtetrog;
p Äußerer Eisentrog für die indirekte Ölheizung;
q Schlichteleitung vom Durchlauferhitzer zum
  Schlichtetrog;
r Gewicht zur Regelung des Anpreßdruckes;
s Elektroschlichte-Zahnräderpumpe;
t Durchlauferhitzer

2. Der Schlichteregler

Es ist eine Erfahrungstatsache, daß für jede Art von Gewebe ein bestimmter
Schlichteprozentsatz für die Verarbeitung auf dem Webstuhl einen optimalen
Wert bedingt ist. Es ist weiter bekannt, daß man bei einem gewöhnlichen Schlichteverfahren nicht in der Lage ist, für jede neu vorgelegte Kette auch eine andere
Schlichtekonzentration einzustellen; und so ist es nicht verwunderlich, daß
auch in einem gut organisierten Betrieb viele Ketten überschlichtet oder unter-
schlichtet sind.

Der neue Schlichteregulator verlangt lediglich die Kenntnisse über den besten
Schlichtegrad, den man am besten auf empirischem Wege ermittelt. Man ist dann
in der Lage, mit Hilfe des Schlichteregulators durch eine Einstellung die gewünschte Konzentration zu erreichen.

Der automatische Regulator kontrolliert kontinuierlich und kompensiert praktisch alle Unregelmäßigkeiten, die während der Fertigung auf der Schlichtmaschine anfallen.

Zum Beispiel kompensiert er jede Änderung in der Konsistenz bei unterschiedlicher Ablieferung und berücksichtigt auch die Verwässerung der Schlichteflotte, die durch die Kondensation des Heizdampfes in der Schlichteflotte bedingt ist.

Die Vorteile lassen auf einfachste Weise Umstellungen auf die verschiedenartigsten Kettenvorlagen möglich machen.

Die Wirkungsweise des Regulators. Es ist notwendig, daß für die Arbeit des Regulators eine Schlichte vorher angefertigt wird, deren Konzentration so hoch sein muß, daß bei einer sofortigen Verwendung in einem Trog unbedingt eine Überschlichtung der Kette auftreten würde. Sodann wird die Einfüllung in den Trog vorgenommen, während gleichzeitig auch Wasser in den Trog eingefüllt wird, um die Schlichte zu verdünnen.

Für die Durchführung dieses Arbeitsganges ist es unerläßlich, zu wissen, daß eine Reduzierung der Schlichtemenge im Trog auch eine Reduzierung des Schlichteprozentsatzes zur Folge haben würde. Die Abb. 349 zeigt einen einfachen Schlichtetrog, durch den eine Kette gezogen wird. Der Trog wird mit Hilfe von zwei Rohren, eines für die Zuführung von Wasser und das andere für die Zuführung von Schlichte, gespeist.

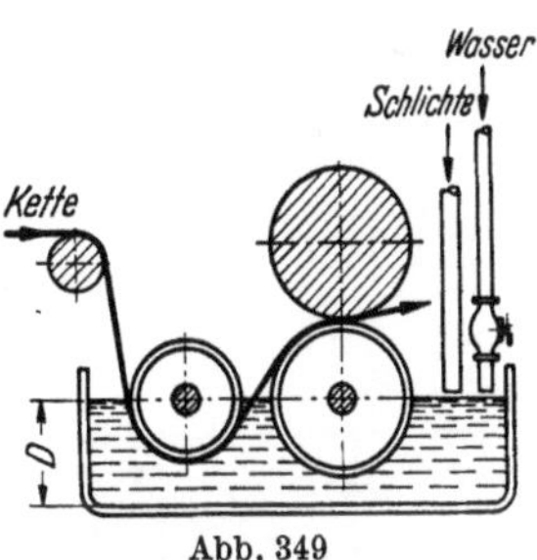

Abb. 349

Die Arbeitsweise der ganzen Vorrichtung ist dadurch gekennzeichnet, daß die Menge des Zulaufes in Abhängigkeit vom durchlaufenden Kettgewicht reguliert wird. Soll z. B. mit einem 10%igen Schlichteeffekt gearbeitet werden, so laufen beim Durchlauf von 100 lbs Kette auch 10 lbs Schlichte zu.

Der Wasserzulauf wird automatisch reguliert; und zwar erfolgt er in dem Maße, wie der Flottenspiegel sinkt.

Obwohl die Menge im Trog konstant gehalten wird, ist es nicht möglich, daß eine Über- oder Unterschlichtung auftritt, da ja der Schlichtezulauf kontinuierlich in Abhängigkeit vom durchlaufenden Kettgewicht erfolgt.

Die Konstruktion. Wie aus der Darstellung und Erklärung ersichtlich ist, steht die Reaktionsfähigkeit des Regulators im umgekehrten Verhältnis zum Troginhalt. Normalerweise ist die Trogfüllung bei den üblichen Maschinen etwa 70 Galls (320 l). Um die Reaktionsfähigkeit bei den neuen Konstruktionen zu erhöhen, wurden Tröge mit einem Inhalt von 8 Galls (36 l) gebaut.

Ein anderes Problem war die genaue Abstimmung der Zulaufmenge in Abhängigkeit von der durchlaufenden Kettlänge. Das dritte Problem, das gelöst werden mußte, war die Erzielung eines ausgeglichenen Wasserzulaufes.

Es wurden daher neue Pumpen entwickelt, bei denen pro Hub eine konstante Flüssigkeitsmenge zugeführt wurde. Die Pumpen waren so zu konstruieren, daß eine Änderung der Geschwindigkeit, der Temperatur und der Viskosität auf die Liefermenge pro Hub keinen Einfluß hat.

Die Regelung des Wasserzulaufes, die durch Membran und Relais gesteuert wird, ist so konstruiert, daß bereits eine Niveauänderung von $^1/_5$ Zoll ein Ansprechen der Zulaufpumpen zur Folge hat.

Schließlich wurde die Einrichtung noch konstruktiv so durchgebildet, daß der Zulauf nicht unmittelbar in den Trog erfolgt, weil dann die Gefahr vorliegt, daß eine intensive Mischung mit der Flotte im Trog unterbleibt. Vor dem eigentlichen Trog befindet sich noch ein Mischtank.

19   Schneider, Vorbereitungsmaschinen, 2. Aufl.

Die in der nachfolgenden Abb. 350 gezeigte Vorrichtung ist der Prototyp eines solchen Schlichteregulators.

Im Vordergrund sind die beiden Einstellknöpfe und eine Pumpe erkenntlich. Die beiden Kontrollknöpfe gehören zu den beiden gekoppelten PIV-Getrieben, die durch eine Längswelle vom Hauptmotor angetrieben werden. Mit dem einen dieser beiden Kontrollknöpfe wird die Schlichtegeschwindigkeit, der Lauf der Kette reguliert, und mit dem anderen Kontrollknopf wird der Schlichtezulauf eingestellt. Die Regelung ist, da mit PIV-Getrieben gearbeitet wird, praktisch stufenlos möglich. Die Pumpe ist eine bereits oben erwähnte Kolbenpumpe, die den Zulauf der Schlichte reguliert.

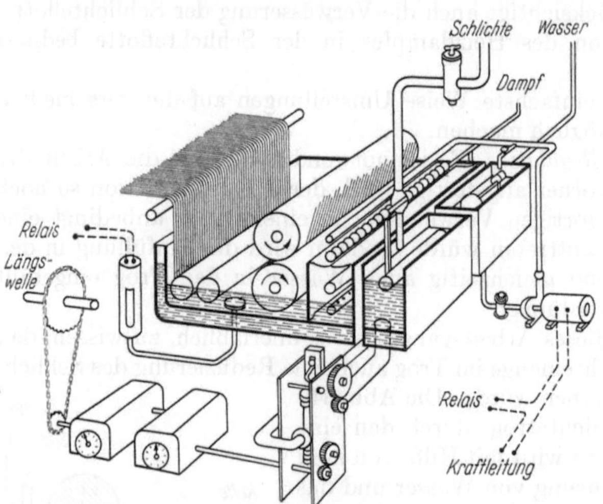

Abb. 350. Shirley-Schlichteregler

Die Reservetanks für die konzentrierte Schlichte und für Wasser befinden sich quer vor dem eigentlichen Schlichtetrog. Hinter den Reservetanks ist noch ein sogenannter Mischtank erkenntlich. In diesen Mischtank ergießt sich entsprechend der Regelung sowohl die konzentrierte Schlichte wie das Wasser, und in diesem Tank findet auch das Vorkochen der fertigen Schlichte statt.

Der eigentliche Trog ist gekennzeichnet durch die Tauch- und

Abb. 351. Shirley-Schlichteregulator (Ausführung von Hibbert)

Quetschwalzen und durch die Membran, die den Wasserzulauf reguliert. Die Arbeitsweise ist wie folgt:

Die Pumpe im Vordergrund entnimmt dem Reservetank die konzentrierte Schlichte und pumpt sie in den Mischtank; und zwar tritt diese aus dem Zuführrohr auf der ganzen Maschinenbreite aus einem schmalen Schlitz aus, um die Strömungsgeschwindigkeit und damit die Mischungsintensität zu erhöhen. Diese Förderung erfolgt kontinuierlich. Die dem Niveau entsprechende und somit unterbrochene Wasserzuführung erfolgt durch eine Zentrifugalpumpe, die durch eine Membran über das eingezeichnete Relais gesteuert ist. Zur Intensivierung der Mischung wird in dem Mischtank mit einem offenen Dampfrohr vorgekocht.

Trotz der besonderen Vorteile dieser Automatik wird selbst vom Hersteller davor gewarnt, eine zentrale Stelle für mehrere Schlichtmaschinen zu bauen, da dann Konzentrationsverschiebungen unvermeidlich sind.

Die Abb. 351 zeigt die Gesamtansicht des Schlichtereglers, der von der englischen Maschinenfabrik Hibbert & Co., Ltd., Darwen, hergestellt wird.

3. Die Kettführung im Schlichtetrog (Abb. 352 u. 353)

Die nachfolgenden beiden Abbildungen lassen erkennen, wie man die Kette zur Erreichung des Schlichteeffektes durch den Schlichtetrog führen kann.

Man kann die Kette entweder nur zwischen die Walzen (vgl. Abb. 352) hindurchführen oder ganz durch die Flotte ziehen. Das erste Verfahren ist unbedingt durchzuführen, wenn die Einstellung in der Kette mit geringer Fadendichte vorgesehen ist und wenn Reyon unter 100 den zur Verarbeitung kommt. In einem solchen Falle dringt die Schlichte mit genügender Sicherheit in den Faden ein, und man erzielt den Vorteil, daß die Reyonfasern die niedrigst mögliche Beanspruchung im nassen Zustande erfahren und jede „Bänderbildung" vermieden wird. Die andere Art der Kettführung ist in der Abb. 353 dargestellt.

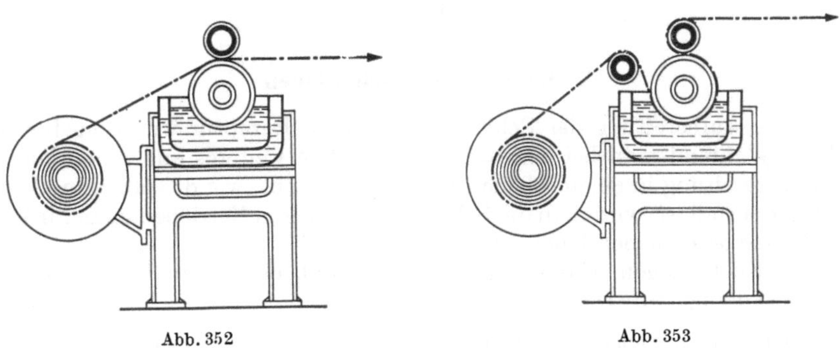

Abb. 352   Abb. 353

Die Kette wird ganz durch das Schlichtebad durchgeführt. Diese Arbeitsweise ist immer dann zu empfehlen, wenn mit dichten Ketten und dichter Fadeneinstellung gearbeitet wird. Diese Arbeitsweise ist auch bei Verwendung von reinem Azetatreyon bevorzugt, weil sich das Material bei der Führung durch die Flotte besser netzt.

Baumwolle wird grundsätzlich durch die Flotte gezogen.

Bei Wollware besteht hauptsächlich in der Nouveauté-Weberei zuweilen die Schwierigkeit, daß die Reyoneffekte sich so intensiv an die benachbarten Fäden der Grundkette ankleben, daß der Webeffekt sehr stark beeinträchtigt wird. In einem solchen Falle ist es zweckmäßig, die *Grundkette durch den Bottich zu ziehen und die Effekte über den Bottich hinwegzuziehen.* Diese Arbeitsweise ist jedoch zuweilen recht umständlich; infolgedessen ist in diesem Falle das Schären auf einem zweiten Baum unbedingt zu empfehlen, den man dann auch als zweiten Baum vor den Webstuhl legt oder ihn auf einer Bäummaschine nach dem Schlichten zulaufen läßt.

Bürstvorrichtung vor dem Einlauf. Die Anordnung einer Bürstvorrichtung hinter dem Trog zeigt die Abb. 354 einer Konstruktion von Sucker.

19*

Die Bürsten verstreichen gegenläufig zur Ware und werden durch die beiden kleinen Bürsten, die jeweils in Wasser rotieren, gereinigt. Weiter läßt die Anordnung drei Teilstäbe erkennen, die durch eine Kette in langsame Drehung versetzt werden.

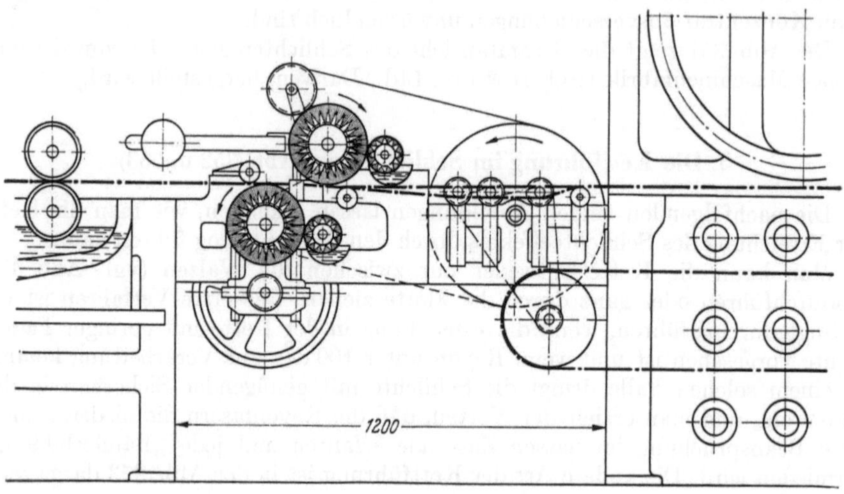

Abb. 354

4. Die Schlichtekochanlagen

Über die Aufbereitung der Schlichte und deren Rezeptur wurde ausführlich berichtet. Während man bei der Besprechung ohne weiteres annehmen konnte, daß die Zubereitung in einem kleinen Bottich geschieht, wie dies auch in kleinen Betrieben der Fall ist, wird man die Schlichte in größeren Betrieben immer in einer eigens dafür vorgesehenen Kochanlage aufbereiten.

Solche Kochanlagen weisen gegenüber der Zubereitung in kleinen Mengen erhebliche Vorzüge auf. Diese sind:

1. Vollkommen gleichmäßige, dünnflüssige, klare und gut aufgeschlossene Schlichte mit hoher Klebkraft, da Kochzeit und Temperatur fast immer automatisch konstant gehalten werden und die Kochung unter Druck erfolgt.

2. Der gute Aufschlußeffekt ergibt auch bei Verwendung von nur Kartoffelschlichte und gebenenfalls kleine Zusätze an Fett eine zügige Schlichte. Dies bedeutet große Ersparnis.

3. Es entstehen fast gar keine Schlichteverluste, da nach Beendigung der Arbeitszeit die Schlichte aus den Trögen in die Vorratsbehälter zurückgeführt wird, wo sie über Nacht nur sehr unwesentlich abgekühlt und morgens wieder direkt verwendungsbereit ist.

4. Die Tröge können abends ohne Verluste an Schlichte gereinigt werden.

5. Da die Kochzeit wesentlich herabgesetzt wird und nach Überführung in den Vorratsbehälter sofort eine neue Aufkochung beginnen kann, ergibt sich eine hohe Leistung.

6. Geringe Verluste durch Fehlansatz, da genaue, meist automatische Kontrollen möglich sind.

Diese Vorzüge sind vielseitig und rechtfertigen eine Investierung für die Installierung einer solchen Anlage.

Vollautomatische Kochanlagen sind durchweg nach folgendem Prinzip gebaut (vgl. Abb. 355, Schlichtekochanlage von Rüti).

Arbeitsweise. Nach dem Ansetzen der Rohstoffe mit der nötigen Menge Wasser in der Vormengstande A wird das Gemisch durch das Rührwerk gehörig gemengt. Nun leitet die Pumpe die rohe Schlichte durch das Verbindungsrohr nach dem Kochapparat B. Dieser wird durch Hähne luftdicht verschlossen. Eine Hochdruckdampfleitung führt von unten her in den Kochapparat, in welchem nun mit direktem, entwässertem Dampf die Schlichte unter beständigem Rühren gekocht wird. Das Eintreten des Dampfes von unten her hat den Vorteil, daß das Stärkemehl nicht sinken und sich deshalb kein Bodensatz bilden kann; ferner wird der Vorteil der natürlichen Strömung der erwärmten Flüssigkeit nach oben und die der kälteren nach unten ausgenützt. Nachdem die Schlichte gekocht ist, gelangt sie durch Dampfdruck in die danebenstehende Rührstande *C*, von wo aus sie nach Bedarf durch das Verbindungsrohr nach dem Schlichtetrog gepumpt wird. Mit einem Handhebel kann man die Pumpen nach Belieben in Tätigkeit setzen.

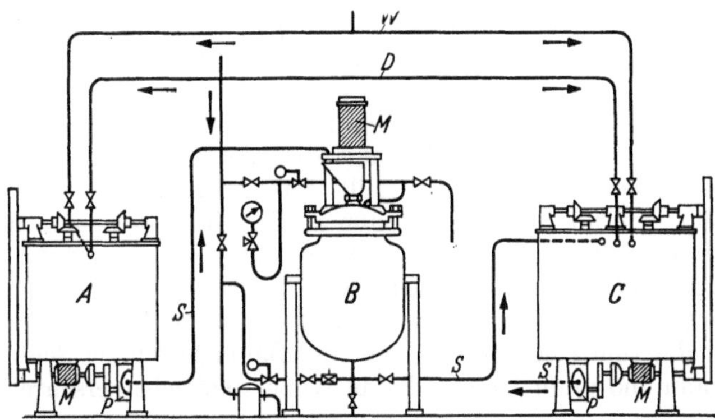

Abb. 355. Schema einer vollautomatischen Schlichtekochanlage (Rüti)

Abb. 356. Vollautomatische Schlichtekochanlage von Sucker

Sollte sich wirklich die Anlage einer solchen großen vollautomatischen Anlage nach Ansicht des Unternehmers nicht lohnen, dann ist auf jeden Fall die Anschaffung eines Schlichtekoch- und Mischapparates empfehlenswert.

Es handelt sich dabei um einen doppelwandigen Kochkessel mit einem Rührwerk, der gleichzeitig Mischapparat, Kochkessel und Vorratsbehälter ist. Die Größenordnung solcher Kessel liegt zwischen 400 und 800 l Inhalt.

5. Trockenvorrichtungen an Schlichtmaschinen

Die im Schlichtetrog imprägnierte Kette muß vor dem Bäumen wieder getrocknet werden. Dieses Trocknen muß so erfolgen, daß neben der größten Trockenleistung auch eine Gewähr dafür gegeben ist, daß die Kettmaterialien durch die Wärmebehandlung nicht an Güteeigenschaften verlieren.

Das Trocknen der Kette. Wie bereits dargestellt, wird der Schlichteeffekt in seiner Qualität durch die jeweilige Zusammensetzung und Konzentration der Schlichte sowie durch die Art der Behandlung im Schlichtetrog wesentlich beeinflußt. Die Trocknung aber kann den einmal erreichten Effekt in so entscheidendem Maße positiv oder negativ beeinflussen, daß es angebracht erscheint, zunächst über die allgemeinen theoretischen Dinge zu diskutieren.

Bereits in der Einleitung wurde zum Ausdruck gebracht, daß man an den Schlichteprozeß zwei Anforderungen stellt. Das Kettmaterial soll eine gesteigerte *Festigkeit* und eine erhöhte *Glätte* bekommen. Die Glätte aber und damit soll im strengeren Sinne an die Scheuerfestigkeit gedacht werden, wird durch die nachfolgend zu erörternde Trocknung beeinflußt.

Eine in diesem Sinne zu diskutierende Erscheinung ist das bekannte Abstauben der Schlichte, das zum Teil schon während des Bäumens auf der Schlichtmaschine stattfinden kann und unter Umständen in Webereibetrieben erschreckendes Ausmaß erreicht.

Gewiß kann die Ursache dieses Ausstaubens auf eine falsch zusammengestellte Schlichteflotte zurückgeführt werden. Man beobachtet aber auch unter bestimmten Umständen, daß eine selbst ausgezeichnet zusammengestellte Flotte diese Erscheinung zeigt. Für diesen Fehler gibt es eine auf zwei Voraussetzungen aufgebaute Erklärung, die man jederzeit praktisch nachprüfen kann.

Betrachtet man einmal einen geschlichteten Kettfaden bei mäßiger Vergrößerung, so kann man folgende Fehler unter Umständen beobachten. Einmal zeigt der den Faden umschließende Schlichtepanzer Risse in der Längsrichtung des Fadens und ebenfalls erkennt man Risse quer zum Faden. Für die in Längsrichtung des Fadens verlaufenden Risse kann man die Art der Trocknung alleine verantwortlich machen; während die quer zum Faden verlaufenden Risse auf eine zu große Kettspannung während des Trockenprozesses zurückzuführen sind. Betrachten wir den Querschnitt eines geschlichteten Fadens (Abb. 341), so finden wir, daß der Faden selbst durch das Schlichtekolloid umgeben ist. Für die beiden Materialien Garn und Kolloid bestehen verschiedene Trocknungsbedingungen. Während beim Garn nur das aus dem Schlichtebad entnommene Wasser zu entfernen ist, muß bei der Trocknung des Schlichtekolloides sowohl der kolloidale Charakter wie auch die Aufrechterhaltung der Klebekraft in Betracht gezogen werden.

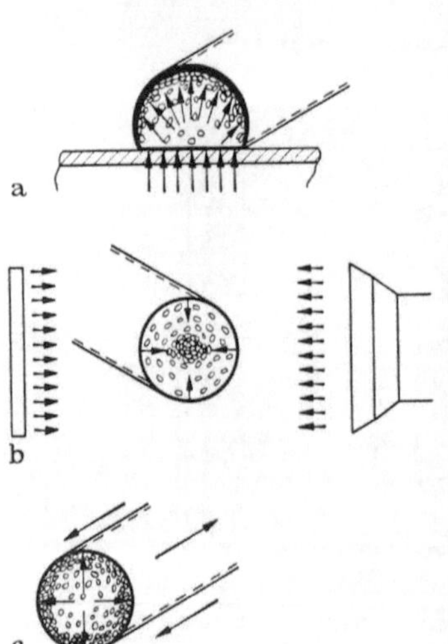

Abb. 357 a—c. Wanderung und Verteilung der Schlichteteilchen im Faden bei der Trocknung
a) Trocknung einseitig durch Kontakt (Zylinder); b) Trocknung durch Strahlung, Trocknung von innen nach außen; c) Trocknung durch Strömung, Trocknung von außen nach innen

Die Schlichtemasse erstarrt auf dem Faden zu einem festen Körper. Dabei wird das elastische Garn mit einer starren Rinde umgeben, die zu Bruch kommen kann und zum Ausstauben der Schlichte führt.

Die hier erörterte unterschiedliche und für die Güte des Schlichteeffektes einflußreiche Differenz in den Schrumpfungsverhältnissen ist einmal von der Art der Trocknung und von dem Feuchtigkeitsabfall im Innern des Trocknungsgutes abhängig. Erfolgt die Trocknung nicht mit großer Geschwindigkeit, so ist diese Betrachtungsweise weniger von Bedeutung.

Die Rißbildung quer zum Faden ist eine Folgeerscheinung einer zu großen Spannung während des Trockenprozesses. In den meisten Fällen ist die Dehnungsfähigkeit des umschließenden Kolloidpanzers nicht so groß, wie die des Fasermaterials. Wird also während des Trockenprozesses mit einer zu großen Spannung gefahren, so muß der Schlichtepanzer aufreißen und dies quer zur Faserachse. Die maschinellen Probleme mögen nachfolgend einzeln betrachtet werden.

Die Abb. 357a—c zeigt die Wanderung und Verteilung der Schlichteteilchen im Faden bei den verschiedenen Trocknungsverfahren.

a) Trocknung durch Kontakt (Zylinder)

Der auf dem beheizten Zylinder aufliegende Faden wird an seiner Auflage platt gedrückt und ist infolgedessen nicht mehr rund, sondern deformiert. Der Faden klebt in den meisten Fällen am Zylinder fest. An der Auflagefläche kann kein Wasserdampf entweichen; die Flüssigkeit im Faden kommt auf Verdampfungstemperatur, der Dampf strömt aus der frei liegenden Fadenoberfläche ab und die kapillargebundene Flüssigkeit vor sich her an die Fadenoberfläche. Die Schlichteflüssigkeit, die die Schlichteteilchen als Kolloide trägt, nimmt diese auf ihrer Wanderung durch den Fadenquerschnitt mit an die Oberfläche. Somit ist nicht nur die Trocknung, sondern auch die Schlichtewanderung einseitig.

Läuft der Faden über einen zweiten Zylinder mit einer unwahrscheinlich genau um 180° versetzten Auflage, so wird er hier wiederum einseitig getrocknet und nochmals plattgedrückt. Sein Querschnitt ist keinesfalls rund, sondern durch ein- oder mehrfache Abplattung eine Ellipse bzw. ein Vieleck.

Beim Verweben kann der Faden als hoch- oder flachliegende Ellipse oder Vieleck in willkürlichem Wechsel eingewebt werden, so daß ein unruhiges und ungleichmäßiges Warenbild entsteht.

b) Trocknung durch Strahlung (Trocknung von innen nach außen)

Bei der Trocknung durch Strahlung (Infrarot, Ultraschall, Hochfrequenz) beginnt die Trocknung im Innern des Fadens. Die Flüssigkeit wandert im hygroskopischen Fadenmaterial von außen nach innen und nimmt die Schlichteteilchen mit, die sich also im wesentlichen auf den Fadenkern zu bewegen und sich hier absetzen. Die Wanderung des Dampfes steht zu der Flüssigkeit mit ihren Schlichteteilchen beim Trockenvorgang in einer Gegenbewegung. Bei dicken Fäden kann infolge der Gegenbewegung schon eine Übertrocknung des Fadenkerns eintreten, wenn die Randzonen bzw. die Oberflächen des Fadens noch feucht sind.

c) Trocknung durch Strömung (Trocknung von außen nach innen)

Bei der Strömungstrocknung werden die Oberfläche und die Randzonen des Fadens zuerst getrocknet. Im hygroskopischen Fadenmaterial wandert die Flüssigkeit mit den Schlichteteilchen von innen nach außen zur Fadenoberfläche hin. Ausdampfung und Flüssigkeitsbewegung verlaufen in gleicher Richtung. Die Fadenoberfläche klebt allerdings sehr schnell zu, wodurch die Trocknung erschwert ist. Je dicker die Schlichteanreicherung am äußeren Umfang, um so schwieriger ist die Endtrocknung, um so höher ist aber auch die Scheuer- bzw. Abriebsfestigkeit des Fadens.

Betrachtet man diese drei Trocknungsvorgänge, so kommt man zu dem Schluß, daß alle drei ihre Nachteile besitzen. Die Trocknung durch Kontakt hat ein sehr ungleichmäßiges Umhüllen des Fadens zur Folge, die Trocknung durch Strahlung läßt sehr leicht eine Übertrocknung möglich werden und es fehlt dem Faden der für die mechanische Bearbeitung im Webstuhl notwendige Schlichtepanzer, denn der größere Teil der Schlichte hat sich im Fadeninneren angesammelt. Somit bleibt also für die industrielle Verwertung nur noch die Trocknung durch Konvektion übrig. Die auftretenden Schwierigkeiten sind bereits umrissen worden. Bevor auf die einzelnen Details der Trocknung eingegangen wird, soll zunächst noch einmal die Frage erörtert werden, wie man durch geeignete Zusammenstellung der Schlichteflotte diesem Fehler zum Teil begegnen kann.

Man weiß schon seit altersher, daß die Anreicherung der Schlichteflotte mit fettenden Mitteln einen gewissen Erfolg verspricht. So wird doch einmal die Geschmeidigkeit des den Faden umschließenden Schlichtepanzers erhöht, andererseits wird im Webstuhl die mechanische Reibung reduziert, so daß man auch darin einen gewissen, durch die Schlichte bedingten Erfolg sehen kann.

Dieser, durch die Erfahrung erhärtete Erfolgstatsache stehen gewisse Nachteile entgegen, die man klar erkennen muß, um den richtigen Weg zu beschreiten.

Es wurde bereits erörtert, daß man bezüglich der Klebefähigkeit des Schlichtepanzers unterscheiden muß zwischen der inneren Klebefähigkeit, deren Ursache die Kohäsion der einzelnen Stoffteilchen ist und der äußeren Klebefähigkeit, die wir in der Adhäsion des Klebers hier am Fasermaterial sehen können. Die diskutierte Kohäsionskraft dürfte für den Schlichteeffekt von primärer Bedeutung sein. Die sogenannten Weichmacher, die der Schlichte zugesetzt werden, befinden sich aber im Kolloid in fein verteiltem Zustand. Diese Verteilung bleibt auch nach dem Trocknen bestehen, da sich die Weichmacher, bedingt durch die Trennung der Kleberteilchen nicht zu Aggregaten vereinigen können. Sie verhindern somit, daß die Klebstoffteilchen während des Eindampfens zu einem einheitlichen Klebstoff zusammentreten, sie verhindern aber auch, daß die volle Klebefähigkeit des Klebers zur Auswirkung kommt. Weitaus wichtiger erscheint aber die Tatsache, daß sie als elastisches Bindeglied zwischen den Kolloiden die Rißbildung stark herabsetzen, wenn nicht gar vermeiden. So kann man relativ zuverlässig das Ausstauben der Schlichte unterbinden.

Da man mit dem Schlichten dem Garn einen ausreichenden Schutz gegen die mechanische Bearbeitung, gegen den Abrieb im Webstuhl geben will, dürfte man einsehen, daß ein weniger klebefester, dafür aber unverletzter Panzer wichtiger ist, um das Ausstauben der Schlichte und damit die Bloßlegung des Fadens mit Erfolg zu verhindern.

In neuerer Zeit überlegt man sich mancherorts ob es zweckmäßig ist, bereits der Schlichteflotte diese elastischen Elemente „Weichmacher" zuzusetzen, man glaubt annehmen zu dürfen, daß die Rißbildung nicht schon während des Trockenprozesses erfolgt, sondern erst bei der nachfolgenden Manipulation, z. B. des Bäumens. Man vertritt dabei die Ansicht, daß die im Faden bestehende Restfeuchtigkeit die sofortige Rißbildung noch behindert, um nun die spätere Rißbildung mit Erfolg auszuschalten, erwägt man eine *nachträgliche Fettung*. In der Literatur[1] wird, allerdings ohne nähere Ausführungen mitgeteilt, daß man hierdurch die Scheuerfestigkeit um 10% erhöhen könne. Wie weit diese Mitteilung richtig ist, muß der Erfahrung und den Untersuchungen vorbehalten bleiben.

---

[1] RAMASZÉDER, K.: Über die Trocknungsvorgänge geschlichteter Fäden. Textil-Praxis 1956, 991.

6. Die Trockenmaschine

Die Verwirklichung moderner Erkenntnisse des allgemeinen Maschinenbaues und der Thermodynamik bei modernen Maschinenkonstruktionen des Schlichtmaschinenbaues gewährt neben großer Produktionsmenge und relativ geringen Kosten ein einwandfreies Arbeitsverfahren. Die dabei erzielte Wirtschaftlichkeit stellt die Frage, ob geschlichtet werden muß oder nicht, außer Diskussion.

Es steht wohl außer Zweifel, daß zwischen der Schlichtegeschwindigkeit und der Wirtschaftlichkeit des Verfahrens ein unmittelbarer Zusammenhang besteht. Aus diesem Grunde dürfte es wohl auch angebracht sein, die Wirtschaftlichkeit des Verfahrens in der zeitlichen Folge der Entwicklung dadurch zu beleuchten, daß man aufzeigt, wie in den einzelnen Entwicklungsstufen die Geschwindigkeit zunahm, denn keine Maschinenfabrik wird es sich jemals erlauben, mit Daten zu operieren, wenn die der jeweilig genannten Geschwindigkeit entsprechende Problematik nicht gelöst worden ist.

Bevor wir uns den Einzelproblemen in dispositioneller Folge zuwenden, soll die Entwicklung tabellarisch dargestellt werden[1].

Aus der Tab. 23 erkennt man, daß die Schottisch-Schlichtmaschine in der Zeit von 1850 bis 1930 nur eine geringfügige Leistungssteigerung von 5 bis auf 9 m pro Minute aufweisen konnten. Mit einer solch geringen Geschwindigkeit konnten durch eine Schlichtmaschine bestenfalls 25 Webstühle beliefert werden. Bedenkt man die hier notwendigerweise entstehenden Fertigungskosten, so ist erklärlich, daß die Entscheidung der Frage, danach, was man vom Schlichtprozeß

Tabelle 23. *Leistungsentwicklung (m/min) Rüti-Schlichtmaschinen bis Typ LSMA*

	1850	1870	1890	1910	1930	1940	1950	1955
Schottischmaschine	5	7	8	8	9	—	—	—
Trommelmaschine	—	9	16	24	32	38	—	—
Lufttrockenmaschine (LSM) ..	—	—	15	22	38	42	50	50
LSMV, LSMV/2	—	—	—	—	—	—	60	80

Tabelle 24. *Leistung der LSMA bei verschiedenen Materialien, 4,5 m Trockner, 6 atü*

Position Material	1 Baumwolle	2 Wolle	3 Leinen	4 Leinen	5 Zellwolle
Garnnummer	Ne 30	Ae 95/2	Nm 13 Streichg.	N lea 40	N lea 18	N 20
Fadenzahl........	4496	4528	2300	2527	1112	3530
Zettelbreite mm ...	1400	1400	1430	1000	600	1400
Beschwerung %	10	5	7,5	7	7	2,3
Schlichttemp. °C ..	80	80	80	50	50	70
Kettfeuchtigkeit %.	7	7	17	7	7	11
Temperatur im Trockner °C	130	138	130	130	130	130
Dampfdruck atü ...	6,5	5,8	5,75	5,75	5	6
Verzug %	0,7	0,8	1,2	—	—	1,7
Arbeitsgeschwindig- keit m/min	30	56	13	29	24	28
Produktive fertige Kette kg/Std. ...	175	199	138	194	158	175
Dampfverbrauch kg/kg Kette	1,48	1,7	—	—	—	—

---

[1] Vgl. A. Gasser: Schlichtmaschinen nach Maß. Der Spinner und Weber 1956, Nr. 10/11, 485.

Tabelle 25. *Betriebswerte, Schlichtmaschine Typ LSMA (Baumwollketten)*

Trockner m	Kettbr. cm	Garn Ne	Fadenzahl der Kette	Faden cm	Beschw. %	Dampf atm.	Produktion	
							m/min	kg/min
4,5	140	16	2988	22	10	5,8	20	2,4
	140	40	1650	11,8	10	5,8	38	2,5
	140	20	3808	27,2	8	6	28	3,4
	140	16	2980	21,3	11	6	23	2,8
7,5	150	12	4980	33,2	6,8	7	24	6,4
	150	12	4158	27,8	8,2	6	26	5,8

Anmerkung: Die in den Tab. 23 bis 25 angegebenen Werte wurden von der Firma Rüti A. G., Rüti (Zch.), durch Veröffentlichung bekanntgegeben.

ausschalten kann — wo das Schlichten nicht unbedingt notwendig ist — von entscheidender wirtschaftlicher Bedeutung war. Der Vergleich zwischen der Trommelmaschine und der Lufttrockenmaschine zeigt zunächst, daß gegenüber der alten Schottischmaschine eine wesentliche Produktionssteigerung besteht. Aber die Zahlen selbst gegeneinander verglichen zeigen, daß die Produktionsdaten etwa gleich sind. Erst vom Jahre 1930 an erkennt man eine tendenzmäßige Überlegenheit der Lufttrockenmaschine.

Bedenkt man, daß der apparative Aufwand der Trommeltrocken-Schlichtmaschinen und damit die Maschinenkosten sowie Energiekosten geringer waren als bei Lufttrockenschlichtmaschinen, so kann man sich eine Erklärung dafür geben, warum Trommeltrockenschlichtmaschinen noch, selbst in einer Zeit, wo die Wirtschaftlichkeit der Lufttrockenschlichtmaschine schon außer Frage stand, immer noch bevorzugt angewendet wurden.

Erst in der Nachkriegszeit konnten die Maschinenfabriken Lufttrocken-Schlichtmaschinen aufweisen, die gegenüber den Trommeltrocken-Schlichtmaschinen erhebliche Vorteile aufzeigen, wie dies aus den Fertigungsgeschwindigkeiten der Jahre 1950/55 der Tab. 23 zu ersehen ist.

Das Jahr 1950 brachte in der Entwicklung eine entscheidende Wendung. Die in der Tab. 23 genannten Maschinen der Firma Rüti LSMV und die auf S. 307 besprochenen Konstruktionen von Sucker sind Plantrockner. Bei diesen Maschinen erfolgt die Trocknung nach einem noch näher zu erörternden Prinzip durch überhitzten Dampf. Die Trockengeschwindigkeit ist dabei so groß, daß die im Trockenraum befindliche Kettenmenge nur noch wenige Meter sein braucht, um die genannten Geschwindigkeiten zu erzielen. Man ist also praktisch mit der Trockengeschwindigkeit so weit gekommen, daß nicht mehr die Trockengeschwindigkeit das konstruktive Problem ist, sondern die Netzgeschwindigkeit, d. h. die Geschwindigkeit, mit der die Schlichte im Schlichtetrog auf die Kette aufziehen kann. Die prinzipielle Methode dieser Trocknungsart wurde im Spannrahmmaschinenbau entwickelt und ist von den Erbauern von Schlichtmaschinen allgemein übernommen worden und für diese spezielle Fertigung ausgerüstet. Die prinzipielle Wirkungsweise soll später am Plantrockner der Firma Sucker näher erörtert werden.

a) Kontakttrocknung auf Zylindertrockenschlichtmaschinen

Den Warenlauf und den prinzipiellen Aufbau dieser Maschinen zeigen die beiden nachfolgenden Abb. 358 bis 360.

Die Abb. 358 zeigt die Trommelschlichtmaschine (Sicing-Maschine), wie sie besonders gerne für die Verarbeitung von *reiner* Baumwolle verwendet wurde. Die Anordnung der Abb. 359 und 360 ist neben anderen Variationen nach dem gleichen Prinzip (unterschiedliche Anzahl der Trokkenzylinder) auch heute noch in der Reyonindustrie sehr beliebt.

Wie aus den Abbildungen ersichtlich ist, durchläuft die Kette zunächst den Schlichtetrog und wird dort mit Schlichte imprägniert und dann auf die elektrisch oder durch Dampf beheizten Zylinder aufgelegt, die nach der ·Anordnung der Abb. 358 durch den Zug der Kette kraftschlüssig oder nach der Art der Anordnung der Abb. 359 durch Zahnräder formschlüssig angetrieben werden.

Durch die Anlage an den heißen Trockenzylindern wird eine kurzfristige Trocknung gewährleistet. Um eine gleichmäßige Durchtrocknung des Fadens von allen Seiten bis in den Kern des Fadens zu erzielen, werden die Konstruktionen bevorzugt, bei denen die Kette, nachdem sie den ersten Trockenzylinder passiert hat, umgelenkt und mit der anderen Seite auf den folgenden Trockenzylinder aufgelegt wird.

Die Trockentemperatur richtet sich nach der Empfindlichkeit der Schlichte und des Kettmaterials. Die maximale für Baumwolle erträgliche Temperatur ist 140 °C (rund 2,5 atü). Mit ·Rücksicht auf die nachfolgend gekennzeichneten Gesichtspunkte ist es jedoch zweckmäßig, mit nur 1,5 atü, also mit rund 130 °C, zu schlichten. Bei höherer Temperatur besteht die Möglichkeit, daß die auf Stärkebasis aufgebaute Schlichte zu Dextrin abgebaut wird, die Steifheit des Fadens wird wieder reduziert, und dadurch wird das ganze Schlichteverfahren in Frage gestellt. Die Übertrocknung des Fadens an der Peripherie des Fadenquerschnittes macht die Schlichte brüchig, so daß sie bei geringer Beanspruchung im Webstuhl abstaubt. Mit Bezug auf das Kettmaterial besteht die Gefahr, daß die weiße Kette an der Oberfläche angilbt, das sichtbare Zeichen einer beginnenden Verkohlung. Leider besteht die Gefahr beim Zylindertrocknen auch dann, ‚wenn auf Grund einer Störung die Maschine während des Arbeitsprozesses stillgesetzt werden muß, weil der Wärmeinhalt der Trommeln so groß ist, daß man auch bei plötzlichem Dampfentzug keine ausreichende Abkühlung erzielen kann. Solange mit reiner Baumwolle gearbeitet wird, also keine Zellwolle in Beimischung oder rein verwendet wird (vollsynthetische Fasern können eine Kontakttrocknung überhaupt nicht vertragen), verwendet man die in der Abb. 358 dargestellte Vorrichtung gerne trotz der eben beschriebenen Gefahren, weil diese Art der Trocknung besonders billig und wirtschaftlich ist.

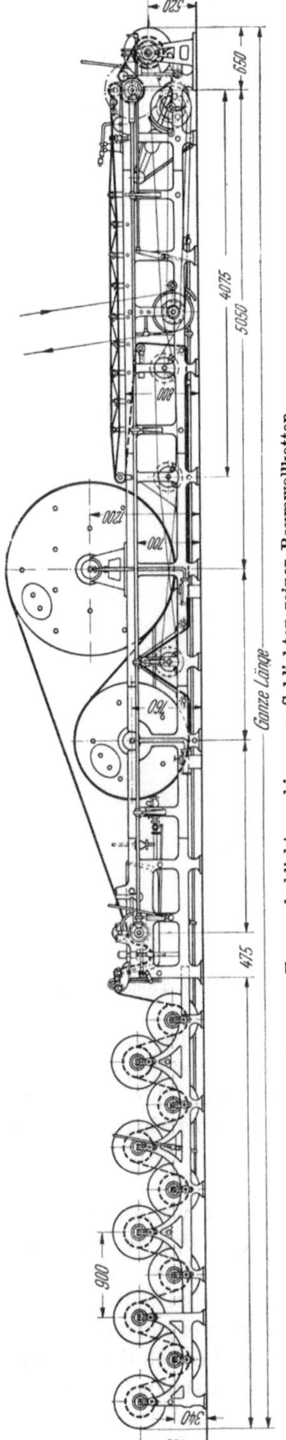

Abb. 358. Trommelschlichtmaschine zum Schlichten reiner Baumwollketten

Leider wird aber bei der in Abb. 358 dargestellten Vorrichtung die Kette sehr stark auf Spannung beansprucht. Für die Baumwolle ist dies keineswegs von Nachteil, weil diese in nassem Zustande an Festigkeit zunimmt; Zellwolle dagegen ist in nassem Zustande außerordentlich empfindlich gegen Zugbeanspruchung. Es treten unkontrollierbar hohe Dehnungswerte auf, und die Folge sind Kettstreifen und viele Fadenbrüche im Webstuhl. Selbst dann, wenn die Trommeln der Abb. 358 formschlüssig angetrieben würden, genügt schon die lang durchhängende Kettbahn vom Schlichtetrog bis zum ersten Trockenzylinder, um

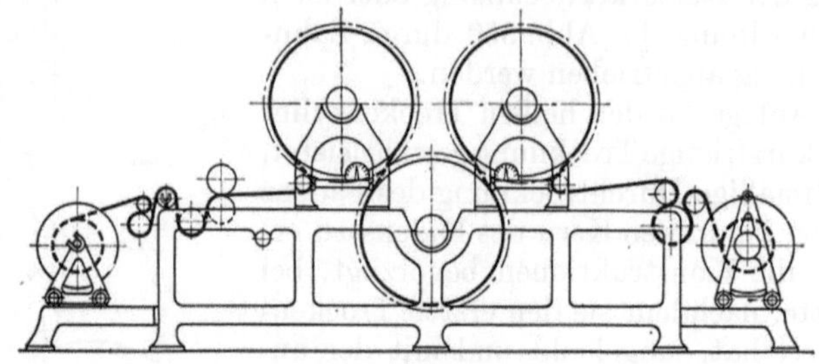

Abb. 359. Trommeltrockenschlichtmaschine (s. Abb. 360)

Abb. 360. Trommelschlichtmaschine zum Schlichten von Reyonketten (Modell KZ von Sucker)

diese Dehnungswerte zu erzeugen. Die Tatsache, daß es reine Baumwollbetriebe gar nicht mehr gibt, läßt die Nachfrage nach den in der Abb. 358 dargestellten Schlichtmaschinen stark zurücktreten.

Die Vorrichtung der Abb. 359 ist in den Reyonbetrieben nach wie vor beliebt. Die Kette wird ohne zusätzliche Spannungen über die Trockentrommeln geführt.

Die Anwendung der Zylindertrockenschlichtmaschinen auch in der Reyonindustrie war ausschließlich durch die Wirtschaftlichkeit des Arbeitsverfahrens gekennzeichnet. Vorteile bezüglich der Güte im Hinblick auf die Kette gibt es gar nicht. Selbst dann, wenn mit optimaler Einstellung gearbeitet wird, besteht immer noch der Nachteil, daß der einzelne Faden in der Kette flachgedrückt wird und durch die Trocknung in dieser Form fixiert wird. Einen schönen runden und plastischen Faden kann man auf Trommeln nicht bekommen. Durch die Entwicklung auf dem Gebiete der Heißlufttrocknung unter Berücksichtigung moderner thermodynamischer Erkenntnisse ist jedoch heute die Wirtschaftlichkeit des Trocknens auf Trommeln sehr in Frage gestellt.

Zylindertrockenschlichtmaschine Modell KZ von Sucker, M.-Gladbach. Diese in den Abb. 359 und 360 dargestellte Maschine kann mit einem, zwei, drei oder fünf hochglanzpolierten Trockenzylindern von 800 mm Durchmesser ausgeführt werden. Die Trommeln sind aus Sonderstahl hergestellt und laufen in Kugellagern.

Die weiteren Ausrüstungen sind:

Spannungsmeß-, Anzeige- und Ausgleichseinrichtungen zur Überwachung der Kettspannungen (s. u.) sowohl im trockenen als auch feuchten Zustand. Stufenlose Spannungsregelung durch Keilriemen.

Jeder Trocknungszylinder ist für sich heizbar. Dies hat sich als zweckmäßig erwiesen, weil man so in der Lage ist, jedem Zylinder eine andere Trockentemperatur zu geben. Die Temperatur wird nach einmaliger Einstellung automatisch reguliert.

Die Zylinderböden sind zur Vermeidung unnötiger Wärmeverluste verkleidet.

b) Konvektionstrockenmaschinen

Die in der Praxis bekanntgewordenen Lufttrockenschlichtmaschinen, die in der Folge besprochen werden, lassen sich nach ihrer Aufbauweise wie folgt gliedern:

1. Lufttrockenschlichtmaschinen mit Skelettwalzen und Flügeln für die Erzielung einer intensiven Luftwirbelung.
2. Lufttrockenschlichtmaschinen mit Siebtrommeln.
3. Plantrockner.

Die bekanntesten Trockner dieser Art sollen in der Folge referiert werden:
1. Lufttrockenschlichtmaschinen mit Skelettwalzen und Flügeln (Abb. 361). Den Querschnitt durch eine solche Maschine zeigt die Abb. 362. (Der Querschnitt bezieht sich auf die unten besprochene Maschine Modell KLC von Sucker.)

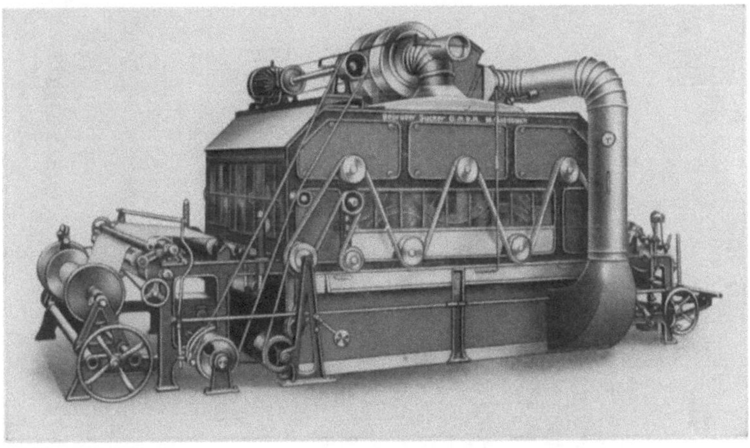

Abb. 361. Lufttrockenschlichtmaschine mit Skelettwalzen und Flügeln (Sucker)

Die Kette wird, nachdem sie den Schlichtetrog passiert hat, mehrfach waagerecht durch die Heizaggregate der Trockenkammer hindurchgeführt. Um eine Verkrustung der Fadenoberfläche vor einer intensiven Durchtrocknung zu vermeiden, wird die Kette jedesmal, wenn sie die volle Länge der Trockenkammer durchlaufen hat, in der freien Luft umgewinkelt. Hier schlägt sich geringfügig Kondensatfeuchtigkeit auf der Kette nieder, die die Verkrustung vermeidet. Auf diese Art der Kettführung kann jedoch auch verzichtet werden (vgl. Abb. 362).

Man läßt dann die Kette direkt über die Skelettwalzen laufen. Allerdings ist
dann die Leistung geringer. Die Geschwindigkeit des Durchlaufes ist so eingestellt (in Abhängigkeit von der Trommelzahl der Maschine und der Geschwin-

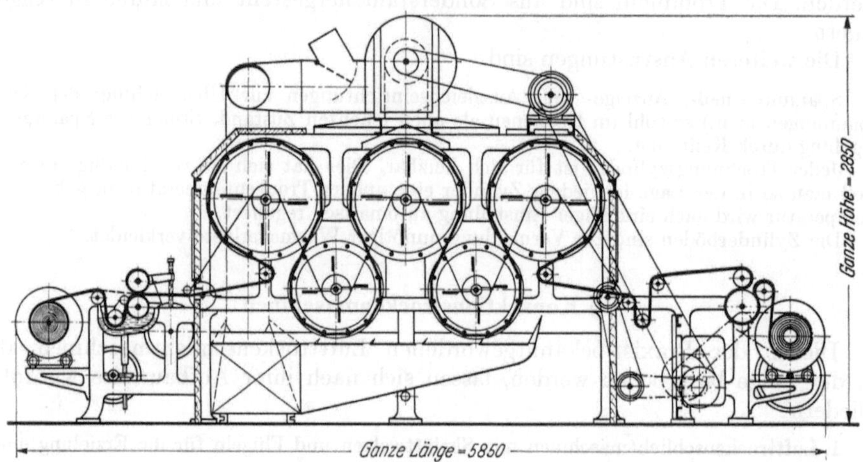

Abb. 362. Querschnitt durch Abb. 361

Abb. 363. Zeller-Patent-Lufttrockenschlichtmaschine Modell T für Baumwoll- und Zellwollketten

digkeit des Austrocknungseffektes), daß die Kette auf die Skelettwalzen aufgeführt wird, wenn sie noch nicht trocken ist. Im oberen Teil der Trockenkammer
wird die Luft durch die in den Skelettwalzen gelagerten Flügel kräftig um-
gewirbelt und sättigt sich mit Feuchtigkeit. Trotzdem diese feuchte Luft immerwährend von dem auf dem Dach der Kammer befindlichen Ventilator abgesaugt

wird, kann sich niemals eine übertrockene Atmosphäre bilden. Die Kette wird also in relativ feuchter Luft getrocknet. Eine Übertrocknung der Kette ist ausgeschlossen.

Je nach der notwendigen Leistung der Maschine werden drei bis neun Trommeln verwendet. Die Trockenkammer ist meist mit Hartfaserplatten verkleidet, und kleine Fenster ermöglichen die Kontrolle des Innenraumes auf Störungen während der Fertigung.

Nicht nur die Flügel sorgen für einen Luftumtrieb, sondern auf dem Dach ist in der Regel noch ein zweiter Ventilator, der Luft absaugt und diese in den unteren Teil erneut und gleichmäßig einbläst.

Die Abb. 363 zeigt die Maschine Modell T der Zeller Maschinenfabrik, Zell (Wiesental).

Leistungsdaten. Tabelle der Leistungen der Maschine Modell T der Maschinenfabrik Zell:

Tabelle 26

Modell	bei mittleren Einstellungen ausreichend für etwa:	Regelbereich der Geschwindigkeit	mittlerer Dampfverbrauch	mittlerer Kraftbedarf	ungefähres Nettogewicht
T 5	180···200 Webstühle	7···30 m/min	150···180 kg/h	6···7 kW	etwa 9000 kg
T 7	250···300 Webstühle	10···45 m/min	220···250 kg/h	8···9 kW	etwa 10500 kg
T 9	350···400 Webstühle	13···60 m/min	300···350 kg/h	10···11 kW	etwa 12000 kg

(Abmessung: Länge bei 7 Trommeln 11320 mm + Länge des Zettelbaumgestelles. Breite: Warenbreite.)

2. Lufttrockenschlichtmaschinen mit Siebblechtrommeln (Abb. 364, 365, 366). Bei dieser von der Maschinenfabrik Zell gebauten Maschine wird die im Spannrahmenbau bekannte Stufentrocknung in Anwendung gebracht.

Abb. 364. Zeller-Patent-Lufttrocken-Reyon-Schlichtmaschine Modell KS 7

Die Webkette tritt in der bekannten Weise in den Trockner ein und durchläuft ihn auf Skelettwalzen aufliegend. Die Skelettrommeln sind in zwei Reihen übereinander versetzt angeordnet und haben in ihrem Innern ortsfest angebrachte,

zylinderförmige perforierte Einsätze. Die warme Luft strömt durch die Stirnseiten der Trommeln diesen Einsätzen zu, beaufschlagt gleichmäßig die trocknende
Kette und wird unter bzw. über den Trommeln abgesaugt, nachgewärmt und in

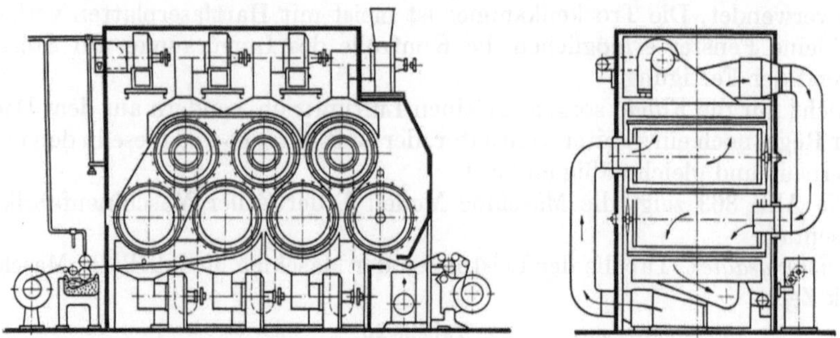

Abb. 365. Luftführung der in Abb. 364 dargestellten Maschine

die folgenden Skelettrommeln eingeblasen. Die Luftzuführung erfolgt wechsel-
seitig, einmal durch die linke, dann durch die rechte Trommelwand. Jede Skelett-
trommel ist damit zugänglich und besitzt einen ihr zugehörigen Lufterhitzer mit
Lüfter. Der Antrieb der Lüfter erfolgt durch einen gemeinsamen Antriebsmotor für die untere und obere Lüfterreihe. Die Maschine wird 6-, 8- oder 10stufig geliefert.

Die perforierten Einsätze haben in ihrem Innern Scheiben, die durch Links- und Rechts-
gewinde von außen verstellt werden können, so daß man die Breite der Perforierung auf die
Breite der Kette einregulieren kann.

Die Lufttrockenschlichtmaschine Modell U 3 MU der Firma Zell (Abb. 367). Diese in
der Abb. 367 dargestellte Maschine arbeitet so, daß die Kette im Trockner in 12 waagerechten
Bahnen hin- und hergeführt wird. Die Kette bewegt sich hierbei entgegen der von unten
nach oben geführten Trockenluft. Der Trockner ist zweistufig beheizt. In seinem Unterteil befinden sich, durch eine Zwischenwand vom Oberteil getrennt, zwei Lufterhitzer mit an-
geschlossenen, durch Motoren betriebene Nie-
derdruckventilatoren. Die Antriebsmotoren der Ventilatoren werden vom Schaltgestänge der
Maschine gesteuert, damit bei deren Abstellung die Warmluftzufuhr automatisch stoppt.

Abb. 366. Luftführungsrohr und Einblick in die Maschine der Abb. 364

Die im Oberteil auf der einen Stirnseite des Trockners eingeblasene Warmluft streicht längs der Kette und wird auf der gegenüberliegenden Seite abgesaugt, nachgewärmt und erneut in den Kreislauf gebracht. Die Frischluft-
zufuhr ist durch eine Klappe regelbar. Es wird in der ersten Stufe Frischluft in
gleichem Maße zugesetzt, wie aus der zweiten Trockenstufe verbrauchte, mit
Feuchtigkeit angereicherte Abluft von einem Exhaustor in einen Dunstkanal abgeführt wird. Diese Stufentrocknung ist leistungssteigernd und wärmesparend.
Die durch den Lufterhitzer geblasene Luft wird vorher gefiltert.

Bei Stillstandspausen kann durch Umstellen einer Klappe statt der Warmluft Raumluft in den Trockner eingeblasen werden, so daß das Innere des Trockners in wenigen Minuten bis auf Raumluft abgekühlt wird.

Zur Führung der Kette dienen Skelettwalzen von 240 bzw. 200 mm Durchmesser. Im Innern sind Leitwalzen angeordnet, die der Kette eine Führung geben.

Leistung der Maschine etwa 3···4 kg getrockneter Kette/min (180···240 kg/h); mittlerer Kraftbedarf 8···9 kW.

Abb. 367. Zeller-Feuchtluft-Schlichtmaschine für Wollketten

Lufttrockenschlichtmaschine der Firma Sucker. Prinzipiell ähnliche Konstruktionen werden auch von der Firma Sucker in M.-Gladbach gebaut. Die Abb. 368 und 369 zeigen sowohl die Gesamtansicht der Maschine (Abb. 368) wie auch den Querschnitt, jedoch zum Unterschied von Abb. 368 befindet sich Trog und Bäummaschine auf der gleichen Seite (Abb. 369). Diese Maschine besteht aus dem eigentlichen Trockenraum und vier getrennt davon angeordneten Heizkammern. Hierdurch erhält die Luft eine Zwangsumwälzung. Es wird mit Umluft und Frischluft gearbeitet. Die durch die Einblaskanäle in den Trockenraum geblasene Luft wird gleichmäßig auf die Ware verteilt. Sie streicht hierbei an der Kette entlang und wird, wie aus der Abb. 369 ersichtlich ist, auf der anderen Seite durch ein Gebläse angesaugt. Der Trocknungsvorgang arbeitet nach dem Gegenstromprinzip. Die Kette wird oben in den Trockenraum eingeführt und wird zuerst mit der heißen feuchten Luft in Berührung gebracht. In dem Maße, wie die Kette austrocknet und gegen Wärmebeanspruchung empfindlicher wird, kommt sie in die Bereiche der trockneren und kälteren Luft.

3. Hochleistungsschlichtmaschine mit Plantrockner (von Sucker). Nimmt man Bezug auf die Leistungsdaten der Tab. 23, so erkennt man, daß etwa bis zum Jahre 1930 die Leistung einer Lufttrockenmaschine gleich der einer Trommelmaschine war. Von diesem Zeitpunkt ab wird die Trommeltrockenschlichtmaschine von der Lufttrockenschlichtmaschine wesentlich überboten. Obwohl Lufttrockenschlichtmaschinen auch seit dieser Zeit noch eine wesentliche Leistungssteigerung verzeichnen konnte (dabei sind die in heutiger Zeit genannten Zahlen 50 m/min), erzielt man mit den neuerdings entwickelten Plantrocknern einen weitaus höheren Erfolg.

Abb. 368. Sucker-Hochleistungsschlichtmaschine Modell UTC mit Feuchtlufttrocknung für Baumwoll-, Woll- und Zellwollketten

Angesichts dieser Entwicklungstendenz scheint es ratsam, an Hand einer bestimmten Maschine hier den Plantrockner der Firma Sucker Modell PTC, sowohl das Prinzip der Wirkungsweise wie die Maschine selbst zu erklären.

Aus der Abb. 370 erkennt man einen Plantrockner in Verbindung

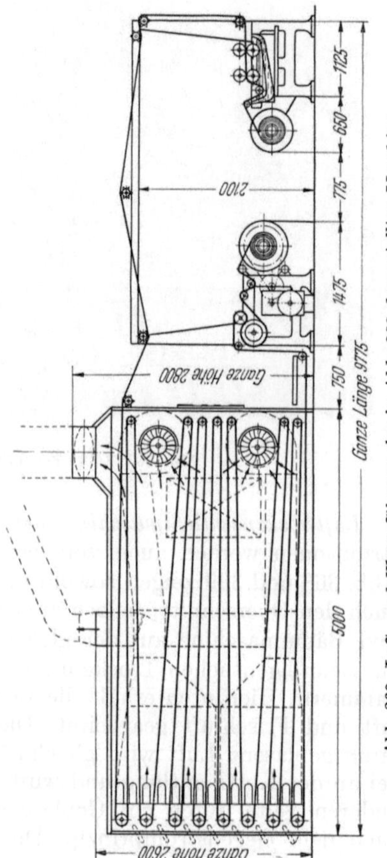

Abb. 369. Luft- und Warmführung der in Abb. 368 dargestellten Maschine

mit einer modernen Bäummaschine für die Juteindustrie. Die Kette durchläuft den Plantrockner in horizontaler Lage. Den gewünschten Trockeneffekt erhält man je nach der erforderlichen Leistung auf einem Trockenweg von 3···9 m. Abb. 371 zeigt den Querschnitt durch die Trockenmaschine, deren Wirkung nachfolgend erklärt werden soll.

Die Abb. 372 soll die physikalische Wirkungsweise dieses Trocknungsprinzips in elementarer Darstellung veranschaulichen.

Abb. 370. Schlichtmaschine für Jute (Modell PTF von Sucker)

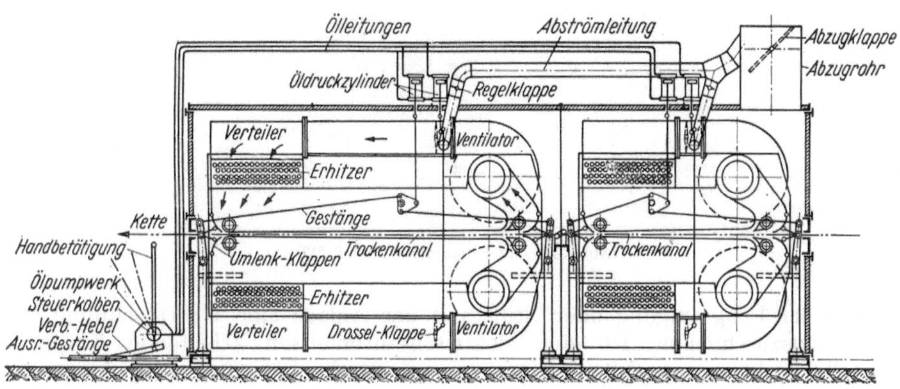

Abb. 371. Querschnitt durch die Trockenkammer des Sucker-PTC-Plantrockners

Die Trocknung erfolgt durch ein Heißdampfluftgemisch in ungesättigtem Zustand. Dampf oder ein Dampfluftgemisch in diesem Zustand ist bekanntlich sehr begierig, Wasser aufzunehmen. Der Trocknungsvorgang verläuft in Anlehnung an Abb. 372 wie folgt:

Beim Beginn des Arbeitsprozesses wird bei stillstehender Ware zunächst einmal die im Erhitzer auf Temperatur gebrachte Luft auf die Kette geblasen. Durch diese Trocknung entsteht das Heißdampf-Luftgemisch, das von den Ventilatoren abgesaugt wird, um wieder durch die Heizkörper gepreßt zu werden, so daß

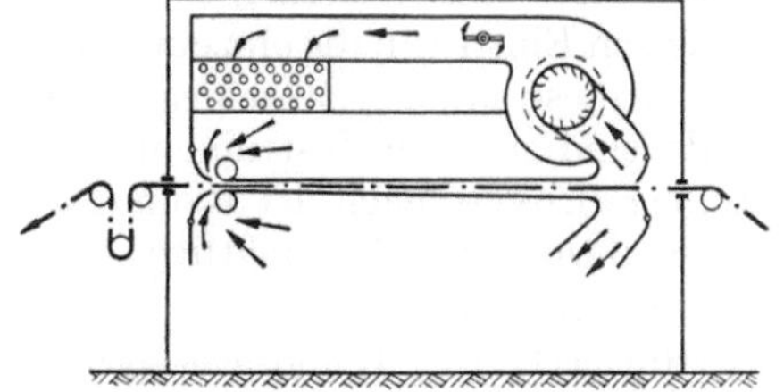

Abb. 372. Schema für Plantrockner

es nach entsprechendem Druckausgleich auf der Gegenseite im Gegenstromprinzip auf die inzwischen eingerückte Kettbewegung aufgeblasen wird. Die Kettfäden werden somit zwischen den beiden Heißdampfströmen getragen und eine Ver-

20*

legung oder Verkreuzung benachbarter Fäden oder eine Sprenung der geschlossenen Kettbahn kann nicht eintreten. Bei dem schnellen Vorbeistreichen der beiden
Heißdampfströme längs der Fäden erfolgt eine schnelle und besonders gleichmäßige Trocknung des Garnes und am Ende des Trockenkanals wird dann der
unterdessen gesättigte Dampf wiederum abgesaugt, erhitzt und zirkuliert von
neuem. Die Abb. 373 zeigt einen Querschnitt durch die Gesamtanlage mit zwei
Trockneraggregaten. Da durch die zusätzliche Wasserverdampfung aus der Kette
ein Überdruck im Trockenkanal hervorgerufen wird, entweicht der überschüssige
Sattdampf selbsttätig durch die Ketteingangsöffnung der Systeme in den um-
gebenden Trockenraum. Er dient dort zur zusätzlichen Isolierung der inneren
eigentlichen Trocknungssysteme gegen die äußere Kammerverkleidung und wird
unter Benutzung des vorhandenen geringen Überdruckes automatisch aus der
Kammer über das Dach abgeführt.

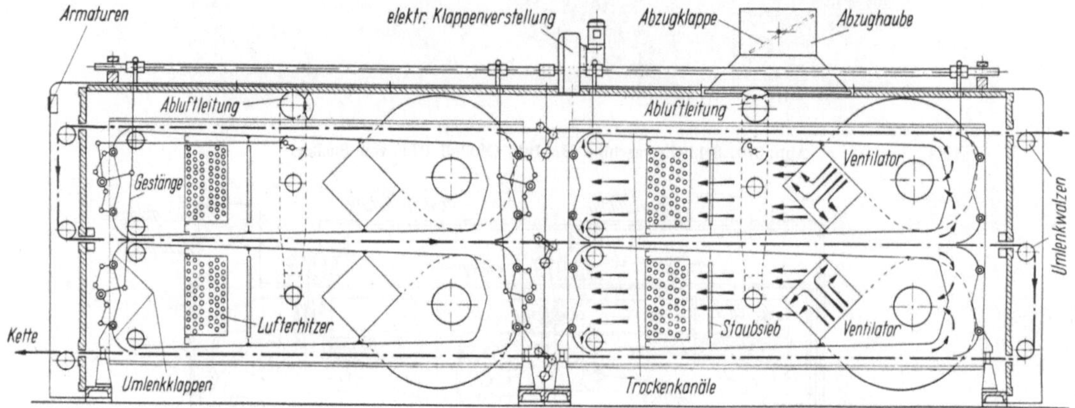

Abb. 373. Trockenkammer Modell MT

Um bei Langsamgang oder Stillstand der Anlage eine Übertrocknung der
Fäden auszuschließen, ist eine elektrisch-automatisch arbeitende Klappen-
verstelleinrichtung vorgesehen. Von dieser aus werden automatisch bei Langsamgang Steuerklappen in der Dampfzirkulation betätigt, so daß nur noch ganz wenig
Heißdampf in den eigentlichen Trockenkanal eintreten kann. Bei Stillstand der
Maschine wird der Heißdampfeintritt in den Trockenkanal ganz unterbunden und
von den Ventilatoren Kaltluft zur Kühlung der in der Trockenkammer befindlichen Kette angesaugt.

Um stets einen genauen Überblick über die Temperaturen des Heißdampfes
bei dessen Eintritt in die einzelnen Trockenkanäle und den Dampfdruck zu haben,
werden diese mit Fernanzeigegeräten gemessen. Diese leicht ablesbaren Zeiger-
geräte sind in einer Instrumententafel zusammengefaßt, die an der Trocken-
kammerstirnseite nach der Bäummaschine zu angebracht ist. Die Vorteile dieser
Konstruktion sind offensichtlich:

1. Es entfällt für das nasse, geschlichtete Garn die Mitnahme von Zylindern, Leitwalzen,
Skelettrommeln, oder Leitorganen irgendwelchert Art und deren Beschleunigung und Abbremsung beim Einrücken und Stillsetzen der Maschine. Damit entfallen alle hierdurch bedingten Zugbeanspruchungen und Spannungsschwankungen, und die Elastizität des Garnes wird
weitgehend geschont.

2. Da keine Berührung der Kette mit derartigen Leitorganen stattfindet, ist kein Ansetzen von Schlichtekrusten möglich und Fadenbrüche und Wickler sind im Plantrockner ausgeschlossen. Auch die gleichmäßige Schlichteverteilung im Faden kann keine Veränderung
erfahren. Die Fäden werden nicht durch Umkehrwalzen oder dergleichen geknickt, aneinander

gedrückt und verklebt. Die Fäden trennen sich deshalb an den Teilstäben im Trockenfeld auch bei geringer Kettspannung außerordentlich leicht und bleiben glatt und rund. Die auf der Schlichtmaschine mit dem neuen Plantrockner geschlichteten Ketten passieren deshalb die Litzen und das Blatt des Webstuhles ohne wesentliche Reibung. Damit wird die Flusenbildung vermieden und die Zahl der Fadenbrüche auf das Minimum herabgesetzt.

3. Die Aufblasung des Trockenmediums erfolgt mit hoher Turbulenz. Außerdem vollführen die einzelnen Fäden der zu trocknenden Kette bei ihrem Durchlauf durch den Trockner ähnlich wie eine schwingende Seite Schwingbewegungen, wodurch eine Querbewegung zur Strömungsrichtung des Aufblasmediums und eine gute Grenzschichtablösung gewährleistet ist.

4. Es können leichteste wie auch schwerste Ketten bei geringster Dehnung und schonendster Trocknung gearbeitet werden. Im Gegensatz zu Trocknern mit senkrechter Aufblasung werden bei der hier gewählten parallelen Aufblasung keine Schlichteteilchen von den Fäden durch die Strömung abgeblasen.

5. Der Trockner kann mit einer Temperaturregelanlage für die Regelung der Temperatur des Trockenmediums ausgerüstet werden. In der Praxis hilft man sich häufig bei sehr leichten Ketten, um auf keine zu hohe Fahrgeschwindigkeit zu kommen, oder übertrocknete Ketten zu erhalten, dadurch, daß man Ventilatoren ausschaltet. So kann z. B. eine Kette von 800 Faden bei 1400 mm Zettelbreite, Nm 60, mit nur 2 Ventilatoren im ersten Kammerteil arbeitend gefahren werden, um bei 130 °C Temperatur des Trockenmediums mit einer Geschwindigkeit von etwa 40 m/min. zu arbeiten.

6. Die durch die schnelle Wasserverdampfung entstehende Verdunstungskälte hält die Fadentemperaturen außergewöhnlich niedrig. Diese betragen an der Fadenoberfläche nur etwa 70 °C.

7. Die durch die zuständigen Kontrollbehörden festgestellten Dampfverbrauchswerte liegen bei nur etwa 1,2···1,4 kg Dampf je kg verdampftem Wasser.

Der Mehrbahntrockner (Sucker)[1]. Dieser in der Abb. 373 dargestellte Trockner ist als Einbahntrockner und als Mehrbahntrockner zu verwenden. Er stellt somit eine Vereinigung des vorhin besprochenen bekannten Plantrockners, dessen Arbeitsprinzip hier beibehalten wurde, mit einer Weiterentwicklung, dem Mehrbahntrockner, dar. Diese Trockenkombination gibt die Möglichkeit, je nach Empfindlichkeit und Gewicht, je laufenden Meter der zu schlichtenden Kette in einer oder in drei Bahnen gleichzeitig zu trocknen, ohne daß zeitraubende Umbauten erforderlich wären.

Dieser Trockner besteht im wesentlichen aus zwei oder mehreren für sich selbständigen Trockensystemen. Paarweise übereinandergesetzt ergänzen sie sich zu drei Trockenkanälen, durch die die geschlichteten oder geleimten Ketten hindurchgeleitet werden.

Jedes Trockensystem hat seine eigenen Ventilatoren und Erhitzer, mit denen es absolut selbständig arbeiten kann. Zwischen den Ventilatoren und dem je zwei Ventilatoren gemeinsamen Erhitzer befindet sich der Druck- und Ausgleichsraum mit dem Staubsieb wie beim Einbahntrockner. Hinter dem Erhitzer teilt sich das Heißdampf-Luftgemisch und strömt durch die Umlenkklappen in den jeweiligen Trockenkanal ober- und unterhalb des Trockensystems. Erfolgt die Trocknung dreimalig, so strömt aus dem Obersystem das Heißdampf-Luftgemisch einmal in den oberen Trockenkanal, zum anderen in den mittleren, der sich aus den übereinander angeordneten Systemen ergibt. Aus dem unteren System strömt sinngemäß das Heißdampf-Luftgemisch in den mittleren und unteren Kanal. Beim einbahnigen Trocknen werden die Umlenkklappen im oberen und unteren Behandlungskanal in ihrer geschlossenen Stellung arretiert, so daß die Aufblasung nur im mittleren Trockenkanal erfolgt.

Die Kanäle sind durch Umlenkklappen am Anfang und Ende bis auf einen einstellbaren Mindestspalt verschließbar. Dieser Spalt ist mechanisch begrenzt, und durch ihn läuft die Kette im jeweiligen Behandlungskanal.

---

[1] Vgl. J. SCHNEIDER: Moderne Plantrocken-Schlichtmaschinen für Ein- und Mehrbahntrockner. Melliand Textilber. 39 (1958) Nr. 9.

Der Wechsel vom Einbahntrockner zum Mehrbahntrockner erfolgt durch die Steuerung der Klappen. Diese geschieht in der Art, daß man zunächst den Wählschalter, der sich an der Stirnwand der Trockenkammer befindet, bei einbahnigem Trocknen auf das Symbol „Dreibahn" stellt. Darauf wird der Gruppenschalter, der direkt über dem besprochenen Wählschalter angebracht ist, und der die Schaltstellungen „1", „2" und „0" besitzt, auf „1" (normal) geschaltet. In dieser Schalterstellung ist die Klappenverstellung für einbahniges Trocknen geschaltet, und die Stellung der Klappen ist wie folgt:

Bei Stillstand zeigt das Betriebssignal „0" (rot) an. Die Umlenkklappen der Trockensysteme sind gegen das durchströmende und aufzublasende Trockengemisch geschlossen, die Abluftkanäle geöffnet. Man kann von den Stirnseiten oder von den Seitenklappen her durch die Trockenkanäle frei hindurchschauen.

Wird die Maschine auf Kriechgang geschaltet, wird dies durch das Betriebssignal „I" (weiß) angezeigt, und die Umlenkklappen öffnen sich um etwa 10 mm. Die Abluftklappen bleiben geöffnet.

Beim Schalten auf Normalgang, das wiederum durch das Betriebssignal „II" (grün) angezeigt wird, öffnen sich die Umlenkklappen am Trockenkanal, so daß jetzt der volle Trockenstrom, der im Kriechgang in einem geringen Teilstrom auf die Kette geblasen wurde, aufströmt. Es ist nicht mehr möglich, durch den jeweiligen Trockenkanal hindurchzusehen, da die beiden Umlenkklappen bis auf einen mechanisch begrenzten und einstellbaren Spalt zusammenkommen, durch den die Kette ungeteilt, bei schweren Ketten mit hoher Fadenzahl vor und hinter der Kammer geteilt, hindurchläuft. Die Abluftklappen sind geschlossen.

Muß aus irgendeinem Grunde über den Kriechgang auf Stillstand geschaltet werden, so schließen die Umlenkklappen und öffnen die Abluftklappen automatisch in der umgekehrten Reihenfolge. Dies wird durch das Betriebssignal angezeigt.

Wird der Gruppenschalter auf Stellung „2", „Kette einziehen", gestellt, leuchtet am Betriebssignal das Symbol „Knoten" auf. Zusammen mit dieser Signalgabe werden die Umlenkklappen an den Trockenkanälen geschlossen und die Abluftklappen geöffnet. Das Betriebssignal „0" zeigt diesen Vorgang an.

Soll der Trockner als Mehrbahntrockner gebraucht werden, so ist der oben angeführte Wählschalter auf die Schaltstellung Symbol „Dreibahn" zu stellen. Damit wird die Aufblasung des Heißdampf-Luftgemisches sowohl im Stillstand als auch im Kriechgang unterbunden. Die Abluftklappen behalten ihre Funktionen bei. Bei den Schaltzuständen „Normalgang" und „Kette einziehen" stehen die Klappen genauso wie beim einbahnigen Trockner.

Die Gegenüberstellung der Leistung von Ein- und Mehrbahntrockner. Die Kennzeichnung der Leistung von Aggregaten, deren Wirkungsweise ausgesprochen thermo-dynamischer Natur ist, ist außerordentlich schwierig, weil diese letzten Endes wesentlich von den Daten des zur Trocknung gelangenden Gutes abhängig ist. Die Dampfverbrauchszahlen wurden im vorigen Kapitel erörtert. In der vorstehenden Darstellung Abb. 374 ist eine Gegenüberstellung der Leistung eines Einbahntrockners (ET) und der eines Mehrbahntrockners (MT) gezeigt. Es ist hierbei von der Kennzeichnung der absoluten Werte Abstand genommen und nur mit relativen Werten operiert worden. Hieraus wird die Gegenüberstellung klarer und die unterschiedlichen Beziehungen werden ausgeschaltet. Lediglich ist die Variation der verschiedenen Zettelbreiten in der Größenordnung zwischen 1400 und 2000 mm zum Ausdruck gebracht worden. Es wird jeweils in dem Diagramm in der linken Ordinate die Wasserverdunstung in Prozent je Zeiteinheit und auf der rechten Ordinate die entsprechende Kammerlänge aufgetragen. Die Abszisse kennzeichnet jeweils die Dampfdrücke für Sattdampf. Wie man aus dem linken

Diagramm erkennen kann, erreicht man mit einem Einbahntrockner bei 9 m Kammerlänge und einem Dampfdruck von 12 atü eine Wasserverdunstung von 420%. Aber auch selbst bei einer mittleren Kammerlänge von 6 m erzielt man bei einem niedrigen Dampfdruck von 6 atü eine Wasserverdunstung von 200···250%. Vergleicht man dieses linke Diagramm mit dem des Mehrbahntrockners rechts,

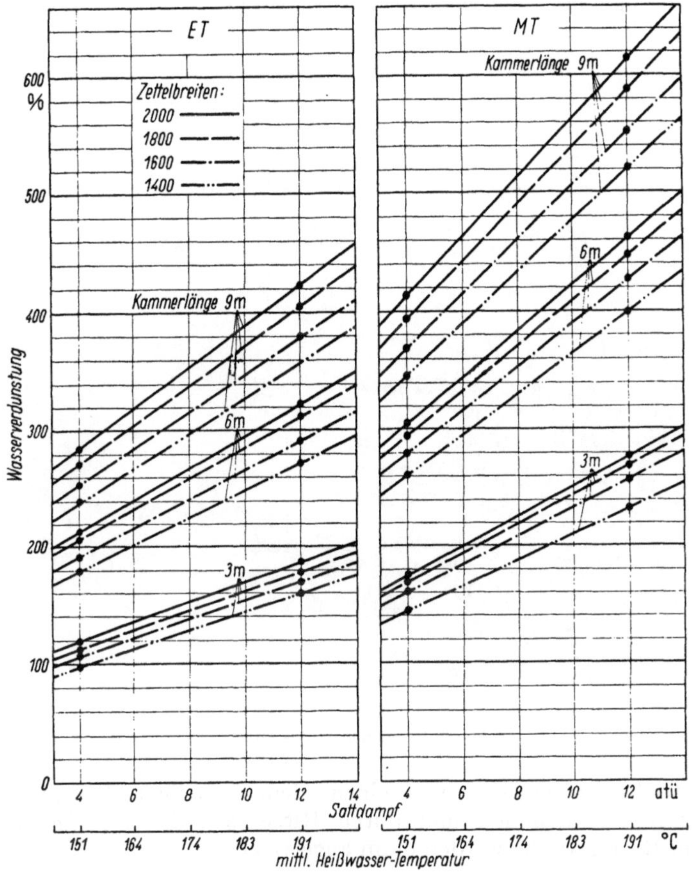

Abb. 374. Gegenüberstellung der Wasserverdunstung in Prozent je Zeiteinheit des Ein- und Mehrbahntrockners

so erkennt man, daß bei 9 m Kammerlänge und 12 atü 200% mehr verdunstet werden in der gleichen Zeiteinheit. Bei 6 m Kammerlänge und 6 atü sind dies etwa 160% Mehrleistung.

Dieser Vergleich ist recht aufschlußreich, denn er zeigt, daß der Einbahntrockner mit der relativ geringeren Leistung neben dem Mehrbahntrockner immerhin deswegen eine Daseinsberechtigung hat, weil mit dem Mehrbahntrockner Verdunstungsleistungen erreicht werden, die zu unkontrollierbar hohen Fadenlaufgeschwindigkeiten führen würden, wenn mit lose eingestellten Ketten von geringem Garngewicht gearbeitet wird. Auch zeigen diese beiden Diagramme, daß man je nach der betriebsüblichen Varianz unter der Notwendigkeit, die maximale Leistungsmöglichkeit zu erreichen, den Wechsel vom Einbahntrockner zum Mehrbahntrockner möglich machen muß. Hiermit ist auch die bereits oben beschriebene Kombinationsmöglichkeit und deren Manipulation gerechtfertigt.

7. Die Bäummaschine und der Antrieb der Schlichtmaschine

Die restlose Ausnützung der Trockenvorrichtungen im wirtschaftlichen
Sinne ist nur möglich, wenn man in der Lage ist, die Kettengeschwindigkeit
feinstufig oder stufenlos so zu regulieren, daß die volle Trockenleistung immer
ausgenützt werden kann. Der Antrieb moderner Schlichtmaschinen arbeitet
aus diesem Grunde mit modernen Regelgetrieben (Variatoren).

Abb. 375. Bäummaschine (Rüti)

Die Antriebsleistung wird von einem dem jeweiligen Energiebedarf an-
gepaßten Motor entnommen und durch Ritzel auf das Regelgetriebe übertragen. Vom Regelgetriebe werden dann angetrieben:

1. Die Quetschwalzen im Trog.
2. Der Kettbaum in der Aufbäumvorrichtung unter Zwischenschaltung einer Friktionskupplung.

Unter diesem Gesichtswinkel gibt es bei den verschiedenen Fabrikaten unter
den Schlichtmaschinen keine nennenswerten Unterschiede.

Die Abb. 375 zeigt eine Bäummaschine von Rüti. Für die Aufwindung der
Kette dient eine starke (bei breiten Maschinen zwei) leicht regulierbare Scheiben-
friktion A mit einer zusätzlichen empfindlichen Friktion B für Ketten mit sehr
kleinen Fadenzahlen. Die Leitwalze C kann für eine stärkere oder schwächere
Kreuzwindung auf dem Kettbaum beliebig eingestellt werden. Die linke Friktion
ist mit einem Übersetzungsgetriebe versehen. Um den Anlauf der Kette auf dem
Baum genau einzustellen, kann der Kettbaum samt Lagerung seitlich verschoben
werden.

Die beiden Meterzähler D messen die Länge der geschlichteten und ungeschlichteten Kette, so daß aus der Längendifferenz der Verzug leicht festgestellt
werden kann.

Das Tachometer *E* dient der laufenden Kontrolle der Schlichtmaschinengeschwindigkeit.

Bei der oft diskutierten Spannung beim Schlichten muß man wohl unterscheiden zwischen der Spannung, die zwischen der Einzugswalze an der Bäummaschine und den Quetschwalzen besteht, und der Aufbäumspannung.

Der Antrieb der Einzugswalze an der Bäummaschine und der Quetschwalzen erfolgt auf Grund eines Übersetzungsgetriebes zwangsläufig. Die beiden Walzen haben nicht gleiche Umlaufsgeschwindigkeit, sondern es ist bei der Übersetzung berücksichtigt, daß alle Textilien im trocknenden Zustande eine Längenänderung erfahren. Dieser Tatsache ist bei den Schlichtmaschinen durch die Zwischenschaltung eines Kettspannungsreglers (s. u.) Rechnung getragen.

Der Antrieb des Kettbaumes an der Bäummaschine kann nicht zwangsläufig durch ein Getriebe erfolgen, da die Drehzahl des Kettbaumes sich mit wachsendem Durchmesser vermindern muß, wenn die Kettengeschwindigkeit, wie dies ja tatsächlich der Fall ist, konstant ist. Die Konstruktion eines solchen Regelgetriebes wäre zwar möglich, aber die Anwendung eines solchen ist nicht zu empfehlen, weil ein solcher zwangsläufiger Antrieb nicht den unterschiedlichen Spannungsbedürfnissen der verschiedenen zur Verarbeitung kommenden Kettmaterialien Rechnung trägt. Es muß dem Schlichter überlassen bleiben, die Aufbäumspannung so zu regeln, daß sie in Verbindung mit der Preßwalze die genügende Kettbaumhärte erwirkt.

Die Aufgabe der Preßwalze ist es, in Verbindung mit der Friktion die notwendige Kettbaumhärte zu erzielen. Aus diesem Grunde ist der Anpreßdruck durch Gewichte regulierbar, wie die Skizze in der Abb. 379 zeigt. Auf Wunsch des Kunden betätigt die Zeller Maschinenfabrik den Anpreßdruck hydraulisch.

Die richtige Härte des Kettbaumes ist dann erreicht, wenn man beim Eindrücken mit der Fingerkuppe auf der Kettbaumoberfläche fast keine Elastizität mehr verspürt. Eine sichere Beurteilung mit dieser subjektiven Prüfmethode kann nur durch Erfahrung gewonnen werden. Eine objektive Beurteilung in Anlehnung an Erfahrungswerte ist durch die Verwendung des

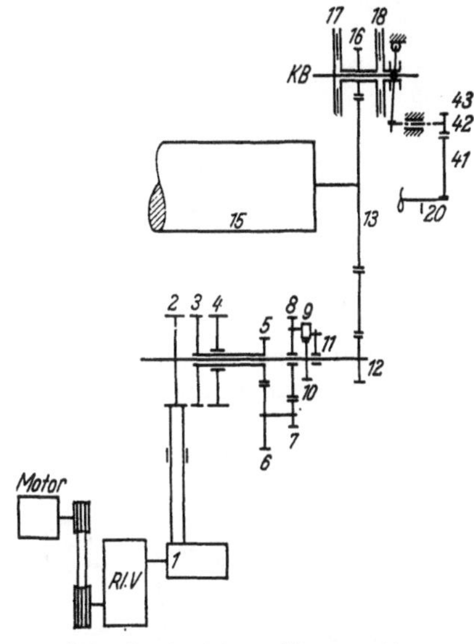

Abb. 376. Antrieb der Bäummaschine

auf S. 72 besprochenen Densimeters möglich. Die nachfolgenden Abb. 376 bis 379 zeigen das Getriebe der Aufbäumvorrichtung der Firma Sucker.

Aus den Abb. 376 und 378 ist der Antrieb der Einzugswalze und des Kettbaumes zu erkennen.

Der direkte Antrieb bei Vollbetrieb der Maschine kann wie folgt abgelesen werden:

Antrieb vom Motor in das stufenlos regelbare PIV-Getriebe; durch Riementrieb auf die Festscheibe *2*, die auf der eingezeichneten Welle verkeilt ist. Weiter erfolgt der Trieb über *12* nach *13*. So wird die Einzugswalze *15* der Bäummaschine angetrieben. Dieser Antrieb ist zwangsläufig und bestimmt die Durchlaufgeschwindigkeit der Kette durch die Trockenmaschine. Der Antrieb des Kettbaumes wird von *13* abgeleitet und erfolgt nach *16* und mit Hilfe der Friktionsscheiben *17* und *18* auf den Kettbaum. Die Friktionsscheiben gleichen den Unterschied in der notwendigen Drehung des Kettbaumes bei wachsendem Durchmesser aus.

Ist ein gelegentlicher Stillstand der Maschine notwendig, so soll man, um eine Übertrocknung der Kette weitestgehend zu vermeiden, stets von der Möglich-

Abb. 377. Antrieb der Bäummaschine

keit Gebrauch machen, die Kette mit Hilfe des „Kriechganges" immer noch langsam durch die Maschine zu bewegen. Den Kriechgang stellt man ein, indem man den Riemen auf die Scheibe *3* einstellt. Die Übertragung auf das Rad *12* erfolgt dann unter Einschaltung der Untersetzung *5*, *6*, *7*, *8* und mit Hilfe der Klinke *9*

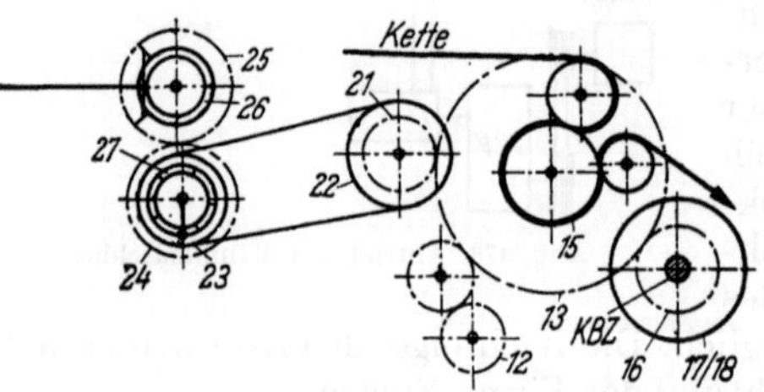

Abb. 378. Antrieb der Einzugswalze und des Kettbaumes

auf das Schaltrad *10*. Das Einschalten der Klinken erfolgt durch eine Feder *11*, die schleifend auf der Welle befestigt ist und bei Drehzahlverringerung die Klinken auf das Schaltrad kippt.

Die Spannungsregelung erfolgt in sehr einfacher Weise, indem in die Übertragung zwischen Bäummaschine und die Längswelle der gesamten Schlichtmaschine ein regelbarer Keilriementrieb eingeschaltet ist (vgl. Abb. 377 u. 378). Die Längswelle wird angetrieben durch *13*, *21*, durch die beiden Keilriemenscheiben *22*, *23*. Von diesen ist die Scheibe *23* durch die Feder *27* verstellbar. Weiter geht die Übertragung von *24* über *25* und die beiden Kegelräder *26* zur Längswelle. Durch die Regulierung dieses Keilriementriebes ist man in der Lage, die Längenänderung der Kette während des Trockenvorganges einzustellen. Man kann also die Spannung regulieren.

Um einen genügend harten Baum zu bekommen, preßt man die auflaufende Kette durch eine Preßwalze fest auf den Baum auf. Die Pressung erfolgt durch das Gewicht *32* über Hebel *31/30*. Die Preßwalze *28* ist in die beiden Walzen *29* eingebettet (vgl. Abb. 379).

Damit die Pressung bei wachsendem Durchmesser zunimmt, wird die Drehung von *31/30* auf ein Zahnsegment *41* übertragen. Dreht sich dann das Rad *42*, so wird dadurch die Spindel *43*, die in einer ortsfesten Mutter gelagert ist (Abb. 376), so verdreht, daß mit Hilfe der Klaue die Friktion *18* vergrößert wird.

Moderne Bäummaschinen sind mit hydraulischen Baumpreß- und -Niederlaßvorrichtungen eingerichtet, damit die Größe des Anpreßdruckes sowohl mit der erforderlichen Höhe, wie auch in allen Zwischenwerten erreicht werden kann [vgl. Schnittdarstellung durch die Hydraulik Abb. 380 (Zell)].

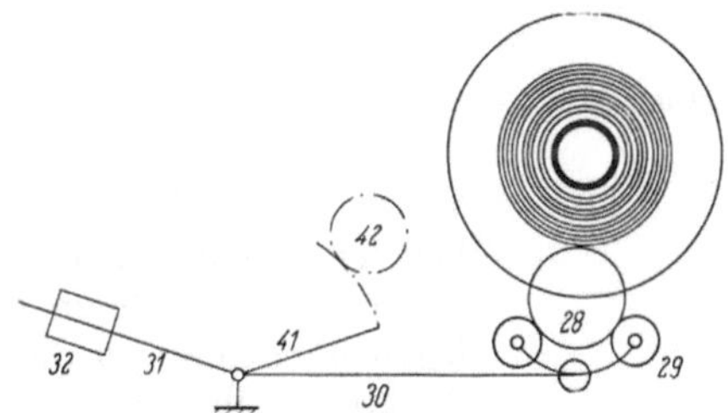

Abb. 379. Kettbaumpressung

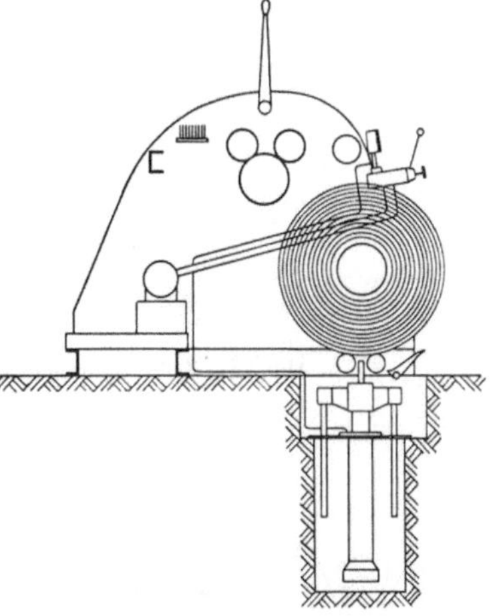

Abb. 380. Schnitt der Hydraulik

Der Anpreßdruck ist in weiten Grenzen regelbar und kann an einer Skala kontrolliert werden; einmal eingestellt, bleibt er während des Wickelns konstant. Ist der Baum voll, so wird durch Schwenken eines Hebels der Preßdruck

Abb. 381. Zeller-Bäummaschine Modell B 50 für geteilte Kettenzüge

erhöht, dadurch die Baumwellen so weit entlastet, daß sie sich leicht nach der Seite verschieben lassen. Durch eine weitere Hebelschwenkung kann jetzt der Kettbaum auf einen Hubwagen oder auf den Boden abgelassen werden. In gleicher

Abb. 382. Zeller-Bäummaschine Modell B 50 mit Differentialfriktion

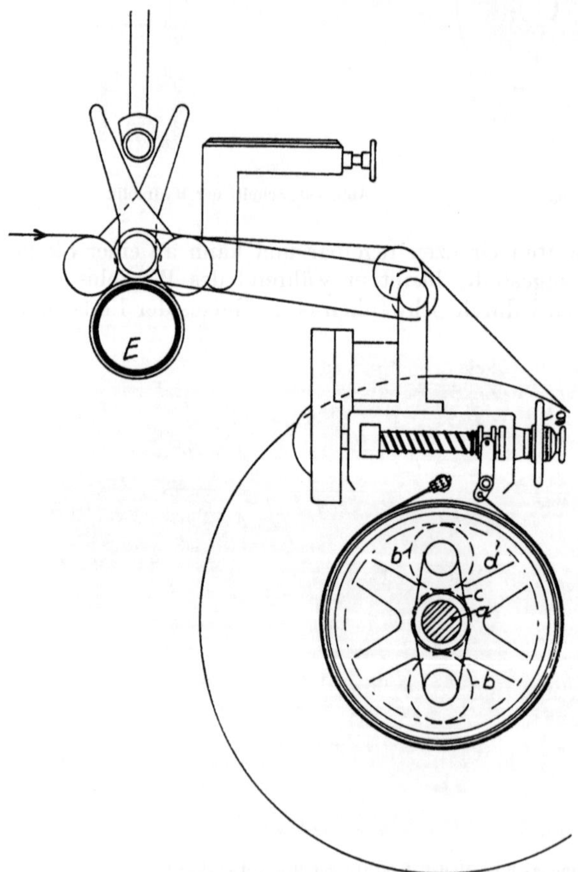

Abb. 383. (Erklärung s. S. 317)

Weise läßt sich in umgekehrter Reihenfolge ein neuer, leerer Kettbaum einlegen. Es genügt zu diesen Arbeiten, selbst bei schwersten Bäumen, ein Mann.

Bei der Verwendung größerer Baumscheibendurchmesser und die dadurch bedingten erhöhten Baumgewichte ist eine hydraulisch betätigte Baumniederlaßvorrichtung besonders vorteilhaft. Der für ihren Betrieb benötigte Öldruck wird in einer Hydraulikpumpe erzeugt. Die Pumpe wird durch angeflanschten Motor betrieben und bei abgestellter Maschine automatisch stillgesetzt.

Die Apparatur arbeitet zuverlässig, die Bedienung ist ganz einfach. Die Vorrichtung läßt sich mit Vorteil auch bei älteren Schlichtmaschinen einbauen.

Die drei nachfolgenden Abbildungen zeigen die Bäummaschine der Zeller Maschinenfabrik (Mod. B 50). Diese Maschine verdient in diesem Rahmen unter dem Gesichtswinkel des Einsatzes wirtschaftlicher Getriebe besondere Beachtung.

Nicht nur die aus den Abb. 381 und 382 ersichtliche formschöne Bauart ist bemerkenswert, sondern auch die aus den Abb. 383 und 384 ersichtliche Konstruktion des Antriebes des Kettbaumes zur Erzielung einer gewünschten Aufbäumspannung. Bei dieser Konstruktion wird ein Differentialgetriebe verwendet. Der Steg mit den beiden Planetenrädern b (Abb. 383) wird durch die Antriebswelle a angetrieben. Der Steg sitzt fest auf der Antriebswelle. Die Planetenräder b kämmen einmal mit dem außenverzahnten Rad c, das mit dem Kettbaum verbunden ist und dessen Drehung eine Drehung des Kettbaumes zur Folge hat; außerdem kämmen sie mit dem innenverzahnten Rad d, welches gleichzeitig eine Bremsscheibe für das Bremsband ist. Wird das Bremsband gar nicht angespannt, dann läuft die Bremsscheibe, wie aus der Skizze ersichtlich ist, mit

$$n_a \frac{c}{d}$$

Umdrehungen.

Wird nun mit Hilfe des Handrades g das Bremsband angespannt und die Drehzahl des Rades d reduziert, so wird, wenn wir den abgebremsten Drehungsbetrag mit $-n_d$ bezeichnen, der Kettbaum mit

$$n_d \frac{d}{c}$$

positiv angetrieben. (Es bedeutet n die Drehzahl, und die Buchstaben $a, b, \ldots$ sind für die Zähnezahlen gesetzt.) Die größte Drehzahl ist erreicht, wenn

$$n_d = 0$$

Abb. 384. Ansicht der Differentialfriktion

ist, wenn also durch die Bandbremse eine Drehung von d gänzlich unterbunden wird.

In der Abb. 383 ist E die Einzugswalze der Bäummaschine.

Der Spannungsregler zur Kompensation der Längenänderung des Kettmaterials während des Trockenprozesses. Alle Gespinste erleiden in trocknendem Zustande Längenänderungen. Da der Antrieb der Einzugswalze und der der Abquetschwalzen zwangsläufig erfolgt, ist an den Schlichtmaschinen ein Ausgleich geschaffen. Würde man dies nicht tun, so können Zugbeanspruchungen auftreten, durch die die Kette über die Elastizitätsgrenze hinaus beansprucht wird. Die Folge davon ist eine gehäufte Fadenbruchzahl im Webstuhl und eine verminderte Qualität des Erzeugnisses.

Auf Grund umfangreicher Untersuchungen konnte die Maschinenfabrik Zell, Wiesental, das in der nachfolgenden Abb. 385 dargestellte Nomogramm entwickeln, das der Bestimmung der auf Schlichtmaschinen am Zeller automatischen Kettspannungsregler einzustellenden günstigsten Spannung dient.

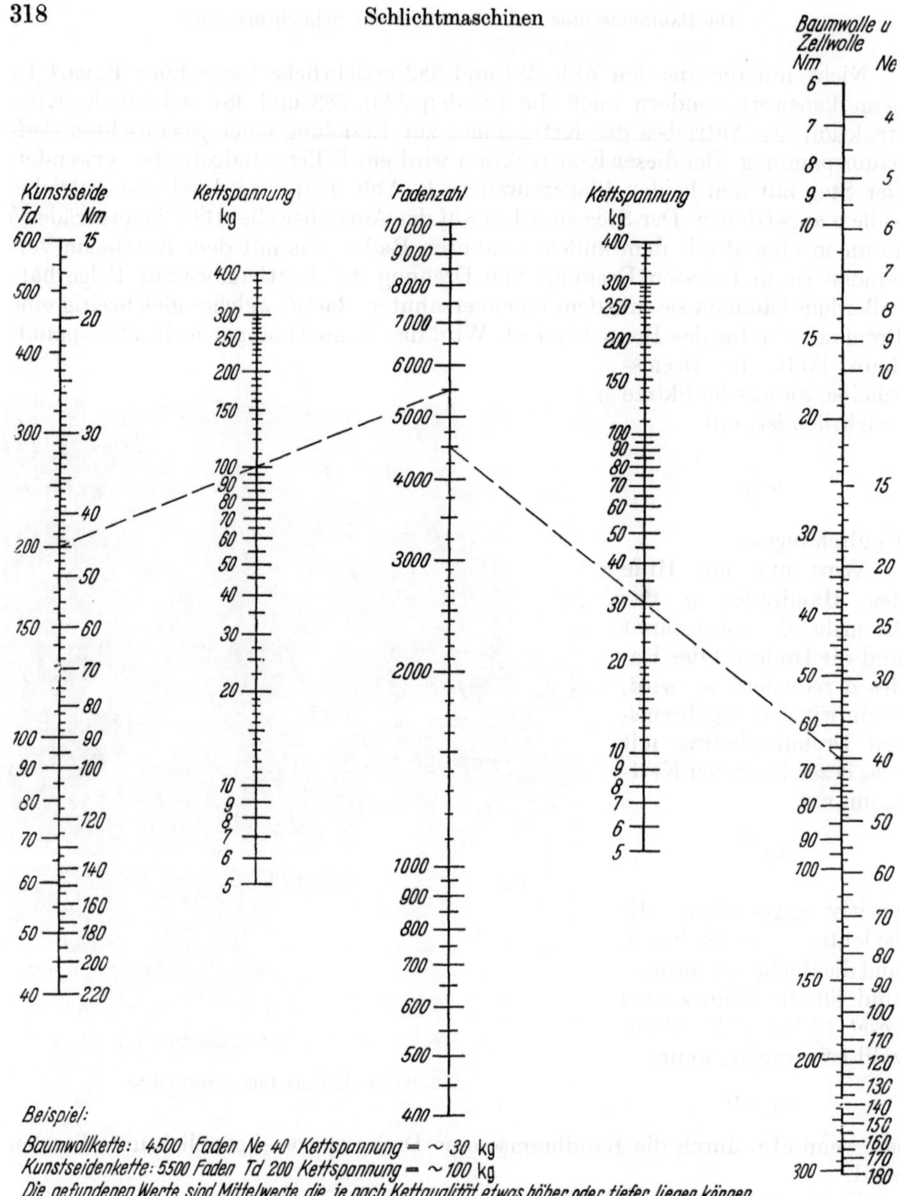

Abb. 385. Nomogramm zur Bestimmung der günstigsten Kettspannung

Berechnungsbeispiel:

Baumwollkette: 4500 Faden Ne 40 Kettspannung rund 30 kg Reyonkette.

Reyonkette: 5500 Faden Td. 200 Kettspannung rund 100 kg.

Die Werte, die man mit diesem Nomogramm ermittelt, gelten als Mittelwerte, die je nach Kettqualität etwas höher oder tiefer liegen können.

a) Die Arbeitsweise des Zeller Spannungsreglers

Dieser Regler arbeitet vollständig automatisch. Je nachdem, ob die anfänglich eingestellte Kettspannung der trocknenden Kette steigt oder fällt, beschleunigt oder verzögert der Regler mit Hilfe eines Differentialgetriebes die Einzugsgeschwindigkeit der Quetschwalzen. Es läuft dann mehr oder weniger Kette in die Schlichtmaschine ein, als von der Einzugswalze der Bäummaschine abgezogen wird. Die Arbeitsweise des Differentialgetriebes bestimmt auf diese Weise die Spannung der Kette.

Die Arbeitsweise dieser Vorrichtung ist aus den nachfolgenden Abb. 386 und 387 ersichtlich.

Abb. 386 zeigt die Getriebeskizze und Abb. 387 läßt erkennen, wie der Spannungsausgleich von der Kette gesteuert wird.

Für den mechanisch gebildeten Leser läßt sich die Wirkungsweise am leichtesten an Hand der Getriebeskizze Abb. 386 erklären. Die in der Skizze eingetragenen Bezeichnungen gelten sowohl demonstrativ als auch formelmäßig, indem durch die Bezeichnungen die Zähnezahlen und Durchmesser dargestellt sein sollen.

Der Hauptantrieb erfolgt von der Bäummaschine mit Hilfe der Einzugswalze E, die der Welle H, der Verbindung zu den Quetschwalzen unter Zwischenschaltung des Reglers, die Drehzahl n_H erteilt.

Die Drehzahl n der Welle H_1 kann wie folgt bestimmt werden:

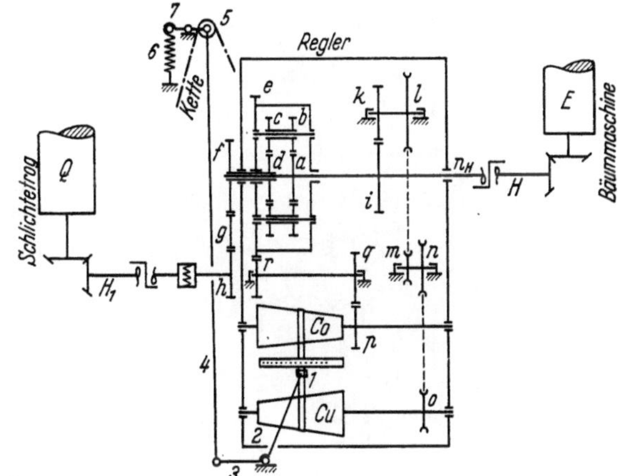

Abb. 386. Schematische Darstellung des Zeller-Kettspannungsreglers

Wie bei jedem Differentialgetriebe muß man die verschiedenen Drehzahlen der Welle H_1 getrennt feststellen:

Setzt man das Differentialrad e fest, dann wird durch einfache Übersetzung die Drehzahl n_{h_1} auf die Welle H_1 übertragen:

$$n_{h_1} = n_H \frac{a\,c\,f}{b\,d\,h}.$$ (1)

Setzt man n_H gleich Null und dreht e mit n_e U/min, so erhalten wir:

$$n_{h_2} = n_e \frac{a\,c\,f}{b\,d\,h}.$$ (2)

Die Drehzahl von e wird aber auf Grund der Übersetzung wie folgt bestimmt:

$$n_e = n_H \frac{i\,l\,n\,C_u\,p\,r}{k\,m\,o\,C_o\,q\,e}.$$ (3)

Setzt man die Formel für Mitnahme:

$$n_{h_3} = n_H \frac{f}{h}$$ (4)

in die obere ein und faßt alle Übersetzungen zusammen, so erhält man die Getriebegleichung des Reglers:

$$n_{h_1\,\text{ges}} = n_H \frac{f}{h}\left(1 + \frac{a\,c}{b\,d} + \frac{i\,l\,n\,C_u\,p\,r}{k\,m\,o\,C_o\,q\,e}\,\frac{a\,c}{b\,d}\right).$$ (5)

Wird die Riemengabel 1 auf die Grundeinstellung eingestellt, so ist jegliche Übersetzung ausgeschaltet und es ist n_H gleich n_{H_1}. Die Größe der gewünschten

Abb. 387. Zeller automatischer Kettspannungsregler

Spannung wird zum Beginn des Arbeitsprozesses durch Verstellen der Riemengabel einreguliert. Eine Skala erleichtert diese Regulierung, indem auf dieser die erreichbaren Kilogrammwerte einstellbar sind. Dies ist die Grundeinstellung des Regulators. Wird während des Schlichteprozesses noch eine Längendifferierung auftreten, so wird diese durch eine Verschiebung des Konusriemens eingeleitet, indem eine Spannungswalze 5 durch die Kette niedergezogen wird. Diese Bewegung wird durch die Stange 4 Hebel 3 auf die Riemengabel übertragen. Hierdurch wird die Drehzahl des Rades d variiert und über H_1 wird durch die Quetschwalzen eine größere Kettenlänge in der Zeiteinheit eingezogen.

Das Übersetzungsverhältnis im Regler ist so gehalten, daß die Konen mit großer Drehzahl laufen, so daß schon eine geringfügige Spannungsänderung der Kette zu einer Schaltung der Riemengabel Veranlassung ist.

Abb. 388. Kettspannungsausgleicher von Sucker

Konstruktiv ist der Regler ein geschlossenes Aggregat, das als Getriebekombination in jede Schlichtmaschine eingebaut werden kann.

b) Der Spannungsregler und Spannungsausgleicher von Sucker

Der von der Firma Sucker gebaute Spannungsregler arbeitet kraftschlüssig.
Die Anordnung und Wirkungsweise wurde in der Abb. 378 beschrieben.

Die Regulierung erfolgt während
des Laufes der Maschine und ist in
den Grenzen von $0 \cdots 7$ v. H. möglich.

Da nun durch die gelegentlich
ungleichmäßige Trocknung beim Abstellen der Maschine Längendifferen-
zen auftreten können, die durch das
beschriebene Getriebe nicht kompensiert werden können, ist in den Lauf
der Kette noch ein Spannungsausgleich eingeschaltet, der, wie bereits
bekanntgegeben, kraftschlüssig arbeitet. Die Vorrichtung ist in den
Abb. 388 und 389 dargestellt. Die
Kette wird zwischen zwei Walzen
umgelenkt und unter eine unter Federdruck stehende Spannungswalze
geführt. Die Spannungswalze hat
eine in der Vertikalen freie Einstel-
lungsmöglichkeit entgegen der Federwirkung. Da die vertikale Verschiebung dem Federdruck proportional ist, kann die Verschiebung
durch eine Skala erfaßt werden. Die-

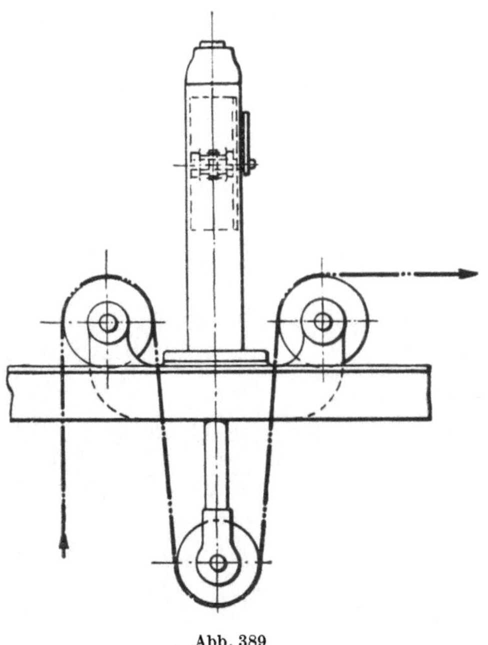

Abb. 389

se Skala ermöglicht es dem Schlichter, in bequemer Weise die Spannung jederzeit abzulesen. Diese Vorrichtung hat noch den besonderen Vorteil, daß beim
Anlauf der Maschine entstehende Spannungen augenblicklich kompensiert werden,
indem für einen kurzen Augenblick die Spannungswalze entgegen der Federwirkung angehoben wird.

V. Kontrolle und Regelung des Schlichteprozesses

1. Die Kennzeichnung der Stücklänge

Für die Kontrolle der Arbeitsverteilung, Materialausnützung und Lohn-
verrechnung ist es wesentlich, wenn die von der Schlichtmaschine kommenden
Ketten gleiche, genau festgelegte Stücklängen aufweisen. Geräte, die die Zeichnung der Kettlängen vornehmen, nennt man Schmitz-Apparate. Bei diesen Geräten wird die Kette dicht oberhalb einer Farbwalze geführt und ein Hammer
schlägt bei erreichter Stücklänge die Kette auf die Farbwalze, so daß die Kette
gezeichnet wird. Die bekannten Stückzähler, die rein mechanisch arbeiten, haben
den Nachteil, daß eine Änderung der zu zeichnenden Länge mit einer Montage
verbunden ist. Vorteilhafter sind die elektrisch gesteuerten Zähler.

Ein solcher elektrisch gesteuerter Zähler ist in den Abb. 390 und 391 dargestellt.
Diese Vorrichtung erlaubt es, jede beliebige Stücklänge zwischen 0 und 160 m
in Abständen von nur 10 cm einzustellen. Das Einbauen von Wechselrädern ent-

fällt, statt dessen kann man eine Änderung durch einfaches Umstecken von zwei
Kontakten auf den beiden in der Abb. 390 erkenntlichen Wählscheiben erzielen.
Die gezeigte Vorrichtung wird von der Zeller Maschinenfabrik gebaut. Der eigentliche Apparat ist an der Bäummaschine angebracht und erhält von dort seinen
Antrieb. Ist auf der Wählscheibe
die gewünschte Kettlänge eingestellt und hat die Kette diese Länge
durchlaufen, so schließen die Kontakte einen Stromkreis. Dieser
Stromstoß löst die Zeichenvorrich-
tung aus, welche je nach Wunsch
entweder am Aufteilfeld oder zwischen Schlichtetrog und Trockenraum eingebaut wird. Der durchlaufenden Ketten werden zwei deutliche Striche in Abständen von

Abb. 390. Zeller-Stückzähl- und Zeichenapparat

Abb. 391. Bügelwerk zum Stückzähl- und
Zeichenapparat

5 cm aufgedrückt. Das Ende des alten Stückes und der Anfang des neuen sind
auf diese Weise gekennzeichnet; auch nach dem Zerschneiden kann man die
Stücke mit einem Blick auf die Länge hin prüfen. Die Anordnung des zeichen-
gebenden Gerätes direkt hinter dem Schlichtetrog bietet

1. den Vorteil, daß die Zeichnung mit der Kette im Trockenraum trocknet
und nicht auf dem Baum durchschlägt, und

2. kann man die Maschine bei einem notwendigen längeren Stillstand unmittelbar im Anschluß an ein solches Stückzeichen stillsetzen. Auf diese Weise
kann man es vermeiden, daß die übertrockneten Stellen, die bekannterweise
eine Qualitätseinbuße erlitten haben, abschneiden.

2. Regelung der Schlichte- und Trockentemperatur

Die Güte der Ware wird in weitestem Maße durch die beim Schlichteprozeß
aufgewendeten Temperaturen beeinflußt. Temperaturschwankungen haben sowohl
eine wirtschaftliche als auch eine faserstoffhistologische Seite. Es ist also unerläßlich, die Schlichtmaschinen, sowohl den Schlichtetrog als auch den Trockenraum,
mit automatisch regelnden Ventilen zu versehen.

a) Temperaturregelung im Schlichtetrog (Abb. 392)

Aus der Besprechung über die Aufbereitung der Schlichte und aus den dargestellten Rezepten läßt sich ohne Mühe ersehen, daß man einen optimalen Schlichteeffekt nur erzielt, wenn man eine auf die jeweilige Schlichte und auf das jeweilige Material abgestimmte Temperatur aufrecht erhält. Um dies möglich zu

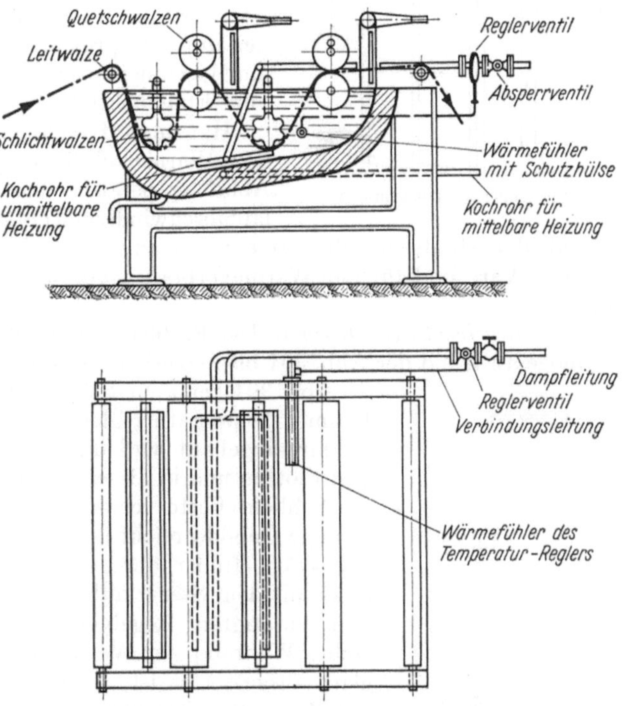

Abb. 392. Temperaturregelung im Schlichtetrog

machen, baut man in die Dampfzufuhrleitung zum Schlichtetrog ein automatisches Regelventil ein. Die Abb. 392 zeigt einen Vorschlag der Firma Kosmos, Rodenkirchen. Aus der Abbildung ist die Stelle zu erkennen, an der der Wärmefühlkörper angebracht ist, und man sieht die Übertragung zum Ventil.

b) Temperaturregelung im Trockenraum (Abb. 393)

Um einen niedrigen Wärmeverbrauch beim Trocknen zu erzielen, muß dieses mit einer möglichst hohen, für das Fasergut erträglichen Temperatur durchgeführt werden. Die Temperaturen, die sich in der Trockenkammer einstellen, sind durch die Konstruktion derselben, durch die Dimensionierung der Ventilatoren, die Art der Luftführung und die Größe der Heizflächen bedingt. Sie sind jedoch auch abhängig von der Dichte der Kette und damit von deren Luftdurchlässigkeit. Jede Trockenmaschine ist für eine bestimmte Wasserverdunstung gebaut, und man kann einen Minimalwärmeverbrauch für die einzelnen Warensorten bei einer bestimmten Kettendurchlaufgeschwindigkeit und Spannung erreichen. Bei richtiger Einstellung der Geschwindigkeit muß die Abluft eine bestimmte Temperatur und Feuchtigkeit haben. Die Beobachtung des Feuchtigkeitsgehaltes der Luft ist also

21*

nicht nur aus wärmetechnischen Überlegungen, sondern auch im Hinblick auf die
schonende Behandlung der Ware von außerordentlicher Bedeutung. Soll nun der
niedrigste Wärmeverbrauch beim Trockenprozeß stetig erhalten bleiben, so muß
die Abluft dauernd die hohe Feuch-
tigkeit bei niedriger Temperatur aufweisen.

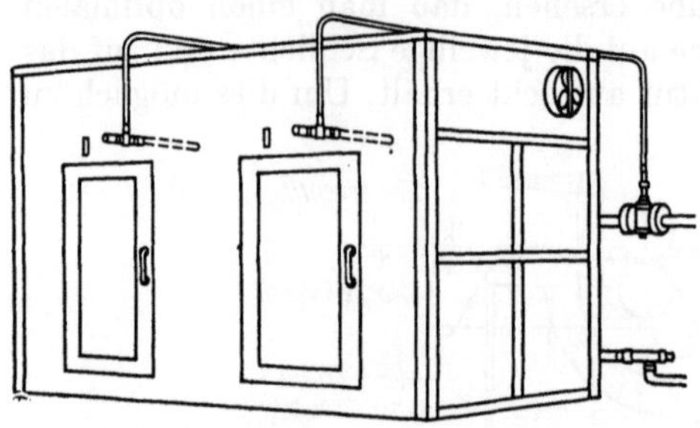

Abb. 393. Temperaturreglung im Trockenraum

Bei Maschinen neuerer Konstruktion wird die Kettenlaufgeschwindig-
keit durch Hygrostat und Schaltrelais
am Maschinenauslauf in Abhängigkeit
vom Endfeuchtigkeitsgehalt geregelt.

Hat man Regelapparate, welche
den Wärmezufluß entsprechend der
Ablufttemperatur und die Ketten-
laufgeschwindigkeit entsprechend dem
Feuchtigkeitsgehalt der Abluft einstellen, so erzielt man eine ideale Regelung, die
für die Qualität der Ware und für den Wärmeverbrauch von ausschlaggebender
Bedeutung ist.

Das automatische Regelventil von Kosmos. Das Problem der selbständigen Temperaturreglung möge an Hand der Abb. 394 bis 396 erklärt werden.

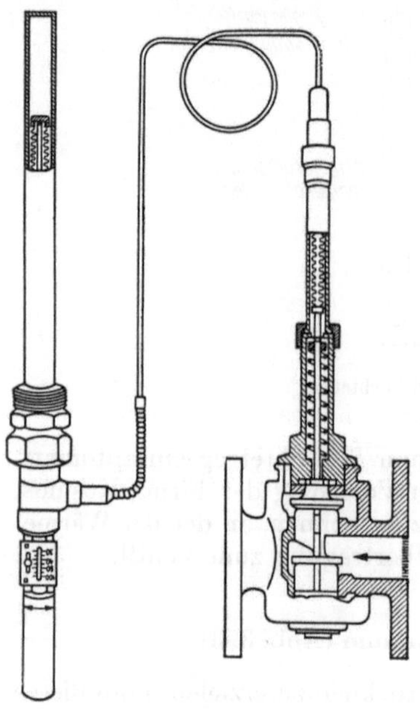

Abb. 394
Schnitt des Kosmos-Temperaturreglers

Abb. 394 zeigt im Schnitt den bekannten
Kosmos-Temperaturregler, der in die Dampfzufuhr eingebaut wird und für die Beheizung
von Flotten und in diesem Zusammenhang für
die Schlichteflotte verwendet wird. Das stab-
förmige Gebilde reicht in die Flotte. Es ist der
sog. Wärmefühler, der durch das Kapillarrohr
links mit dem Steuerkolben und dem von diesem betätigten Regelventil in Verbindung
steht. Während der Wärmefühler für Flotten
glatt ausgestattet ist, besitzt er für die Verwendung im Trockenraum, wie aus der Abb.
395 ersichtlich, besondere Rippen, welche einen
besseren Wärmeübergang vom Trockenraum
zum Regler ermöglichen.

Die Arbeitsweise dieser Regler ist völlig
unkompliziert. Im Innern der Wärmefühler
befindet sich eine hochempfindliche Flüssigkeit,
die sich bei Wärmeaufnahme ausdehnt und
dabei durch die Kapillare den Hubstift des
Steuerkolbens betätigt. Die Bewegung wird
dann auf Regelventil und schließlich auf die
Dampfzufuhr übertragen.

Für die Einstellung der Regulierung braucht
man lediglich am oberen Ende des Wärme-
fühlers (vgl. Abb. 396) die gewünschte Höchsttemperatur durch einfaches Drehen einzustellen. Es ist dies an der verschiebbaren Einstellskala leicht zu kontrollieren. Diese einmal eingestellte Temperatur wird nicht mehr überschritten, da der Regler nicht mehr Dampf passieren läßt, als der eingestellten
Temperatur entspricht. Ist dies erreicht, sperrt der Regler selbsttätig die weitere
Dampfzufuhr und betätigt sie erst wieder, wenn die Flotte unter die Einstell-
temperatur zu liegen kommt.

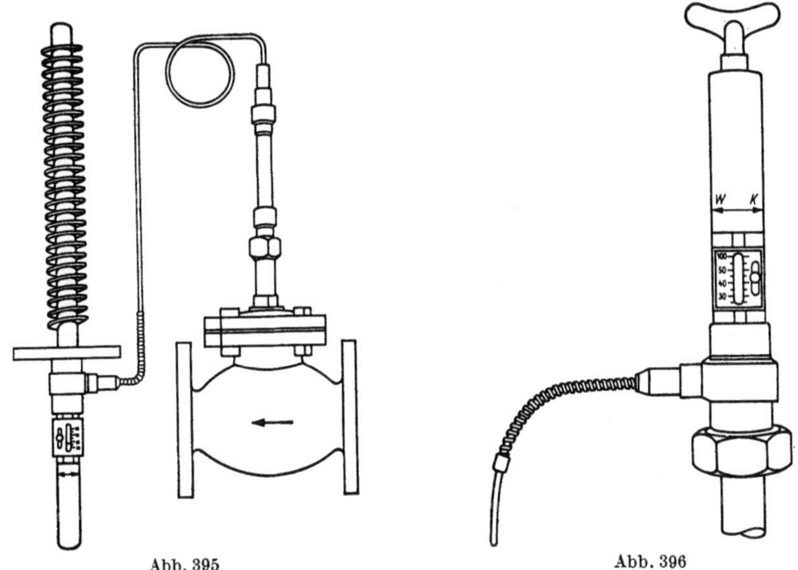

Abb. 395   Abb. 396

c) Regelautomatik zur Steuerung
der Maschinenlaufgeschwindigkeit in Abhängigkeit von der Feuchtigkeit
(Gerät von Dr.-Ing. MAHLO, Abb. 397)

Bei Anlagen mit Regelautomatik wird die Steuerung der Maschinengeschwindigkeit vom Gerät selbst bewirkt, und zwar setzt das Gerät die Maschinengeschwindigkeit herab, wenn der Feuchtegehalt der Kette zu hoch ist. Ist er niedriger als dem eingestellten Sollwert entsprechend, so wird die Maschinengeschwindigkeit erhöht.

Bei der Feuchtigkeitsmeß- und -regelanlage „Textometer", Type RMS, wird der Feuchtegehalt der geschlichteten Kette durch Rollen abgetastet und elektrisch gemessen. Diese Rollen sind unmittelbar hinter dem Auslauf der Kette aus der Trockenzone angebracht, d. h. bei Baumwollschlichtmaschinen am Einlauf ins Teilfeld, bei Reyon-Schlichtmaschinen vor der Aufwindung auf den Kettbaum. Dabei können eine oder mehrere Rollen Verwendung finden,

Abb. 397. Regelautomatik „Textometer" von MAHLO

die auf die Arbeitsbreite verteilt werden. Angezeigt und für die Regelung maßgeblich ist der Feuchtegehalt der feuchtesten Stelle, d. h. z. B. der der linken Seite, wenn dieser höher liegt als der der Mitte und der der rechten Seite.

Bei Schlichtmaschinen mit sehr großer Kettlänge in der Trockenkammer, z. B. bei Lufttrockenschlichtmaschinen, bei denen sich 60···80 m Kette in der Kammer befinden, ist es unter Umständen zweckmäßiger, die Meßstelle im Trockenweg vorzuverlegen, und zwar ins letzte Drittel bis Viertel der Maschine. Man erreicht damit, daß man den Meßwert bereits erhält, bevor die Kette die Kammer verlassen hat, so daß gegebenenfalls erforderliche Korrekturen noch rechtzeitig vorgenommen werden können. Als Meßelektrode verwendet man hierbei zwei Stäbe, über die die Kette hinweggleitet.

Der Feuchtegehalt wird an einem großen Profilinstrument direkt in Prozent angezeigt. Ein Drehkopf ermöglicht die Einstellung des gewünschten Feuchtegehalts, ein weiterer die Einstellung der jeweils zugelassenen Toleranz. Entspricht der Feuchtegehalt der Kette dem gewünschten Wert im Rahmen des gewählten Toleranzbereiches, so leuchtet ein weißes Transparent auf und zeigt dem Schlichter an, daß er normal fährt. Über- oder Unterschreiten des Sollwertbereiches wird durch blinkendes rotes bzw. grünes Licht angezeigt.

Bei Geräten mit Regelautomatik wird dabei gleichzeitig die Maschinengeschwindigkeit durch Verstellung des Regelgetriebes im erforderlichen Sinn verändert. Diese Veränderung erfolgt schrittweise durch Impulse, wobei jedem Impuls eine Veränderung der Geschwindigkeit um etwa 1···3% entspricht, das ist beispielsweise 0,3···0,9 m/min bei einer Geschwindigkeit von 30 m/min.

Die zeitliche Folge der Regelimpulse ist von der Differenz zwischen Meßwert und eingestelltem Sollwert abhängig. Die Impulse werden in rascher Folge ausgelöst, wenn die Differenz groß ist, in langsamer Folge, wenn Meßwert und Sollwert angenähert übereinstimmen. Zusätzlich ist der Differentialquotient des Meßwertes über der Zeit aufgeschaltet. Das bedeutet, daß die Impulsfolge beschleunigt wird, wenn der Meßwert die Tendenz hat, vom Sollwert wegzulaufen. Die Impulsfolge wird verlangsamt, wenn die Tendenz eine umgekehrte ist.

Das Arbeiten der Regelung wird automatisch blockiert, solange die Maschine steht oder im Kriechgang arbeitet. Nach Wiederanlauf bleibt diese Blockierung für eine Zeitspanne bestehen, die einem einmaligen Durchlauf der Kette durch die Trockenzone entspricht. Das letztere hat den Sinn, zu verhindern, daß die Maschine hoch geregelt wird, wenn — unvermeidlich — nach einem Stillstand zunächst übertrocknete Ware die Trockenzone verläßt.

Die Anlage kann mit zusätzlichen Signaleinrichtungen und einem Registriergerät verbunden werden, das den Feuchtegehalt laufend auf einem Schreibstreifen aufträgt. Der Schreibstreifen gibt einen klaren Überblick über den Arbeitspunkt der Maschine während der gesamten Betriebszeit und ist insbesondere bei der Klärung von in der Weberei aufgetretenen Störungen von großem Wert.

F. Vorbereitungsmaschinen für das Einlegen der fertigen Kette

Einleitung

Die gezettelte oder geschärte und gegebenenfalls geschlichte Webkette muß für das Einlegen in die Webmaschine noch speziell vorbereitet werden. Die einzelnen Kettfäden müssen in die Litzen eingezogen werden, müssen „passiert" und schließlich in das Webeblatt eingestochen — „rietstechen" — werden. Wird jedoch mit der gleichen Passierung und mit der gleichen Fadendichte gearbeitet, wie bei der vorigen Kette, dann kann man sich diese Arbeit dadurch ersparen, daß man die neue Kette an die alte einfach anknotet.

Die letzte in dieser Hinsicht zu betrachtende vorbereitende Arbeit ist das Lamellenstecken. Hierbei wird jeder Kettfaden mit einer Lamelle belastet, die bei Kettfadenbruch automatisch die Webmaschine zum Stillstand bringt.

Diese speziellen Vorbereitungen sind das größte Hemmnis im Fertigungsfluß — im Fertigungsübergang von der Webereivorbereitung zur Weberei. Es ist völlig gleichgültig, wie man sich die Arbeit gestaltet, ob man passiert oder anknotet oder andreht, immer ist es notwendig, daß jeder einzelne Faden einzeln „behandelt" wird.

Die verschiedenen unterschiedlichen, fertigungsbedingten, sorgfältigen Beobachtungen während der Handhabungen haben diese Arbeitsgänge fast bis in die jüngste Zeit reine Handarbeit bleiben lassen.

1. Passieren oder Anknoten bzw. Andrehen?

Diese Fragestellung ist nicht sofort zugunsten der einen oder anderen Arbeit zu beantworten.

Passieren ist immer dann notwendig, wenn das Passiermuster der neu einzulegenden Kette anders ist als das der abgewebten Kette. Aber auch dann, wenn das Passiermuster das gleiche ist, wird in sehr vielen Fällen dieser Arbeitsweise der Vorzug gegeben. Sind die aneinander anzuknüpfenden Materialien unterschiedlich in der Nummer und der Oberflächenglätte, oder sind die Materialien überhaupt sehr glatt, so daß man einen sehr festen Knoten machen muß oder haben die anzuknüpfenden Fäden anderen Drehsinn, so ist Passieren empfehlenswert, weil die angeknüpften Fäden sich beim Durchziehen gerne auflösen.

Grundsätzlich ist die Entscheidung für die eine oder andere Arbeitsweise eine Frage der Wirtschaftlichkeit. Man muß in der Entscheidung berücksichtigen, daß zum Anknüpfen der Kette die Webmaschine stillstehen muß, weil diese Arbeit nur im Stuhl durchgeführt werden kann. Beim Passieren kann man die Arbeit außerhalb des Stuhles durchführen. Es tritt also beim Passieren in der Webereiproduktion keine Einbuße an Produktion ein. Es erhöhen sich wohl die Arbeitslöhne, weil zum Passieren immer zwei Arbeiter notwendig sind.

2. Moderne Webkettenvorbereitung

Die Modernisierung der Webereibetriebe hat auch auf dem Gebiete der Webkettenvorbereitung ein nie geahntes Ausmaß angenommen. Durch die Erkenntnis, daß keine Kosten gescheut werden dürfen, um die Leistung der immer kostspieligeren Webstühle zu steigern, wurden die Textilmaschinenkonstrukteure gezwungen, Mittel und Wege zu finden, die geeignet sind, die unzulängliche und zeitraubende sowie teure Handarbeit in der Webkettenvorbereitung durch die rationellere und billigere Maschinenarbeit zu ersetzen.

I. Webketten-Anknüpfmaschinen

Je nach den Anforderungen der Fabrikation arbeitet man in der Weberei mit oder ohne Fadenkreuz. Werden in einem Betrieb beide Arten der Anknüpfung verlangt, so muß man sich zur Anschaffung einer Maschine entschließen, die beide Arten der Knüpfung durchführen kann.

Um mit der Handhabung von Knüpfapparaten bekanntzumachen, sollen nachfolgende Darstellungen der Vorbereitung an einem speziellen Beispiel (Uster) erläutert werden. Im Grundprinzip besteht mit den anderen Ausführungsarten und Fabrikarten Ähnlichkeit.

1. Die Vorbereitungen zum Knüpfen aus dem Fadenkreuz

Um eine Webkette aus dem Fadenkreuz maschinell knüpfen zu können, muß sowohl die alte, als auch die neue Webkette mit einem fehlerfreien Fadenkreuz 1 : 1 versehen sein (Abb. 398).

Es ist ratsam, in die abgewebten Ketten mit Hilfe der Schäfte oder bei Jacquardstühlen mit der Jacquardkarte, stets ein neues Fadenkreuz einzutreten, auch dort, wo hinter den Lamellen, zwischen Kreuzstäben, ein solches schon vorhanden ist, da dieses Fadenkreuz sehr oft durch unsachgemäßes Einlesen beim Weben gebrochener Fäden fehlerhaft ist.

Mit ungerader Schäftezahl (Satins usw.) ist es unmöglich, ein reines Fadenkreuz 1 : 1 einzutreten und deshalb unumgänglich, daß auf der Konusschärmaschine auch am Ende der Webkette ein Fadenkreuz eingelegt wird, welches dann, nach dem Abweben der Kette, für die Knüpfmaschine zur Verfügung steht. Es versteht sich, daß dieses Fadenkreuz während des Webens bei Kettfadenbrüchen durch richtiges Einlegen der ausgebesserten Fäden vollständig fehlerfrei erhalten wird. Bei Jacquardwebmaschinen mit Damastbindung kann ebenfalls kein reines Fadenkreuz eingetreten werden. In diesem Falle muß für das Fadenkreuz 1 : 1 eine zusätzliche Karte geschlagen werden.

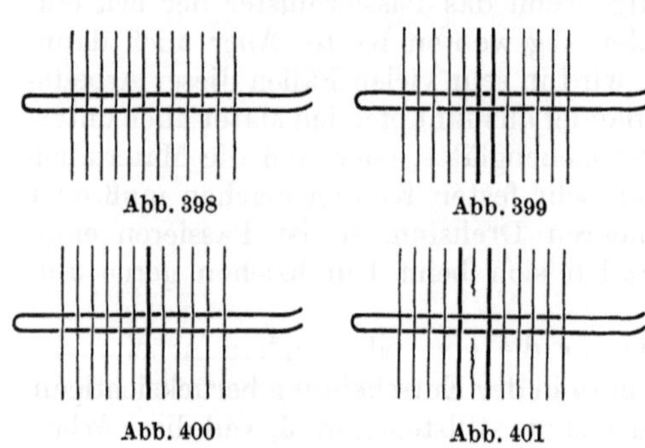

Abb. 398   Abb. 399

Abb. 400   Abb. 401

Sind geschlossene Lamellen vorhanden, so besteht bei ungerader Schäftezahl eventuell die Möglichkeit, mit diesen ein Fadenkreuz 1 : 1 einzutreten, sofern die Zahl der Lamellenreihen eine gerade ist. Dafür ist aber Voraussetzung, daß bei Kettfadenbrüchen die reparierten Fäden wieder in die richtigen Lamellen eingezogen werden. Es können schließlich auch auf der Fadenkreuz-Einlesemaschine mit Hilfe eines zusätzlichen Geschirrträgers, Fadenkreuze in abgewebte Ketten mit ungerader Schäftezahl eingelassen werden, wenn sich keine andere der vorher erwähnten Möglichkeiten zur Fadenkreuzbildung bietet.

Durch unaufmerksame Bedienung des Kreuzblattes an der Konusschärmaschine können in jedem Band oder Sektion Doppelfäden, oder solche, die nicht im Fadenkreuz liegen, vorkommen. Dazu gesellen sich noch Doppelfäden, die durch Fadenbruch entstehen. Diese Fehler können und müssen während des maschinellen Knüpfens beseitigt werden, und zwar:

1. Bei eingeschärten Doppelfäden durch Betätigung des Kreuzwechsels am Knüpfapparat (Abb. 399).

2. Bei Fäden, die nicht im Fadenkreuz liegen, durch Einlegen derselben in den Knüpfapparat von Hand (Abb. 400) und

3. bei Doppelfäden, welche durch Fadenbruch entstehen, durch Auslegen von 2 Fäden in der anderen Kette und Knüpfen derselben von Hand nach dem Abrüsten der Kette (Abb. 401).

Vorbereitungen zum stationären Knüpfen (Abb. 402). Das Webgeschirr *1* wird, so wie es vom Lager oder Webmaschine kommt, an die Geschirrträger *3* gehängt, und zwar mit dem Blatt gegen den Spannbaum 5. Dann löst man Blatt und Lamellenstäbe, legt das Blatt in die dazu vorgesehene U-Schiene 7 und die Lamellenstäbe auf die Träger 8. Das Stoffende der abgewebten Kette wird in der Klemme des Spannbaumes 5 festgeklemmt.

Beim Abschneiden der abgewebten Kette am Webstuhl ist darauf zu achten, daß die Fadenenden eine Minimallänge von 1,2 m = 48″ aufweisen, die benötigt wird, damit der Kettenrest bis über die Bürstenwalze des Knüpfgestells reicht. Dieser Kettenrest ist schon auf dem Webstuhl mit einem Fadenkreuz 1:1 zu versehen und soll durch eine Holzkluppe 13 abgeklemmt sein.

Ist das Webgeschirr 1 (Abb. 403) auf dem Zettelwagen 2 plaziert, so legt man den neuen Kettbaum 10 in die Kettbaumlager 9, worauf die Fadenenden vermittels einer Holzkluppe 13 abgeklemmt und diese nach Abrollen der Kette auf die Geschirrträger 3 gelegt wird. Das Knüpfgestell 15 wird an den Zettelwagen 2 herangefahren, wobei darauf zu achten ist, daß es parallel zu diesem steht, da sonst die Kette ungleich lang wird. Das Gestelloberteil wird vermittels der Klinkvorrichtung an den Gestellfüßen auf die Höhe der Litzenaugen gebracht.

Die vorderen U-Schienen 16b und 16d (Abb. 404) werden durch Drehen der Spannkurbeln 23 in die Ausgangslage gefahren, d. h. bis zum inneren Anschlag und von dort drei Umdrehungen zurück, damit die Kettschichten

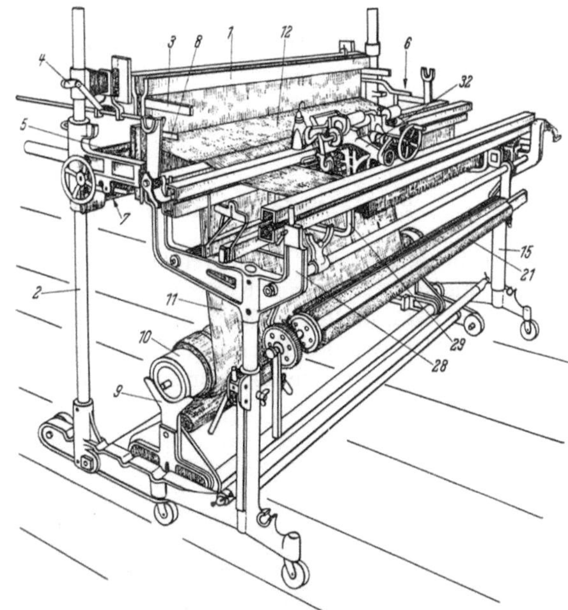

Abb. 402. Klein-Uster Modell M 3 zum stationären Knüpfen

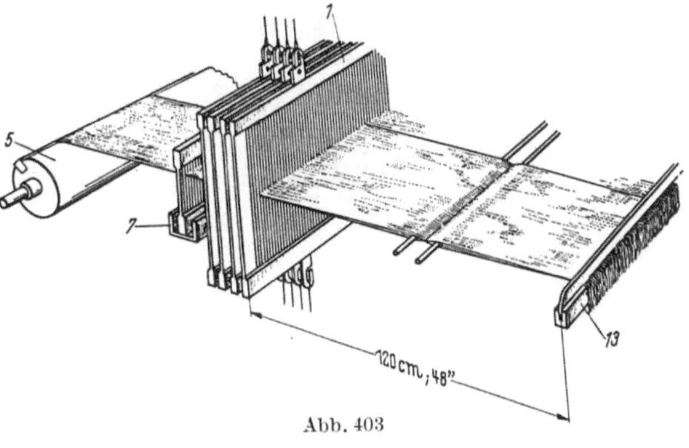

Abb. 403

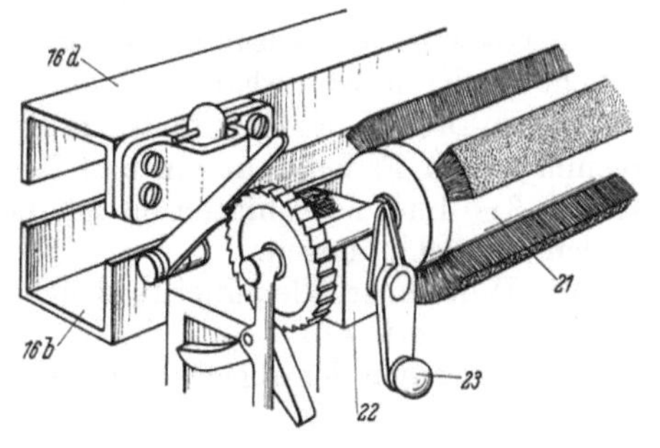

Abb. 404

nach dem Aufziehen genügend nachgespannt oder eventuell auch etwas gelockert werden können.

Nun werden die beiden oberen U-Schienen abgehoben und mit den Klemmleisten auf die Längsteilträger *20* (Abb. 405) gelegt, und zwar zuerst die vordere und dann die hintere U-Schiene, dann die oberen und die unteren Klemmleisten. Die Bürstenwalze *21* kommt in ihre Lagerstellen *22* bei den Spannkurbeln *23*, die Leitwalze *24* in die unteren Lager *26*.

2. Das Aufziehen der neuen Webkette (Abb. 405)

Die neue Kette wird an der Holzkluppe *13* so weit über das Knüpfgestell gezogen, bis sich das in der Kette befindliche Fadenkreuz zwischen den beiden U-Schienen *16a* und *16b*, in der Flucht der Kreuzschnurhalter *35* befindet.

Je nach der Art des Kettenmateriales und dem Zustand der Fadenkreuze wird die gewöhnliche Kreuzschnur sofort durch die für die Knüpfmaschine geeignete Kreuzschnur, oder aber zunächst durch die flachen Kreuzstäbe ersetzt. Diese Kreuzstäbe sind dann einzuziehen, wenn das Fadenkreuz zuverlässig kontrolliert werden muß.

Die Kette wird nun sauber aufgebürstet oder bei Wolle, Seide und Reyon und gezwirnten Ketten (Krepp, Voile usw.) gekämmt.

Durch Hochkantstellen der Kreuzstäbe (Abb. 406) läßt sich das Fadenkreuz auf etwa ungerispete Fäden kontrollieren, die sofort auszubessern sind. Nach dieser Kontrolle wird das Fadenkreuz

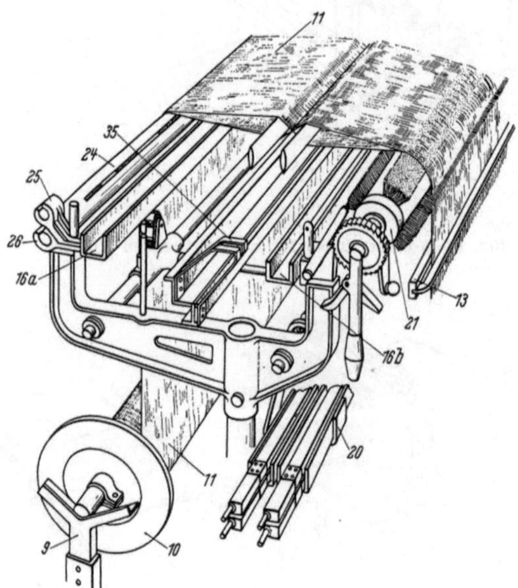

Abb. 405

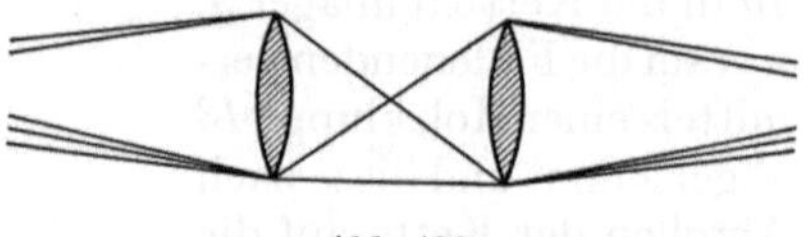

Abb. 406

durch mehrfaches Wenden der Kreuzstäbe in der Einspannbreite der Kette hin und her bewegt, um zusammenklebende Fäden zu lösen, und schließlich in die Flucht der Kreuzschnurhalter *35* gebracht.

Durch Drehen der Bürstenwalze *21* spannt man die Kette etwas, setzt den Kamm *14* am Fadenkreuz ein und fährt abwechslungsweise mit einem zweiten Kamm 3···4mal nach hinten bis zur Leitwalze *24*. Auf diese Weise kommen die Fäden parallel zu liegen.

Mit Hilfe einer Klemmleiste drückt man die Kette in die Schiene *16a* und klemmt die Kette ab.

Das Aufziehen der abgewebten Kette erfolgt in ähnlicher Weise.

a) Das Aufziehen von Kreppketten

Das Aufziehen von Kreppketten bedingt sorgfältiges Arbeiten und geschieht auf eine Art, die vom Normalen etwas abweicht. Meistens haben die zu knüpfenden

Kreppketten abwechselnd 2 links- und 2 rechtsgedrehte Fäden. Diese Verschiedenheit der Drehung wird durch Verschiedenheit der Farbe kenntlich gemacht. Es ist selbstverständlich, daß kein linksgedrehter Faden mit einem rechtsgedrehten verknüpft werden darf; so verknüpfte Fäden würden krängeln, was das Durchziehen der Kette sehr erschweren würde.

Beim Aufziehen der Kreppkette soll bei starker Krängelneigung eher mit dem Kamm als mit der Bürste gearbeitet werden, weil durch das Bürsten die Krängel-

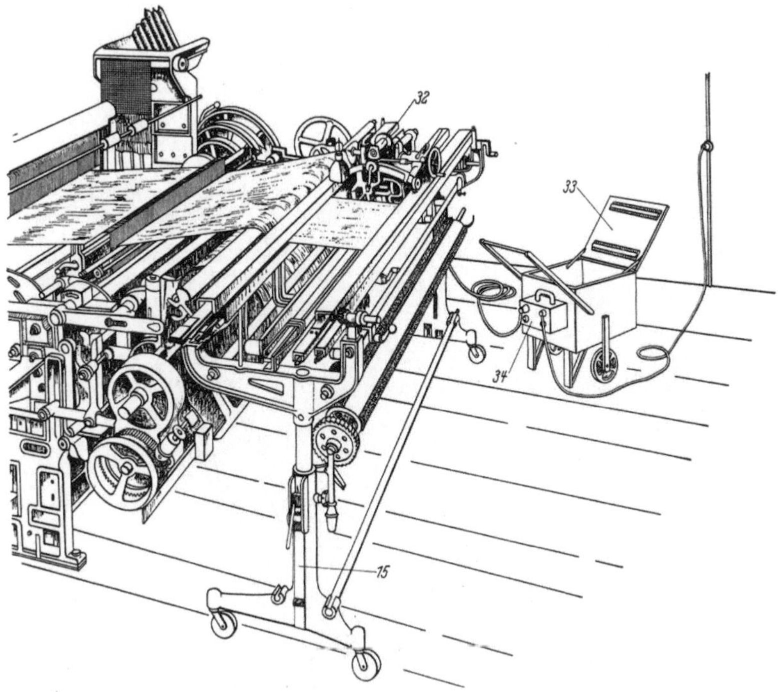

Abb. 407. Uster-Gerät (zum Knüpfen am Webstuhl)

neigung wesentlich vergrößert wird. Überhaupt soll die Kreppkette möglichst schonend behandelt und zu starkes Spannen derselben vermieden werden. Die Ketten sollen bänderweise, nicht zu dicht, aufgezogen werden. Die bestehenden Lücken können durch entsprechendes Drehen der Transportschnecken am Apparat von Hand durchfahren werden.

Das Abrüsten der Kreppkette muß besonders vorsichtig geschehen, wobei zu beachten ist, daß die Fäden immer *leicht* gespannt sind und auch so durchgezogen werden. Nach dem Knüpfen wird die Knotenträgerschnur vorteilhaft durch einen Rispestab ersetzt, bevor die Klemmen gelöst werden. Dadurch wird die Kette, bis sie durch Drehen des Baumes straff ist, immer gestreckt gehalten und Verwicklungen sind dadurch ausgeschlossen. Sehr vorteilhaft ist es, wenn die Kreppketten nach dem Knüpfen bis hinter die Lamellen durchgewebt werden. Dadurch bleiben die Knotenenden voneinander gelöst und gleiten dann besser durch Geschirr und Blatt. Es ist dabei zu achten, daß sämtliche Fadenaugen der Litzen auf gleicher Höhe sind.

Wenn Kreppketten mit besonders scharfem Drall verarbeitet werden müssen, so verwendet man zum Abtöten vor dem Knüpfen vorteilhaft Lösungen von

Seife, Schlichtemitteln usw., die an den fraglichen Stellen aufgetragen werden.
Auch das Dämpfen der Kette mit nassem Tuch und Bügeleisen führt zum Ziel.

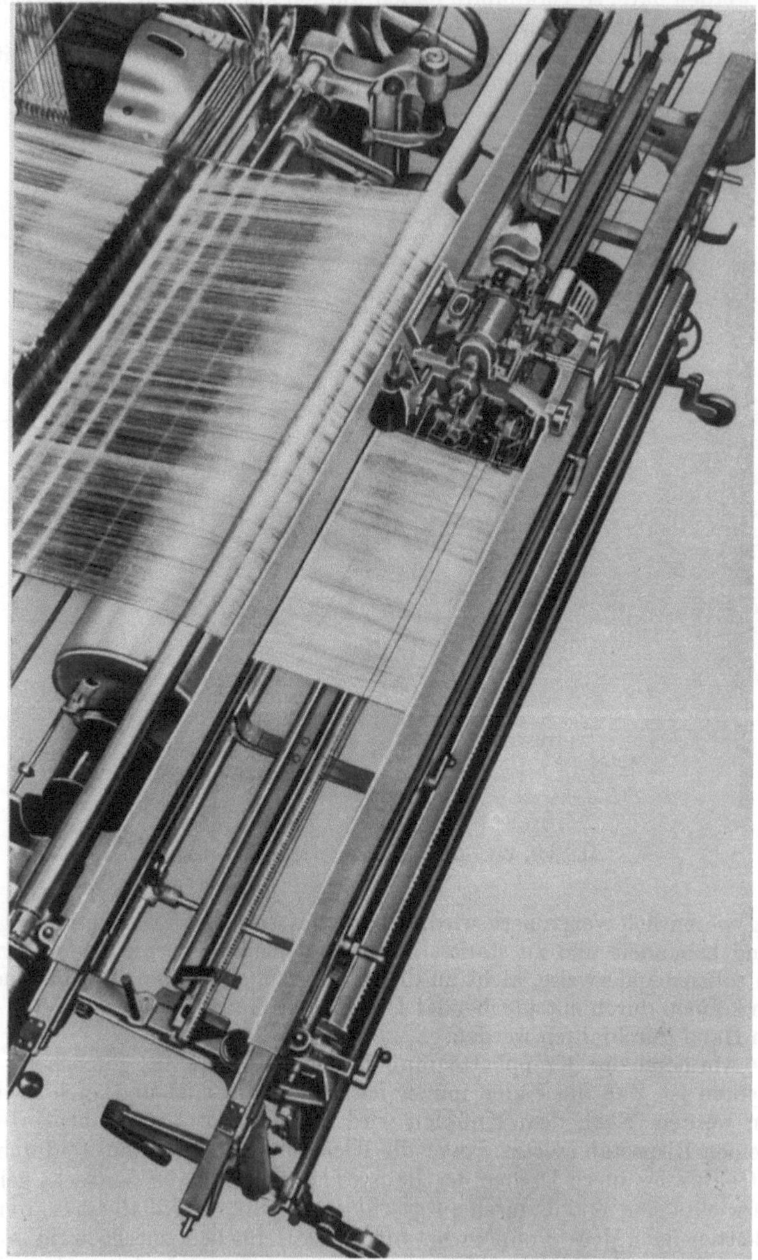

Abb. 408. Uster-Modell M 3 (Knüpfen am Webstuhl)

Diese Methoden benötigen jedoch ansehnliche Zeit. Nach der Erfahrung kann
bei vorsichtigem Arbeiten auf solche Hilfsmittel verzichtet werden.

b) Das Aufziehen von Wollketten

Das Aufziehen von Wollketten geschieht auf normale Weise, nur sollen diese
nicht gebürstet, sondern gekämmt werden, da durch das Bürsten Fasern und
Flaum entstehen, die eine ungehinderte Fadenabnahme aus dem Kreuz beein-

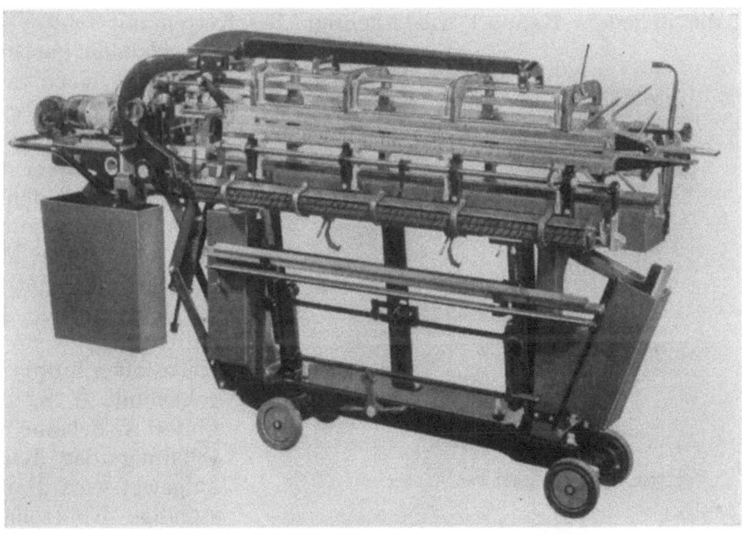

Abb. 409. Gerät von Barber & Colman (transportabel)

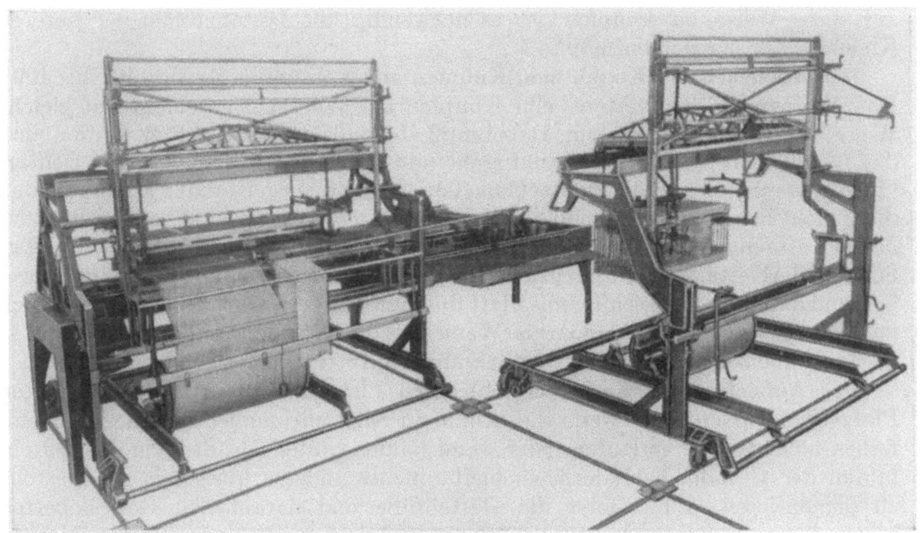

Abb. 410. Stationäre Passiermaschine von Barber & Colman

trächtigen. Deshalb ist es bei Wollketten besonders wichtig, daß das Fadenkreuz
sauber und ohne Verkreuzungen ist und sich gleich an der Stelle befindet, wo nach
dem Aufspannen die Fadenabnahme durch den Knüpfapparat erfolgt. Wenn der
Kette Phantasie- d. h. Seidenfäden oder sogar Noppengarne als Effektfäden bei-
gemischt sind, so muß sehr darauf geachtet werden, daß auch diese Fäden gut

gestreckt sind, da lockere Fäden den Apparat stillsetzen, also Zeitverlust verursachen.

Es handelt sich bei Wollketten vielfach um gemusterte Ketten, so daß es sich von selbst versteht, daß die Rapporte der beiden Ketten übereinstimmen, oder ein Vielfaches voneinander sein können. Um eventuelle Fehler rasch entdecken und beheben zu können, merkt man sich gewisse sogenannte Kontrollfäden, die in jedem Rapport wiederkehren. Bei Ketten mit schwer zu unterscheidenden Farbennuancen hebt man einen Schaft und legt eine Kontrollschnur ein. Der so abgetrennte Faden muß dann immer mit einem bestimmten Faden der anderen Kette zusammenfallen. Dieses einfache Mittel erleichtert die Kontrolle.

Noch bessere Kontrolle ergibt sich, wenn die alte Kette oben hinten nicht abgeklemmt, d. h. die obere hintere U-Schiene ohne Verwendung der Klemmleiste aufgelegt wird. Dann ist eine ständige Kontrolle im Geschirr möglich, was jedoch das Einstecken des Kammes in den Schlitz der Leitwalze bedingt, damit ein Verschieben der Fäden unmöglich gemacht wird. Um auf diese Weise zu knüpfen, ist es notwendig, die Distanzrollen der unteren Klemmleisten zu demontieren.

Abb. 411. Knüpfgerät von Knotex

Das Aufziehen der Ketten zum Knüpfen am Webstuhl (vgl. Abb. 407 bis 409). Das Aufspannen der Ketten beim Knüpfen am Webstuhl geschieht auf gleiche Weise, wie vorher beschrieben. Dabei muß ebenfalls darauf geachtet werden, daß das Gestell parallel zum Webstuhl steht und der Gestelloberteil auf die richtige Höhe gebracht wird. Sind Aufstecklamellen vorhanden, so ist dafür zu sorgen, daß diese nicht herausfallen können. Die fertige Ware soll erst nach dem Abweben der neuen Kette durchschnitten werden. Es besteht nämlich in gewissen Fällen die Möglichkeit, die Kette, statt durchzuziehen, durch die Lamellen bis an die Schäfte zu weben und dann durch Geschirr und Blatt durchzuziehen. Daraus resultiert natürlich auch eine gewisse Materialersparnis. Wenn aber die Kette unter Spannung bleibt, so begegnet auch das Durchziehen der geknüpften Kette weniger Schwierigkeiten.

Das Aufziehen der Kette bei schlechten Platzverhältnissen. Bei schlechten Platzverhältnissen, z. B. wenn die Stühle zu nahe aneinander stehen, die Stuhlreihen nicht gerade verlaufen, oder wenn Säulen hinter den Stühlen das Durchfahren der Gestelle behindern, so bleibt nichts anderes übrig, als die Gestelle zu demontieren, d. h. zuerst die Gestellfüße und darauf den Gestelloberteil hinter den zu bedienenden Stuhl zu tragen und dort wieder zu montieren. Manchmal lassen sich selbst die Gestellfüße nicht plazieren, so daß der Gestelloberteil entweder auf die Stuhlwände, oder auf besondere Träger gelegt werden muß, die, je nach den gegebenen Verhältnissen, selbst anzufertigen sind. Dabei ist immer darauf zu achten, daß der bewegliche Rahmen leicht läuft und nirgends anstößt.

Bei ganz schlechten Platzverhältnissen ist das stationäre Knüpfen (vgl. Abb. 410) vorzuziehen, da durch erschwerte Plazierung der Gestelle hinter den Stühlen zu viel Zeit verlorengeht.

3. Das Knüpfen

Die oben beschriebene Vorbereitung der Kette zum Knüpfen ist bei allen derartigen Konstruktionen gleich. Die eigentliche Knüpfarbeit wird durch einen Spezialknüpfapparat durchgeführt.

Die Abb. 407 und 408 zeigt die gesamte Anordnung am Webstuhl mit einem Gerät von Uster.

Die Abb. 409 zeigt den Knüpfapparat von Barber & Colman als transportable Anlage, während Abb. 410 eine stationäre Anlage von BCC darstellt.

Abb. 411 zeigt den Knüpfapparat von Knotex.

Alle die hier genannten Apparate gestatten folgende Arbeitsmöglichkeiten des Knüpfens:

1. Beide Ketten aus der Kluppe.
2. Beide Ketten aus dem Fadenkreuz 1:1.
3. Die alte Kette aus dem Fadenkreuz und die neue Kette aus der Kluppe.
4. Die alte Kette aus der Kluppe und die neue Kette aus dem Fadenkreuz.

4. Die Leistung der Knüpfmaschinen

Die Geschwindigkeit des Knoters und damit dessen Leistung ist unmittelbar abhängig von der Garnstärke.

Von den Herstellern der bekanntesten Fabrikate solcher Maschinen werden folgende Leistungen angegeben:

Barber & Colman 60···350 Knoten pro Minute.
Knotex bis 400 Knoten.
Uster 200···300 Knoten.
Die Variation wird durch Drehzahlregler durchgeführt.
Die praktische Durchschnittsleistung bei allen Fabrikaten ist rund 300 Knoten pro Minute.

II. Die Lamellensteckmaschine der Firma Uster

Das Lamellenstecken, das nach dem Anknüpfen erforderlich ist, mußte bis vor gar nicht langer Zeit immer noch von Hand durchgeführt werden und war eine sehr zeitraubende Angelegenheit.

Diese Arbeit kann in neuerer Zeit durch Apparate durchgeführt werden. Die Abb. 412 zeigt einen solchen Apparat der Firma Uster in Arbeit.

Maschinen- und arbeitstechnische Übersicht[1]. Den Bedürfnissen der Praxis entsprechend ist die Maschine so konstruiert, daß die verschiedensten offenen, geraden Lamellentypen (Breite 7···18 mm, Länge 120···180 mm) gesteckt werden können, sofern ein Fadenkreuz 1:1 vorhanden ist. Der Anwendungsbereich erstreckt sich auf alle vorkommenden Kettmaterialien. Die auf Magazine gesteckten Lamellen werden durch schaltwalzengesteuerte Permanentmagnete und durch Trennmesser — welche auf die jeweilige Lamellenstärke einstellbar sind — einzeln abgetrennt, von Greifhebeln erfaßt und über eine Führungsplatte einem Förderwalzenpaar zugeführt. Unterhalb der Walzen wird ein Schenkel der Lamelle durch die sogenannte Spreizplatte abgespreizt und über einen Fanghaken auf den Faden abgeworfen. Der Faden wird aus der Kette durch ein Fadentrennorgan ausgewählt, unter die Spreizplatte geschoben und von Hebeln in seiner Lage für die Dauer des Steckvorganges fixiert, um danach mit Fördergabeln in Richtung der bereits besteckten Kettfäden abgeschoben zu werden. Wächterorgane setzen die Maschine außer Betrieb, sobald kein Faden oder keine Lamelle vorgegeben worden sind. Ein Fühler regelt den Vorschub. Es können 2···6 Lamellenreihen in einem Arbeitsgang und 8, 10 oder 12 Reihen in zwei Arbeitsgängen gesteckt werden, womit jede praktisch vorkommende Möglichkeit erfaßt ist.

---

[1] Mit freundlicher Genehmigung entnommen aus H. SCHEFFER: Textil-Praxis 4 (1952) 282.

Das Stecken in zwei Arbeitsgängen geht so vor sich, daß im ersten Maschinendurchgang die erste Hälfte der Reihen und erst im zweiten Durchgang die zweite Hälfte der Lamellenreihen gebildet wird, d. h., es werden im ersten Durchgang von der Maschine bei z. B. 12 Reihen jeweils die ersten sechs Fäden besteckt und die nächsten sechs Fäden zwar abgetrennt, aber leer durchgegeben. Nach Einführung der Kontakt- oder Sägezahnschienen in diese ersten sechs Lamellenreihen und Befestigung derselben in den Haltern am Webstuhl werden im zweiten Arbeitsgang die vorher unbesteckten Fäden mit Lamellen versehen und die im ersten Arbeitsgang bereits besteckten Fäden diesmal leer durchgegeben, so daß nach Beendigung der beiden Durchgänge alle Fäden Wächterlamellen tragen.

Die Lamellensteckmaschine (L.S.M.) arbeitet auch beim Stecken in zwei Arbeitsgängen dank des sicher funktionierenden Fadenwählers einwandfrei. Die Bedienung und Steckdauer ist (wie noch gezeigt wird) etwas langwieriger, aber nicht schwieriger, da lediglich ein Hebel umgeworfen und die entsprechende Schaltwalze eingesetzt werden muß.

Die Bedienung der Maschine erstreckt sich darauf, das fahrbare Steckgestell — ähnlich wie beim Arbeiten mit einer Fadenanknüpfmaschine — über die Kette in eine bestimmte Lage zu bringen, die Lamellentragstäbe in Halter einzulegen und Spezialkreuzstäbe in die Kette einzuführen. Nach Beendigung dieser Arbeitsstufen, die hier als „Vorrüsten" bezeichnet werden, erfolgt der eigentliche Steckprozeß (als „Stecken" gekennzeichnet) bei bzw. während dem die Maschine überwacht, die Lamellenmagazine aufgefüllt und die sogenannten Distanzplatten, die die Lamellentragstäbe über die Kette hin in bestimmter Position halten, umge-

Abb. 412. Lamellensteckmaschine von Uster

steckt werden müssen. Beim „Abrüsten" werden, unter Verwendung praktischer Hilfswerkzeuge, die Kontakt- oder Sägezahnschienen in die Lamellenreihen eingeführt, das Steckgestell wieder ausgefahren, die Schienen in die Halter eingesetzt und die Spezialkreuzstäbe durch normale Stäbe ersetzt.

Mit Hilfe eines besonderen Zettelgestells können Ketten auch außerhalb des Webstuhles stationär mit Wächterlamellen versehen werden. Beim Transport müssen dann Haltevorrichtungen vorhanden sein, die die Lamellentrag- und Kontaktstäbe so sicher halten, daß die Lamellen in der richtigen Lage auf den Fäden verbleiben.

Voraussetzungen für den Einsatz der L. S. M. Lamellentypen. Je nach Lamellentyp kommt ein anderes Modell der Lamellensteckmaschine zur Anwendung. Werden mehrere Lamellentypen in einem Betrieb verwendet, müssen unter Umständen zusätzlich verschiedene leicht auswechselbare Teile angeschafft werden, damit eine Maschine alle vorkommenden Lamellensorten stecken kann.

Lamellenbeschaffenheit. Die zu steckenden Lamellen müssen sorgfältig gesäubert sein, d. h. sie dürfen nicht aneinanderkleben, was durch feuchten Schlichtestaub oder Öl leicht möglich ist. Wesentlich ist außerdem, daß die Lamellenschenkel nicht verbogen (gespreizt) sind. Es wird dann ein Schenkel durch die Führungsplatte geradegerichtet und von den Förderwalzen erfaßt, der andere Schenkel dagegen nicht, sondern umgebogen, und die Lamelle bleibt entweder stecken und hemmt die Förderung der nächsten Lamelle oder fällt durch, ohne auf dem Faden sitzen zu bleiben.

Aus diesem Grunde dauert es immer einige Zeit, bis sich eine neu angeschaffte L. S. M. im Betrieb durchsetzt. Durch das Handstecken sind immer große Teile der Lamellen verbogen und müssen erst nach und nach ausgeschieden werden. Wurde der Lamellenbestand einmal sortiert, werden Fehler aus den beschriebenen Gründen nur äußerst selten vorkommen, weil die Maschine die Lamellen weit besser behandelt, als beim Stecken von Hand möglich ist.

Fadenkreuz. Es muß ein Fadenkreuz 1:1 vorhanden sein, um die Lamellensteckmaschine einsetzen zu können. Dieser Punkt ergibt überall da keine Schwierigkeit, wo die Ketten im Schärverfahren hergestellt werden. Kommt jedoch das Zettelverfahren (ohne Scotch-Hook-Riet) zur Anwendung, muß nachträglich auf irgendeine Weise ein Fadenkreuz eingelesen werden. Das kann geschehen durch Facheintreten, wenn es sich um entsprechend regelmäßige Passierungen und Schaftzahlen handelt, oder durch Einlesen eines Fadenkreuzes von Hand bzw. mit einer mechanischen Vorrichtung, wenn eine ungeeignete Passierung vorliegt. Bei mehrfachfädigen Ketten ist die Verwendung der Maschine in Frage gestellt, denn es würde dann eine Lamelle auf dem gefachten Faden sitzen und Brüche der einzelnen Fäden nicht anzeigen. In verschiedenen Fällen gibt es aber Möglichkeiten, auch diese Frage zu lösen.

Ebenfalls fraglich wird der Maschineneinsatz bei mehrbäumigen Ketten. Auch hier müßte ein gemeinsames, die verschiedenen Ketten vereinendes Fadenkreuz vorhanden sein, welches nur durch Facheintreten gebildet werden kann. Bei vielen Dessins wird sich das aber nicht ermöglichen lassen.

III. Mechanisches Einziehen „Passieren"

In Betrieben, in denen die Gewebe mit stets wechselnder Musterung in der Bindung hergestellt werden, ist eine Anknüpfmaschine nicht zu verwenden, weil jede neu einzulegende Kette unter anderen Voraussetzungen gefertigt wird.

Die moderne Mechanisierung dieses Arbeitsganges „Passieren" ist durch zwei Entwicklungsstufen gekennzeichnet:

1. Die Fadenhinreichmaschine. 2. Die Passiermaschine.

1. Fadenhinreichmaschine

Aus der Abb. 413 ist die Arbeitsanordnung der Fadenhinreichmaschine „Turicum" der Firma Zellweger (Uster) dargestellt.

Diese Maschine löst das Einziehproblem der Reyon und Synthetica verarbeitenden Betriebe ideal, da sie bei den hohen Fadenzahlen dieser Webketten durch Reduktion des Einziehpersonals das entsprechende Budget erheblich verringert. Sie ersetzt nicht nur die Hinreicherin, sondern sie ermöglicht darüber hinaus eine erhebliche Leistungssteigerung der Einzieherin. Dazu kommt der Vorteil, daß eine Arbeiterin mit dieser Maschine bis zu drei Operationen in einem Arbeitsgang durchführen kann. Je nach Wahl können mit der Maschine die Litzen, die geschlossenen Lamellen und die Litzen und – bei gleichzeitigem Einsatz der Webeblatteinziehmaschine „Zellweger" – sogar Lamellen, Litzen und Blatt eingezogen werden. Der Umstand, daß die Maschine immer schneller ist als die Hinreicherin, trägt zu einer weiteren Leistungssteigerung der Einzieherin bei, da der stets einziehbereite Faden den Rhythmus ihrer Arbeit in günstigem Sinne beeinflußt.

Die in der Abb. 414 dargestellte Anlage reicht sowohl die Litzen als auch geschlossene Lamellen zum Einziehen der Fäden hin, so daß eine Arbeitskraft beide Tätigkeiten gleichzeitig ausüben kann. Wie bei der Maschine Turicum reicht auch diese Maschine schneller hin als die Arbeiterin Handgriffe verüben kann. Somit ist die Leistung der Maschine einzig von der Geschicklichkeit der Arbeiterin abhängig. Besonders wirtschaftlich kann man den Arbeitsprozeß gestalten, wenn diese Anlage noch mit einer Blatteinziehmaschine ausgerüstet wird. Dabei werden die Fäden von Hand abgeteilt und dem Greifer der Maschine vorgelegt. Die Maschine zieht anschließend die Fäden in die Blattlücke ein und schaltet danach automatisch auf die nächste Blattlücke.

Die dänische Firma Titan, Kopenhagen, die ebenfalls Knüpf- und Lamellensteckmaschinen herstellt, hat mit der Konstruktion des „Selector" einen anderen Gedanken verwirklicht. Hierbei wird davon ausgegangen, daß Hinreichmaschinen einen hohen Kapitalbedarf ergeben, wenn man bedenkt, daß mehrere gleichzeitig zu passierende Ketten auch mehrere Maschinen erforderlich machen. Hier wird versucht, mit Hilfe eines Apparates, dem „Selector" diese Schwierigkeit organisatorisch zu lösen.

Es ist interessant, den Gedankenlauf in der Lösung dieser Aufgabe zu verfolgen[1].

Abb. 415 zeigt einen Kettbaum, an dem die Garnlage in einem Gestell aufgespannt ist — bereit für das Einziehen. So wie die Fäden angebracht sind, nämlich dicht aufeinanderliegend, ist es unmöglich für eine Arbeiterin, diese mit ihrem

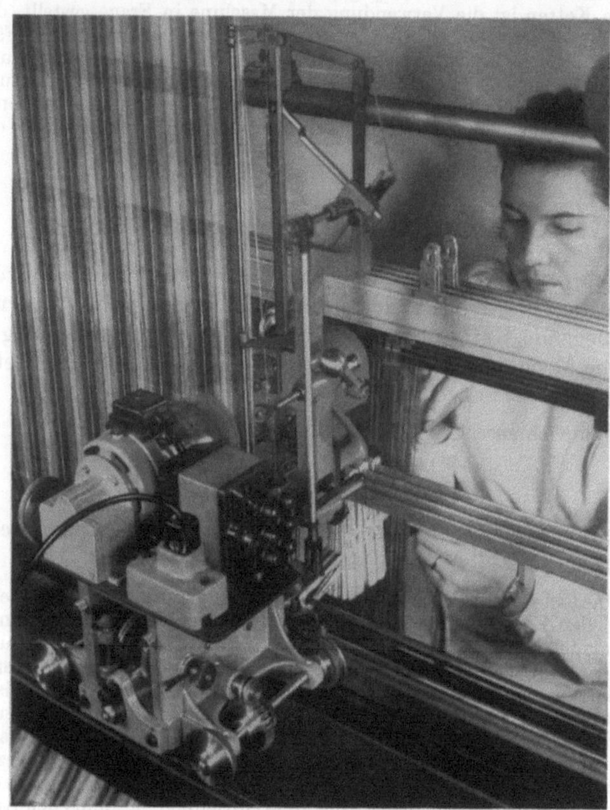

Abb. 413. Fadenhinreichmaschine von Uster

Einziehhaken einzeln zu nehmen. Es ist erforderlich, die Kantfäden zu „spreizen" wie Abb. 416 zeigt. Wenn die äußersten Fäden immer — d. h. während des ganzen Einziehprozesses — in großem Abstand von den nachfolgenden Fäden stünden, wie die Pfeile zeigen, könnte die Arbeiterin leicht die Fäden einzeln ohne Hilfe einer anderen Arbeiterin bzw. einer Fadenhinreichmaschine nehmen.

Um die Kantfäden — die äußersten 6 ··· 10 Fäden der Garnlage — so weit zu bringen, daß sie einen großen Abstand voneinander halten, *ist man auf die Idee gekommen, die Fäden mit Hilfe einer zusammenhängenden Maschenreihe auseinanderzuziehen.*

Abb. 417 zeigt, wie eine solche zusammenhängende Maschenreihe die Kantenfäden auseinanderzieht, und Abb. 418, wie die Maschenreihe die einzelnen Fäden in einer solchen Weise umschlingt, daß sie tatsächlich auseinandergehalten werden und unmöglich innerhalb der Maschenreihe zusammengleiten können.

---

[1] Mit freundlicher Genehmigung auszugsweise entnommen aus S. FLEISCHER: Selector. Melliand Textilber. 40 (1959) Nr. 3, 254—256.

Abb. 419 zeigt, wie einfach es ist, den äußersten Faden mit dem Einziehhaken zu fassen und ihn durch die Litze zu ziehen. Wenn man eine solche Naht in jede

Abb. 414. Fadenhinreichanlage kombiniert mit einer Lamellenhinreichanlage (Uster)

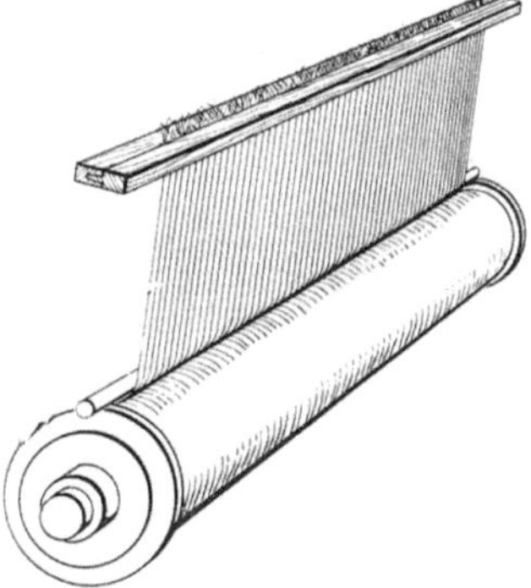

Abb. 415

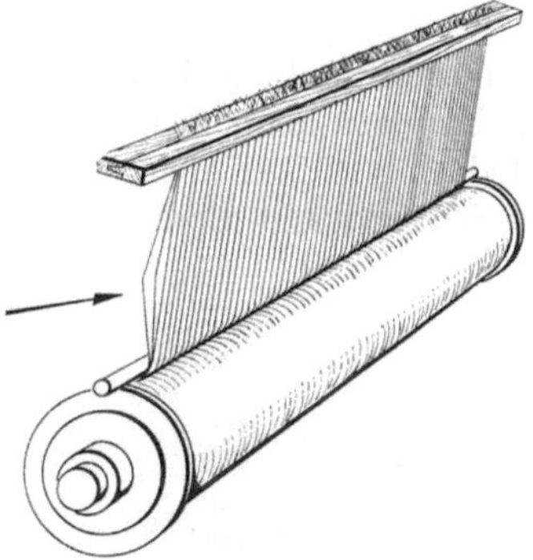

Abb. 416

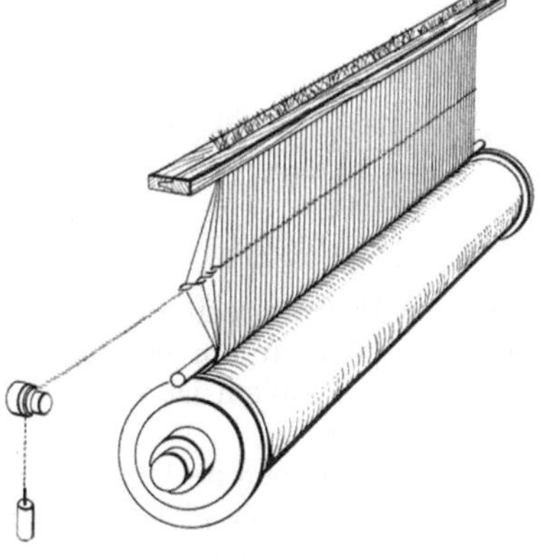

Abb. 417

Kette einnähen würde, könnte eine Arbeiterin allein — ohne Hilfe irgendeiner Maschine — die Fäden einziehen. Man müßte also das ganze Problem so vereinfachen können, eine einzige Maschine zu konstruieren. Diese Maschine müßte mit sehr großer Schnelligkeit nähen; z. B. dürfte sie nicht mehr Zeit verwenden zum Nähen von 8 ··· 10 Ketten, als 8 ··· 10 Arbeiterinnen zum Einziehen einer entsprechenden Kettenzahl brauchen würden, indem jede Arbeiterin ihre eigene Kette einzieht.

Der Selector ist so eingerichtet, daß er unter die Garnlage geht und gleichzeitig die Fäden einzeln trennt, gleichgültig, ob die Garnlage mit einem Fadenkreuz versehen ist oder nicht. Wenn ein Fadenkreuz vorhanden ist, wird dieses nicht zerstört, sondern es liegt nach dem Nähen genau wie vor dem Nähen geordnet.

Der Nähmechanismus ist so eingerichtet, daß nur eine Masche gebildet wird, wenn ein Faden abgetrennt ist und auf seinem Platz liegt. Wenn kein Faden vorhanden ist, stoppt der Nähmechanismus, bis ein Faden abgetrennt ist.

22*

Wenn es sich um das Nähen von Fäden einer Garnlage ohne Kreuz handelt, ist die Abtrennung doppelt. Dies bedeutet, daß es hier zwei Abtrennungsnadeln gibt,

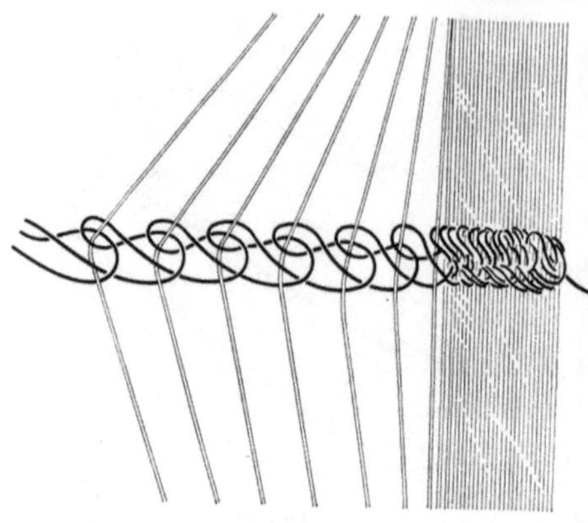

wovon die eine die Arbeit der anderen kontrolliert — so wie es auch bei der von der Firma Titan patentierten Doppelabtrennung der Fäden in der Anknüpfmaschine der Fall ist.

Auf diese Weise müßte man in weitgehendem Maße Doppelfäden vermeiden können.

Der Selector ist außerdem mit einem besonderen Fühler, der den Lauf des Selectors in der Garnlage automatisch steuert, ausgestattet, so daß der Abtrennungsapparat immer in der richtigen Stellung zu den abzutrennenden Fäden steht.

Es ist möglich, den Selector auf eine Nähgeschwindigkeit von 10···16000

Abb. 418

Fäden pro Stunde zu bringen, und ein Arbeiter müßte mit Leichtigkeit 2 Selectoren bedienen können. Das Einspannen selbst dauert nur wenige Minuten.

Jedoch genügt es nicht, die Fäden abtrennen zu können, so daß eine Arbeiterin ohne Schwierigkeit diese zum Einziehen durch die Litzen nehmen kann. Es gibt

Abb. 419. „Selector" (Titan)

auch das Problem mit den Lamellen, durch welche die Fäden gezogen werden müssen, und zwar am besten gleichzeitig mit dem Einziehen durch die Litzen. Auch dieses Problem ist von der Firma Titan auf eine besonders einfache Weise gelöst worden.

Es gibt, wie bereits beschrieben, Fadenhinreichmaschinen, die mit einem speziellen Apparat, der gleichzeitig mit dem Hinreichen des Fadens auch eine Lamelle hinreicht, versehen sind. Doch ist die Firma Titan auch hier ihre eigenen Wege gegangen, indem sie eine selbständig arbeitende Lamellenabtrennmaschine — unabhängig von einer Fadenhinreichmaschine — konstruiert hat.

Auf der Abb. 420 wird diese selbständig arbeitende Lamellenhinreichmaschine gezeigt. Sie reicht z. B. 4 Lamellen auf einmal hin, wenn 4 Lamellenreihen vorhanden sind, also gleichzeitig 1 Lamelle aus jeder Reihe. Das ergibt eine sehr einfache und zuverlässige Konstruktion, und der besondere Aufbau der Abtrenn-

magneten bewirkt, daß die Maschine
eigentlich nie 2 Lamellen aus derselben Reihe nimmt.

Eine solche selbständig arbeitende Lamellenabtrennmaschine sollte
auf einem besonderen Gestell laufen,
und es wäre demnach naheliegend,
auch ein sowohl für einen als auch
mehrere Kettbäume geeignetes, wirklich praktisches Einziehgestell zu
konstruieren, indem man nämlich
ohne weiteres zwei oder drei Ketten
mit Hilfe der vorgenannten Maschen-
reihen in dasselbe Geschirr einziehen
kann.

Was den Verwendungsbereich
angeht, ist es klar, daß man nicht
allein die Maschenreihe für rohe
oder einfarbige Ketten benutzen
kann. Sie ist auch für gestreifte
Ketten besonders geeignet, indem
man sowohl einen ausgezeichneten
Überblick über die Streifen hat, als
auch — je nach der Forderung des
Musters — gerade den oder die Fä-
den, die man gebraucht, wählen kann; man kann also ohne weiteres in der Reihenfolge willkürlich vorgehen, so wie man sonst mit der Hand die richtigen Fäden
wählt.

Abb. 420. Lamellenhinreichmaschine (Titan)

2. Vollautomatische Passiermaschine

Den Höhepunkt der Mechanisierung stellt die vollautomatisch arbeitende
Passiermaschine dar.

Eine solche Maschine der Firma Barber & Colman ist in den Abb. 421 bis 423
en detail dargestellt.

Beschreibung und Arbeitsweise. Die 32spindelige Maschine ist geeignet zum Einzug von
24 Schäften mit 8 oder weniger Reihen von geschlossenen Lamellen und Blatt.

Die Maschine ist in Breiten von 48, 66 und 86 engl. Zoll lieferbar (48″ = 122 cm, 66″ =
168 cm, 86″ = 218 cm).

Außer dieser 32spindeligen Maschine werden noch Maschinen mit 28, 22, 14 und 10 Spindeln hergestellt. Die 10spindelige Maschine ist z. B. geeignet für 6 Schäfte und 4 Reihen Lamellen.

Der Einzug kann aus folgenden Kettschichten geschehen:
1. aus der flachen Fadenschichte, 2. aus einbäumiger geteilter Kette, 3. aus Fadenkreuz
1×1 und flacher Schichte, 4. aus dem einfachen Fadenkreuz 1×1, 5. aus dem doppelten Fadenkreuz 1×1.

Ketten aus Baumwolle, Kammgarn, Wolle, Kunstseide oder gesponnenen synthetischen
Garnen können für glatte oder gemusterte Gewebe eingezogen werden. Komplizierte Muster
lassen sich genau einziehen, weil die Webelemente durch eine einzige Musterkarte aus Stahl-
blech individuell kontrolliert werden.

Die Maschine zieht ein in einem Arbeitsgang durch Blatt (Abb. 423), Geschirr (Abb. 421)
und Lamellen (Abb. 422); die Anzahl der Einzüge pro Minute beträgt bei hochschäftiger
Ware 150 und erhöht sich bis zu 4schäftiger Ware auf 220.

Für die Verwendung an der Einziehmaschine sind Spezialgeschirre mit Flachstahllitzen
erforderlich, die ein Schlüsselloch oberhalb des Fadenloches besitzen, desgleichen müssen die
Lamellen mit einem Schlüsselloch versehen sein. Flachstahllitzen finden infolge ihrer Zweck-

mäßigkeit und großer Dauerhaftigkeit immer mehr Eingang in den Webereien; in Amerika ist kaum noch ein Betrieb zu finden, der ohne solche arbeitet.

Jeder Geschirrflügel und jede Lamellenreihe wird durch einen Schlüsselstab von einem Getriebe aus gesteuert, ähnlich wie die Litzen der Jacquardmaschine. Um den gewünschten Einzug zu erhalten, wird lediglich eine Blechkarte nach der Mustervorschrift gestanzt und in

Abb. 421. Vollautomatische Passiermaschine von Barber & Colman (Passieren)

Abb. 422. Vollautomatische Passiermaschine von Barber & Colman (Aufstecken der Lamellen)

die Maschine eingelegt. Diese Musterkarte kann beliebig oft für das gleiche Muster immer wieder verwendet werden. Zum Schlagen der Karte wird ein Kartenschlagapparat mitgeliefert. Desgleichen wird der Maschine ein Litzenzähler beigefügt. Dieser Litzenzähler zählt die Litzen in einem Flügel und stoppt nach jeder voraus bestimmten Anzahl. Überzählige Litzen können dann entfernt und die Anzahl der in Gebrauch befindlichen auf ein Minimum beschränkt werden. Die Litzen werden so weitgehend kontrolliert, daß im Falle 2 Litzen mit gleicher Schlüssellochführung aufeinander folgen, die Maschine abstellt. Dadurch ist es möglich, die nicht in der Reihenfolge liegenden Litzen zu entfernen.

Der Einzug mit der Einziehmaschine geht wie folgt vor sich:

Sobald der Schlüsselstab die Litze freigegeben hat, wird dieselbe von einer Schnecke erfaßt, vor den Nadeldurchgang transportiert und quergestellt. Dadurch kann die Nadel

Abb. 423. Vollautomatische Passiermaschine von Barber & Colman (Einziehen in das Blatt)

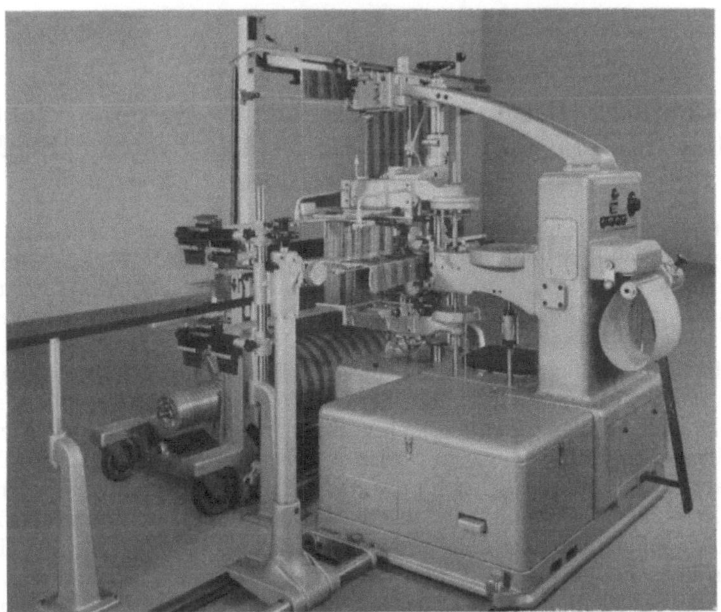

Abb. 424. Automatische Einziehmaschine von Uster

das Fadenauge passieren und bei ihrem Rückgang den Faden einbringen. Derselbe Vorgang geschieht mit der Lamelle.

Die Rietöffnung des Blattes wird durch eine Rietschnecke in die Nadelbahn gebracht. Diese Schnecke wird ebenfalls, je nach Bedarf für ein- oder mehrfädigen Einzug, vom Getriebekasten aus mittels der Blechkarte gesteuert. Sobald die Nadel bei ihrem Rückgang das Blatt verlassen hat, zieht ein Abstreifhaken den Faden nach abwärts.

Das Einlegen der Kette geschieht bei einschichtiger Ware über eine Welle, an deren Ende sich eine Fadenabteilschnecke befindet, die die Fäden nacheinander einzeln abteilt und der Einziehnadel zuführt. Ketten mit Fadenkreuz erhalten eine zusätzliche Vorrichtung, die die Fäden nach dem Kreuz 1×1 der Nadel zuführt.

Die Einziehmaschine arbeitet außerordentlich rentabel und bringt eine *Ersparnis an Einziehkosten von 67···80%*.

Sehr wichtig ist eine Einziehmaschine, wenn Mode, Stil und Qualität einen raschen Musterwechsel erforderlich machen. Auch die in den Webereien durchgeführte Reinigung zur Sauberhaltung von Litzen, Lamellen und Blatt macht die Einziehmaschine geradezu zu einer wirtschaftlichen Notwendigkeit, um bessere Webereiproduktion zu erreichen und den langsamen und kostspieligen Prozeß des Handeinzuges zu vermeiden.

Die in der Abb. 424 behandelte vollautomatische Einziehmaschine ist insbesondere dadurch gekennzeichnet, daß hier die Voraussetzung, Flachstuhllitzen zu verwenden, nicht gegeben ist. Die Litzen werden hierbei von einem Magazin abgenommen und nach dem Einzug — gesteuert durch die in der Abbildung erkenntliche Papierkarte — auf den der Einzugspatrone entsprechenden Schaft aufgereiht. Durch die Papierkarte wird auch das für den Blatteinzug erforderliche Fadenkreuz gesteuert. Die Einzugskarte schlägt man mit einer normalen Kartenschlagmaschine von Stäubli (Horgen/Zch.), wie sie für die Herstellung von Schaftkarten Verwendung findet. Ein Einstellzähler stellt — wenn notwendig — nach dem Einziehen eines Rapportes ab, damit der Einzug kontrolliert werden kann.

Technische Daten: 2—28 Schäfte, 25000···50000 Fäden/8 Stunden drei Personen für Bedienung, 80 m² Raumbedarf.

G. Schußspulmaschinen

I. Übersichtliche Beschreibung der beiden Systeme nichtautomatischer Spulmaschinen und der beiden Systeme Schlauchkopsspulmaschinen

Bereits bei der Besprechnung der Kettgarnspulerei wurde auf die Vorteile des Umspulens eindeutig hingewiesen. Insbesondere wurde herausgestellt, daß die Reinigung des Fadens und die Beseitigung schwacher und dicker Garnstellen einen guten Einfluß auf die spätere Wirtschaftlichkeit in der Fertigung ausübt.

Für die Schußgarnspulerei gelten diese Überlegungen prinzipiell auch. Aber gerade in der Schußgarnspulerei sind die Lohnkosten für das Umspulen so groß, daß in sehr vielen Fällen die dann noch verbleibenden Vorteile in der Wirtschaftlichkeit des gesamten Arbeitsverfahrens sehr in Frage gestellt sind. Diese Tatsache führte dann dazu, daß man sich immer mehr überlegte, die angelieferten Garne in einem Zustand zu bekommen, die das direkte Verweben der Kötzer ermöglichte. Schußspulmaschinen spielen also in der Regel im Webereibetrieb nur eine sehr untergeordnete Bedeutung und werden eingesetzt für das Umspulen von Abfällen. Diese Entwicklung wurde noch dadurch begünstigt, daß die Spinn- und Zwirnmaschinen in den letzten Jahren eine wesentliche Verbesserung dadurch erfahren haben, daß man allgemein auf größere Spulenformate überging, so daß ein Umspulen auch nicht mehr gerechtfertigt war mit dem Hinweis, daß die Schaffung größerer Spulenkörper erwünscht war.

Nur die Belieferung der Automatenweberei verlangt den Einsatz der Schußgarnspulerei, weil Automaten mit sehr kleinen Schußgarnspulen beliefert werden müssen. Die Herstellung so kleiner Spulenkörper auf den Spinnmaschinen und Zwirnmaschinen ist aus Wirtschaftlichkeitsgesichtspunkten nicht durchführbar. Das Umspulen so kleiner Schußgarnspulen würde aber eine erhebliche Verteuerung der Herstellung bedeuten, würde man mit den einfachen nichtautomatischen Spulmaschinen arbeiten.

Die Einführung von Automatenwebstühlen erfordert auch die Einführung von Schußspulautomaten. Wegen der Eindeutigkeit dieser Entwicklungstendenz sollen die nichtautomatischen Spulmaschinen in diesem Werk nur in ganz bescheidenem Umfang erörtert werden.

Die bestehenden Konstruktionen lassen sich einteilen in:

1. Aggregate mit liegender Spindel, 2. Aggregate mit stehender Spindel.

Da sich diese beiden Systeme bei allen Herstellern in kaum irgendeiner prinzipiellen Form unterscheiden, sollen zwei Konstruktionsbeispiele beschrieben werden.

1. Aggregat mit liegender Spindel

Die Spindeln *f* werden durch die Schraubenräder *q* und *r* (Abb. 425) angetrieben, und zwar über die Kupplung *t–z*, welche ein *allmähliches und sanftes Ingangsetzen* der Spindel gestattet. Die verzahnte Welle *b* überträgt die Bewegung auf das große Kurvenrad *a* und von diesem auf die Spindelwelle *o*. Die Spindel erhält eine hin- und hergehende Bewegung durch das Gleitstück *p*, welches auf zwei feststehenden Wellen *n* (in der Zeichnung ist nur eine derselben sichtbar) sicher geführt wird und mit einer Rolle in die Nut des Exzenterrades *a* greift und die Spindelwelle *o* in einem Ausschnitt umfaßt.

In der Abb. 425 ist das Spindelgetriebe in ausgerücktem Zustand gezeigt. Soll die Spindel in Gang gesetzt werden, so wird der vom Ablaufhaspel oder von der rollenden Scheibenspule kommende Faden über die Rolle *l* des elastischen Fadenleitdrahtes und über die Rolle des Fadenführergehäuses *g* mit Kugellagertaster zur Spule *f* geführt. Wenn der Hebel *H* mit dem Daumen leicht abwärts gedrückt wird, so legt sich die Nase des Bügels *i* infolge des Druckes der Feder am Ende des Hebels *c* über den Anschlag von *h*, wodurch die Kupplung *t–z* vermittels der Gabel am Ende des Hebels *h* allmählich ein

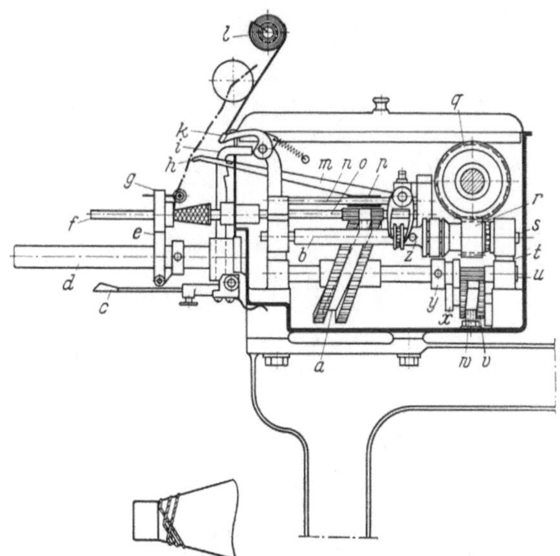

Abb. 425. Ältere Bauart einer Schußspulmaschine (liegend angeordnete Spindeln)

gerückt wird. Die hin- und hergehende Bewegung der Spindel verursacht beim Anwachsen der Spule die Fortschaltung des Fadenführergehäuses *g* vermittels eines mit Kugellagerkäfig versehenen Formtrichters, so daß jede Beschädigung des Spulgutes ausgeschlossen ist.

Sobald die Spule die gewünschte Länge erreicht hat, drückt die Abstellrolle unten am Fadenführergehäuse *e* auf die Nase *c*, wodurch der Bügel *i* nach außen schwenkt und dessen Nase den Einrückhebel *h* freigibt. Dadurch wird die Kupplung *t–z* ausgelöst, so daß die Spindel zum Stillstand kommt.

Die *Differentialhubverlegung* laut Abb. 425 (unten) sichert selbst bei weichen Schußspulen eine schön ausgezogene Spulenspitze und bindet die aufeinanderliegenden Fadenlagen gut gegenseitig ab, so daß auch weiche Spulen ohne jede Gefahr des Abschlagens im Schützen leicht gespult werden können und die Verwendung aller Arten Hülsen möglich ist. Die Differentialhubverlegung des Fadens wird durch die ortsfest gelagerte Rolle w sowie das Kurvenrädchen v, das auf einem Bolzen verschiebbar ist und in seiner Nut x den Führungsring y führt, erreicht.

Der Schaltmechanismus des Fadenführers ist in einem Führungsrohr d aus Stahl eingekapselt, so daß

a) die *Schaltteile staubfrei* gehalten werden,

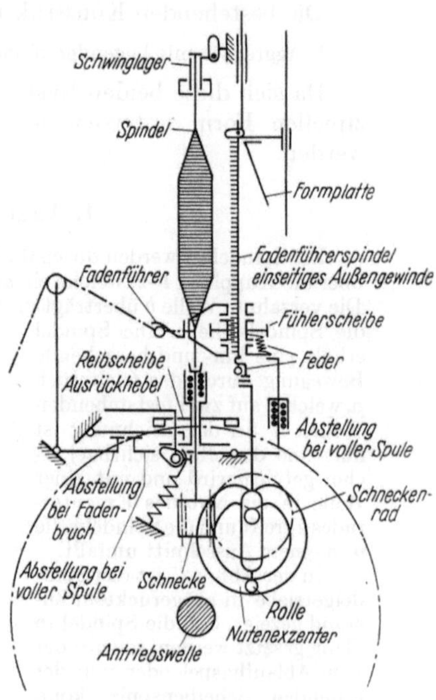

<table>
<tr><td>Abb. 426. Schußspulmaschine mit stehender Spindel
(Schlafhorst)</td><td>Abb. 427. Schema der Abb. 426</td></tr>
</table>

b) nach Umlegen des Fadenführergehäuses am Ende des Führungsrohres keine vorstehenden Teile dem Abzug der Spule und Aufstecken der Hülse hinderlich sind, somit ist auch

c) eine Verletzung der Hand der Spulerin und damit die *Gefahr der Verbiegung der Spindel ausgeschlossen,*

d) die *Herstellung mustergültiger Schußspulen* ist deshalb durch Beseitigung der hauptsächlichsten Ursache fehlerhafter Spulen bei anderen Spulmaschinen mit fliegender Spindel gesichert:

e) ferner kann man bei der SK-Maschine von Franz Müller mit *dauernder Aufrechterhaltung der Höchstgeschwindigkeit* rechnen, da die sonst bei ähnlichen Maschinen vielfach notwendig werdende Herabsetzung der Höchstgeschwindigkeit infolge Schwirrens verbogener Spindeln nicht mehr zu befürchten ist.

2. Aggregat mit stehender Spindel

Als Beispiel für eine solche Maschine soll eine Konstruktion von Schlafhorst besprochen werden. Die Konstruktion ist in den beiden Abb. 426 und 427 dargestellt.

Bei dieser Maschine wird jeder Spindelkopf durch die Kupplung der Reibscheiben einzeln angetrieben. Die senkrechte Mitnehmerwelle trägt an ihrem unteren Ende eine Schnecke, die mit einem Schneckenrade kämmt. Dadurch wird das Nutenexzenter angetrieben, das der Fadenführerspindel eine Auf- und Abbewegung erteilt. Die Fühlerscheibe ist auf einem Röllchen mit Innengewinde befestigt, welches lose auf der Spindel sitzt, die nur auf der der Spule zugewandten Seite mit Gewinde versehen ist. Wenn der Fadenführer an der Spule anliegt, wird das Gewinde durch die Schraubenfeder unten am Röhrchen des Fadenführers in Eingriff gebracht. Legt man den Fadenführer jedoch zurück, z. B. bei beendigter Spule, so kann man den Fadenführer unbehindert nach oben und unten verschieben. Der Aufbau der Schußspule erfolgt durch die schichtenweise Fortschaltung des Fadenführers, indem die Fühlscheibe bei der geringsten Bewegung mit dem Spulenkörper gedreht wird und dadurch den Fadenführer auf der Gewindespindel nach unten schraubt. Die Formplatte dient der Ansatzbildung. Schon durch eine sehr dünne Wicklungsschicht bekommt die Fühlscheibe eine Drehung. Der Spulendurchmesser wird von der Lage der Fühlerscheibe bestimmt. Die Einstellung erfolgt durch eine Verstellung der Fadenführerspindel oben und unten.

3. Schlauchkopsspulmaschine

Schlauchkopse sind Schußspulen, bei denen die Hülse als Spulenträger fehlt. Es kann also auf dem gleichen Spulendurchmesser eine erheblich größere Garnmenge untergebracht werden. In den Webschützen, dessen innere Seitenwände mit Riefung versehen sind, werden sie unter Pressung eingelegt. Grundsätzlich werden Schlauchkopse für die Weberei nur dann verwendet, wenn man grobe Garne verarbeitet. In der Leinen- und Juteweberei sind sie branchenüblich. In zahlreichen Fällen wurden sie jedoch auch für mittlere Garnnummern mit Erfolg eingesetzt. Die dabei zu überwindenden Schwierigkeiten ergeben sich daraus, daß der unter

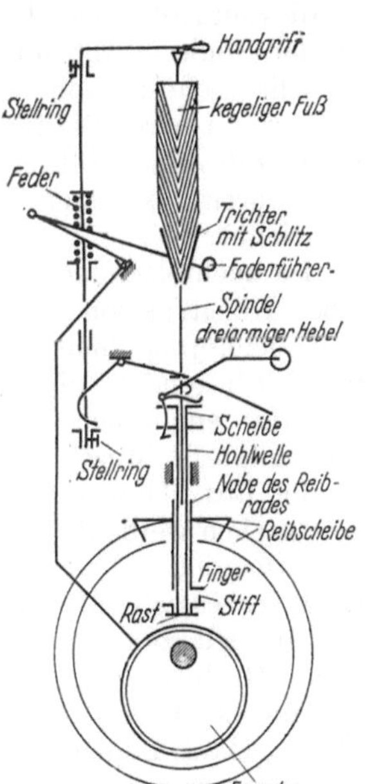

Abb. 428. Schema der Schlauchkopsspulmaschine

Abb. 429. Schlauchkopsspulmaschine von Muschamp Taylor Ltd.

Pressung in den Schützen eingelegte Kops beim Ablauf des Schußfadens diesem eine höhere Spannung auferlegt, der die feineren Garne nicht gewachsen sind.

Normalerweise werden Schlauchkopse vom inneren Windungskegel abgezogen. Arbeitet man statt mit groben Garnnummern mit mittleren oder auch feinen Nummern, so ist es empfehlenswert, das Schußgarn vom äußeren Windungskegel, also von der anderen Seite abzuziehen. Zweckmäßig ist es auch dann, die Schlauch-

Abb. 430. Einzelaggregat mit leerer Spindel

Abb. 431. Einzelaggregat während des Spulens

Abb. 432. Antrieb

kopse auf einer kurzen Holzhülse anzuwickeln, die man auf einer entsprechend geformten Schützenspindel aufsetzt.

Der prinzipielle Aufbau und die Wirkungsweise der Schlauchkopsspulmaschine ist aus der Abb. 428 ersichtlich.

Der Antrieb der Hohlwelle (und in der Erweiterung der Spindel) erfolgt durch Reibräder. Die Wicklung wird in einem Trichter mit einem Schlitz für den Fadeneintritt auf einem kegligen Fuß angesetzt. Der keglige Fuß wird später entfernt. Für mittlere Garne ist dies ein Holzstück, das in der Spule bleibt und auf die Schützenspindel aufgesteckt wird. Die Bewegung des Fadenführers wird durch das Exzenter eingeleitet.

Im nachfolgenden soll eine Konstruktion von Schlauchkopsspulmaschinen mit liegender Spindel von der englischen Maschinenfabrik Muschamp Taylor Ltd., Manchester, beschrieben werden[1].

Es handelt sich um ein stark verbessertes Modell, das speziell zum Spulen von Grobgarnen aus Baumwolle, Jute, Leinen, Flachs, Hanf, Papier, Reyonstapel, Feindraht usw. in Form von Schlauchkops vorgesehen ist (Abb. 429).

Der einzelne Spulkopf der Maschine besteht aus einer direkt mit dem An-

____

[1] Aus Textilindustrie 1952, 671.

trieb verbundenen Stahlspindel, einer selbsttätigen Fadenabstellvorrichtung, einem konischen Stahlkegel zum Aufbau des Kops und einem Druckhalter (s. Abb. 430). Dazu kommen noch die sonst notwendigen Einrichtungen, wie Bedienungsgriffe, Gehäuse, Freilaufscheibe für den Antriebsriemen usw. Die Fadenlegevorrichtung steht in einem bestimmten Winkel zu der Spindel und führt während des Spulens eine vor- und rückwärtsgehende Bewegung aus, wodurch, in Verbindung mit dem Stahlkegel, die Kopsbildung erfolgt. Bei Inbetriebnahme der Spindel wird zuerst der Druckhalter ausgelöst und dann nach hinten zum Stahlkegel herangeführt. Darauf kann das eingefädelte Garn einmal um die Spindel gewickelt und diese dann eingeschaltet werden. Nun beginnt der selbsttätige Aufbau des Kops. Mit fortschreitendem Größerwerden des Kops drücken die Garnlagen den Druckhalter immer mehr nach rückwärts (s. Abb. 431), bis er zuletzt an seiner Endstellung angelangt ist. Hier wird die Spindel automatisch abgestellt, worauf der Druckhalter gelockert und der fertige Kops von der Spindel abgezogen werden kann.

Die neue Schlauchkopsspulmaschine ist so einfach konstruiert (s. auch Abb. 432), daß sie innerhalb weniger Minuten von jedem ungelernten Arbeiter bedient werden kann. Alle wichtigen Teile laufen auf Kugellagern, wodurch die Abnützung gering und eine lange Lebensdauer gewährleistet ist. In Normalausführung kommen die Maschinen mit 4, 6 oder 8 Spulköpfen heraus, können jedoch bei Bedarf auch mit jeder beliebig anderen Zahl gebaut werden.

4. Superkops-Spulmaschine

Von der Herstellungsweise her gesehen gleicht der Superkops einem Schlauchkops. Unterschiedlich ist, daß der bei der Schlauchkopsmaschine erforderliche Ansatzkonus aus Messing hier als Holzkonus (Pirn) hergestellt ist und im Kops verbleibt. Außerdem wird der Pirnkops wie eine Kanette von außen und nicht von innen heraus abgezogen. Man nennt als Vorzüge:

a) im Vergleich zum Schlauchkops: die schärfere Garnkreuzung, der Spulenträger (eine kurze Spindel), Ablauf von außen.

b) im Vergleich zur Schußspule: Der Schlitz im Holzkonus verhindert in Verbindung mit den Schützenklammern das Wenden im Schützen; viel größere Garnaufnahme.

Ganz besonders die Größe (etwa 3fache Garnmenge) wird überall dort geschätzt, wo die Automatisierung des Webstuhles mit Schwierigkeit verbunden ist[1]. Für die Herstellung solcher Kopse verwendet man sowohl nichtautomatische wie auch automatische Maschinen. Das Einzelaggregat einer viel diskutierten nichtautomatischen Maschine (Delerue, Roubaix) zeigt die Abb. 433, aus der man den flügelartigen Fadenführer und eine die Pressung erzeugende Kegelrolle erkennen kann. Die Drehzahl liegt zwischen 4000···5000 U/min.

Zum Unterschied der oben besprochenen Maschine mit stehenden Spindeln wird von der Fa. Brügger, Como, Italien, eine Maschine mit liegenden Spindeln gebaut.

Anforderungen an einen Pirnkops. Der Pirnkops soll einen *höheren Leistungsgrad der Webstühle* ermöglichen, weil diese Art Kopse mehr Garn im Schützen enthält, als die normale Schußspule. Der Kops muß eine genügende Festigkeit haben, um beim Transport vom Automaten bis zum Stuhl nicht zu brechen, und den harten Schlägen im Webstuhl darf es nicht gelingen, ihn auseinanderzuschlagen. Das abgezogene Garn darf keine Schlingen im Gewebe bilden oder mehrere Lagen zugleich abziehen. Der Pirnkops muß den ganzen Sarg des Schützen ausfüllen, darf aber nicht klemmen. Sehr wichtig ist die Fadenreserve. Der Konus muß

---

[1] Vgl. J. Schneider: Weberei. Verfahren und Maschinen für die Gewebeherstellung. Berlin/Göttingen/Heidelberg: Springer 1961.

beim Leerlaufen noch soviel Reserve haben, daß der Weber den Stuhl abstellen kann. Damit werden Webfehler vermieden und übermäßiger Abfall. Wegfall der Holz- bzw. Metallhülsen, so daß sich der Faden am Hülsenschaft nicht verschlingen kann. Der Pirnkops darf keine wesentlichen Veränderungen (z. B. Änderung der Kästen) am Webstuhl mit sich führen.

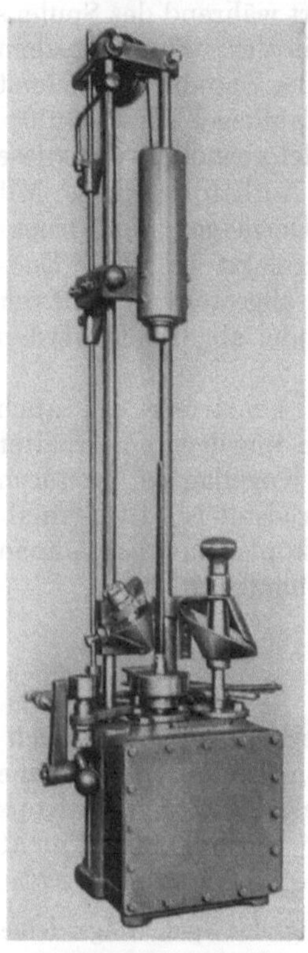

Abb. 433. Einzelaggregat einer Superkops-Maschine von Delerue

Aufbau, Kreuzung. Das Spulen erfolgt auf kurze Anfangskonusse, auch Pirnköpfe genannt, aus Holz oder Kunststoff. Das Material wird in Form von Schlauchkopsen auf die nackte Spindel gespult. Der Fühlerkonus, der parallel zum Pirnkopf steht, ist für die Bildung des Kopses maßgebend. Der Hub des Fadenführers ist durch verstellen seines Führungsexzenters möglich. Es lassen sich folgende Hublängen einstellen:

etwa 26, 30, 36, 43, 50, 57 mm.

Der Hub des Fadenführers richtet sich nach dem Kopsdurchmesser und ist in der Regel gleich groß.

Die Kreuzung pro Hub kann leicht gewechselt werden, weil sich die Wechselräder für die verschiedenen Windungen außerhalb des Kastens befinden. Die möglichen Kreuzungen sind von:

1 : 3,3; 1 : 3,7 oder 1 : 4,2

auswechselbar je nach dem zu verarbeitenden Garn (vgl. unten). Nach abschrauben der Verschalung vorn am Kastendeckel können die beiden Wechselräder ausgewechselt werden. Dadurch erhält man die vorangegangenen Wicklungen bei bestimmter Spindelumdrehung pro Exzenterhub.

Kreuzungsgetriebe 1 : 3,3 Windungen. Dieses Getriebe kommt nur für schlechte, kurzfaserige Garne zur Anwendung. Da der Faden in gestreckter Kreuzung aufgespult wird, ist die größte Schonung des Materials beim Weiterverarbeiten im Webstuhl vorhanden. Für glatte Garne ist diese Kreuzung ungeeignet, weil die Fadenlagen rutschen.

Die Produktion, d. h. das Gewicht des aufgespulten Materials ist kleiner als mit den beiden anderen Getrieben.

Maximale Spindeltourenzahl 3500 min.

Kreuzungsgetriebe 1 : 3,7 Windungen. Mit diesem Getriebe kann jedes normale Garn verspult werden. Die Produktion ist etwa 28% größer als mit der Kreuzung 1 : 3,3.

Maximale Spindeltourenzahl 4000 min.

Kreuzungsgetriebe 1 : 4,2 Windungen. Dieses Getriebe kann nur für gute, langfaserige Garne benutzt werden. Die Produktion ist fast doppelt so groß wie mit dem Getriebe 1 : 3,3.

Maximale Spindeltourenzahl 4500 min.

II. Automatische Schußspulmaschinen

In dem Bestreben nach höheren Leistungen in der Schußspulerei folgten im Zuge der Modernisierung dieses Teiles der Webereivorbereitung den ihrer ganzen Konstruktion nach heute als veraltet anzusehenden Maschinen die

Hochleistungs-Schußspulmaschinen und dann die Schußspulautomaten. Durch den Einsatz dieser modernen Automaten in der Schußspulerei werden bedeutend höhere Leistungen in quantitativer und qualitativer Hinsicht des zu verarbeitenden Garnmaterials erzielt. Außerdem wird durch die Automatisierung eine weitgehende Ausschaltung der Handarbeit erreicht. Die Arbeit der Spulerin beschränkt sich nur noch auf:

1. das Auffüllen der Hülsenvorratsbehälter mit leeren Hülsen,
2. das Auswechseln der Ablaufkörper und
3. die Beseitigung gelegentlicher Fadenbrüche.

Die Automatisierung führt somit zu einer Entlastung der Arbeitskraft, so daß diese mehrere Maschinen oder mehrere Arbeitsstellen bedienen kann, und zu einer Senkung der Spulkosten in den meisten Fällen, bedingt durch die größeren Leistungen der automatischen Spulmaschine. Diese Kostensenkung macht einen Umspulprozeß jetzt auch in den Fällen lohnend, wo dieser bisher aus Gründen der Unwirtschaftlichkeit unterbleiben mußte auf Kosten der Güte des Fertigungserzeugnisses.

Gleichlautend mit der Einteilung der Kreuzspulautomaten kann man Schußspulautomaten gliedern in:

1. Großgruppenautomaten,
2. Kleingruppenautomaten,
3. Einspindelautomaten.

Die zeitliche Folge der Einzelfunktionen ist bei allen drei Typen prinzipiell gleich. Der Unterschied liegt darin, daß beim *Großgruppenautomat* die Spuleneinheiten, in einzelnen Köpfen zusammengefaßt, um die Maschine herumwandern (40···120 Spindeln bei länglich gebauten Maschinen — z. B.: Holt oder 12 Spindeln — z. B. Abbot). Beim *Kleingruppenautomat* arbeiten mehrere Spindeln, deren Aggregate ortsfest sind, im gleichen Rhythmus — (z. B. Vierspindelautomat von Hakoba), während der *Einspindelautomat*, ein Einzelaggregat, vollständig automatisch arbeitet, so daß man im Grunde genommen jeder Spindel eine andere Garnsorte vorlegen könnte.

1. Großgruppenautomaten

a) Automatische Schußspulmaschine mit wandernden Spulköpfen[1]

Im Prinzip ähnlich dem bekannten „Abbot"-System, nach dem mehrere automatische Kreuzspulmaschinen konstruiert wurden und dessen wesentliches Merkmal der wandernde Spulkopf ist, wurde von der Firma Thomas Holt, England, eine Schußspulmaschine entwickelt, die auf der gleichen Grundlage beruht. Natürlich kann man diese neuartigen Schußspulmaschinen nur dann mit den automatischen Kreuzspulmaschinen vergleichen, wenn man hierzu die unterschiedlichen Spulaufgaben beider Maschinen mit einbezieht.

Das Prinzip dieser Schußspulmaschine Modell AP (Abb. 434) beruht darauf, daß die Spuleinheiten in einzelnen Köpfen zusammengefaßt um die Maschine wandern. Die Zuführung der leeren Hülsen erfolgt zentral, so daß nicht mehr für jede einzelne Spindel eine solche Einrichtung erforderlich ist. In Verbindung mit der zentralen Hülsenzuführung werden automatisch die vollen Schußspulen ausgesetzt und leere Hülsen zugeführt. Da die Umlaufgeschwindigkeit des Spulkopfes so geregelt wird, daß die Schußspule nach einem Umlauf vollgespult ist, ergibt sich in Verbindung mit den automatisch geregelten Funktionen eine kontinu-

---

[1] Mit frdl. Genehmigung entnommen aus K. HENSCH: Eine automatische Schußspulmaschine mit wandernden Spulköpfen. Z. ges. Textilind. 61 (1959) Nr. 21, 854—856.

ierliche Arbeitsweise. Die Tatsache, daß bei dieser Konstruktion neuartige Wege beschritten wurden, läßt es berechtigt erscheinen, Einzelheiten der Maschine kurz zu besprechen.

1. Das Arbeitsprinzip. Die einzelnen Spulköpfe sind nicht fest, sondern beweglich angeordnet und wandern mit Hilfe einer hierauf abgestimmten Bewegungseinrichtung in Form von selbständigen, unabhängigen Einheiten rund um die Maschine. Die Umlaufzeit und damit die Bewegungsgeschwindigkeit wird so reguliert, daß nach einem Maschinenumlauf der Köpfe die Schußspule vollgewunden ist und ausgesetzt wird.

Abb. 434. Vollautomatische Schußspulmaschine mit wandernden Spulköpfen (Holt)

Um dieses Prinzip verwirklichen zu können, ist diese Schußspulmaschine, wie aus der Abb. 437 zu ersehen ist, mit einer zentral angeordneten Hülsenspeiseeinrichtung ausgerüstet. Hat der wandernde Spulkopf diese Einrichtung erreicht, so werden hier die automatischen Operationen des Spulvorganges durchgeführt. Es erfolgt der automatische Wechsel der vollen gegen eine leere Schußspule und die automatische Ausscheidung der Bobine in die Spulkästen. Trotz weitgehender automatischer Einrichtungen ist die Maschine in ihrer Konstruktion einfach und widerstandsfähig und benötigt nur ein Minimum an Aufwand.

Während bei den meisten Schußspulmaschinen für jede einzelne Spindel ein Magazin notwendig ist, das zur Aufnahme der leeren Hülsen dient und von Hand oder maschinell beschickt wird, findet bei dieser Maschine die Speisung mit leeren Bobinen von einer zentralen Stelle aus statt. Das gleiche gilt für die vollen Schußspulen. Auch diese werden nicht mehr an jeder einzelnen Spindel abgelegt, von wo sie bei andern Systemen eingesammelt und abtransportiert werden müssen. In Verbindung mit dem Hülsenwechsel werden sie ausgeschieden und über ein Transportband zum Kopf der Maschine bewegt und hier abgelegt.

2. Arbeitsweise der Spulköpfe. Die Bewegung der Spulköpfe erfolgt mit Hilfe einer Kette, die durch Zahnräder an den beiden Maschinenköpfen geführt wird.

Die Geschwindigkeit der Kette kann variiert und damit den jeweiligen Erfordernissen angepaßt werden. Die Spulköpfe laufen auf gehärteten Rollen, die in speziellen Schienen geführt werden. Am Fuß des Spulkopfes (Abb. 434 u. 435) befindet sich eine Halterung, die zur Aufnahme der Kreuzspule dient.

Von der Kreuzspule wird der Faden über eine Fadenbremse zur Spindel geführt. Bei der Fadenbremse handelt es sich um eine patentierte Doppelscheiben-Kompensationsbremse. Ihr Arbeitsprinzip ist so, daß ein Spannungsabfall der ersten Scheibenbremse durch eine Spannungszunahme der zweiten kompensiert werden kann, so daß eine weitgehende gleichmäßige Fadenspannung herrscht. Diese kann durch Einstellung den verschiedenen Garnarten und auch -nummern angepaßt werden. Die Bremse ist selbstreinigend und selbsteinfädelnd.

Bei Fadenbruch wird die Spindel über eine Wächternadel stillgesetzt. Es handelt sich hierbei um eine sehr einfache Lösung, bei der der Stromzufluß zum Motor unterbrochen wird.

Die Spulspindel eines jeden Kopfes wird durch einen kleinen Einzelmotor angetrieben, der mit Dreiphasenwechselstrom von 50 V arbeitet. Diese Spannung ist vom Standpunkt des Arbeitsschutzes

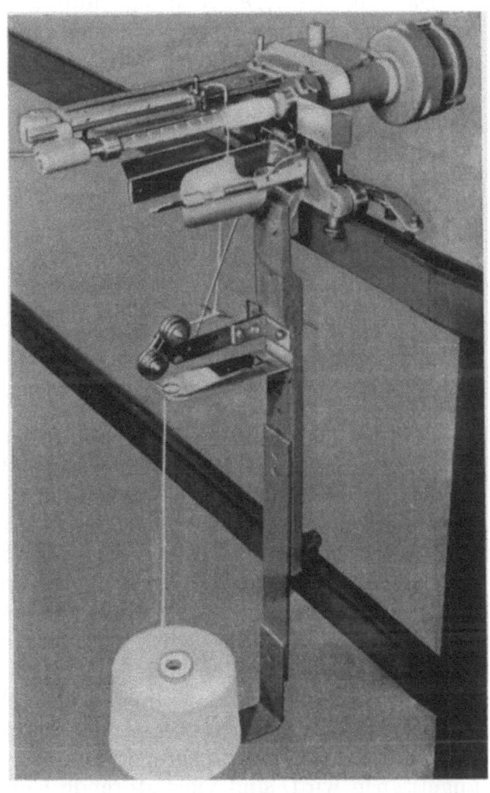

Abb. 435. Spulkopf der in Abb. 434 dargestellten Maschine

bedeutsam. Der betriebsübliche Strom wird durch einen luftgekühlten Transformator, der sich auf der Innenseite des Maschinengestelles befindet, auf die genannte Voltzahl reduziert. Bei Verwendung eines Stromes von 50 Wechsel (Perioden) haben die Spindeln eine Geschwindigkeit von 3000 U/min. Setzt man aber einen Periodenwechsler ein, der eine Änderung der Periodenzahl erlaubt und mit dem Transformator vereinigt ist, so erhält man die Möglichkeit, die Spindelgeschwindigkeit wesentlich zu vergrößern.

Der elektrische Strom wird in einer gut geschützten Schiene, die im inneren, oberen Teil der Maschine verläuft, geführt. Jeder Motor entnimmt von hier über Bürsten den benötigten Strom. Die Stromentnahmebürsten werden über besondere Weichen gesteuert, so daß mit deren Hilfe entsprechend den erforderlichen Arbeitsfunktionen der Motor durch das Auf- und Absetzen der Bürsten auf die Stromschiene geschaltet werden kann.

3. Die Konstruktion der Spindel. Die Anordnung von Spindel, Antrieb und Fadenführung geht aus Abb. 436 hervor. Der in einem Gehäuse untergebrachte Motor treibt direkt auf die Spindelwelle. Die hin- und hergehende Bewegung bei der Fadenverlegung wird durch eine doppelte nasenartige Führung hervorgerufen. Diese Führung befindet sich auf einem Zahnrad, das von der Spindel über ein

23   Schneider, Vorbereitungsmaschinen, 2. Aufl.

Schneckenrad bewegt wird. Die Fadenverlegung erfolgt so, daß an der Spitze und an der Basis des konischen Teiles der Schußspule die einzelnen Fadenschichten überlappt werden. Bekanntlich bietet ein derartiger Spulenaufbau sehr günstige Voraussetzungen für die Verarbeitung in der Weberei.

Die Fadenverlegeinrichtung muß zwangsläufig mit dem Vollerwerden der Spule ebenfalls verschoben werden. Hierzu dient der Traversierschlitten, auf dem sie angebracht ist. Auf dem Schlitten befindet sich eine einfache Fühlereinrichtung

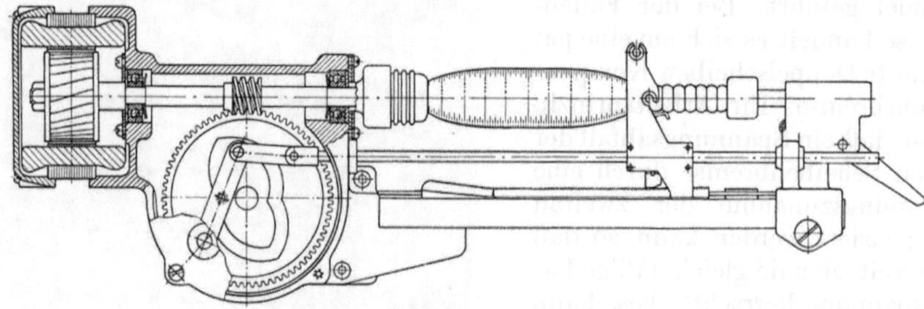

Abb. 436. Antrieb der Spindel

mit der der Durchmesser der Spule überwacht wird. Ist der eingestellte Durchmesser erreicht, so stößt der Fühler gegen die Spule. Dadurch wird der Traversierschlitten vorwärtsgeschoben und durch das Einnehmen einer neuen Stellung in der Zahnstange, mit der er verbunden ist und über die die Bewegung reguliert wird, gehalten. Ist die Größe der Verschiebung, die ja praktisch abhängig ist von der Größe der Spule und der aufgetragenen Garnmenge, einmal eingestellt, so wird bei jeder hergestellten Schußspule ein gleicher Durchmesser erzielt.

Ist die Spule voll, so wird der Motor abgestellt. Hierzu wird über einen einfachen Mechanismus eine Weiche betätigt und die Stromabnahmebürste von der Schiene abgehoben, so daß eine Unterbrechung des Stromkreises eintritt.

Bei der Gesamtbeurteilung des Spulkopfes stellt man fest, daß die beweglichen Teile auf ein Minimum begrenzt sind. Da jede Spindel durch einen Einzelmotor angetrieben wird, sind viele störende Gesichtszüge, wie beispielsweise treibende Riemen, Hebel u. ä., weitgehend vermieden worden.

4. Ablauf der automatischen Funktionen. Wie bereits erwähnt, werden alle Spulköpfe nur durch eine einzige zentral angeordnete Einrichtung mit leeren Hülsen versorgt. Die Hülsen werden in einen trichterförmigen, neben der Maschine angebrachten runden Behälter gekippt (Abb. 437). Innerhalb dieses Vorratsbehälters dreht sich fortlaufend ein scheibenartiger Ring, der magazinartige Ausnehmungen hat. Bei der Drehbewegung füllen sich die Magazinfächer mit leeren Hülsen, befördern diese und kippen sie auf ein Transportband. Dieses hat ebenfalls Fächer, die zur Mitnahme der Hülsen dienen. Liegen mehr Hülsen auf dem Band, als vorgesehen sind, so werden diese in den Vorratsbehälter zurückbefördert.

Das Transportband schafft die leeren Hülsen zum höchsten Punkt der Transportanlage und gibt sie dort an eine schlitzförmige, schiefe Bahn ab, in der sich die Hülsen hängend in Richtung der automatischen Spulenwechseleinrichtung bewegen. Da die Anlage fortlaufend arbeitet, befindet sich in der Schlitzbahn ständig ein Vorrat an Hülsen. Die Einrichtung kann verschiedenartigste Hülsensorten verarbeiten. Haben die Hülsen das Ende der Schlitzbahn erreicht, so werden sie einzeln sogenannten Haltefingern zugeführt.

Wenn nun ein wandernder Spulkopf mit voller Spule die Spulenwechseleinrichtung erreicht, wird durch Betätigung eines Hebels, der an der Spitze der

Spindel angebracht ist und durch Auflaufen auf einen an der Maschine fest angebrachten Nocken bewegt wird, der äußere Haltepunkt der Spule freigegeben.
Die volle Spule fällt dann in eine Blechmulde. Schon vor Ablauf dieses Vorganges
war bereits mit Hilfe einer ebenfalls stationär angebrachten Nase der Fadenführer
bis zur Spulenbasis zurückgeschoben worden. Hierbei ist zwangsläufig der Faden
mitgenommen worden. In dieser Position verläuft nun das Garn von der in der

Abb. 437. Automatische Hülsenzuführung

Mulde liegenden Spule, über den unteren Haltepunkt der Spindel, an dem normalerweise der Hülsenfuß eingeklemmt wird. Innerhalb des zeitlichen Ablaufes
dieser Vorgänge passiert der Spulenkopf die Haltefinger, in denen sich die leere
Hülse befindet. Wenn nun die leere Bobine übernommen und am Hülsenkopf wie
auch -fuß von der Spindel eingeklemmt wird, wird zwangsläufig hierbei der Faden
vom Fußpunkt der Spindel festgehalten. Mit einem Messer, das in der Nähe des
unteren Haltepunktes angebracht ist, wird der Faden in dem Augenblick von der
vollen Spule abgeschnitten, in dem die Spindel zu laufen beginnt. Zum gleichen
Zeitpunkt wird die volle Spule aus der Blechmulde weiterbefördert bis zum
Sammelplatz aller Bobinen.

Bei der nun einsetzenden Wanderbewegung des Spulkopfes wird der Fadenführer in die richtige Arbeitsstellung gebracht, so daß der Spulansatz aufgewunden
werden kann. Der Windeprozeß wird, wie bereits erwähnt, mit einer Weiche eingeschaltet und hierbei die Stromabnahmebürste auf die Stromschiene aufgesetzt.
Ist der Stromkreis geschlossen, so beginnt der Motor seine Arbeit. Man kann den
Windemechanismus so einstellen, daß der Aufwindekegel eine beliebige Länge hat.
Während der Spulenkegel aufgebaut wird, wird gleichzeitig die Bewegung des

23*

Fadenführers durch Fühler kontrolliert, die an der Spulmaschine fest angebracht sind. Die Wandergeschwindigkeit der Spulköpfe ist so abgestimmt, daß wenn der Spulkegel seine gewünschte Form hat, die Köpfe die stationären Fühler passiert haben. Von diesem Augenblick an kann der Fadenführer seine normale Arbeit aufnehmen und auf den nach Wunsch eingestellten Kegel weiterspulen.

Mit Hilfe einer speziellen Einrichtung können die vollen Spulkopse auch in getrennte Behälter abgelegt werden. Dies ist dann erforderlich, wenn verschiedene Farben und Garnarten zur gleichen Zeit aufgespult werden. Bei Massenproduktion wird dies kaum notwendig sein. Ist aber eine derartige Einrichtung vorhanden, so wird hierdurch die Maschine in ihren Verwendungsmöglichkeiten wesentlich vielseitiger.

Wenn sich die Garnlänge und damit die Größe der Schußkopse ändert, so muß diesen Tatsachen auch die Geschwindigkeit der Spulköpfe angepaßt werden. Dies erfolgt mit Hilfe einer einfachen Einrichtung. Man kann entweder die Bewegungsgeschwindigkeit der Spulköpfe oder aber die Spulgeschwindigkeit so verändern, daß während eines Maschinenumlaufes die Schußspule gefüllt wird.

Die neue Schußspulmaschine in wirtschaftlicher Sicht. Vergleicht man die Spindeldrehzahl dieser Maschine, die praktisch ein Maß der Leistung darstellt, mit denjenigen anderer Konstruktionen, so stellt man z. T. erhebliche Unterschiede fest. Wenn aber mit dem Modell AP keine Leistungssteigerung möglich ist, wo liegen dann ihre Vorteile?

Das markanteste wirtschaftliche Merkmal dieser Spulmaschine ist die zentrale Hülsenführung und die damit verbundene automatische Spulenwechseleinrichtung. Während bei den klassischen Konstruktionen ein Teil dieser Einrichtungen für jede Spindel erforderlich sind, können hier über ein solches Bauelement 40···120 Spindeln versorgt werden. Diese Lösung erlaubt das Einsparen von Investitionskosten.

Auch ist die Einfachheit dieser Konstruktion vorteilhaft. Der automatische Arbeitsablauf wird mit verhältnismäßig wenig beweglichen Teilen durchgeführt. Praktisch sind alle beweglichen Teile, deren Geschwindigkeit relativ niedrig ist, im wandernden Spulkopf untergebracht.

Durch die automatische Hülsenführung entfällt für die Bedienung das Füllen der Speisemagazine von Hand. Das gilt allerdings nur für die herkömmlichen Spulmaschinen, die nicht mit einer automatischen Hülsenzuführeinrichtung ausgerüstet sind.

Auch kann es im Rahmen der Steuerung und Abwicklung des Materialflusses vorteilhaft sein, daß die vollen Schußspulen an einer Stelle der Maschine abgelegt und gesammelt werden, da der Abtransport einfacher zu regeln ist.

b) Vollautomatische radiale Schußspulmaschine[1] (Abb. 438)

Eine Schußgarnspulmaschine, die besonders für kleinere Fabriken oder solche mit sehr verschiedenartiger Produktion gedacht ist, wird von der Abbot Machine Co. Inc., in Wilton, New Hampshire, USA, hergestellt. Diese Firma baute schon eine große vollständig automatische Schußgarnspulmaschine. Diese ältere Maschine war besonders für Fabriken mit umfangreicher Produktion gedacht und eignet sich nicht für den Arbeitsprozeß in kleineren Fabriken, wenn die Fabrikation nicht vollständig standardisiert ist. Nachdem diese Firma das Problem des Spulens mit großer Skala mit Erfolg gelöst hat, hat sie sich den Problemen zugewandt, die bei den mehr spezialisierten Betrieben auftreten. Die vollautomatische radiale Schußgarnspulmaschine bringt hier die Lösung.

Die neue Maschine unterscheidet sich grundsätzlich kaum von dem älteren Modell, obwohl sie, wie die Abbildung zeigt, einen ungewohnten Anblick bietet. Die Spulvorrichtung besteht aus 12 waagerechten, strahlenförmig angeordneten Spindeln, die auf einem Gestell

---

[1] Aus Reyon und Zellwolle 1953, 276.

angebracht sind, das gleichzeitig das Spulengatter trägt. Die leeren Kötzer befinden sich in einem Speicherkasten, der ungefähr 300 Kötzer aufnehmen kann. Sie werden dann automatisch einer nach dem anderen den Spindeln zugeführt, gespult und entweder auf einem Spindelgestell im Falle von Reyon oder in Kästen, wenn es sich um Baumwolle, Kammgarn oder Streichgarn handelt usw., abgelegt. Der Tisch dreht sich mit Unterbrechung, er hält im Augenblick des Spulenwechsels an, damit die volle Spule entfernt und durch eine leere ersetzt werden kann. Die noch nicht vollgelaufenen Spindeln drehen sich weiter. 12 Kötzer laufen bei einem einmaligen Umlauf des Tisches voll.

Das Spulengatter, das über den Spindeln angebracht ist, trägt 12 Paar Konen, die für einen kontinuierlichen Arbeitsvorgang passend angeordnet sind. Der Faden läuft von den Konen durch eine Fadenbremse, die aus sechs Paar Scheiben besteht, die auf einer Kurve

Abb. 438. Vollautomatische radiale Schußspulmaschine von Abbot

angebracht sind, um plötzliche Spannungen zu vermeiden, und geht von da aus zum Fadenführer. Im Gegensatz zu der älteren Maschine wird diese besprochene im positiven Sinne angetrieben und benötigt keinen Fadenwächter. Durch den Antrieb mit veränderlicher Geschwindigkeit kann man den Umfang der Kötzer regeln. Wenn es gewünscht wird, kann ein Meterzähler mitgeliefert werden; seine Fehlergrenze liegt unter 1%.

Man kann mit zwei verschiedenen Spindelgeschwindigkeiten arbeiten. Für die Garne mit feinen Titern und Reyon beträgt die Geschwindigkeit 5600 Touren in der Minute, während sie für die gröberen Baumwoll-, Streich- und Kammgarne 3500 Touren in der Minute erreicht. Man erhält so Geschwindigkeiten, die zwischen 225 m und 320 m in der Minute schwanken. Die Produktion, die von der Art des Garnes abhängt, kann bis 2000 Kötzer pro Stunde betragen; die praktische Ausnutzung übersteigt 90%. Der Arbeiter hat nur die Aufgabe, neue Konen auf das Gatter zu stecken, die Brüche auszubessern, leere Kötzer in den Vorratskasten hineinzutun und volle fortzunehmen. Die erforderliche Energiemenge liegt unter 1 PS. Die Maschine nimmt einen Raum von 1,70×2,30 m ein. Bemerkenswert ist, daß die Schnecken und Lager aus Nylon sind, wodurch eine Schmierung überflüssig wird und nach der Ansicht des Konstrukteurs eine längere Lebensdauer, ein ruhigerer Gang gewährleistet werden und weniger Unterhaltung erfordert wird.

Bei allen automatischen Maschinen werden die leeren Spulenhülsen in einem Behälter aufgestapelt und auf verschiedene Arten auf den Spindeln angebracht, während die vollen Kötzer von der Maschine fortgenommen werden.

Der Hauptunterschied zwischen den amerikanischen Maschinen und den europäischen ist die Behandlung der gebrochenen Fäden. Bei den amerikanischen Maschinen hat ein Fadenbruch zur Folge, daß der Kötzer nur teilweise volläuft, während bei den europäischen Maschinen der Faden durch den Arbeiter angeknüpft wird und man normal gefüllte Kötzer erhält.

Während man bei den europäischen automatischen Maschinen gegenwärtig zur Herstellung von Maschinen für Großproduktion übergeht, wenden sich die amerikanischen Techniker Maschinen kleineren Ausmaßes zu.

2. Kleingruppenautomaten

Das Kennzeichen ist der rhythmusgleiche Antrieb mehrerer Spindeln bei gleichem Fadenführerhub. Als Beispiel dieser Maschinengruppe folgt die Darstellung des HACOBA-Vierspindel-Schußspulautomaten.

Konstruktionseinzelheiten
des HACOBA-Vierspindel-Schußspulautomaten

Die gesamte Arbeitsweise dieses Automaten gliedert sich fast in gleicher Weise wie bereits beim Autokopser beschrieben:

a) *Der Spulvorgang*. 1. Der Antrieb der Spulspindeln und das Einspannen der Schußspulen. 2. Die Fadenführung. 3. Die Spulenbildung. 4. Die Abstellung bei Fadenbruch.

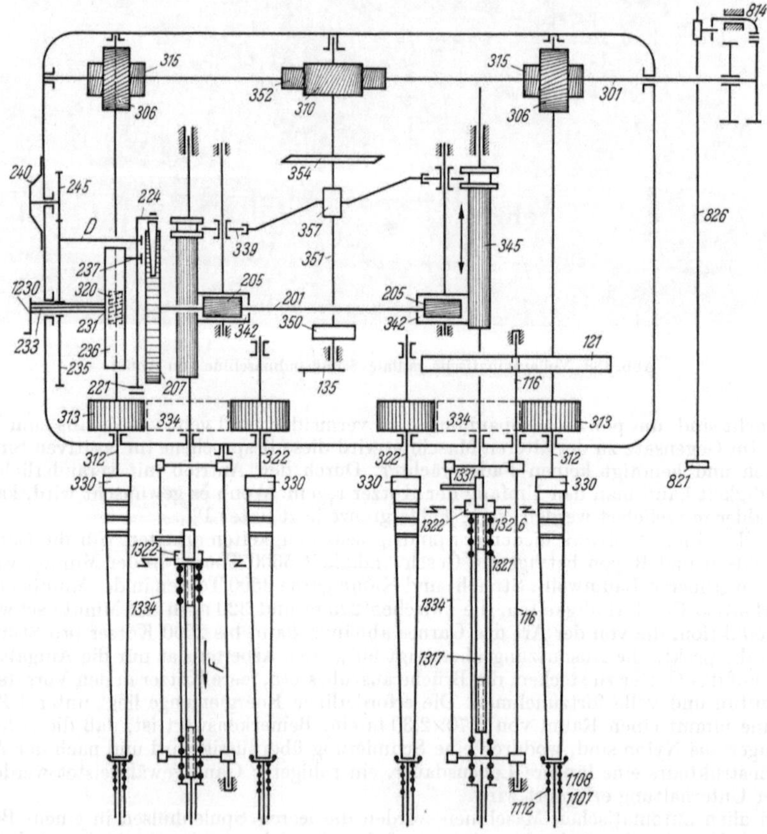

Abb. 439. Schematische Darstellung des Betriebes vom HACOBA-Vierspindel-Schußspulautomaten

b) *Der automatische Spulenwechsel.* 1. Stillsetzung der Spulspindeln und deren Abbremsung. 2. Zurückführung der Fadenführerträger. 3. Einrückung des Wechselmechanismus. 4. Auslösung der bewickelten Spulen. 5. Die Bewegung des Spulenwagens und die Einbringung der leeren Hülsen in das Spulfeld. 6. Die automatische Spulenablage. 7. Die Fadenreserveeinrichtung. 8. Bewegungen.

c) *Der zeitliche Ablauf des automatischen Wechsels.*

d) *Allgemeines.* Je 4 Spulstellen sind beim HACOBA-Automaten zur Klein-Gruppe zusammengefaßt. Die Vorteile, die dieses Konstruktionsprinzip in bezug auf den einfachen Aufbau der Maschine bietet, sind:

Je 4 Spulstellen haben eine gemeinsame Antriebswelle und auch die Einrichtung für die Hubbewegung des Fadenführerträgers, die Abstellung bei Fadenbruch und der Wechselmechanismus sind pro Klein-Gruppe nur einmal vorhanden und konnten infolge dieser Zusammenfassung sehr kräftig und übersichtlich als in sich geschlossene Einheiten ausgebildet werden.

Als Nachteil kann man geltend machen, daß beim Bruch eines Fadens auch die anderen Spindeln zum Stillstand kommen. Ein weiterer Nachteil ist, daß der Vorschub des Fadenführers für alle vier Spindeln unbekümmert um Dickenschwankungen einzelner Fäden immer gleich ist.

a) Der Spulvorgang

1. Der Antrieb der Spulspindeln und das Einspannen der Schußspulen (Abb. 440 u. 441). Der Antrieb der 4 Spulspindeln erfolgt zwangsläufig ohne Zwischenschaltung irgendwelcher Reibungskupplungen (Abb. 439). Die Hauptantriebachse *301* treibt die äußeren Spulspindeln *312* über die Schraubenräder *306* und *315* an. Die inneren Spulspindeln *322* erhalten

ihren Antrieb durch die Schraubenräder *313,* die auf den Achsen *312* befestigt sind, über die Zwischenräder *334.* Dieser symmetrische Antrieb ergibt einen sehr ausgeglichenen Lauf der Maschine, so daß Umdrehungszahlen der Spulspindeln bis zu 6000 Touren im Dauerbetrieb zulässig sind. Dieses entspricht einer Fadengeschwindigkeit je nach Spulenform von 250 bis 450 m/min.

Die Spulen werden zwischen den Mitnehmerköpfen *330* resp. *328* und den gefederten Gegendrückern *1107/1108* eingespannt. Der Druck der Gegendrückerfedern *1112* ist so einstellbar, daß nicht nur Holz- sondern auch Hartpapierhülsen verwendet werden können. Bei Hartpapierhülsen, besonders in größeren Abmessungen bei dünnem Schaft empfiehlt es sich, imprägnierte Hartpapierhülsen zu wählen, um einen schlagfreien Lauf bei der

Abb. 440. Getriebekasten des HACOBA-Vierspindel-Schußspulautomaten

hohen Tourenzahl, die erreicht werden kann, sicherzustellen. Auch bei Materialien wie Leinen, Hanf und Jute, die mit starker Spannung aufgespult werden, empfiehlt sich die Verwendung von Hartpapierhülsen in imprägnierter Ausführung oder von Holzhülsen.

2. Die Fadenführung (Abb. 439 u. 441). Die Hauptantriebsachse *301* treibt über die Schnecke *310* und Schraubenrad *352* die Exzenterachse *351* an, auf der sich das Hubexzenter *357* befindet. Über das Führungsstück *339* bewegt das Hubexzenter die langen Ritzel *345* hin und her. In die Achse der Ritzel *345* sind die Gewindespindeln *1317* eingeschraubt, die den Fadenführerträger *1322* mit den Fadenführer *1326* tragen. Abb. 444: Der Fadenührerträger ist gleitbar auf der Gewindespindel gelagert. Während der Spulenbildung ist er

Abb. 441. Ansicht des HACOBA-Vierspindel-Schußspulautomaten von oben

durch ein Stahlplättchen *1331*, welches sich auf dem beweglichen Fadenführerträger Oberteil *1330* befindet, in Eingriff mit der Gewindespindel.

Abb. 439: Jede Umdrehung des Exzenters *357* erteilt dem Fadenführerträger *1322* eine vollständige Hin- und Herbewegung, deren Länge von der Steigerung der Kurvennut des Exzenters *357* abhängt.

Abb. 443: Um die Wicklungslage an der Spitze des Spulkegels gegen das Abschlagen im Webstuhl zu sichern, ist eine Differenzial-Spitzenverlegung eingebaut, d. h., die Anfangs- und Endpunkte jeder Fadenlage wandern hin und her, so daß eine zusätzliche Verkreuzung an der Spitze des Spulkegels stattfindet. Zur Durchführung dieser zusätzlichen Bewegung treibt ein auf der Achse *351* befestigtes kleines Ritzel *360 A* ein Ritzel *350*, in das eine Kurve eingefräst ist. Diese Kurve läuft an einem feststehenden Stift ab und erteilt dadurch dem Ritzel *350* bei seiner Drehung eine leichte Hin- und Herbewegung *f*. Diese Hin- und Herbewegung überträgt sich auf die Exzenterachse durch eine Ringnut und eine Scheibe *360* und verschiebt dadurch den Anfangs- und Endpunkt einer jeden Fadenlage auf dem Spulungskegel um einige Millimeter. Abb. 439: Die Achse *351* trägt ebenfalls eine Ölschleuder *354*, welche die einwandfreie Schmierung des Getriebekastens sicherstellt. Das von der Ölschleuder emporgespritzte Öl wird unter einem besonderen Ölverteilungsblech *389* gesammelt und den Schmierstellen zugeführt.

3. Die Spulenbildung (Abb. 439). Das Vorschreiten der Fadenführer selbst in Richtung *F* wird durch mechanischen Antrieb, ohne Verwendung eines Tastenkörpers, z. B. eines Fühlrädchens oder eines Fühlkonus, bewirkt. Die Arbeitsweise dieser Präzisionsschaltvorrichtung ist wie folgt:

Abb. 439 u. 442: Auf der Achse *201* ist das Sperrad *207* befestigt. Das Schneckenrad *236* läuft frei auf einem Bolzen *231* und erhält seinen Antrieb von der Schnecke *320*, die auf der Spulachse *312* befestigt ist. Bei jeder Umdrehung des Schneckenrades *236* hebt dessen Stift *237*

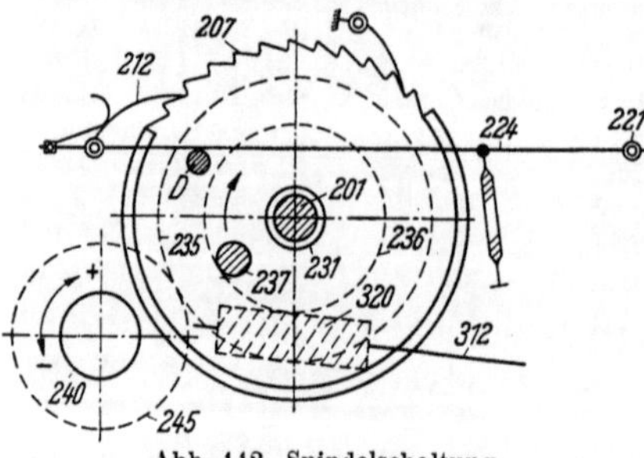

Abb. 442. Spindelschaltung

den in *221* drehbar gelagerten Hebel *224* an. Durch diese Bewegung wird durch die Sperrklinke *212* eine gewisse Anzahl Zähne des Sperrades *207* geschaltet und die Achse *201* gedreht.

Abb. 439: Diese Drehbewegung wird durch das Schraubenrad *205* und das Zwischenrad *342* auf die langen Ritzel *345* übertragen und so die Gewindespindeln *1317* in Drehung versetzt, die den Fadenführerträger *1322* um den gewünschten Betrag nach vorne schrauben. Das Zwischenrad *342* ist sowohl als Schraubenrad als auch als Stirnrad gefräst. Die Schraubenradverzahnung kämmt mit dem Schraubenrad *205* und die Stirnverzahnung mit dem langen Ritzel *345*. Dieses ist natürlich lang genug, um immer in Eingriff mit dem Zwischenrad *342* zu bleiben, gleichgültig, welche Stellung das Hubexzenter *357* einnimmt.

Entsprechend dem gewünschten Durchmesser, der Dicke des Spulmaterials und seiner Spannung, muß der Fadenführerträger schneller oder langsamer nach vorne geschaltet werden. Dieses geschieht wie folgt:

Abb. 439 u. 442: Ein Stirnrad *235*, welches frei drehbar auf dem Bolzen *231* gelagert ist und durch einen außen am Kasten befindlichen numerierten Einstellknopf *240*, über ein Stirnrad *245* gedreht wird, trägt einen Anschlagbolzen *D*. Dieser Anschlagbolzen begrenzt den Fall des Hebels *224*, wenn dieser sich, nachdem der Stift *237* ihn angehoben hat, unter Einwirkung seiner Feder wieder senkt. Wenn man *D* tiefer einstellt, kann der Hebel *224* auch tiefer herabfallen und bei jeder Umdrehung des Schneckenrades *236* hebt der Stift *237* den

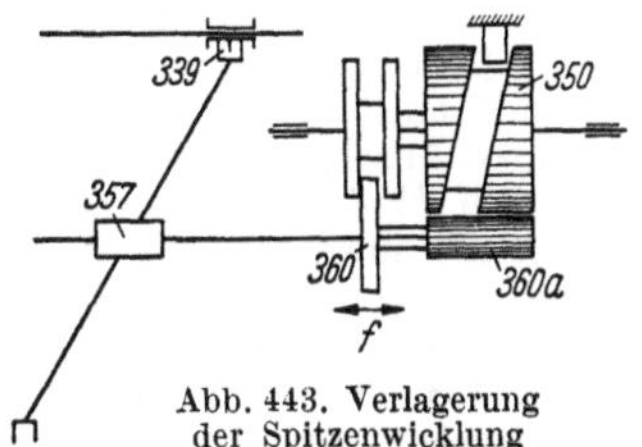

Abb. 443. Verlagerung
der Spitzenwicklung

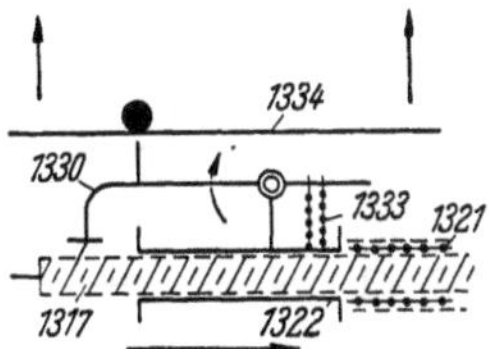

Abb. 444. Kupplung mit der Gewindespindel

Hebel *224* um einen größeren Betrag an und schaltet dadurch mittels der Sperrklinke *212* mehr Zähne des Sperrades *207*. Daraus ergibt sich eine größere Drehung der Achse *201* und ein schnelleres Vorschalten der Fadenführer. Stellt man den Anschlagbolzen *D* höher ein, so wird die entgegengesetzte Wirkung erzielt.

Durch die Zwangläufigkeit aller Bewegungen für die Spulenbildung ergibt sich beim HACOBA-Automaten eine Wicklung größter Präzision bei bester Schonung des Spulgutes. Dieses ist besonders wichtig, wenn nach Einsetzen der neuen Hülsen die ersten Fadenlagen gespult werden. Während bei den Maschinen, die mit Fühlrädchen oder Fühlkonus arbeiten, sich zunächst eine Reihe von Garnlagen parallel aufeinanderwickeln, bevor der Tasterkörper anfängt, wirksam zu werden, rückt der Fadenführer bei der HACOBA-Maschine vom ersten Hub an regelmäßig vorwärts. Die Gefahr, daß sich bei paralleler Aufwicklung der ersten Fadenschichten eine weiche Spitze des Spulkegels bildet, die in der Weberei zu Abschlägen führt, besteht also nicht. Beim Spulen einer Fadenreserve bringt diese zwangsläufige Spulenbildung den weiteren bedeutenden Vorteil mit sich, daß auf keinen Fall Fadenlagen der Fadenreserve zwischen dem starren Spulenbilder (beispielsweise dem Fühlrädchen) und dem mit Kontaktstreifen versehenen Hülsenschaft durchschnitten werden, was leicht eintritt, wenn die Spulen mit Schlag laufen und demzufolge immer schlagartig bei einer Umdrehung mit dem Rand des Fühlrädchens in Berührung kommen. Das Durchschneiden einzelner Lagen der Fadenreserve (was beim Spulen nicht zur Stillsetzung der Maschine führt) ergibt später in der Weberei Fehler beim automatischen Spulenwechsel auf dem Webstuhl.

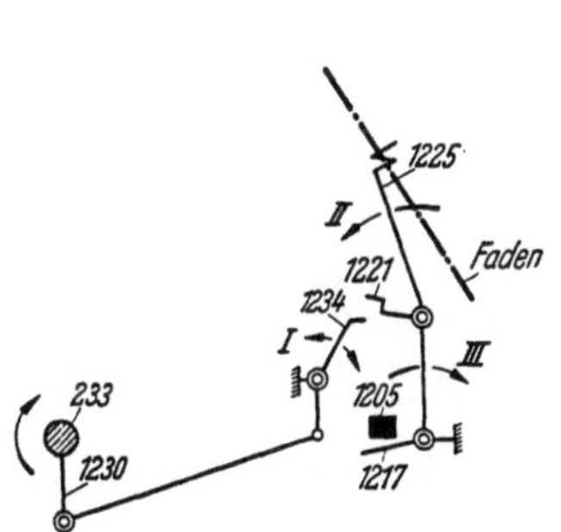

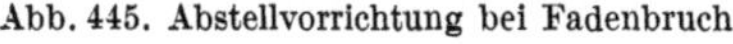

Abb. 445. Abstellvorrichtung bei Fadenbruch

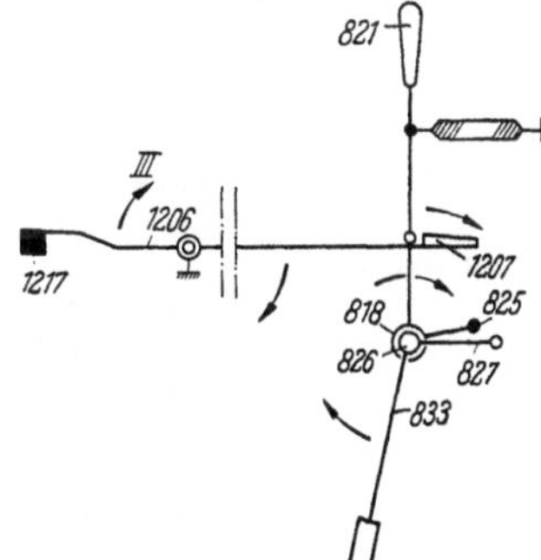

Abb. 446. Lösen der Sperrung bei Fadenbruch

4. Die Abstellung bei Fadenbruch (Abb. 445). Auf der Achse *233*, ein von dem Schneckenrad *236* angetrieben wird, befindet sich der Kurbelhebel *1230*, der an jeder Spulstelle einen Finger *1234* ständig hin- und herbewegt (Pfeil *I*). Sobald der Faden reißt, fällt der Fadenwächter *1225* zurück (Pfeil *II*). Die Einsparung in dem Fallstück *1221* des Fadenwächters kommt in den Bereich des hin- und hergehenden Fingers *1234*, der dieses zurückdrückt. Dadurch wird durch den Hebel *1217* der Sperrhebel *1205* (Pfeil *III*) angehoben.

Abb. 446: Die Sperrung *1207* wird dadurch ausgerückt und der Einrückhebel *821*, der drehbar auf der Lagerbüchse *818* gelagert ist, schwenkt nach rechts, entsprechend dem Zuge seiner Feder. Der Stift *825* wirkt dabei auf den Hebelarm *827* des Doppelhebels *827, 833* ein und die Riemengabel führt den Antriebsriemen auf Losscheibe.

Die Sperrung *1207* zusammen mit dem Hebel *821* dient auch zum Ansetzen der Maschine von Hand. Diese Bewegung ist vollkommen unabhängig von der Gesamtautomatik.

b) Der automatische Spulenwechsel

Das Betätigungselement für den automatischen Spulenwechsel befindet sich zu einer Einheit zusammengefaßt rechts neben dem Spindelkasten (Abb. 448).

Abb. 447 u. 448: Wenn die Bespulung die gewünschte einstellbare Länge erreicht hat, betätigt der Fadenführerträger *1322* über den einstellbaren Anschlag *1314* den Hebel *1309*, der den Sperrhebel *1354* der Drehwelle *1347* freigibt. Diese dreht sich unter Wirkung der Feder *748* und löst folgende Bewegungen aus:

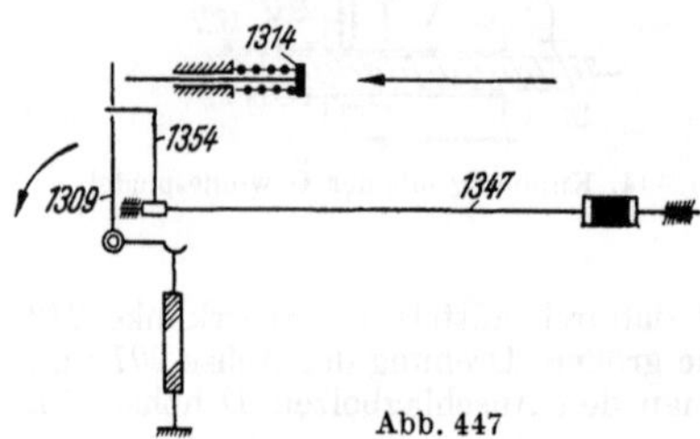
Abb. 447

1. **Stillsetzung der Spulspindel und deren Abbremsung** (Abb. 448). Unter Wirkung eines auf der Achse *1347* befestigten Armes schwingt der Doppelhebel *739*, wie durch Pfeile angedeutet. Dadurch wird ein Stift *A* des Doppelhebels *739* über eine Schlitzführung *B* auf den Hebel *827* wirksam, der die Achse *826* dreht und dadurch den Antriebsriemen des Spindelkastens auf Leerscheibe schiebt.

Abb. 449: Gleichzeitig drückt sich das Bremsrad *814, 815* auf die Festscheibe *801* und bremst die nachlaufenden Spindeln ab.

2. **Zurückführung der Fadenführerträger** (Abb. 439 u. 444). Während seines Vorrückens drückt der Fadenführerträger *1322* die langen Rückbringfedern *1321*, die über die Gewindespindeln *1317* geschoben sind, mehr und mehr zusammen.

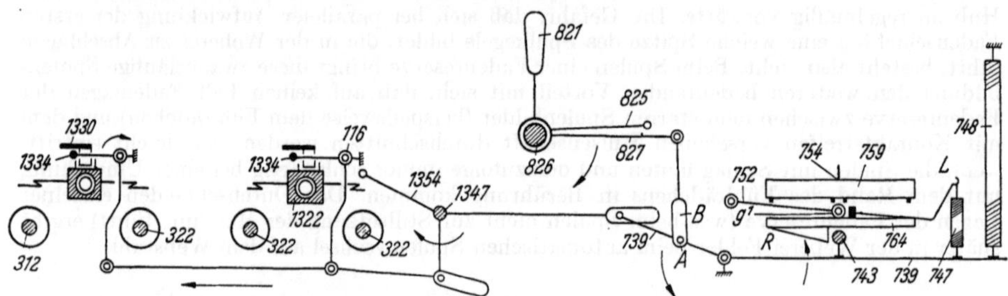
Abb. 448. Automatischer Spulenwechsel

Abb. 444 u. 448: Durch Betätigung der Drehwelle *1347* werden die Fadenführerträgeroberteile *1330* durch die Hubstange *1334* außer Eingriff mit den Gewindespindeln gebracht.

Abb. 439: Der ausgekuppelte Fadenführerträger steht jetzt unter Wirkung der langen Rückbringfeder *1321*, die ihn in die Ausgangsstellung, d. h. vor die Spulenmitnehmer *330* zurückschiebt. Die Hubstangen *1334* erstrecken sich über die Gesamtlänge der Spule, um die Stahlplättchen *1331* des Fadenführerträgeroberteiles *1330* von der Spitze bis zum Fuße der Schußspule anheben zu können.

Abb. 444: Wenn diese Hubstange sich während des Ablaufes der Bespulung in der untersten Stellung befindet, werden die Stahlplättchen des Fadenführerträgeroberteiles durch eine Feder *1333* (Abb. 444) in Eingriff mit der Gewindespindel gehalten.

3. **Einrückung des Wechselmechanismus** (Abb. 439, 448, 450, 451). Der Wechselapparat besteht aus folgenden Teilen:

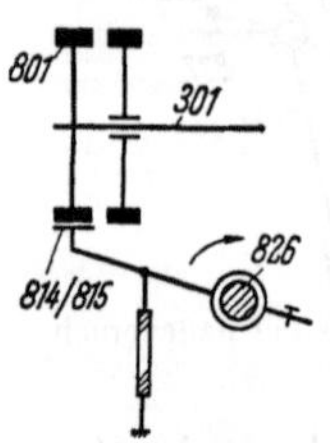
Abb. 449. Abbremsen der Spindeln

Abb. 450: Einem Schneckenrad *759* und einer Schnecke *720*. Diese beiden Teile laufen ständig und erhalten ihren Antrieb getrennt von dem Antrieb des Spindelkastens über Fest- und Losscheibe *715···718*.

Abb. 450 u. 451: Ferner aus einer Kurvenscheibe *764*, die die Kurve *54* des Spulspindelgetriebes über dem Hebel *827* wieder eingerückt und gleich zum Zurückziehen der Gegendrücker trägt und dem Hebel *55*, der über den Schwenkhebel *724* den Spulenwagen *602, 601* betätigt.

Abb. 451: Das Schneckenrad *759* und die Kurvenscheibe *764* sind drehbar auf der Achse *754* gelagert. Wenn der Hebel *739* — wie oben beschrieben — nach Fertigbewicklung der Spule in der Pfeilrichtung der Abb. 450 schwingt, hebt eine an ihm angebrachte Rolle *743* die Kurvenscheibe *764* an und der Stift *767* gelangt zum Eingriff zwischen die Mitnahmestifte *760* und *761*. Diese Bewegung kuppelt das ständig laufende Schneckenrad *759* mit der Kurvenscheibe *764*, und diese beginnt sich in Richtung *f* (Abb. 450) zu drehen. Damit diese Ankupplung sich sofort vollzieht, müßten die Mitnehmerstifte *760* und *761* in dem Augenblick, wo die Kurvenscheibe *764* sich hebt, genau rechts und links von dem Stift *767* stehen. Dieses ist jedoch oft nicht der Fall. Meistens wird die Kurvenscheibe *764* gehoben, wenn der Stift *767* sich neben den Mitnehmerstiften *760* und *761* befindet. Die Ankupplung geschieht dann wie folgt:

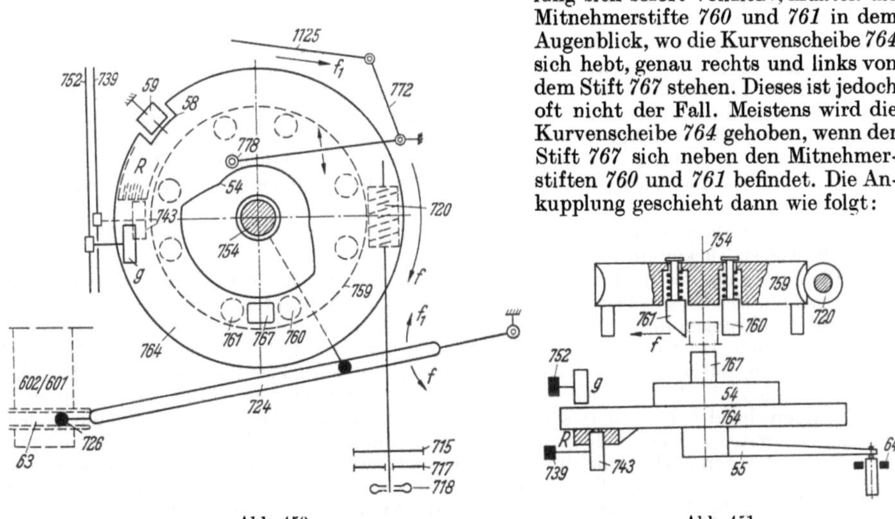

Abb. 450

Abb. 451

Abb. 450 u. 451. Einrücken des Wechselmechanismus

Der Stift *767* der Kurvenscheibe *764* stößt zuerst gegen den Mitnehmerstift *761*. Da dieser mit einer Schräge versehen ist, weicht er unter Zusammendrückung seiner Feder aus und springt wieder zurück, sobald der Stift *767* gegen den Mitnehmerstift *760* anschlägt. Der Stift *767* ist somit in beiden Richtungen gesperrt, ohne zwischen *761* und *760* eingeklemmt zu sein.

Abb. 450: Dieses ist wichtig für die spätere Auskupplung. Sobald die Kurvenscheibe *760* bei Beginn des Wechsels angehoben wird, kommt ein ortsfester Stift *59* (Abb. 450 u. 451) außer Eingriff mit der Einsparung *58*. Durch die vorher beschriebene Ankupplung der Kurvenscheibe *764* an das ständig laufende Schneckenrad *759*, setzt

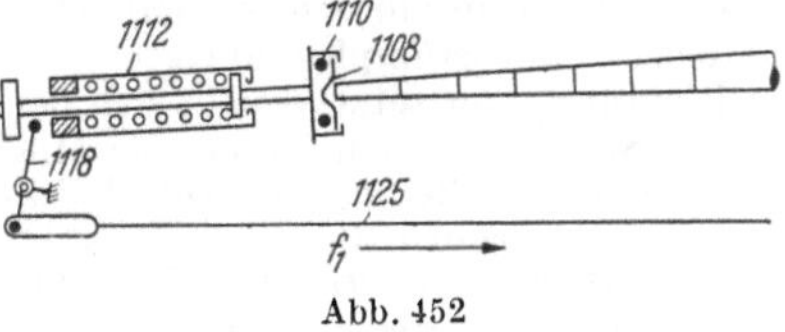

Abb. 452

sich die Kurvenscheibe *764* in Bewegung und der feste Stift *59* (Abb. 450) kommt zur Anlage unter der Kurvenscheibe *764*, so daß diese erst wieder ausgekuppelt werden kann, nachdem sie eine volle Umdrehung vollführt hat.

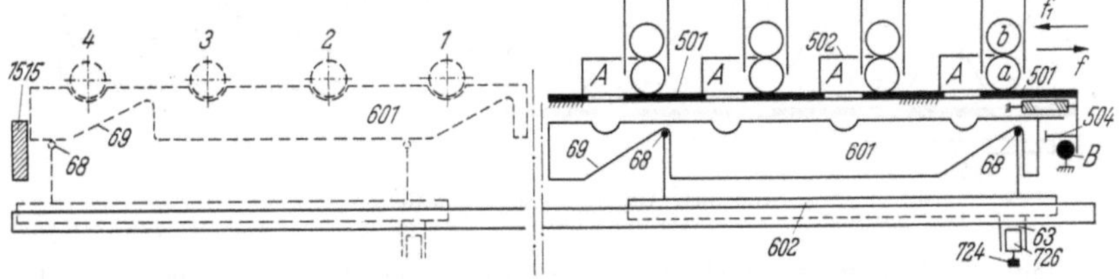

Abb. 453. Bewegung des Spulenwagens

Abb. 451: Die Wiederauskupplung der Kurvenscheibe wird eingeleitet durch die Kurve *R*, die kurz vor Beendigung einer Umdrehung der Kurvenscheibe *764* die Rolle *743* herunterdrückt.

Abb. 448: Dadurch wird die Feder *747* gespannt und die Druckfläche *g 1* des unabhängigen Hebels *752* hat das Bestreben, die Kurvenscheibe *764* herabzudrücken. Dieses ist aber erst möglich in dem Augenblick, wo der Ausschnitt *58* der Kurvenscheibe *764* wieder über dem

ortsfesten Stift *59* angekommen ist. In diesem Augenblick wirkt die gespannte Feder *747*
und zieht die Kurvenscheibe *764* in ihre Ruhestellung herab, die in den Abb. 448 und 451
dargestellt ist. Der Hebel *739* ist über seine Druckrolle *743* der Abwärtsbewegung der Kurvenscheibe *764* gefolgt und hat dadurch den Antriebsriemen zeitig die Drehwelle *1347* durch den
Hebel *1354* gesperrt (Abb. 448). Die Stahlplättchen der Fadenführerträgeroberteile *1330*
können sich senken, aber bevor dieses geschieht, arbeitet die automatische Fadenreserve,
falls eine solche eingebaut ist. (Beschreibung folgt.)

4. Auslösung der bewickelten Spulen (Abb. 450). Diese geschieht durch Drehung der
Kurvenscheibe *54* über die Rolle *773* und den Doppelhebel *772*. Dieser trägt die Zugstange
1125 (Abb. 452), die die federnden Gegendrücker mit den Gabeln *1118* unter Spannung der
Federn *1112* zurückzieht. Der vordere Teil *1108* des Gegendrückers läuft auf Kugellagern
1110. Nachdem die Spulen ausgefallen sind, bleiben die Gegendrücker *1110, 1108* noch so
lange geöffnet, bis die neuen Spulen zwischen Mitnehmerspitzen und Gegendrückern eingeführt sind.

Danach gehen die Gegendrücker zurück und spannen die neue Hülse zwischen Mitnehmerspitze und Gegendrücker ein.

**5. Die Bewegung des Spulenwagens und die Einbringung der leeren Hülsen in das Spul-
feld** (Abb. 453). Der Unterwagen *602* mit dem eigentlichen Hülsenträger oder Oberwagen *601*,
gleitet auf 2 Führungen im vorderen Teil der Maschine. Während des Spulvorganges befindet
er sich unter dem Hülsenmagazin in der Stellung der Abb. 453. Bei Beginn des Wechsel-
vorganges (Abb. 450 u. 451) erteilt der lange Schwenkhebel *724* über eine Rolle *726*, die
in der Führung *63* des Unterwagens *602* abläuft, diesem zunächst eine kurze Bewegung nach
rechts, entsprechend *f*. Der Oberwagen *601* nimmt hierbei den Trennschieber *501* durch den
Anschlag *504* mit. Die Durchfallöffnungen *A* des Trennschiebers *501* gelangen unter die Spulen und diese können in die Aufnahmestellen des Oberwagens *601* einfallen. Während dieser
Bewegung *f* schieben sich die Trennbleche *502* zwischen die beiden Spulen *a* und *b*, so daß
nur die Spulen *a* durchfallen können, während die Spulen *n* gehalten werden. Im Anschluß
an die kurze Rechtsbewegung *f* beginnt der Wagen seinen Weg nach links auf die Spulspindeln zu, entsprechend f_1. Die Trennbleche *502* werden unter der Spule *b* im gleichen Augenblick weggezogen, in dem die Durchfallöffnungen *A* des Trennschiebers *501* sich wieder nach
links verschieben. Die Spulen *b* fallen deshalb auf den vollen Teil des Trennschiebers *501*
in Bereitschaft für den nächsten Spulenwechsel. Die Bewegung des Trennschiebers *501* in
Richtung f_1 geschieht unter Federwirkung und ist durch einen Anschlag *B* begrenzt.

Die Bewegung des Oberwagens *601* in Richtung f_1 ist durch den einstellbaren Anschlag
1515 begrenzt, der in dem Augenblick wirksam wird, wo die leeren Spulen sich genau unterhalb der Spindelstümpfe und Gegendrücker befinden. Da der Unterwagen *602* seine Bewegung
in Richtung f_1 fortsetzt, drückt sich der Oberwagen an seinen Führungen *68/69* hoch, bis die
leeren Spulen genau in Höhe der Mitnehmerspitzen und Gegendrücker gelangen. Bei Erreichung dieser Stellung (in Abb. 453 links gestrichelt dargestellt) schließen sich die Gegendrücker und spannen die neuen Hülsen ein. Der Unterwagen kehrt in Richtung *f* zurück, wobei
sich der Oberwagen *601* in seinen Führungen *68, 69* wieder senkt.

6. Die automatische Spulenablage (Abb. 454). Um eine Verwirrung der langen, beim
Herabfallen der bespulten Hülsen nachgezogenen Fäden im Transportbehälter und den dadurch entstehenden Garnverlust zu vermeiden, ist zwischen diesem und den Spulstellen der

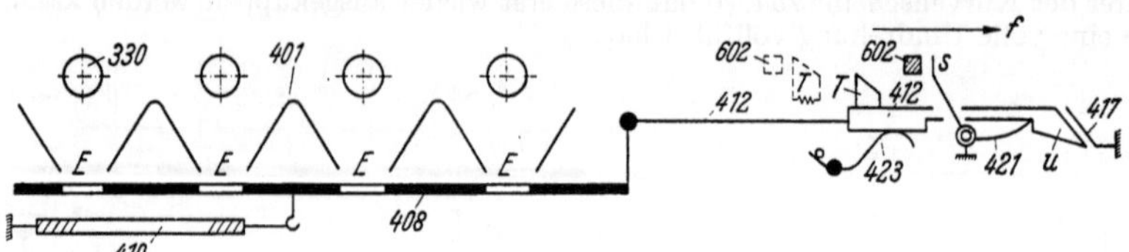

Abb. 454. Automatische Spulenablage

Maschine eine Spulenauffangvorrichtung *401* zwischengeschaltet, die die bespulten Hülsen
nach ganz kurzer Fallstrecke anhält und erst nach dem Durchschneiden des nachgezogenen
Fadens durch Öffnen eines Verschlußschiebers *408* geordnet in die Transportbehälter ein-
schichtet.

Wenn der Unterwagen *602* bei Beginn des Spulenwechsels seine kurze Bewegung in
Richtung *f* ausführt (unter Punkt 5 beschrieben), wirkt seine rechte Schmalseite auf den
senkrechten Schenkel *S* der Klinke *421* ein und löst dadurch den Verschlußschieber *408* aus,
der unter Wirkung der Feder *410* die Ausfallöffnungen *E* der Spulenführungen schließt. Bei
der Rückkehr in seine Ausgangsstellung unter dem Magazin, nach Einbringung eines neuen
Satzes Spulen, nimmt der Unterwagen *602* den senkrechten Nocken *T* des Sperrteils *412* mit.

(Abb. 454 gestrichelt dargestellt.) Diese Sperrung hatte sich bei ihrer Auskupplung unter Wirkung der Feder *423* gehoben und war aus dem Bereich der Führung *417* gelangt. Bei der Rückkehr des Unterwagens *602* in Richtung *f* wird der Verschlußschieber *408* nunmehr wieder nach rechts gezogen, wodurch seine Durchfallschlitze unter die Öffnungen *E* der Spulenauffangvorrichtung treten.

Die inzwischen von ihren nachgezogenen kurzen Fäden getrennten Schußspulen können jetzt geordnet in den Sammelbehälter einfallen.

Im weiteren Verlauf dieser Bewegung in Richtung *f* wird eine Schrägführung *U* des Sperrteils *412* durch die Führung *417* abwärts gedrückt und der Sperrhebel *421* kann wieder einfallen.

7. Die Fadenreserveeinrichtung (Abb. 455 u. 456). Abb. 439 u. 448: Wenn sich die Wechselachse *1347* nach Beendigung der Bespulung dreht, so löst diese Bewegung auch eine Drehung der Achse *116* aus, wodurch die beiden Stahlplättchen der Fadenführerträger aus dem Gewinde ausgehoben werden.

Abb. 455: Diese Achse *116* trägt den Sperrfinger *112*. Das Sperrad *121* ist aus der gleichen Achse frei drehbar angeordnet. Eine auf der Exzenterachse *351* befestigte Kurbel *135* erteilt über eine Hebelverbindung der Sperrklinke *127* eine fortlaufende Hin- und Herbewegung. Der Hebel *125*, der die Sperrklinke *127* trägt, ist in seinem einen Ende drehbar auf der Achse *116* gelagert. Während der Bespulung wird die Sperrklinke *127* mit Hilfe eines besonderen Führungsstückes *107*, das in *103* drehbar gelagert ist, hochgehalten.

Abb. 455 u. 456: Abb. 455 zeigt die Stellung der Fadenreserveeinrichtung während der Spulenbildung in ausgeschaltetem Zustand. Das Führungsstück *107* wird durch den auf der Achse *116* befindlichen Sperrfinger *112* bei *80* angehoben und abgestützt. Bei Einleitung des Spulenwechsels dreht sich, wie bereits beschrieben, die Achse *116* in Richtung *f* (Abb. 456). Der Sperrfinger *112* macht die Bewegung der Achse *116* mit und stützt sich jetzt in der Einsparung *81* des Führungsstückes *107* ab. Dadurch kann sich das Führungsstück *107* abwärts

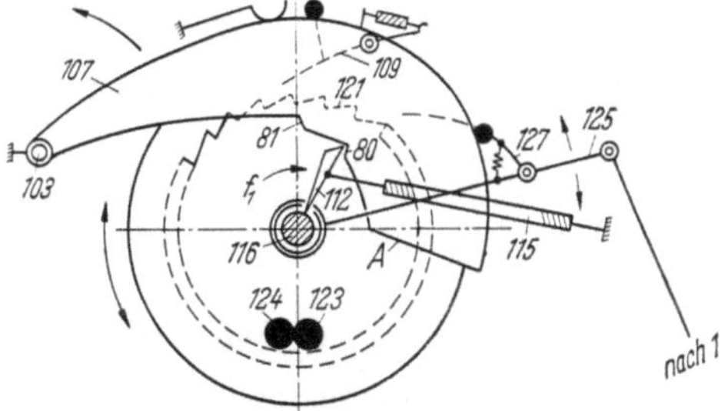

Abb. 455. Bildung der Fadenreserve

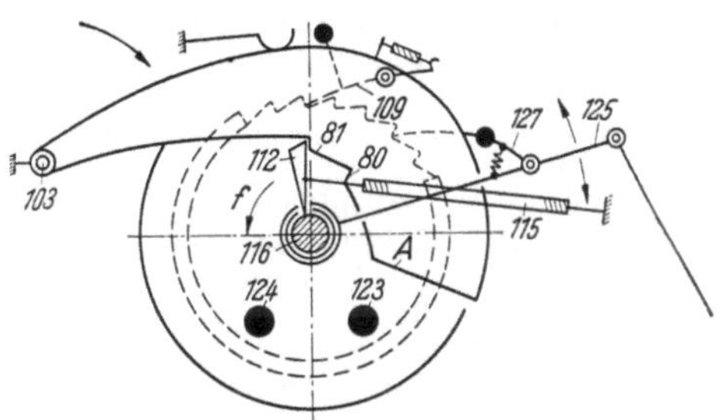

Abb. 456. Bildung der Fadenreserve (vgl. Abb. 455)

bewegen, wodurch die ständig laufende Sperrklinke *127* und die Gegenklinke *109* zur Einwirkung auf das Sperrad *121* gebracht werden. Wenn die Spulspindeln nach vollzogenem Spulenwechsel wieder anlaufen, könnte sich die Achse *116* normalerweise unter Wirkung ihrer Zugfeder *115* in Richtung f_1 drehen. Diese Drehung wird aber durch den Eingriff des Sperrfingers *112* in die Aussparung *81* des Führungsstückes *107* verhindert. Deshalb wird der Fadenführerträger *1322*, trotzdem die Gewindespindeln *1317* ihre Hin- und Herbewegung wieder aufnehmen, nicht mitgenommen, da die Fadenführerträgeroberteile *1330* noch hochgehalten sind. Dadurch spult sich die Fadenreserve trotz Hin- und Hergang der Gewindespindeln *1317* ringförmig auf die Spule auf. Die Exzenterachse *351* hat sich mit dem Wiederanlaufen der Spulspindeln zwangsläufig in Bewegung gesetzt und bei jeder Umdrehung der Exzenterachse *351* schaltet das Kurbelstück *135* über die Sperrklinke *127* je einen Zahn des Sperrades *121*. Wenn das Sperrad sich genügend in Richtung *f* gedreht hat, wirkt ein Anschlag *123*, der auf dem Sperrad *121* befestigt ist, auf die untere Seite *A* des Führungsstückes *107* ein und hebt dieses wieder an. Dadurch wird der Sperrfinger *112* aus der Einsparung *81* des Führungsstückes *107* ausgehoben und fällt unter der Wirkung der Feder *115* in die Aussparung *80* zurück. Dadurch kann sich auch die Achse *116* in Richtung f_1 drehen und die Stahlplättchen der Fadenführerträger *1330* wieder in Eingriff mit den Gewindegängen der Gewindespindeln *1317* bringen. Das Anheben des Führungsstückes *107* durch den Stift *123* bringt die Sperrklinke *127* und *109* außer Eingriff mit dem Sperrad *121*. Da dieses frei drehbar auf der Achse *116* gelagert ist, kehrt es unter Wirkung einer auf der Achse *116* angebrachten Spiralfeder in Richtung f_1 in seine Ausgangsstellung zurück, wie sie in Abb. 455 dargestellt ist. Diese Ausgangsstellung ist einstellbar durch den Anschlagstift *124*, der sich in dem (nicht gezeichneten) Einstellrad *119* befindet. Wenn man den Anschlagstift *124* in Richtung *f* verschiebt, vollführt der Stift *123* nur eine kurze Bewegung, bevor er auf die Kante *A* des Führungsstückes *107* wirkt und dieses anhebt. Die Fadenreserve wird dadurch kurz. Umgekehrt wird bei Verstellung des Anschlagstiftes *124* in Richtung f_1 die Fadenreserve länger (bis zu 15 m). Wenn die Fadenreserve nicht auf eine Stelle gespult, sondern verlegt werden soll (besonders bei glattschäftigen Automatenhülsen), so wird dem (von seinem Eingriff in die Gewindespindel *1317* noch gelösten) Fadenführer während der Spulung der Reserve durch vorübergehende Ankupplung an die hin- und hergehenden Gewindespindeln *1317* eine leichte Hin- und Herbewegung erteilt.

8. Weitere Bewegungen. Der Spulenwagen schließt, bevor die leeren Spulen zwischen Mitnehmerkopf und Gegendrücker eingebracht werden, den Fadenklemmschieber *1015, 1016.* Dieser Klemmschieber erfaßt den von der herabfallenden Spule nachgezogenen Faden und legt ihn genau vor die Mitte des Mitnehmerkopfes *330.* Wenn die neuen Spulen nach Anhebung des Wagens gegen den Mitnehmerkopf gedrückt werden, klemmen sie den von der herabgefallenen Spule nachgezogenen Faden fest ein und gewährleistet dadurch eine ganz einwandfreie Anspulung. Nachdem die neuen Spulen festgeklemmt sind, setzt der Wagen seinen Weg noch etwas fort und schließt dabei die unterhalb der Fadenklemmschieber angebrachten Trennscheren *1008,* die jetzt den Verbindungsfaden zwischen neuer Spule und fertig gespulter Spule abschneiden.

Nach dieser Durchtrennung erst öffnet sich bei Rückkehr des Wagens in seine Ausgangsstellung der Verschlußschieber *408* der Spulenauffangvorrichtung und läßt die bespulten Hülsen geordnet in den Sammelbehälter einfallen (Abb. 454).

c) Ablauf des automatischen Wechsels

Die verschiedenen Bewegungen der automatischen Spulenauswechslung vollziehen sich wie folgt:

Abb. 452. Wenn die bespulten Hülsen ihre eingestellte Spullänge erreicht haben, wirkt der Fadenführerträger *1322* auf die Auslösetaste *1314* der Wechselwelle *1347,* die sich dadurch unter Federwirkung dreht. Diese Auslösung hat gleichzeitig folgende Bewegung zur Folge:

Auskupplung und Abbremsung der Spulspindeln.

Auskupplung der Fadenführerträger durch Anheben der Fadenführerträgeroberteile und Rückkehr der Fadenführerträger in die Ausgangsstellung unter Wirkung der Rückbringfedern.

Einrückung der Kurvenscheibe des Automaten.

Zurückziehen der Gegendrücker und Herabfallen der bespulten Hülsen in die Zwischenstellung der Spulenauffangvorrichtung.

Einfallen von 4 leeren Spulen in den Spulenwagen.

Einführung des Spulenwagens in das Spindelfeld.

Schließen der Fadenklemmschieber.

Einführung der leeren Spulen zwischen Mitnehmerkopf und Gegendrücker durch Anheben des Spulenwagens.

Schließen der Gegendrücker und Einklemmen des Fadens zwischen Spulenfuß und Mitnehmerspitze.

Schließen der Scheren, die die Fäden abschneiden.

Rücklauf des Spulenwagens bei gleichzeitiger Senkung.

Öffnen der Ausfallöffnungen der Spulenauffangvorrichtung, wodurch die bespulten Hülsen geordnet in den Sammelbehälter gelangen.

Wiederanlauf der Spulspindeln.

Bildung der Fadenreserve.

Auskupplung der Kurvenscheibe *764,* deren Aussparung *58* wieder in Eingriff mit dem Haltestift *59* gelangt (Abb. 450).

Auskupplung der Fadenreserve, wodurch die Stahlplättchen der Fadenführerträger wieder in Eingriff mit den hin- und hergehenden Gewindespindeln kommen.

Die normale Bespulung beginnt von neuem.

Der automatische Wechsel ist vollkommen unabhängig von der Spulmaschine. Er kann zu jeder Zeit der Spulenbildung von Hand eingerückt werden. Zur Überprüfung der Funktion des Spulenwechsels ist die Antriebsachse des Automaten mit einem Handrad *718* versehen, mit dessen Hilfe die Wechselbewegungen von Hand und so langsam wie gewünscht durchgeführt werden können.

3. Einspindelautomaten

Das Kennzeichen ist die absolute automatische Arbeitsweise jeder einzelnen Spindel. Lediglich die Antriebsdrehzahl der Spindeln stimmt überein, da der Antrieb zentral erfolgt.

Tabelle 27. *Einige Produktionsdaten des HACOBA-Vierspindlers aus der Praxis*

Material	Garn-Nr.	Garngehalt der Schußspule g	Spulen-Touren pro Minute	Garngehalt der Ablaufkörper g	Produktion pro Spulstelle/8 Std. kg	Spulstellen pro Spulerin	Produktion pro Spulerin 8 Std. kg
Baumwolle ...	Ne 16	42	6000	1100	6,29	56	352
Baumwolle ...	Ne 20	40	6000	1000	4,98	68	338
Baumwolle ...	Ne 40	36	5000	980	2,39	96	229
Zellwolle	Nm 34	28	5300	1500	3,46	52	176
Zellwolle	Nm 51	45	6000	1120	4,02	84	337
Wolle.........	Nm 48/2	35	5000	1000	6,27	56	351
Streichgarn ...	Nm 13	78	4200	225	7,31	13	95
Reyon	Td 300	43	5000	1090	5,38	72	387
Reyon	Td 150	37	5000	1000	2,20	92	202
Reyon	Td 120	13	5000	2000	1,53	63	98
Reyon	Td 100	16	5000	200	1,31	25	33
Reyon-Krepp .	Td 75	28	5000	180	1,30	80	104
Leinen $^1/_2$ gebl..	Ne 30	74	5000	800	7,93	56	444
Jute roh	Ne 8	56	3800	1250	19,40	20	388

Markante Beispiele dieser Gruppe sind die Automaten SE 1 für grobere Garne und ASE für universelle Verwendung von W. Schlafhorst & Co., sowie die Automaten von Schärer und Schweiter.

Die Konstruktionseinzelheiten des „Autokopsers" Modell SE 1
(der Fa. Schlafhorst)

a) Der Spulvorgang

1. Der Antrieb der Spulspindeln. Die Spulgeschwindigkeit kann beim „Autokopser" beliebig durch Umlegen des Keilriemens auf eine andere Keilriemen-Stufenscheibe oder durch Änderung der Keilriemenscheibendurchmesser reguliert werden. Die besonders einfache Umlauffadenführung läßt in der Praxis je nach den vorliegenden Verhältnissen 12000 U/min der Spindel und mehr als Dauerleistung zu. Die Begrenzung der Spulgeschwindigkeit liegt im Maximum nur noch im Garn und im Hülsenmaterial.

Der Antrieb der Maschine erfolgt durch Motorvorgelege mit Hilfe von Keilriemen auf die Reibräderachse *1*. Das Drehmoment für den Antrieb der Achse *49a* für die Apparatesteuerung wird vom Motor ebenfalls durch Keilriemen über Vorgelege übertragen (Abb. 457).

Der Antrieb der Schußspindeln erfolgt unter Zwischenschaltung einer Reibungskupplung. Nach dem Einschalten des Motors wird das Drehmoment über Keilriemen-Stufenscheiben mit Hilfe eines Keilriemens auf die Reibräderachse *1* und die Reibräder *2* übertragen. In der Abb. 458 ist das Spindelgetriebe in ausgerücktem Zustande skizziert. Beim Durchdrücken des Einschalthebels *3* wird die Spindel mit Spindelkopf *13* in Gang gesetzt. Es senkt sich der Hebel *4*, trifft auf die schräge Fläche des zweiarmigen Hebels *5* und drückt diesen gegen die Einstellmutter *6* (Pfeil *1*). Der An-

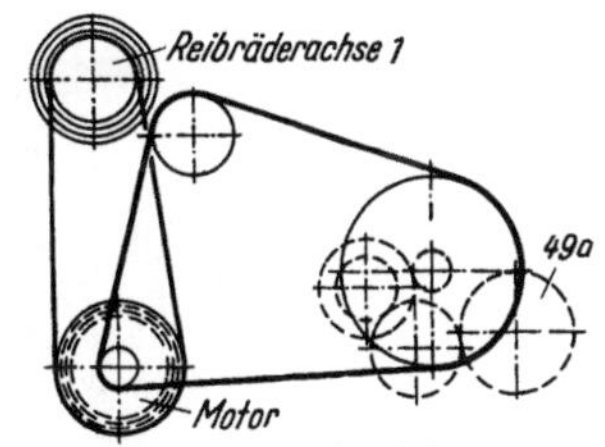

Abb. 457. Antrieb

schlag *6* ist auf der Achse *7* verstellbar aufgeschraubt (vgl. Abb. 459). Die Achse *7* bewegt sich in Richtung des Pfeiles *1*. Der Doppelhebel *8* gibt den Anschlag der Büchse *9* frei, die auf der Achse *10* axial verschiebbar gelagert ist. Unter der Wirkung der Feder *11* kommt die Büchse *9*, auf deren Ende die Reibscheibe *12* aufgeschoben ist, mit dem Reibrad *2* in Eingriff. Das Drehmoment des Reibrades *2* wird nun mit Hilfe der Friktionskupplung über die Reibscheibe *12*, Büchse *9* und Achse *10* auf den Spindelkopf *13* übertragen. Zwischen dem Spindelkopf *13* und dem federnd gelagerten Gegentrichter *14* ist die jeweilige Hülse eingespannt. Der Gegentrichter läuft auf Kugeln und ist axial verstellbar für die betreffende Hülsenlänge (Abb. 460 u. 461).

Um das Anknoten des Fadens bei Fadenbruch zu erleichtern, drückt man mit Hilfe des kleinen Handhebels *H* die Stirnfläche der äußeren Büchse *15* des Gegentrichters einige Millimeter in das Gußgehäuse *16*. Die eingespannte Schußhülse bekommt dadurch zwischen

Spindelkopf *13* und Gegentrichter *14* etwas Luft und läßt sich leicht drehen. Nach dem Einspannen der jeweiligen Hülse zwischen Spindelkopf und Gegentrichter muß die äußere Büchse des Gegentrichters an ihrer Stirnfläche mit dem Gußgehäuse auf gleicher Höhe liegen. Die Einstellung von *14* erfolgt durch Lösen der Klemmschraube *17*, wonach sich die innere Lagerbüchse *18*, in welcher der Gegentrichter *14* in Kugeln läuft, in der äußeren Büchse verschieben läßt.

2. Die Fadenführung. Nach dem Durchdrücken des Einschalthebels *3* überträgt die Reibräderachse *1* das Drehmoment über Reibrad und Reibscheibe auf die Achse *10*. Die auf dieser Achse befindliche Schnecke *19* treibt über das Schraubenrad *20*, Achse *21* und über die Schraubenräder *22* und *23* die Trommelachse *24*, auf der die Fadenführungstrommel *25* gleitbar gelagert ist (vgl. Abb. 462 u. 463).

An dem unteren Teil der Achse *21* ist eine Ölschleuder *26* in der Form eines Kreisels befestigt, der die einwandfreie Schmierung des Getriebekastens sichert. Das von der Ölschleuder mitgerissene Öl wird unter einem besonderen Ölverteilungsblech gesammelt und den Schmierstellen zugeführt. Der Ölleitwinkel des Ölverteilungsbleches muß über der Spindelachse liegen.

Die Fadenführungstrommel *25* ist in einer Nut der Trommelachse *24* gleitbar gelagert und dadurch gegen ein seitliches Verdrehen gesichert. Der Fadenführer *25* ist als eine Nutentrommel konstruiert, deren Nut (Abb. 464) den Faden zur Kegelspitze führt, wogegen der schräge Fadenzug ihn zurückleitet.

Durch die besondere Form der Nut wird eine schnelle Umkehr und eine zusätzliche Spannung des Fadens an der Spitze des Spulkegels erreicht, was einem Abschlagen der Spulen im Webschützen erfolgreich entgegenwirkt.

Der Faden wird von der Kreuzspule kommend durch den Fadenspanner um den Abstellhebel *29* (Abb. 465) und an dem Fadenleitbügel *25 a* vorbei über den Umlauffadenführer *25* zur Spule geführt (Abb. 466).

3. Die Spulenbildung. Der Anfangskegel der Spule wird bezüglich der Länge bestimmt durch die Einstellung des Leitbolzens *116*, der auf dem Rohr *66* einstellbar gelagert ist (Abb. 480). Der Aufbau der Spule erfolgt durch die schichtweise Fortschaltung des Umlauffadenführers *25* (Abb. 466).

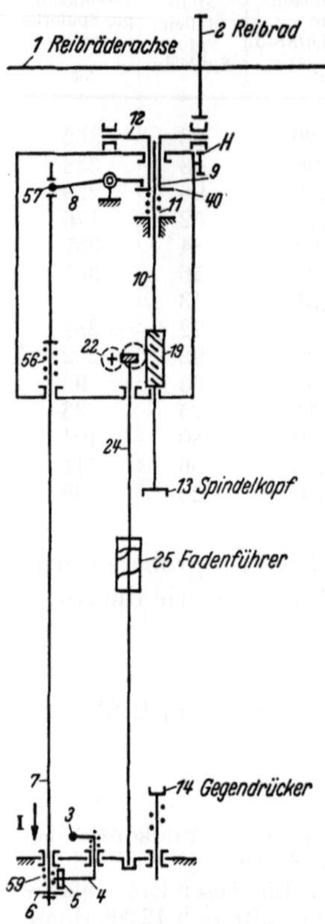

Abb. 458. Antrieb der Spindel

Diese wird bewirkt durch das Abtasten des jeweiligen Bewicklungsdurchmessers der Spule mit Hilfe eines Fühlrädchens *27*, das im Fadenführergehäuse eingebaut ist und bei der ge-

Abb. 459. Einrückmechanismus

ringsten Berührung mit dem Spulenumfang von der rotierenden Spule gedreht wird. Durch die drehende Bewegung des Fühlerrädchens *27* wird über Schraubenräder das mit dem Fadenführer *25* gekoppelte auf der unteren Seite mit Gewinde versehene Fadenführergehäuse *26* auf der Gewindespindel *60* je nach Stärke der vorher gelegten Fadenschicht schneller oder langsamer in Richtung der Spulenspitze verschoben. Durch Drehung des Fadenführergehäuses *26* um seinen Drehpunkt *A* werden *26* und Gewindespindel *60* außer Eingriff gebracht (Abb. 467). Man kann dann *26* unbehindert längs der Gewindespindel verschieben.

Je nach dem auf der Maschine zu verspulenden Material kommt entweder ein federnd oder ein starr gelagertes Fühlerrädchen zum Abtasten des Bewicklungsdurchmessers der Schußspule zur Anwendung.

Federnde Fühlerrädchen werden zur Schonung des Materials bevorzugt verwendet; beim Spulen

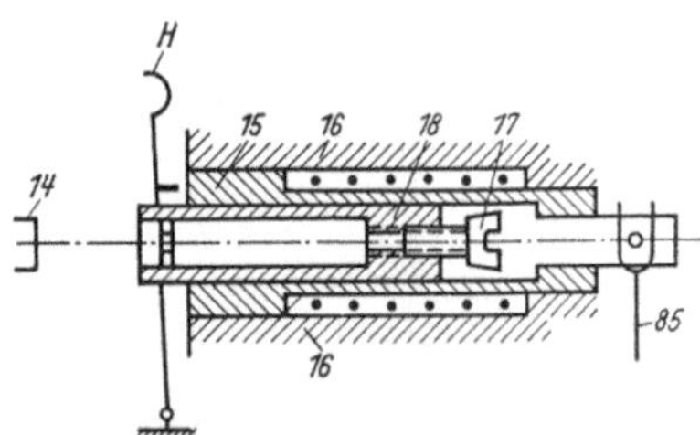

Abb. 460. Gegendrücker

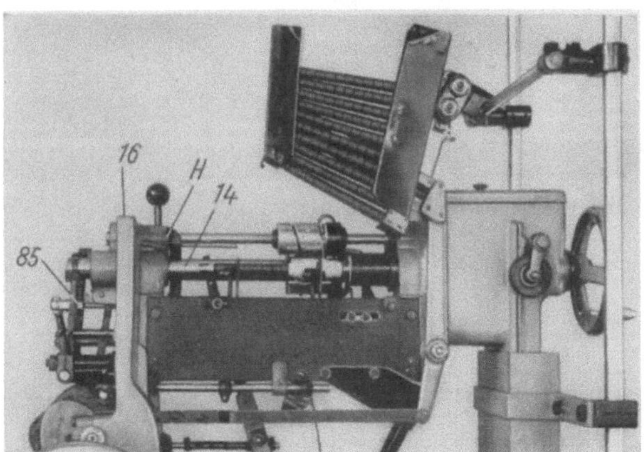

Abb. 461. Fadenführung

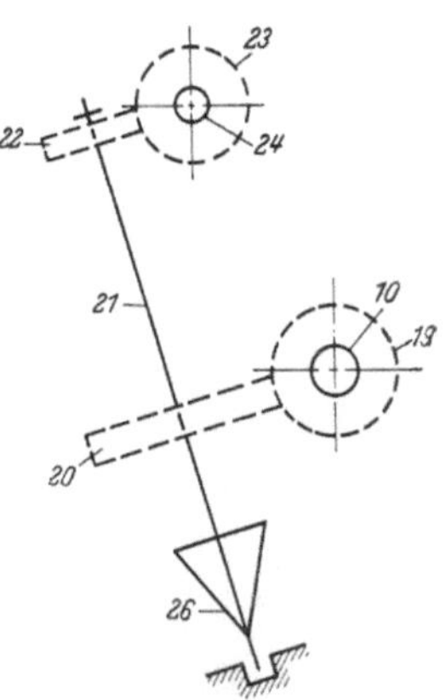

Abb. 462

Abb. 463. Getriebekasten, geöffnet

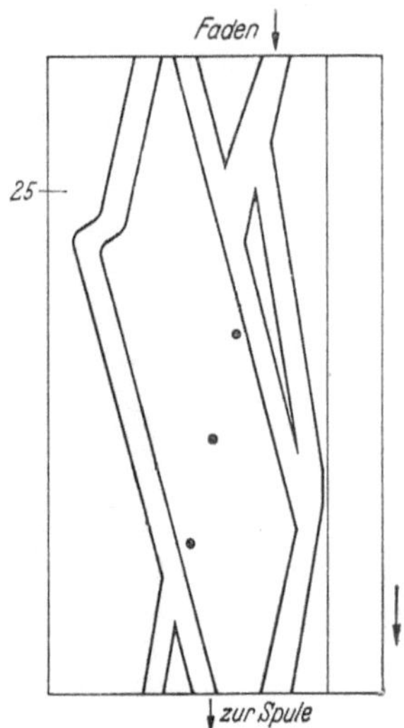

Abb. 464. Abwicklung der Fadenführernut

von Kunstseide, Zellwollgarne, feinere bis mittlere Baumwollgarne sowie von allen empfindlichen Garnsorten. Starre Fühlerrädchen werden dagegen bevorzugt für Leinengarne, Streichgarne und mittlere bis gröbere Baumwollgarne.

24   Schneider, Vorbereitungsmaschinen, 2. Aufl.

Eine Auswechslung der Fühlerrädchen kann in jedem Betrieb von dem betreffenden Spulmeister an Hand der von der Maschinenfabrik mitgelieferten diesbezüglichen Vorschriften durchgeführt werden.

Abb. 465. Fadenspanner und Abstellhebel

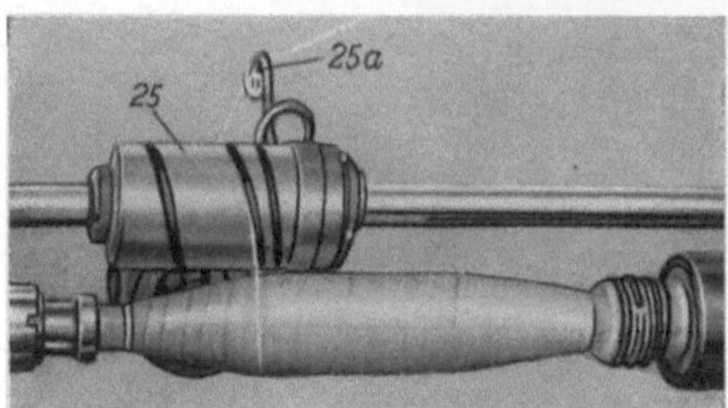

Abb. 466. Nutentrommel während des Spulens

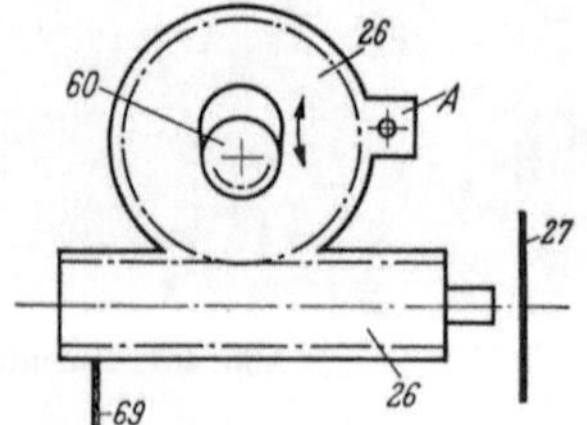

Abb. 467. Kupplung der Gewindespindel

Abb. 468. Steuerung des Vorschubes durch das Fühlrad

Die sehr hohe Übersetzung vom Fühlerscheibchen zur Schaltvorrichtung gewährleistet eine feinfühlige Fortschaltung des Fadenführers. Durch die hohe Übersetzung wird auch bei den mit etwas Schlag laufenden Spulen, die demzufolge immer schlagartig bei einer Umdrehung mit dem Rand des Fühlrädchens in Berührung kommen, eine größte Schonung des Spulgutes erzielt. Die Steuerung des Fadenführers durch das Fühlrädchen (Abb. 468) sichert tadellosen Spulenaufbau und bedingt keine Neueinstellung bei einem Wechsel der zu verarbeitenden Garnarten und Nummern, solange das Format der Schlußspule nicht geändert wird.

Es ist darauf zu achten, daß das Fühlerrädchen 0,5 ··· 1,0 mm Abstand von der Hülse bzw. von der Wulstbildung hat (vgl. Abb. 469), die durch das Aufspulen einer Fadenreserve entstanden ist.

4. Die Abstellung bei Fadenbruch. Eine zuverlässig arbeitende Abstellvorrichtung bewirkt das sofortige Stillsetzen der Spule bei Fadenbruch. Das erfolgt durch Abheben der Reibscheibe *12* vom Umfang des weiterlaufenden Reibrades *2* (Abb. 470). Sobald der Faden *28* reißt, fällt der Fadenwächter *29* zurück, weil seine Unterstützung durch den Faden ausbleibt. Die Achse *30* wird dadurch in Drehung versetzt (Pfeil *I*). Der Stift *31* wird auf den Hebelarm *32* des Doppelhebels *32, 33* wirksam und schwenkt diesen in Pfeilrichtung *II*. Dadurch klinkt

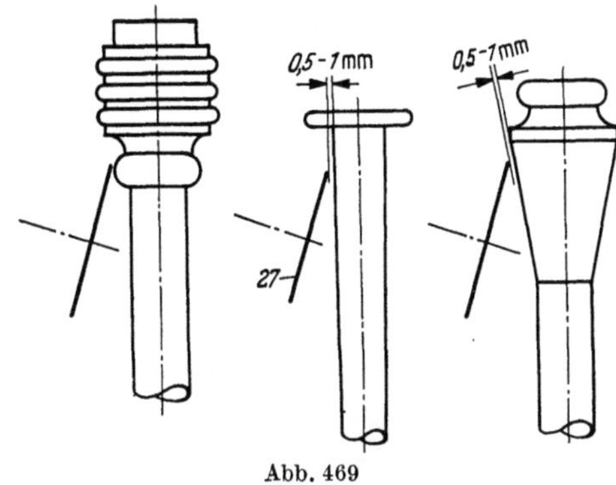

Abb. 469

der Hebelarm *34* des Doppelhebels *34, 35* aus der Rast des Hebels *33*, der Doppelhebel *34, 35* schwenkt entsprechend dem Zuge seiner Feder *36* (Pfeil *III*). Der Hebelarm *35* ist mit einer Einstellschraube *37* ausgestattet. Diese Schraube muß so eingestellt sein, daß beim Durchdrücken des Einschalthebels *3* (Abb. 458), der Hebel *36* sich 2 mm in der Rast des Hebelarmes

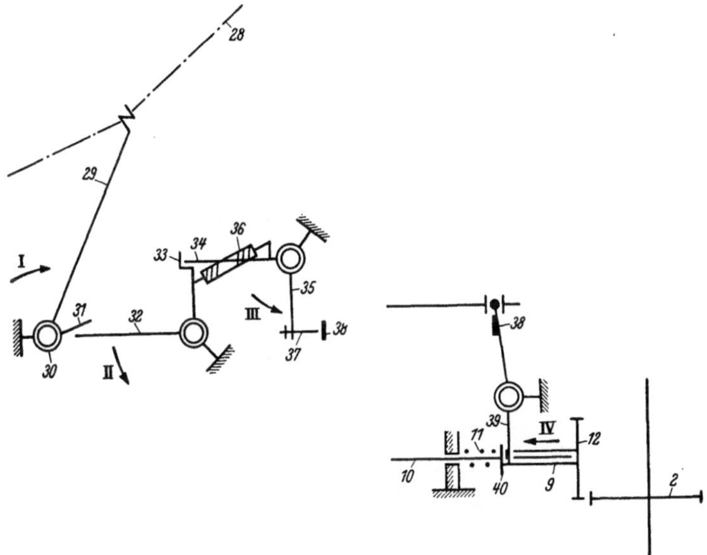

Abb. 470. Abstellvorrichtung bei Fadenbruch

33 hebt. Die Einstellschraube *37* kommt bei Fadenbruch in den Bereich des Doppelhebels *38, 39*. Der Hebel *39* wird auf dem Bremsring *40* wirksam und verschiebt diesen axial auf der Trommelachse *10* in Pfeilrichtung *IV*. Der Bremsring steht unter der Wirkung der Feder *11* und ist auf dem Ende der Büchse *9* aufgeschoben. Das andere Ende der Büchse ist durch die Reibscheibe *12* begrenzt. Die Reibscheibe steht jetzt nicht mehr im Eingriff mit dem Reibrad *2*, die Friktionskupplung ist gelöst. Die Spulengeschwindigkeit wird durch die Wirkung des Hebels *39* auf dem Bremsring *40* gebremst und führt zum Stillstand der Spule.

b) Der automatische Spulenwechsel (Abb. 471 a u. b, 472)

Wenn die Bespulung der leeren Hülse während des Spulvorganges die gewünschte einstellbare Länge erreicht hat, erfolgt von vollständig unabhängigen und leicht zugänglichen

24*

Steuertrieben aus der automatische Spulenwechsel. Dieser ist vollkommen unabhängig von
der Spulmaschine als solcher und von den benachbarten Spulstellen. Der automatische Austausch der fertigen Spule gegen eine leere Hülse erfolgt selbsttätig, wobei jede Kurvenscheibe
sich einmal um die eigene Achse dreht. Er kann zu jeder Zeit der Spulenbildung auch von
Hand eingerückt werden.

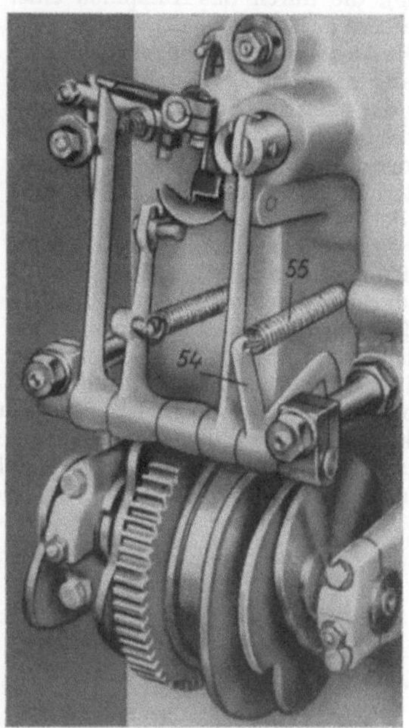

a   b

Abb. 471a u. b. Automatischer Spulenwechsel

Abb. 472. Magazin in Tätigkeit

Jede Bewegung, z. B. das Stillsetzen der Schußspindel oder das Auslösen der bewickelten
Spule, ist eine besondere Steuerscheibe zugeordnet. Durch die Zwangsläufigkeit der Summe
aller Bewegungen beim Spulenwechsel in höchste Präzision im Ablauf des Spulenwechsels
gewährleistet. Bei einem Spulenwechsel wird der Umlauffadenführer in seine Anfangsstellung
zurückgeschoben. Der Spulenmitnehmerkopf wird für $1^1/_2$ sek stillgesetzt, die volle Spule ausgelöst und an ihre Stelle eine leere Hülse eingespannt, die zuvor von der Zubringergabel dem
Hülsenvorratsbehälter entnommen und zwischen die Lagerstellen geführt wurde. Das Fadenende der ausgelösten Spule wird von der leeren Hülse festgeklemmt, dicht darunter von der

Schere abgeschnitten und der Spulvorgang wieder mit voller Geschwindigkeit aufgenommen. Die unter der Spulstelle angeordnete Mulde schwingt dann aus und läßt die fertige Schußspule in den darunter aufgestellten Kasten gleiten.

1. Das Einrücken des Wechselmechanismus (Abb. 473 u. 474). Während des Spulprozesses schiebt das Fadenführergehäuse *26*, das mit dem Fadenführer *25* fest verbunden ist, die Schaltstange *41* zurück (Pfeil *I*). Der Stellring *42* auf der Schaltstange wird auf dem Doppelhebel *43* wirksam und schwenkt diesen in Pfeilrichtung *II*.

Der Stellring auf der Schaltstange muß so festgeklemmt sein, daß er auf dem Doppelhebel wirksam wird kurz bevor die Bespulung die ge-

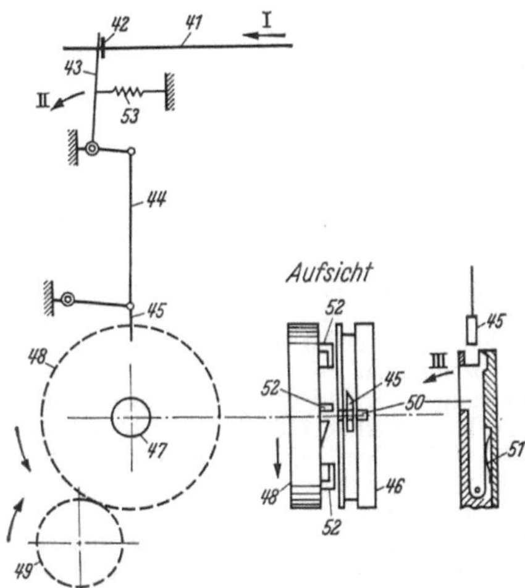

Abb. 473. Einleitung des Spulenwechsels

Abb. 474. Einleitung des Spulenwechsels

wünschte Länge erreicht hat. Der Hebel *44* wird infolge der steten Fortschaltung des Fadenführers langsam gehoben und somit auch der Schalthebel *45*, der sich in einer Nutenbahn der Scheibe *46* befindet. Diese Scheibe ist auf der Kurvenscheibenachse *47* durch Keil gegen Verdrehen gesichert.

Das Stirnrad *48*, das getrieben wird durch das Stirnrad *49* von der Antriebsachse für die Apparatesteuerung, Keilriemen und Motor, läuft stets mit konstanter Tourenzahl. Durch die Hebung des Schalthebels *45* schwenkt die Klinke *50* unter der Wirkung der Feder *51* wie durch Pfeil *III* angedeutet. Die Klinke kommt in Eingriff mit einem der sechs Mitnehmer *52*, die auf dem stets rotierenden Stirnrad *48* befestigt sind. Die Scheibe *46* und somit alle anderen Kurvenscheiben werden dadurch in Drehung versetzt. Hierdurch ist der automatische Spulenwechsel eingeleitet. Nach Bruchteilen von Sekunden, nämlich sobald das Fadenführergehäuse *26* mit dem Fadenführer *25* in seine Anfangsstellung zurückgeschoben wird und somit die Schaltstange *41* nicht mehr im Betrieb des Fadenführergehäuses steht, schwenkt der Hebel *43* entsprechend dem Zuge seiner Feder *53*. Hebel *44* senkt sich wieder und somit läuft der Schalthebel *45* in der Nutenbahn der sich drehenden Scheibe *46*. Nach einer ganzen Umdrehung des Stirnrades *48* und somit auch der Kurvenscheiben sind die einzelnen Bewegungsvorgänge für den Spulenwechsel beendet. Die Klinke *50* wird wieder durch den in der Nutenbahn laufenden Schalthebel *45* aus dem Mitnehmer *52* gelöst. Die rotierenden Kurvenscheiben werden gebremst und bleiben stehen. Der automatische Spulenwechsel ist beendet, der Spulvorgang wird wieder mit voller Geschwindigkeit aufgenommen.

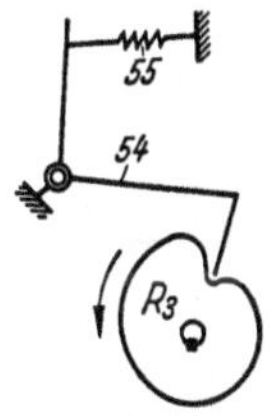

2. Die Bremsung der Kurvenscheiben (Abb. 475). Um einen ruhigen und gleichmäßigen Verlauf der einzelnen Bewegungsvorgänge während des Spulenwechsels und um ein sicheres und sofortiges Abbremsen der rotierenden Kurvenscheiben nach Beendigung des Spulenwechsels zu erreichen, ist eine besondere Vorrichtung an dem „Autocopser" angebracht worden (Abb. 471b u. 475).

Der Hebel *54* wird entsprechend dem Zuge der Feder *55* auf die Kurvenscheibe R_3 gepreßt. Die Peripherie der Kurvenscheibe läuft an dem Hebel *54* ab. An der Form des Exzen-

Abb. 475

ters kann man erkennen, daß eine Bremsung der Kurvenscheibe R_3 und somit aller anderen Kurvenscheiben gleich zu Beginn des Wechsels einsetzt und während des Ablaufes des automatischen Spulenwechsels sich stets steigert. Durch die Einbuchtung in der Kurvenscheibe R_3 wird ein plötzlicher Stillstand der Kurvenscheiben am Ende des Spulenwechsels erreicht. Die Abb. 476 zeigt die Lage der Kurvenscheibe R_3 während des Spulenwechsels.

3. Das Stillsetzen der Spulspindel (Abb. 476). Unmittelbar nach dem Einrücken des Wechselmechanismus senkt sich, durch die Form der Kurvenscheibe L_3 bestimmt, der Doppelhebel 5 (Pfeil I). Dadurch wird die Stange 7 über den Anschlag 6 in Pfeilrichtung II unter dem Zuge der Feder 56 geschoben (Abb. 458).

Durch die Führung 57 (Abb. 458) dreht sich der Doppelhebel 8 und wird auf dem Bremsring 40 wirksam. Die Reibscheibe 12 wird über die Büchse 9 vom Reibrad 2 gelöst. Durch die Wirkung des Doppelhebels 8 auf dem Bremsring wird die Spulengeschwindigkeit gebremst und führt zum Stillstand der Spule.

Durch die Form des Exzenters L_3 bestimmt, schwenkt der Doppelhebel 5 gegen Ende des Spulenwechsels in Pfeilrichtung III (Abb. 476). Über den Anschlag 6, Stange 7, Doppelhebel 8 und Büchse 9 wird die Friktionskupplung wieder geschlossen (Abb. 458). Das Drehmoment wird auf die Spule übertragen. Der Spulvorgang wird wieder in voller Geschwindigkeit aufgenommen.

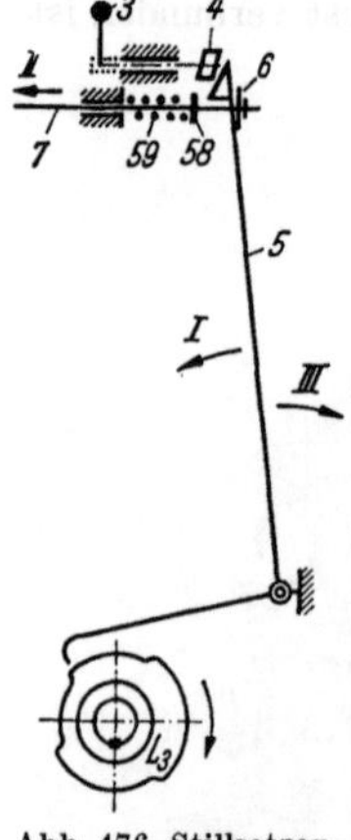

Abb. 476. Stillsetzen der Spulspindel

Die Einstellung der Stärke der Bremsung erfolgt mittels des Klemmstellringes 58, der sich auf der Achse 7 axial verschieben läßt (Abb. 476). Die Feder 59 ist eine Gegenfeder der Feder 56 (Abb. 458). Um beim Spulenwechsel ein sicheres Festklemmen und Abschneiden des Fadens zu gewährleisten, muß die Fadenführungstrommel nach dem Ausschwenken der Fadenführerschwinge (Abb. 480) noch wenigstens 3 Umdrehungen machen. Der Fadenleithebel 25a geht dadurch in die gezeichnete Stellung (Abb. 477). Der Faden muß stets mit Sicherheit in die Reservenut R geführt werden. Die Spindel macht dabei wenigstens 12 Umdrehungen (Abb. 477).

Erfolgt eine zu starke Bremsung der Spindel 10 bzw. der Fadenführungstrommel 25, so liegt der Faden nach dem Zurückführen der Fadenführungseinrichtung 25 und 26 nicht in der Reservenute R und kann weder eingeklemmt noch richtig abgeschnitten werden.

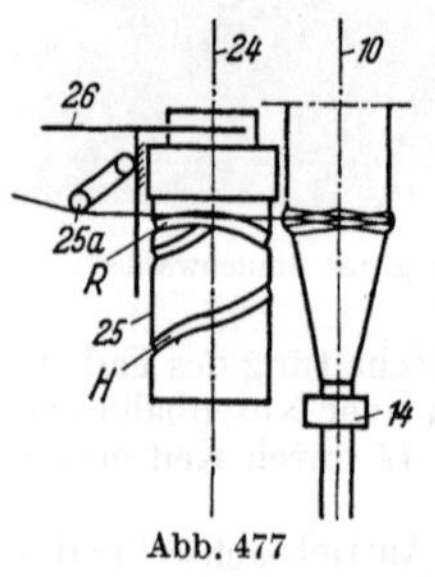

Abb. 477

Die Bremseinstellfeder 59 mit dem Klemmstellring 58 ist in diesem Falle etwas nach links (Abb. 476) zu stellen, wodurch die Wirkung der Feder 56 (Abb. 458) abgeschwächt wird. Die Bremsung wird geringer. Ebenfalls ist auf die richtige Einstellung des Fadenleitbügels 25a zu achten (Abb. 477).

Wird ein Abschneiden des Fadens am dicken Hülsendurchmesser gewünscht (Abb. 478), so ist die Maschine mit einem Hilfsantrieb und einer sogenannten Hilfsrolle H (Abb. 458) auszustatten, die am Ölkastengehäuse befestigt ist. Die Abbremsung wird dadurch vermindert. Der Umlauffadenführer kommt dann erst nach seiner Rückführung in die Spulstellung zum Stillstand. Der Faden muß natürlich auch dann in der Reservenute R liegen.

Wirkt die Bremse zu weich, so laufen Spindel und Fadenführungstrommel zu lange durch, und der Faden wird noch in vielen Windungen auf die Spule gewickelt, was unnötigen Garnverlust bedeutet. Ferner besteht die Gefahr, daß bei zu schwacher Bremsung die Spindel nicht vollkommen stillsteht. Bei Prüfung der richtigen Einstellung der Bremse ist darauf zu achten, daß der Fadenwächterhebel 29 (Abb. 470) in Spulstellung steht, und daß an der Spulenspitze stets etwa 10 ··· 20 Windungen aufgewunden werden.

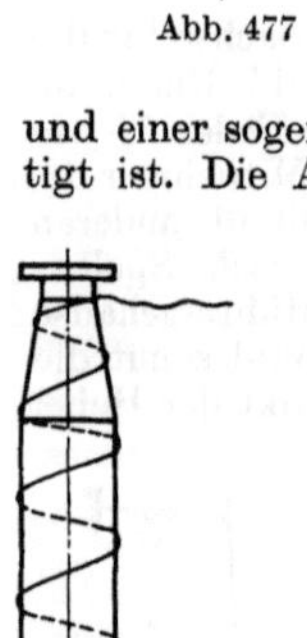

Abb. 478

Die Bremsung ist am größten, wenn die Feder 59 (Abb. 479) beim Schalten vollkommen unbelastet ist. Die Feder 59 wirkt entgegengesetzt der Feder 56 (Abb. 458). Je mehr der Klemmstellring nach links gerückt wird, um so länger läuft die Spindel aus, also schwächere Bremswirkung. Bei niedrigen Drehzahlen wird der Klemmstellring meist ganz links und bei hohen Drehzahlen meist ganz rechts festgeklemmt sein.

4. Die Fadenführerschwinge (Abb. 480 u. 481). Die Fadenführerschwinge hat die Aufgabe, die im Fadenführergehäuse eingebaute Gewindemutter aus der Gewindespindel 60 auszuklinken (Abb. 480), um eine Rückführung des Fadenführers in seine Anfangsstellung nach der Bespulung der Hülse zu ermöglichen.

Die Gewindespindel 60 mit der Fadenführereinrichtung 26 ist an den beiden Gewindespindelhaltern 62 und 63 befestigt, die auf der Trommelachse 24 drehbar gelagert sind. Die

Gewindespindel und die Trommelachse müssen stets parallel liegen, um ein Klemmen der Fadenführereinrichtung auf der Gewindespindel und Trommelachse zu verhindern.

Unmittelbar nach dem Einrücken des Wechselmechanismus senkt sich infolge der Form der rotierenden Kurvenscheibe L, der Hebel 64, ebenfalls der Hebel 65. Der auf dem Rohr 66 verstellbar gelagerte Hebel 67 dreht sich wie durch Pfeil I angedeutet. Dadurch wird auch das Rohr 66 in Drehung versetzt, auf dessen hinterem Ende der Doppelhebel 68 verstellbar gelagert ist. Der Doppelhebel kommt in Eingriff mit der Fadenführerschwinge (Gewindespindel 60 mit Haltern 62 und 63 und Fadenführereinrichtung 61) und schwenkt diese aus. Das Fühlrädchen 27 fühlt nicht mehr

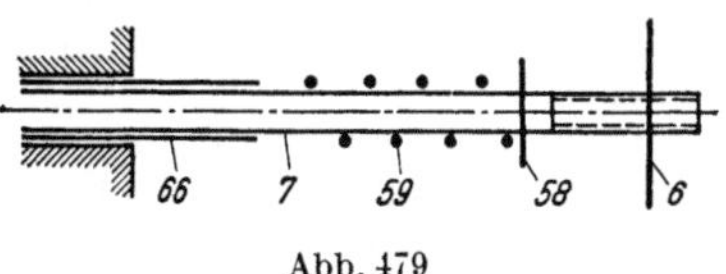

Abb. 479

den Spulenumfang ab. An dem Fadenführergehäuse ist seitlich unten ein Bolzen 69 angebracht. Dieser legt sich beim Ausschwenken der Fadenführerschwinge an das Rohr 66, wodurch die im Fadenführergehäuse eingebaute Gewindemutter aus der Gewindespindel 60 ausgeklinkt wird. Die Fadenführerschwinge wird eingestellt, indem man sie bis an die Anschlagschraube 70 ausschwenkt. Diese Anschlagschraube wird so eingestellt, daß der Bolzen 69 durch Anliegen am Rohr 66 mit Sicherheit die im Fadenführergehäuse eingebaute Gewindemutter aus der Gewindespindel ausklinkt. In dieser Stellung werden die Hebel 67 und 68 in Berücksichtigung eines Spieles von etwa 2 mm zwischen Grundkreisdurchmesser der Kurvenscheibe L_4 und den Hebel 64 festgeklemmt. Die Feder 71 drückt somit die Gewindespindel an die Anschlagschraube 70. Das untere Teil $61a$ des Fadenleitbügels $25a$ wird durch das Ausschwenken der Fadenführerschwinge an das Rohr 66 ge-

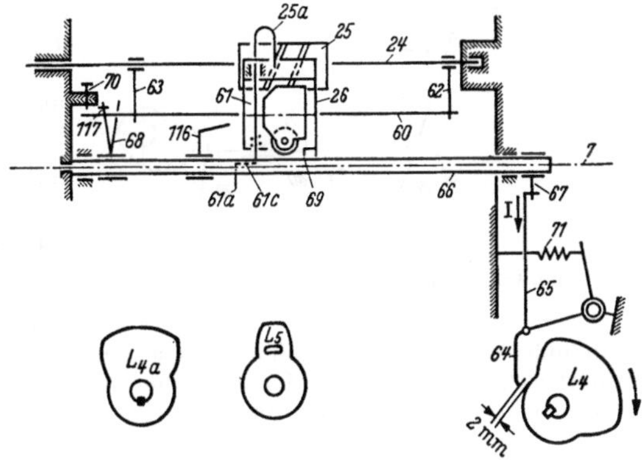

Abb. 480. Fadenführerschwinge

drückt. Dadurch schwenkt der federnd gelagerte Fadenleitbügel ($25a$, Feder $61c$ und $61a$) in die in der Abb. 477 gezeichneten Lage und der Faden gleitet in die Reservenute R der Fadenführungstrommel.

Abb. 481. Rückführung des Fadenführers in die Ausgangsstellung

Es erfolgen so lange parallele Aufwindungen auf der rotierenden Hülse, bis diese zum Stillstand gekommen ist. Wird z. B. für die Verarbeitung des Schusses auf Automatenstühlen eine Fadenreserve auf der Schußhülse gewünscht, so ist die Kurvenscheibe L_4 auszuwechseln durch die in der Abb. 480 (unten) dargestellten Exzenter L_{4a} und L_5. Diese beiden Kurvenscheiben werden zusammengeschraubt. Die Länge des Grundkreisdurchmessers ist maßgebend für die Länge der aufzuspulenden Fadenreserve.

Je länger der Hebel *64* den Grundkreisdurchmesser der aneinander verstellbar geschraubten Kurvenscheiben L_{4a} und L_5 abtastet, desto später schwenkt beim automatischen Spulenwechsel die Fadenführerschwinge das Fadenführergehäuse in Spulstellung. (Das Fühlerrädchen tastet den Umfang der Spule ab.) Der Faden läuft länger in der Reservenute *R*, und somit wird die aufgespulte Fadenreserve länger. Durch Drehen der Kurvenscheibe L_5, die mit L_4 verstellbar verschraubt ist, kann man die gewünschte Fadenreservelänge beliebig einstellen.

Kurz vor Beendigung des automatischen Spulenwechsels wird die Fadenführerschwinge wieder eingeschwenkt durch die Kurvenscheibe L_4 über die Hebel *64, 65* und *67*, Rohr *66* und Doppelhebel *68*. Das Fühlerrädchen der Fadenführereinrichtung *26* ist wieder in Arbeitsstellung, der Bolzen *69* liegt nicht mehr an dem Rohr *66* an. die Gewindemutter des Fadenführergehäuses ist in Eingriff mit der Gewindespindel.

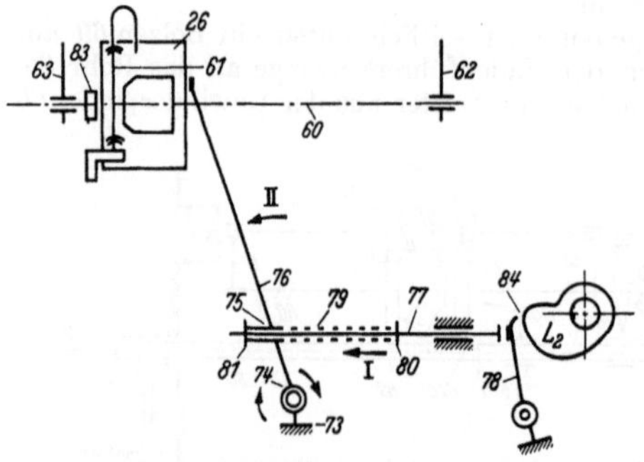

Beim Einschwenken der Fadenführerschwinge kommt der Blechhebel *61a* außer Bereich des Rohres *66*. Dieser Blechhebel steht unter der Wirkung der Feder *61c*, die den U-förmig gebogenen Teil des Fadenleitbügels *25a* an das Fadenführergehäuse *26* drückt. In dieser Normalstellung des Fadenleitbügels muß der aufzuspulende Faden mit Sicherheit in die Hauptnute *H* der Fadenführungstrommel geführt werden. Andernfalls muß der Fadenleitbügel etwas nachgebogen werden.

Abb. 482. Rückführung des Fadenführers

5. Die Rückführung des Fadenführers (Abb. 482 u. 483). Bei der Bespulung der Schußhülse wird der Umlauffadenführer schichtweise fortgeschaltet zur Spulenspitze. Bei dem automatischen Austausch der fertigen Spule gegen eine leere Hülse wird der Fadenführer nach dem Ausschwenken der Fadenführereinrichtung in seine Anfangsstellung zurückgeschoben.

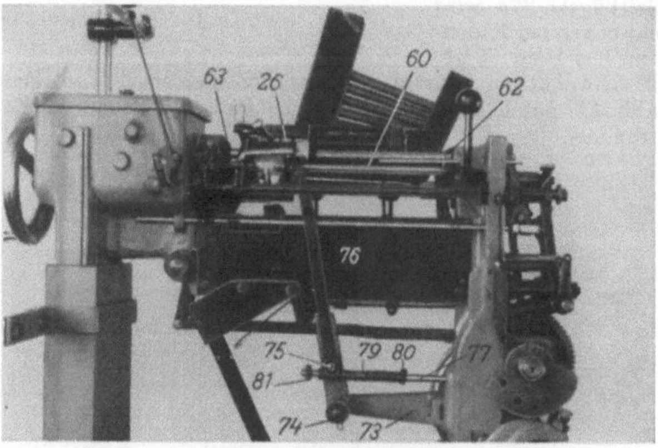

Abb. 483. Rückführung des Fadenführers (vgl. Abb. 482)

Die Fadenführereinrichtung muß sich stets spielend leicht verschieben lassen. Um eine Verschmutzung der Trommelachse und Gewindespindel weitestgehend zu verhindern, sind Achse und Spindel trocken zu halten, also nicht zu ölen. Nur bei Kunstseide kann nach dem Reinigen mit Spindelöl leicht geschmiert werden. Hemmungen der Fadenführereinrichtung haben zur Folge, daß der Faden nach dem Spulenwechsel um den Fadenführer hängt, von der Schere nicht erfaßt und von der neu zugeführten Hülse nicht festgeklemmt wird.

Am Fuße des Fadenführer-Rückführerhebels *76* ist eine Torsionsfeder *74* angebracht, die in Richtung der Pfeile wirkt. Dadurch wird der Hebel *78* über die Stange *77*, Gelenkstück *75* und Hebel *76* stets an die Kurvenscheibe L_2 gedrückt. Die sich drehende Kurvenscheibe L_2 wird auf Hebel *78* wirksam, der Hebel *77* wird dadurch in Richtung des Pfeiles *I* verschoben. Unter der Wirkung der Feder *79*, die zwischen dem Klemmstellring *80* und dem Gelenkstück *75* mit dem Stellring *81* eingeklemmt ist, schwenkt der Fadenführer-Rückführhebel aus

(Pfeil *II*), trifft auf das Fadenführergehäuse *26* und schiebt dieses in seine Anfangsstellung zurück. Bestimmt durch die Form des Exzenters L_2 wird der Fadenführer-Rückführhebel unter der Wirkung der Feder *74* sofort wieder in seine Ausgangsstellung zurückgedrängt.

Um ein einwandfreies Arbeiten der Fadenführer-Rückführung zu gewährleisten, werden die Klemmstellringe *80* und *81* wie folgt eingestellt:

Die Fadenführereinrichtung *26* drückt man durch Drehen der Kurvenscheibe L_2 gegen den Anschlag *83* der sich auf der Gewindespindel befindet (Abb. 482). Nach Erreichen des höchsten Punktes *84* der Kurvenscheibe L_2 legt man den Klemm-stellring *81* an das Gelenkstück *75* an und klemmt ihn fest. Die Feder *79*, die, über die Stange *77* geschoben ist, muß auf dieser eine Länge von 60 mm überspannen. Der Stellring *80* ist festzuklemmen.

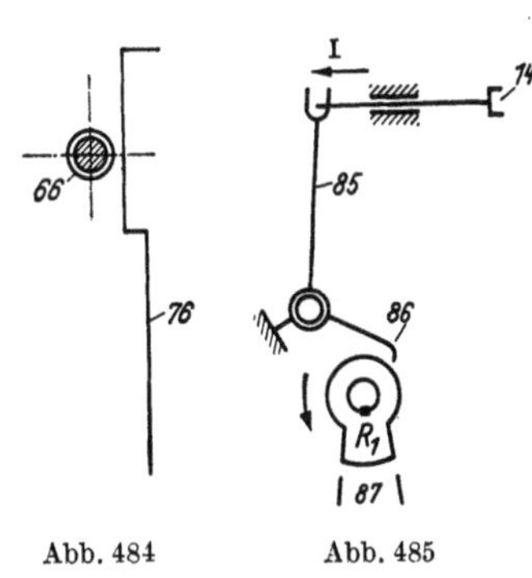

Beim Anschrauben des Lagerbockes *73* ist darauf zu achten, daß der Fadenführer-Rückführhebel nicht mehr als 2 mm von dem Rohr *66* entfernt liegt (Abb. 484). Bei zu großem Abstand kann eine Hemmung zwischen Rückführhebel und Gewindespindelhalter eintreten.

6. Das Auslösen der bewickelten Spule. Nachdem die Schußspindel bis zum Stillstand gebremst ist, wird die volle Schußspule aus den Gegenlagern *13* und *14* gelöst.

Dieses geschieht durch Drehung der Kurvenscheibe R_1 während des automatischen Spulenwechsels über

Abb. 484   Abb. 485

den Doppelhebel *85, 86*. Der Hebelarm *85* zieht den gefederten Gegendrücker *14* zurück (Pfeil *I*). Die Schußspule fällt aus den Gegenlagern (Abb. 485 u. 486).

Nachdem die Spule ausgelöst ist, bleibt der Gegendrücker noch so lange geöffnet, bis die neue Spule zwischen Spindelkopf und Gegentrichter durch die Hülsenzubringung eingeführt ist. Während dieser Zeit läuft der Hebel *86* über die Strecke *87* der Kurvenscheibe R_1. Entsprechend der Form dieser Kurvenscheibe senkt sich der Doppelhebel unter dem Zugmoment

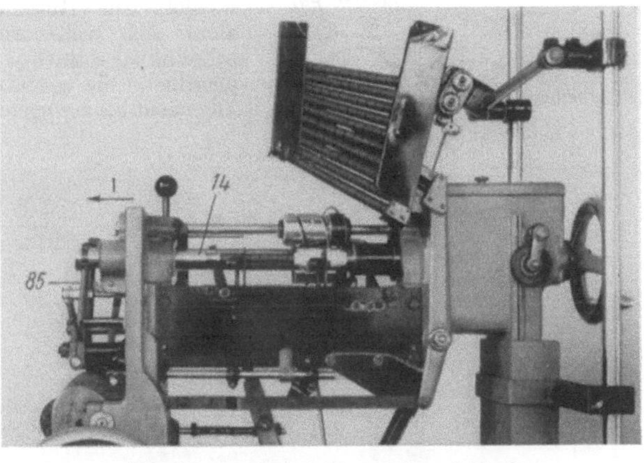

Abb. 486. Auslösen der bewickelten Spule

der Feder im Gegentrichter, wodurch die neue Hülse zwischen den Gegenlagern eingespannt wird. Für das einwandfreie Abfallen der vollen Schußspule und das sichere Abschneiden des Fadens ist die Einstellung des Auflagebleches *88* wichtig (Abb. 488).

Die abfallende Spule wird durch das Auflageblech *88* aufgefangen, gleitet an dem Blech-hebel *89* ab und wird über das Fallblech *90* in den Spulenkasten weitergeleitet. Bei Freigabe des Spulenkopfes, wie in der gezeichneten Lage ersichtlich, muß der Abstand *a* vom dünnen Hülsenende bis zum Rücken des Auflagebleches noch etwa 5 mm betragen und der äußere Garnkörper oberhalb des Spulenkonusses bei *b* noch etwa 3···5 mm aufliegen.

7. Das Arbeiten der Schere (Abb. 488 u. 489). Die Schere hat den Zweck, die ausgefallene Spule von dem durch die leere Hülse festgeklemmten Fadenende abzuschneiden. Falls das Fadenende der Spule nicht abgeschnitten wird, ist entweder die Ursache der Störung bei der Schere selbst zu suchen, oder der Faden wird beim Fallen der vollen Spule nicht durch das der Schere zugeordnete Fadenleitblech *89* in die Schere geführt.

In der Spulstellung der Kurvenscheibe L_1 (s. Abb. 488) ist das Klemmstück *91* an der Stange *92* so festzuklemmen, daß sich die Schneiden *93, 94* der Schere etwa 2···3 mm über-

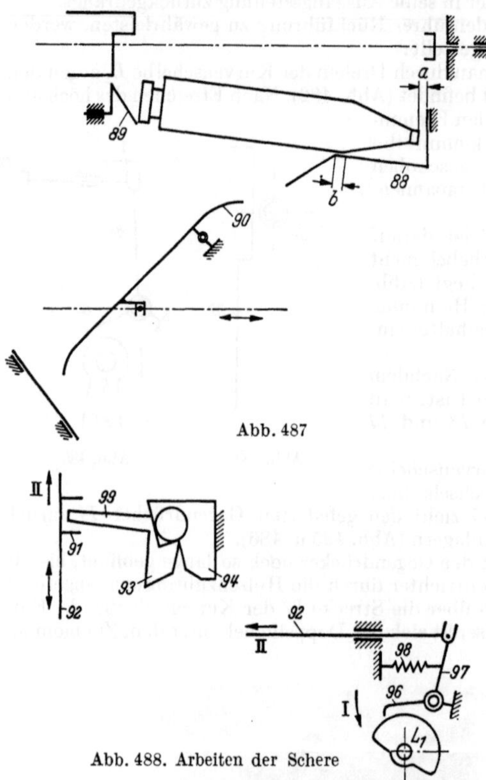

Abb. 487

Abb. 488. Arbeiten der Schere

decken. Der verstellbar gelagerte Fadenführeranschlag *115* muß in dieser Stellung an das Fadenführergehäuse anliegen. Kurz bevor die Spule aus den Gegenlagern fällt, öffnet sich die Schere, indem der Hebelarm *96* des Doppelhebels *96, 97* entsprechend dem Zuge der Feder *98* sich senkt (Pfeil *I*). Dadurch wird die Stange *92* zurückgeschoben (Pfeil *II*), an der das Klemmstück *91* verstellbar befestigt ist. Der Stift *99* der Schneide *93* kommt in den Bereich des Klemmstückes, wodurch die Schere geöffnet wird (Abb. 488). Bestimmt durch die Form der rotierenden Kurvenscheibe L_1 schließt sich nach wenigen Augenblicken über dem Doppelhebel *96, 97* und der Stange *92* die Schere wieder. Der Faden der ausgefallenen Spule wird abgeschnitten.

Damit der Faden beim Fallen der vollen Spule in den Führungsschlitz des Blechwinkels *89* (Abb. 487) gleiten kann und in die Schere geführt wird, muß die Nase *100* der Blechhaube *101*, die auf den Spindelkopf *13* aufgeschoben ist, in der in der Abb. 490 gezeichneten Lage stehen (Aufsicht).

8. Die Hülsenzubringung (Abb. 491 u. 492). Die Hülsenzubringung vollzieht sich vollautomatisch und ist schwenkbar seitlich jeder Spulstelle angeordnet. Sie gestattet unbehinderte Übersicht bei geringstem Platzbedarf.

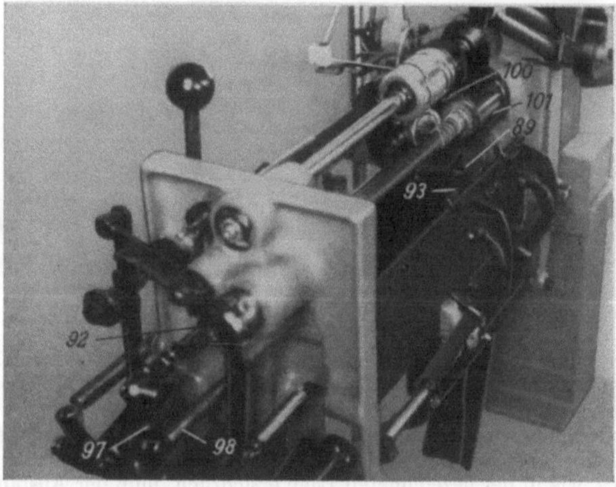

Abb. 489. Arbeiten der Schere (vgl. Abb. 488)

Die beiden Zubringerhebel *102, 103* werden gesteuert durch die während des Spulenwechsels rotierende Kurvenscheibe R_3 über den Hebel *104* und Achse *105*. Die Feder *106* drückt den auf der Achse *105* festgeklemmten Hebel *104* auf die Kurvenscheibe. Gemäß der Form der Kurvenscheibe R_1 schwanken die Zubringerhebel während des Spulenwechsels ein-

mal hin und her. Sie entnehmen dem Hülsenvorratsbehälter eine leere Hülse und führen sie zwischen die
Gegenlager an Stelle der ausgelösten vollen Spule.

Die Einstellung der Zubringerhebel erfolgt von der
eingespannten Hülse aus. Zu diesem Zweck werden die
Zubringerhebel eingeschwenkt und die Kurvenscheiben in die in der Abb. 491 gezeigten Stellung gebracht.

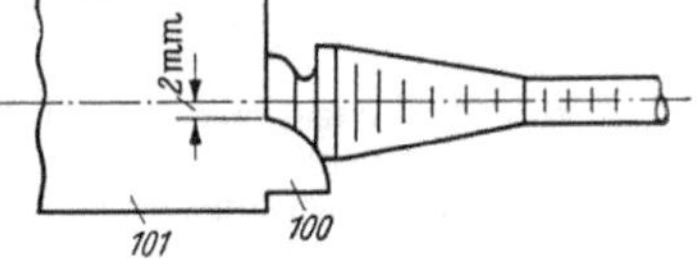
Abb. 490

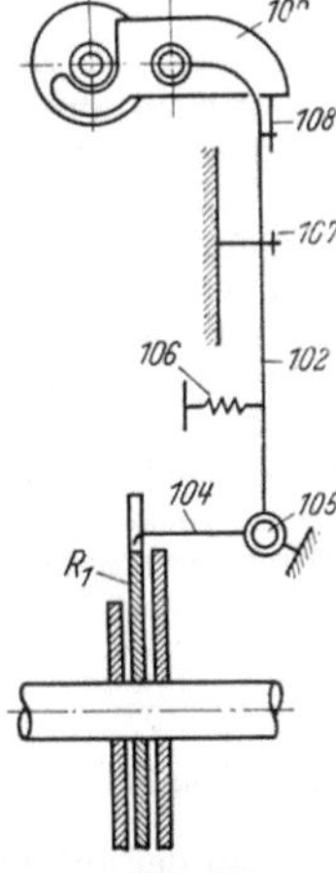
Abb. 491

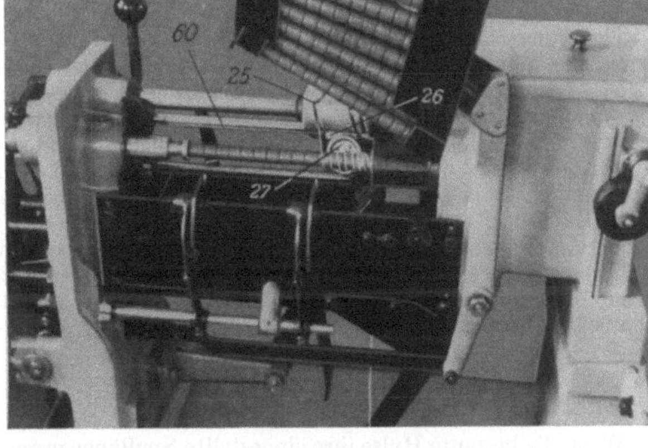
Abb. 492. Zubringen der Hülse

In dieser Lage muß die Hülse genau in die
Rundung der Zubringerbleche 109 passen. Die
Stellschraube 107 ermöglicht die seitliche und
die Stellschraube 108 die Höheneinstellung der
Zubringerbleche 109 (Abb. 491). Die Längsein-
stellung der Zubringerhebel erfolgt so, daß der
Schwerpunkt S der Hülse zwischen den beiden
Zubringerhebeln liegt (Abb. 493). Bei Ver-

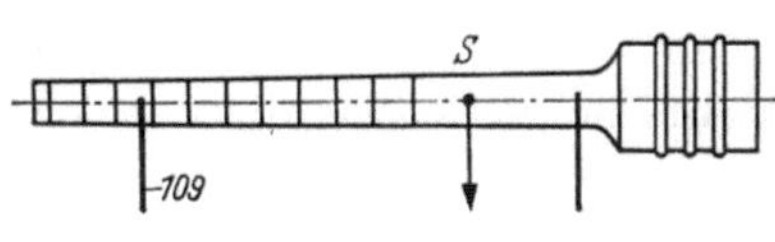
Abb. 493

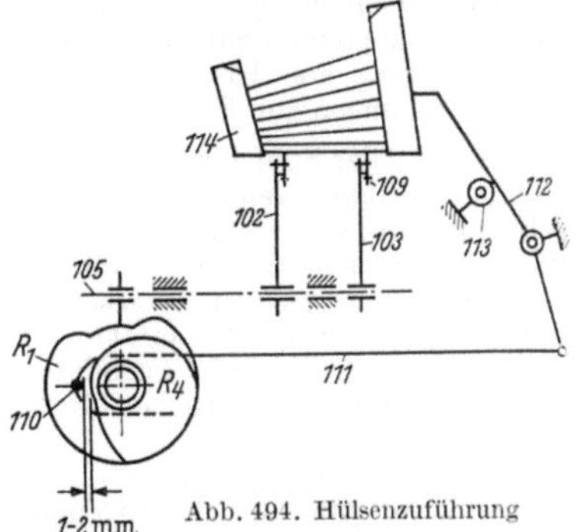
Abb. 494. Hülsenzuführung

Abb. 495. Hülsenführung (vgl. Abb. 494)

stellung der Hülsenzubringer *102, 103* ist auf die richtige Einstellung des Hülsenvorratskastens *114* zu achten.

9. Die Wirkungsweise des Hülsenvorratsbehälters (Abb. 494 u. 495). Der Hülsenvorratsbehälter ist schwenkbar oberhalb jeder Spulstelle angeordnet. Dies gestattet bequemes Nachlegen der Hülsen und unbehinderte Übersicht über sämtliche Spulstellen bei geringstem Platzbedarf.

Durch die rotierende Kurvenscheibe R_4 wird über den Bolzen *110*, Stange *111* und Doppelhebel *112* der Hülsenvorratsbehälter *114* während des Spulenwechsels einmal gesenkt und gehoben.

Die Einstellung des Hülsenvorratskastens erfolgt nach dem Einstellen der Zubringerhebel. Die Kurvenscheibe R_4 ist in die in der Abb. 494 gezeigte Lage zu bringen. Bei Abwärtsbewegung des Magazins muß die Hülse genau in den beiden Rundungen der Zubringerbleche liegen. Bei unterschiedlichen seitlichen Verlagerungen den Hülsenvorratskasten eventuell durch Nachbiegen in die richtige Form bringen. Unter keinen Umständen die bereits richtig eingestellten Zubringerhebel und Bleche verstellen. In der tiefsten Stellung des Hülsenvorratskastens muß die unterste Hülse von den Zubringerblechen soweit aus ihrer vorderen und hinteren Auflage im Vorratskasten abgehoben werden, daß sie ohne Hemmung vom Zubringerblech seitlich herausgeführt werden kann. Bei Northrop-Hülsen und Hülsen mit Konusansatz lt. Abb. 469 darf dieses Anheben im Vorratskasten nur den Bruchteil eines Millimeters ausmachen. In dieser tiefsten Stellung des Hülsenvorratsbeshälters ist der Einstellexzenter *113* anzulegen und festzuschrauben, so daß der Doppelhebel *112* am Hülsenvorratskasten einen festen Anschlag erhält. Der Bolzen *110* muß in der Lage etwa *1···2* mm von der Kurvenscheibe R_4 abstehen.

c) Der zeitliche Ablauf des automatischen Spulenwechsels

Wenn die bespulte Hülse ihre eingestellte Spullänge erreicht hat, erfolgt der automatische Spulenwechsel von vollständig unabhängigen und leicht zugänglichen Steuertrieben aus. Der Spulenmitnehmerkopf wird während dieser Zeit für $1^1/_2$ sek stillgesetzt. Der Spulenwechsel ist vollkommen unabhängig von der Spulmaschine und kann auch jederzeit während der Spulenbildung von Hand eingerückt werden. Die Auslösung des Spulenwechsels hat folgende Bewegungen zur Folge:

Abbremsung der Spulspindel;
Beginn des Ausschwenkens der Fadenführerschwinge;
Schere beginnt sich zu öffnen;
Hülsenvorratsbehälter senkt sich;
Fadenführerschwinge ist ausgeschwenkt, wodurch das Fadenführergehäuse mit der Gewindespindel außer Eingriff kommt;
Bremsung der Spulspindel beendet;
der Fadenführerrückführhebel fährt nach rückwärts aus und schiebt das Fadenführergehäuse in Spulstellung;
die Schere ist ganz geöffnet;
Gegendrücker ganz zurückgezogen, die bespulte Hülse fällt aus;
Hülsenvorratsbehälter auf dem untersten Totpunkt angelangt;
die beiden Zubringerhebel schwenken ein;
Fallblech in Auffangstellung;
Fadenführerrückführhebel ganz ausgefahren, Fadenführergehäuse in Spulstellung zurückgeschoben;
Schließen des Gegendrückers und Einklemmen des Fadens zwischen Spulenfuß und Mitnehmer;
die Schere schneidet den Faden ab;
Fadenführerrückführhebel geht wieder in Anfangstellung zurück;
Wiederanlauf der Spulspindel und eventuell Bildung einer gewünschten Fadenreserve;
die Fadenführerschwinge schwenkt ein, das Fadenführergehäuse wird dadurch in Spulstellung gedrückt, eine eventuell gewünschte Fadenreserve ist auf der Hülse aufgespult;
der Spulprozeß geginnt von neuem.

Der Schußspul-Vollautomat Autokopser Modell ASE (Schlafhorst)
(Abb. 496)

Das in der nachfolgenden Darstellung besprochene Modell ASE zeichnet sich gegenüber dem oben erwähnten Modell noch dadurch aus, daß trotz erheblicher Verbesserungen die gesamte konstruktive Durchführung erheblich vereinfacht wurde.

Schon rein äußerlich erkennt man, daß das gesamte Exzenteraggregat, das beim älteren Modell vor jeder Arbeitsstelle angeordnet war, wegfällt. Alle Arbeitsstellen werden durch ein Exzenter gesteuert. Dieses Exzenter leitet alle für die

Abb. 496. Schußspul-Vollautomat Modell ASE von Schlafhorst (mit automatischer Hülsenzuführung)

Durchführung des Spulprozesses und für den automatischen Spulenwechsel notwendigen Bewegungen ein und übernimmt auch die notwendige Kraftschlüssigkeit.

Konstruktion und Aufbau

a) Der Antrieb (vgl. Abb. 497)

Ein im Verhältnis 1:1 und 1:2 stufenlos regelbarer Antrieb gestattet Drehzahländerungen ohne Riemenwechsel. Die jeweilige Spindeldrehzahl kann an einem Drehzahlmesser (vgl. Abb. 500) abgelesen werden. Durch diese stufenlose Verstellbarkeit des Antriebes kann für jedes Garn die jeweils günstigste Spulgeschwindigkeit eingestellt und dadurch ein höchstes Maß an Produktion erzielt werden.

Die stufenlose Verstellbarkeit ist durch eine Expansions-Keilriemenscheibe ermöglicht, über die vom Motor aus die Welle mit der Hauptriemenscheibe A (Abb. 497) für den endlosen Spezialriemen angetrieben wird. Durch Drehen eines Handrades wird der Durchmesser der Expansions-Keilriemenscheibe und damit die Umdrehungszahl der Hauptriemenscheibe A verändert. In fast gleicher Weise wie bei der Darstellung der Kreuzspulmaschine beschrieben, wird durch Drehen des Handrades der Abstand des Motors von der Keilriemenscheibe so verändert, daß der Riemen stets gespannt bleibt. Die einzelnen Spulenstellenantriebsrollen B werden durch den in der Abb. 497 erkenntlichen von A angetriebenen langen Riemen in Drehung versetzt. Die den Rollen B vorgelagerten größeren Spannrollen C dienen zur Vergrößerung der Umschlingung des Riemens an den Rollen B und gewährleisten eine stets straffe Spannung und damit eine gleich große Drehzahl aller Spulenköpfe.

Die Rollen B sitzen lose auf den Antriebswellen der einzelnen Spulköpfe. Jede Antriebswelle hat außen eine Kegelkupplung, mit deren Hilfe der Spulenkopf eingeschaltet werden kann. Auf dem inneren Ende jeder Welle ist der Mitnehmerkopf befestigt. Zwischen dem Mitnehmerkopf 1 und einem Gegentrichter 2 wird die spindellos gelagerte Hülse 3 eingeklemmt. Die Spulkopfantriebswelle geht durch ein staubdicht geschlossenes Gehäuse 4 in dem sie die im Ölbad laufenden Antriebe für den Umlauffadenführer 5 und für die Gewindespindel 6 der Abtasteinrichtung antreibt.

Abb. 497. Der Antrieb

b) Der Umlauffadenführer (vgl. Abb. 498)

Mit dem Autokopser Mod. ASE können Spulgeschwindigkeiten bis zu 12000 U/min erzielt werden. Dies ist letztlich nur möglich geworden, weil bei dieser Maschine zum Unter-

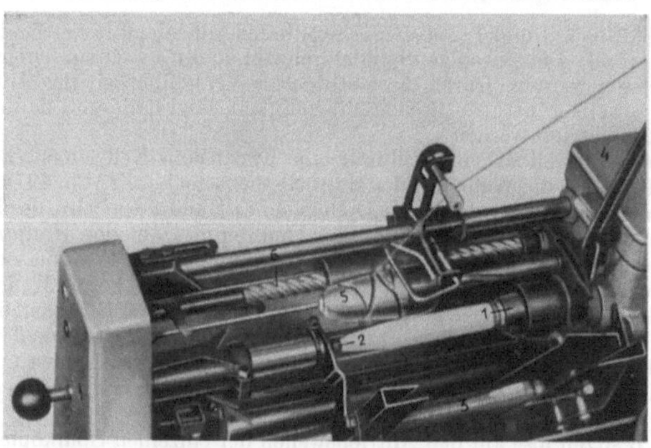

Abb. 498. Der Umlauffadenführer

schiede von anderen Modellen statt eines hin- und hergehenden Fadenführers, ein Umlauffadenführer — eine Nutentrommel (!) *5* — verwendet wurde. Die Nutentrommel ist konisch und besteht aus verschleißfestem Material. Man erzielt mit dieser Nutentrommel eine sehr gute Bewicklung der Spule. Insbesondere ist die gute Kernbewicklung bemerkenswert. Bei dem hier beschriebenen Modell ist der Umlauffadenführer nur einseitig gelagert. Er kommt mit dem Spulenaufbau nach vorn. Auf diese Weise ist es möglich, daß man ohne Schwierigkeiten an die unter dem Fadenführer laufende Spule herankann. Die Fadenführung und die reibungsfrei arbeitende Abtasteinrichtung, die nur mit ganz geringem Antastdruck arbeitet, lassen hohe Spulgeschwindigkeiten ohne Beschädigung des Garnes zu.

c) Der Spulenwechsel (vgl. Abb. 498)

Alle beim Spulenwechsel in jedem Kopf erforderlichen Bewegungen werden durch nur eine einzige Kurvenscheibe F (siehe auch Abb. 499) eingeleitet und kraftschlüssig durchgeführt.

Es spielt sich dabei folgender Vorgang ab:

Der Motor treibt die Kurvenscheibe F mit stets gleichbleibender Geschwindigkeit an. Die Drehzahl der Kurvenscheibe ist von der Spindeldrehzahl gänzlich unabhängig. Durch die Kurvenscheibe erhält die Welle D, die im hinteren unteren Teil der Maschine gelagert ist, eine Drehschwingung. Auf der Welle D ist hinter jedem Spulkopf ein Hebel E befestigt.

Sobald eine Schußspule vollgespult ist, stößt ein an dem mit der Abtasteinrichtung verbundenen Schaltmechanismus I angebrachter Finger J an eine auf die gewünschte Spulenlänge einstellbaren Anschlag K auf der Schiene L und schiebt diese Schiene nach vorn. Hierdurch gibt die Schiene L, die über eine Win-

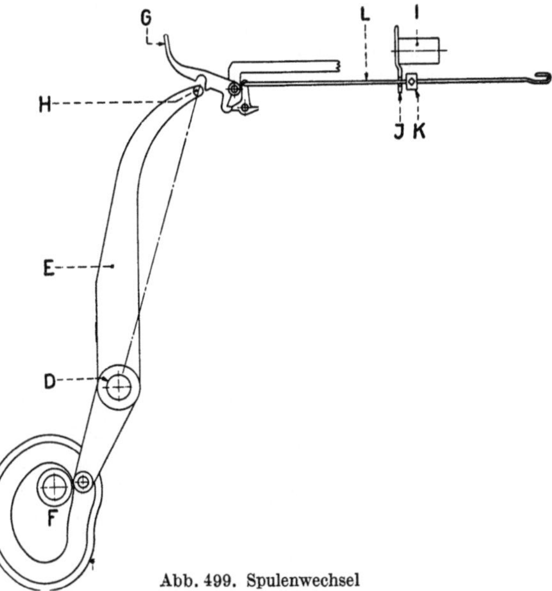

Abb. 499. Spulenwechsel

Abb. 500. Einspannen der leeren Hülse und Ablage der vollen Spule auf das Transportband

kelübersetzung der Hebel *G* in der Spulstellung blockiert, diesen Hebel frei. Der Hebel *G* fällt hinten nach unten; seine Kerbe rastet in den Bolzen *H* des Hebels *E* ein. Hierdurch wird beim Hub des Hebels *E* der mit dem Hebel *G* verbundene Wechselmechanismus betätigt.

Es folgen nunmehr nacheinander folgende Arbeitsvorgänge:

1. Das Ausrücken der Antriebskupplung und Bremsen des Mitnehmerkopfes.

2. Die Freigabe der Spule, die in eine unter ihr befindliche feststehende Blechmulde gleitet.

3. Die Rückführung des Fadenführers und der Abtasteinrichtung in die Ausgangsstellung, dabei auch Zurückschieben der fertigen Spule auf eine bewegliche Blechmulde und Einklemmen des Fadens in eine Klemme.

4. Das Zuführen einer leeren Hülse zwischen Mitnehmerkopf und Getriebetrichter.

5. Das Einspannen der leeren Hülse durch Vorführen des Mitnehmerkopfes, dabei Abschneiden des Fadens an der Spulenspitze, Ablage der fertigen Spule mit Hilfe der beweglichen Blechmulde auf das Spulentransportband oder in den Spulenvorratsbehälter.

6. Das Wiedereinrücken der Antriebskupplung.

Die durch das eine Exzenter bedingte zwangsläufige Reihenfolge der Vorgänge gewährleistet größte Sicherheit beim Wechsel. Außerdem sind bei den zu diesen verschiedenen Tätigkeiten notwendigen Mechanismen Sicherungen vorgesehen für den Fall, daß aus irgendeinem Grunde der Wechselvorgang gehemmt wird. Der gesamte Wechselvorgang kann auch durch Vorziehen der mit dem Anschlag *K* versehenen Schiene *L* von Hand ausgelöst werden.

Abb. 501. Spulenkopf mit Leitkanal für die selbsttätige Hülsenzuführung

d) Die selbsttätige Hülsenzuführung

Der große Hülsenbehälter der in der Abb. 496 gezeigten Hülsensortiereinrichtung faßt etwa tausend Hülsen. Sie kann für die gleichzeitige Speisung von mehreren hintereinandergeschalteten Maschinen eingerichtet werden. Von hier aus werden die Spulenköpfe erfaßt und durch eine Transporteinrichtung dem Umlaufmagazin zugeführt. Die Abb. 501 zeigt den Leitkanal, der die Spulen aus dem Umlaufmagazin aufnimmt und dem Spulenkegel zuführt.

e) Die Staubabblasung

Zweck und Anordnung der Abblasvorrichtung und auch der Vorteil einer wandernden Vorrichtung wurden oben unter Kreuzspulmaschinen bereits besprochen. Einen Unterschied weist lediglich die Form des Blasrohres auf. Der Blasstrom wird aus zwei Öffnungen auf die Maschine geleitet. Erfahrungsgemäß tritt am meisten Staub zwischen Kreuzspule (Ablaufkörper) und Fadenspanner auf, der ohne Abblasung nach unten auf das Spindelaggregat bzw. in die Spulenkästen fallen würde. Dieser Staub und Flug werden durch eine auf die Fadenspanner gerichtete Blasöffnung über eine unterhalb der Spanner angebrachte schräg nach hinten gerichtete Trennfläche gegen den Fußboden hinter der Maschine geblasen. Die andere Blasöffnung ist auf das Spindelaggregat gerichtet. Staub, Flug usw. in dem unterhalb des Trennbleches gelegenen Räume werden infolge der sich bildenden Blaswirbel zum größten Teil zwischen Trennfläche und Maschinendeckblech, die zusammen wie ein Kanal wirken, nach hinten, ein kleiner Teil davon nach vorn weggeblasen.

Der Schärer-Schußspulautomat[1]

Seit dem Jahre 1940 kennt die Fachwelt den Schärer-Schußspulautomat, bei dessen Konstruktion eigene und bemerkenswerte Wege gegangen wurden. Die

---

[1] Vgl. J. Schneider: Blickpunkte am Schärer-Schußspulautomaten. Z. ges. Textilind. 63 (1961) Nr. 11, 942–944.

detaillierte Beschreibung dieses Automaten und seine Wirkungsweise wurde der Öffentlichkeit bereits bekanntgegeben[1], so daß sich der vorliegende Bericht auf die Erörterung der Blickpunkte ohne Kennzeichnung aller Einzelheiten beschränken darf. Die Abb. 502 zeigt eine Gesamtansicht von *zwei* Maschinen.

Abb. 502. Gesamtansicht von zwei Schärer-Schußspulautomaten

a) Das Einzelaggregat

Während beim Halbautomaten die Arbeiterin die leere Spule von Hand auf die Revolverspindel zu stecken hatte, wird die leere Spule beim Vollautomaten automatisch zugeführt (Abb. 503). Alle Bewegungen, die mit dem Spulenwechsel verbunden sind, werden von dem Getriebe gesteuert, das sich in dem Getriebekasten befindet; und zwar wird durch ein Gestänge im Getriebekasten eine Klinkenkupplung eingeschaltet, sobald die Spule voll ist. Dadurch erfolgt eine volle Drehung der ebenfalls im Getriebekasten liegenden Automatenwelle, die alle Bewegungen des Wechsels einleitet. Dabei finden folgende Vorgänge statt:

1. Die Spule wird stillgesetzt.
2. Der Gegendrücker wird zurückgezogen.
3. Der Revolver schaltet um $^1/_7$, um eine Teilung weiter.
4. Der Einfädler reißt oder schneidet den Faden ab, die Reserve wird gewunden und das Fadenende durch einen Haken unter die Reserve gelegt.
5. Der Zubringer steckt eine neue Hülse auf.

Abb. 503. Einblick in das Einzelaggregat des Automaten

---

[1] SWATEK, W. T.: Der Schärer-Schußspulautomat. MTP 41 (1960) Nr. 2, 159.

25   Schneider, Vorbereitungsmaschinen, 2. Aufl.

6. Die volle Spule unterhalb der soeben gefertigten wird durch einen Greifer aus dem Mitnehmerkopf des Revolvers herausgezogen und in eine Ablegeschale gelegt, die sich in den Ablegekasten senkt.

b) Der Gesamtautomat

Bereits in dem Hinweis auf die Abb. 502 wurde angedeutet, daß die Gesamtautomatik durch die organische Zusammenstellung von 10 Einzelaggregaten mit einer Hülsenzuführung gekennzeichnet ist. Dazu gehört noch, wie ebenfalls auf der Abb. 502 erkenntlich ist, der Wagen auf der Rückseite der Maschine, der im wesentlichen zwei Aufgaben zu erfüllen hat, nämlich:

1. den Transport der leeren Hülsen zu den einzelnen Spulenaggregaten und
2. die Pneumatik für die Sauberhaltung der Gesamtmaschine zu betätigen.

Aus dieser Darstellung geht hervor, daß die 10 Spindeln, der Wagen sowie das Hülsenzuführaggregat, das man wahlweise auf der rechten oder linken Seite der Maschine anbauen kann, eine organische Einheit darstellen. Es wurde bewußt davon Abstand genommen, eine größere Spindelzahl durch eine Hülsenzuführung zu betätigen.

10 Spulstellen pro Hülsenzufuhrautomatik hat den Vorteil, daß die zuverlässige Arbeitsweise der Automatik durch keine textiltechnischen Gegebenheiten, wie beispielweise große Fadenlaufgeschwindigkeit bei grober Nummer, in Frage gestellt werden kann. Unabdingbare Voraussetzung bei der Konstruktion war jedoch, daß diese Automatik so einfach gestaltet sein

Abb. 504. Wanderndes Gebläse auf der Rückseite des Automaten

mußte, daß sie ohne nennenswerte Belastung des Einzelspindelpreises bei zehn Spindeln wirtschaftlich arbeitet. Seitens der Firma wurde dieses Problem dadurch gelöst, daß die drei zuvor gekennzeichneten Einheiten durch *einen* Motor betätigt werden, d. h. ein Motor betätigt sämtliche 10 Spulaggregate, betätigt die automatische Hülsenzuführung und auch die Pneumatik zur Staubbeseitigung an der Maschine. Der Antrieb der Einzelaggregate erfolgt durch einen entlang der Maschine laufenden Keilriemen. Dieser schnell laufende Antriebsriemen tangiert im Wagen eine Riemenscheibe und treibt damit das Gebläse der Staubabsaugung an. Vom Antrieb her wird, unter Zwischenschaltung eines Getriebes, die Mitnehmerkette des Wagens so angetrieben, daß dieser eine langsame traversierende Bewegung entlang der 10 Spindeln macht, so daß die Gebläseeinrichtung, wie sie auf der Abb. 504 erkenntlich ist, praktisch so tätig wird, daß es keine Windschatten und damit keine Anhäufungen von Staub und Flusen an der Maschine gibt. Es ist hervorzuheben, daß das wandernde Gebläse keinen eigenen Motorantrieb besitzt.

In sehr interessanter Weise ist nun die traversierende Bewegung des wandernden Gebläses, also des Wagens, zu einer sinnvollen Zusammenarbeit mit der automatischen Hülsenzuführung, kombiniert worden. Wie man aus der Abb. 505 erkennt, befindet sich, seitlich an der Maschine angeordnet, der Hülsentrog, aus dem eine Elevatorkette die leeren Hülsen nach oben führt, um sie in einen feststehenden Teil eines Hülsenmagazins abzulegen. Der wandernde Wagen übernimmt nun bei jeder Ankunft auf der Seite der automatischen Hülsenzuführung automatisch, wie aus Abb. 505 ersichtlich ist, eine Anzahl Leerhülsen, die er dann bei seiner Wanderung entlang der Maschine in die Boxen abgeben kann, die den Hülsenbedarf durch eine Steuerung anfordern. Zu erwähnen ist, daß die Auslösung der leeren Hülse *mechanisch* erfolgt.

Die Rationalisierung der Fertigung. Die Herstellerfirma sieht in der organischen Einheit von 10 Aggregaten und 1 Hülsenzuführung den Vorteil, daß jede rationelle Maschinenaufstellung geplant werden kann. Es ist wohl nicht zu bestreiten, daß die automatische Hülsenzuführung in dieser Ausführung auch für den kleinsten Betrieb, der nur einen begrenzten Spindelbedarf, z. B. hier von 10 Spindeln hat, Vorteile bringt.

Um die Arbeit an der Maschine selbst wirtschaftlich zu gestalten, wird die Garnvorlage auf einer Doppelaufsteckung gelagert. Diese gestattet, wie man aus der Abb. 506 erkennen kann, die Beschickung der Maschine von der Rückseite der Maschine aus. Der eine Konus befindet sich in Arbeitsstellung, der andere Konus in Reservestellung. Ist der eine Konus abgelaufen, dann wird durch leichten Fingerdruck die Spindel nach oben gedreht und die Reservespule gelangt in Arbeitsstellung. Um das Finden des Fadenendes zu erleichtern, kann die Vorlagespule um die eigene Achse gedreht werden. Wie aus Abb. 507 erkenntlich, wird bei dieser Maschine mit Tellerbremsen gearbeitet, die durch einen sehr empfindlichen regulierbaren Balancehebel auf die gewünschte Bremsstärke eingestellt werden kann.

Um nun im Vorbeigehen an der Maschine immer wieder schnell kontrollieren zu können, ob auch die Bremsteller rotieren und nicht durch

Abb. 505. Hülsenzuführung, Übernehmen der leeren Hülsen durch den Wagen

eine Verunreinigung blockiert sind, befindet sich auf der Vorderseite dieses Bremsaggregates, wie man aus der Abb. 507 erkennen kann, eine Kontrastscheibe, die durch die Rotation der

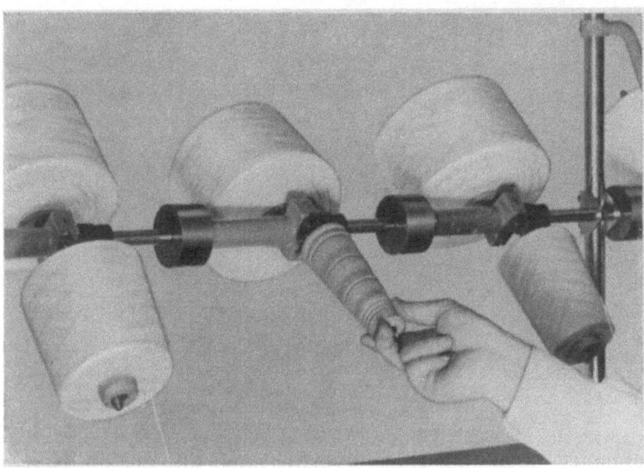

Abb. 506. Doppelaufsteckung der Kreuzspulen

Bremsscheiben und durch eine im Innern dieses Kästchens liegende Friktion ständig in Drehung versetzt wird. Dadurch ist eine ständige Überwachung und Kontrolle der einwandfreien Arbeitsweise des Bremsaggregates gegeben. – Die bewickelten Spulen werden durch eine einfach konstruierte Ablegevorrichtung (vgl. auch Abb. 503) schön geordnet in die Voll-

25*

spulenkiste gelegt (Abb. 505). Die vollen Spulen werden auf einen Trichter gelegt, der nach unten 2 flexible Wangen aufweist. Dieser Trichter und die dazugehörigen Wangen senken sich in den darunterbefindlichen Spulenkasten und legen die Spulen erst ab, wenn von unten

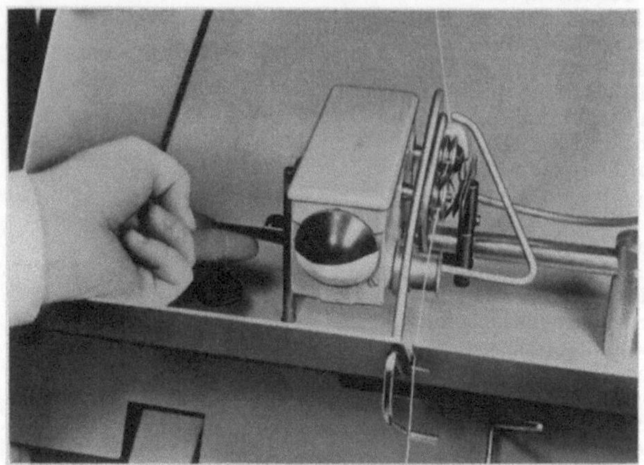

Abb. 507. Tellerbremse mit Kontrastscheibe

ein Widerstand erfolgt. Der Vorteil der flexiblen Wangen ist es, daß dabei immer die tiefste Stelle im Spulenkasten ausgesucht wird, so daß in einwandfreier Ordnung die Spulen neben- und übereinander abgelegt werden.

Abb. 508. Kastenausstoßvorrichtung

    An der Maschine ist noch eine Einstellvorrichtung, mit der die Niveauhöhe im Spulenkasten bestimmt werden kann. In der gleichen Richtung liegt auch die sogenannte Kastenausstoßvorrichtung, die in der Abb. 508 erkenntlich ist. Die Spulenkästen stehen alle auf einem besonderen Schlitten, der durch die Automatik des Aggregates blockiert ist. Sobald die gewünschte Niveauhöhe erreicht wird, löst sich die Arretierung und der Kasten wird mit dem Schlitten in der auf der Abb. 508 ersichtlichen Weise vorgefahren und erregt damit das Aufsehen der Arbeitsperson, die nun gezwungen ist, den vollen Kasten gegen einen leeren auszutauschen.

Die heute von den Webereien und auch den Webstuhlfabriken geforderte Spitzenreserve-wicklung für die unter den Namen box-container und box-loader bekannten Vorrichtungen an Webstühlen wird an diesem Aggregat mit einem Hilfsfadenführer zum Schluß des Spulvor-ganges nach dem Abstellen der rotierenden Spule, jedoch noch vor dem Stillstand der Spule, eingeleitet. Auf diese Sonderheit soll im Rahmen dieser Besprechung hier nicht näher einge-gangen werden.

Textiltechnische Gesichtspunkte. Die Maschine verarbeitet maximale Hülsen vom Format 230×38 mm. Ohne jede Änderung der Kreuzung wird sie für alle Materialien und Garnnum-

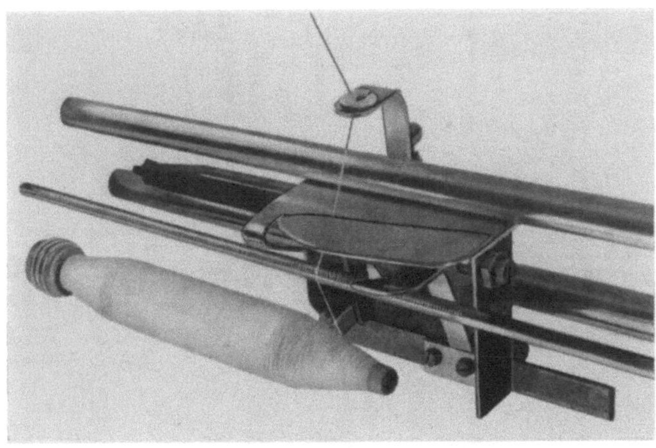

Abb. 509. Fadenspannungsausgleich

mern eingesetzt, bis auf die Endlosfasergarne, die eine spezielle Kreuzung verlangen. Ein Blickpunkt in der konstruktiven Gestaltung ist in diesem Sinne die in der Abb. 509 erkennt-liche Fadenspannungs-Ausgleichsvorrichtung, die durch eine unterschiedliche Abwicklung des Fadens beim Winden an der Spitze im Gegensatz zur Windung an der Basis, eine unter-schiedliche Fadenaufwindespannung erzeugt. Die hier funktional sich ändernde Abwinklung ist so eingerichtet, daß die Bewickelungshärte der Spule entlang des ganzen Windungskonus konstant ist, so daß einwandfreie Garnhülsen entstehen müssen.

Die Maschinendaten (Firmenseitige Angaben): Spindelteilung 280 mm, Länge 4000 mm, Breite 1325 mm, Höhe 1610 mm, Kraftbedarf 4,5 PS.

Der Schweiter-Schußspulautomat

Die Abb. 510 zeigt eine Skizze als Gesamtansicht des Schußspulautomaten von Schweiter. Auf die speziellen Funktionen der Einzelaggregate soll bei der Be-trachtung nicht eingegangen werden, weil hier Prinzipienähnlichkeit mit anderen Schußspulautomaten besteht. Es fehlte aber bisher eine genauere Betrachtung der automatischen Hülsenzuführung, die mit Hilfe der Abb. 510 ermöglicht werden soll.

Die leeren Schußspulen werden in die Trommel geschüttet. Durch Dreh-bewegungen werden die Spulen einzeln an einen Elevator abgegeben. Dieser be-liefert ein Verteilermagazin, aus welchem die Spulen in die Schalen gelangen, welche sich an einer laufenden Transportkette befinden.

Wirft der Spulapparat eine bewickelte Spule aus, so wird die auf der Seite bereitliegende leere Spule eingelegt und hierauf eine leere Spule, aus einer Schale der Transportkette, frei gegeben. Der ganze Vorgang vollzieht sich automatisch, und Trommel sowie Transportkette arbeiten nur solange, als die Spulapparate Bedarf an neuen, leeren Schußspulen haben.

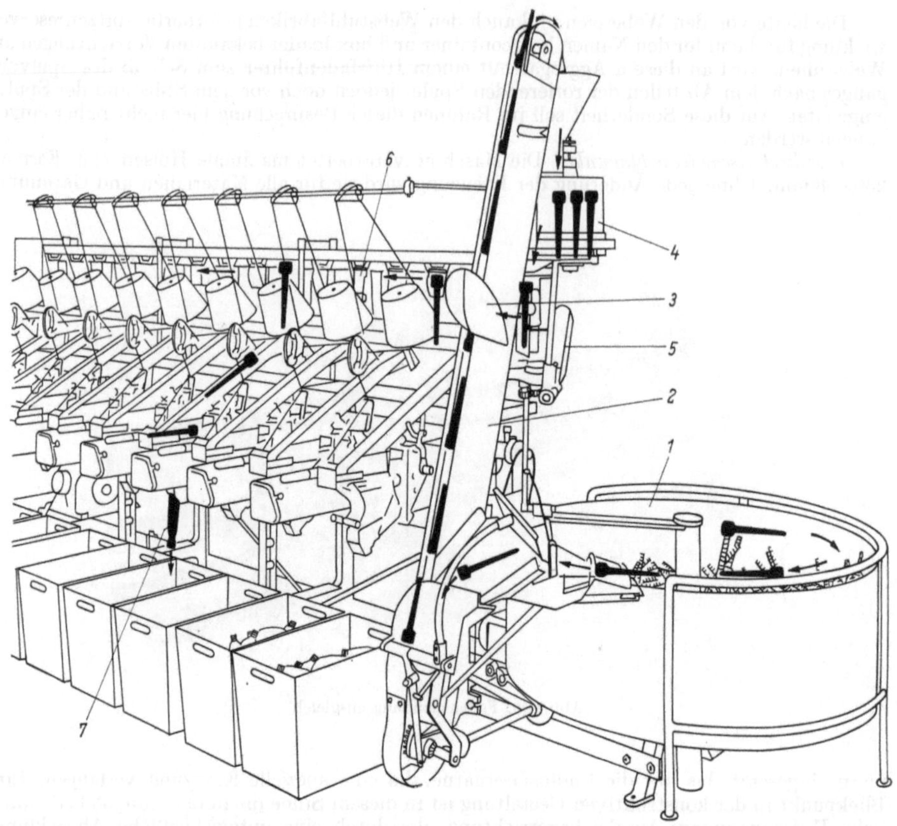

Abb. 510. Ansicht der selbsttätigen Leerspulen-Zuführung Typ MSL (Schweiter)

1 Der Behälter faßt bis 1000 Spulen je nach Größe. Sobald im Reservemagazin leere Spulen nötig sind, setzt sich der Behälter in Bewegung und gibt die Spulen weiter

2 Der Elevator leitet die Spulen nach oben und zwar so, daß alle Spulen in aufrechter Stellung transportiert werden

3 Der Wächter wirft alle Spulen in den Behälter zurück, die eventuell nicht mit der Spitze nach oben kommen sollten

4 Das Reserve-Magazin faßt 9 Spulen und dient als Ausgleichsbehälter und als Regulator von Ein- und Ausgang der leeren Spulen. Es dreht sich jeweils um eine Teilung, wenn eine leere Schale — die sich an einer kreisenden Transportkette befindet — vorbeikommt

5 Der Fühler tastet jede Spule ab. Kommt eine leere Schale vorbei, so sinkt der Fühler tiefer ein und veranlaßt das Reserve-Magazin, eine Spule freizugeben, die in die Schale fällt

6 Der Signalfinger wird vom Spulautomat bei jedem Spulenwechsel vertikal gestellt. Dadurch wird der Bodendeckel der Transportschale seitlich verschoben und die darin befindliche leere Spule gleitet durch den Kanal zum Spulautomat

7 Die vollen Spulen fallen nach erfolgter Bewicklung durch den Sturzkanal in die Spulenkiste

4. Halbautomat — Automat?

Diese Gegenüberstellung hört man gelegentlich als alternative Fragestellung. Dabei versteht man unter Halbautomat generell einen Schußspulautomat der bisher besprochenen Art jedoch *ohne* automatische Hülsenzuführung (vgl. Abb. 511). Die Arbeiterin muß das Magazin füllen. Ob man sich für die eine oder andere Ausführung entscheidet, ist eine Frage der Betriebsgröße, d. h. der Anzahl der erforderlichen Schußspulspindeln. Hinsichtlich der Leistungsbeurteilung gibt die nachfolgende Gegenüberstellung (Tab. 28) von Schweiter-Aggregaten Auskunft.

Der folgende Vergleich zeigt die beträchtliche Mehrzuteilung von Spulapparaten an eine Spulerin bei der Type MSL.

Tabelle 28

Verarbeitet wird Baumwolle Ne 8, Schußspulen: Automatenspulen 205×27 mm, Aufsteck-
spulen: Konische Kreuzspulen à 1,5 kg, Netto-Garngewicht der Schußspule: 30 g

Produktion Typ MS mit 42 Apparaten 5000 T/min.	Produktion Typ MSL mit 60 Apparaten
2 Spulerinnen verarbeiten in 8 Stunden etwa 380 kg	1 Spulerin verarbeitet in 8 Stunden etwa 540 kg
Zeitaufwand:	
Aufstecken von 253 kon. Kreuz-spulen à 1,5 kg .... 150 min	Aufstecken von 360 kon. Kreuz-spulen à 1,5 kg .... 240 min
1050 Magazine füllen à 12 Spulen 670 min	18mal Spulenbehälter füllen à 1000 Spulen .... 54 min
Anknüpfen zerrissener Fäden, Reinigung der Maschine usw. ... 140 min	Anknüpfen zerrissener Fäden, Reinigung der Maschine usw. ... 186 min
2 Spulerinnen total: .... 960 min	*1 Spulerin* total:............... 480 min

Die Einsparung von 60%
Spullohn im Durchschnitt erlaubt eine rasche Amortisation
der Anlage.

Ein weiteres Beispiel: Mit einer
Anlage von 258 Apparaten Typ
MSL werden in 48 Arbeitsstunden
12000 kg Schußgarne Nr. 16—24
engl. umgespult. Die Bedienung
wird von 6 Spulerinnen besorgt.

Für die gleiche Anlage mit Spulautomat Typ MS waren 6 Spulerinnen und 5 Helferinnen notwendig,
wobei die letzteren nur mit dem
Füllen der 258 Magazine beschäftigt
waren.

5. Das Ordnen der Schußspulen

Im modernen Webereibe-
trieb spielt die Vorlage der
Kopse am Webstuhl hinsichtlich Qualität und Wirtschaftlichkeit eine bedeutende Rolle.

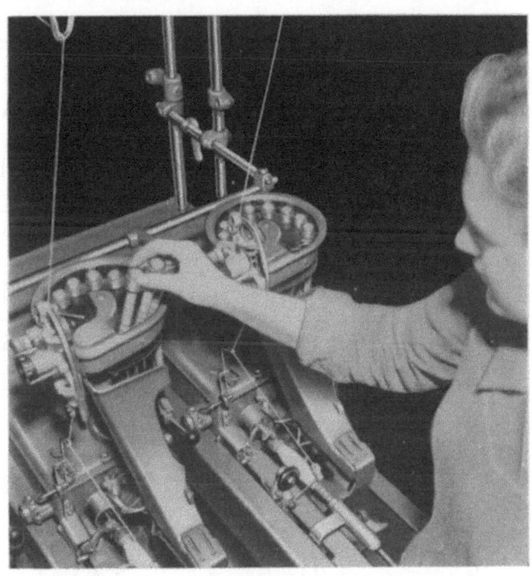

Abb. 511. Das Füllen der Magazine beim Halbautomat
(Schweiter)

Bei der Verarbeitung von Reyon o. ä. legt man Wert darauf, daß die Kopse in
der Reihenfolge verwebt werden, in der das Abspulen von der Kreuzspule auf
der Schußspulmaschine stattgefunden hat. Die Pinboard-Einrichtung (vgl.
Abb. 512) bietet hierfür die Möglichkeit. Jeder fertige Kops wird auf das Brett
aufgesteckt. Die Bretter werden der Maschine vollbespickt entnommen, in speziellen Transportvorrichtungen zur Weberei befördert, am Webstuhl befestigt und
vom Weber in vorgeschriebener Reihenfolge entnommen. Auf diese Weise führen
die schleichenden Änderungen innerhalb einer Kreuzspule nicht zu einer Anweb-
stelle. Bei der Verarbeitung von Baumwolle auf Automatenwebmaschinen bieten
die automatischen Ladevorrichtungen (box-loaders, box-containers[1]) die Mög-

---

[1] Vgl. J. Schneider: Weberei. Verfahren und Maschinen für die Gewebeherstellung.
Berlin/Göttingen/Heidelberg: Springer 1961.

lichkeit, sehr große Materialvorlagen, ganze Spulenkästen als eine Vorlage, auf
die Webmaschine zu geben. Hierzu verwendet man dann innerhalb eines Betriebes
genormte Kästen, die aber auf der Schußspulmaschine mit Schußspulen exakt

Abb. 512. Pinboard-Einrichtung am Modell ASE

eingelegt werden müssen. Das automatische Aggregat am Schußspulautomat, das
diese Aufgabe zu erfüllen hat, nennt man den Kopsordner. Auf S. 388 wurde eine
Form des Kopsordners bereits erwähnt. Abb. 513 zeigt die Ausführung von
Schweiter, bei der die volle Schußspule von unten in den Kasten gedrückt wird. Nach dem automatischen Wechsel der vollen Schußspule gegen eine leere, gleitet die fertig bewickelte Spule hinunter auf einen Kipphebel. Unter dem Gewicht der Spule senkt sich dieser und führt die Schußspule unter die Packerkiste. Beim nächsten Spulenwechsel schiebt ein Hebel die Spule selbsttätig in die Packerkiste. Jeder einzelne Schußspulautomat stellt automatisch ab, wenn seine Packerkiste gefüllt ist. Eine Kiste enthält etwa 10···15 kg Material.

Dem gleichen Zweck, jedoch in der prinzipiellen Funktion anders wirkend, dient der in den Abb. 514 dargestellte Ordner von Schlafhorst. Aus dem Vergleich des Fotos (Abb. 514)

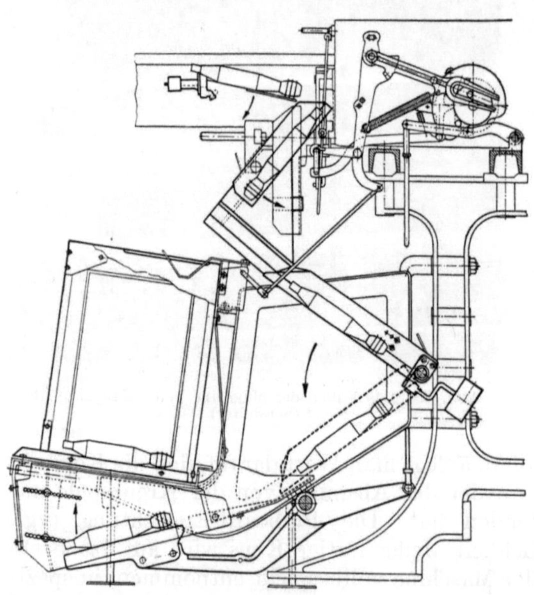

Abb. 513. Weg der bewickelten Schußspule vom Automat in
die Packerkiste

mit dem Funktionsschema (Abb. 515) sieht man, wie der Kops nach der Ablage auf
die Wanne a gewendet wird (l) und in den Schacht c fällt. Durch den von e und a vermittelten Impuls wird h in den Kasten gedrückt, wobei Rolle f den Zuführschlitz
freigibt. Die eigenartige Form des Bodens erleichtert die Schlichtung der Kopse g.

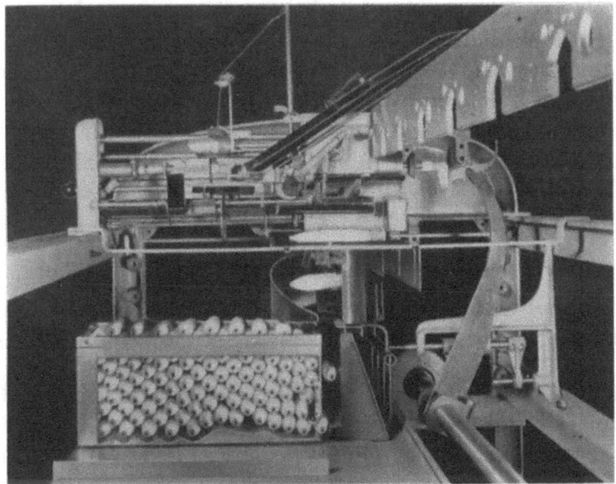

Abb. 514. Kopsordner am Modell ASE

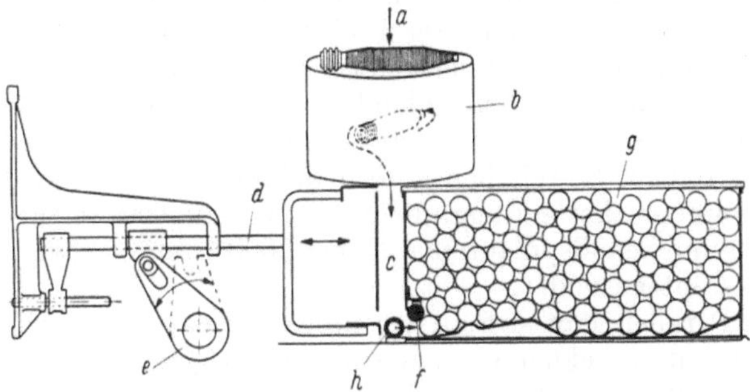

Abb. 515. Funktionsschema zu Abb. 514

Kopsordner sind gedacht zur Vorlage des Schußmaterials in Kastenform. Automatenwebmaschinen haben zur Übernahme des Schußfadenanfanges einen Adapter. Die Sicherheit der Übernahme des Schußanfanges hängt von dem einwandfreien Vorhandensein einer Spitzenreservewicklung ab. Die Schwierigkeit ist nur, eine Wicklung auf dem Schußspulautomat zu erzeugen, die auch bis zur Vorlage an der Webmaschine beständig bleibt. Das Fadenende muß in der auf Abb. 516 gezeigten Form verschlungen werden.

6. Schußgarnhülsen und automatische Schußspulmaschinen

Die Bedeutung, die man der Schußspule für ihren Einsatz in den Webereibetrieben zuerkannte, hat im Laufe der Entwicklung des

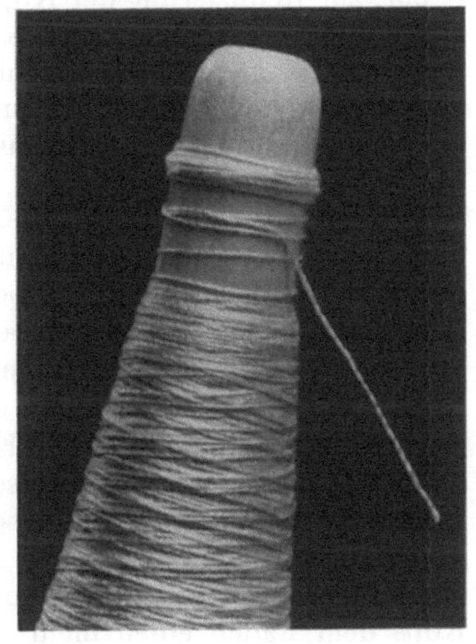

Abb. 516. Spitzenwicklung für box-loader

textilen Fertigungsverfahrens eine beachtliche Wandlung erfahren. Diese Wandlung war einmal durch die Forderung bedingt, Schußgarnkörper zu schaffen, die ohne Schwierigkeiten in den Schützen eingelegt werden können und möglichst viel Garn fassen, um durch die Reduktion der Kopswechselzeiten größere Wirtschaftlichkeit im Herstellungsverfahren zu erzielen. Außerdem war diese Wandlung dadurch bedingt, daß die Gestaltung oder Umgestaltung der Schußgarnspulen — der Spulprozeß überhaupt — ohne jegliche zusätzliche Kosten durchgeführt werden mußte.

a) Die Schußgarnspule im Wandel der Entwicklung

Drei Meilensteine: Selfaktor, Ringspinnmaschine und der automatische Webstuhl kennzeichnen entwicklungsgeschichtlich diese Wandlung — den Fortschritt.

Ursprünglich wurde die leichte Verlusthülse für einmaligen Gebrauch im Schußformat auf die Spindel des Selfaktors aufgesteckt. So wie die Kopse den Selfaktor verließen, so wurden sie ohne eine andere Zwischenarbeit am Webstuhl zum Einlegen in den Schützen verwendet. Als dann später die Ringspinnmaschine zum Einsatz kam, verwendete man die gleiche Schußhülse (sog. Durchhülse) auch auf den Ringspinnmaschinen, die dann Schußspindeln mit entsprechender Teilung hatten. Auch die von diesen Maschinen kommenden Kopse wurden direkt auf dem Webstuhl verwendet. Gleichzeitig fand dort die sogenannte Weftspule aus Holz und später Hartpapier, braun lackiert oder schwarz emailliert, Verwendung. Heute werden Weftspulen in Deutschland praktisch nicht mehr verwendet, sie sind noch im Gebrauch in südamerikanischen, ägyptischen, vorderasiatischen Ländern und in Indien. Soweit heute noch Schuß gesponnen wird, kommt die übliche Schußhülse zur Anwendung, die sich nur bezüglich Stärke und Imprägnierung von der im Schußspulautomaten bis 7000 U/min verwendbaren Hartpapierschußhülse unterscheidet.

Eine gleiche Parallele läßt sich an der Ringzwirnmaschine nachweisen. Bis in die jüngste Zeit unterscheiden wir nach der Teilung der Spindeln Ringzwirnmaschinen für Schuß- wie auch für Kettgarn. Aber es zeichnet sich in der Weberei eine neue Tendenz ab. Fast zur gleichen Zeit mit dem Aufkommen der automatischen Webstühle war man bei den Gegnern der Automatenwebstühle bestrebt, zur Reduzierung der Kopswechselzeiten auf den Großraumschützen überzugehen. Man vergrößerte den Kasten, den Schützen sowie den Ladehub im Webstuhl, so daß man die Kettgarnhülsen ohne Umspulen in den Schützen einlegen konnte. Ringspinnmaschinen und Ringzwirnmaschinen mit Schußgarnteilung verloren immer mehr an Bedeutung und wurden schließlich nur noch in Ausnahmefällen gebaut.

Der erzielte Fortschritt, die Steigerung der Wirkungsgrade machte Schule, und man war bestrebt, nunmehr die Kopsgröße noch mehr zu steigern. Wie die jüngsten Erfahrungen lehren, bereitet die Herstellung von Kopsen von 300 mm Länge und teilweise noch darüber hinaus weder auf der Ringzwirnmaschine noch auf der Spinnmaschine nennenswerte Schwierigkeiten. Das Weben so großer Kopse jedoch läßt sich nicht ohne Schwierigkeiten durchführen. Wenn auch einzelne Ausnahmefälle in der Konstruktion von Schützen Längen von 400 mm und sogar noch darüber aufweisen, so sind der Verlängerung über 300 mm unter Berücksichtigung des Wirkungsgrades im Webstuhl sehr bald Grenzen gesetzt, weil mit der Verlängerung der Hülse auch die Fadenspannungen des ablaufenden Fadens beträchtliche Varianten dadurch aufweisen, daß der kleiner werdende Kops dem Faden einen mehr und mehr zunehmenden Ablaufwiderstand entgegensetzt.

Aus dem qualitativen Diagramm der Abb. 517 ist zu ersehen, daß die Fadenspannungszunahme des ablaufenden Kopses mit wachsender Spulenlänge einen hyperbolischen Anstieg ergibt, der sich durch die Anordnung eines Ansatzkegels auf der Hülse nur z. T. beeinflussen läßt.

Solange die Entwicklung in dieser Art gekennzeichnet war, hatte die Spulmaschine nur eine sehr untergeordnete Bedeutung in den Webereien. Die Spulmaschine war lediglich *vorhanden*, um gegebenenfalls verbleibende Reste umzuspulen. Von einer fertigungsbedingten Abteilung kann man bei der Spulerei erst sprechen, seitdem man gezwungen ist, mit Hilfe der Spulmaschine von den großen Vorlagegarnkörper auf die kleinen Schußspulen für Automaten umzuspulen. Da man bei der automatischen Beschickung des Webstuhles nicht mehr den Nachteil der zunehmenden Fadenspannung bei großen Kopslängen in Kauf nehmen will, kann man auch, unter der Voraussetzung, daß automatische Schußspulmaschinen eingesetzt werden, auf die kleineren Kopse mit den besseren Ablaufeigenschaften zurückgehen. Da mit der Einführung automatischer Webstühle die Schußgarnspulerei fertigungsbedingt

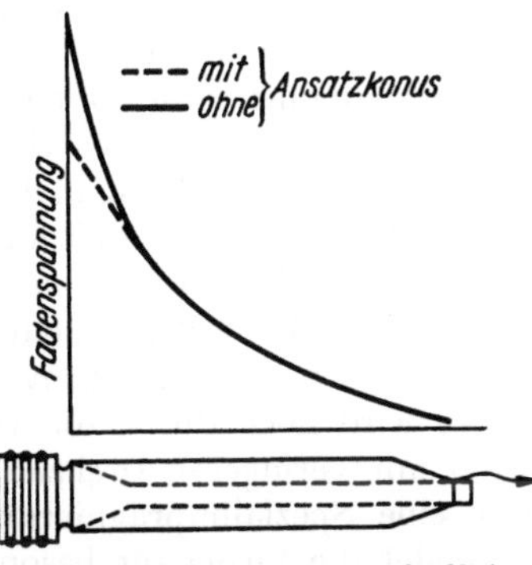

Abb. 517. Fadenspannungsverlauf beim Abziehen des Kopses (qualitativ)

geworden ist, sind auch hohe Kapitalaufwendungen und hohe Lohnkosten bedingt, die nur durch hochwertige *vollautomatische* Schußspulmaschinen kompensiert werden können.

Der Einsatz solcher vollautomatischen Schußspulmaschinen setzt aber voraus, daß man besonders hohe Ansprüche an die verwendeten Schußgarnhülsen in bezug auf deren Laufeigenschaften stellt.

b) Die Wahl des Hülsenrohstoffes

Wie aus der vorangegangenen Darstellung bekanntgeworden ist, geht die Tendenz gegenwärtig darauf hinaus, eine maximale Drehzahl von 12000 U/min zu erreichen und möglicherweise noch zu überbieten, um das Umspulen billig zu gestalten. Eine Verbilligung auf der einen Seite setzt aber eine Erhöhung der Anschaffungskosten für Maschinen und Hülsen voraus. Es bedarf wohl in jedem Einzelfall einer sorgfältigen Überlegung, wieweit in dem einzelnen Betrieb an eine Drehzahlsteigerung gedacht werden kann.

Hohe Drehzahlen stellen auch hohe Anforderungen an die Spulen bezüglich des einwandfreien Rundlaufes.

Metallhülsen scheinen im Hinblick auf diese Forderungen nur Vorteile zu bieten, denn die Gefahr, daß neue Metallhülsen Unwuchtfehler aufweisen, ist sehr gering, dafür aber ist die Gefahr, daß sie sich bei Verklemmungen in den Maschinen, oder wenn man mit dem Fuße darauftritt u. a. m., außerordentlich groß. Die unrund laufende Hülse fliegt dann bei den erwähnten hohen Drehzahlen aus der Maschine heraus und kann empfindliche Betriebsstörungen verursachen. Diese Gefahr ist bei Hartpapierhülsen und Holzspulen überhaupt nicht vorhanden. Dieses Material ist außerordentlich elastisch und geht nach einer unsachgemäßen Beanspruchung, wie sie oben angedeutet wurde, wieder in die alte Form zurück oder bricht und wird sowieso ausgeschieden. Niemals wird aber sich eine Unwucht bilden.

Die Herstellung von Hülsen aus Hartpapier umfaßt im wesentlichen folgende Arbeitsgänge:

Papierherstellung auf Hülsenpapierbasis in eigener Papierfabrik, zuschneiden und schleifen, wickeln (die Klebung erfolgt mit wasserfestem Leim).

Nach dem Wickeln abrunden, Oberflächengestaltung, z. B. Rillung, Anbringen der Beschläge, gegebenenfalls der Kontakthülsen, Imprägnierung, entweder auf Leinöl- oder Kunstharzbasis.

Je nach dem Hülsengewicht stehen Papiersorten der verschiedenen Grammgewichte zur Verfügung. Es wird dabei Wert darauf gelegt, daß die Papierumgänge aufgehen und daß die Hülsen möglichst viele Papierlagen und Klebelagen aufweisen, damit man so eine bessere Festigkeitssteigerung erhält. Während man früher für sämtliche Hülsen mit einer normalen Imprägnierung durchkommen konnte, steht man heute beim Einsatz von hochtourigen Automaten vor Anforderungen, die sich mit dem Wachsen der Drehzahl immer mehr erhöht haben und auch weiterhin noch erhöhen. Es ist so, daß selbst bei bester Veredelung und Bearbeitung heute der Papierhülse eine Grenze gesetzt ist. Diese Grenze liegt nach den gegenwärtigen Erfahrungen bei rund 7000 U/min. Diese Grenze wird noch durch die vorkommenden Hülsenlängen variiert. Für Automaten mit geringerer Drehzahl sieht die Firma Adolff, Reutlingen, normalerweise eine Spezialimprägnierung vor (Ölimprägnierung „Duradol"). Außerdem verwendet die Firma für besonders stabile und widerstandsfähige Papierhülsen eine Imprägnierung auf Kunstharzbasis („Emadol-Extra").

Nachfolgend die Festigkeitseigenschaften der genannten Hülsen mit Spezialimprägnierung:

	Duradol-Imprägnierung	Emadol-Extra-Ausführung
Bruchfestigkeit, trocken	21,3 kg	23,8 kg
Bruchfestigkeit, naß	16,2 kg	18,2 kg

Die auf Ölbasis durchgeführten Imprägnierungen sind feuchtigkeitsbeständig. Bei besonders starken Beanspruchungen, z. B. beim Dämpfen, ist ein Zusammenziehen der Hülsen durch Quellung, also eine Veränderung der Bohrung zu befürchten. In diesen Fällen müssen auf Kunstharzbasis ausgeführte Imprägnierungen angewendet werden. In besonders schwierigen Fällen ist die Verwendung von Hülsen mit Überzugslacken oder Emaillierung anzuraten. Im allgemeinen sind jedoch bei normalen zur Anwendung kommenden Temperaturen bis zu 130° keine Veränderungen wahrnehmbar.

Sollen die Schußspulautomaten mit mehr als 7000 U/min arbeiten, so muß man sich eine Hülsenausführung in Holz empfehlen lassen. Bezüglich Imprägnierung und Lackierung gelten die gleichen Richtlinien wie für Hartpapierhülsen.

Die Holzspulen werden, soweit Baumwolle, Wolle und Leinen zur Verarbeitung kommt, aus Rotbuche, für Seide in der Regel aus Weißbuche oder Ahorn hergestellt. Die Hölzer werden zunächst auf rechteckige Kanteln zugeschnitten und dann gebohrt, anschließend gedreht, lackiert und beschlagen. Sie werden nicht im eigentlichen Sinne ausgewuchtet. Das Runddrehen der vorgebohrten Kanteln erfolgt in der Bohrachse, so daß eine Gewähr für den Rundlauf der Hülse gegeben ist. Da jedoch in jedem Holze naturgegebene Unwuchten vorhanden sind, muß bei hohen Anforderungen eine Prüfung auf Rundlauf erfolgen. Diese Prüfung erfolgt auf besonderen Wunsch. Sie wird durchgeführt bei niedriger Tourenzahl von Hand, indem man sie mit dem Auge prüft, oder bei Betriebstourenzahl mit Fotozelle. Es können dann sämtliche Spulen, die über eine gewisse Exzentrizität hinausgehen, ausgeschieden werden. Im allgemeinen erscheint eine Exzentrizität bis zu 0,3 mm betriebstechnisch zulässig. Wenn höhere Anforderungen gestellt werden, müßten entsprechend mehr Hülsen ausgeschieden werden. Der Preis würde sich empfindlich erhöhen.

c) Zentrierung der Hülse in der Spulmaschine

Es wurde schon oben darauf hingewiesen, daß die modernen Spulmaschinen alle spindellos arbeiten. Es steht somit der Forderung nach einwandfreiem Rundlauf der Hülse auf der einen Seite, auf der anderen Seite die Forderung nach einer einwandfreien Zentrierung auf der Spulmaschine gegenüber. Beim automatischen Spulen wird die Hülse zwischen dem Mitnehmerkopf und dem Gegendrücker eingeklemmt. Der Mitnehmerkopf wurde im Laufe der Entwicklung der automatischen Spulmaschinen immer wieder anders gestaltet, um eine einwandfreie zentrische Mitnahme zu gewährleisten. Für Schußspulen sind es gegenwärtig vier verschiedene Ausführungsformen, die den derzeitigen Ansprüchen genügen.

Bei dem in der Abb. 518a gezeigten Mitnehmerkopf erfolgt die Zentrierung durch die aus der Abbildung erkenntlichen Mitnehmerspitze. Die geschraffte Fläche kennzeichnet eine Einlage aus Gummi, Perlon oder Nylon zur Gewährleistung einer schlupffreien Mitnahme. Ohne Zweifel kann man mit dieser Art der Ausbildung des Mitnehmerkopfes auch Holzhülsen, z. B. Northrop-Spulen zentrieren. Jedoch ist die Zentrierung einer Northrop-Spule von außen deswegen einfacher, weil die Metallringe eine noch präzisere Passung erlauben. Die zweckmäßige Zentrierung einer Northrop-Spule ist aus der Abb. 518d zu erkennen. Die Stirnfläche der Spule sitzt auf einer Einlage Mitnehmergummi, während die Zentrierung von außen durch eine tiefe Mitnehmerbüchse erfolgt. Während in dieser Darstellung die Mitnehmerbüchse bis über den dritten Federring hinüberreicht, will man in anderen Fällen, daß die Mitnehmerbüchse nur bis über den ersten Federring geht; dies besonders dann, wenn man mit einem Messer das zwischen Spulenansatz und Klemmfläche befindliche Fadenende abschneiden will. Die Erfahrung hat jedoch gelehrt, daß das Abschneiden zwischen

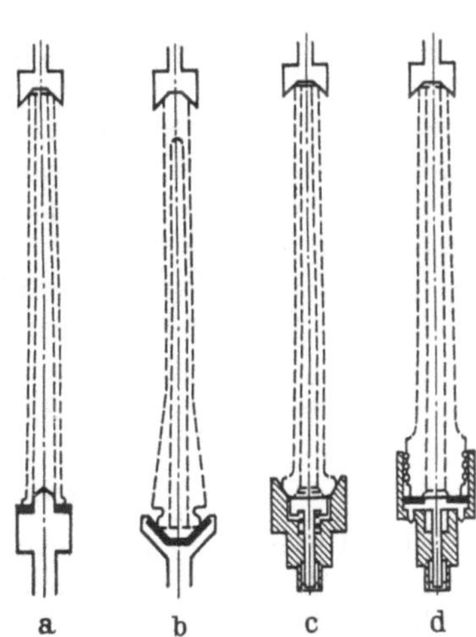

Abb. 518a—d. Zentrierung der Hülse in der Spulmaschine

den Metallringen nicht empfehlenswert ist, weil durch die Metallringe die Messer oftmals abgeschlagen werden. Zum Abschneiden des Fadenendes empfiehlt sich die Anordnung von besonderen Riefen. Eine sehr gute Zentrierung erfolgt auch durch die konische Ausbildung des Mitnehmerkopfes, wie dies in den beiden Abb. 518b und 518c gezeigt ist.

d) Ausführungsformen der Schußspulhülsen

Schußhülsen sind genormt. Die durch die Normung festgelegten Merkmale sind aus folgenden Normblättern ersichtlich:

DIN 64610 Automatenspulen
DIN 64611 Hülsen für Kammgarn und Spulenmaschinenspindeln
DIN 64612 Schußhülsen für Streichgarn
DIN 64613 Schußhülsen für Baumwollgarn
DIN 64614 Schußhülsen für Baumwollgarne und Leinengarne
DIN 64625 Schußspulen für Seide und Kunstseide.

Die Normen geben Auskunft über Abmessungen, Längen und Durchmessertoleranzen, allgemeine Ausbildungsformen sowie über den Werkstoff. Da die ge-

normten Bedingungen vom interessierten Leser jederzeit nachgelesen werden
können, soll im Rahmen dieser Abhandlung nur auf die Probleme eingegangen
werden, die durch die Normung nicht erfaßt werden können.

e) Der Hülsenkopf (Hülsenfuß)

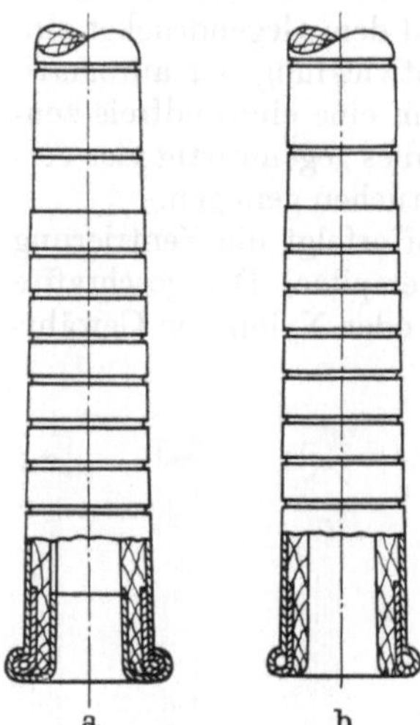

Abb. 519 a u. b. Hülsenkopf
(Hülsenfuß)

Der Hülsenkopf kann in Form und Abmessung den
technischen Gegebenheiten des Spulautomaten angepaßt werden, so z. B. eine breite absolut ebene Fläche
oben und dadurch gute Mitnahme durch den Mitnehmerkopf des Automaten. Bei Holzspulen für Webautomaten mit konischer Fußzwinge ist eine Anpassung
der Konizität an die des Mitnehmerkopfes möglich.

Unter Beachtung dieser Gesichtspunkte wurde von
der Firma Adolff, Reutlingen, eine Schußhülse mit
„Zweifach- oder Dreifach-Fußkonstruktion" entwik-
kelt, um den neuerdings immer stärkeren Beanspruchungen im Webstuhl, hauptsächlich durch Steigerung
der Tourenzahl, gewachsen zu sein. Die Dreifach-Fußkonstruktion, die zum DRGM angemeldet ist, wird in
der Abb. 519 a neben der Zweifach-Fußkonstruktion,
Abb. 519 b gezeigt. Durch die Verstärkung der Fußkon-
struktion wird der Hülse eine beträchtliche Verbesserung der Stabilität verliehen. Die Folge ist eine bedeutende Erhöhung der Lebensdauer einer solchen Spule
gegenüber den bekannten Spulen dieser Form.

f) Reservewindungen und Ansatzkonus

Die Unterbringung der Reservewindungen sowie die Gestaltung des Ansatzkonusses hat zu verschiedenartigen Ausbildungsformen des Überganges zum
Schaft geführt. Die Abb. 520 a—e zeigt sehr markante Unterschiede. Ausführung
a) gibt die normale Automatenspule (Northrop) wieder. Der Hülsenkopf ist scharf
vom Schaft abgesetzt, ein Ansatzkonus ist nicht vorhanden. Nimmt man Bezug
auf die Darstellung in der Abb. 517, so kann man, wie übrigens auch die Erfahrung lehrt, sagen, daß die Ablaufeigenschaften bei dieser Spule nicht so gut
sind wie bei den Ausbildungsformen, die in den Abb. 520 c und e dargestellt sind.
Die Hülse hat aber den besonderen Vorteil, daß sie sich in einer automatischen
Hülsensortiervorrichtung ohne jegliche Betriebsstörung sortieren läßt. Außerdem
läßt sich auf Grund des fehlenden Ansatzkonusses sehr leicht ein Beschlag für
elektrische Betätigung des Wechsels anbringen. Die Reservewindungen, die
separat verlegt werden, können nicht allzuleicht über den gekörnten Rand rutschen. Die gleichen Gesichtspunkte gelten auch für die in den Abb. 520 d und 522 e
dargestellten Ausführungen (Abb. 520 d zeigt die Automatenspule des Schönherr-
Webstuhles „Mixomat"); auch hier können die Reservewindungen nicht über die
Riefe rutschen. Aber diese Ausführung hat einen wesentlichen Nachteil, dies gilt
auch für die Ausführung in den Abb. 520 b und 522 f, die verbleibenden Restwindungen lassen sich nur unter Schwierigkeit von der Hülse abstreifen. Ist das
Arbeitspersonal ungeduldig, so werden die Restwindungen mit dem Messer herunter-
geschnitten und eine frühzeitige Zerstörung der Hülsen läßt sich nicht vermeiden.
Bei der einfachen Northrop-Spule ist die Reinigung der Spulen besonders leicht.

Abb. 520 b zeigt bezüglich der Ansatzwicklung eine sehr ungünstige Ausführungsform. Die Ansatzwindungen werden sich immer nach der Schaftseite hin

verschieben. Auf der anderen Seite hat die Spule den Vorteil, daß die Hohlkehle der Spule eine größere Stabilität verleiht. Die Ausführungsformen der Abb. 520c, 521a und 521d werden im allgemeinen schlecht beurteilt, weil die Reservewin-

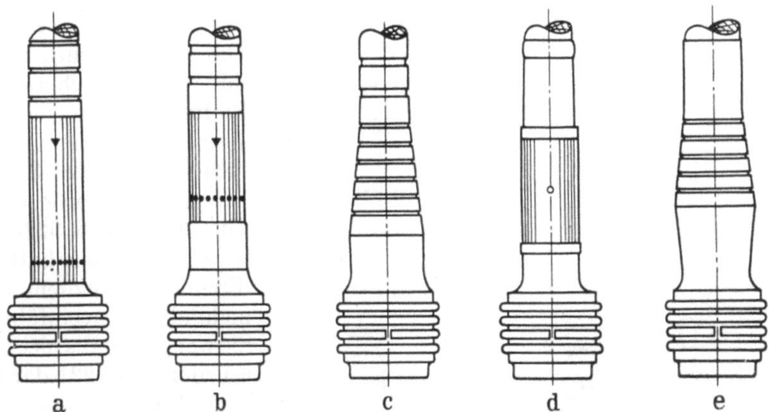

Abb. 520a—e. Ausführungsformen für Hülsenköpfe im Hinblick auf Reservewindung und Ansatzkonus

dungen zusammenrutschen. Der gleichzeitig bei diesen Ausführungsformen zu erkennende Ansatzkonus dagegen ist im Hinblick auf die Ablaufeigenschaften günstig.

Besonders günstig wird in der Praxis die Ausführungsform der Abb. 520e und 521c beurteilt (es handelt sich um eine Rüti-Spule). Hier bestehen keine Schwierig-

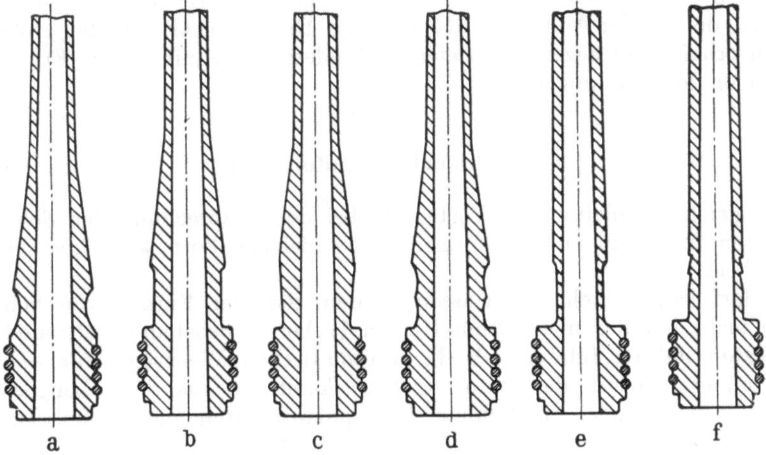

Abb. 521a—f. Querschnitte gebräuchlicher Hülsenköpfe

keiten bezüglich der Spulenreinigung, weil sich die Reservewindungen, die verbleiben, ohne Schwierigkeiten auf jede Weise abstreifen lassen. Außerdem garantiert der Ansatzkonus einen einwandfreien Fadenablauf. Nur den einen Nachteil hat die Spule: sie ist für die Verwendung bei einer automatischen Hülsensortierung deswegen nicht so vorzüglich geeignet, weil der nur wenig dickere Kopf nicht genügende Angriffsfläche für die Gleitschienen in der Sortiervorrichtung bietet.

g) Die Gestaltung des Hülsenschaftes

Wie die Abb. 522a–e zeigen, stehen verschiedene Ausführungsformen der Schaftoberfläche zur Diskussion. Abb. 522a zeigt die bereits besprochene Northrop-Spule mit paralleler Riefung. Diese Riefung ist in der Baumwollindustrie und so, wie aus der Abb. 522b ersichtlich, in der Reyonindustrie üblich. Der Zweck der Riefung ist, zu verhindern, daß die nachfolgenden Garnlagen abrutschen und den Stuhlstillstand wegen Fadenbruches einleiten. Die in der Abb. 522c dargestellte wellige Riefung hatte lange Zeit Freunde. Trotzdem hat sie sich nicht allgemein einführen lassen. Sie war jedenfalls nicht besser als die in der Abb. 522b dargestellte Form. Die Garnlagen an der Spitze des Windungskegels werden so lange mit Erfolg vor dem Abschlagen bewahrt, wie die Windungsspitze vor einem Bauch liegt, danach aber ist die Gefahr des Abschlagens um so größer.

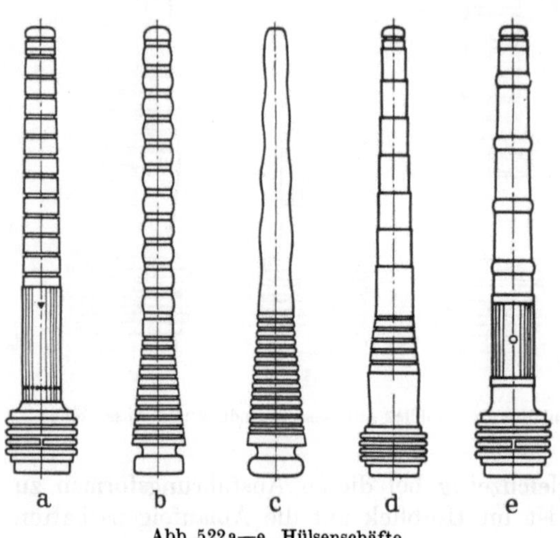

Abb. 522a—e. Hülsenschäfte

Besonders günstig wird in der Praxis die geschachtelte Ausführungsform der Rüti-Spule (Abb. 522d) beurteilt. Hier besteht praktisch nicht mehr die Möglichkeit, daß die Garnlagen abschlagen. Für die Wollindustrie ist eine Schaftgestaltung nach der Art der Abb. 522e zu empfehlen. Die in verhältnismäßig großen Abständen erhaben aufliegenden Riefen verhindern auch mit gutem Erfolg jedes Abschlagen der Windungen.

7. Schlauchkopsautomaten

Die gleichen einleitenden Worte, die bei der Besprechung der Schußspulautomaten angeführt wurden, können in der gleichen Form auch hier ihre Geltung haben.

Es darf jedoch nicht unterlassen werden, daß der Einsatz von Schlauchkopsen nicht nur der nichtautomatischen Weberei vorbehalten ist, sondern in den letzten Jahren führen sich die automatischen Webstühle für Schlauchkopse immer mehr in der Industrie ein. Somit ist aus den obengenannten Gründen der Einsatz von Schlauchkopsspulautomaten immer mehr gerechtfertigt.

Die Entwicklung der Schlauchkopsspulmaschinen steht längst schon nicht mehr in den Anfangsstufen. Eine Betrachtung der Abb. 523 Schlauchkopsspulautomat der Firma Schweiter zeigt, daß es sich bei den modernen Konstruktionen um Maschinen handelt, die der Präzision von Schußspulmaschinen nicht nachstehen.

Welche Vorteile erzielbar sind, kann man aus der von Schweiter bekanntgegebenen Produktionstabelle ersehen, wenn man im Vergleich bedenkt, daß die maximalen Spindeltourenzahlen der nichtautomatischen Maschinen 800 bis 1000 U/min sind.

Tabelle 29. *Produktionsangaben aus der Praxis* (unverbindlich)

No. engl.	Tourenzahl per Min.	Kops- Dimensionen mm	Produktion per Apparat in 8 Stunden etwa kg
Hanf			
6	2770	300 × 38	25
8	2770	300 × 38	18
12	2770	300 × 38	12
16	2770	300 × 38	8
Leinen			
8 roh	2300	180 × 27	12
10 roh	2300	180 × 27	10
12 roh	2300	180 × 27	7,5
14 gebleicht	2300	240 × 27	6,5
16 gebleicht	2300	240 × 27	6
18 roh	2300	180 × 27	6
25 gebleicht	2300	180 × 27	4,3
30 gebleicht	2300	180 × 27	4

(Der Berechnung wurde eine Kreuzung des Schlauchkopses von 1:3,28 zugrunde gelegt.)

Abb. 523. Einzelaggregat des Schlauchkopsautomaten von Schweiter

8. Der Superkops-(Pirnkops-)Automat

Der nachfolgende Bericht behandelt eine Maschine der Fa. Schweiter, mit der Superkopse automatisch hergestellt werden.

Bei der automatischen Herstellung gibt es zwei Arten der Pirnkopfzulieferung:

1. Durch Trommelmagazin (Abb. 524),
2. durch automatische Zuführung (Abb. 525).

Jedes Magazin hat pro Apparat ein Fassungsvermögen von 18 Pirnköpfen. Bei jedem Spulenwechsel dreht sich das Magazin soweit, bis der nächste Konus die Öffnung erreicht und zur Vorlage gleiten kann.

Bei der selbsttätigen Zuführung liegen die Pirnköpfe in einem trommelförmigen Behälter, der etwa 600⋯700 Köpfe faßt. Durch die rotierende Bewegung des Behälters werden die Konen durch einen Elevator nach oben transportiert und fallen direkt in vorbeiwandernde Schalen der Transportkette. Werden

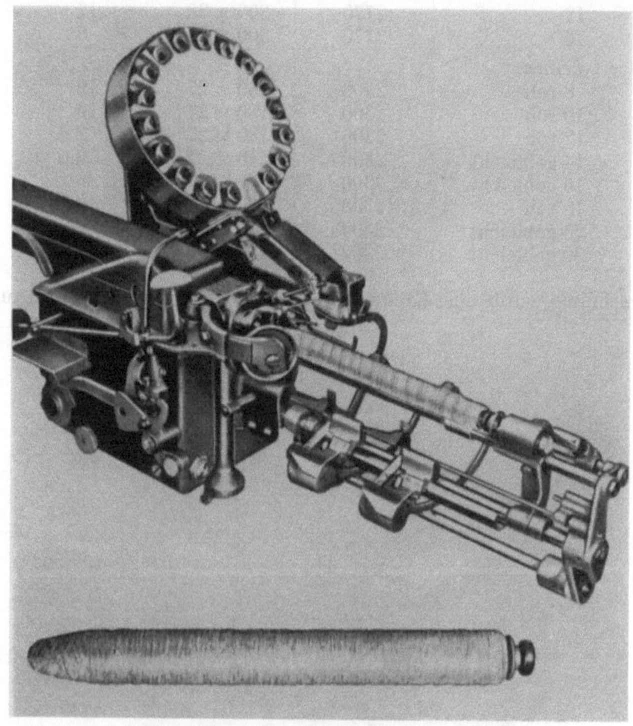

Abb. 524. Pirnkopsautomat (Einzelaggregat mit Trommelmagazin für Handbeschickung)

keine Konen benötigt, fallen dieselben automatisch in die Trommel zurück. Von der Schale aus gleiten die Pirnköpfe zum Superkopsautomaten und nach ihrer Bewicklung in die Spulenkiste.

Die selbsttätige Zuführung kann bis zu 36 Apparate mit leeren Pirnköpfen versorgen, je nach Garnnummer.

Nach Erreichen der gewünschten Kopslänge rückt der Gegenstupfer die Spindel aus und der Automat beginnt das Wechseln. Zwei Kopsgreifer halten den Kops, bis die Spindel aus dem Garnvolumen herausgezogen hat und halten ihn solange über dem Spulenkasten fest, bis der neue Pirnkopf aufgesteckt, das Fadenende zwischen Konus und Gegenstupfer verklemmt und das Fadenende zur fertigen Spule sauber durchschnitten ist. Dann erst wird die Spule in den Spulenkasten geworfen.

Beim Einrücken der Spindel nach diesem Wechsel wird der Faden zuerst durch eine Führung zur Reserverille geleitet, wo die eingestellte Länge aufläuft, hiernach setzt der Fadenführer ein und bewickelt den Konus und die Spindel (Abb. 526).

Um noch rentabler zu arbeiten, wurde die Schlauchkops- und Superkopsmaschine zum Automaten entwickelt. Die Juteindustrie sowie andere Tuchfabriken haben sofort die Vorteile der automatischen Maschine erkannt. Es ist festgestellt worden, daß eine der schwierigsten und unangenehmsten Arbeiten des bedienenden Personals in der Juteindustrie, das Spulen dieses Garnes ist. Auf den alten Maschinen werden von der Arbeiterin physische Anstrengungen beim Wechseln der Kopse verlangt und auch allgemein beim Bedienen jener Art Maschine. Dies stellt einen Grund dar, warum Arbeiterinnen für das Spulen von Schlauchkopsen schwer zu finden sind. Die Erfahrung hat nun gezeigt, daß die Arbeit erleichtert wird und die Produktion des Automaten viel höher ist als bei den heute bekannten mechanischen Maschinen.

Das Spulen der Garne erfolgt beim Superkops auf kurze Anfangskonen, so daß auch die Anschaffung der teuren Holz- bzw. Metallhülsen dahinfällt. Da das Material in Form von Schlauchkopsen auf die nackte Spindel gespult wird, enthält eine solche Spule bis 3 mal so viel Material als die gewöhnliche Spinnkopse.

Beschreibung des Automaten

Der Superkopsautomat zur Herstellung von Superkopsen auf Pirnköpfe für Wolle, Baumwolle und Leinen ist einfach in der Bedienung und arbeitet vollständig automatisch.

Jeder Apparat arbeitet unabhängig für sich und hat Einzelantrieb durch Friktion.

26*

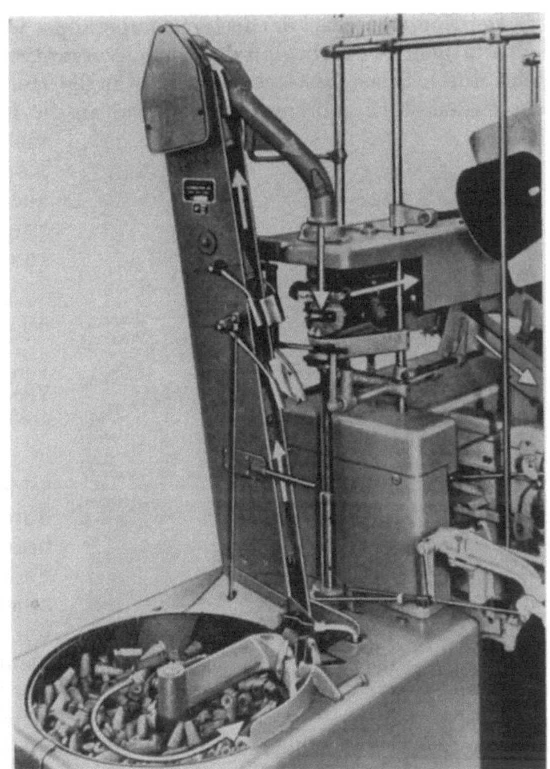

Abb. 525. Automatische Zuführung der Pirnköpfe

Abb. 526. Anwickeln eines Pirnkopses

Der Spulenwechsel der fertigen Superkopse ist automatisch mit nachfolgenden selbsttätigen Wiederbeginn des Spulenvorganges. Die Kopsanpreßvorrichtung erfolgt durch belastete Gegenstupfer. Für die Herstellung von harten Spulen muß der Faden stark gebremst werden und an die Kette für den Gegenstupfer wird viel Gewicht aufgehängt. Für weiche Kopse ist wenig Bremszug nötig und auch das Gewicht für den Gegenstupferrückzug ist klein (Abb. 527). In der Regel gilt:

Bei viel Fadenbremsung viel Gewicht, bei wenig Bremsung wenig Gewicht.

Der Kopsdurchmesser wird durch die Vergrößerung des Fadenführerhubes und Verschieben des Fadenführers nach vorne größer, umgekehrt kleiner.

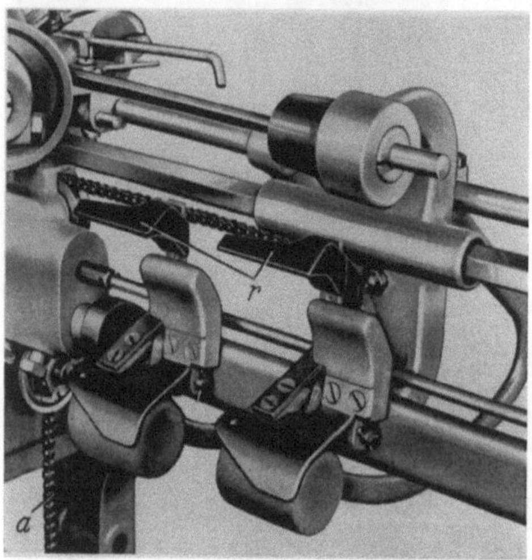

Abb. 527. Rückzugskette mit Belastung
a Rückzugskette; r Kopswannen

Arbeitsweise. Der Faden nimmt seinen Weg vom Aufsteckgatter durch die Dämmung und Fadenbruchabstellung zur Spindel. Das Fadenende wird bei jeder Spule zwischen Gegenstupfer und der verzahnten Spindel bzw. Pirnkopf festgeklemmt. Spindel und Gegenstupfer werden durch Rückzugketten mit Gewichten gegeneinandergezogen und sind beide verschiebbar, d. h. die Spindel kommt bei ihrer Bewicklung aus dem Apparat heraus. Da die Spindel den Gegenstupfer vor sich herschiebt, rückt dieser bei gewünschter Kopslänge den Apparat aus und der Spulenwechsel beginnt. Hierbei wird der Gegenstupfer festgehalten, bis die Spindel sich aus dem Garnkörper herausgezogen hat, und zwei Kopsgreifer die fertige Spule aus der Bewicklungsbahn gehoben haben. Er wird dann freigegeben und mittels einer Rückzugkette a in seine Ausgangsstellung zurückgeführt.

Arbeitsweise als Superkopsautomat. Beim Superkops ist die Bewicklung auf Pirnköpfe. Nachdem die Spindel sich in den Kasten zurückgezogen hat und der Gegenstupfer in seine Ausgangsstellung zurückgegangen ist, wird zwischen ihm und Spindel der neue Konus hereingereicht. Sobald der Pirnkopf auf dem Zentrum der Spindel steht, kommt diese aus dem Kasten heraus und klemmt ihn gegen den Gegenstupfer, wo gleichzeitig das Fadenende verklemmt wird. Hiernach dreht sich das Einzelmagazin und gibt den nächsten Pirnkopf frei, der über eine Gleitbahn zur Spindelvorlage gelangt. Jeder Pirnkopf weist eine Rille für die Reservewicklung auf, die durch den Reservewinder gefüllt wird. Die Länge der Fadenreserve ist seitlich am Apparat durch Drehen eines Handrades je nach Garnfeinheit einzustellen.

Die einzustellende Länge für den Superkops beträgt 350 mm und sein maximaler Durchmesser 50 mm.

Arbeitsweise als Schlauchkopsautomat. Das Prinzip des Automaten ist bei beiden Maschinen gleich, da der Superkopsautomat ja bekanntlich aus dem Schlauchkopsautomat entwickelt ist. Beim Schlauchkopsautomat fallen Einzelmagazin und Pirnkopsvorleger fort, alles andere bleibt. Nachdem das Fadenende zwischen Gegenstupfer und Spindelverzahnung verklemmt ist, arbeitet der Apparat in bekannter Weise. Das Garn wird auf die nackte Spindel gespult, der Konus wird gebildet, kommt in Berührung mit der Fühlerwalze und bildet den Schlauchkops.

Bei Erreichung der eingestellten Länge rückt der Gegenstupfer die Spindelbewicklung aus und der Kopswechsel tritt in gleicher Weise ein.

Beim Schlauchkops lassen sich folgende Hublängen einstellen:

etwa 26, 30, 36, 43, 50, 57, 54, 70 mm.

Der Schlauchkopsautomat hat denselben Antrieb wie die Superkopsmaschine und ergibt folgende Spindeldrehzahlen:

Kreuzung: $1:3{,}28 = 1800 - 2200 - 2700 - 3300$ T/min.
$\phantom{\text{Kreuzung: }}1:2{,}4 = 1400 - 1700 - 2000 - 2400$ T/min.
$\phantom{\text{Kreuzung: }}1:1{,}7 = 980 - 1200 - 1450 - 1740$ T/min.

Im Auffinden des Fadenendes besteht keine Schwierigkeit, da jeder Kops ein lang vorstehendes Fadenende aufweist, das sofort gefaßt werden kann.

III. Reinigung der Automatenhülsen

Beim Webautomaten wird der Wechselvorgang von der ablaufenden zur vollen Schußspule durch den Spulenfühler eingeleitet, der die im Schützen befindliche Schußspule abtastet. Beim letzten Schuß der leerwerdenden Spule befinden sich noch einige Windungen Garn auf ihr, die den letzten Schußfaden gespannt halten. Nach dem Auswechseln bleibt ein Rest Material auf jeder Schußspule, man bezeichnet ihn als „Fadenreserve".

Diese Fadenreserve muß vor der Wiederverwendung der Schußspulen entfernt werden. Kleinere Automatenwebereien führen das Reinigen der Schußspulen mit Hilfskräften von Hand aus durch, andere bauen selbst einfache Abziehvorrichtungen. Für den Großbetrieb aber, in dem Tausende Schußspulen in jeder Schicht anfallen, bedeutet das Reinigen ein finanzielles Problem, wenn zu viele Arbeitskräfte damit beschäftigt werden müssen. Solche Betriebe müssen diese betriebsbedingte Arbeit am besten mittels Maschinen durchführen, die heute bereits weitgehendst vollautomatisch arbeiten.

1. Vorrichtung zum Reinigen der Hülsen
(der Fa. Josef Timmer)

Die Abb. 528 zeigt die Normalausführung der Fadenabwickelmaschine (Patent Dr. BALKEN). Mittels dieser Maschine können die Garnreste von Hülsen aller Art entfernt werden. Auf die Dorne einer sich langsam bewegenden Transportkette werden (im Bilde links) die Hülsen nacheinander aufgesteckt und ihre Fadenenden auf die sich drehende Abwickelwalze geworfen. Während sich die Spulen vor der Abwickelwalze vorbeibewegen, werden ihre Garnreste auf diese aufgewickelt, so daß sie, wenn sie durch die (im Bilde links) befindliche gekrümmte und geneigte Auflaufbahn selbsttätig von ihren Dornen auf der Transportkette gelöst werden, gereinigt in den darunter gestellten Sammelbehälter fallen.

Die Antriebe von Abwickelwalze und Transportkette sind berührungssicher angeordnet und die Abwickelwalze ist mit besonderen Haftbelagstreifen versehen. Auf den Aufsteckdornen der Transportkette sind Federkörbe angebracht, so daß auch Hülsen trotz gewisser Durchmesserunterschiede in ihrer Bohrung eine genügende, jedoch auch wieder nicht zu feste, Klemmung erfahren.

Die Bedienungsperson für diese Maschine sitzt links davor, unmittelbar vor den Schaltdruckknöpfen und drückt zu Beginn der Arbeit den „I"-Druckknopf. Dadurch beginnt die Abwickelwalze zu rotieren und die Transportkette fängt an, sich langsam vor der Abwickelwalze entlangzubewegen. Die Bedienung nimmt die zu reinigenden Spulen aus dem neben ihr stehenden Kasten und steckt sie nacheinander auf die langsam vorbeikommenden Aufsteckdorne, dabei gleichzeitig deren Fadenenden über die Abwickelwalze werfend. Während die Spulen vor der Abwickelwalze vorbeiwandern, werden die Garnreste von ihnen ab- und auf diese aufgewickelt. An der Auflaufbahn werden die gereinigten Spulen von ihren Dornen auf der Transportkette gelöst und fallen in den darunterstehenden Sammelbehälter.

Wenn Spulen ausnahmsweise so große Garnreserven enthalten, daß diese bei Ankunft an der Auflaufbahn noch nicht vollständig abgewickelt sind, kann die Transportkette jederzeit durch kurzes Drücken des Druckknopfes „0“-Transport stillgesetzt werden. Durch Druck auf den „I“-Knopf wird sie wieder in Bewegung versetzt. Durch Druck auf den „0“-Knopf werden Aufwickelwalze und Transport stillgesetzt, d. i. die Maschine wird außer Betrieb gesetzt.

Bei der Maschine in Standardausführung passieren 2700 Dorne pro Stunde. Die gleiche Anzahl von Spulen kann also maximal

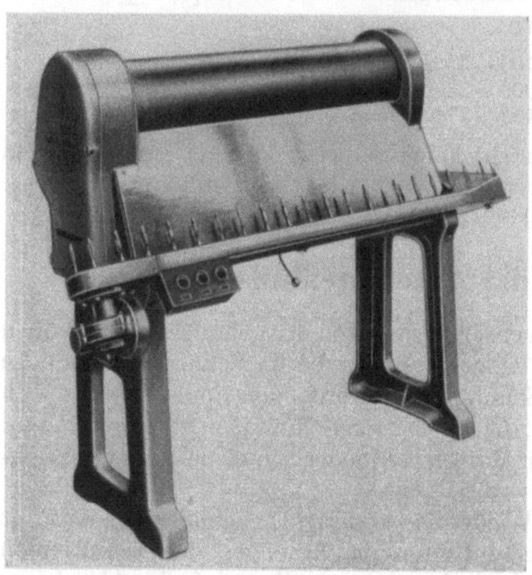

Abb. 528. Maschinelle Vorrichtung zum Abziehen der Hülsen
(Timmer)

gereinigt werden. Für das Aufstecken der einzelnen Spule stehen damit $1^1/_3$ sek zur Verfügung. Gleichzeitig befinden sich 13 Spulen vor der Abwickelwalze, jede Spule befindet sich 18 sek davor. Bei der gewählten Drehzahl der Abwickelwalze können in dieser Zeit etwa 75 m Garn abgewickelt werden. Bei günstigen Verhältnissen können die Übersetzungen so geändert werden, daß eine noch größere Zahl von Spulen gereinigt wird und eine größere Garnlänge abgezogen werden kann. Bei ungünstigen Verhältnissen wird auch eine niedrigere zu erreichende Spulenzahl je Stunde schon eine Verbesserung darstellen.

Vorteile dieser Maschine sind, daß verschiedene Spulentypen auf ihr gereinigt werden können, auch solchen mit Hohlkehle und sehr empfindliche Spulen, da keinerlei Werkzeug sie berührt, ferner daß sie den verschiedenen Betriebsverhältnissen angepaßt geliefert werden kann, ihre glatte, formschöne Bauart, leichte Bedienbarkeit, Unfallsicherheit und Zuverlässigkeit.

2. Automat für die Reinigung der Hülsen

Die Hülsenreinigungsmaschine von Josef Timmer, Coesfeld/Westf. (Abb. 529), ist für jede Ausführung von Schußspulen geeignet und wird für kleinere Kapazitäten einseitig, für größeren Anfall von zu reinigenden Spulen zweiseitig gebaut. Die Stundenleistung beträgt je Maschinenseite 3500 Hülsen. Die Hülsenzuführung ist als Rutsche ausgebildet, in deren oberen Gleitbahn die eingebrachten Hülsen herabgleiten und aus der vertikalen in die horizontale Lage gebracht werden. Im Falle von kopflosen oder solchen Hülsen, deren Aufhängung nicht zweckmäßig wäre, wird eine seitlich geneigte Gleitbahn angeordnet, in die die Hülsen waagrecht eingelegt werden. Die Hülsenauszieher sind entweder Hebel oder parallel geführte Backen. Die Durchlaßöffnungen, Garnhalter, Abstreifwerkzeuge usw. werden der jeweiligen Hülsensorte besonders angepaßt. Wie in der Abb. 530 gezeigt, gleiten die in die Rutsche A eingebrachten Hülsen nach unten und legen sich am Rückhalter B auf. Die über der Gleitbahn angebrachte Führung C verhindert ein Hochdrücken der Hülsen. Im Augenblick des Öffnens der Abstreifwerkzeuge schiebt sich der Zubringer D über die untere Hülse E_1 und drückt sie durch Abwärtsbewegung in die Abstreifposition. Die federnden Rückhalter B weichen dabei aus, sperren aber sofort die nächste Spule. Gleichzeitig sorgt ein pendelnder Anschlag F dafür, daß die Hülse E_2 auch in der Längsrichtung genau in die Abstreifrichtung gebracht wird. Abb. 531 zeigt den eigentlichen Abstreifvorgang: Nachdem die Hülse in die Abstreifstellung gebracht ist, schieben sich zunächst die abgefederten Hauptabstreifer G und die Garnhalter H gegen die Hülse, wobei der Hauptabstreifer hinter die Reserve fallen soll. Diese Abstreifer müssen in

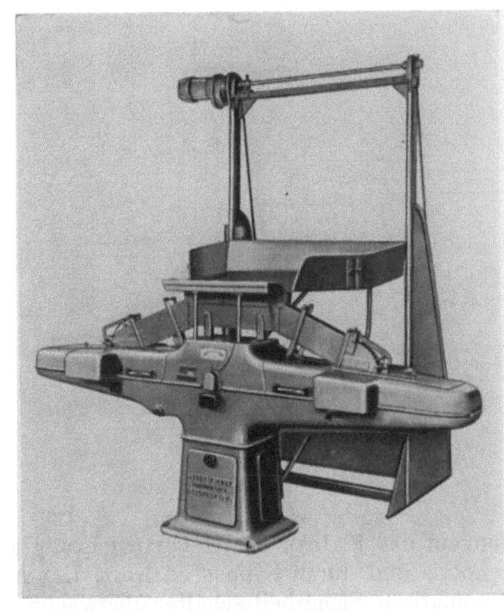

Abb. 529. Hülsenreinigungsmaschine (Timmer)

ihrer Form genau dem Schaftdurchmesser der Hülse angepaßt sein, ihre einwandfreie Beschaffenheit ist ausschlaggebend für einen guten Abstreifeffekt. Da sie einem gewissen Verschleiß unterliegen, sind im vorderen Teil von G in gefrästen Führungsnuten gehärtete Stahl- oder Kunststoffeinsätze eingeschraubt, die auswechselbar sind. Die auf der Innenseite gerillten Garnhalter H haben die Aufgabe, ein Aufstauchen größerer Garnreste zu verhindern. Wesentlich für eine beschädigungsfreie Behandlung der Spulen ist ferner, daß die Abstreifer G und die Garnhalter H in ihrer Längsrichtung einstellbar sind. Eine Berührung der Hülsen erfolgt dadurch gar

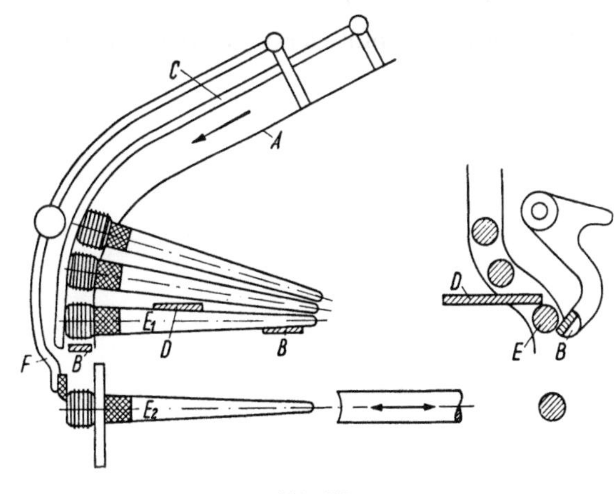

Abb. 530

nicht oder so kurzzeitig, daß eine Beschädigung kaum möglich ist. Die Federn J gleichen Unebenheiten der Hülsen aus. Der Stössel St, der eine der Hülsenspitze angepaßte Ausnehmung hat, schiebt die Hülse durch die geschlossenen Abstreifer G und Garnhalter H hindurch, wobei die Garnreserve bzw. Kopsreste zurückgehalten werden. In diesem Augenblick sind die Nachabstreifer K noch geöffnet.

Sobald jedoch der Hülsenfuß ihre Position passiert hat, schließen sie sich und gleiten mit ihrem weichen Besatz polierend über den ganzen Hülsenschaft, wobei jeder noch verbliebene Garnrest entfernt wird. Nun greifen die auf dem Ausziehschlitten M angeordneten Ausziehklappen L hinter den Hülsenfuß. Der Stössel St läuft in seine Ausgangsstellung zurück, die Hülse wird durch den Ausziehschlitten M vollständig herausgezogen. Nun öffnen sich die Ausziehklappen L und die gereinigte Hülse fällt nach unten in einen Sammelbehälter. Bei Übernahme einer folgenden Hülse fällt das abgestreifte Material in einen gesonderten Behälter.

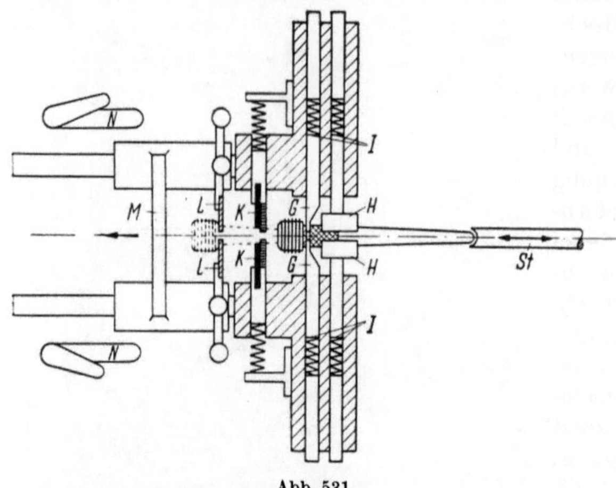

Abb. 531

Die Hülsenzuführungsvorrichtung erspart ein Nachfüllen von Hand aus. Die vollen Behälter werden auf das Plateau der Hebevorrichtung gestellt, durch Druckknopfschaltung gehoben und durch Kippen entleert. Das Abschalten der Endstellungen erfolgt automatisch. Sicherheitsschalter überwachen den Abstreifvorgang und stellen ab, wenn eine Hülse sich in falscher Lage befindet.

Maschinen für entsprechende Tätigkeit werden noch gebaut von den Firmen:

Stutz & Cie., Kempten/Schweiz,
Wilhelm Gmöhling & Co. KG., Stadeln bei Fürth/Bayern,
Georg Röhl, Regensburg.

Hinsichtlich „Unifil-Gerät" wird auf das Buch des Verfassers „Weberei" hingewiesen[1].

---

[1] SCHNEIDER, J.: Weberei. Verfahren und Maschinen für die Gewebeherstellung. Berlin/Göttingen/Heidelberg: Springer 1961.

Sachverzeichnis

If you have any concerns about our products,
you can contact us on
ProductSafety@springernature.com.
In the EU, the Publisher is established at Springer-Verlag GmbH,
the EU-authorised representative is:
Springer Nature Customer Service Center GmbH
Tiergartenstr. 17, 69121 Heidelberg, Germany
printed by Libri Plural srl
in Heidelberg, Germany